Fokus Mathematik

Lösungen

Qualifikationsphase
gymnasiale Oberstufe

Nordrhein-Westfalen

Herausgegeben von
Markus Krysmalski
Renatus Lütticken
Reinhard Oselies

Erarbeitet von
Friedhart Belthle
Wolfgang Göbels
Katrin Höffken
Dr. Martin Janßen
Markus Krysmalski
Jochen Leßmann
Renatus Lütticken
Reinhard Oselies
Wolfgang Rohmann

Cornelsen

Autoren: Friedhart Belthle, Dr. Gisela Bielig-Schulz, Dr. Gerd Birner, Ina Bischof, Jan Block, Florian Borges, Carola Buddensiek, Jochen Dörr, Carina Freytag, Wolfgang Göbels, Katharina Hammer-Schneider, Frank Hauser, Katrin Höffken, Prof. Dr. Thomas Jahnke, Dr. Martin Janßen, Heinrich Kilian, Markus Krysmalski, Jochen Leßmann, Renatus Lütticken, Reinhard Oselies, Wolfgang Rohmann, Dr. Reiner Schmähling, Siegfried Schwehr, PD Dr. Dr. Udo Schwingenschlögl, Renate Seibold, Ursula Simanowsky, Dr. Michael Sinzinger, Sebastian Tyczewski, Claudia Uhl, Hans Wuttke, Emmeram Zebhauser, Monika Zebhauser

Redaktion: Dr. Karen Reitz-Koncebovski
Grafik: Christian Böhning
Umschlaggestaltung: finedesign, Berlin
Technische Umsetzung: CMS – Cross Media Solutions GmbH, Dr. Karen Reitz-Koncebovski

www.cornelsen.de

Im Material wurde der Casio fx-CG 20 verwendet. Das Produkt ist eingetragenes Warenzeichen von Casio.
Im Material wurde der TI Nspire™ CX verwendet. Das Produkt ist eingetragenes Warenzeichen von Texas Instruments.

1. Auflage, 1. Druck 2015

Alle Drucke dieser Auflage sind inhaltlich unverändert
und können im Unterricht nebeneinander verwendet werden.

Druck: AZ Druck und Datentechnik GmbH, Kempten

ISBN 978-3-06-041675-2

PEFC/04-31-2260

PEFC zertifiziert
Dieses Produkt stammt aus nachhaltig bewirtschafteten Wäldern und kontrollierten Quellen.

www.pefc.de

Inhalt

10

1. Extremwertprobleme und Modellbildung

1.1 Höhere Ableitungen und Krümmung

AUFTRAG 1 **Steigungen und Krümmungen**

Die Stelle $x = 3$ ist die Wendestelle der Funktion *f*. Im Höhenprofil ist diese Stelle der Ort des größten Anstiegs, beim Straßenverlauf der Ort, bei dem die Straße ihre Krümmung wechselt. In beiden Fällen gilt: Die Stelle der größten Steigung des Graphen von *f* ist gleichzeitig die Stelle eines Krümmungswechsels.

$f(x) = -\frac{1}{20}(x^3 - 9x^2 + 17x - 27); f'(x) = -\frac{1}{20}(3x^2 - 18x + 17)$

$f''(x) = -\frac{1}{20}(6x - 18)$

Aus $f''(x) = 0$ erhält man die Wendestelle $x_W = 3$

AUFTRAG 2 **Maximale Auswirkungen**

An den Stellen, an denen die Gewinnfunktion den „steilsten" Verlauf hat, an denen also die Steigung am größten ist, wirken sich Veränderungen der Produktionsmenge am stärksten auf den Gewinn aus. Gesucht sind also die Extremstellen der Ableitungsfunktion, also die Wendestellen.

$f''(x) = -150x + 600; \Rightarrow x_W = 4$

14

Aufgaben – Trainieren

1 Um Extrema und Krümmung zu verdeutlichen, sind bei den folgenden Beispielen neben der möglichen Funktion (Volllinie) auch die erste (gestrichelt) und zweite (strich punktiert) Ableitung dargestellt.

a) $f(x) = -(x-2)^2 + 4;\ f'(x) = -2(x-2);\ f''(x) = -2$

b) $f(x) = -(x+3)^3 + 2;\ f'(x) = -3(x+3)^2;\ f''(x) = -6x - 18$

c) $f(x) = x^4 + 2x^3;\ f'(x) = 4x^3 + 6x^2;\ f''(x) = 12x^2 + 12x$

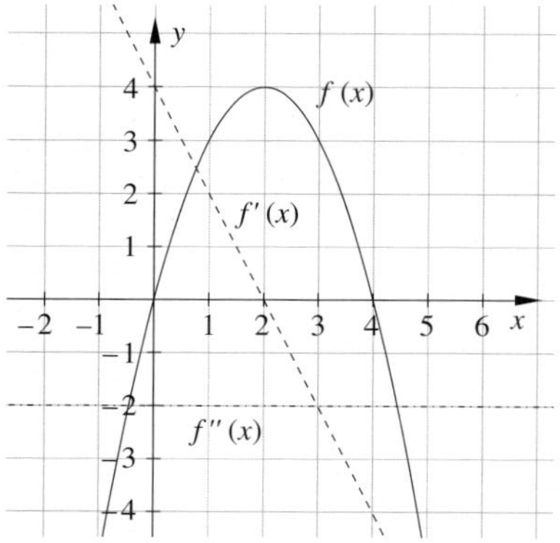

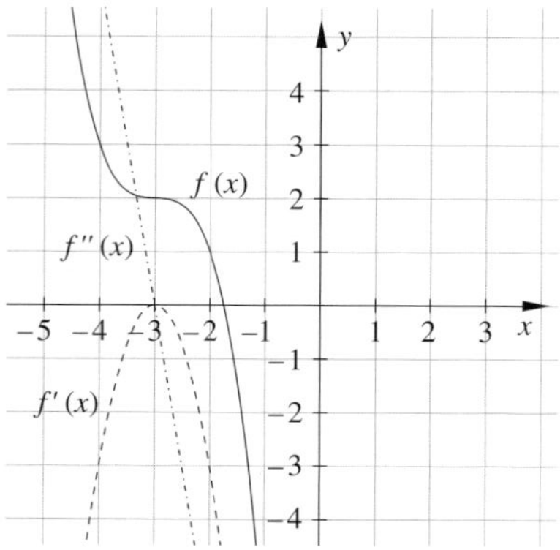

Fortsetzung von Aufgabe 1:

14

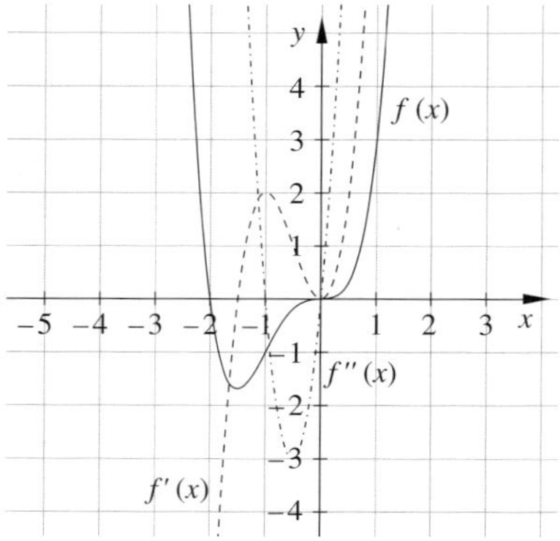

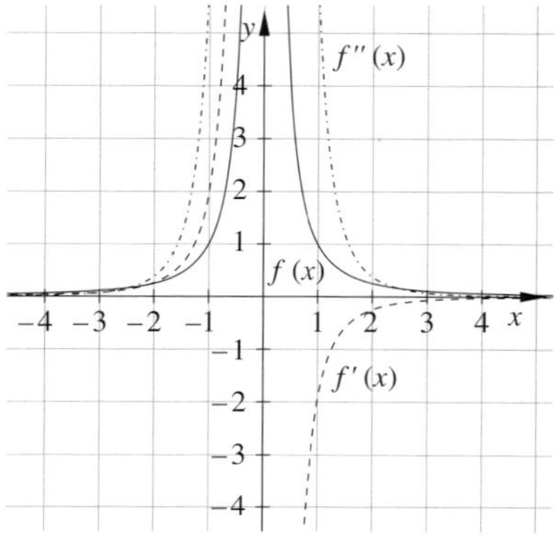

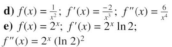

d) $f(x) = \frac{1}{x^2};\ f'(x) = \frac{-2}{x^3};\ f''(x) = \frac{6}{x^4}$

e) $f(x) = 2^x;\ f'(x) = 2^x \ln 2;$
$f''(x) = 2^x (\ln 2)^2$

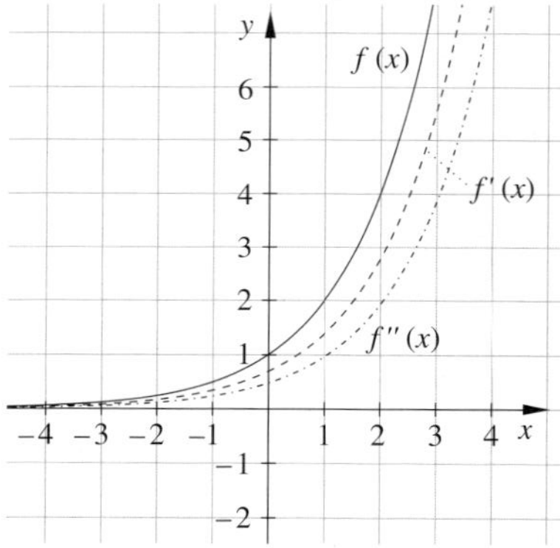

2 Der Graph von $f(x)$ hat an der Stelle $x = 1$ einen Hochpunkt, weil $f'(1) = 0$ ist und einen Vorzeichenwechsel ($+ \rightarrow -$) hat, an der Stelle $x = 3$ einen Tiefpunkt, weil $f'(3) = 0$ ist und einen Vorzeichenwechsel ($- \rightarrow +$) hat, an der Stelle $x = 2$ eine Wendestelle, weil $f'(2)$ einen Tiefpunkt hat.

Der Graph von $g(x)$ hat an der Stelle $x = 2$ einen Sattelpunkt, weil $g'(2) = 0$, aber keinen Vorzeichenwechsel hat, an der Stelle $x = 3{,}3$ eine Wendestelle, an der Stelle $x = 4$ einen Hochpunkt.

b) Um Extrema und Krümmung zu verdeutlichen, sind bei den folgenden Beispielen neben der möglichen Funktion (Volllinie) auch die erste (gestrichelt) und zweite (strich punktiert) Ableitung dargestellt.

Mögliche Graphen von z.B.

$f(x) = \frac{3}{2}x^2;\ f'(x) = 3x;\ f''(x) = 3$

14 **3 a)** $f'(x) = 4x^3 - 1{,}5x^2 + 6x - 11$; $f''(x) = 12x^2 - 3x + 6$; $f'''(x) = 24x - 3$
b) $f'(x) = 3x^3 - 21x^2 + 46x - 17$; $f''(x) = 9x^2 - 42x + 46$; $f'''(x) = 18x - 42$
c) $f'(x) = \frac{1}{12}x^4 + \frac{1}{6}x^3 + \frac{1}{2}x^2 + x$; $f''(x) = \frac{1}{3}x^3 + \frac{1}{2}x^2 + x + 1$; $f'''(x) = x^2 + x + 1$
d) $f'(x) = \frac{7}{3}x^4 + \frac{5}{6}x^3 - \frac{6}{7}x^2 + \frac{6}{11}x$; $f''(x) = \frac{28}{3}x^3 + \frac{5}{2}x^2 - \frac{12}{7}x + \frac{6}{11}$; $f'''(x) = 28x^2 + 5x - \frac{12}{7}$

4 a) $f'(x) = 3x^2 - 6x$; $f''(x) = 6x - 6$; $6x - 6 = 0$; $f'''(x) = 6 \neq 0$;
Wendestelle: $x = 1$
b) $f'(x) = 4x^3 - 48x^3 + 8$; $f''(x) = 12x^2 - 48$; $12x^2 - 48 = 0$;
Wendestellen: $x_1 = 2$; $x_2 = -2$ $\quad f'''(x_1 x_2) \neq 0$
c) $f'(x) = 4x^3 + 48x + 8$; $f''(x) = 12x^2 + 48 = 0$; $12x^2 = -48$
Es gibt keine Wendestelle.
d) $f'(x) = \frac{1}{3}x^3 + \frac{1}{2}x^2 - 2x + 5$; $f''(x) = x^2 + x - 2$; $x^2 + x - 2 = 0$;
Wendestellen: $x_1 = -2$; $x_2 = 1$ $\quad f'''(x_1, x_2) \neq 0$
e) $f'(x) = x^4 - \frac{4}{6}x^3 - x^2$; $f''(x) = 4x^3 - 2x^2 - 2x$; $2x(2x^2 - x - 1) = 0$;
Wendestellen: $x_1 = 1$; $x_2 = -0{,}5$; Sattelpunkt: $x_3 = 0$
f) $f'(x) = 4x^3 - 24x + 4$; $f''(x) = 12x^2 - 24$
Wendestellen: $x_1 = \sqrt{2}$; $x_2 = -\sqrt{2}$ $\quad f'''(x_1, x_2) = 12x^2 - 24$
g) $f'(x) = 30x^4 - 60x^3 + 30x^2$; $f''(x) = 120x^3 - 180x^2 + 60x = 0$
$60x(2x^2 - 3x + 1) = 0$; $x_{1,2} = \frac{3 \pm \sqrt{9-8}}{4} = \frac{3 \pm 1}{4}$
Wendestellen: $x_1 = 1$; $x_2 = 0{,}5$; $x_3 = 0$ $\quad f'''(x_1, x_2) \neq 0$
h) $f'(x) = 1 + \cos(x)$; $f''(x) = -\sin(x)$
Wendestellen: $x = z\pi \quad z \in \mathbb{Z}$

5 a) $f'(x) = 3x^2 - 12x + 12$; $f''(x) = 6x - 12$; $f'''(x) = 6 \neq 0$;
Wendepunkt: $W(2\,|\,10)$
b) $f'(x) = \frac{3}{2}x^2 + 3x + \frac{7}{12}$; $f''(x) = 3x + 3$; $f'''(x) = 3 \neq 0$
Wendepunkt: $W(-1\,|\,-1)$
c) $f'(x) = 4x^3 - 24x^2 + 60x$; $12x^2 - 48x + 60$;
$12x^2 - 48x + 60 = 0$; $x^2 - 4x + 5 = 0$; $x_{1,2} = \frac{4 \pm \sqrt{16 - 20}}{2}$
kein Wendepunkt
d) $f'(x) = -\sin(x) + 2$; $f''(x) = -\cos(x)$; $\cos(x) = 0$; $x = \frac{2n+1}{2}\pi$
Wendepunkte: $W\left(\frac{2n+1}{2} \cdot \pi \,\middle|\, (2n+1)\pi\right)$

6 a) $f'(x) = -2x + 2$; $f''(x) = -2$ überall rechts gekrümmt, weil $f''(x) < 0$
b) $f'(x) = 3x^2 - 14x + 15$; $6x - 14 = 0$; $x = \frac{14}{6} = \frac{7}{3}$;
Für $x < \frac{7}{3}$ ist $f''(x) < 0$, also rechts gekrümmt und
für $x > \frac{7}{3}$ ist $f''(x) > 0$, also links gekrümmt.
c) $f'(x) = -\frac{1}{3}x^3 + x^2 + 1$; $-x^2 + 2x = 0$; $x(-x + 2) = 0$; $x_1 = 0$; $x_2 = 2$
Für $x < 0$ ist $f''(x) < 0$, also rechts gekrümmt, für $0 < x < 2$ ist $f''(x) > 0$, also links gekrümmt, für $x > 2$ ist $f''(x) < 0$, also rechts gekrümmt.

Fortsetzung von Aufgabe 6: 14
d) $f'(x) = -\frac{1}{3}x^3 - x^2 - 2x$; $f''(x) = -x^2 - 2x - 2$; $x^2 + 2x + 2 = 0$;
$x = 1 \pm \sqrt{1 - 2}$; es gibt keine Wendestelle, $f''(x) < 0$, also überall rechts gekrümmt.

7 Allgemein gilt: 15
Tangentengleichung: $y_T = f(x_0) + f'(x_0)(x - x_0)$
Normalengleichung: $y_T = f(x_0) - \frac{1}{f'(x_0)}(x - x_0)$ wobei x_0 jeweils die Wendestelle ist.
a) $f'(x) = 3x^2 - 3$; $f''(x) = 6x$; $x_0 = 0$; $y_T = -3x$; $y_N = \frac{1}{3}x$
b) $f'(x) = 6x^2 - 12x + 10$; $f''(x) = 12x - 12$; $12x - 12 = 0$; $x = 1$
$y_T = 6 + 4(x - 1) = 4x + 2$; $y_N = 6 - \frac{1}{4}(x - 1) = \frac{25 - x}{4}$
c) $f'(x) = 3x^2 + 4$; $f''(x) = 6x$; $x = 0$
$y_T = 2 + 4x$; $y_N = 2 - \frac{1}{4}x$
d) $f'(x) = 3x^2 - 6x + 3$; $f''(x) = 6x - 6$; $6x - 6 = 0$; $x = 1$; $y_T = -4$
Da die Tangente eine Horizontale ist, muss die Normale eine Gerade parallel zur y-Achse durch den Punkt $(1\,|\,-4)$ sein: $x = 1$.

8 a) $x^3 + 6x^2 + 9x = 0$; $x(x^2 + 6x + 9) = 0$; $x_1 = 0$; $x_2 = -3$
$f'(x) = 3x^2 + 12x + 9$; $f''(x) = 6x + 12$; $f'''(x) = 6$
Extrema: $f'(x) = 3x^2 + 12x + 9 = 0$; $x_1 = -1$; $x_2 = -3$
$f(-1) = -4$; $f(-3) = 0$ $\quad H(-3\,|\,0)$; $T(-1\,|\,-4)$
Wendestellen: $f''(x) = 6x + 12 = 0$; $x = -2$; $f(-2) = -2$; $W(-2\,|\,-2)$
b) $x^2(x^2 - 8x + 18) = 0$; $x_{1,2} = 0$; eine weitere Lösung liegt nicht vor, da die Gleichung $x^2 - 8x + 18 = 0$ keine Lösung hat (Diskriminante $D = 64 - 72 < 0$).
$f'(x) = 4x^3 - 24x^2 + 36x$; $12x^2 - 48x + 36$; $f'''(x) = 24x - 48$
$f'(x) = 4x^3 - 24x^2 + 36x = 0$; $4x(x^2 - 6x + 9) = 0$
Mögliche Extrema: $x_1 = 0$; $x_2 = 3$
Weil $f''(0) > 0$ ist, liegt bei $x = 0$ ein Tiefpunkt $T(0\,|\,0)$.
$f''(x) = 12x^2 - 48 + 36 = 0$; $12(x^2 - 4x + 3) = 0$
Mögliche Wendestellen: $x_1 = 1$; $x_2 = 3$
Weil $f'''(1) < 0$ ist, liegt bei $x = 1$ ein Wendepunkt $W(1\,|\,11)$.
Wegen $f'(3) = 0$, $f''(3) = 0$, $f'''(3) > 0$ liegt bei $x = 3$ ein Sattelpunkt: $S(3\,|\,27)$
c) $x^2(3x^2 - 16x + 24) = 0$; $x_{1,2} = 0$; keine weitere Lösung.
$f'(x) = 12x^3 - 48x^2 + 48x$; $f''(x) = 36x^2 - 96x + 48$; $f'''(x) = 72x - 96$
Extrema: $12x(x^2 - 4x + 4) = 0$; $x_1 = 0$; $x_2 = 2$; $T(0\,|\,0)$, weil $f''(0) > 0$ ist.
Wendestellen: $3x^2 - 8x + 4 = 0$; $x = \frac{4 \pm \sqrt{16 - 12}}{3} = \frac{4 \pm 2}{3}$; $x_1 = 2$;
$x_2 = \frac{2}{3}$; $W\left(\frac{2}{3}\,\middle|\,\frac{176}{27}\right)$, weil $f'''(2/3) < 0$ ist.
An der Stelle $x = 2$ liegt ein Sattelpunkt, weil $f'(2) = 0$, $f''(2) = 0$, $f'''(2) > 0$ gilt. $S(2\,|\,16)$

Fortsetzung von Aufgabe 8:

d) $x = -1$ ist eine einfache, $x = 2$ eine doppelte Nullstelle.
$f'(x) = 3x^2 + 6x$; $f''(x) = 6x + 6$; $f'''(x) = 6$
Extrema: $3x(x+2) = 0$; $x_1 = 0$; $x_2 = -2$; $H(-2|8)$, weil $f''(-2) < 0$ ist.
$T(0|4)$, weil $f''(0) > 0$ ist.
Wendestellen: $6x + 6 = 0$; $x = -1$; $W(-1|6)$, weil $f'''(-1) > 0$ ist.
e) $\frac{1}{4}x^2(x^2 + 8x + 18) = 0$; $x_{1,2} = 0$; keine weitere Lösung.
$f'(x) = x^3 + 6x + 9 = 0$; $f''(x) = 3x^2 + 12x + 9$; $f'''(x) = 6x + 12$
Extrema: $x(x^2 + 6x + 9) = 0$; $x_1 = 0$; $x_2 = -3$; $T(0|0)$, weil $f''(0) > 0$ ist.
Wendestellen: $3x^2 + 12x + 9 = 0$; $x_1 = -3$; $x_2 = -1$; $W(-1|\frac{11}{4})$, weil $f'''(-1) < 0$ ist. An der Stelle $x = 2$ liegt ein Sattelpunkt, weil $f'(2) = 0$, $f''(2) = 0$, $f'''(2) > 0$ gilt. $S(-3|\frac{27}{4})$
f) $x_{1,2} = 0$, $H(0|0)$, $S(2|-2)$

9 a) $f'(x) = 16x^7$; $f''(x) = 112x^6$
Mögliche Extrema: $f'(x) = 16x^7 = 0$; $x = 0$
$f''(x)$ ist ebenfalls Null bei $x = 0$; es könnte also auch ein Sattelpunkt vorliegen. Da jedoch $f''(x)$ an der Stelle $x = 0$ keinen Vorzeichenwechsel aufweist, liegt tatsächlich ein Tiefpunkt vor. $T(0|0)$
b) $f'(x) = 35x^4$; $f''(x) = 140x^3$
Mögliche Extrema: $f'(x) = 35x^4 = 0$; $x = 0$
Mögliche Wendestellen: $f''(x) = 0$
$f''(x)$ hat an der Stelle $x = 0$ einen Vorzeichenwechsel, demnach liegt ein Sattelpunkt vor: $S(0|0)$
c) $f'(x) = x^3 - \frac{9}{5}x^2$; $f''(x) = 3x^2 - \frac{18}{5}x$; $f'''(x) = 6x - \frac{18}{5}$
Mgl. Extrema: $f'(x) = x^3 - \frac{9}{5}x^2 = 0$; $x^2\left(x - \frac{9}{5}\right) = 0$; $x_1 = 0$; $x_2 = 1{,}8$
An der Stelle $x_1 = 0$ hat $f'(x)$ keinen Vorzeichenwechsel. Damit kommt diese Stelle nicht für ein Extremum in Frage. An der Stelle $x_2 = 1{,}8$ liegt ein Vorzeichenwechsel ($- \Rightarrow +$) vor. Damit ist diese Stelle ein Tiefpunkt $T(1{,}8|-0{,}874)$.
Mögliche Wendestellen: $f''(x) = 3x^2 - \frac{18}{5}x = 0$; $x_1 = 0$; $x_2 = 1{,}2$;
An beiden möglichen Wendestellen ist $f'''(x)$ ungleich 0, d.h. an beiden Stellen liegen tatsächlich Krümmungsänderungen vor. Wegen $f'(0) = 0$ ist demnach an der Stelle $x = 0$ ein Sattelpunkt $S(0|0)$ und an der Stelle $x = 1{,}2$ ein Wendepunkt $W(1{,}2|-0{,}52)$.
d) Der Graph hat keine Hoch- oder Tiefpunkte. $S_1(-2|-4)$, $W(-1|-2)$ $S_2(0|0)$

NOCH FIT?

I a) $x^4 - 2{,}8x^3 + 1{,}97x^2 = 0 \Leftrightarrow x^2 \cdot (x^2 - 2{,}8x + 1{,}97) = 0$
$\Leftrightarrow x = 0$
b) $x^3 - 8x^2 + 9x - 2 = 0 \Leftrightarrow x \approx 0{,}3 \lor x = 1 \lor x \approx 6{,}7$
c) $x^4 - 3x^3 + 4x^2 - 14x + 6 = 0 \Leftrightarrow x \approx 0{,}47 \lor x = 3$

Fortsetzung von Aufgabe I:

d) $\frac{1}{20}x^2 - \frac{1}{4}x^3 + \frac{1}{5}x = 0 \Leftrightarrow x \cdot (x^4 - 5x^2 + 4) = 0$
$\Leftrightarrow x \cdot (x^2 - 1) \cdot (x^2 - 4) = 0$
$\Leftrightarrow x = 0 \lor x = -1 \lor x = 1 \lor x = -2 \lor x = 2$
e) $x^4 + 2x^3 - 13x^2 - 14x + 24 = 0 \Leftrightarrow x = -4 \lor x = -2 \lor x = 1 \lor x = 3$
f) $1{,}5x^3 - 9x^2 + 13{,}5x - 2 = 0 \Leftrightarrow x \approx 0{,}17 \lor x \approx 2{,}23 \lor x \approx 3{,}61$

II a) $f(x) = g(x) \Leftrightarrow \frac{1}{9}x^3 - \frac{2}{3}x^2 = 0$
$\Leftrightarrow x^2(x - 6) = 0$
$\Leftrightarrow x = 0 \lor x = 6$
$S_1(0|\pi)$, $S_2(6|\pi)$

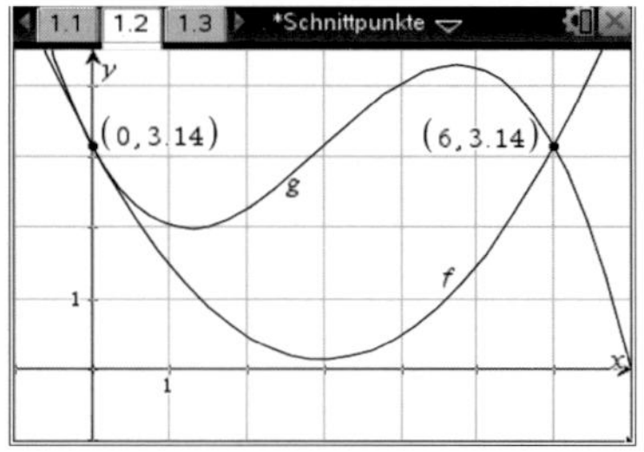

b) $f(x) = g(x) \Leftrightarrow \frac{3}{4}x^4 - 4x^3 + 5x^2 = 0$
$\Leftrightarrow x^2(x^2 - \frac{16}{3}x + \frac{20}{3}) = 0$
$\Leftrightarrow x = 0 \lor x = \frac{8}{3} + \frac{2}{3}$
$\Leftrightarrow x = 0 \lor x = 2 \lor x = \frac{10}{3}$
$S_1(0|1)$, $S_2(2|1)$, $S_3(\frac{10}{3}|\frac{49}{9})$

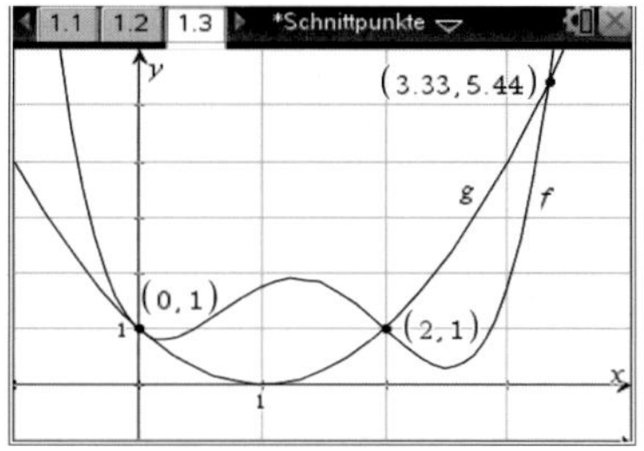

c) $f(x) = g(x) \Leftrightarrow 4{,}5x^3 - 27x^2 + 49{,}5x - 27 = 0$
$\Leftrightarrow x = 1 \lor x = 2 \lor x = 3$
$S_1(1|-2)$, $S_2(2|4)$, $S_3(3|1)$

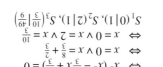

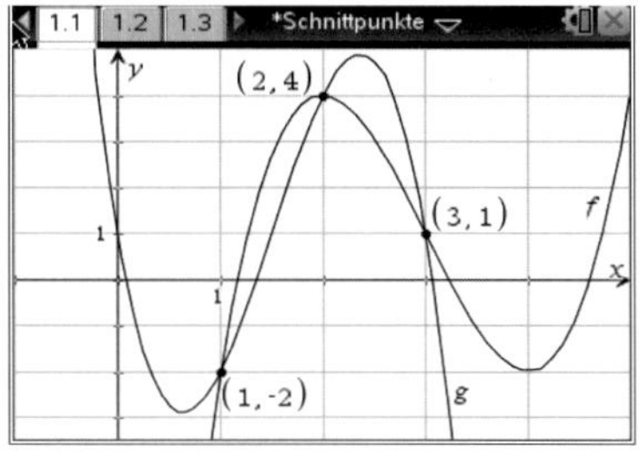

15 **Fortsetzung von Aufgabe II:**

d) $f(x) = g(x) \Leftrightarrow \frac{3}{4}x^3 + \frac{3}{4}x^2 - \frac{3}{4}x - \frac{3}{4} = 0$

$\Leftrightarrow x^3 + x^2 - x - 1 = 0$

$\Leftrightarrow x = -1 \vee x = 1$

$S_1(-1\,|\,7), S_2(1\,|\,3)$

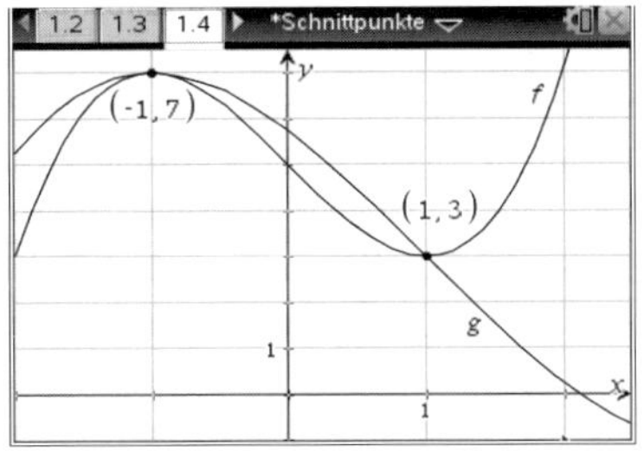

Aufgaben – Anwenden

10 a) $f'(x) = -\frac{1}{6}x^3 - \frac{1}{4}x^2 + \frac{15}{8}x$; $f''(x) = -\frac{1}{2}x^2 - \frac{1}{2}x + \frac{15}{8} = 0$.

Als mögliche Extremstellen von f' erhält man $x_1 = -2{,}5$ und $x_2 = 1{,}5$.

Da die Funktion f'' an den Stellen x_1 und x_2 ihr Vorzeichen wechselt, liegen Extremstellen von $f'(x)$ vor. Die Funktion f' nimmt bei $x_1 = -2{,}5$ ihr Minimum und bei $x_2 = 1{,}5$ ihr Maximum an. Da der Schildkröte nur das Bergauflaufen Probleme bereitet, ist nur die Stelle $x_2 = 1{,}5$ von weiterer Bedeutung.

Wegen $f(1{,}5) \approx 1{,}62$ kann die Schildkröte bei einem Meeresspiegel von $h \geq 1{,}62$ die steilste Stelle schwimmend überwinden.

b) $f'(x) = -\frac{1}{6}x^3 - \frac{1}{4}x^2 + \frac{15}{8}x = 0$.

Diese Gleichung liefert die Lösungen $x_1 = 0$, $x_2 \approx -4{,}19$ und $x_3 \approx 2{,}69$.

Überprüfung der möglichen Extremstellen mit der zweiten Ableitung:

$f''(0) = \frac{15}{8} > 0$,

$f''(-4{,}19) = -4{,}81 < 0$,

$f''(2{,}69) = -3{,}09 < 0$.

Wegen $f'(0) = 0$ und $f''(0) > 0$ hat der Graph bei $x_1 = 0$ einen Tiefpunkt.

An den Stellen x_2 und x_3 hat der Graph von f entsprechend einen Hochpunkt.

Die Höhendifferenz (in 10 m) zwischen dem Berggipfel und der Insel ist die Differenz der y-Werte der beiden Hochpunkte:

$|f(-4{,}19) - f(2{,}69)| = |9{,}75 - 2{,}98| = 6{,}77$, also knapp 68 m.

16 **11 a)** Der Lenkeinschlag ist an den Wendestellen Null.

$f'(x) = 0{,}04x^3 - 0{,}36x^2 + 0{,}72x$; $f'(x) = 0{,}12x^2 - 0{,}72x + 0{,}72$;

$0{,}12x^2 - 0{,}72x + 0{,}72 = 0$; $x^2 - 6x + 6 = 0$; $x_{1,2} = 3 \pm \sqrt{3}$.

$f'''(x) = 0{,}24x - 0{,}72$ An beiden berechneten Positionen ist die 3. Ableitung von Null verschieden, was die Existenz der Wendepunkte bestätigt.

b) Linkskurve für $0{,}5 < x < 3 - \sqrt{3}$ $f''(x) > 0$

Rechtskurve für $3 - \sqrt{3} < x < 3 + \sqrt{3}$ $f''(x) < 0$

Linkskurve für $3 + \sqrt{3} < x < 7$ $f''(x) > 0$

12 a) $g(5) = 640$; $g_m = g(5) = 19\,200$ € 16

b) Gesucht ist die Stückzahl, bei der die Änderungsrate, also die erste Ableitung ein Maximum hat.

$g'(x) = -60x^2 + 480x - 420$; $g''(x) = -120x + 480$; $g'''(x) = -120$

$-120x + 480 = 0$; $x = 4$; dies ist eine Wendestelle, bzw. ein Maximum der 1. Ableitung, weil $f'''(4) < 0$ ist.

c) Zu berechnen ist das Maximum der genannten Funktion.

$-60x^2 + 480x - 420 = 0$; $-x^2 + 8x - 7 = 0$; $x_1 = 7$; $x_2 = 1$

An der Stelle x1 hat die Funktion ihr Maximum, da $f''(7)$ negativ ist. $H(7\,|\,1200)$

13 a) Berechnung des Maximums des Höhenprofils:

$f'(x) = \frac{1}{3}x^2 - 2x + \frac{8}{3}$; $x^2 - 6x + 8 = 0$; $x_1 = 2$ (Max); $x_2 = 4$ (Min);

$f(2) = 222{,}22$ m;

Steigungswinkel der Graden vom Ursprung durch das Maximum:

$\tan\alpha = \frac{222}{2000} = 0{,}111$; $\alpha = 6{,}33°$

b) Die größte Steigung tritt zu Beginn der Tour bei $x = 0$ auf. Die Steigung beträgt hier $f'(0) = \frac{8}{3}$. Unter Berücksichtigung der Einheiten (y-Achse ist in 100 m, x-Achse in 1 km skaliert) gilt:

$\tan\beta = \frac{8}{30} = 0{,}267$; $\beta = 14{,}93°$; $\frac{\beta - \alpha}{\alpha} \cdot 100\,\% = 135\,\%$

c) Bergab verläuft die Strecke zwischen den Extrempunkten $x_1 = 2$ km und $x_2 = 4$ km, also über insgesamt 2 km.

d) $f(4) = 177{,}78$ m; $f(2) - f(4) = 44{,}44$ m

e) $f''(x) = \frac{2}{3}x - 2$; $\frac{2}{3}x - 2 = 0$; $x = 3$; $f(3) = 2$;

Der steilste Abfall liegt im Wendepunkt $W(3\,|\,2)$

f) Jeweils am Anfang und am Ende der Tour, also bei den Randwerten $x = 0$ und $x = 6$ ist die Steigung mit $f'(0) = \frac{8}{3}$, bzw. $f'(6) = \frac{8}{3}$ am größten.

14 Zu berechnen ist das Maximum der 1. Ableitung

$B'(t) = \frac{15}{102\,400}t^4 - \frac{12}{1024}t^3 + \frac{15}{64}t^2$

$B''(t) = \frac{60}{102\,400}t^3 - \frac{36}{1024}t^2 + \frac{30}{64}t$

$6t\left(\frac{t^2}{10\,240} - \frac{6t}{1024} + \frac{5}{64}\right) = 0$; $t_1 = 0$ ist nicht das Maximum, da hierfür sowohl der Andrang (1. Ableitung) als die Besucherzahl selbst Null sind.

$t^2 - 60t + 800 = 0$; $t_2 = 20$; $t_3 = 40$

Der Wert für t_3 liegt außerhalb des betrachteten Intervalls, also muss der gesuchte Zeitpunkt $t_2 = 20$ [min.] sein. Tatsächlich liegt hierfür ein Vorzeichenwechsel der zweiten Ableitung von positiv nach negativ vor.

16

15 a) $f(21) = \frac{2}{5}$; $N_{21} = 40$ Bes.; $f(23) = \frac{28}{15}$; $N_{23} = 187$ Bes.

$f(1) = \frac{26}{15}$; $N_1 = 174$ Bes.

b) $f'(x) = -\frac{1}{5}x^2 + \frac{4}{5}x$; $\frac{1}{5}x(-x+4) = 0$; $x_1 = 0$ ist ein Minimum, weil $f''(0) > 0$ ist.

$x_2 = 4$ ist die gesuchte Maximalstelle, weil $f''(0) < 0$ ist.

$f(4) = 2{,}2$; $N_{24} = 220$ Besucher sind um 24 Uhr in der Disco.

c) $f'_3(x) = \frac{3}{5}$ gibt den momentanen Zuwachs der Besucherzahl um 23 Uhr an:
N'_3 60 Bes/St.

d) $f''_3(x) = -\frac{2}{5}x + \frac{4}{5}$;

$\frac{2}{5}x + \frac{4}{5} = 0$; $x = 2$; $f'(2) = \frac{4}{5}$

Um 22 Uhr herrscht mit 80 Besuchern pro Stunde der maximale Andrang.

e) Vgl. nebenstehende Abbildung;
Von ca. 22:30 Uhr bis ca. 1:15 Uhr

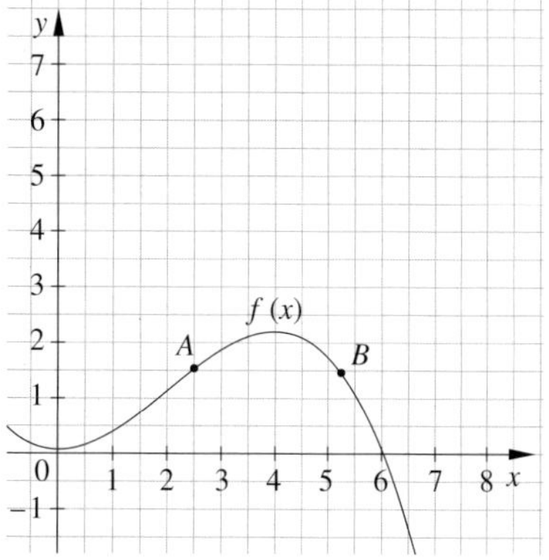

17

16 a) Die horizontale Gerade wird im folgenden mit „I", die zweite Gerade mit „II" bezeichnet.

1. Die Funktionswerte stimmen an den Intervallgrenzen überein:
$f_1(0) = 2 = y_I(0)$; $f_1(4) = 1 = y_{II}(4)$

2. Die Steigungen stimmen an den Intervallgrenzen überein:
$f'_1(x) = -\frac{9}{32}x^2 + \frac{5}{8}x$;
$f'_1(0) = 0 = y'_I(0)$ $\quad f'_1(4) = -2 = y_{II}(4)$

3. Die Krümmungen stimmen an den Intervallgrenzen nicht überein.
Die beiden Geraden haben natürlich die Krümmung Null, während die Funktion eine von Null verschiedene Krümmung hat:

$f''_1(x) = -\frac{9}{16}x + \frac{5}{8}$; $f''_1(0) = \frac{5}{8} \neq 0$; $f'_1(4) = -\frac{13}{8} = -1{,}625 \neq 0$

17

Fortsetzung von Aufgabe 16:

b) Kurvenverlauf 2 Funktionswerte:

$f_2(x) = -\frac{5}{256}x^4 + \frac{1}{6}x^3 + 2$;

$f_2(0) = y(0) = 2$; $f_2(4) = y(4) = 1$

Ableitungen:

$f'_2(x) = -\frac{5}{64}x^3 + \frac{3}{16}x^2$;

$f'_2(0) = y'(0) = 0$;

$f'_2(4) = y'(4) = -2$

Krümmungen:

$f''_2(x) = -\frac{15}{64}x^2 + \frac{6}{16}x$;

$f''_2(0) = y'' = 0$;

$f''_2(4) = -2{,}25 \neq 0$

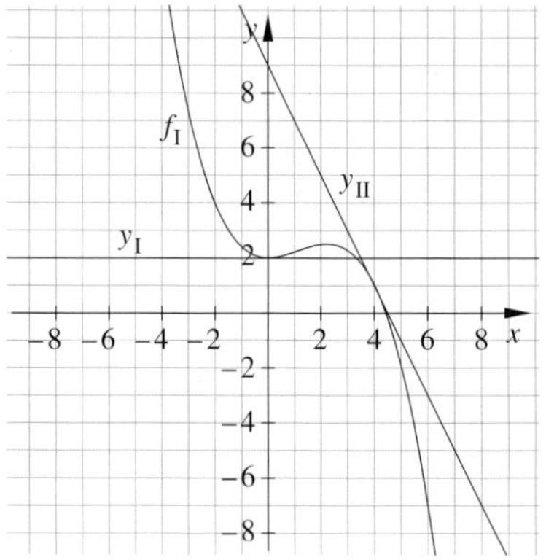

Der Kurvenverlauf 2 ist etwas besser geeignet, weil wenigstens am linken Rand die Gleichheit der Krümmungen gegeben ist.

Kurvenverlauf 3

Funktionswerte:

$f_3(x) = \frac{9}{512}x^5 - \frac{41}{256}x^4 + \frac{11}{32}x^3 + 2$;

$f_3(0) = y(0) = 2$; $f_3(4) = y(4) = 1$;

Ableitungen:

$f'_3(x) = \frac{45}{512}x^4 + \frac{164}{256}x^3 + \frac{33}{32}x^2$;

$f'_3(0) = y'(0) = 0$; $f'_3(4) = y'(4) = -2$

Krümmungen:

$f''_3(x) = \frac{180}{512}x^3 - \frac{492}{256}x^2 + \frac{66}{32}x$;

$f''_3(0) = y'' = 0$; $f''_3(4) = -2{,}25 \neq 0$

Dieser Verlauf ist gut geeignet, in allen Punkten gibt es Übereinstimmung.

17 a) $S(10) = 106\frac{2}{3}\,L$

b) Gesucht ist die maximale Zunahme (Steigung) an Sauerstoff.
$S'(t) = -t^2 + 28t - 132$; $S'(t) = -2t + 28$; $t = 14$ Uhr
Die 3. Ableitung ist negativ, daher liegt hier ein Maximum vor.

c) $S(20) = -1/3 \cdot 8000 + 14 \cdot 400 - 132 \cdot 20 + 360 = 653{,}31$
$\frac{S(20)}{14} = 46{,}67$ l/St.

d) Zwischen 6 Uhr und 14 Uhr ist der Graph der Funktion links gekrümmt ($S'(t) > 0$), d. h. die Sauerstoffproduktion pro Stunde nimmt zu.

17

18 a) $r(2) = \frac{16}{480} - \frac{8}{15} + 3 = 2{,}5\,\text{mm/m}^2$
$r(4) = \frac{256}{480} - \frac{64}{15} + 12 = 8{,}27\,\text{mm/m}^2$
$r(8) = \frac{4096}{480} - \frac{512}{15} + 48 = 22{,}4\,\text{mm/m}^2$
b) $r'(x) = \frac{4}{480}x^3 - \frac{3}{45}x^2 + \frac{3}{2}x;\ r''(x) = \frac{12}{480}x^2 - \frac{6}{15}x + \frac{3}{2}$;
Um 6 Uhr war der Regen am stärksten, weil $r''(x)$ an der Stelle $x = 6$ einen Vorzeichenwechsel ($+ \rightarrow -$) hat.
c) Um 1 Uhr beträgt die Zunahme der Regenmenge $r'(1) = \frac{4}{480} - \frac{3}{15} + \frac{3}{2} = 1{,}31$
Wenn es mit dieser Intensität 5 Stunden weiter regnet, so entsteht eine Regenmenge von $1{,}31 \cdot 5 = 6{,}55\,\text{mm/m}^2$.
Bis 1 Uhr war bereits eine Regenmenge von $0{,}685\,\text{mm/m}^2$ entstanden, so dass die Gesamtmenge $7{,}23\,\text{mm/m}^2$ beträgt.

18 **Aufgaben – Vernetzen**

19 a) Es geht in allen Beispielen um eine Trendwende, d. h. die momentane Änderungsrate erreicht einen minimalen bzw. maximalen Wert. Individuelle Skizzen.
b) Das Verhalten lässt sich sich durch eine Funktion modellieren. Rechnerisch sind die Extremstellen der Ableitungsfunktion zu bestimmen.

20 Ohne weitere Bedingungen ist die Aussage nicht gültig.
Gegenbeispiele: $f(x) = x$; $f(x) = 0$. Diese Funktionen sind punktsymmetrisch zum Ursprung und besitzen keinen Wendepunkt, weil die hinreichende Bedingung ($f'''(x)$ ungleich 0) nicht erfüllt ist.
Wenn man die Bedingungen stellt, dass der Grad der Funktion größer 1 ist, so ist wegen der Punktsymmetrie mindestens ein Koeffizient einer ungeraden Potenz nicht Null. Beim zweimaligen Ableiten entsteht dann ein Ausdruck mit ausschließlich ungeraden Potenzen. Wenn die kleinste Potenz dabei 1 ist, entsteht in der 3. Ableitung ein absolutes Glied, so dass gilt $f(0) = 0$; $f''(0) = 0$; $f'''(0) \neq 0$, womit die Bedingungen für einen Wendepunkt erfüllt sind. Wenn der Grad der kleinsten Potenz in der 2. Ableitung größer ist als 1, dann wird die 3. Ableitung ebenfalls Null an der Stelle Null. Aber wegen der ausschließlich ungeraden Exponenten hat die 2. Ableitung an der Stelle 0 einen Vorzeichenwechsel, so dass auch hier ein Wendepunkt vorliegt.

21 a) $f'(x) = 3ax^2 + 2bx + c;\ f''(x) = 6ax + 2b;\ f'''(x) = 6a$
$6ax + 2b = 0;\ x = \frac{-2b}{6a} = -\frac{b}{3a}$, mit $f'''(x) \neq 0$
b) $f'(x) = 0$ führt auf $x_{1;2} = \frac{1}{3a}(-b \pm \sqrt{b^2 - 3ac})$
Zwei Extremstellen liegen vor, wenn $\sqrt{b^2 - 3ac} > 0$.
Keine Extremstellen liegen vor, wenn $\sqrt{b^2 - 3ac} < 0$.
Eine Extremstelle liegt vor, wenn $\sqrt{b^2 - 3ac} = 0$.

18

22 a) $f'(x) = 3x^2 + 2ax + b;\ f''(x) = 6x + 6a;\ f'''(x) = 6$
$6x + 6a = 0;\ x = -a$, mit $f'''(x) \neq 0$
$\text{f}(a) = -a^2 + 3a^3 - ba + c = 2a^3 - ba + c;\ W(-a\,|\,2a^3 - \text{ba} + \text{c})$
b) $f'(x) = 3a^2 - 6a^2 + b = -3a^2 + b$

23 a) $f'(x) = 4ax^3 + 2bx;\ f''(x) = 12\text{a}x^2 + 2b;\ f'''(x) = 24ax$
$12ax^2 + 2b = 0;\ x = \pm\sqrt{\frac{-b}{6a}}\,.\ f'''(x) \neq 0$
Der Graph der Funktion hat zwei Wendestellen, wenn $(b/a) < 0$ und hat keine Wendestelle, wenn $(b/a) > 0$
b) $4ax^3 + 2bx = 0;\ 2x(2ax^2 + b) = 0;\ x_1 = 0;\ x_{2,3} = \pm\sqrt{\frac{-b}{2a}}$
Der Graph der Funktion hat 3 Extremstellen, wenn $(b/a) < 0$ und eine, wenn $(b/a) > 0$.

24 $f'(x) = 1 - \cos x \qquad f''(x) = \sin x \qquad f'''(x) = \cos x$
$1 - \cos x = 0;\ \cos x = 1;\ x = 2\pi n;\ n \in \mathbb{Z}$
$f''(2\pi n) = 0 \qquad f'''(2\pi n) = 1$
Der Graph von f besitzt unendlich viele Sattelpunkte.

25 $f(x) = ax^3 + bx^2 + cx + d;\ f'(x) = 3ax^2 + 2bx + c;\ f''(x) = 6ax + 2b = 0$
Extrema: $f'(x) = 0 \qquad x_1 = \frac{-b + \sqrt{b^2 - 3ac}}{3a} \qquad x_2 = \frac{-b - \sqrt{b^2 - 3ac}}{3a}$
Wendestellen: $f''(x) = 0 \qquad x = -\frac{2b}{6a} = \frac{-b}{3a}$;
Die Mitte zwischen den Extrema:
$\frac{x_1 + x_2}{2} = \frac{1}{2}\left(\frac{-b - \sqrt{b^2 - 3ac}}{3a} + \frac{-b + \sqrt{b^2 - 3ac}}{3a}\right) = \frac{-b}{3a}$

26 a) $x^2\left(\frac{-x}{t^2} + \frac{3}{t}\right) = 0; \qquad x_1 = 0;\ x_2 = 3t$
b) $f'_t(x) = -\frac{3x^2}{t^2} + \frac{6x}{t}; \qquad f''_t(x) = -\frac{6x}{t^2} + \frac{6x}{t}; \qquad f'''_t(x) = \frac{6}{t^2}$
c) $f'_t(x) = -\frac{3x^2}{t^2} + \frac{6x}{t} = 0; \qquad -3x\left(\frac{x}{t^2} - \frac{2}{t}\right) = 0;\ x_1 = 0;\ x_2 = 2t$
Extrema: $T(0\,|\,0)$; $H(2t\,|\,4t)$;
$f''_t(x) = -\frac{6x}{t^2} + \frac{6}{t} = 0; \qquad x = t; \qquad$ Wendepunkt: $W(t\,|\,2t)$
d) Der Parameter t wird nun als freie Variable betrachtet. Zu jedem t gehört ein Wendepunkt mit der Ordinate $2t$. Also liegen die Wendepunkte auf der Geraden $y = 2t$.

1.2 Extremwertprobleme

AUFTRAG 1 **Werbefläche**

Die Modellierung des Parabelbogens und damit auch die Zielfunktion hängen von der Wahl des Koordinatensystems ab.

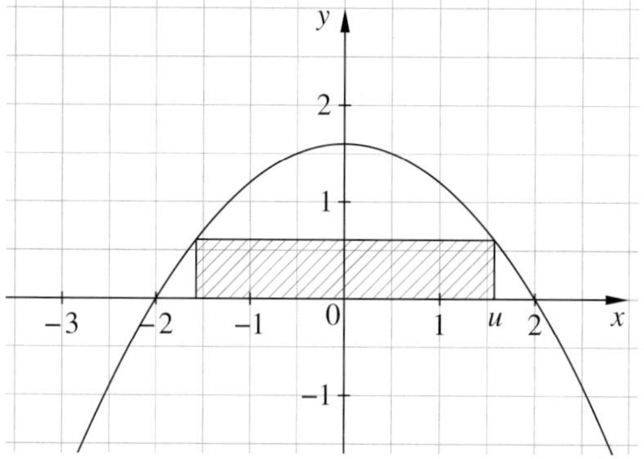

Parabelbogen in Abhängigkeit von x (in m): $f(x) = a \cdot (x + 2) \cdot (x - 2)$

Aus $f(0) = 1{,}6$ folgt $a = -0{,}4$ und damit $f(x) = -0{,}4 \cdot (x^2 - 4)$ mit $-2 \le x \le 2$.

Flächeninhalt des Schildes: $A = b \cdot h$

Nebenbedingungen: $b = 2u$

$h = f(u)$

$A(u) = 2u \cdot f(u)$

$= -\frac{4}{5}u^3 + \frac{16}{5}u \quad (0 \le u \le 2)$

$A'(u) = -\frac{12}{5}u^2 + \frac{16}{5}$

$A''(u) = -\frac{24}{5}u$

$-\frac{12}{5}u^2 + \frac{16}{5} = 0 \Rightarrow u_1 = \frac{2}{\sqrt{3}}$

$u_2 = -\frac{2}{\sqrt{3}}$ (Entfällt wegen $u_2 < 0$.)

$A''(u_1) = -\frac{16}{5}\sqrt{3} < 0 \Rightarrow$ Maximum

Randwerte: $A(0) = 0$

$A(2) = 0$

Folglich liegt an der Stelle u_1 ein absolutes Maximum vor. Das Schild mit dem größtmöglichen Flächeninhalt ist ca. 2,31 m breit und ca. 1,07 m hoch.

AUFTRAG 2 **Traglast einer Dachpfette**

Dieser Auftrag wird im Schülerbuch auf Seite 20 ff. bearbeitet.

Aufgaben – Trainieren

1 a) Umfang des Rechtecks: $U = 2(x + y) = 28\,\text{cm}$

Die andere Seite y des Rechtecks hat die Seitenlänge $y = x - 14\,\text{cm}$.

Flächeninhalt des Rechtecks: $A = x \cdot y \Rightarrow A(x) = x \cdot (x - 14\,\text{cm})$

b) Flächeninhalt des Rechtecks: $A = x \cdot y$ (mit $x = 2y$ bzw. $y = \frac{1}{2}x$)

$= x \cdot \frac{1}{2}x = \frac{1}{2}x^2$

c) Für die Kantenlänge a des Würfels gilt:

Gesamtkantenlänge:

$K = 12a \Rightarrow a = \frac{K}{12} \Rightarrow V(K) = \left(\frac{K}{12}\right)^3$

Volumen:

$V = a^3 \Rightarrow a = \sqrt[3]{V} \Rightarrow K(V) = 12\sqrt[3]{V}$

d) Für die Kantenlänge a des Würfels gilt:

Inhalt der Würfeloberfläche:

$O = 6a^2 \Rightarrow a = \sqrt{\frac{O}{6}} \Rightarrow V(O) = \left(\sqrt{\frac{O}{6}}\right)^3$

Volumen:

$V = a^3 \Rightarrow a = \sqrt[3]{V} \Rightarrow O(V) = 6\sqrt[3]{V}$

e) $a = 2b;\ b = 2c \Rightarrow a = 4c$

$V = a \cdot b \cdot c \Rightarrow V(a) = a \cdot \frac{a}{2} \cdot \frac{a}{4} = \frac{1}{8}a^3$

$V(b) = 2b \cdot b \cdot \frac{b}{2} = b^3$

$V(c) = 4c \cdot 2c \cdot c = 8c^3$

2 a) Für ein Rechteck mit den Seitenlängen a und b und dem Umfang 1 (in m) gilt:

Zielfunktion: $A = a \cdot b$

Nebenbedingung: $1 = 2a + 2b \Rightarrow b = \frac{1}{2} - a \Rightarrow A(a) = a \cdot \left(\frac{1}{2} - a\right) = -a^2 + \frac{1}{2} \cdot a$

Definitionsbereich: $0 \le a \le \frac{1}{2}$

$A'(a) = -2a + \frac{1}{2}$

$A'(a) = 0$ hat die Lösung $a = \frac{1}{4}$.

$A''(a) = -2 < 0$ (unabhängig von a), also liegt ein relatives Maximum vor.

Für die Randwerte gilt $A(0) = 0$ und $A\left(\frac{1}{2}\right) = 0$, folglich ist es ein absolutes Maximum.

Es ist $b = \frac{1}{2} - \frac{1}{4} = \frac{1}{4}$, das optimale Rechteck ist demnach ein Quadrat.

b) Für ein Rechteck mit den Seitenlängen a und b und dem Umfang U gilt:

Zielfunktion: $A = a \cdot b$

Nebenbedingung: $U = 2a + 2b \Rightarrow b = \frac{U}{2} - a \Rightarrow A(a) = a \cdot \left(\frac{U}{2} - a\right) = -a^2 + \frac{U}{2} \cdot a$

Definitionsbereich: $0 \le a \le \frac{U}{2}$

$A'(a) = -2a + \frac{U}{2}$

$A'(a) = 0$ hat die Lösung $a = \frac{U}{4}$.

$A''(a) = -2 < 0$ (unabhängig von a), also liegt ein relatives Maximum vor.

Für die Randwerte gilt $A(0) = 0$ und $A\left(\frac{U}{2}\right) = 0$, folglich ist es ein absolutes Maximum.

Es ist $b = \frac{U}{2} - \frac{U}{4} = \frac{U}{4}$, das optimale Rechteck ist demnach ein Quadrat.

Das Ergebnis aus a) ist auf beliebige Rechtecke übertragbar.

3 Zielfunktion: $A = a \cdot b$

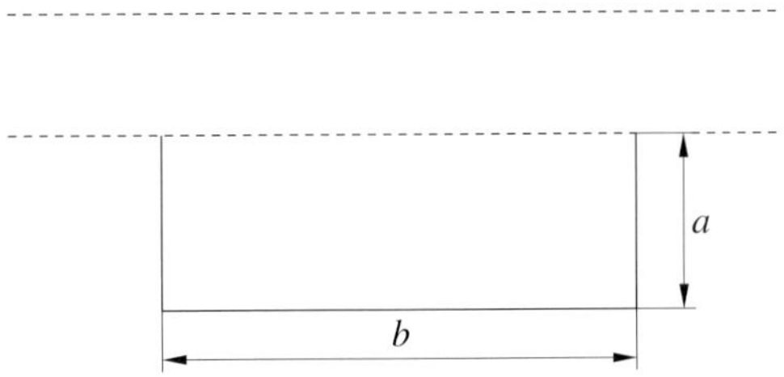

Nebenbedingung: $2a + b = 200$

$\Rightarrow \; b = 200 - 2a$

$\Rightarrow \; A(a) = a \cdot (200 - 2a)$

Definitionsbereich:

$0 \leq a \leq 100$

Der Graph von A ist eine nach unten geöffnete Parabel mit dem Scheitelpunkt an der Stelle $a = 50$. Eine Weidefläche mit maximalem Flächeninhalt erhält man also für einen Zaun mit zwei 50 m langen Seiten und einer 100 m langen Seite.

4 a) Zielfunktion: $P = x \cdot y$

Nebenbedingung: $x + y = 100 \;\Rightarrow\; y = 100 - x \;\Rightarrow\; P(x) = x \cdot (100 - x)$

$D_P = \{x \mid 0 \leq x \leq 100\}$

Der Graph von P ist eine nach unten geöffnete Parabel.

Absolutes Maximum: x-Wert des Scheitelpunkts bei $x = \frac{100}{2} = 50 \;\Rightarrow\; y = 50$

Für $x = 50$ und $y = 50$ wird das Produkt der beiden Zahlen maximal.

Das absolute Minimum wird am Rand von D angenommen:

Für $x = 0$ und $y = 100$ bzw. $x = 100$ und $y = 0$ wird das Produkt der beiden Zahlen minimal.

b) Zielfunktion: $P = x^2 + y^2 \quad D_P = \{x \mid 0 \leq x < \infty\}$

Nebenbedingung: $x + y = 100 \;\Rightarrow\; y = 100 - x \;\Rightarrow\; P(x) = x^2 + (100 - x)^2$

$= 2x^2 - 200x + 10000$

Der Graph von P ist eine nach oben geöffnete Parabel.

Für die Summe der Quadrate existiert kein absolutes Maximum.

Absolutes Minimum: x-Wert des Scheitelpunkts bei $x = \frac{100}{2} = 50 \;\Rightarrow\; y = 50$

Für $x = 50$ und $y = 50$ ist die Summe der Quadrate von x und y minimal.

c) Zielfunktion: $S = x + y$

Nebenbedingung: $x \cdot y = 100 \;\Rightarrow\; y = \frac{100}{x}$

$\Rightarrow \; S(x) = x + \frac{100}{x}$

$D_S = \{x \mid 0 < x < \infty\}$

$S'(x) = 1 - \frac{100}{x^2}$

$S'(x) = 0 \;\Rightarrow\; x_1 = -10$ (entfällt wegen $x > 0$)

$x_2 = 10$

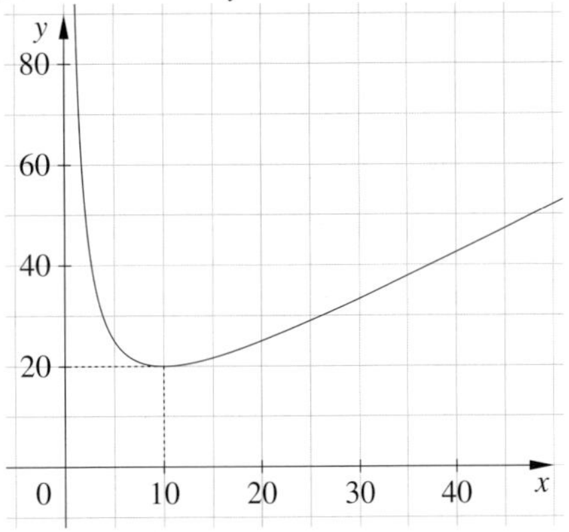

S' hat an der Stelle $x_2 = 10$ einen Vorzeichenwechsel von – nach +, somit liegt ein relatives Minimum vor. Am Graphen von S erkennt man, dass es kein Randmaximum gibt.

Die Summe der beiden Zahlen x und y ist minimal für $x = 10$ und $y = 10$.

22

Fortsetzung von Aufgabe 4:

d) Die positive Zahl wird mit z bezeichnet.

Zu a):

Zielfunktion: $P = x \cdot y$

Nebenbedingung: $x + y = z \;\Rightarrow\; y = z - x \;\Rightarrow\; P(x) = x \cdot (z - x)$

$D_P = \{x \mid 0 \leq x \leq z\}$

Der Graph von P ist eine nach unten geöffnete Parabel.

Absolutes Maximum:

x-Wert des Scheitelpunkts bei $x = \frac{z}{2} \;\Rightarrow\; y = \frac{z}{2}$

Für $x = \frac{z}{2}$ und $y = \frac{z}{2}$ wird das Produkt der beiden Zahlen maximal.

Das absolute Minimum wird am Rand von D angenommen:

Für $x = 0$ und $y = z$ bzw. $x = z$ und $y = 0$ wird das Produkt der beiden Zahlen minimal.

Zu b):

Zielfunktion: $P = x^2 + y^2$

Nebenbedingung: $x + y = z \;\Rightarrow\; y = z - x \;\Rightarrow\; P(x) = x^2 + (z - x)^2 = 2x^2 - 2xz + z^2$

$D_P = \{x \mid 0 \leq x < \infty\}$

Der Graph von P ist eine nach oben geöffnete Parabel.

Für die Summe der Quadrate existiert kein absolutes Maximum.

Absolutes Minimum:

$P'(x) = 4x - 2z$

$P'(x) = 0 \;\Rightarrow\; x = \frac{z}{2}$

Folglich hat die nach oben geöffnete Parabel einen Scheitelpunkt mit dem x-Wert $\frac{z}{2}$.

$\Rightarrow \; y = \frac{z}{2}$.

Für $x = \frac{z}{2}$ und $y = \frac{z}{2}$ ist die Summe der Quadrate von x und y minimal.

Zu c):

Zielfunktion: $S = x + y$

Nebenbedingung: $x \cdot y = z \;\Rightarrow\; y = \frac{z}{x} \;\Rightarrow\; S(x) = x + \frac{z}{x}$

$D_S = \{x \mid 0 < x < \infty\}$

$S'(x) = 1 - \frac{z}{x^2}$

$S'(x) = 0 \;\Rightarrow\; x_1 = -\sqrt{z}$ (entfällt wegen $x > 0$)

$x_2 = \sqrt{z}$

S' hat an der Stelle $x_2 = \sqrt{z}$ einen Vorzeichenwechsel von – nach +:

$S'(\sqrt{z} - \frac{1}{2} \cdot \sqrt{z}) = 1 - 4 = -3 < 0$

$S'(\sqrt{z} + \frac{1}{2} \cdot \sqrt{z}) = 1 - \frac{4}{9} = \frac{5}{9} > 0$

Somit liegt an der Stelle $x_2 = \sqrt{z}$ ein relatives Minimum vor.

Am Term von $S(x) = x + \frac{z}{x}$ erkennt man: Nähert sich x gegen null, so nähert sich der erste Summand null, der zweite Summand wird immer größer. Wird x immer größer, so wird der erste Summand immer größer, der zweite nähert sich null.

Somit ist das Minimum ein absolutes Minimum. Die Summe der Zahlen x und y wird minimal für $x = \sqrt{z}$ und $y = \sqrt{z}$.

Entsprechend wird begründet, dass S kein Randmaximum hat.

5 Alle Längenangaben in cm.

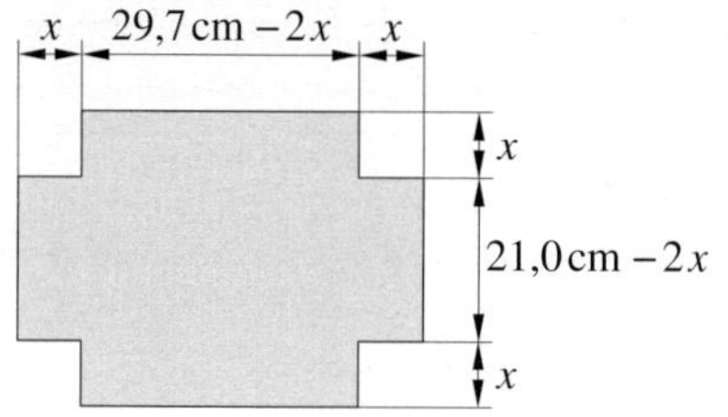

Zielfunktion: $V(x) = (29{,}7 - 2x) \cdot (21{,}0 - 2x) \cdot x = 4x^3 - 101{,}4x^2 + 623{,}7x$

Definitionsbereich:

$0 \le x \le 10{,}5$

$V'(x) = 12x^2 - 202{,}8x + 623{,}7$

$V''(x) = 24x - 202{,}8$

$V'(x) = 0 \Rightarrow x_1 \approx 4{,}04$

Die zweite Lösung $x_2 \approx 12{,}9 > 10{,}5$ liegt nicht im Definitionsbereich.

Der Graph von V' ist eine nach oben geöffnete Parabel; an der Stelle x_1 hat V' daher einen Vorzeichenwechsel von + nach −, es liegt also ein relatives Maximum vor.

Für die Randwerte gilt $V(0) = 0$ und $V(10{,}5) = 0$.

Das Volumen der Schachtel wird mit ca. $1130\,\text{cm}^3$ maximal bei einer Schachtelhöhe von ca. 4,04 cm.

6 Für den Zylinder mit dem Radius r und der Höhe h (jeweils in cm) gilt:

Zielfunktion: $O = \pi \cdot r^2 + 2\pi \cdot r \cdot h$

Nebenbedingung:

$V = \pi \cdot r^2 \cdot h = 1000$

$\Rightarrow h = \frac{1000}{\pi \cdot r^2}$

$\Rightarrow O(r) = \pi \cdot r^2 + \frac{2000}{r}$

$D_O = \{r \mid 0 < r < \infty\}$

$O'(r) = 2\pi \cdot r - \frac{2000}{r^2}$

$O'(r) = 0$

$\Rightarrow r = \sqrt[3]{\frac{1000}{\pi}}$

$\Rightarrow h = \sqrt[3]{\frac{1000}{\pi}} = 6{,}8278\ldots$

Dem Graphen von O entnimmt man, dass an dieser Stelle ein Minimum vorliegt. Für einen minimalen Blechverbrauch sollten Radius und Höhe des Messbechers eine Länge von ca. 6,8 cm haben.

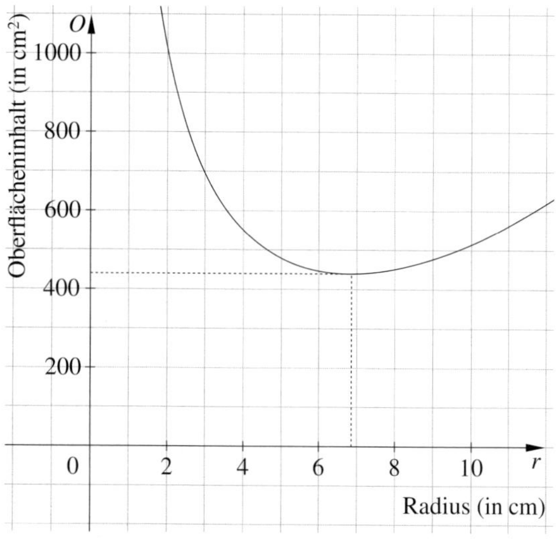

7 a) Für die Zylinderhöhe h und den Zylinderradius r (jeweils in cm) gilt:

Oberflächeninhalt (in cm²):	$O = 2\pi \cdot r^2 + 2\pi \cdot r \cdot h$
Volumen (in cm³):	$V = \pi r^2 \cdot h$
Nebenbedingung:	$O = 2\pi \cdot r^2 + 2\pi \cdot r \cdot h = 700 \Rightarrow h = \frac{350}{\pi \cdot r} - r$
Zielfunktion:	$V(r) = \pi r^2 \cdot \left(\frac{350}{\pi \cdot r} - r\right) = 350r - \pi \cdot r^3$
Definitionsbereich:	$0 < r < \infty$

$V'(r) = 350 - 3\pi \cdot r^2$

$V'(r) = 0 \Rightarrow r_1 = \sqrt{\frac{350}{3\pi}} \approx 6{,}09$

$r_2 = -\sqrt{\frac{350}{3\pi}} < 0$ (entfällt)

$V''(r) = -6\pi \cdot r$

$V''(r_1) = -6\pi \cdot \sqrt{\frac{350}{3\pi}} < 0$

Es liegt also ein relatives Maximum vor und wegen $V(r) \to 0$ für $r \to 0$ ist es ein absolutes Maximum.

$h = \frac{350}{\pi \cdot \sqrt{\frac{350}{3\pi}}} - \sqrt{\frac{350}{3\pi}} = 2\sqrt{\frac{350}{3\pi}} = 2r \Rightarrow$ Das Volumen des Zylinders wird maximal für einen Radius von ca. 6,1 cm und eine Höhe von ca. 12,2 cm.

b)

Oberflächeninhalt:	$O = 2\pi \cdot r^2 + 2\pi \cdot r \cdot h$
Volumen:	$V = \pi r^2 \cdot h$
Nebenbedingung:	$O = 2\pi \cdot r^2 + 2\pi \cdot r \cdot h \Rightarrow h = \frac{O}{2\pi \cdot r} - r$
Zielfunktion:	$V(r) = \pi r^2 \cdot \left(\frac{O}{2\pi \cdot r} - r\right) = \frac{O \cdot r}{2} - \pi \cdot r^3$
Definitionsbereich:	$0 < r < \infty$

$V'(r) = \frac{O}{2} - 3\pi \cdot r^2$

$V'(r) = 0 \Rightarrow r_1 = \sqrt{\frac{O}{6\pi}}$

$r_2 = -\sqrt{\frac{O}{6\pi}} < 0$ (entfällt)

$V''(r) = -6\pi \cdot r$

$V''(r_1) = -6\pi \cdot \sqrt{\frac{O}{6\pi}} < 0 \Rightarrow$ Es liegt also ein relatives Maximum vor und wegen $V(r) \to 0$ für $r \to 0$ ist es ein absolutes Maximum.

$h = \frac{O}{2\pi \cdot \sqrt{\frac{O}{6\pi}}} - \sqrt{\frac{O}{6\pi}} = 2\sqrt{\frac{O}{6\pi}} = 2r$

Das Zylindervolumen wird maximal für einen Radius von $\sqrt{\frac{O}{6\pi}}$ LE bei einer Höhe, die dem Doppelten des Radius entspricht. Durchmesser und Höhe haben die gleiche Länge.

8 $z(s) = \frac{1}{2}s^3 - 3s^2 + 4s + 3$

$z'(s) = \frac{3}{2}s^2 - 6s + 4$

$z'(s) = 0 \Leftrightarrow s_1 = 2 - \frac{2}{3}\sqrt{3} \approx 0{,}85$

$s_2 = 2 + \frac{2}{3}\sqrt{3} \approx 3{,}15$

$z(s_1) = 3 + \frac{8}{9}\sqrt{3}$

$\approx 4{,}54$

$z(s_2) = 3 - \frac{8}{9}\sqrt{3}$

$\approx 1{,}46$

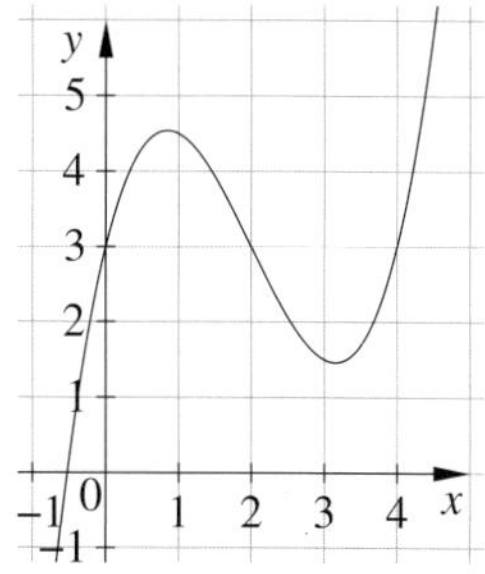

Fortsetzung von Aufgabe 8:

	Intervall	Relatives Minimum …	Relatives Maximum …	Minimum am Rand …	Maximum am Rand …
a)	[0; 4]	… an der Stelle s_2 mit dem Wert $z(s_2)$.	… an der Stelle s_1 mit dem Wert $z(s_1)$.		
b)	[0; 2]		… an der Stelle s_1 mit dem Wert $z(s_1)$.	… an den Stellen $s = 0$ und $s = 2$ vom Wert 3.	
c)	[2; 4]	… an der Stelle s_2 mit dem Wert $z(s_2)$.			… an den Stellen $s = 2$ und $s = 4$ vom Wert 3.
d)	[1; 3]			… an der Stelle $s = 3$ mit dem Wert $z(3) = \frac{3}{2}$.	… an der Stelle $s = 1$ mit dem Wert $z(1) = \frac{9}{2}$.

e) Individuelle Lösungen.

9 $A(u) = \frac{1}{2} \cdot u \cdot f(u)$

$= 0{,}1\,u^4 - 1{,}2\,u^3 + 3{,}2\,u^2$

Definitionsbereich: $0 \le u \le 4$

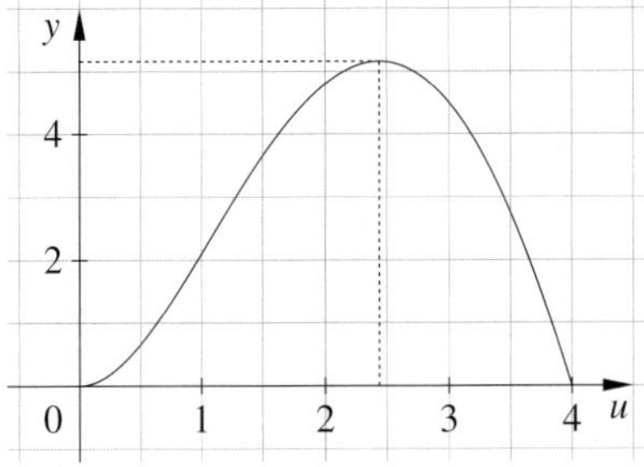

$A'(u) = 0{,}4\,u^3 - 3{,}6\,u^2 + 6{,}4\,u$

$A'(u) = 0 \Rightarrow u_1 = 0$

$u_2 = \frac{9 - \sqrt{17}}{2}$

$u_3 = \frac{9 + \sqrt{17}}{2} > 4$ (entfällt)

$A''(u) = 1{,}2\,u^2 - 7{,}2\,u + 6{,}4$

$A''(0) = 6{,}4 > 0 \Rightarrow$ Minimum

$A''\left(\frac{9 - \sqrt{17}}{2}\right) = \frac{17 - 9\sqrt{17}}{5} \approx -4 < 0 \Rightarrow$ Maximum

Für die Randwerte gilt $A(0) = 0$ und $A(4) = 0$.

An der Stelle $u = \frac{9 - \sqrt{17}}{2}$ liegt ein absolutes Maximum vor. Der maximale Flächeninhalt beträgt ca. 5,16.

10 Zielfunktion:

$A(b) = 2 \cdot b \cdot f(b) = 4b - b^3$

Definitionsbereich: $0 \le b \le 2$

$A'(b) = 4 - 3b^2$

$A'(b) = 0 \Leftrightarrow b_1 = -\sqrt{\frac{4}{3}}$ (entfällt)

$b_2 = \sqrt{\frac{4}{3}}$

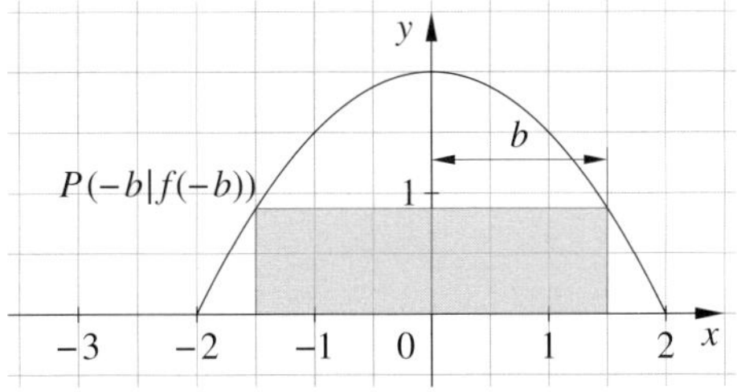

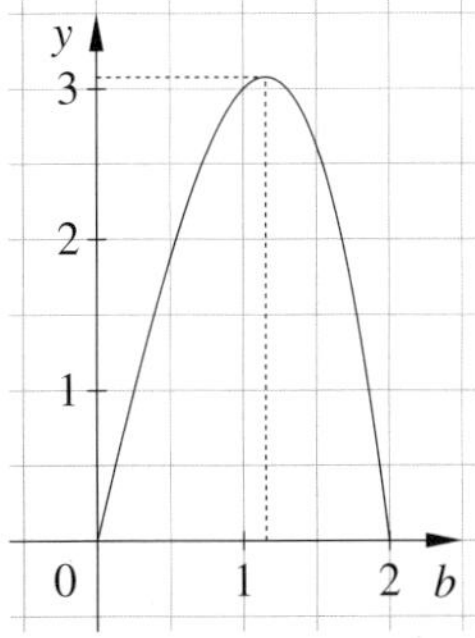

Der Graph von A' ist eine nach unten geöffnete Parabel.

Folglich hat sie an der Stelle $b_2 = \sqrt{\frac{4}{3}}$ einen Vorzeichenwechsel von + nach −.

A hat demnach dort ein Maximum.

Randwerte:

$A(0) = A(2) = 0$

Maximaler Flächeninhalt:

$A\left(\sqrt{\frac{4}{3}}\right) = \frac{16}{9}\sqrt{3} \approx 3{,}1$

11 Lösung mithilfe von GTR oder CAS und unter der Annahme, dass die Seiten des Rechtecks so wie in der Zeichnung achsenparallel liegen:

a)	**b)**	
$A(r) = (3 - r) \cdot f(r)$ $= (3 - r) \cdot \left(1 + \frac{r^3}{5}\right)$ $= -\frac{1}{5}r^4 + \frac{3}{5}r^3 - r + 3$	$A(r) = (3 - r) \cdot \left(1 + \frac{r^3}{3}\right)$	$A(r) = (3 - r) \cdot \left(1 + \frac{r^3}{9}\right)$
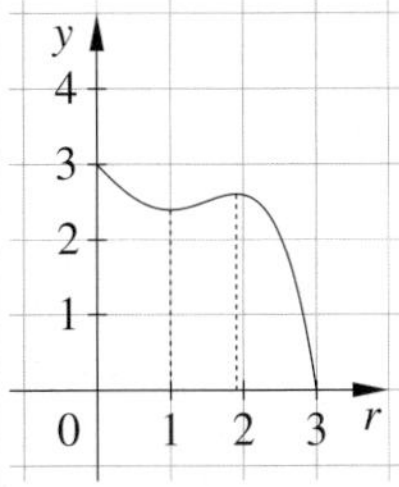	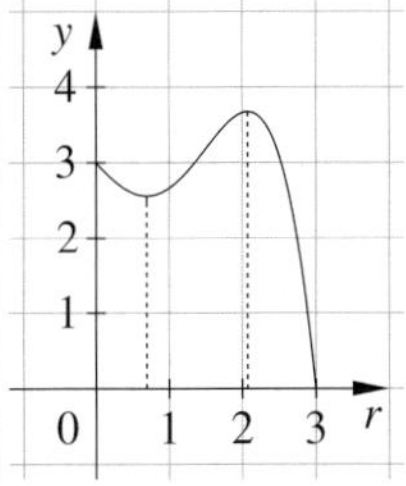	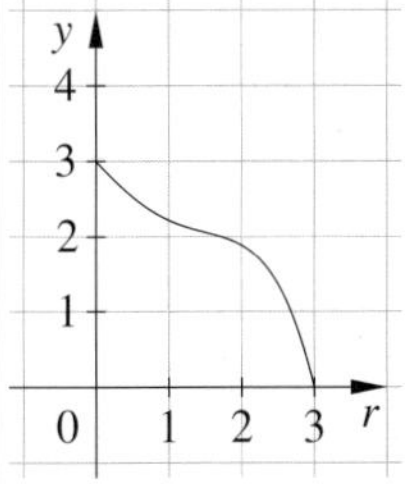

Fortsetzung von Aufgabe 11:

Aus dem Graphen von A entnimmt man:

a)		**b)**			
$r = 0$	Maximum am Rand			$r = 0$	Maximum am Rand
$r = 1$	relatives Maximum	$r \approx 0{,}7$	relatives Minimum		
$r \approx 1{,}9$	relatives Minimum	$r \approx 2{,}1$	relatives Maximum		
$r = 3$	Minimum am Rand	$r = 3$	Minimum am Rand	$r = 3$	Minimum am Rand

12 a) Für die Seitenlänge a des Quadrats der Grundfläche und die Höhe h der quadratischen Säule gilt:

Volumen: $V = a^2 \cdot h$

Oberflächeninhalt: $O = 2 \cdot a^2 + 4 \cdot a \cdot h$

Nebenbedingung: $h = \frac{O - 2a^2}{4a}$

Zielfunktion: $V(a) = \frac{O}{4} \cdot a - \frac{a^3}{2}$

Definitionsbereich: $0 \leq a < \infty$

$V'(a) = \frac{O}{4} - \frac{3}{2}a^2$

$V'(a) = 0 \Rightarrow a_1 = \sqrt{\frac{O}{6}}$

$a_2 = -\sqrt{\frac{O}{6}} < 0$ (entfällt)

$V''(a) = -3a$

$V''(a_2) = -3 \cdot \sqrt{\frac{O}{6}} < 0 \Rightarrow$ relatives Maximum

Wegen $V(0) = 0$ liegt an der Stelle a_1 ein absolutes Maximum vor.

$h = \frac{O - 2 \cdot \frac{O}{6}}{4\sqrt{\frac{O}{6}}} = \sqrt{\frac{O}{6}}$

Die quadratische Säule ist ein Würfel mit der Kantenlänge $\sqrt{\frac{O}{6}}$.

b) Für die Seitenlänge a des Quadrats der Grundfläche und die Höhe h der quadratischen Säule gilt:

Oberflächeninhalt: $O = 2 \cdot a^2 + 4 \cdot a \cdot h$

Volumen: $V = a^2 \cdot h$

Nebenbedingung: $h = \frac{V}{a^2}$

Zielfunktion: $O(a) = 2a^2 + 4\frac{V}{a}$

Definitionsbereich: $0 < a < \infty$

$O'(a) = 4a - 4\frac{V}{a^2}$

$O'(a) = 0 \Rightarrow a = \sqrt[3]{V}$

$O'\left(\frac{1}{2} \cdot \sqrt[3]{V}\right) = -14 \cdot \sqrt[3]{V} < 0$

$O'\left(2 \cdot \sqrt[3]{V}\right) = 7 \cdot \sqrt[3]{V} > 0$

An der Stelle $a = \sqrt[3]{V}$ hat O' einen Vorzeichenwechsel von – nach +.

$\Rightarrow$ Minimum

$h = \frac{V}{(\sqrt[3]{V})^2} = \sqrt[3]{V}$

Die quadratische Säule ist ein Würfel mit der Kantenlänge $\sqrt[3]{V}$.

Fortsetzung von Aufgabe 12:

c) Für den Radius R der Grundfläche der Halbkugel, den Zylinderradius r und die Höhe h des Zylinders gilt:

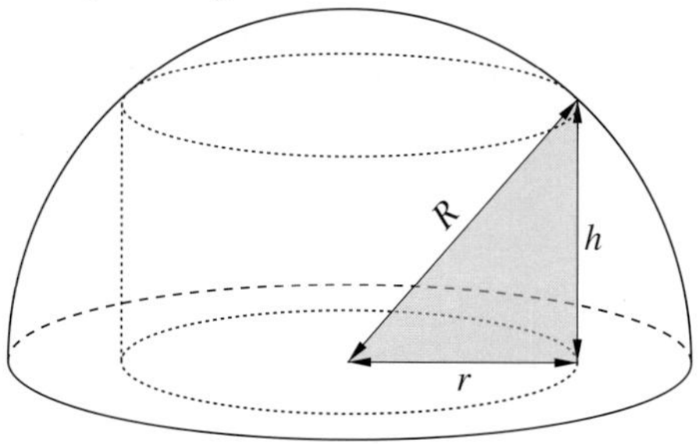

Mantelflächeninhalt: $M = 2\pi r \cdot h$

Nebenbedingung: $h^2 + r^2 = R^2 \Rightarrow h = \sqrt{R^2 - r^2}$

Zielfunktion: $M(r) = 2\pi r \cdot \sqrt{R^2 - r^2}$

Definitionsbereich: $0 \leq r \leq R$

Quadrieren der Zielfunktion (vgl. Aufgabe 28):

$M_Q(r) = -4 \cdot \pi^2 \cdot r^4 + 4 \cdot \pi^2 R^2 \cdot r^2$

$M_Q'(r) = -16 \cdot \pi^2 \cdot r^3 + 8 \cdot \pi^2 \cdot R^2 \cdot r$

$M_Q'(r) = 0 \Rightarrow r_1 = 0$

$r_2 = \frac{R}{\sqrt{2}}$

$r_3 = -\frac{R}{\sqrt{2}} < 0$ (entfällt)

$M_Q''(r) = -48\pi^2 \cdot r^2 + 8\pi^2 \cdot R^2$

$M_Q(r_1) = 0 \Rightarrow$ Es liegt kein Maximum vor.

$M_Q''(r_2) = -16 \cdot \pi^2 \cdot R^2 < 0 \Rightarrow$ Es liegt ein relatives Maximum vor und wegen $M_Q(0) = 0$ und $M_Q(R) = 0$ ist es ein absolutes Maximum.

Für $r = h = \frac{R}{\sqrt{2}}$ wird der Mantelflächeninhalt maximal.

Volumen: $V = \pi \cdot r^2 \cdot h$

Nebenbedingung: $h^2 + r^2 = R^2 \Rightarrow r^2 = R^2 - h^2$

Zielfunktion: $V(h) = -\pi \cdot h^3 + \pi \cdot R^2 \cdot h$

Definitionsbereich: $0 \leq h \leq R$

$V'(h) = -3\pi \cdot h^2 + \pi \cdot R^2$

$V'(h) = 0 \Rightarrow h = \frac{R}{\sqrt{3}}$

$V''(h) = -6\pi \cdot h$

$V''\left(\frac{R}{\sqrt{3}}\right) = -2\pi \cdot R \cdot \sqrt{3} < 0 \Rightarrow$ Maximum

Für $h = \frac{R}{\sqrt{3}}$ und $r = \sqrt{\frac{2}{3}}R$ wird das Zylindervolumen maximal.

Hinweis:

Es sind auch andere Lagen eines Zylinders innerhalb der Halbkugel möglich. Man kann jedoch zeigen, dass die dabei auftretenden Maximalwerte die hier ermittelten Maximalwerte für Mantelfläche und Volumen des Zylinders nicht übersteigen.

23 **Fortsetzung von Aufgabe 12:**

d) Für den Radius R der Kugel, den Radius r der Grundfläche der Kreiskegels und die Höhe h des Kreiskegels gilt:

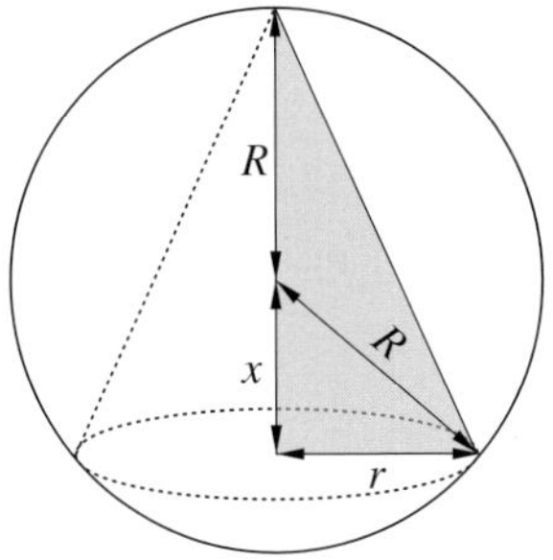

Kegelvolumen: $V = \frac{1}{3} \cdot \pi \cdot r^2 \cdot h$

Nebenbedingung: $h = R + x$

$x^2 + r^2 = R^2 \Rightarrow r^2 = R^2 - x^2$

Zielfunktion: $V(x) = \frac{1}{3} \cdot \pi \cdot (R^2 - x^2) \cdot (R + x)$

$= -\frac{1}{3} \cdot \pi \cdot x^3 - \frac{1}{3} \cdot \pi \cdot R \cdot x^2 + \frac{1}{3} \cdot \pi \cdot R^2 \cdot x + \frac{1}{3} \cdot \pi \cdot R^3$

Definitionsbereich: $0 \leq x \leq R$

$V'(x) = -\pi \cdot x^2 - \frac{2}{3} \cdot \pi \cdot R \cdot x + \frac{1}{3} \cdot \pi \cdot R^2$

$V'(x) = 0 \Rightarrow x_1 = \frac{1}{3} R$

$x_2 = -R < 0$ (entfällt)

$V''(x) = -2 \cdot \pi \cdot x - \frac{2}{3} \cdot \pi \cdot R$

$V''(x_1) = -\frac{4}{3} \pi \cdot R < 0 \Rightarrow$ relatives Maximum

$V(x_1) = \frac{32}{81} \cdot \pi \cdot R^3$

Randwerte:

$V(0) = \frac{1}{3} \cdot \pi \cdot R^3$

$V(R) = 0$

Wegen $\frac{1}{3} < \frac{32}{81}$ liegt an der Stelle x_1 ein absolutes Maximum vor.

$h = \frac{4}{3} \cdot R$

$r = \frac{8}{9} \cdot R$

24 **NOCH FIT?**

III a) Der Term für y wird in Gleichung (I) eingesetzt:

$2x + 14\left(\frac{5}{7}x - 2\right) = 8 \Leftrightarrow x = 3;\ y = \frac{1}{7}$

b) (I) $12u = 2 - 10v$

(II) $12u = v - 13$

$2 - 10v = v - 13 \Leftrightarrow v = \frac{15}{11};\ u = -\frac{32}{33}$.

c) Gleichung (I) mit (-2) multiplizieren und anschließend zu Gleichung (II) addieren:

$16b + 3b = -52 + \frac{47}{2} \Leftrightarrow b = -1{,}5$

$a = 7$

IV a) Aus der Zeichnung abgelesen: $x_S \approx -2{,}75$

$y_S \approx 1{,}9$ 24

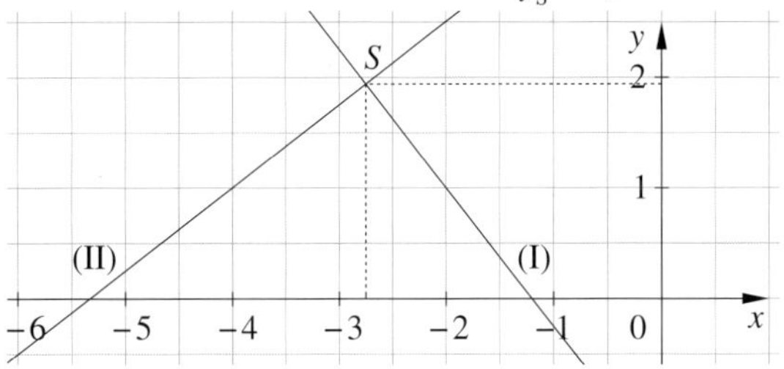

Exakte Werte: $x_S = -\frac{11}{4}$

$y_S = \frac{31}{16}$

b) Wird Gleichung (II) z. B. zu $y = \frac{3}{4}x - \frac{3}{2}$, dann hat das neue Gleichungssystem keine Lösung.

Wird Gleichung (II) z. B. zu $y = \frac{3}{4}x + 4$, dann hat das neue Gleichungssystem unendlich viele Lösungen.

V Beispiele:

(I)	$8x + 3y = 1$
(II)	$8x - 6y = 46$
(I)	$16x + 15y = -43$
(II)	$16x - 15y = 107$

Aufgaben – Anwenden

13 Alle Längenangaben in cm.

Zielfunktion: $A = (3b + 2\frac{b}{2} + 0{,}1b) \cdot (h + 2\frac{b}{2} + 2 \cdot 0{,}1b) = 4{,}1hb + 4{,}92b^2$

Nebenbedingung: $V = h \cdot b^2 = 1000$

$\Rightarrow h = \frac{1000}{b^2}$

$\Rightarrow A(b) = \frac{4100}{b} + 4{,}92b^2$

Definitionsbereich: $0 < b < \infty$

$A'(b) = 9{,}84b - \frac{4100}{b^2}$

$A'(b) = 0 \Rightarrow b_1 \approx 7{,}5$

$A'(7) \approx -14{,}8$

$A'(8) \approx 14{,}7$

An der Stelle b_1 hat A' einen Vorzeichenwechsel von – nach +, damit liegt ein Minimum vor. Für eine materialsparende Verpackung sollte der Karton eine Breite von ca. 7,5 cm und eine Höhe von ca. 17,9 cm haben. Der Flächeninhalt der Verpackung hat dann eine Größe von ca. 823 cm².

24

14 Individuelle Lösungen.

15 a) Beispiele für Dosen, deren Maße ein Volumen von ca. 425 cm³ ergeben:

r (in cm)	1,00	2,00	3,00	4,00	5,00	6,00
h (in cm)	135,28	33,82	15,03	8,46	5,41	3,76
O (in cm²)	856,28	450,13	339,88	313,03	327,08	367,86

Für die Dosenhöhe h und den Dosenradius r (jeweils in cm) gilt:

Oberflächeninhalt (in cm²): $O = 2\pi \cdot r^2 + 2\pi \cdot r \cdot h$

Volumen (in cm³): $V = \pi r^2 \cdot h$

Nebenbedingung: $V = 425 \Rightarrow h = \frac{425}{\pi \cdot r^2}$

Zielfunktion: $O(r) = 2\pi \cdot r^2 + 2\pi \cdot r \cdot \frac{425}{\pi \cdot r^2} = 2\pi \cdot r^2 + \frac{850}{r}$

Definitionsbereich: $0 < r < \infty$

$O'(r) = 4\pi \cdot r - \frac{850}{r^2}$

$4\pi \cdot r - \frac{850}{r^2} = 0 \Rightarrow r = \sqrt[3]{\frac{850}{4\pi}} \approx 4{,}07$

$O'(4) \approx -2{,}9$

$O'(4{,}1) \approx 0{,}96$ $\Rightarrow$ Vorzeichenwechsel von – nach + $\Rightarrow$ Minimum

Die Dose mit dem geringsten Materialverbrauch hat einen Radius von ca. 4,07 cm und eine Höhe von ca. 8,15 cm.

b) Aufbau einer Bördelkante:

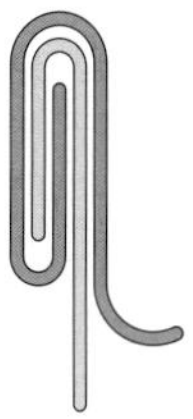

Die Abschätzungen für den zusätzlichen Blechverbrauch bei der Bördelkante und den Sicken kann man durch Zerlegen einer Dose gewinnen. Es ergeben sich individuelle Ergebnisse, z. B. ein Zuschlag zum Radius eines Dosendeckels $\Delta r \approx 0{,}8$ cm bzw. ein Zuschlag zur Höhe des Zylinders bei jedem Deckel $\Delta h \approx 0{,}7$cm. Der ursprüngliche Ausdruck zur Berechnung des Blechbedarfs $O = \pi \cdot d \cdot h + \frac{1}{2} \cdot \pi \cdot d^2$ wird damit umgeändert zu

$O = \pi \cdot d\,(h + 2\Delta h) + \frac{1}{2} \cdot \pi \cdot d \cdot (d + 2 \cdot \Delta r)$.

Mit der Nebenbedingung $V = \frac{\pi}{4} \cdot d^2 \cdot h$ ergibt sich für die Höhe $h = \frac{4V}{\pi \cdot d^2}$ und damit für die Zielfunktion: $O(d) = \pi \cdot d \cdot \left(\frac{4V}{\pi \cdot d^2} + 2\Delta h\right) + \frac{1}{2} \cdot \pi \cdot d \cdot (d + 2 \cdot \Delta r)$

Mit dem Wert für das Volumen $V = 850\,\text{cm}^3$ und den obigen Werten für Δh und Δr lautet die Zielfunktion für d (in cm):

$O(d) = \pi \cdot d \cdot \left(\frac{3400}{\pi \cdot d^2} + 1{,}4\right) + \frac{1}{2} \cdot \pi \cdot d \cdot (d + 1{,}6)$

$= \frac{\pi}{2} \cdot d^2 + 2{,}2\pi \cdot d + \frac{3400}{d}$

Definitionsbereich: $0 < d < \infty$

$O'(d) = \pi \cdot d + 2{,}2\pi - \frac{3400}{d^2}$

Mithilfe des GTR findet man das Minimum der Funktion O an der Stelle $d \approx 9{,}58$.

Der Materialverbrauch für die Dose wird minimal bei einem Durchmesser von ca. 9,6 cm und bei einer Dosenhöhe von ca. 11,8 cm.

24

16 Für den Verkaufspreis x (in €) und den Gesamtgewinn G bei Verkaufspreis x gilt:

a)

Verkaufspreis	verkaufte Menge	Erlös	Selbstkosten	Gewinn
10,00 €	10 000 kg	100 000 €	55 000 €	45 000 €
9,50 €	14 000 kg	133 000 €	77 000 €	56 000 €
6,00 €	42 000 kg	252 000 €	231 000 €	21 000 €

b) $G(x) = (x - 5{,}5) \cdot (-8000x + 90\,000) = -8000x^2 + 134\,000x - 495\,000$

$D_G = \{x \mid 5{,}5 \le x \le 10\}$

Der zugehörige Graph ist eine nach unten geöffnete Parabel, das Maximum tritt also im Scheitelpunkt auf.

$G'(x) = -16\,000x + 134\,000 \Rightarrow G'(x) = 0 \Leftrightarrow x = 8{,}375$

Da ein Verkaufspreis mit $\frac{1}{2}$ct im Einzelhandel nicht sinnvoll ist und $G(8{,}37) = G(8{,}38)$ gilt, kann die Kaffeerösterei den Preis auf 8,37 € oder 8,38 € pro Kilogramm festlegen. Der Gewinn beträgt dabei jeweils 66 124,80 €.

c) Kritikpunkte: Der Zusammenhang von Preisreduzierung und Absatz ist unrealistisch, die Selbstkosten pro Tag sind nicht konstant.

Ein realistischerer Ansatz könnte z. B. durch einen quadratischen oder kubischen Zusammenhang von Preisreduzierung und Absatzmenge erfolgen.

25

17 Alle Längen werden in cm angegeben, die Flächeninhalte in cm². Wahl des Koordinatensystems: siehe rechte Zeichnung.

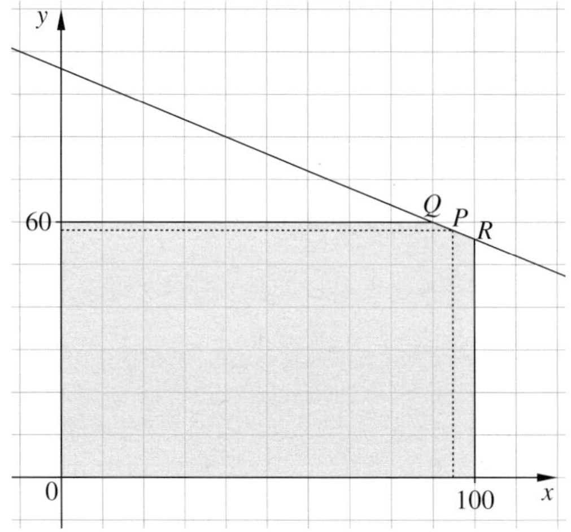

a) Koordinaten der Punkte Q und R: $Q(90|60)$ und $R(100|56)$.

Gerade g durch Q und R:

$y = -0{,}4x + 96$

Rechter oberer Eckpunkt des Rechtecks: $P(x_P|y_P)$

Flächeninhalt des Rechtecks:

$A = x_P \cdot y_P$

Nebenbedingung: P liegt auf g, also $y_P = -0{,}4x_P + 96$

Zielfunktion:

$A(x_P) = x_P \cdot (-0{,}4x_P + 96)$

Definitionsbereich: $90 \le x_P \le 100$

Der Graph von A ist eine nach unten geöffnete Parabel. Ihr Scheitelpunkt liegt an der Stelle $\frac{1}{2} \cdot \frac{96}{0{,}4} = 120$, also nicht im Definitionsbereich. Somit nimmt A sein Maximum am Rand des Definitionsbereichs an. Wegen $A(90) = 5400$ und $A(100) = 5600$ nimmt A sein Maximum an der Stelle 100 an.

Das Rechteck mit dem größtmöglichen Flächeninhalt hat die Maße 100 cm × 56 cm.

18 a) Für die durchschnittlichen Herstellungskosten H gilt:
$H(x) = \frac{K(x)}{x} = 2x^2 - 16x + 48 + \frac{100}{x}$
$H'(x) = 4x - 16 - \frac{100}{x^2} = 4 \cdot \left((x-4) - \left(\frac{5}{x}\right)^2\right)$
$H'(x) = 0 \Rightarrow x = 5$
$H'(4) = -\frac{25}{4} < 0$
$H'(6) = \frac{47}{9} > 0$
H' hat an der Stelle $x = 5$ einen Vorzeichenwechsel von – nach +, also liegt ein Minimum vor: Bei einer Produktionsmenge von 5000 Einheiten sind die durchschnittlichen Produktionskosten minimal.
b) $G(x) = E(x) - K(x) = -18x^3 + 16x^2 + 96x - 100$
Definitionsbereich: $0 \leq x \leq 9$
$G'(x) = -54x^2 + 32x + 96$
$G'(x) = 0 \Rightarrow x_1 \approx 1{,}662$
$x_2 \approx -1{,}07 < 0$ (entfällt)
$G''(x) = -108x + 32$
$G''(x_1) \approx -147{,}5 < 0$, also liegt ein Maximum vor.
Für die Randwerte gilt $G(0) = -100$ und $G(9) = -11\,062$.
Bei einer Produktionsmenge von ca. 1662 Einheiten ist der Gewinn maximal.

19 Alle Längenangaben in cm, Volumenangaben in cm^3.
a) $L \in [15; 60]$, $B \in [11; 60]$, $H \in [1; 60]$.
Bedingung: $L + B + H = 90 \Rightarrow B = 90 - (H + L)$
Volumen: $V(H) = L \cdot B \cdot H = (90 - L) \cdot L \cdot H - LH^2$
Der Graph stellt eine nach unten geöffnete Parabel dar. Bestimmung des Scheitelpunkts:
$V'(H) = (90 - L) \cdot L - 2L \cdot H$ $\quad V'(H) = 0 \Leftrightarrow H = 45 - \frac{L}{2}$ (Maximalstelle)
$\Rightarrow B = 90 - (45 - \frac{L}{2} + L) = 45 - \frac{L}{2} = H \Rightarrow$ Für $B = H = 45 - \frac{L}{2}$ wird das Volumen maximal.
b) Bezeichnungen: Länge $L \in [15; 90]$, Durchmesser $D \in [5; 44{,}5]$
Bedingung: $L + 2D = 104 \Rightarrow L = 104 - 2D$
Volumen: $V(D) = \pi \cdot \left(\frac{D}{2}\right)^2 \cdot (104 - 2D) = 26\pi D^2 - \frac{\pi}{2}D^3$
Bestimmung des Maximums: $V'(D) = 52\pi D - \frac{3\pi}{2}D^2 = \pi \cdot D\,(52 - 1{,}5D)$
$V'(D) = 0 \Leftrightarrow D_1 = 0$ (entfällt) oder $D_2 = 34\frac{2}{3}$.
Bei $D = 34\frac{2}{3}$ findet ein Vorzeichenwechsel von $V'(D)$ von + nach – statt. $\Rightarrow$ Maximum
$\Rightarrow L = 104 - 2 \cdot 34\frac{2}{3} = 34\frac{2}{3} = D \Rightarrow$ Wenn Durchmesser und Länge der Rolle jeweils $34\frac{2}{3}$ cm betragen, wird das Volumen maximal.

Fortsetzung von Aufgabe 19:
c) Maximale Länge: $L = 360 - 2B - 2H$ $\quad$ Volumen: $V = B \cdot H \cdot (360 - 2B - 2H)$

	A	B	C	D	E	F	G	H	I
1			*H*						
2			10	20	30	40	50	60	70
3	*B*	10	32000	60000	84000	104000	120000	132000	140000
4		20	60000	112000	156000	192000	220000	240000	252000
5		30	84000	156000	216000	264000	300000	324000	336000
6		40	104000	192000	264000	320000	360000	384000	392000
7		50	120000	220000	300000	360000	400000	420000	420000
8		60	132000	240000	324000	384000	420000	432000	420000
9		70	140000	252000	336000	392000	420000	420000	392000

Kopierbare Formel in Zelle C3: =C$2*$B3*(360–2*C$2–2*$B3)
In Zelle H8 ist ein Näherungswert für das maximale Volumen ablesbar, wobei die Quadermaße erlaubte Maße annehmen. Durch Verfeinerung der Längenabstände kann die Näherung verbessert werden.
d) Individuelle Lösungen. Beispiel: Bestimmen Sie zulässige Werte für die Länge L und den Durchmesser D eines Sperrguts in Rollenform, sodass das Volumen maximal wird.
Bedingung: $L = 360 - \pi D$
$V(D) = \frac{\pi}{4}D^2 \cdot L = 90\pi D^2 - \frac{\pi^2}{4}D^3$
$V'(D) = 180\pi D - \frac{3\pi^2}{4}D^2$
$V'(D) = 0 \Leftrightarrow D_1 = 0$ (entfällt) bzw. $D_2 = \frac{240}{\pi}$
Der Graph der Ableitungsfunktion ist eine nach unten geöffnete Parabel, sodass an der Nullstelle D_2 ein Vorzeichenwechsel von + nach – erfolgt. Das Volumen wird maximal bei einem Durchmesser von ca. 76,4 cm. Da der maximal erlaubte Durchmesser aber bei 60 cm liegt, ist die maximal mögliche Länge 171,5 cm.

20 Volumen: $V = \pi \cdot r^2 \cdot h + \frac{2}{3}\pi \cdot r^3$
Nebenbedingung: $O = 2\pi \cdot r^2 + 2\pi \cdot r \cdot h \Rightarrow h = \frac{O - 2\pi r^2}{2\pi r}$
Da die Höhe h nicht negativ werden kann, darf demnach der Radius r höchstens gleich $\sqrt{\frac{O}{2\pi}}$ werden.
Definitionsbereich: $0 \leq r < \sqrt{\frac{O}{2\pi}}$
Zielfunktion: $V(r) = \frac{1}{2} \cdot O \cdot r - \frac{\pi}{3} \cdot r^3$
$V'(r) = \frac{1}{2} \cdot O - \pi \cdot r^2$
$V'(r) = 0 \Leftrightarrow O = 2\pi \cdot r^2 \Leftrightarrow r_1 = -\sqrt{\frac{O}{2\pi}}$ (entfällt) bzw. $r_2 = \sqrt{\frac{O}{2\pi}}$
Der Graph von V' ist eine nach unten geöffnete Parabel. Folglich liegt an der positiven Nullstelle ein Vorzeichenwechsel von + nach – vor. V nimmt an der Stelle $\sqrt{\frac{O}{2\pi}}$ ein Minimum an.
$h = \frac{O - 2\pi r_2^2}{2\pi r_2} = 0$
Der Kessel hat den größten Rauminhalt für $h = 0$ und $r = \sqrt{\frac{O}{2\pi}}$, sofern O konstant bleibt.

21 Die im Schülerbuch verwendete Gleichung stellt eine Vereinfachung der Gleichung für die Wurfparabel $h(x) = \tan(\alpha) \cdot x - \frac{g}{2 \cdot v^2 \cdot (\cos(\alpha))^2} \cdot x^2$ dar. Der einheitenlose Faktor 5 resultiert aus der Fallbeschleunigung auf der Erde mit $g \approx 9{,}81\,\frac{m}{s^2} \approx 10\,\frac{m}{s^2}$ bzw. $\frac{g}{2} \approx 5\,\frac{m}{s^2}$. Es ist also darauf zu achten, dass bei Verwendung der Maßzahlen die Angabe der Geschwindigkeit v in $\frac{m}{s}$ und des Abstands x zur Abwurfstelle in Metern erfolgt.
Zum Beispiel wird bei einer Abwurfgeschwindigkeit von $10\,\frac{m}{s}$ bei einem Abwurfwinkel von 45° die größte Wurfweite (10 m) erzielt:

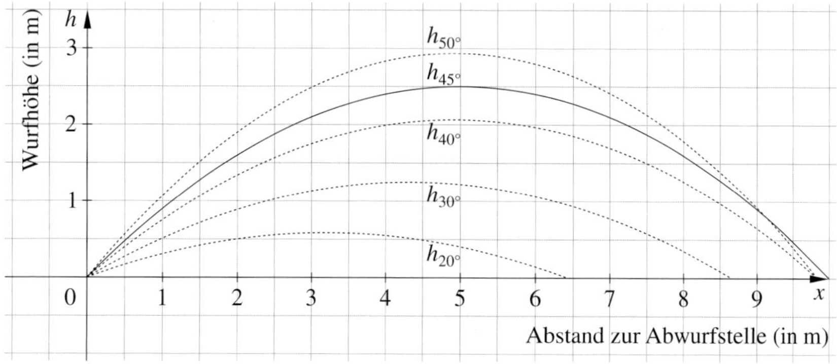

22 Alle Längenangaben in cm.
Lösung unter der Annahme, dass P variabel auf der Strecke $\overline{A'B'}$ liegt:
a) $x = |\overline{A'P}|$
Zielfunktion: $L(x) = |\overline{AP}| + |\overline{PB}|$
$= \sqrt{x^2 + 3^2} + \sqrt{(5 - x)^2 + 2^2}$
Definitionsbereich: $0 \le x \le 5$
Aus dem rechts abgebildeten Graphen entnimmt man, dass an der Stelle $x = 3$ ein Minimum vorliegt.
Für $x = 3$ ist $|\overline{PB'}| = 5 - x = 2$.

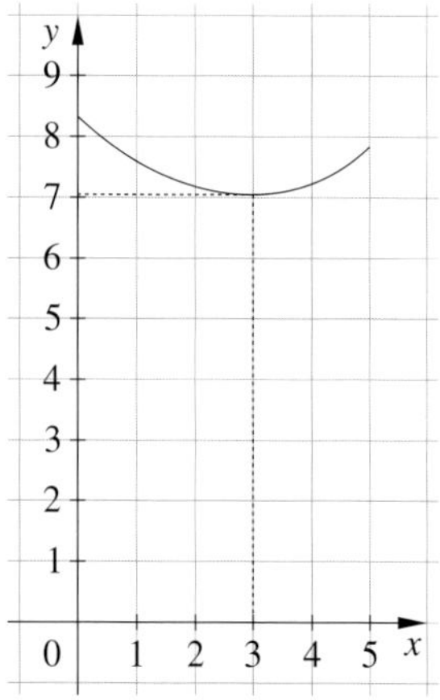

Es ergibt sich die untenstehende Figur:

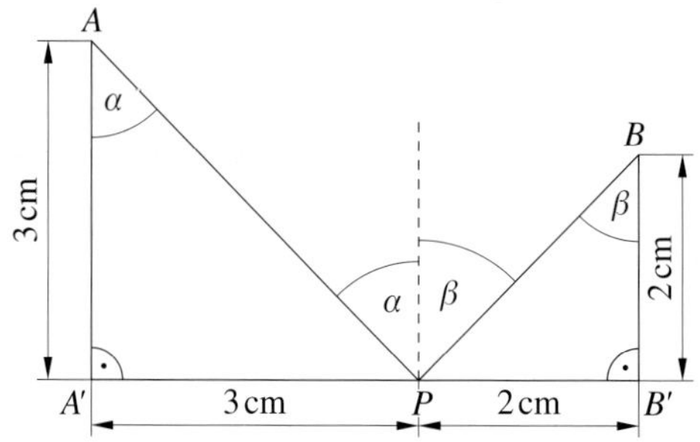

Die beiden rechtwinkligen Dreiecke $A'PA$ und $PB'B$ sind folglich gleichschenklig.
Demnach ist $\alpha = \beta = 45°$.

b) Zielfunktion:
$L(x) = |\overline{AP}| + |\overline{PB}|$
$= \sqrt{x^2 + a^2} + \sqrt{(5 - x)^2 + b^2}$
Definitionsbereich:
$0 \le x \le 5$
Wenn L ein Extremum hat, muss die erste Ableitung an dieser Stelle null sein.
Aus der Bedingung $L'(x) = 0$ ergibt sich mit einem CAS:

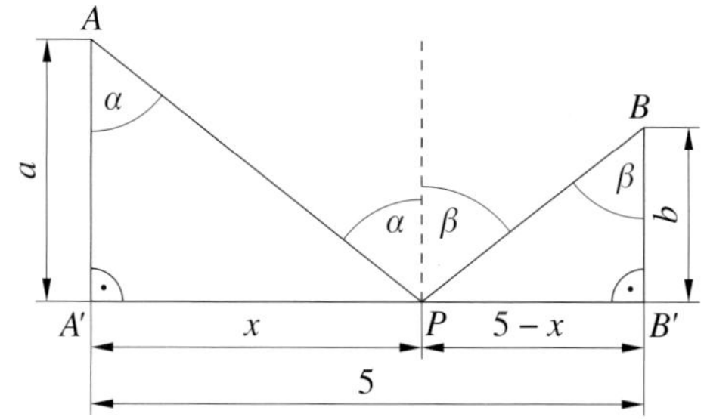

$x_1 = \frac{5a}{a+b}$ $\left(\text{mit } 5 - x_1 = \frac{5b}{a+b}\right)$
$x_2 = \frac{5a}{a-b}$ $\left(\text{mit } 5 - x_2 = -\frac{5b}{a-b}\right)$
Die Lösung x_2 entfällt, da zugehörige Streckenlängen entweder negativ oder nicht definiert sind:

$a < b$	$a = b$	$a > b$
$\frac{5a}{a-b}$ ist negativ, da der Zähler positiv und der Nenner negativ ist.	$\frac{5a}{a-b}$ ist nicht definiert, da der Nenner 0 ist.	$\frac{5a}{a-b}$ ist zwar positiv, dafür ist aber $5 - x_2 = -\frac{5b}{a-b}$ negativ.

Also muss für eine minimale Streckenlänge $|\overline{AP}| + |\overline{PB}|$ Punkt P von A' die Entfernung $\frac{5a}{a+b}$ haben.

$$\left.\begin{array}{l}\text{Im rechtwinkligen Dreieck } A'PA \text{ gilt: } \tan(\alpha) = \frac{x_1}{a} = \frac{5}{a+b} \\ \text{Im rechtwinkligen Dreieck } PB'B \text{ gilt: } \tan(\beta) = \frac{5 - x_1}{b} = \frac{5}{a+b}\end{array}\right\} \Rightarrow \alpha = \beta$$

26 **Aufgaben – Vernetzen**

23

Mithilfe der Ableitung:	Mithilfe der Bestimmung des Scheitelpunkts:
$f(x) = -2x^2 + 14x - 22$ $f'(x) = -4x + 14$ $f'(x) = 0 \Leftrightarrow x = 3{,}5$ Es ist $f'(3) = 2$ und $f'(4) = -2$. Vorzeichenwechsel von + nach – $\Rightarrow f(3{,}5) = 2{,}5$ ist ein Maximum.	$-2x^2 + 14x - 22 = -2\left(x^2 - 7x + \left(\frac{7}{2}\right)^2 - \left(\frac{7}{2}\right)^2\right) - 22$ $= -2\left(\left(x - \frac{7}{2}\right)^2 - \frac{49}{4}\right) - 22$ $= -2(x - 3{,}5)^2 + 2{,}5$ Der y-Wert des Scheitelpunkts der nach unten geöffneten Parabel beträgt 2,5 und ist somit das Maximum der Funktion f.
Diese Methode ist für eine große Klasse von Funktionen verwendbar, die den Ableitungskalkül voraussetzt (aufwändige Theorie). Die Berechnung von Stelle und Wert des Extremums ist eine einfache algebraische Aufgabe.	Diese Methode ist nur für quadratische Funktionen verwendbar. Es sind eher komplizierte algebraische Umformungen sowie die Kenntnis der binomischen Formeln erforderlich.

24 a) Siehe rechte Zeichnung:

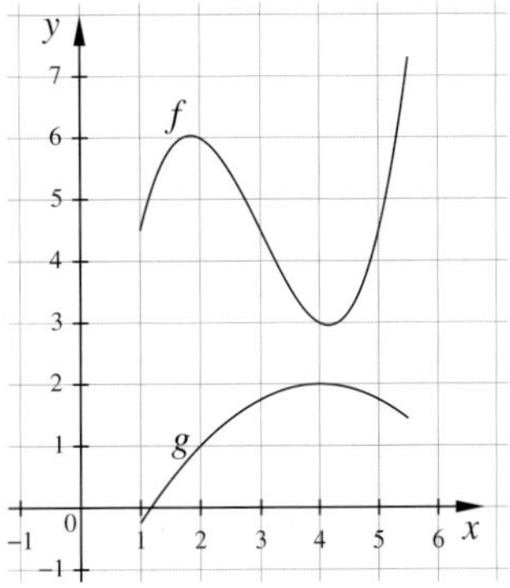

b) Schätzwerte: Individuelle Lösungen.
Differenzfunktion:
$d(x) = f(x) - g(x) = \frac{1}{2}x^3 - \frac{17}{4}x^2 + \frac{19}{2}x - 1$
$d'(x) = \frac{3}{2}x^2 - \frac{17}{2}x + \frac{19}{2}$
$d'(x) = 0 \Rightarrow x_1 = \frac{17}{6} - \frac{1}{6}\sqrt{61} \approx 1{,}53$
$x_2 = \frac{17}{6} + \frac{1}{6}\sqrt{61} \approx 4{,}14$
$d''(x) = 3x - \frac{17}{2}$
$d''(x_1) = -\frac{1}{2}\sqrt{61} < 0 \Rightarrow$ relatives Maximum
$\Rightarrow d(x_1) \approx 5{,}38$
$d''(x_2) = \frac{1}{2}\sqrt{61} > 0 \Rightarrow$ relatives Minimum
$\Rightarrow d(x_2) \approx 0{,}97$

Im Untersuchungsintervall [1; 5,5] sind die Randwerte $d(1) = 4{,}75$ und $d(5{,}5) = 5{,}875$. Folglich hat d am Rand an der Stelle $x = 5{,}5$ ein absolutes Maximum und an der Stelle x_2 ein absolutes Minimum.

c) Im Untersuchungsintervall [1; 5] sind die Randwerte $d(1) = 4{,}75$ und $d(5) = 2{,}75$. Folglich hat d am Rand an der Stelle x_1 ein absolutes Maximum und an der Stelle x_2 ein absolutes Minimum.

d) Individuelle Lösungen.
Beispiel (siehe rechte Zeichnung): Im Intervall [2; 5] existiert ein absolutes Maximum am linken Rand und ein relatives Minimum an der Stelle $x \approx 4{,}2$.

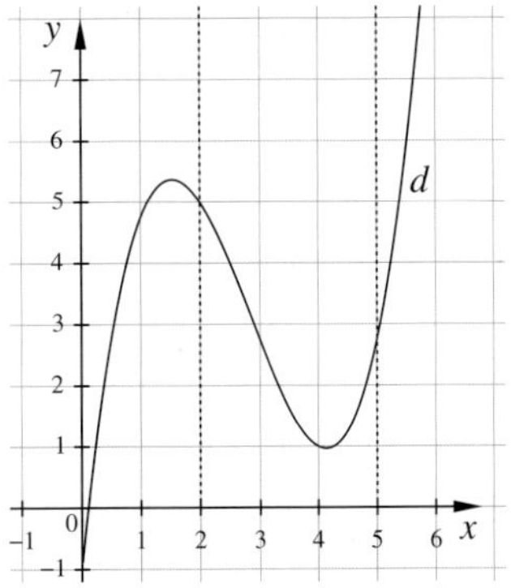

25 a) $O(d) = \frac{1}{2}\pi \cdot d^2 + \frac{2000}{d}$; $O'(d) = \pi d - \frac{2000}{d^2}$; Definitionsbereich: $0 < d < \infty$ 26
$O'(d) = 0 \Rightarrow d_m = \sqrt[3]{\frac{2000}{\pi}} \approx 8{,}60$
Es gilt $O'(8{,}5) = -0{,}978 < 0$ und $O'(8{,}7) = 0{,}908 > 0$, also hat O' an der Stelle d_m einen Vorzeichenwechsel von – nach +. Der Materialverbrauch wird an dieser Stelle minimal.

b) $O(d_m) = 348{,}7342\ldots$

d (in cm)	$O(d)$ (in cm²)	Abweichung
8,3	349,176014	0,1267 %
8,4	348,930627	0,0563 %
8,5	348,784152	0,0143 %
8,6	348,734236	0,0000 %
8,7	348,778631	0,0127 %
8,8	348,915195	0,0519 %
8,9	349,141878	0,1169 %

c) Zu lösen ist $\frac{O(d) - O(d_m)}{O(d_m)} \le 0{,}1$.
(Auf den Absolutbetrag im Zähler kann verzichtet werden, da d_m Minimumstelle ist.)
Diese Ungleichung lässt sich z. B. grafisch mithilfe des GTR lösen, indem der Graph der Funktion $p(d) = \frac{O(d) - O(d_m)}{O(d_m)}$ gezeichnet wird mit anschließender Bestimmung der Schnittpunkte dieses Graphen mit der Geraden $y = 0{,}1$.
Der Durchmesser darf sich bis auf ca. 6,18 cm bzw. ca. 11,59 cm ändern.

d) Individuelle Lösungen.

26 Lösung unter der Annahme, dass das Streckennetz sowohl achsensymmetrisch zur Mittelparallelen von $\overline{AB}$ und $\overline{CD}$ als auch achsensymmetrisch zur Mittelparallelen von $\overline{AD}$ und $\overline{BC}$ ist: 27

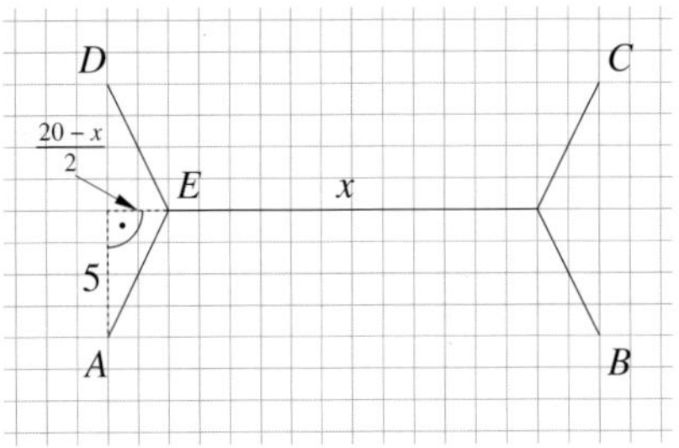

$L = 4 \cdot |\overline{AE}| + x$
Nebenbedingung: $|\overline{AE}| = \sqrt{5^2 + \left(\frac{20-x}{2}\right)^2}$
Zielfunktion:
$L(x) = 4\sqrt{25 + \left(\frac{20-x}{2}\right)^2} + x$

Fortsetzung von Aufgabe 26:

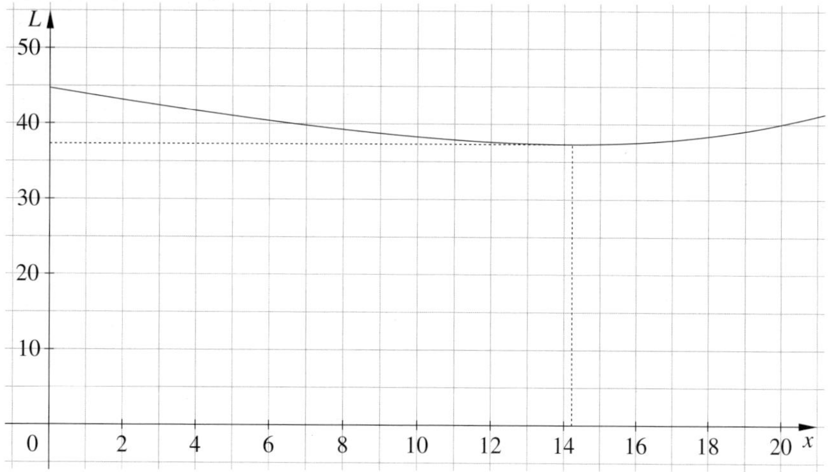

Dem Graphen von L entnimmt man, dass an der Stelle $x \approx 14{,}2$ ein relatives Minimum vorliegt $\left(\text{exakter Wert } (6 - \sqrt{3}) \cdot \frac{10}{3}\right)$.
Der Punkt E ist damit ca. 2,9 km von der Verbindungslinie $\overline{AD}$ entfernt.

27 Normale im Punkt $P(u|f(u))$: $n(x) = -\frac{1}{2u} \cdot x + u^2 + \frac{1}{2}$
$f(x) = u(x)$ hat die Lösungen $x_P = u$ und $x_Q = -u - \frac{1}{2u}$.
Koordinaten von Q:
$Q\left(-u - \frac{1}{2u} \middle| \left(-u - \frac{1}{2u}\right)^2\right)$
Abstand von P und Q: $d(u) = \sqrt{\left(\left(-u - \frac{1}{2u}\right) - u\right)^2 + \left(\left(-u - \frac{1}{2u}\right)^2 - u^2\right)^2}$
Definitionsbereich: $u \neq 0$
Mit einem GTR erhält man $u_{min} \approx 0{,}71$ bzw. $u_{min} \approx -0{,}71$ und mit einem CAS $u_{min} = \frac{\sqrt{2}}{2}$ bzw. $u_{min} = -\frac{\sqrt{2}}{2}$.

28 a) Individuelle Lösungen.
Beispiel:
$f(x) = \frac{x}{5} \cdot (x - 4)^2$
$f_2(x) = \left(\frac{x}{5} \cdot (x - 4)^2\right)^2$

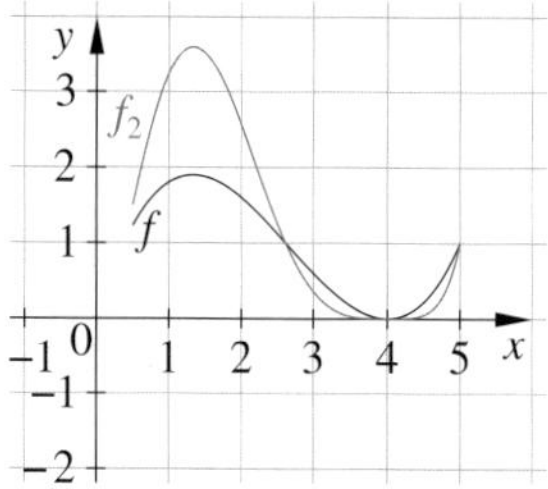

Randminima bzw. relative Minima bleiben Randminima, Randmaxima bzw. relative Maxima bleiben Randmaxima.
Dabei gilt: Werte, welche größer als 1 sind, werden beim Quadrieren größer, Werte, welche zwischen 0 und 1 liegen, werden beim Quadrieren kleiner.
Zusatz:
Für zwei Zahlen u und v mit $0 \leq u < v$ gilt $0 \leq u^2 < v^2$.

Fortsetzung von Aufgabe 28:

b) Hier gilt die Aussage aus a) nicht mehr. Ein negatives relatives Minimum wird beim Quadrieren zu einem positiven relativen Maximum.
Beispiel:
$f(x) = \frac{x}{5} \cdot (x - 4)^2 - 1{,}2$
$f_2(x) = \left(\frac{x}{5} \cdot (x - 4)^2 - 1{,}2\right)^2$

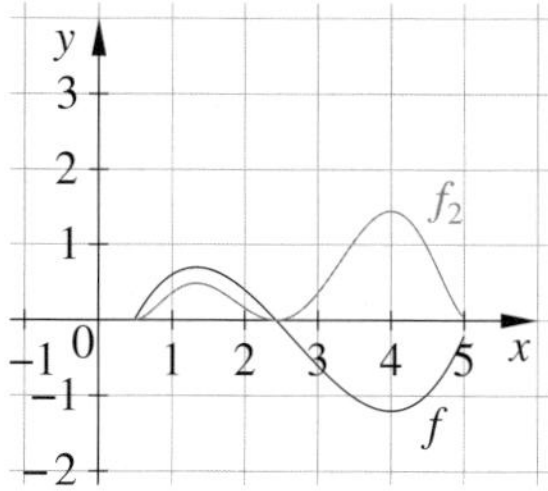

c) Addition einer Konstanten:
Typ und Stelle eines Extremums bleiben erhalten.
Beispiel:
$f(x) = \frac{x}{5} \cdot (x - 4)^2 + 0{,}5$
$f_2(x) = \left(\frac{x}{5} \cdot (x - 4)^2 + 0{,}5\right) + 1$

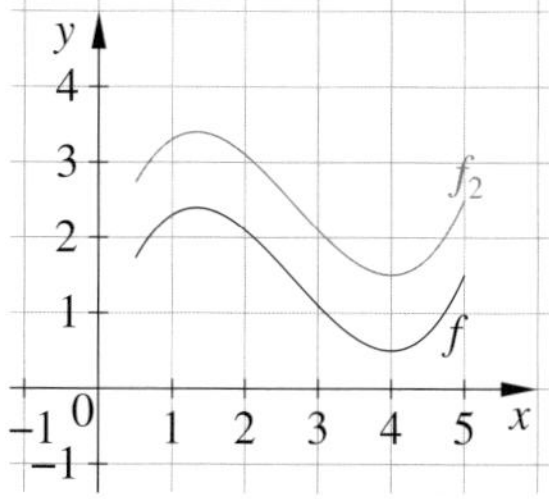

Multiplikation mit einer von 0 verschiedenen Zahl a:
$a > 0$:
Der Graph von f wird in Richtung der positiven y-Achse gestreckt. Es bleiben Typ und Stelle eines Extremums erhalten. Dies gilt unabhängig davon, ob die Zielfunktion positive oder negative Werte annimmt.
Beispiel:
$f(x) = \frac{x}{5} \cdot (x - 4)^2 - 0{,}5$
$f_2(x) = 2 \cdot \left(\frac{x}{5} \cdot (x - 4)^2 - 0{,}5\right)$

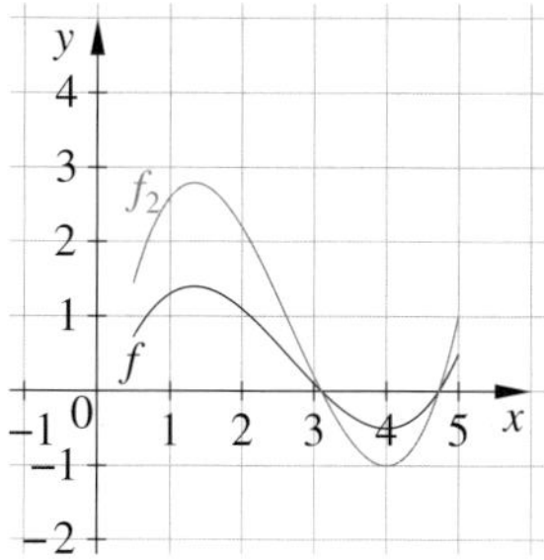

$a < 0$:
Der Graph von f wird an der x-Achse gespiegelt und in Richtung der positiven y-Achse mit dem Faktor $|a|$ gestreckt. Die Stelle eines Extremums bleibt erhalten, jedoch ändert sich der Typ: Aus einem Minimum wird ein Maximum und umgekehrt.
Dies gilt unabhängig davon, ob die Zielfunktion positive oder negative Werte annimmt.
Beispiel:
$f(x) = \frac{x}{5} \cdot (x - 4)^2 - 0{,}5$
$f_2(x) = 2 \cdot \left(\frac{x}{5} \cdot (x - 4)^2 - 0{,}5\right)$

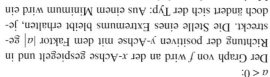

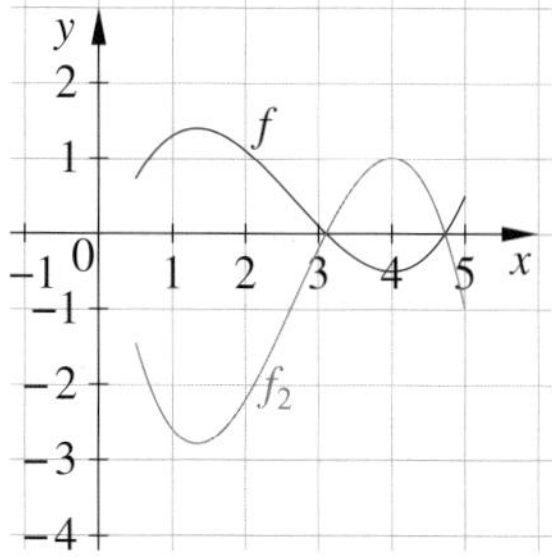

Fortsetzung von Aufgabe 28:

Ziehen der Quadratwurzel

Diese Operation ist nur für Zielfunktionen mit nichtnegativen Funktionswerten sinnvoll. Typ und Stelle eines Extremums bleiben erhalten.

Beispiel:

$f(x) = \frac{x}{3} \cdot (x-4)^2 + 1$

$f_2(x) = \sqrt{\frac{x}{3} \cdot (x-4)^2 + 1}$

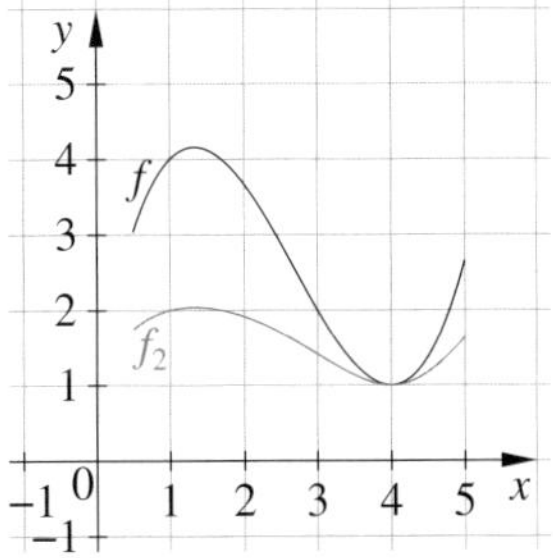

Potenzieren mit einer natürlichen Zahl $n \geq 2$:

Ist n gerade, dann gilt das beim Quadrieren in a) und b) Geschriebene. Ist n ungerade, dann bleiben Stelle und Art der Extrema erhalten.

Beispiel:

$f(x) = \frac{x}{4} \cdot (x-4)^2 - 1$

$f_2(x) = \left(\frac{x}{4} \cdot (x-4)^2 - 1\right)^3$

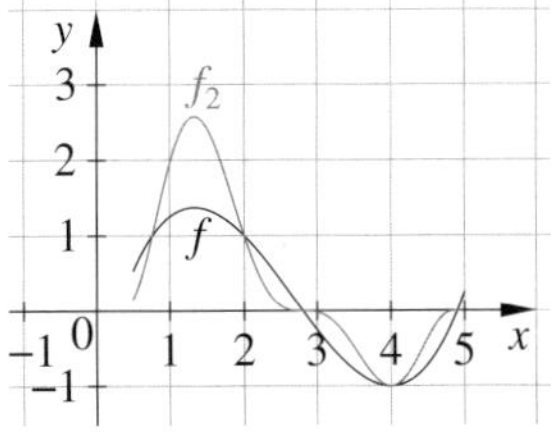

Kehrwertbildung:

Diese Operation ist nur für Zielfunktionen mit von null verschiedenen Funktionswerten sinnvoll.

Aus einem Minimum ein Maximum und umgekehrt.

Beispiel:

$f(x) = \frac{x}{5} \cdot (x-4)^2 + 1$

$f_2(x) = \frac{1}{\frac{x}{5} \cdot (x-4)^2 + 1}$

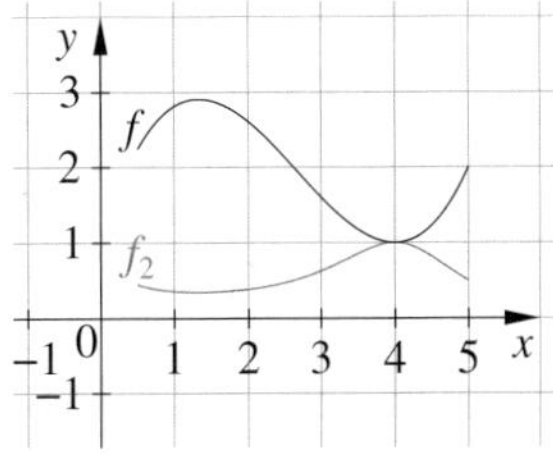

29 Die Längen der Rechteckseiten werden mit a und b (jeweils in cm) bezeichnet.

a) Nebenbedingung: $a^2 + b^2 = 50^2 \Rightarrow b = \sqrt{50^2 - a^2}$ Flächeninhalt: $A(a) = a \cdot b = a \cdot \sqrt{50^2 - a^2}$ Der Flächeninhalt ist maximal genau dann, wenn das Quadrat des Flächeninhalts maximal ist. Quadrieren ergibt: $f(a) = -a^4 + 2500a^2$ Definitionsbereich: $0 < a < 50$ $f'(a) = -4a^3 + 5000a$ $f'(a) = 0 \Rightarrow a_1 = \frac{50}{\sqrt{2}}$ (Die Lösungen $a_2 = -\frac{50}{\sqrt{2}}$ und $a_3 = 0$ entfallen.) $f''(a) = -12a^2 + 5000$ $f''(a_1) = -10\,000 < 0$, also liegt ein relatives Maximum vor. $\Rightarrow a = b = \frac{50}{\sqrt{2}}$	**b)** Nebenbedingung: $2a + 2b = 100 \Rightarrow b = 50 - a$ Diagonalenlänge: $d = \sqrt{a^2 + b^2}$ Die Länge der Diagonale ist minimal genau dann, wenn ihr Quadrat minimal ist. Quadrieren ergibt: $g(a) = 2a^2 - 100a + 2500$ Definitionsbereich: $0 < a < 50$ $g'(a) = 4a - 100$ $g'(a) = 0 \Rightarrow a = 25$ $g''(a) = 4 > 0$ für alle a, also liegt ein relatives Minimum vor. $\Rightarrow a = b = 25$

c) Rechnung allgemein:

Zu **a)**: Für die Diagonalenlänge d gilt: Nebenbedingung: $a^2 + b^2 = d^2 \Rightarrow b = \sqrt{d^2 - a^2}$ Flächeninhalt: $A(a) = a \cdot b = a \cdot \sqrt{d^2 - a^2}$ Der Flächeninhalt ist maximal genau dann, wenn das Quadrat des Flächeninhalts maximal ist. Quadrieren ergibt: $f(a) = -a^4 + d^2 \cdot a^2$ Definitionsbereich: $0 < a < d$ $f'(a) = -4a^3 + 2d^2 \cdot a$ $f'(a) = 0 \Rightarrow a_1 = \frac{d}{\sqrt{2}}$ (Die Lösungen $a_2 = -\frac{d}{\sqrt{2}}$ und $a_3 = 0$ entfallen.) $f''(a) = -12a^2 + 2d^2$ $f''(a_1) = -4d^2 < 0$, also liegt ein relatives Maximum vor. $\Rightarrow a = b = \frac{d}{\sqrt{2}}$	Zu **b)**: Für den Umfang U gilt: Nebenbedingung: $2a + 2b = U \Rightarrow b = \frac{U}{2} - a$ Diagonalenlänge: $d = \sqrt{a^2 + b^2}$ Die Länge der Diagonale ist minimal genau dann, wenn ihr Quadrat minimal ist. Quadrieren ergibt: $g(a) = 2a^2 - U \cdot a + \frac{U^2}{4}$ Definitionsbereich: $0 < a < \frac{U}{2}$ $g'(a) = 4a - U$ $g'(a) = 0 \Rightarrow a = \frac{U}{4}$ $g''(a) = 4 > 0$ für alle a, also liegt ein relatives Minimum vor. $\Rightarrow a = b = \frac{U}{4}$

30 Für die Zylinderhöhe h und den Zylinderradius r (jeweils in mm) gilt:

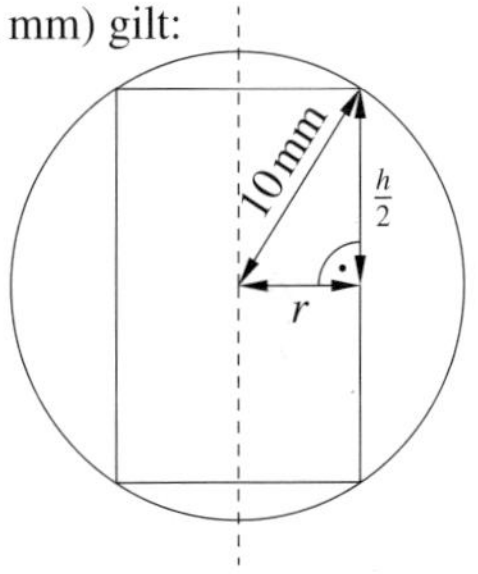

Mantelflächeninhalt:

$M = 2\pi \cdot r \cdot h$

Nebenbedingung:

$\left(\frac{h}{2}\right)^2 + r^2 = 100 \Rightarrow h = \sqrt{400 - 4r^2}$

Zielfunktion:

$M(r) = 2\pi r \sqrt{400 - 4r^2}$

Definitionsbereich:

$0 \leq r \leq 10$

Unter Nutzung der Erkenntnisse aus Aufgabe 28 wird die quadrierte Zielfunktion untersucht:

$M_Q(r) = \left(2\pi r \sqrt{400 - 4r^2}\right)^2 = -16\pi^2 \cdot r^4 + 1600\,\pi^2 \cdot r^2$

$M_Q'(r) = -64 \cdot \pi^2 \cdot r^3 + 3200 \cdot \pi^2 \cdot r$

Die Gleichung $M_Q'(r) = 0$ hat die Lösungen $r_1 = -5\sqrt{2}$, $r_2 = 0$ und $r_3 = 5\sqrt{2}$. Die ersten beiden Lösungen kommen nicht in Frage.

Es gilt $7 < r_3 < 8$ und $M_Q'(7) = 448\pi^2$ sowie $M_Q'(8) = -7168\pi^2$, also liegt wegen des Vorzeichenwechsels von + nach − an der Stelle r_3 ein relatives Maximum vor.

Bei einer Bohrlochstärke von $2 \cdot r_3$, also ca. 14,14 mm, ist die Mantelfläche maximal.

31 Der Flächeninhalt des Dreiecks ABC muss maximal werden:

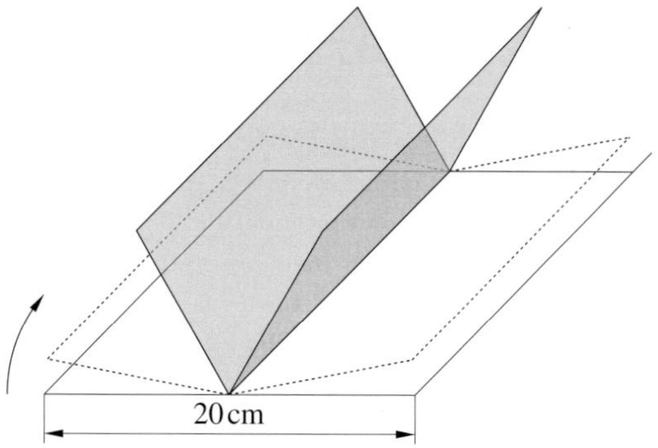

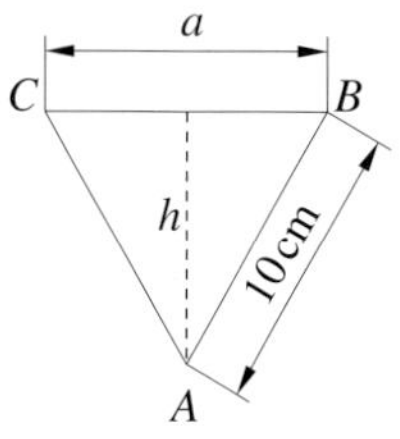

Zielfunktion: $A = \frac{1}{2} \cdot a \cdot h$
Nebenbedingung: $|\overline{CA}| = |\overline{AB}| = 10$ (in cm)
$\Rightarrow h = \sqrt{10^2 - (\frac{a}{2})^2}$
$\Rightarrow A(a) = \frac{1}{2} \cdot a \cdot \sqrt{10^2 - (\frac{a}{2})^2}$
Definitionsbereich: $0 \le a \le 20$
Aus der Grafik entnimmt man ein Maximum an der Stelle $x \approx 14{,}14$.
(Exakte Werte: $a = 10\sqrt{2}$ und $h = 5\sqrt{2}$. Der Winkel der Rinne bei A ist dann ein rechter Winkel).

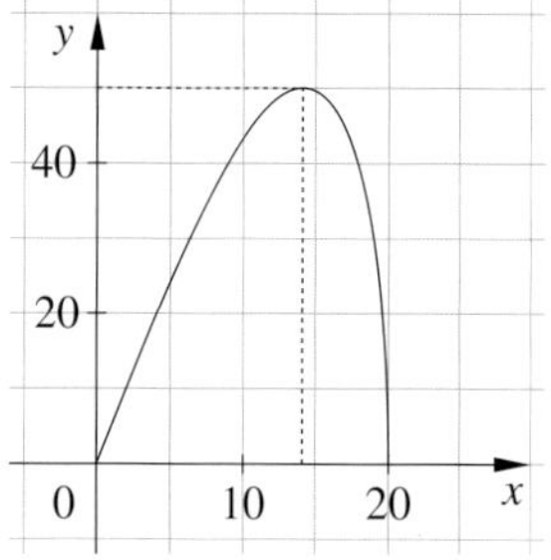

32 Für alle Teilaufgaben gilt:
Sind x_Q und y_Q die Koordinaten des Punktes Q, so gilt für der Abstand d des Punktes Q zu einem Punkt des Graphen von f: $d(x) = \sqrt{(x - x_Q)^2 + (f(x) - y_Q)^2}$
Da diese Abstandsfunktion nur nichtnegative Werte annimmt, haben sie und ihr Quadrat an denselben Stellen Extremwerte (siehe Aufgabe 28), sodass auch d^2 untersucht werden kann. Im Folgenden wird die Abstandsfunktion d jedoch immer numerisch untersucht mit der Angabe der Koordinaten x_m und y_m des Punktes mit dem geringsten Abstand.

a) $d(x) = \sqrt{x^2 + (-\frac{1}{2} \cdot x + 3)^2}$ $\Rightarrow x_m = 1{,}2;\ y_m = 2{,}4.$

b) $d(x) = \sqrt{(x-4)^2 + (-\frac{1}{2} \cdot x)^2}$ $\Rightarrow x_m = 3{,}2;\ y_m = 1{,}4.$

c) $d(x) = \sqrt{(x-1)^2 + (2x)^2}$ $\Rightarrow x_m = 0{,}2;\ y_m = 0{,}4.$

d) Individuelle Lösungen.
Beispiel: Die Funktion f mit $f(x) = \sqrt{9 - x^2}$ und der Punkt $Q(1|1)$. Die Abstandsfunktion d nimmt an den Stellen $x_1 = -3$ und $x_2 = 3$ jeweils Randmaxima an. Es ist $d(x_1) \approx 4{,}12$ und $d(x_2) \approx 2{,}23$. Die Koordinaten des gesuchten Punktes lauten also $x_m = -3$ und $y_m = 0$.

1.3 Bestimmen von Funktionen

AUFTRAG 1 **Steckbrief einer Funktion**

Eine ganzrationale Funktion dritten Grades hat die allgemeine Form

$$f(x) = ax^3 + bx^2 + cx + d$$
$$f'(x) = 3ax^2 + 2bx + c$$
$$f''(x) = 6ax + 2b$$

$P(4|5)$ ist Punkt des Graphen, also ist $f(4) = 5$; d.h. $64a + 16b + 4c + d = 5$
„schneidet die y-Achse an der Stelle 3", also ist $f(0) = 3$; d.h. $d = 3$
f hat an der Stelle 1 ein lokales Maximum, also ist $f'(1) = 0$; d.h. $3a + 2b + c = 0$
$x_W = 2$ ist Wendestelle, also ist $f''(2) = 0$; d.h. $12a + 2b = 0$

Also ist noch das folgende lineare Gleichungssystem zu lösen:

$$\begin{aligned} 64a + 16b + 4c &= 2 \\ 3a + 2b + c &= 0 \quad |\cdot(-4) \\ 12a + 2b &= 0 \end{aligned}$$

$$\begin{aligned} 64a + 16b + 4c &= 2 \\ 52a + 8b &= 2 \\ 12a + 2b &= 0 \quad |\cdot(-4) \end{aligned}$$

$$\begin{aligned} 64a + 16b + 4c &= 2 \\ 52a + 8b &= 2 \\ 4a &= 2 \end{aligned}$$

Man erhält $a = \frac{1}{2}$, $b = -3$ und $c = \frac{9}{2}$ und somit

$$f(x) = \frac{1}{2}x^3 - 3x^2 + \frac{9}{2}x + 3$$
$$f'(x) = \frac{3}{2}x^2 - 6x + \frac{9}{2}$$
$$f''(x) = 3x - 6$$

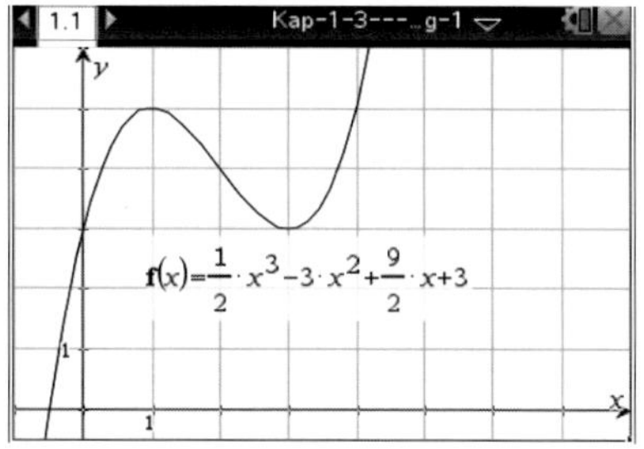

Wegen $f'(1) = 0 \wedge f''(1) = -3 < 0$ hat f an der Stelle 1 ein lokales Maximum.
Die Forderung „lokales Minimum an der Stelle 1" führt zu demselben Gleichungssystem und zu derselben Funktion, also gibt es keine Funktion mit diesen Eigenschaften.

30

AUFTRAG 3 **Die Straßenkuppe**

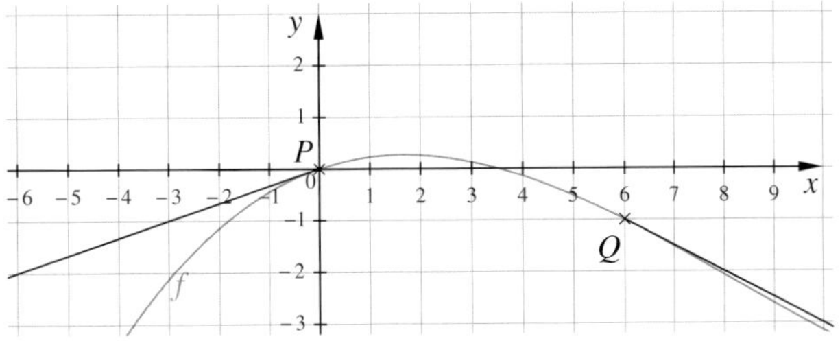

Legt man den Koordinatenursprung z. B. auf Punkt P und wählt man als Einheit eine Kästchenlänge, so ergeben sich für die gesuchte Funktion f folgende Bedingungen:

$f(0) = 0$ $\quad f'(0) = \frac{1}{3}$ $\quad f(6) = -1$ $\quad f'(6) = -\frac{1}{2}$

Es bietet sich also eine ganzrationale Funktion f dritten Grades an.

$f(x) = a \cdot x^3 + b \cdot x^2 + c \cdot x + d$

$f'(x) = 3a \cdot x^2 + 2b \cdot x + c$

Aus den beiden ersten Bedingungen ergibt sich dann $d = 0$ und $c = \frac{1}{3}$.

Aus den beiden letzten Bedingungen folgt das Gleichungssystem:

(I) $\quad 72a + 12b = -1$

(II) $\quad 648a + 72b = -5$

Es ergeben sich die Lösungen $a = \frac{1}{216}$ und $b = -\frac{1}{9}$ und damit $f(x) = \frac{1}{216}x^3 - \frac{1}{9}x^2 + \frac{1}{3}x$.

(Legt man den Koordinatenursprung z. B. auf Punkt Q und wählt man als Einheit eine Kästchenlänge, dann ergibt sich der Funktionsterm $\frac{1}{216}x^3 - \frac{1}{36}x^2 - \frac{1}{2}x$.)

AUFTRAG 2 **Der Besucherstrom**

Zahl der Stunden nach Öffnung des Festzelts: x

Anzahl der Besucher: $f(x) = a \cdot x^3 + b \cdot x^2 + c \cdot x + d$

Erste Ableitung: $\quad f'(x) = 3a\,x^2 + 2b \cdot x + c$

Zweite Ableitung: $\quad f''(x) = 6a \cdot x + 2b$

Es gibt vier Parameter, aber fünf Bedingungen:

$f(0) = 0$

$f(1) = 40 \quad \Rightarrow$

$f(2) = 80 \quad \Rightarrow$

$f''(2) = 0 \quad \Rightarrow$

$f'(4) = 0 \quad \Rightarrow$

Wählt man z. B. die letzten vier Bedingungen, so erhält man folgendes Gleichungssystem:

(I) $\quad a + b + c + d = 40$

(II) $\quad 12a + 4b + c = 80$

(III) $\quad 12a + 2b = 0$

(IV) $\quad 48a + 8b + c = 0$

Die Lösung des Gleichungssystems ergibt $f(x) = -\frac{20}{3}x^3 + 40x^2 + \frac{20}{3}$ und $f(0) = \frac{20}{3} = 6{,}\overline{6}$.

Die Modellierung eignet sich also nur für einen eingeschränkten Bereich der Funktion.

33

Aufgaben – Trainieren

1 a)

$$\begin{array}{rrrrl} x_1 + & x_2 + & 7x_3 = & 13 & |\cdot(-3) \quad |\cdot(-12) \\ 3x_1 + & 2x_2 + & 3x_3 = & 7 & \leftarrow + \\ 12x_1 + & 2x_2 + & 4x_3 = & 36 & \leftarrow + \end{array}$$

$$\begin{array}{rrrrl} x_1 + & x_2 + & 7x_3 = & 13 & \\ - & x_2 - & 18x_3 = & -32 & |\cdot(-10) \\ & -10x_2 - & 80x_3 = & -120 & \leftarrow + \end{array}$$

$$\begin{array}{rrrr} x_1 + & x_2 + & 7x_3 = & 13 \\ - & x_2 - & 18x_3 = & -32 \\ & & 100x_3 = & 200 \end{array}$$

$\mathbb{L} = \{3; -4{,}2\}$

b)

$$\begin{array}{rrrrl} 4x_1 - & 8x_2 + & 2x_3 = & -5 & |\cdot 3 \\ 2x_1 + & 3x_2 - & x_3 = & 3 & |\cdot(-2) \leftarrow + \\ -3x_1 + & 2x_2 + & 3x_3 = & 9 & |\cdot 4 \leftarrow + \end{array}$$

$$\begin{array}{rrrrl} 4x_1 - & 8x_2 + & 2x_3 = & -5 & \\ & -14x_2 + & 4x_3 = & -11 & |\cdot(-8) \\ & -16x_2 + & 18x_3 = & 21 & |\cdot 7 \leftarrow + \end{array}$$

$$\begin{array}{rrrr} 4x_1 - & 8x_2 + & 2x_3 = & -5 \\ & -14x_2 + & 4x_3 = & -11 \\ & & 94x_3 = & 235 \end{array}$$

$\mathbb{L} = \left\{\frac{1}{2}; \frac{3}{2}; \frac{5}{2}\right\}$

c)

$$\begin{array}{rrrrl} 2x_1 - & 3x_2 - & 7x_3 = & -5 & |\cdot(-3) \\ 4x_1 + & 2x_2 + & 2x_3 = & 14 & |\cdot(-0{,}5) \leftarrow + \\ 3x_1 - & 5x_2 - & 5x_3 = & 4 & |\cdot 2 \leftarrow + \end{array}$$

$$\begin{array}{rrrrl} 2x_1 - & 3x_2 - & 7x_3 = & -5 & \\ - & 4x_2 - & 8x_3 = & -12 & |\cdot(-0{,}25) \\ - & x_2 + & 11x_3 = & 23 & \leftarrow + \end{array}$$

$$\begin{array}{rrrr} 2x_1 - & 3x_2 - & 7x_3 = & -5 \\ - & 4x_2 - & 8x_3 = & -12 \\ & & 13x_3 = & 26 \end{array}$$

$\mathbb{L} = \{3; -1{,}2\}$

2 a)
$$\begin{array}{rrrrl} a+ & b+ & c= & 8 & |\cdot(-1) \\ 3a+ & 2b+ & c= & 12 & \leftarrow + \\ 12a+ & 2b & = & 0 & \end{array}$$

$$\begin{array}{rrrrl} a+ & b+ & c= & 8 & \\ 2a+ & b & = & 4 & |\cdot(-2) \\ 12a+ & 2b & = & 0 & \leftarrow + \end{array}$$

$$\begin{array}{rrrr} a+ & b+ & c= & 8 \\ 2a+ & b & = & 4 \\ 8a & & = & -8 \end{array}$$

$\mathbb{L} = \{-1; 6; 3\}$

b)
$$\begin{array}{rrrrl} a+ & b+ & c= & 0 & |\cdot(-1) \quad |\cdot(-1) \\ 9a+ & 3b+ & c= & 0 & \leftarrow + \\ 25a+ & 5b+ & c= & 4 & \leftarrow + \end{array}$$

$$\begin{array}{rrrrl} a+ & b+ & c= & 0 & \\ 8a+ & 2b & = & 0 & |\cdot(-2) \\ 24a+ & 4b & = & 4 & \leftarrow + \end{array}$$

$$\begin{array}{rrrr} a+ & b+ & c= & 0 \\ 8a+ & 2b & = & 0 \\ 8a & & = & 4 \end{array}$$

$\mathbb{L} = \left\{\frac{1}{2}; -2; \frac{3}{2}\right\}$

c)
$$\begin{array}{rrrrl} 2a+ & 3b+ & c= & 10 & |\cdot(-2) \quad |\cdot(-5) \\ 3a+ & b+ & 2c= & 13 & \leftarrow + \\ 4a+ & 3b+ & 5c= & 26 & \leftarrow + \end{array}$$

$$\begin{array}{rrrrl} 2a+ & 3b+ & c= & 10 & \\ -a- & 5b & = & -7 & |\cdot 12 \\ -6a- & 12b & = & -24 & |\cdot(-5) \leftarrow + \end{array}$$

$$\begin{array}{rrrr} 2a+ & 3b+ & c= & 10 \\ -a- & 5b & = & -7 \\ 18a & & = & 36 \end{array}$$

$\mathbb{L} = \{2; 1; 3\}$

3 $f(x) = ax + b$ | $f'(x) = a$ | $f''(x) = 0$ | $f'''(x) = 0$

$f(x) = ax^2 + bx + c$ | $f'(x) = 2ax + b$ | $f''(x) = 2a$ | $f'''(x) = 0$

$f(x) = ax^3 + bx^2 + cx + d$ | $f'(x) = 3ax^2 + 2bx + c$; $f''(x) = 6ax + 2b$; $f'''(x) = 6a$

$f(x) = ax^4 + bx^3 + cx^2 + dx + e$ | $f'(x) = 4ax^3 + 3bx^2 + 2cx + d$; $f''(x) = 12ax^2 + 6bx + 2c$; $f'''(x) = 24ax + 6b$

4 a) $f(7) = 8$
b) $g(6) = -3$
c) $h'(2) = 0$ $\quad h''(2) < 0$
d) $i(3) = 2$ $\quad i'(3) = 0$ $\quad i''(3) > 0$
e) $j(0) = 0$ $\quad j'(0) = 0$
f) $k(2) = 3$ $\quad k''(2) = 0$ $\quad k'''(2) \neq 0$
g) $m'(7) = 0$ $\quad m''(7) = 0$ $\quad m'''(7) \neq 0$

5 Es gibt mehrere Möglichkeiten.
Beispiele:
a) Die Funktion f hat an der Stelle $x = 7$ den Funktionswert 0.
Der Graph der Funktion f verläuft durch den Punkt $P(7|0)$.
Der Graph der Funktion f schneidet die x-Achse an der Stelle $x = 7$.
b) Die Funktion f hat an der Stelle $x = -3$ den Funktionswert 56.
Der Graph der Funktion f verläuft durch den Punkt $P(-3|56)$.
c) Die Ableitung der Funktion f hat an der Stelle $x = 5$ den Wert 3.
Der Graph der Funktion f hat an der Stelle $x = 5$ die Steigung 3.
d) Die Ableitung der Funktion f hat an der Stelle $x = 8$ den Wert 0.
Der Graph der Funktion f hat an der Stelle $x = 8$ die Steigung 0.
Der Graph der Funktion f hat an der Stelle $x = 8$ eine waagerechte Tangente.
e) Der Graph der Funktion f schneidet die x-Achse an der Stelle $x = 3$ und hat dort eine waagerechte Tangente (bzw. die Steigung 0).
f) Die Funktion f hat an der Stelle $x = 1$ den Funktionswert 1 und eine Tangente mit der Steigung −1.
g) Die Funktion f hat an der Stelle $x = 2$ den Funktionswert 8, besitzt dort eine waagerechte Tangente und der Graph der Funktion f hat an der Stelle $x = 1$ die Steigung 2.
h) Die Funktion f hat an der Stelle $x = 2$ den Funktionswert 7 und sowohl die erste als auch die zweite Ableitung sind an dieser Stelle 0.
i) Die Funktion f hat an der Stelle $x = 0$ den Funktionswert 0 und sowohl die erste als auch die zweite Ableitung sind an dieser Stelle 0.

33 **6** Mit Verwendung der Bezeichnungen aus Aufgabe 3 gilt:

a) $f(5) = a\cdot(5)^3 + b\cdot(5)^2 + c\cdot(5) + d \quad \Rightarrow \quad 125a + 25b + 5c + d = 18$

b) $f(-3) = a\cdot(-3)^2 + b\cdot(-3) + c \quad \Rightarrow \quad 9a - 3b + c = 4$

c) $f'(-3) = 4a\cdot(-3)^3 + 3b\cdot(-3)^2 + 2c\cdot(-3) + d \quad \Rightarrow \quad -108a + 27b - 6c + d = 0$ (mit Vorzeichenwechsel an der Stelle $x = -3$)

d) $f(0) = a\cdot(0)^3 + b\cdot(0)^2 + c\cdot(0) + d \quad \Rightarrow \quad d = 0$

$f'(-7) = 3a\cdot(-7)^2 + 2b\cdot(-7) + c \quad \Rightarrow \quad 147a - 14b + c = 0$

$f'(7) = 3a\cdot 7^2 + 2b\cdot 7 + c \quad \Rightarrow \quad 147a + 14b + c = 0$ (mit Vorzeichenwechsel von f' an den Stellen $x = -7$ und $x = 7$)

e) $f'(-2) = 4a\cdot(-2)^3 + 3b\cdot(-2)^2 + 2c\cdot(-2) + d \quad \Rightarrow \quad -32a + 12b - 4c + d = 0$ (mit Vorzeichenwechsel von f' an der Stelle $x = -2$ von plus nach minus)

$f(-2) = a\cdot(-2)^4 + b\cdot(-2)^3 + c\cdot(-2)^2 + d\cdot(-2) + e \quad \Rightarrow \quad 16a - 8b + 4c - 2d + e = 7$

f) $f(5) = a\cdot(5)^3 + b\cdot(5)^2 + c\cdot(5) + d \quad \Rightarrow \quad 125a + 25b + 5c + d = 3$

Punktsymmetrie des Graphen zum Ursprung: $\Rightarrow \quad b = 0$, $d = 0$

g) $f(0) = a\cdot(0)^5 + b\cdot(0)^4 + c\cdot(0)^3 + d\cdot(0)^2 + e\cdot(0) + z \quad \Rightarrow \quad z = 0$

$f''(8) = 20a\cdot(8)^3 + 12b\cdot(8)^2 + 6c\cdot 8 + 2d \quad \Rightarrow \quad 5120a + 384b + 24c + d = 0$ (mit $f'''(8) \neq 0$)

7 $f(x) = ax^3 + bx^2 + cx + d$

$f'(x) = 3ax^2 + 2bx + c$; $f''(x) = 6ax + 2b$; $f'''(x) = 6a$

a) $f(2) = 5 \quad \Rightarrow \quad$ (I) $\quad 8a + 4b + 2c + d = 5$

$f(0) = 1 \quad \Rightarrow \quad$ (II) $\quad d = 1$

$f'(2) = 22 \quad \Rightarrow \quad$ (III) $\quad 12a + 4b + c = 22$

$f'(0) = 2 \quad \Rightarrow \quad$ (IV) $\quad c = 2$

$\Rightarrow a = 5$

$\Rightarrow b = -10$

$\Rightarrow f(x) = 5x^3 - 10x^2 + 2x + 1$

$f'(x) = 15x^2 - 20x + 2$

$f''(x) = 30x - 20$

$f'''(x) = 30$

$f'(x) = 0 \Rightarrow x_1 = \frac{2}{3} + \frac{1}{15}\sqrt{70} \quad f''(x_1) = 2\sqrt{70} > 0 \quad \Rightarrow$ Tiefpunkt $T(1{,}22 \mid -2{,}36)$

$x_2 = \frac{2}{3} - \frac{1}{15}\sqrt{70} \quad f''(x_2) = -2\sqrt{70} < 0 \quad \Rightarrow$ Hochpunkt $H(0{,}11 \mid 1{,}11)$

$f''(x) = 0 \Rightarrow x_3 = \frac{2}{3} \quad f'''(x_3) = 30 \neq 0 \quad \Rightarrow$ Wendepunkt $W(0{,}67 \mid -0{,}63)$

Fortsetzung von Aufgabe 7: 33

b) $f(0) = 5 \quad \Rightarrow \quad$ (I) $\quad d = 5$

$f'(0) = 2 \quad \Rightarrow \quad$ (II) $\quad c = 2$

$f(1) = 11 \quad \Rightarrow \quad$ (III) $\quad a + b = 4$

$f''(1) = 0 \quad \Rightarrow \quad$ (IV) $\quad 6a + 2b = 0$

$\Rightarrow a = -2$

$\Rightarrow b = 6$

$\Rightarrow f(x) = -2x^3 + 6x^2 + 2x + 5$

$f'(x) = -6x^2 + 12x + 2$

$f''(x) = -12x + 12$

$f'''(x) = -12$

$f'(x) = 0 \Rightarrow x_1 = 1 - \frac{2}{3}\sqrt{3} \quad f''(x_1) = 8\sqrt{3} > 0 \quad \Rightarrow$ Tiefpunkt $T(-0{,}15 \mid 4{,}84)$

$x_2 = 1 + \frac{2}{3}\sqrt{3} \quad f''(x_2) = -8\sqrt{3} < 0 \quad \Rightarrow$ Hochpunkt $H(2{,}15 \mid 17{,}16)$

$f''(x) = 0 \Rightarrow x_3 = 1 \quad f'''(x_3) = -12 \neq 0 \quad \Rightarrow$ Wendepunkt $W(1 \mid 11)$

c) Aus der Punktsymmetrie des Graphen von f ergibt sich $b = 0$ und $d = 0$.

$f(-1) = 2 \quad \Rightarrow \quad$ (I) $\quad -a - c = 2$

$f'(-1) = -6 \quad \Rightarrow \quad$ (II) $\quad 3a + c = -6$

$\Rightarrow a = -2$

$\Rightarrow c = 0$

$\Rightarrow f(x) = -2x^3$

$f'(x) = -6x^2$

$f''(x) = -12x$

$f'(x) = 0 \Rightarrow x_1 = 0$

Wegen $f''(x_1) = 0$ und $f'''(x_1) = -12 \neq 0$ hat der Graph von f an der Stelle $x_1 = 0$ keinen Extrempunkt, sondern einen Wendepunkt $W(0 \mid 0)$.

8 Wegen der Achsensymmetrie hat f die allgemeine Form $f(x) = ax^4 + bx^2 + c$. 34

$f'(x) = 4ax^3 + 2bx$

Bedingungen:

Waagerechte Tangente im Ursprung: $f(0) = 0 \quad \Rightarrow \quad c = 0$

$f'(0) = 0 \quad \Rightarrow \quad 0 = 0$

Tiefpunkt an der Stelle $x = 1$ mit $y = -x$: $f(1) = -1 \quad \Rightarrow \quad a + b = -1$

$f'(1) = 0 \quad \Rightarrow \quad 4a + 2b = 0$

Aus den Gleichungen ergibt sich $a = 1$ und $b = -2$ und damit $f(x) = x^4 - 2x^2$.

$f''(x) = 12x^2 - 4 \quad f'''(x) = 24x$

$f''(x) = 0 \Rightarrow x_1 = \frac{1}{3}\sqrt{3} \quad f'''(x_1) = 8\sqrt{3} \neq 0 \quad \Rightarrow$ Wendepunkt $W_1\left(\frac{1}{3}\sqrt{3} \mid -\frac{5}{9}\right)$

$x_2 = -\frac{1}{3}\sqrt{3} \quad f'''(x_2) = -8\sqrt{3} \neq 0 \quad \Rightarrow$ Wendepunkt $W_2\left(-\frac{1}{3}\sqrt{3} \mid -\frac{5}{9}\right)$

9 f' hat Nullstellen bei -2 und 0, f'' bei -2, -1, 0. Mittels Untersuchung auf Vorzeichenwechsel erhält man: $S_1(-2 \mid -4)$; $W(-1 \mid -2)$; $S_2(0 \mid 0)$.

Die Funktion hat also zwei Sattelpunkte und einen Wendepunkt, keine Extrempunkte.

34

10 Zu 2a) Der Graph einer ganzrationalen Funktion 3. Grades geht durch den Ursprung, hat im Punkt $P(1\,|\,8)$ die Steigung $m = 12$ und besitzt den Wendepunkt $W(2\,|\,y_W)$.
Zu 2b) Die Parabel p geht durch die Punkte $A(1\,|\,0)$, $B(3\,|\,0)$ und $C(5\,|\,4)$.
Zu 2d) Der Graph einer ganzrationalen Funktion 3. Grades geht durch den Ursprung und besitzt den Sattelpunkt $S(1\,|\,1)$.

11 a) Der Graph von f hat zwei Wendepunkte, also hat f'' zwei Nullstellen, ist also mindestens vom Grad 2.
b) Der Graph einer ganzrationalen Funktion vierten Grades besitzt den Tiefpunkt $T(0\,|\,0)$ und den Sattelpunkt $S(1\,|\,1)$.
c) Eine ganzrationale Funktion vierten Grades mit Tiefpunkt $T(0\,|\,0)$ hat die allgemeine Form

$$f(x) = ax^4 + bx^3 + cx^2$$
$$f'(x) = 4ax^3 + 3bx^2 + 2cx$$
$$f''(x) = 12ax^2 + 6bx + 2c$$

Da $S(1\,|\,1)$ Sattelpunkt ist, gilt $f(1) = 1$, $f'(1) = 0$ und $f''(1) = 0$, man erhält also das lineare Gleichungssystem

d)
$$\begin{aligned} a + b + c &= 1 \quad |\cdot(-2) \quad |\cdot(-2)\\ 4a + 3b + 2c &= 0 \quad \leftarrow +\\ 12a + 6b + 2c &= 0 \quad \leftarrow + \end{aligned}$$

$$\begin{aligned} a + b + c &= 1\\ 2a + b &= -2 \quad |\cdot(-4)\\ 10a + 4b &= -2 \quad \leftarrow + \end{aligned}$$

$$\begin{aligned} a + b + c &= 1\\ 2a + b &= -2\\ 2a &= 6 \end{aligned}$$

$\mathbb{L} = \{3; -8; 6\}$
Die gesuchte Funktion hat die Gleichung $f(x) = 3x^4 - 8x^3 + 6x^2$.

12 a) Die Graphen sollten im Schnittpunkt die gleiche Steigung haben, da es sonst einen „Knick" im Verlauf gibt.
b) Für die Funktionen f und g mit dem Schnittpunkt $S(x_S|y_S)$ muss $f'(x_S) = g'(x_S)$ gelten.

13 Für $f(x) = a_1x^3 + b_1x^2 + c_1x + d_1$ und $g(x) = a_2x^3 + b_2x^2 + c_2x + d_2$ muss gelten:
(I) $f(x_P) = g(x_P) \Rightarrow a_1x_P^3 + b_1x_P^2 + c_1x_P + d_1 = a_2x_P^3 + b_2x_P^2 + c_2x_P + d_2$
(II) $f'(x_P) \neq g'(x_P) \Rightarrow 3a_1x_P^2 + 2b_1x_P + c_1 \neq 3a_2x_P^2 + 2b_2x_P + c_2$

14 Wenn der Koordinatenursprung auf dem Graphen von f liegt, ist der Summand, in dem die Variable nicht vorkommt, dann durch den Funktionswert an der Stelle $x = 0$ gegeben. Wird ein Extrem-, Wende- oder Sattelpunkt als Ursprung des Koordinatensystems gewählt, wird mindestens noch ein weiterer Koeffizient null. 34

NOCH FIT?

I a) $c = \sqrt{20}\,\text{cm} \approx 4{,}5\,\text{cm}$
$b = \sqrt{27}\,\text{cm} \approx 5{,}2\,\text{cm}$
b) $c = 8\,\text{cm}$
$a = \sqrt{8\,\text{cm} \cdot 3\,\text{cm}} \approx 4{,}9\,\text{cm}$
$b = \sqrt{8\,\text{cm} \cdot 5\,\text{cm}} \approx 6{,}3\,\text{cm}$
c) Das Dreieck ist rechtwinklig, denn es gilt:
$28^2 + 45^2 = 53^2$.

II Individuelle Lösungen.
Die Entfernungen der Punkte lassen sich mithilfe des Satzes des Pythagoras berechnen.

III Es sind verschiedene Lösungsansätze möglich, z. B.:
Nach dem Strahlensatz sind die Regalbretter immer halb so lang wie ihre Entfernung zur Dachspitze, also 55 cm, 70 cm und 85 cm lang (ohne Berücksichtigung der Brettstärke).

Aufgaben – Anwenden 35

15 Alle Längenangaben in Metern:
Bei Wahl des Koordinatenursprungs z. B. an der Stelle, wo die Strecken mit den Längen 0,8 und 5 aneinanderstoßen, ergeben sich bei den folgenden Bedingungen die Gleichungen:

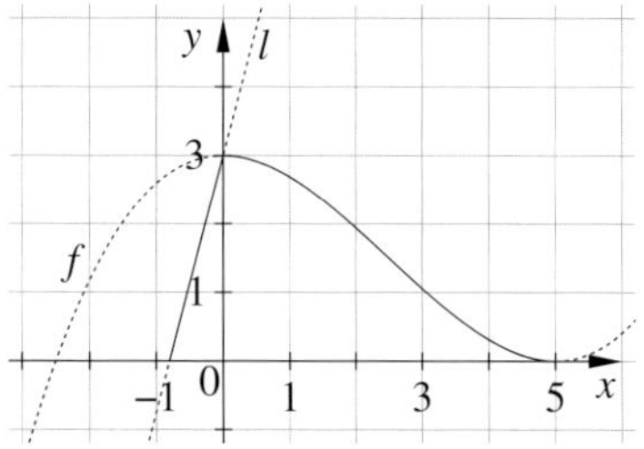

Leiter:	Rutschbahn:	
$l(0) = 3$	$r(0) = 3$	$r'(0) = 0$
$l(-0{,}8) = 0$	$r(5) = 0$	$r'(5) = 0$
$l(x) = 3{,}75x + 3$	$r(x) = 0{,}048x^3 - 0{,}36x^2 + 3$	

16 Bedingungen (Angabe der Zeit in Stunden nach Sonnenaufgang und des Sauerstoffvolumens in l):
$f(0) = 90$
$f(12) = 1152$
$f'(0) = 0$
$f'(6{,}5) = 133$
Modellierung mit einer ganzrationalen Funktion f dritten Grades:
$f(x) = -0{,}991\,452\,991\,x^3 + 19{,}897\,435\,9\,x^2$

17 Für die Anzahl x der Stunden, die seit 6:00 Uhr vergangen sind, gilt:

a) $f(x) = ax^3 + bx^2 + cx + d$

$f'(x) = 3ax^2 + 2bx + c$

$f''(x) = 6ax + 2b$

(I) $f(0) = 0 \Rightarrow d = 0$

(II) $f'(0) = 0 \Rightarrow c = 0$

(III) $f'(8) = 64 \Rightarrow 192a + 16b = 64$

(IV) $f''(8) = 0 \Rightarrow 48a + 2b = 0$

Aus (III) und (IV) folgt $a = -\frac{1}{3}$, $b = 8$ und somit $f(x) = -\frac{1}{3}x^3 + 8x^2$.

(Wählt man auf der x-Achse die tatsächlichen Uhrzeiten als Einheit, so erhält man $f_u(x) = -\frac{1}{3}x^3 + 14x^2 - 132x + 360$, was einer Verschiebung von f um 6 Einheiten nach rechts entspricht.)

b) Von 6:00 Uhr bis 20:00 Uhr sind 14 Stunden vergangen, sodass $f(14)$ zu berechnen ist. Insgesamt werden also $653\frac{1}{3}$ l Sauerstoff produziert.

c) $f'(x) = -x^2 + 16x < 10$

$x^2 - 16x + 10 = 0 \Rightarrow x_1 = 8 + \sqrt{54} > 14$ (entfällt)

$x_2 = 8 - \sqrt{54} = 0{,}65153\ldots$

Die zweite Lösung entspricht einer Dauer von ca. 39 Minuten.

Zwischen 6:00 Uhr und 6:39 Uhr liegt die Produktionsrate unter $10\frac{l}{h}$.

18 a) Mit $f(x) = ax^3 + bx^2 + cx + d$ und den angegebenen Achsenskalierungen ergeben sich folgende Bedingungsgleichungen:

$f(2) = 2{,}22 \Rightarrow$ (I) $8a + 4b + 2c + d = 2{,}22$

$f(4) = 1{,}78 \Rightarrow$ (II) $64a + 16b + 4c + d = 1{,}78$

$f'(2) = 0 \Rightarrow$ (III) $12a + 4b + c = 0$

$f'(4) = 0 \Rightarrow$ (IV) $48a + 8b + c = 0$

b) Setzt man die Werte 2 bzw. 4 in die Funktionsgleichung f und die ihrer Ableitungsfunktion f' ein, so erhält man:

$f(2) = 2{,}22$

$f(4) = 1{,}78$

$f'(2) = 0$

$f'(4) = 0$

c) Setzt man die Werte 2 bzw. 4 in die Funktionsgleichung g und die ihrer Ableitungsfunktion g' ein, so erhält man:

$g(2) = 2\frac{2}{9} = 2{,}\overline{2}$

$g(4) = 1\frac{7}{9} = 1{,}\overline{7}$

$g'(2) = 0$

$g'(4) = 0$

Die Funktion g ist also zur Beschreibung des Sachverhalts annähernd ebenfalls geeignet.

Fortsetzung von Aufgabe 18:

d) Nach c) gilt $g' = 0$ an den Stellen $x = 2$ und $x = 4$.

Zu untersuchen sind also die mittleren Steigungen auf drei Streckenabschnitten:

Intervall [0; 2]	$m_1 = \frac{g(2) - g(0)}{2 - 0} = \frac{2\frac{2}{9} - 0}{2} = 1\frac{1}{9}$
Intervall [2; 4]	$m_2 = \frac{g(4) - g(2)}{4 - 2} = \frac{1\frac{7}{9} - 2\frac{2}{9}}{2} = -\frac{2}{9}$
Intervall [4; 6]	$m_3 = \frac{g(6) - g(4)}{6 - 4} = \frac{4 - 1\frac{7}{9}}{2} = 1\frac{1}{9}$

Die durchschnittlichen Steigungen sind im ersten und dritten Streckenabschnitt betragsmäßig am größten und betragen jeweils 111 m pro Kilometer.

e) $g_a(x) = a \cdot x^3 - x^2 + \frac{8}{3}x$

$g_a'(x) = 3a \cdot x^2 - 2x + \frac{8}{3}$

$0 = 3a \cdot x^2 - 2x + \frac{8}{3}$

$0 = x^2 - \frac{2}{3a} \cdot x + \frac{8}{9a}$

$x_{1,2} = \frac{1}{3a} \pm \sqrt{\frac{1}{9a^2} - \frac{8}{9a}}$

$x_1 = \frac{1}{3a} + \sqrt{\frac{1-8a}{9a^2}}$

$x_2 = \frac{1}{3a} - \sqrt{\frac{1-8a}{9a^2}}$

$g_a''(x) = 6a \cdot x - 2$

$g_a''(x_1) = \sqrt{4 \cdot (1 - 8a)}$

$> 0 \left(\text{für } a < \frac{1}{8}\right)$

$g_a''(x_2) = -\sqrt{4 \cdot (1 - 8a)}$

$< 0 \left(\text{für } a < \frac{1}{8}\right)$

Falls der Parameter a ungleich null und kleiner als $\frac{1}{8}$ ist, hat die Funktionenschar g_a genau zwei Extremstellen $x_1 = \frac{1}{3a} + \sqrt{\frac{1-8a}{9a^2}}$ und $x_2 = \frac{1}{3a} - \sqrt{\frac{1-8a}{9a^2}}$.

35

35

19 Angenommene Breite des Fahrstreifens: 3 m

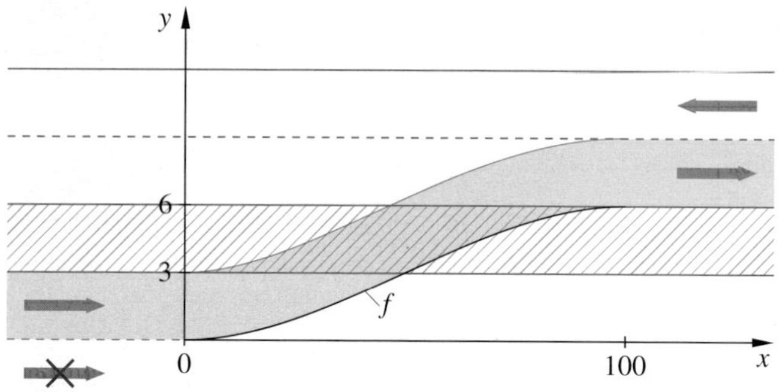

Bedingungen für die Funktion f unter den angenommenen Voraussetzungen:

$f(x) = ax^3 + bx^2 + cx + d$

$f'(x) = 3ax^2 + 2bx + c$

(I) $f(0) = 0 \Rightarrow d = 0$

(II) $f(100) = 6 \Rightarrow 100^3 \cdot a + 100^2 \cdot b = 6$

(III) $f'(0) = 0 \Rightarrow c = 0$

(IV) $f'(100) = 0 \Rightarrow 3 \cdot 100^2 \cdot a + 2 \cdot 100 \cdot b = 0$

Lösen des LGS: $\Rightarrow a = -0{,}000012$

$b = 0{,}0018$

$f(x) = -0{,}000012\,x^3 + 0{,}0018\,x^2$

36

20 Der Koordinatenursprung wird in „die untere Ecke des Fußteils" gelegt.

a) Zum Beispiel führt die Modellannahme einer ganzrationalen Funktion dritten Grades mit den vier Bedingungen $f(0) = 0$, $f(1{,}75) = 0{,}875$, $f'(0{,}\overline{3}) = 0$ und $f'(1{,}5) = 0$ auf $f(x) = -2\,x^3 + 5{,}5x^2 - 3x$.

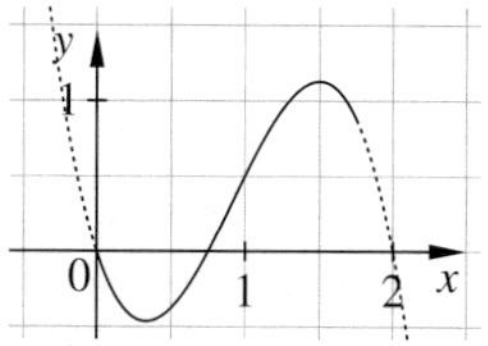

b) Da der Graph der unter a) ermittelten Funktion bei $x = \frac{1}{3}$ einen Tief- und bei $x = 1{,}5$ einen Hochpunkt hat, stellt die Funktion kein geeignetes Modell dar.
Wählt man zusätzlich $f(1{,}5) = 0$, ist das Gleichungssystem nicht lösbar.

c) Das Modell kann z. B. verbessert werden, indem eine ganzrationale Funktion mit einem Grad, der größer als 3 ist, gewählt wird. Es werden dann ggfs. noch weitere Bedingungen benötigt.

36

21 Modellierung des Wasserstrahls in Form einer Parabel:
Bedingungen (alle Längen in m):

$f(0) = 0$

$f(10) = 0$

$f'(0) = \tan(45°) = 1$

$\Rightarrow f(x) = -\frac{1}{10}x^2 + x$

Die y-Koordinate des Scheitelpunkts beträgt 2,5. Bis zu einer Körpergröße von 2,5 m kann man unter dem Strahl hindurchgehen.
Je nach Körpergröße k (in m) ist die Gleichung $f(x) = k$ zu lösen, z. B. für $k = 1{,}7$:

$-\frac{1}{10}x^2 + x = 1{,}7 \Leftrightarrow x_1 \approx 2{,}17$ bzw. $x_2 \approx 7{,}83$

Der Abstand zur Düse muss also mindestens 2,17 m und darf höchstens 7,83 m betragen (allgemein zwischen $5 - \sqrt{25 - 10k}$ und $5 + \sqrt{25 - 10k}$).

Aufgaben – Vernetzen

22 a) Bundesstraße: $f(x) = -\frac{1}{2}x + 1$
Umgehungsstraße: Bestimmung einer ganzrationalen Funktion dritten Grades mit den Bedingungen:

$g(-2) = 2$

$g'(-2) = -\frac{1}{2}$

$g(2) = 0$

$g(1) = 2$

$\Rightarrow g(x) = -\frac{1}{6}x^3 - \frac{1}{3}x^2 + \frac{1}{6}x + 2\frac{1}{3}$

b) Maximum von g bei $x = \frac{\sqrt{7}-2}{3}$.

$g\left(\frac{\sqrt{7}-2}{3}\right) + 0{,}1 \approx 2{,}452 + 0{,}1 < 2{,}5$

Die Umgehungsstraße hat den geforderten Abstand vom Kanal.

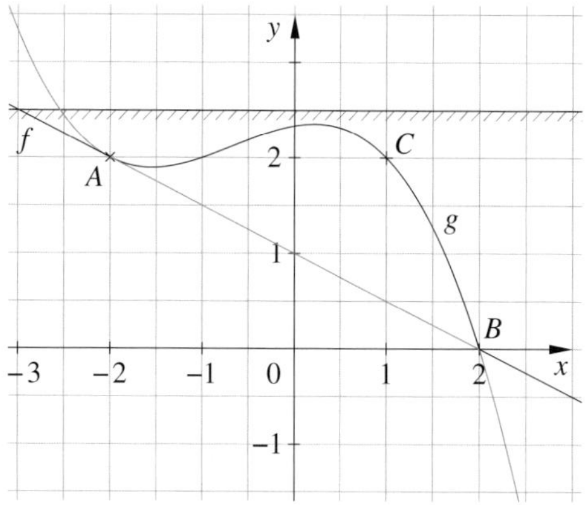

23 a) Wegen der Punktsymmetrie zum Ursprung hat f die Form $f(x) = ax^5 + bx^3 + c$ und mit $f'(x) = 5ax^4 + 3bx^2 + c$ und $f''(x) = 20ax^3 + 6bx$ ergeben sich folgende Bedingungsgleichungen:

(I) $f(0) = 0 \Rightarrow 0 = 0$

(II) $f'(0) = 0 \Rightarrow c = 0$

(III) $f''(3) = 0 \Rightarrow 540a + 18b = 0$

(IV) $f'(3\sqrt{2}) = 0 \Rightarrow 1620a + 54b = 0$

Da Gleichung (IV) ein Vielfaches von Gleichung (III) ist, gibt es nur zwei Gleichungen, aus denen die drei Koeffizienten bestimmt werden können. Das Gleichungssystem ist unterbestimmt und besitzt keine eindeutige Lösung.

Fortsetzung von Aufgabe 23:

b) Um eine Bedingung zu erhalten, die zu einer eindeutigen Lösung des entstehenden Gleichungssystems führt, kann z. B. aus Gleichung (III) $b = 30$ gewählt werden, sodass sich $a = -1$ und damit $f(x) = -x^5 + 30x^3$ ergibt.

Für den Wendepunkt erhält man dann z. B. die y-Koordinate $f(3) = 567$. Die veränderte Bedingung könnte heißen:

Der Punkt $W(3|567)$ ist ein Wendepunkt des Funktionsgraphen.

24 Individuelle Lösungen.

Beispiele:

$f(x) = \frac{2}{3}x^3 + x^2 - 3x$

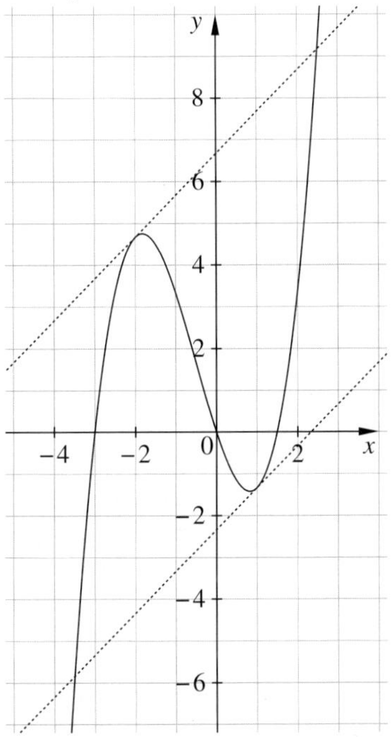

$g(x) = x^4 + 2x^3 - 3x^2 - 3x$

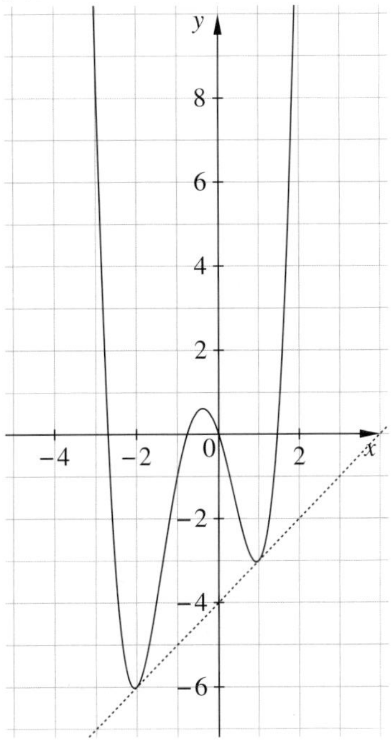

25 Individuelle Lösungen.

Beispiele (siehe rechte Zeichnung):

$f(x) = x^3 - 3x^2 + 3x$

$g(x) = -2x^3 + 6x^2 - \frac{3}{2}x - \frac{3}{2}$

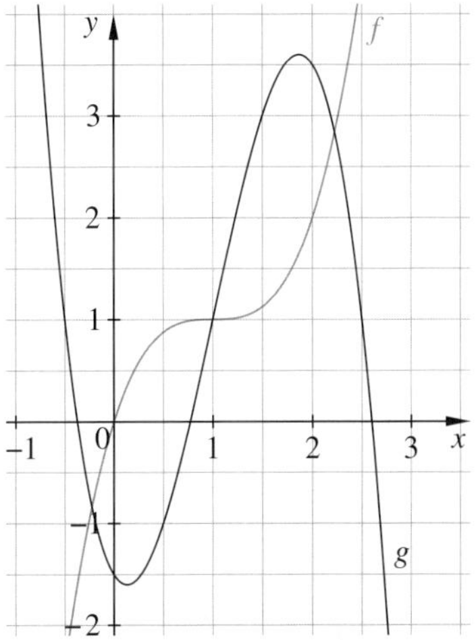

- Angabe der Koordinaten eines Punktes, der nicht auf dem Graphen liegt, als zusätzliche Bedingung
- Weglassen einer Bedingung

26 a) Individuelle Lösungen.

Beispiel:

Gesucht ist eine ganzrationale Funktion f vierten Grades, die an der Stelle $x = 3$ eine Wendestelle und an der Stelle $x = 0$ sowohl eine Nullstelle als auch eine Minimalstelle besitzt. Punkt $W(1|11)$ ist ein Wendepunkt des Graphen von f.

b) Gleichungen der Wendetangenten t_1 und t_2:

$t_1(x) = f(1) + f'(1) \cdot (x - 1)$
$= 11 + 16x - 16$
$= 16x - 5$

$t_2(x) = f(3) + f'(3) \cdot (x - 3)$
$= 27 + 0 \cdot (x - 3)$
$= 27$

Ein möglicher Steckbrief könnte dann lauten: Gesucht ist eine ganzrationale Funktion f vierten Grades, die an den Stellen $x_1 = 1$ und $x_2 = 3$ Wendetangenten t_1 bzw. t_2 mit den Gleichungen $t_1(x) = 16x - 5$ bzw. $t_2(x) = 27$ besitzt.

Dies führt zu den Bedingungen $f(1) = 11$,
$f'(1) = 16$,
$f''(1) = 0$,
$f(3) = 27$ und
$f''(3) = 0$,

aus denen sich der Funktionsterm von f eindeutig bestimmen lässt.

c) Individuelle Lösungen. Beispiele:

- Angabe der Koordinaten eines Punktes, der nicht auf dem Graphen liegt, als zusätzliche Bedingung
- Weglassen einer Bedingung

42

2. Das Integral

2.1 Flächen, Bestände und Wirkungen

AUFTRAG 1 **Auf und Ab**

Dieser Auftrag wird im Schülerbuch auf Seite 40 ff. bearbeitet.

AUFTRAG 2 **Wasservorräte**

Zu Beginn befinden sich 400 m³ Wasser im Becken.

t (in min)	Zu- bzw. Abfluss (in m³)		Wasserinhalt (in m³)	t (in min)	Zu- bzw. Abfluss (in m³)		Wasserinhalt (in m³)
	pro min	summiert			pro min	summiert	
0			400	9	−30	−240	160
1	−7,5	−7,5	392,5	10	−30	−270	130
2	−22,5	−30	370	11	−22,5	−292,5	107,5
3	−30	−60	340	12	−7,5	−300	100
4	−30	−90	310	13	30	−270	130
5	−30	−120	280	14	60	−210	190
6	−30	−150	250	15	60	−150	250
7	−30	−180	220	16	60	−90	310
8	−30	−210	190	17	30	−60	340

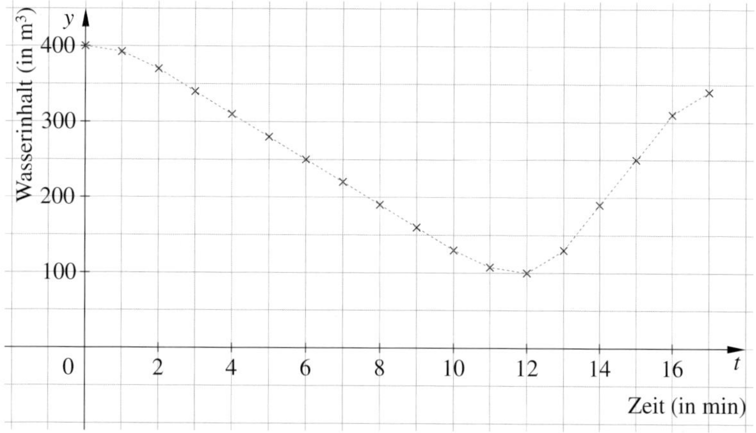

Beschreibung zu Bild 39/1: In den Wintermonaten bewirken verstärkter Niederschlag und Schneeschmelze eine positive Zuflussrate, in den Sommermonaten hat geringer Niederschlag eine negative Zuflussrate zur Folge.

Vorgehen: Bildung von stückweise linearen Näherungsfunktionen sowie Rechtecksflächen als Zu- bzw. Abflussmengen.

AUFTRAG 3 **Mittelwerte** 43

$T_1 = 19{,}85\ °C$ $T_2 = 24{,}30\ °C$ $T_3 = 21{,}1875\ °C$

Vor- und Nachteile der verschiedenen Berechnungsmethoden:

Mithilfe der Methode (1) ist die mittlere Tagestemperatur sehr schnell und einfach zu berechnen. Auch Methode (2) liefert in wenigen Schritten Ergebnisse. Zur Berechnung mit Methode (3) ist ein wesentlich höherer Rechenaufwand nötig, dafür liefert diese Methode einen deutlich genaueren Wert im Vergleich zu den beiden anderen. Da die Unterschiede der Mittelwerte jedoch nicht sehr groß sind, gilt es, den größeren Aufwand gegen die gewünschte Genauigkeit abzuschätzen.

Das Säulendiagramm ersetzt den eigentlichen Verlauf durch stückweise konstante Temperaturen. Der Wert T_3 ist somit die Höhe eines flächengleichen Rechtecks der Breite 24.

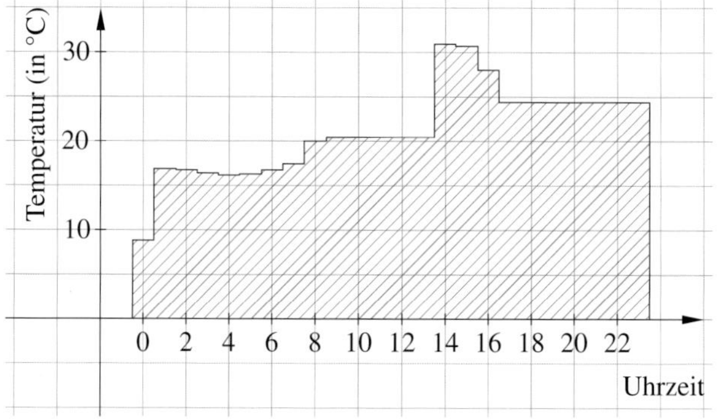

Messwertgüte: Die Messwerte sind nicht durchgehend realistisch, denn zwischen 0:00 Uhr und 1:00 Uhr sowie zwischen 13:00 Uhr und 14:00 Uhr sind Temperaturanstiege bis zu 10 °C aufgezeichnet. Auch der Temperaturanstieg von 14 °C bis zum nächsten Tag ist unrealistisch.

Fehlerquellen: Die größte Fehlerquelle ist wahrscheinlich die Messwerterfassung, ob z. B. eine gute Ablesbarkeit gewährleistet ist. Es stellt sich die Frage, ob sich tagsüber das Thermometer im Schatten und in Bodennähe befindet. Auch können Übertragungsfehler bei der Messwertdarstellung erfolgt sein.

Die Temperaturkurve in Bild 39/3 lässt sich (wie oben) durch stückweise konstante Temperaturen ersetzen, wobei die Rechtecksflächen unterhalb der Zeitachse negativ gezählt werden müssen.

Aufgaben – Trainieren 47

1 a) $\int_2^4 1{,}5\,dt = 3$

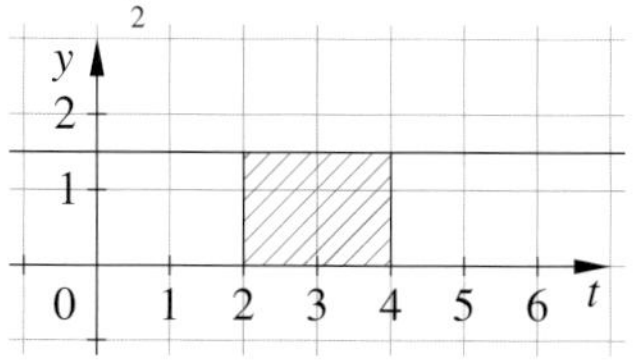

b) $\int_0^3 \left(\frac{1}{4}x\right) dx = \frac{9}{8}$

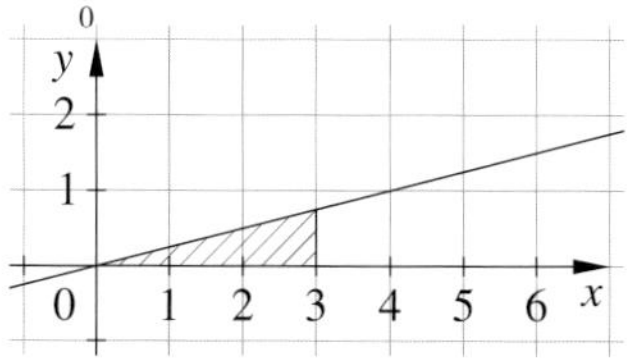

Fortsetzung von Aufgabe 1:

c) $\int_0^6 \left(\frac{1}{3}t\right) \mathrm{d}t = 6$

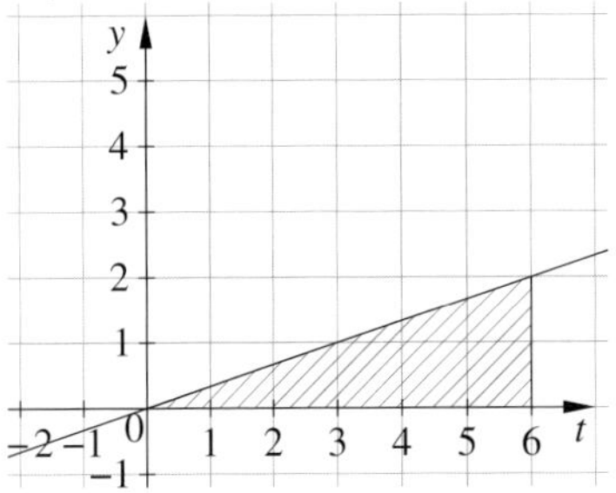

d) $\int_{-1}^{1} (2u+3) \mathrm{d}u = 6$

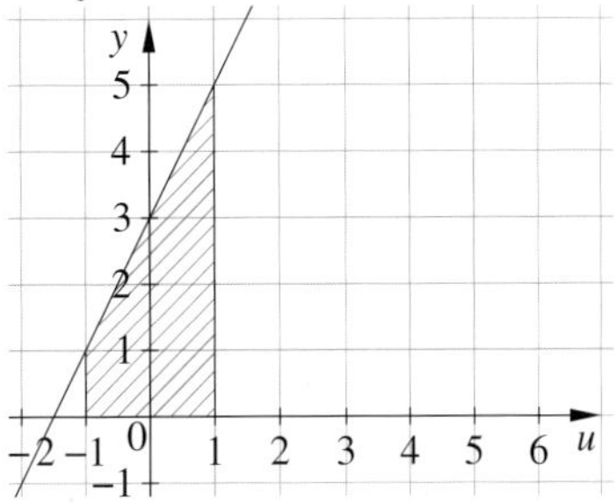

2 a) $\int_8^{12} \left(\frac{1}{4}t - 2\right) \mathrm{d}t = 2$

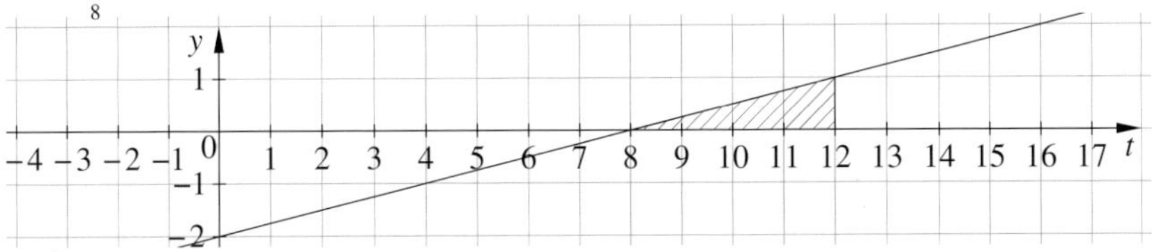

b) $\int_0^4 \left(\frac{1}{4}t - 2\right) \mathrm{d}t = -6$

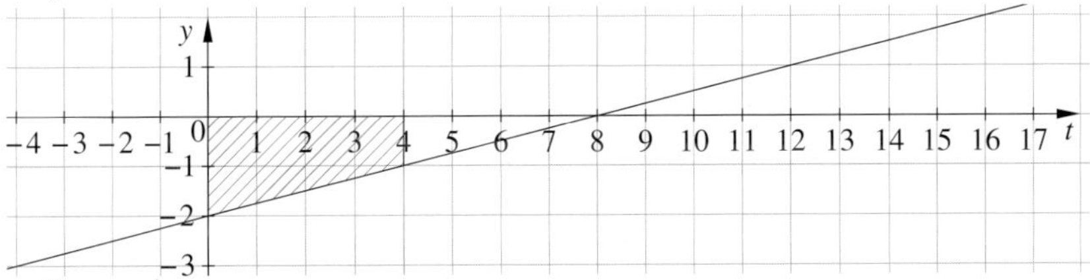

c) $\int_0^{16} \left(\frac{1}{4}t - 2\right) \mathrm{d}t = 0$

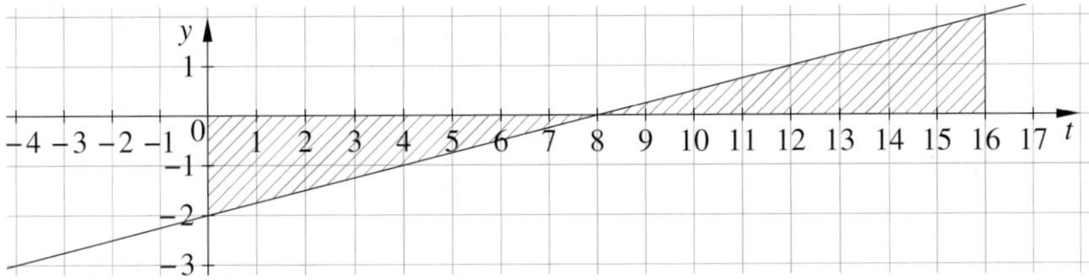

Fortsetzung von Aufgabe 2:

d) $\int_{-3}^{15} \left(\frac{1}{4}t - 2\right) \mathrm{d}t = -9$

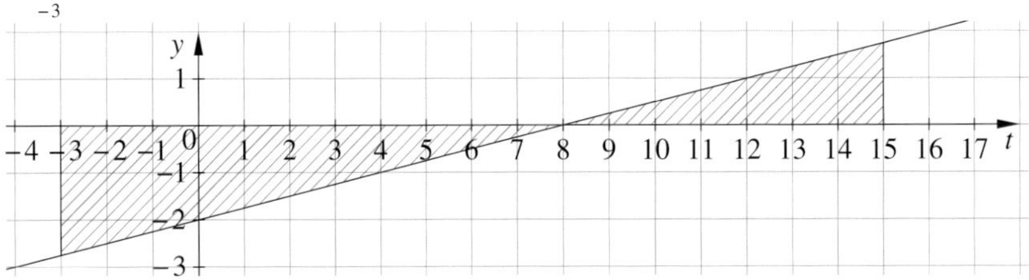

3 a) $F_{-4}(x) = \frac{1}{4}x^2 + 2x + 4$
b) $F_0(x) = \frac{1}{4}x^2 + 2x$
c) $F_{-2}(x) = \frac{1}{4}x^2 + 2x - 5$

4 Bei der Flächenbilanz werden Flächenstücke unterhalb der x-Achse negativ gezählt. Flächenbilanz und Flächeninhalt sind gleich, wenn der Graph im betrachteten Intervall vollständig oberhalb der x-Achse verläuft.

5 a) $\int_a^b f(x) \mathrm{d}x = 27$ **b)** $\int_a^b f(x) \mathrm{d}x = -13{,}5$

6 a) Die Untersumme beträgt 18,125 und die Obersumme 21,25.
b) Beispiel für die Lösung mithilfe einer Tabellenkalkulation unter der Voraussetzung, dass die Formeln in den Spalten C bis F ausreichend weit nach unten kopiert wurden:

	A	B	C	D	E	F
1	Anzahl der Rechtecke:	5	x	$f(x)$	A_U	A_O
2	Rechtecksbreite:	1	0	5	4,875	5
3	Untersumme:	18,125	1	4,875	4,5	4,875
4	Obersumme:	21,25	2	4,5	3,875	4,5
5			3	3,875	3	3,875
6			4	3	1,875	3
7			5	1,875		

Formeln: B2: =5/B1
C3: =WENN(C2="";"";WENN(C2+$B$2<=5;C2+$B$2;""))
D2: =WENN(C2="";"";-1/8*C2^2+5)
E2: =WENN(D3="";"";MIN(D2:D3)*$B$2)
F2: =WENN(D3="";"";MAX(D2:D3)*$B$2)
B3: =SUMME(E:E)
B4: =SUMME(F:F)

47

Fortsetzung von Aufgabe 6:

Es ergeben sich beispielsweise folgende (gerundete) Unter- bzw. Obersummen:

Rechtecksbreite:	0,500	0,250	0,100	0,005
Untersumme:	18,984	19,395	19,634	19,784
Obersumme:	20,547	20,176	19,947	19,799

Je geringer die Rechtecksbreite, desto geringer unterscheiden sich die Werte für die Obersumme und die Untersumme.

48

7 Die Zugehörigkeiten können ermittelt werden, indem der durch Abzählen bzw. Abschätzen der Flächeneinheiten unter dem Graphen von f im Intervall von 0 bis 2 erhaltene Wert mit dem Wert der Funktion F an der Stelle 2 verglichen wird. Die Graphen F_1 und f_6 gehören zusammen, die Graphen F_2 und f_4 sowie die Graphen F_3 und f_5.

NOCH FIT?

I a) f steigt für $x < 2$ und fällt für $x > 2$.
b) f fällt für $-5 < x < -1$. f steigt für $x < -5$ und für $x > -1$.

II a) Der Graph von f hat den Tiefpunkt $T(-2|-9)$.
b) Der Graph von f hat zwei Tiefpunkte $T_1(-8|-254)$ und $T_2(2|-4)$ sowie den Hochpunkt $H(0|2)$.
c) Der Graph von f hat den Hochpunkt $H(4|64)$.
d) Der Graph von f hat weder Hoch- noch Tiefpunkte.

III a) Zum Zeitpunkt 0 befindet sich im Blut des Patienten kein Wirkstoff, danach steigt die Wirkstoffkonzentration an, bis sie nach 10 Stunden einen Höchstwert von $4\frac{mg}{l}$ erreicht hat. Dann fällt sie ab und hat nach 30 Stunden einen Wert von nahezu $0\frac{mg}{l}$ erreicht.
b) Die stärkste Abnahme der Wirkstoffkonzentration tritt nach zwanzig Stunden ein. Sie beträgt $-0{,}3\frac{mg}{l}$.
c) Nach fünf Stunden nimmt die Wirkstoffkonzentration um $0{,}375\frac{mg}{l}$ pro Stunde zu.

49

Aufgaben – Anwenden

8 $\frac{1}{2} \cdot (2-0) \cdot 10 + (5-2) \cdot 10 + (6-5) \cdot \frac{10+20}{2} + (13-6) \cdot 20 + \frac{1}{2} \cdot (15-13) \cdot 20 = 215$
In der ersten Viertelstunde fließen 215 l Wasser durch die Wasseruhr.

49

9 a)

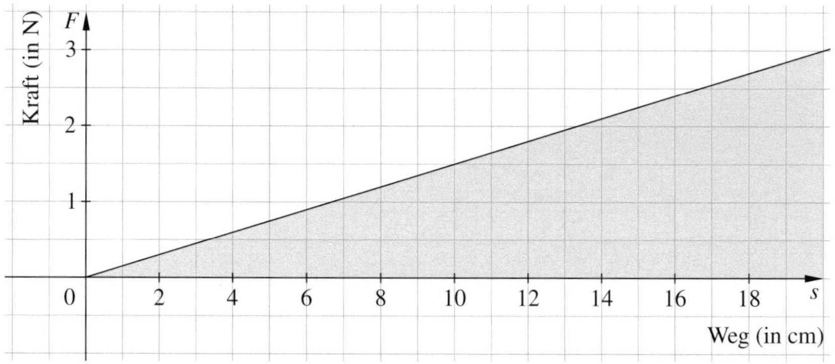

b) Wenn die obere Grenze des Integrals 20 cm entspricht, dann ergibt sich das Integral aus der in der Zeichnung grau dargestellten Fläche mit einer Maßzahl von $\frac{20 \cdot 3}{2} = 30$. Es handelt es sich um die aufzuwendende Arbeit, die zum Dehnen der Feder auf eine Länge von 20 cm nötig ist, bzw. um die dann in der gedehnten Feder gespeicherte Energie. Unter Einbeziehung der verwendeten Einheiten beträgt sie $30\,N \cdot cm = 0{,}3\,Nm = 0{,}3\,J$.

10 Die Lok ist nach zwanzig Sekunden ca. 1,5 m vom Startpunkt entfernt und sie hat in diesen zwanzig Sekunden eine Strecke mit einer Länge von ca. 53,5 m zurückgelegt.

11 a) $\text{Durchflussmenge}_{\text{minimal}} \approx 250\,000\,\frac{m^3}{h}$; $\text{Durchflussmenge}_{\text{maximal}} \approx 750\,000\,\frac{m^3}{h}$
b) ca. 10,6 Millionen m^3
c) ca. $442\,000\,\frac{m^3}{h}$

50

12 a) und **c)**: Es kann z. B. eine Näherungslösung mithilfe einfacher Flächenberechnungen durchgeführt werden. Bei Proband A bietet sich eine Trapezfläche und bei Proband B eine Rechtecksfläche an. Dies führt zu Gesamtmengen von ca. 290 µg bei Proband A und ca. 500 µg bei Proband B.

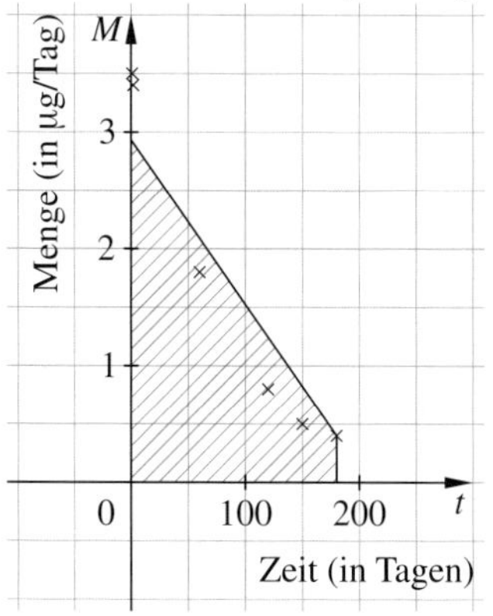

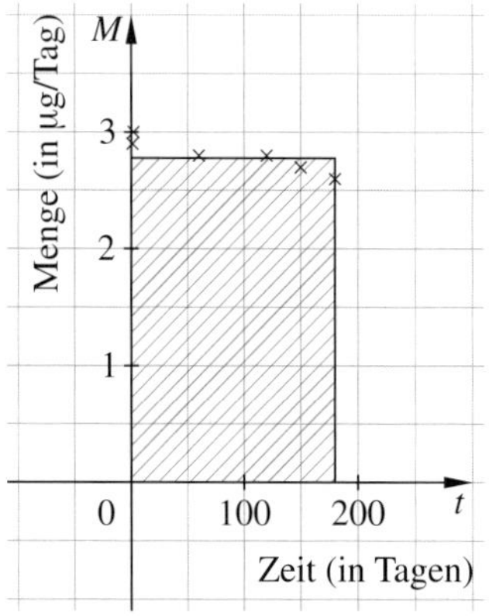

Bessere Ergebnisse können z. B. durch Zerlegung in mehrere Teilflächen erzielt werden.

50 **Fortsetzung von Aufgabe 12:**

b) Unter Verwendung der Ergebnisse aus a) ergeben sich folgende durchschnittliche Mengen des ausgeschiedenen Wirkstoffs (in Mikrogramm pro Tag):

A: $290\,\mu g/180d \approx 1{,}61\ \mu g/d$

B: $500\,\mu g/180d = 2{,}78\ \mu g/d$

13

Bedeutung der Integrandenfunktion:	Bedeutung der Integralfunktion:
Geschwindigkeit in Abhängigkeit von der Zeit	zurückgelegter Weg
Durchflussgeschwindigkeit in Abhängigkeit von der Zeit	Volumen des abgeflossenen Mediums
Kraft in Abhängigkeit vom Weg	geleistete Arbeit
Beschleunigung in Abhängigkeit von der Zeit	Geschwindigkeit in Abhängigkeit von der Zeit
Stromstärke in Anhängigkeit von der Zeit	Geflossene Lademenge

14 Die mittlere Tagestemperatur als Durchschnitt der stündlich gemessenen Werte beträgt ca. −1,7 °C.

51 **15** Arithmetisches Mittel: $\overline{y} = \frac{3+5+4+1}{4} = \frac{13}{4}$

Außerdem gilt nach Definition 2.3: $\overline{y} = \frac{1}{7-3} \cdot \int_3^7 f(x)\,\mathrm{d}x$

$= \frac{1}{4} \cdot (1 \cdot (3+5+4+1))$

$= \frac{13}{4}$

16

t (in s)	v (in $\frac{m}{s}$)	s (in m)
0,0	0	0,0
0,2	2	0,2
0,4	4	0,8
0,6	6	1,8
0,8	8	3,2
1,0	10	5,0
1,2	12	7,2
1,4	14	9,8

t (in s)	v (in $\frac{m}{s}$)	s (in m)
1,6	16	12,8
1,8	18	16,2
2,0	20	20,0
2,2	22	24,2
2,4	24	28,8
2,6	26	33,8
2,8	28	39,2
3,0	30	45,0

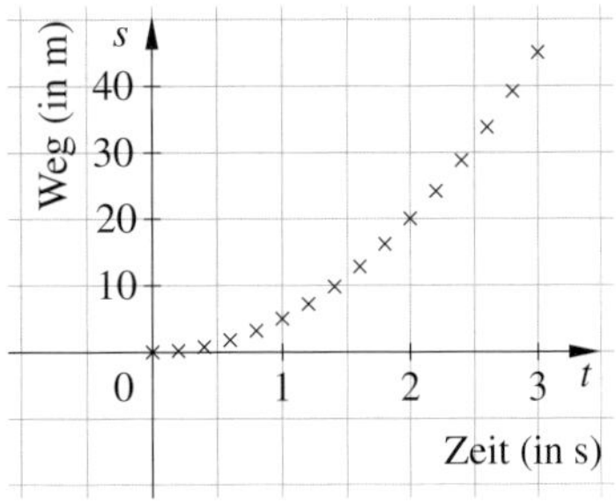

Aufgaben – Vernetzen 51

17 Der Graph der Funktion mit dem Funktionsterm $(x^2 + 1)$ ist eine nach oben geöffnete und nach oben verschobene Normalparabel, die für jedes Intervall $[0; k]$ eine positive Fläche mit der x-Achse einschließt.

18 Das Integral entspricht der Fläche des schraffierten Trapezes.

$A = \frac{k+4k}{2} \cdot (4k - k)$

$= 15$

$\Rightarrow k = \sqrt{2}$

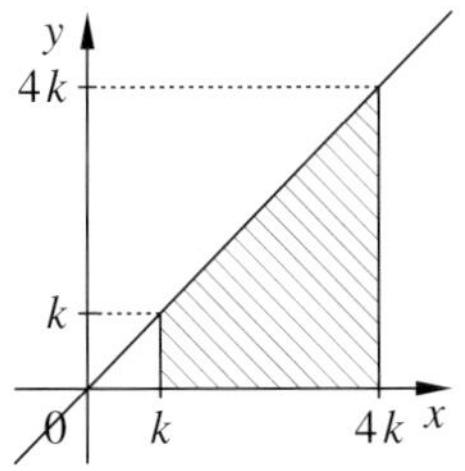

19 a) Da die Intervallgrenzen identisch sind, schließt der Graph von f keine Fläche mit der x-Achse ein.

b) Die Flächen, die der Graph der Funktion f zwischen a und b und zwischen b und c einschließt, sind zusammen genauso groß wie die Fläche, die der Graph von f zwischen a und c einschließt.

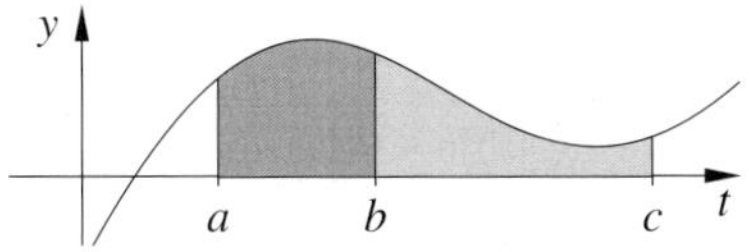

c) Die Fläche, die der Graph der Funktion f zwischen a und b mit der x-Achse einschließt, ist größer als die Fläche des grauen Rechtecks mit dem Flächeninhalt $m \cdot (b - a)$ und kleiner als die Fläche des schraffierten Rechtecks mit dem Flächeninhalt $M \cdot (b - a)$.

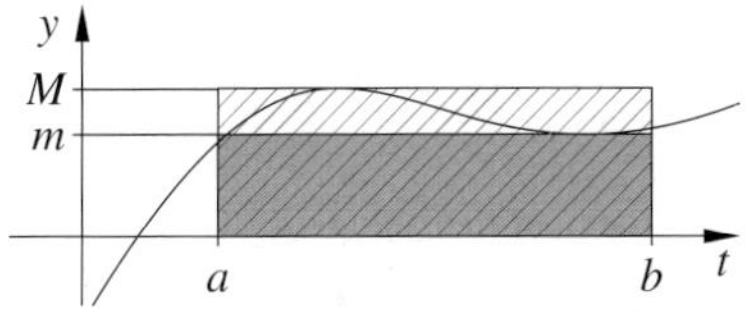

20 Unter Verwendung der Erkenntnisse aus Aufgabe 19 gilt:

a) $\int_2^4 (2x-3)\,\mathrm{d}x = 6$

b) $\int_2^{2,5} (2x-3)\,\mathrm{d}x + \int_{2,5}^4 (2x-3)\,\mathrm{d}x = 6$

c) $\int_2^9 (2x-3)\,\mathrm{d}x - \int_4^9 (2x-3)\,\mathrm{d}x = 6$

d) $\int_1^3 (2x-3)\,\mathrm{d}x + \int_3^4 (2x-3)\,\mathrm{d}x + \int_4^7 (2x-3)\,\mathrm{d}x = 30$

51

21 a) Bei ganzrationalen Funktionen, deren Graph punktsymmetrisch zum Koordinatenursprung ist, hat die zum Intervall $[-a;\,0]$ gehörende Fläche den gleichen Betrag wie die zum Intervall $[0;a]$ gehörende Fläche, allerdings mit negativem Vorzeichen, sodass die Flächenbilanz der gesamten Fläche null wird.

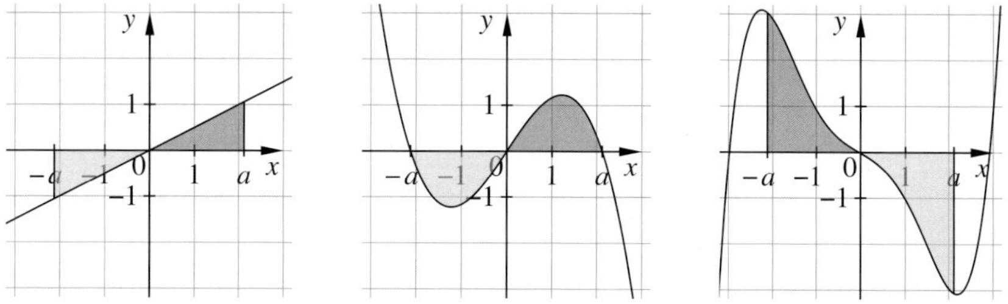

b) Bei ganzrationalen Funktionen, deren Graph achsensymmetrisch zur y-Achse ist, hat die zum Intervall $[-a;\,0]$ gehörende Fläche den gleichen Wert wie die zum Intervall $[0;a]$ gehörende Fläche, sodass die Flächenbilanz der gesamten Fläche doppelt so groß wie jede der beiden Teilflächen wird.

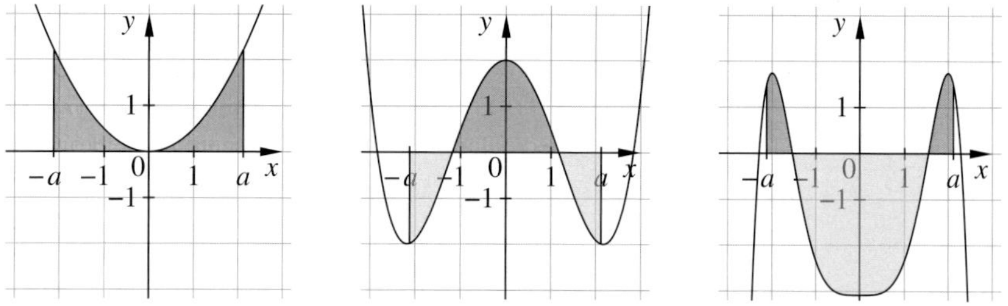

22 $\int_{a_1}^{x} f(t)\,dt = \int_{a_1}^{a_2} f(t)\,dt + \int_{a_2}^{x} f(t)\,dt \Rightarrow \int_{a_1}^{a_2} f(t)\,dt$ ist konstant (Fläche, die der Graph von f zwischen a_1 und a_2 mit der x-Achse einschließt).

23 Liegen beide Graphen oberhalb der x-Achse, so ist die Aussage offensichtlich wahr. Verschiebt man die x-Achse derart, dass Teilflächen unterhalb der x-Achse liegen, so bleibt die Aussage wegen der Bilanzierung erhalten.

Projekt: Ober- und Untersummen 53

$$O_n = \tfrac{3}{n}\cdot f\left(1\cdot\tfrac{3}{n}\right) + \tfrac{3}{n}\cdot f\left(2\cdot\tfrac{3}{n}\right) + \ldots + \tfrac{3}{n}\cdot f\left(n\cdot\tfrac{3}{n}\right)$$
$$= \tfrac{3}{n}\cdot\left(\tfrac{3}{n}\right)^2\cdot\tfrac{1}{6}\cdot(1^2+2^2+\ldots+n^2)$$
$$= \tfrac{3}{n}\cdot\left(\tfrac{3}{n}\right)^2\cdot\tfrac{1}{6}\cdot\frac{n\cdot(n+1)\cdot(2n+2)}{6}$$
$$= \frac{3\cdot 3^2\cdot n\cdot(n+1)\cdot 2\cdot(n+1)}{n\cdot n^2\cdot 6\cdot 6}$$
$$= 1{,}5\cdot\left(1+\tfrac{1}{n}\right)^2$$
$$\lim_{n\to\infty} O_n = 1{,}5$$

Projekt: Die Integralschreibweise nach Leibniz 54

$x\cdot\frac{1}{x} = 1$ für alle $x \neq 0$.

$x^2\cdot\frac{1}{x} = x \;\to\infty$ für $x\to\infty$.

$x\cdot\frac{1}{x^2} = \frac{1}{x} \;\to 0$ für $x\to\infty$.

55 **2.2 Hauptsatz der Differential- und Integralrechnung**

AUFTRAG 1 **Die Draisine**

Die Draisine entfernt sich innerhalb der ersten ca. 15 Sekunden mit wachsender Geschwindigkeit und verringert innerhalb der nächsten ca. 25 Sekunden ihre Geschwindigkeit wieder, bis sie nach 40 Sekunden zum Stehen kommt und ihre Bewegung in umgekehrter Richtung fortsetzt.
Nach ca. 50 Sekunden verlangsamt sie ihre Bewegung wieder, um nach einer Minute erneut ihre Richtung zu ändern.
$s(t) = \frac{1}{12000}t^4 - \frac{1}{90}t^3 + \frac{2}{5}t^2$

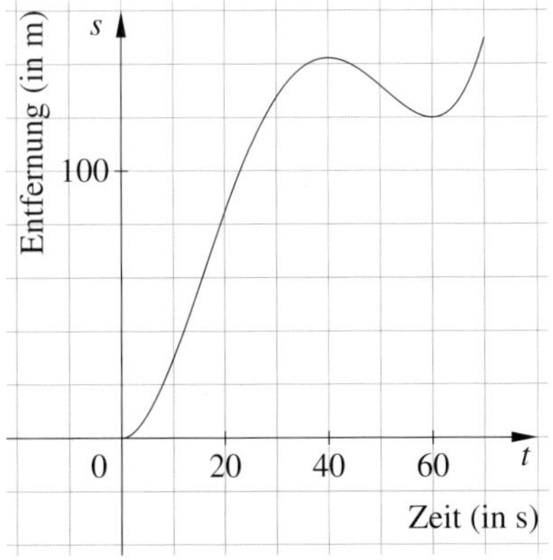

Beziehung zwischen v und s: $v' = s$
Finden einer Integralfunktion zu einer Funktion: siehe Auftragsbearbeitung.

AUFTRAG 2 **Wer gehört zu wem?**

① ⇔ C
Etwa $f(x) = x$ und $F(x) = \frac{1}{2}x^2$. Es gilt also $F' = f$.

② ⇔ D
Etwa $f(x) = -x^3 + 2x^2$ und $F(x) = -\frac{1}{4}x^4 + \frac{2}{3}x^3$. Es gilt also $F' = f$.

③ ⇔ A
Etwa $f(x) = -2x + 3$ und $F(x) = -x^2 + 3x$. Es gilt also $F' = f$.

④ ⇔ B
Etwa $f(x) = -3x^4 + 12x^3 - 15x^2 + 6x$ und $F(x) = -\frac{3}{5}x^5 + 3x^4 - 5x^3 + 3x^2$.
Es gilt also $F' = f$.

Aufgaben – Trainieren 58

1 a) $F(x) = \frac{1}{3}x^3$
b) $F(x) = -x^3$
c) $F(x) = \frac{1}{6}x^3 - 2x^2 + 7x$
d) $F(x) = \frac{1}{4}x^4 - 2x^3 + \frac{9}{2}x^2$
e) $F(x) = \frac{1}{5}x^5 - \frac{2}{3}x^3 + 8x$
f) $F(x) = 2x - \frac{2}{3}x^3$

2 a) $F(x) = 2\sqrt{x}$
b) $F(x) = -2 \cdot \sin(x)$
c) $F(x) = -\frac{3}{t}$

3 a) -4 **b)** $\frac{6}{5}$ **c)** 18 **d)** 0 **e)** 2 **f)** 4 **g)** $\frac{13}{4}$ **h)** 0

4 a) $\int_1^3 \frac{1}{8}x^2 + 1\,dx = \left[\frac{1}{24}x^3 + x\right]_1^3 = \frac{37}{12}$

b) $\int_1^{2,5} \frac{2}{x^2}\,dx = \left[-\frac{2}{x}\right]_1^{2,5} = 1,2$

c) $\int_{-1}^{1} 3\cos(x)\,dx = [3\sin(x)]_{-1}^{1} \approx 6$

5 a) $A = \left[-\cos(x) + \sin(x) + 2x\right]_0^{2\pi}$
$= 4\pi \approx 12,57$

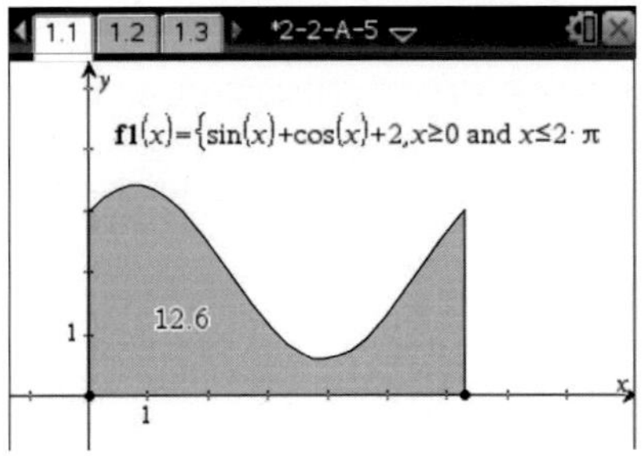

b) $A = \left[\frac{1}{4}x^4 - 2x^3 + \frac{11}{2}x^2\right]_1^3 = 12$

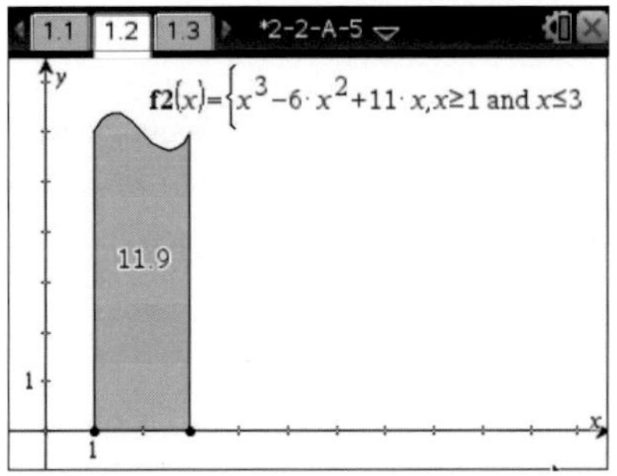

58

Fortsetzung von Aufgabe 5:

c) $A = \left[\frac{1}{3}x^3 + \frac{1}{x}\right]_1^3 = 8$

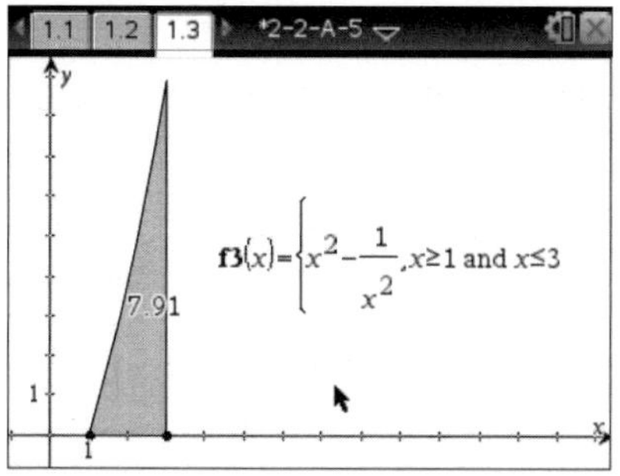

d) $A = \left[2\sqrt{x} + \frac{1}{2}x^2\right]_1^9 = 44$

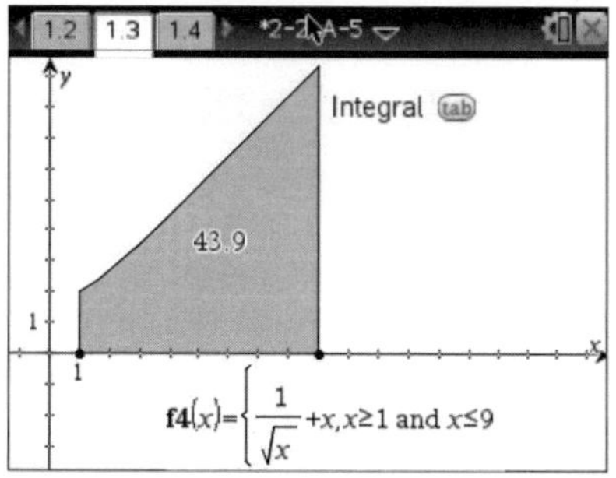

e) $A = \left[x + \frac{1}{2}x^2 + \frac{1}{2x^2}\right]_1^2 = 2{,}125$

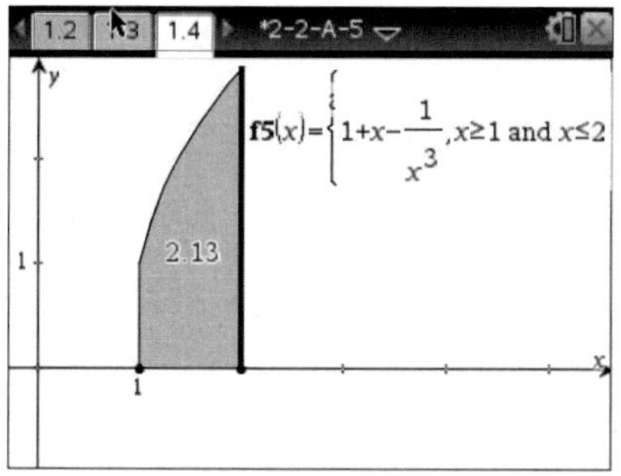

f) $A = \left[-\frac{1}{5}x^5 + \frac{4}{3}x^3\right]_{-2}^{-1} = \frac{47}{15} \approx 3{,}13$

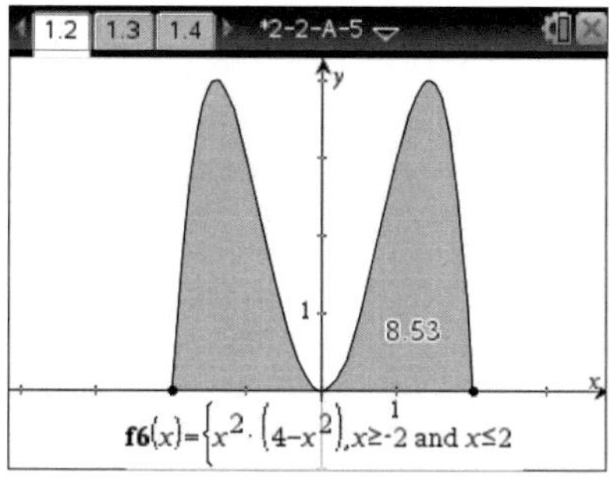

6 a) $\left[\frac{1}{4}kx^4 - \frac{1}{2}kx^2\right]_{-1}^{1} = 0$ **b)** $\left[\frac{1}{2}ax^2 - \frac{1}{3}x^3\right]_a^0 = \frac{1}{6}a^3$ **c)** $\left[-\frac{c}{x}\right]_1^2 = \frac{1}{2}c$

7 $\frac{1}{3}k^3 + k = \frac{4}{3} \Leftrightarrow k = 1$

8 $4 \cdot \sin(a) = 2 \Leftrightarrow \sin(a) = 0{,}5 \Rightarrow$ Wegen $0 \le a \le 2\pi$ gilt $a = \frac{\pi}{6}$ oder $a = \frac{5}{6}\pi$.

9 a) $F(x) = -\frac{1}{9}x^3 + x - \frac{8}{9}$

b) $H(a) = \frac{1}{a} - \frac{1}{2}$

c) $G(u) = u^5 - u^3$

d) $K(x) = 2 \cdot (\sqrt{x} - \sqrt{2} + 1) - \frac{1}{2}x^2$

59

10 $F(-3) = F(3) = 0$

Der Graph von F hat an den Stellen $x = -2$ und $x = 2$ Hochpunkte und an der Stelle $x = 0$ einen Tiefpunkt.

59

11 f hat Nullstellen mit Vorzeichenwechsel bei $x \approx -0{,}2$; $x \approx 2$ und $x \approx 5$; ein lokales Maximum bei $x \approx 1$ und ein lokales Minimum bei $x \approx 3{,}5$. Für die untere Grenze kommen die Werte −1; 1; 3 oder 6 in Frage.

NOCH FIT?

I a) 827,64€ **b)** 334,70€ **c)** nach 11 Jahren

II Die Aufgaben lassen sich lösen, indem eine Funktion modelliert wird, die einen kontinuierlichen Temperaturverlauf darstellt. Alternativ wäre ein Ablesen aus dem Diagramm bzw. aus einer mithilfe von GTR oder Tabellenkalkulation erzeugten Tabelle.

	A	B	C
1	t (in s)	$T(t)$ (in °C)	ΔT (in °C)
2	0	70,00	48,00
3	30	65,20	43,20

Formeln:
A3: =A2+30
B3: =B2−0,1*C2
C3: =B3−22

Ansatz für die Modellierung (der Einfachheit halber ohne Einheitenbetrachtung):

$T(t) = G + F \cdot q^t$

G ist der Grenzwert, gegen den die Kurve strebt, hier $G = 22$.

Bestimmung von F und q:

$T(0) = 70 = 22 + F \cdot q^0 = 22 + F \Rightarrow F = 48$

$T(30) = 65{,}2 = 22 + 48 \cdot q^{30} \Rightarrow 0{,}9 = q^{30} \Rightarrow q = 0{,}9^{\frac{1}{30}} \approx 0{,}9965$

Modellierte Funktion:

$T(t) = 22 + 48 \cdot 0{,}9965^t$

a) Darstellung des Temperaturverlaufs (Kreuze) sowie der Funktion T:

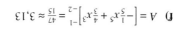

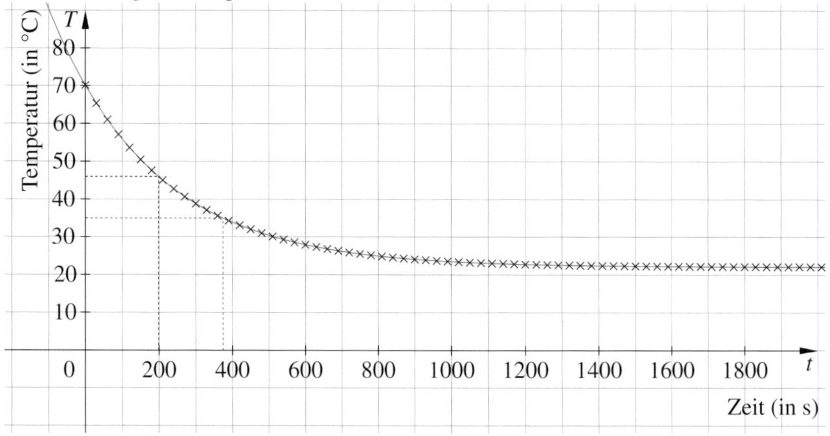

b) $T(t) = 22 + \frac{48}{2} = 22 + 48 \cdot 0{,}9965^t \Rightarrow 0{,}5 = 0{,}9965^t \Rightarrow t \approx 198$

c) $T(t) = 35 = 22 + 48 \cdot 0{,}9965^t \Rightarrow \frac{13}{48} = 0{,}9965^t \Rightarrow t \approx 373$

59 **Aufgaben – Anwenden**

12 a) In den ersten 40 Minuten entfernt sich das Objekt von seinem Ausgangspunkt und ist dabei nach ca. 15 Minuten am schnellsten. Ab der 40. Minute bis zur 60. Minute bewegt sich das Objekt in Richtung des Ausgangspunkts. Ab der 60. Minute entfernt sich das Objekt wieder vom Ausgangspunkt, und zwar mit wachsender Geschwindigkeit.

b) $s(t) = 18t^4 - 40t^3 + 24t^2 \Rightarrow s'(t) = v(t)$

Nullstellen von v:

$v(t) = 72t^3 - 120t^2 + 48t$

$\quad = t \cdot (72t^2 - 120t + 48)$

$t_1 = 0 \Rightarrow$ Tiefpunkt $(0|0)$

$t_2 = \frac{2}{3} \Rightarrow$ Hochpunkt $\left(\frac{2}{3}\middle|\frac{64}{27}\right)$

$t_3 = 1 \Rightarrow$ Tiefpunkt $(1|2)$

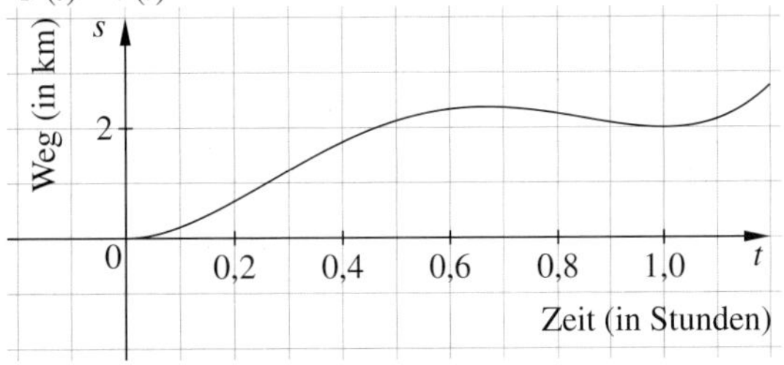

60 **13 a)** Die größte Verkehrsdichte ist an der Stelle des relativen Maximums von f. Die Nullstellen der Ableitungsfunktion f' lassen sich mithilfe einer Substitution bestimmen zu 94,67 (Maximum) und 192,85 (Minimum), d. h., es ist um ca. 7:35 Uhr (94,67 Minuten nach 6 Uhr) mit der größten Verkehrsdichte zu rechnen.

b) $\int_0^{180} f(x)\,dx \approx 2328{,}1$

$\Rightarrow$ Zwischen 6:00 Uhr und 9:00 Uhr werden ca. 2330 Fahrzeuge den Messpunkt passieren.

c) Der durchschnittliche Fahrzeugstrom (pro Minute) ist der Mittelwert von f im Intervall [0; 120]:

$\frac{1}{120} \cdot \int_0^{120} f(x)\,dx = \frac{1571}{120} \approx 13$

14 a) $f''(t) = -\frac{3}{175}t + \frac{2}{25}$

$-\frac{3}{175}t + \frac{2}{25} = 0 \Rightarrow t_3 = \frac{14}{3}$

Die Stickstoffbindung steigt am stärksten an der Wendestelle, also nach 4 Stunden und 40 Minuten.

b) $f'(t) = -\frac{3}{350}t^2 + \frac{2}{25}t$

$-\frac{3}{350}t^2 + \frac{2}{25}t = 0 \Rightarrow t_1 = 0$ (entfällt)

$t_2 = \frac{28}{3}$

Die Stickstoffbindung wird maximal an der Extremstelle, also nach 9 Stunden und 20 Minuten.

c) Volumen (in ml):

$V = \int_0^{14} \left(-\frac{t^3}{350} + \frac{t^2}{25}\right) dt = \frac{686}{75} \approx 9{,}15$

Fortsetzung von Aufgabe 14: 60

d) ① $m = \frac{1}{7-0} \int_0^7 \left(-\frac{t^3}{350} + \frac{t^2}{25}\right) dt \approx 0{,}4083 \left(\frac{\text{ml}}{\text{h}}\right)$

② $m = \frac{1}{14-7} \int_7^{14} \left(-\frac{t^3}{350} + \frac{t^2}{25}\right) dt \approx 0{,}8983 \left(\frac{\text{ml}}{\text{h}}\right)$

③ $m = \frac{1}{14-0} \int_0^{14} \left(-\frac{t^3}{350} + \frac{t^2}{25}\right) dt = \frac{49}{75} \approx 0{,}6533 \left(\frac{\text{ml}}{\text{h}}\right)$

e) Die Gleichung $F(t) = \int_0^t \left(-\frac{t^3}{350} + \frac{t^2}{25}\right) dt = 1{,}5$ hat die Lösung 5,41 (GTR).

Bis die Pflanze 1,5 ml Stickstoff gebunden hat, dauert es ungefähr 5,41 h.

f) ① Zunehmende/abnehmende Stickstoffbindung.

② Die Zunahme/Abnahme der Stickstoffbindung verstärkt sich.

③ Stickstoff wird gebunden/freigesetzt.

15 a) $f(x) = ax^3 + bx^2 + cx + d$ 61

$f(0)\,) = 0 \quad \Rightarrow \quad d = 0$

$f(12) = 0 \quad \Rightarrow \quad 144a + 12b + c = 0$

$f'(8) = -48 \quad \Rightarrow \quad 192a + 16b + c = -48$

$f(8) = t(8) \quad \Rightarrow \quad 64a + 8b + c = 16$

Die Lösung des Gleichungssystems führt auf den Funktionsterm $x^3 - 24x^2 + 144x$.

b) Die Zuflussgeschwindigkeit wächst pro Stunde um durchschnittlich 64 m³.

c) $f'(x) = 3x^2 - 48x + 144 = 3(x^2 - 16x + 48)$

$f'(x) = 0 \Rightarrow x_1 = 4 \Rightarrow$ Maximum

$x_2 = 12 \Rightarrow$ Minimum

$f(4) = 256$

Nach vier Stunden ist die Zuflussgeschwindigkeit mit $256\,\frac{\text{m}^3}{\text{h}}$ am größten.

d) Eine Parallele zur x-Achse durch $P(0|120)$ schneidet den abgebildeten Graphen in zwei Punkten, deren Entfernung ca. 1,8 cm beträgt, was einer Zeitdifferenz von mehr als sieben Stunden entspricht.

Eine rechnerische Überprüfung der Funktionswerte für die in der Nähe der Schnittstellen liegenden Stellen 1 und 8 ergibt $f(1) = 121 > 120$ und $f(8) = 128 > 120$ bzw. als mögliche Verfeinerung $f(128{,}1) = 123{,}201 > 120$ und $8{,}1 - 1 = 7{,}1 > 7$.

Der Zeitraum, in dem die Zuflussgeschwindigkeit mehr als $120\,\frac{\text{m}^3}{\text{h}}$ beträgt, ist demzufolge länger als 7 Stunden.

e) $\frac{1}{12-0} \cdot \int_0^{12} f(x)\,dx = 144$

Die mittlere Zuflussgeschwindigkeit in den ersten zwölf Stunden beträgt $144\,\frac{\text{m}^3}{\text{h}}$.

61 **Fortsetzung von Aufgabe 15:**

f) $\int_0^2 f(x)\,dx = 228$

In den ersten zwei Stunden fließen $288\,m^3$ Wasser zu.

g) Gesucht ist ein Intervall $[z;\, z+2]$ mit $0 \le z \le 10$, sodass das Volumen $V(z) = \int_z^{z+2} f(x)\,dx$ maximal wird: Die Funktion V ist auf Extremstellen zu untersuchen.

16 a) $7 \cdot 24\,h \cdot 60\,W = 10\,080\,Wh = 10{,}080\,kWh$

b) $\int_0^{24} P(t)\,dt = \frac{1236}{125}$ $\Rightarrow$ Innerhalb eines Tages wird eine Energie von ca. 9,89 kWh verbraucht.

c) Das Zählwerk registriert auch bei variabler Drehgeschwindigkeit jeweils die Anzahl der Umdrehungen innerhalb einer Zeitspanne. Dies entspricht letztlich dem Produkt aus Umdrehungen und Zeitspanne, das hierdurch auf analoge Weise „ermittelt" wird.

62 **17 a)** Innerhalb der ersten 80 Tage infizieren sich zunehmend mehr Computer, bis die Änderungsrate am 80. Tag ihr Maximum annimmt. Bis zum 120. Tag steigt die Zahl der neuinfizierten Computer zwar noch weiter an, jedoch wirken hier schon Abwehrmechanismen, die dazu führen, dass ab dem 120. Tag mehr Computer bereinigt als neuinfiziert werden.

b)

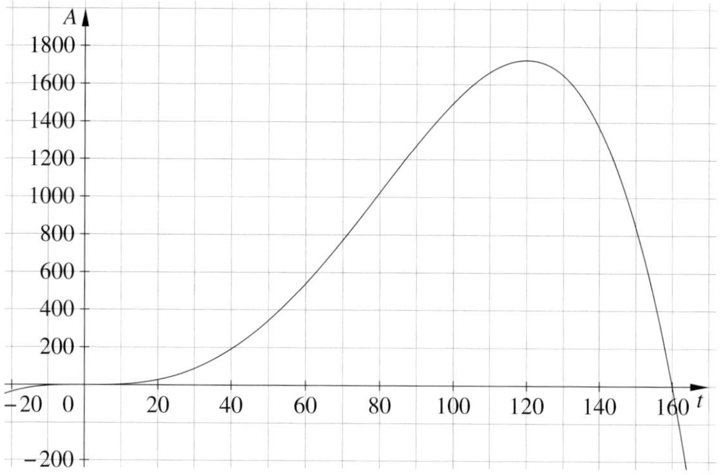

c) Zeit t (in Tagen): $A(t) = \int_0^t f(x)\,dx = -\frac{1}{40\,000}x^4 + \frac{1}{250}x^3$

Fortsetzung von Aufgabe 17: 62

d) Der Zeitpunkt der maximalen Anzahl infizierter Computer ist die Stelle des relativen Maximums von $A(t)$.

Nullstelle von $A'(x)$ ist $t = 120$.

e) Da keine negative Anzahlen von infizierten Computern berechnet werden sollen, liefert das Modell im Zeitraum zwischen null und einhundertsechzig Tagen realistische Werte.

18 a) $f(t) = \frac{3}{4}t \cdot (t-2) \cdot (t-4)$

Der Graph von f schneidet die Zeitachse in den Punkten $N_1(0|0)$, $N_2(2|0)$ und $N_3(4|0)$.

$f'(t) = \frac{9}{4}t^2 - 9t + 6$

$\frac{9}{4}t^2 - 9t + 6 = 0 \Leftrightarrow t_1 = 2 - \frac{2}{\sqrt{3}}$

$t_2 = \frac{2}{\sqrt{3}} + 2$

$f''(t) = \frac{9}{2}t - 9$

Wegen $f''(t_1) < 0$ liegt der Hochpunkt des Graphen von f ungefähr bei $H(0{,}85|2{,}31)$ und wegen $f''(t_2) > 0$ liegt der Tiefpunkt ungefähr bei $T(3{,}15|-2{,}31)$.

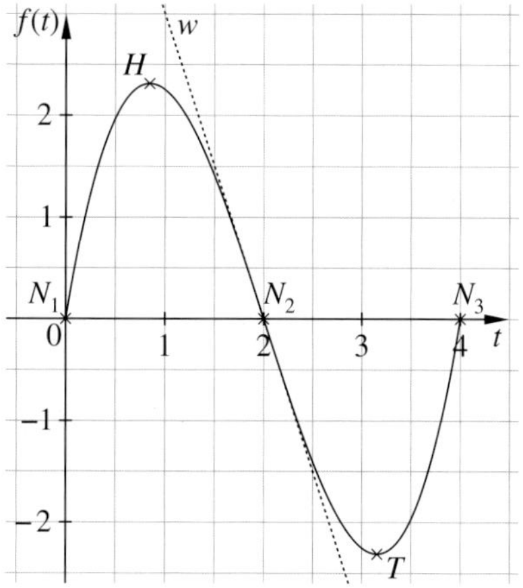

$f''(t) = \frac{9}{2}t - 9$

$\frac{9}{2}t - 9 = 0 \Leftrightarrow t_3 = 2$

$f'''(t) = \frac{9}{2} \neq 0$

Der Wendepunkt des Graphen von f liegt bei $N_2(2|0)$.

Wendetangente w: $w(t) = -3t + 6$

Der Stau wächst bis 8:00 Uhr und löst sich bis 10:00 Uhr wieder auf.

b) Staulänge zum Zeitpunkt t: $\int_0^t f(u)\,du$

9:00 Uhr entspricht $t = 3$: $\int_0^3 \left(\frac{3}{4}t^3 - \frac{9}{2}t^2 + 6t\right)dt = \left[\frac{3}{16}t^4 - \frac{3}{2}t^3 + 3t^2\right]_0^3$

$= \frac{27}{16}$

Der Stau hat um 9:00 Uhr eine Länge von ca. 1,7 km.

c) Mögliche Extremstellen sind die Nullstellen von f.

$f'(t) = \frac{9}{4}t^2 - 9t + 6$

$f'(0) = 6 > 0 \Rightarrow$ Minimum

$f'(2) = -3 < 0 \Rightarrow$ Maximum $\Rightarrow \int_0^2 f(u)\,du = 3$

$f'(4) = 6 > 0 \Rightarrow$ Minimum

Für $t = 2$, also um 8:00 Uhr, ist der Stau mit einer Länge von 3 km am größten.

d) Die Funktion g ist nicht geeignet, denn für 8:00 Uhr ergibt sich z. B. eine negative Staulänge.

Für eine geeignete Funktion h muss für jeden Zeitpunkt t gelten: $\int_0^t h(u)\,du \ge 0$

62 **19 a)** Die Abstände zwischen den Fahrzeugen werden auf den ersten drei Kilometern der Strecke immer kleiner.
Auf den nächsten 1,5 Kilometern werden die Abstände zunächst etwas größer, um ab dem 4,5-ten Kilometer wieder deutlich und schnell kleiner zu werden.

b) $\int_0^5 f(x)\,\mathrm{d}x \approx 0{,}24$

Aufgrund der Achseneinheiten sind das ca. 242 Fahrzeuge.

c) Durchschnittliche Fahrzeugdichte auf den ersten 5 Kilometern: $\frac{242\,\text{Kfz}}{5000\,\text{m}} \approx 0{,}048\,\frac{\text{Kfz}}{\text{m}}$

d) Zwischen dem ersten und zweiten Kilometer:

$\int_1^2 f(x)\,\mathrm{d}x \approx 0{,}04 \;\Rightarrow\; 40\,\text{Kfz}$

Zwischen dem dritten und vierten Kilometer:

$\int_3^4 f(x)\,\mathrm{d}x \approx 0{,}07 \;\Rightarrow\; 70\,\text{Kfz}$

Bei einer durchschnittlichen Fahrzeuglänge von 5 m ergibt sich somit:

1 km bis 2 km: $d = \frac{1000\,\text{m} - 40\cdot 5\,\text{m}}{39} \approx 20{,}5\,\text{m}$

3 km bis 4 km: $d = \frac{1000\,\text{m} - 70\cdot 5\,\text{m}}{69} \approx 9{,}4\,\text{m}$

63 **20** Flächeninhalt A_2 unter dem Graphen von p_2 im Intervall [0; 1]: $A_2 = \int_0^1 x^2\,\mathrm{d}x = \frac{1}{3}$

Verhältnis der Teilflächen:

$(1 - A_2) : A_2 = \frac{2}{3} : \frac{1}{3} = 2 : 1$

Flächeninhalt A_3 unter dem Graphen von p_3 im Intervall [0; 1]: $A_3 = \int_0^1 x^3\,\mathrm{d}x = \frac{1}{4}$

Verhältnis der Teilflächen:

$(1 - A_3) : A_3 = \frac{3}{4} : \frac{1}{4} = 3 : 1$

Flächeninhalt A_n unter dem Graphen von p_n im Intervall [0; 1]: $A_n = \int_0^1 x^n\,\mathrm{d}x = \frac{1}{n+1}$

Verhältnis der Teilflächen:

$(1 - A_n) : A_n = \frac{n}{n+1} : \frac{1}{n+1} = n : 1$

21 a) Mittlere Tagestemperatur:

$\frac{1}{24} \cdot \int_0^{24} \left(20 - \frac{1}{64} \cdot (x - 16)^2\right) \mathrm{d}x = \frac{456\,°\text{C} \cdot \text{h}}{24\,\text{h}} = 19\,°\text{C}$

b) Mittlere Temperatur zwischen 8:00 Uhr und 20:00 Uhr:

$\frac{1}{20-8} \cdot \int_8^{20} \left(20 - \frac{1}{64} \cdot (x - 16)^2\right) \mathrm{d}x = \frac{237\,°\text{C} \cdot \text{h}}{12\,\text{h}} = 19{,}75\,°\text{C}$

Aufgaben – Vernetzen 63

22 Eine Stammfunktion zu u ist U mit $U(r) = \pi \cdot r^2$.
Der Flächeninhalt unter der Geraden u über dem Intervall [0; r] ist gleich dem Flächeninhalt eines Kreises mit dem Radius r.

23 $\lim\limits_{x\to\infty}\left(\int_1^x \left(\frac{1}{t^2}\right)\mathrm{d}t\right) = \lim\limits_{x\to\infty}\left(1 - \frac{1}{x}\right) = 1$

Interpretation:
Dieses nach rechts unbegrenzte Flächenstück besitzt einen endlichen Flächeninhalt.

24 Die Reihe lässt sich als Untersumme zum Flächeninhalt unter dem Graphen der Funktion $\frac{1}{x^2}$ interpretieren.
Die Fläche unter $\frac{1}{x^2}$ ist von 1 bis unendlich gleich 1 (siehe Aufgabe 25). Des Weiteren ist $\frac{1}{4} + \frac{1}{9} + \ldots + \frac{1}{n^2} + \ldots$ als Untersumme höchstens genauso groß und jede Teilsumme kleiner. Ab $\frac{1}{4}$ konvergiert die Reihe also gegen eine Zahl kleiner 1 und $\frac{1}{4} + \frac{1}{9} + \ldots + \frac{1}{n^2} + \ldots$ dann gegen eine feste Zahl zwischen 1 und 2.

25 a) $h = r_E + 300\,\text{km}$
Die Erdausdehnung ist bei der Rechnung nicht zu berücksichtigen, sodass von r_E bis h integriert werden muss.

$W = \int_{r_E}^{h} \left(\frac{\gamma \cdot m_E \cdot m_R}{x^2}\right) \mathrm{d}x \approx 1{,}406 \cdot 10^{12}\,\text{J}$

b) $W = \lim\limits_{a\to\infty}\left(\int_{r_E}^{a} \left(\frac{\gamma \cdot m_E \cdot m_R}{x^2}\right) \mathrm{d}x\right) \approx 31{,}3 \cdot 10^{12}\,\text{J}$

c) Aus $\frac{1}{2} \cdot m \cdot v^2 = 31{,}3 \cdot 10^{12}\,\text{J}$ folgt $v \approx 11\,189{,}3\,\frac{\text{m}}{\text{s}}$.

26 Die Funktion f hat an der Stelle $x = 0$ eine Polstelle, sodass das bestimmte Integral nicht existiert.

27 $f(x) = x^n \;\Rightarrow\; F(x) = \frac{1}{n+1} \cdot x^{n+1}$

$f(ax) = a^n \cdot x^n \;\Rightarrow\; F(ax) = \frac{1}{n+1} \cdot a^{n+1} \cdot x^{n+1}$

$\left(\frac{1}{a} \cdot F(ax)\right)' = \left(\frac{a^n}{n+1} \cdot x^{n+1}\right)'$

$= a^n \cdot x^n$

$= f(ax)$ q. e. d.

AUFTRAG 1 **Zwei Draisinen**

Aus $\frac{1}{3000}t^3 - \frac{1}{30}t^2 + \frac{4}{5}t = 0$ berechnet man die Nullstellen der Funktion v:
$t_1 = 0$, $t_2 = 40$ und $t_3 = 60$. Damit erhält man:

$$A_{ges} = A_1 + A_2 + A_3$$
$$= \left|\int_0^{40} v(t)\,dt\right| + \left|\int_{40}^{60} v(t)\,dt\right| + \left|\int_{60}^{70} v(t)\,dt\right| \approx |142{,}22| + |-22{,}22| + |29{,}72| = 194{,}16$$

Die Draisine hat somit in den ersten 70 Sekunden ungefähr 194 m zurückgelegt.
Da bei den Draisinen die Fläche unter den Graphen jeweils dem zurückgelegten Weg entspricht, ist der Inhalt der Fläche zwischen den beiden Graphen ein Maß für den gegenseitigen Abstand. Dem Vorzeichen des Integrals der Differenzfunktion ist zu entnehmen, welche Draisine einen Vorsprung vor der anderen hat. Es interessiert also die Flächenbilanz, nicht die Gesamtfläche.

Schnittstellenberechnung:
$\frac{1}{3000}t^3 - \frac{1}{30}t^2 + \frac{4}{5}t = -\frac{1}{40}t^2 + \frac{51}{60}t.$
Im interessierenden Intervall [0; 40] sind das $x_1 = 0$ und $x_2 = 30$.
(Die dritte Lösung, $x_3 = -5$, liegt außerhalb dieses Intervalls.)

Flächenbilanz im Intervall [0; 30]:

$$\int_0^{30} [v_{Motor}(t) - v(t)]\,dt = \int_0^{30} \left[-\tfrac{1}{3000}t^3 + \tfrac{1}{120}t^2 + \tfrac{1}{20}t\right]dt = \left[-\tfrac{1}{12\,000}t^4 + \tfrac{1}{360}t^3 + \tfrac{1}{40}t^2\right]_0^{30} = 30$$

Nach 30 Sekunden haben die beiden Draisinen also dieselbe Geschwindigkeit und einen Abstand von 30 m voneinander.
Im Intervall [0; 30] ist stets $v_{Motor}(t) \geq v(t)$ (der Graph von v_{Motor} verläuft oberhalb des Grafen von v). Die Motordraisine erreicht also einen Vorsprung von 30 m vor der Handdraisine.

Flächenbilanz im Intervall [30; 40]:
Im Intervall [30; 40] ist stets $v_{Motor}(t) \leq v(t)$ (der Graph von v_{Motor} verläuft unterhalb des Grafen von v). $v_{Motor}(t)$ wird in diesem Zeitraum sogar negativ, d. h. die Motordraisine kehrt um. Der Vorsprung der Motordraisine vor der Handdraisine verringert sich demnach.

$$\int_{30}^{40} [v_{Motor}(t) - v(t)]\,dt = \tfrac{40}{9} - 30 = -\tfrac{230}{9} = -25\tfrac{5}{9}$$

Von der 30. bis zur 40. Sekunde verringert sich der Vorsprung der Motordraisine um mehr als 25,5 m.

Fortsetzung von Auftrag 1:
Flächenbilanz im Gesamtintervall [0; 40]:

$$\int_0^{40} [v_{Motor}(t) - v(t)]\,dt = 30 - 25\tfrac{5}{9} = 4\tfrac{4}{9}$$

Nach 40 Sekunden hat die Motordraisine noch einen Vorsprung von etwa 4,5 Meter.
Für die Gesamtfläche zwischen den Graphen von v_{Motor} und v auf dem Intervall [0; 40], also für $A_{[0;40]} = A_{[0;30]} + A_{[30;40]} = 30 + 25\frac{5}{9} = 55\frac{5}{9}$, gibt es in Bezug auf den Sachverhalt des Auftrags 1 keine sinnvolle Interpretation.

AUFTRAG 2 **Flusslauf**

Die Gesamtfläche der fraglichen Areale entspricht der von den Graphen f und g eingeschlossene Fläche, wenn g die Gerade durch die Punkte $(-5|1)$ und $(3|5)$ ist mit $g(x) = 0{,}5x + 3{,}5$. Eine weitere Schnittstelle von f und g liegt bei $x = -1$.

Von f und g eingeschlossene Fläche: $\int_{-5}^{-1} (g(x) - f(x))\,dx + \int_{-1}^{3} (f(x) - g(x))\,dx = 12{,}8$

Die betroffenen Grundstücksflächen haben eine Größe von 12,8 ha bzw. 128 000 m².

Aufgaben – Trainieren

1 a) $A = \left[-\frac{1}{30}x^5 + \frac{1}{6}x^3 + \frac{2}{3}x\right]_{-2}^{2} = 3{,}2$

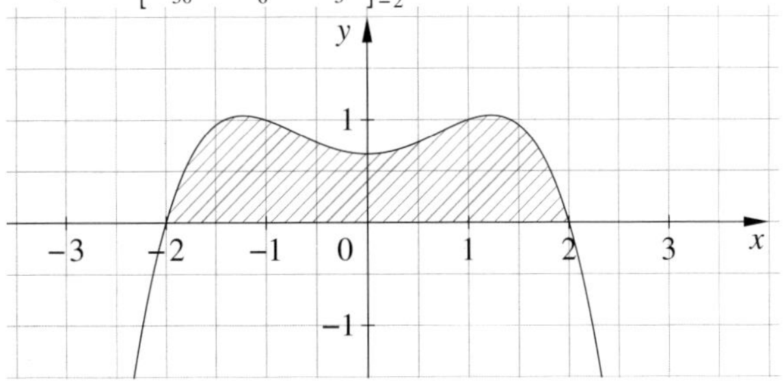

b) $A = \left[\frac{1}{4}x^4 - \frac{4}{3}x^3 + 2x^2\right]_{0}^{2} = \frac{4}{3}$

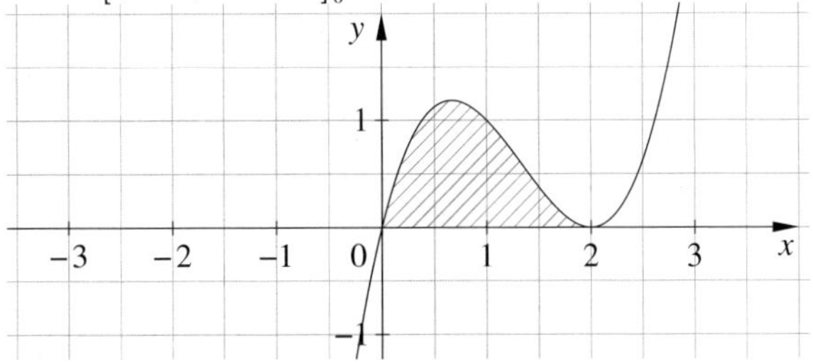

c) $A = \left|\left[\frac{1}{8}x^4 - \frac{3}{2}x^3\right]_{0}^{9}\right| = 273\frac{3}{8}$

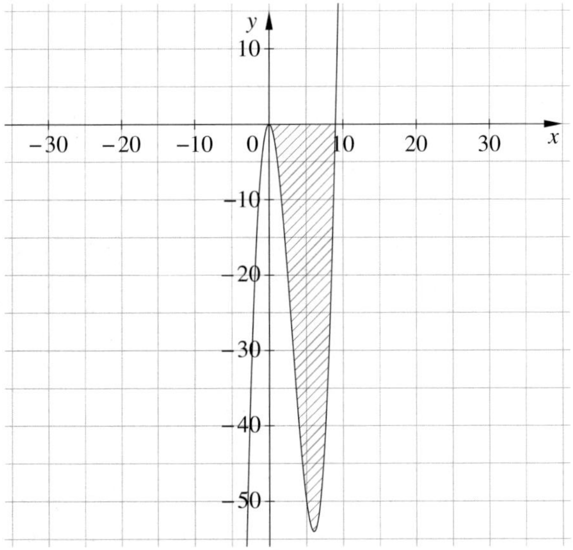

Fortsetzung von Aufgabe 1:

d) $A = \left[x^6 - \frac{3}{2}x^4\right]_{-1}^{0} + \left|\left[x^6 - \frac{3}{2}x^4\right]_{0}^{1}\right| = 1$

Aus Symmetriegründen gilt auch: $A = 2 \cdot \left|\left[x^6 - \frac{3}{2}x^4\right]_{0}^{1}\right| = 1$

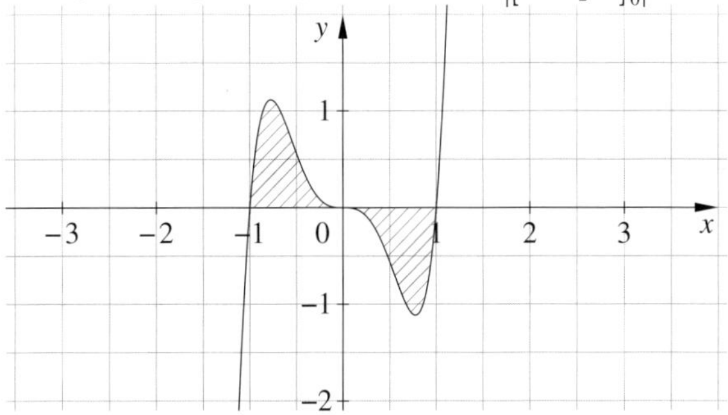

e) $A = \left|\left[\frac{1}{9}x^5 - \frac{5}{3}x^3\right]_{-3}^{0}\right| + \left|\left[\frac{1}{9}x^5 - \frac{5}{3}x^3\right]_{0}^{3}\right| = 36$

Aus Symmetriegründen gilt auch: $A = 2 \cdot \left|\left[\frac{1}{9}x^5 - \frac{5}{3}x^3\right]_{0}^{3}\right| = 36$

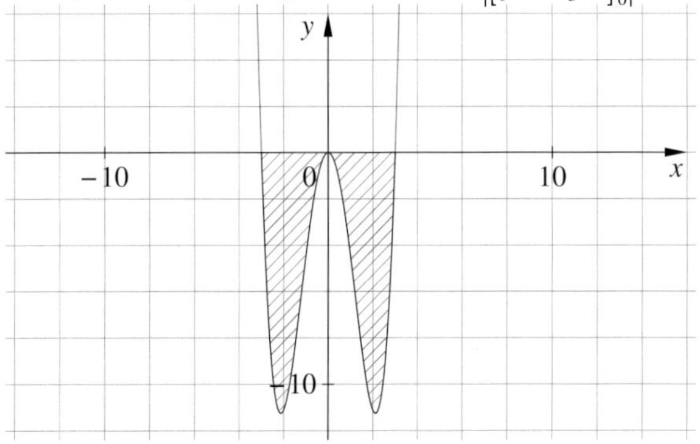

f) $A = \left|\left[x^6 - 3x^4 + 3x^2\right]_{-1}^{0}\right| + \left[x^6 - 3x^4 + 3x^2\right]_{0}^{1} = 2$

Aus Symmetriegründen gilt auch: $A = 2 \cdot \left[x^6 - 3x^4 + 3x^2\right]_{0}^{1} = 2$

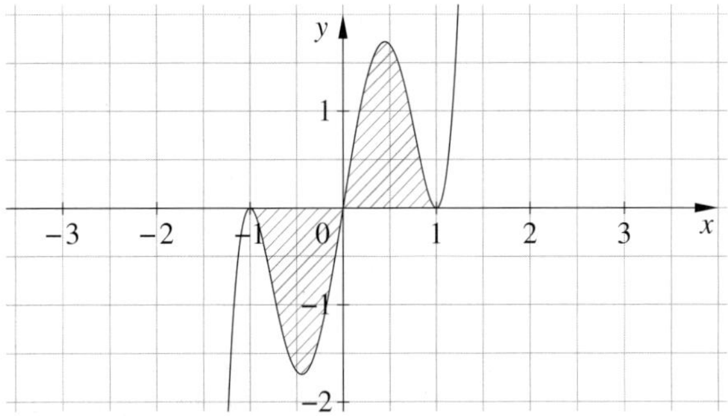

68 **2 a)** $A = \left[\frac{1}{10}x^5 - \frac{3}{4}x^4 + \frac{4}{3}x^3\right]_0^2 + \left|\left[\frac{1}{10}x^5 - \frac{3}{4}x^4 + \frac{4}{3}x^3\right]_2^4\right|$

$= \frac{28+92}{15}$

$= 8$

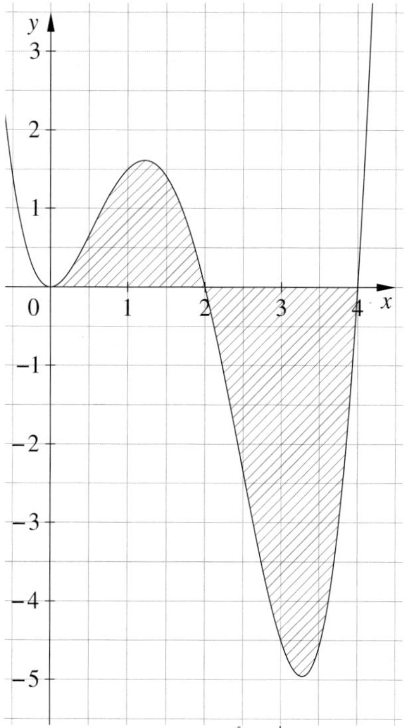

b) $A = \left[-\cos(x) + \frac{\sqrt{2}}{2}x\right]_0^{\frac{5}{4}\pi} + \left|\left[-\cos(x) + \frac{\sqrt{2}}{2}x\right]_{\frac{5}{4}\pi}^{\frac{7}{4}\pi}\right|$

$\approx 4{,}4839 + 0{,}3035$

$\approx 4{,}79$

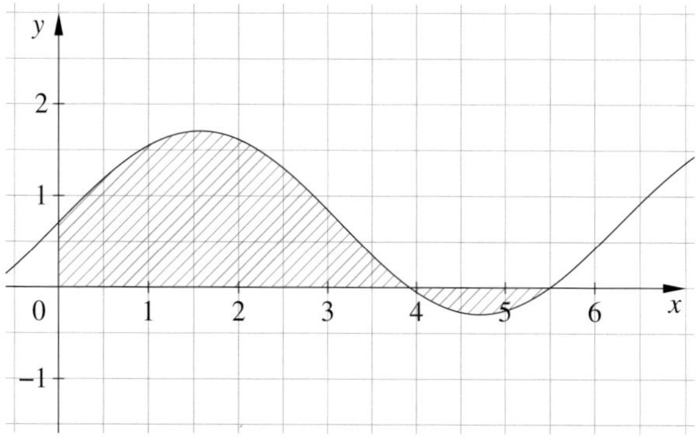

Fortsetzung von Aufgabe 2: 68

c) $A = \left[\frac{1}{4}x^4 - 2x^3 + 4x^2\right]_0^2 + \left|\left[\frac{1}{4}x^4 - 2x^3 + 4x^2\right]_2^4\right|$

$= 4 + 4$

$= 8$

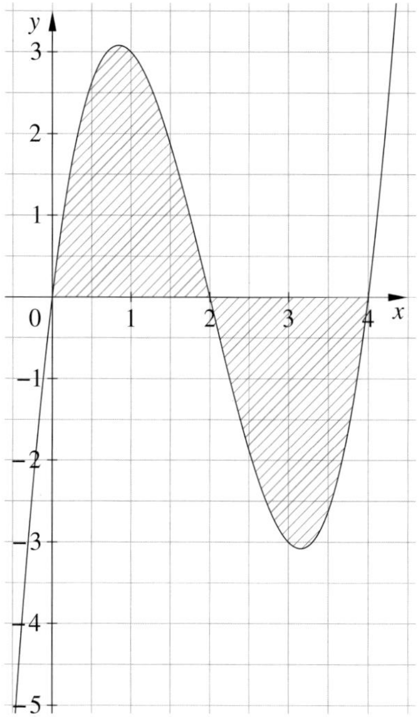

d) $A = \left[\sin(x) + \cos(x)\right]_0^{\frac{\pi}{4}} + \left|\left[\sin(x) + \cos(x)\right]_{\frac{1}{4}\pi}^{\frac{5}{4}\pi}\right|$

$\approx 0{,}4142 + 2{,}8284$

$\approx 3{,}24$

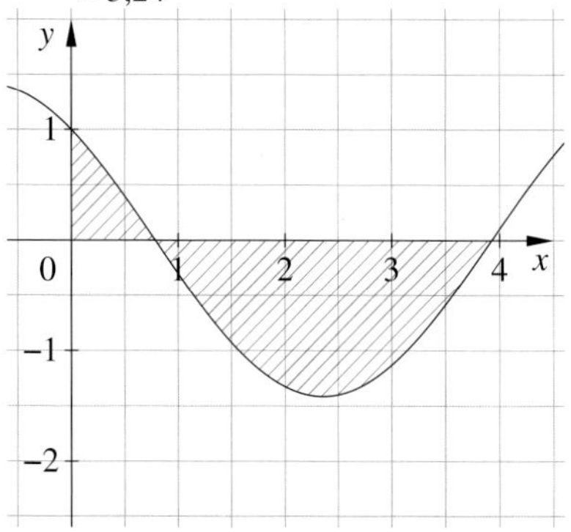

3 a)
Die Schnittstellen befinden sich bei $a = 0$ und $b = 2{,}5$.

$$A = \left| \int_0^{2{,}5} (0{,}2x^2 - 0{,}5x)\,\mathrm{d}x \right| = \tfrac{25}{48}$$

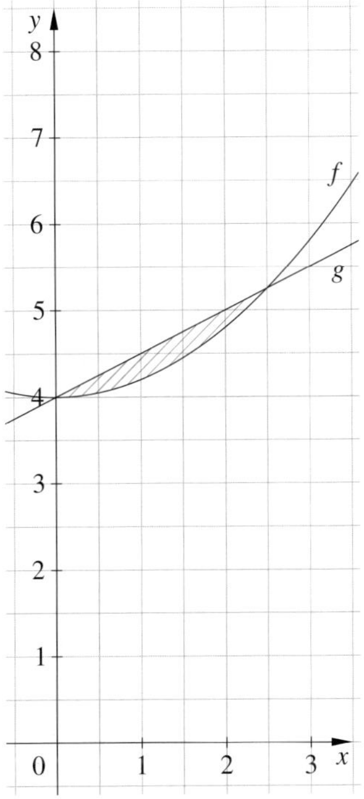

b)
Die Schnittstellen befinden sich bei $a = -3$ und $b = 3$.

$$A = \left| \int_{-3}^{3} (0{,}5x^2 - 4{,}5)\,\mathrm{d}x \right| = 17$$

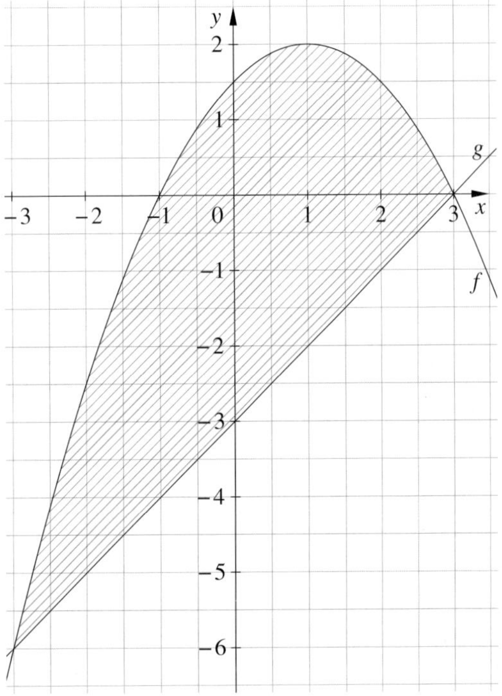

4 a) Die Schnittstellen befinden sich bei $a = -1$ und $b = 2$.

$$A = \left| \int_{-1}^{2} (f(x) - g(x))\,\mathrm{d}x \right|$$
$$= \left| \int_{-1}^{2} (x^2 - x - 2)\,\mathrm{d}x \right|$$
$$= 4{,}5$$

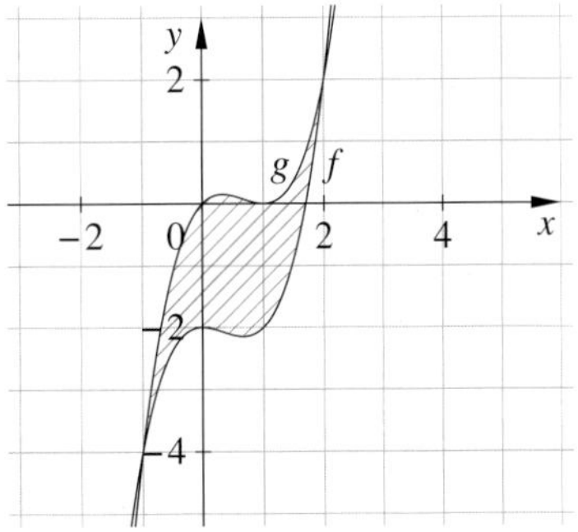

Fortsetzung von Aufgabe 4:

b) Die Schnittstellen befinden sich bei $a = -2$, $b = -1$, $c = 1$ und $d = 2$.

$$A = \left| \int_{-2}^{-1} (f(x) - g(x))\,\mathrm{d}x \right| + \int_{-1}^{1} (f(x) - g(x))\,\mathrm{d}x + \left| \int_{1}^{2} (f(x) - g(x))\,\mathrm{d}x \right|$$
$$= \left| \int_{-2}^{-1} (x^4 - 5x^2 + 4)\,\mathrm{d}x \right| + \int_{-1}^{1} (x^4 - 5x^2 + 4)\,\mathrm{d}x + \left| \int_{1}^{2} (x^4 - 5x^2 + 4)\,\mathrm{d}x \right|$$
$$= 8$$

Zu b):

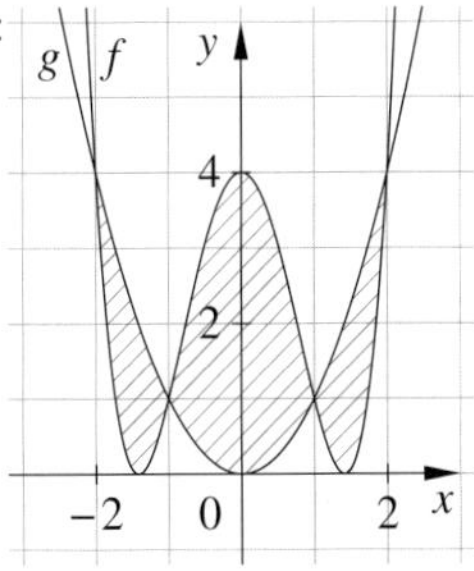

Zu c):

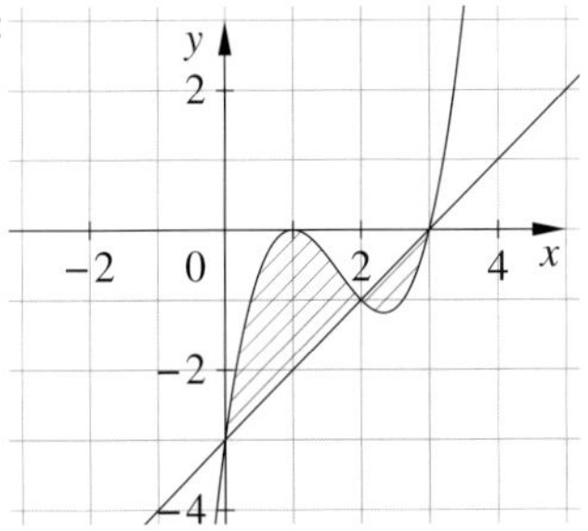

c) Die Schnittstellen befinden sich bei $a = 0$, $b = 2$ und $c = 3$.

$$A = \int_0^2 (f(x) - g(x))\,\mathrm{d}x + \left| \int_2^3 (f(x) - g(x))\,\mathrm{d}x \right|$$
$$= \int_0^2 (x^3 - 5x^2 + 6x)\,\mathrm{d}x + \left| \int_2^3 (x^3 - 5x^2 + 6x)\,\mathrm{d}x \right|$$
$$= \tfrac{37}{12}$$

5 Siehe rechte Zeichnung:
$A(-2|-6)$
$B(4|6)$
g_{AB}: $g(x) = 2x - 2$

$$A = \int_{-2}^{4} (x^2 - 2x - 8)\,\mathrm{d}x = 36$$

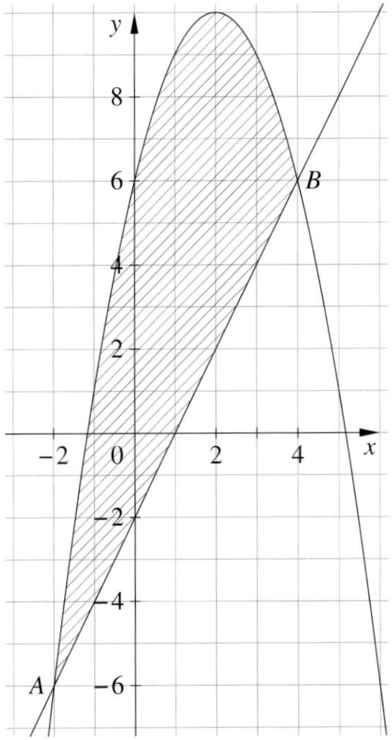

6 Die Funktion f hat die Nullstellen $x_1 = -2$, $x_2 = 0$ und $x_3 = 2$.
Aus Symmetriegründen gilt:

$$\int_{-2}^{2}(2x^3 - 8x)\,\mathrm{d}x = \int_{-2}^{0}(2x^3 - 8x)\,\mathrm{d}x + \int_{0}^{2}(2x^3 - 8x)\,\mathrm{d}x = 0$$

$$\Rightarrow \int_{-2}^{0}(2x^3 - 8x)\,\mathrm{d}x = -\int_{0}^{2}(2x^3 - 8x)\,\mathrm{d}x$$

$$\Rightarrow \left|\int_{-2}^{0}(2x^3 - 8x)\,\mathrm{d}x\right| = \left|-\int_{0}^{2}(2x^3 - 8x)\,\mathrm{d}x\right|$$

7 a) $A = \int_{0}^{a}(-x^2 + ax)\,\mathrm{d}x = \frac{1}{6} \cdot a^3$

b) $a = 4$:

$A_1 = \int_{0}^{2}(-x^2 + 4x - x^2)\,\mathrm{d}x = \frac{8}{3}$

$A_2 = \left(\int_{0}^{4}(-x^2 + 4x)\,\mathrm{d}x\right) - A_1$

$= \frac{32}{3} - \frac{8}{3} = 8$

$\Rightarrow A_1 : A_2 = 1 : 3$

$a = 3$:

$A_3 = \int_{0}^{1,5}(-x^2 + 3x - x^2)\,\mathrm{d}x = \frac{9}{8}$

$A_4 = \left(\int_{0}^{3}(-x^2 + 3x)\,\mathrm{d}x\right) - A_3$

$= \frac{9}{2} - \frac{9}{8} = \frac{27}{8}$

$\Rightarrow A_3 : A_4 = 1 : 3$

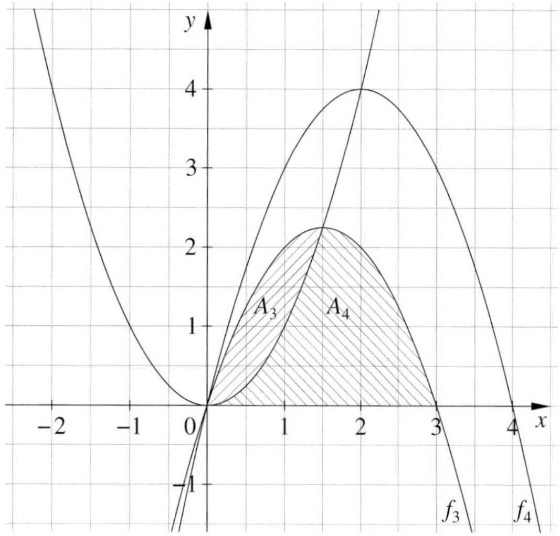

8 $\int_{0}^{k}(kx - x^2)\,\mathrm{d}x = \int_{0}^{\pi}(\sin(x))\,\mathrm{d}x \Leftrightarrow \frac{k^3}{2} - \frac{k^3}{3} = 2 \Leftrightarrow \frac{k^3}{6} = 2 \Leftrightarrow k = \sqrt[3]{12}$

9 Gemeinsame Nullstellen sind bei $x = -k$ und bei $x = k$.

$$\int_{-k}^{k}\left(x^2 - k^2 - \left(-\tfrac{x^2}{k} + k\right)\right)\mathrm{d}x = 16 \Leftrightarrow 2 \cdot \int_{0}^{k}\left(k + \tfrac{1}{k} \cdot x^2 - k^2 - k\right)\mathrm{d}x = 16 \Leftrightarrow k^3 + k^2 = 12$$

Für $k = 2$ beträgt die Maßzahl des Flächeninhalts des Flächenstücks 16.

10 a) $\int_{1}^{c}\left(\frac{1}{2} \cdot x^2\right)\mathrm{d}x = \int_{c}^{3}\left(\frac{1}{2} \cdot x^2\right)\mathrm{d}x \Leftrightarrow c^3 - 1 = 27 - c^3$
$\Leftrightarrow c = \sqrt[3]{14}$

b) $\int_{1}^{3}(mx)\,\mathrm{d}x = \int_{1}^{3}(x^2 + 2 - mx)\,\mathrm{d}x \Leftrightarrow 4m = \frac{38}{3} - 4m$
$\Leftrightarrow m = \frac{19}{12}$

11 a) Schnittpunkte des Graphen von f mit der x-Achse sind $N_1(-|a||0)$ und $N_2(|a||0)$.
Da nur die Fläche im ersten Quadranten gesucht ist, muss a positiv sein:

$A = \frac{4}{3} = \left|\int_{0}^{a}\left(a - \frac{x^2}{a}\right)\mathrm{d}x\right|$

$= \left|\left[ax - \frac{x^3}{3a}\right]_0^a\right|$

$= \frac{2}{3}a^2$

Für $a = \sqrt{2}$ nimmt der Flächeninhalt einen Wert von $\frac{4}{3}$ an.

b) Die Normalparabel schneidet den Graphen von f an den Stellen $x_1 = 0$ und $x_2 = c$.
Für $c > 0$ gilt:

$A = \frac{4}{3} = \left|\int_{0}^{c}(cx - x^2)\,\mathrm{d}x\right|$

$= \left|\left[\frac{cx^2}{2} - \frac{x^3}{3}\right]_0^c\right|$

$= \frac{c^3}{6}$

Für $c = 2$ nimmt der Flächeninhalt einen Wert von $\frac{4}{3}$ an.

Aus Symmetriegründen gilt außerdem $\left|\int_{-2}^{0}(-2x - x^2)\,\mathrm{d}x\right| = \frac{4}{3}$.

Also nimmt der Flächeninhalt auch für $c = -2$ einen Wert von $\frac{4}{3}$ an.

12 $f(x) = 2cx - \frac{1}{2}x^2 = x \cdot \left(2c - \frac{x}{2}\right) \Rightarrow f$ hat die Nullstellen $x_1 = 0$ und $x_2 = 4c$.

$c > 0$: $144 = \left\lvert\int_{0}^{4c}\left(2cx - \frac{1}{2}x^2\right)\mathrm{d}x\right\rvert$	$c < 0$: $144 = \left\lvert\int_{4c}^{0}\left(2cx - \frac{1}{2}x^2\right)\mathrm{d}x\right\rvert$
$= \left\lvert\left[cx^2 - \frac{x^3}{6}\right]_0^{4c}\right\rvert$	$= \left\lvert\left[cx^2 - \frac{x^3}{6}\right]_{4c}^{0}\right\rvert$
$= \frac{16}{3}c^3 \Rightarrow c = 3$	$= \left\lvert-\frac{16}{3}c^3\right\rvert \Rightarrow c = -3$

13 Nullstelle: $x = \sqrt{\frac{2}{a}}$

$$\frac{8}{3} = \left|\int_{0}^{\sqrt{\frac{2}{a}}}(2 - ax^2)\,\mathrm{d}x\right| = \left|\left[2x - \frac{a}{3}x^3\right]_0^{\sqrt{\frac{2}{a}}}\right| = \frac{4}{3}\sqrt{\frac{2}{a}} \Rightarrow a = 0{,}5$$

69 **NOCH FIT?**

I a) Der Graph von f hat den Wendepunkt $W(2|-16)$.

b) Der Graph von f hat keine Wendepunkte.

c) Der Graph von f hat die Wendepunkte $W_1(-1|-1)$ und $W_2(2|-25)$.

II Gleichung der Wendetangente w:

a) $w(x) = -3x + 2$

b) $w(x) = -4$

c) $w(x) = 4x + 2$

III a) Nullstellen von f sind $t = 0$ und $t = 60$, der Tank ist also zu Beginn und zum Ende der Beobachtung leer.

b) $f'(x) = -\frac{3}{20}t^2 + 6t \qquad f''(x) = -\frac{3}{10}t + 6$

$-\frac{3}{20}t^2 + 6t = 0 \Leftrightarrow t_1 = 0 \Rightarrow f''(0) = 6 > 0 \Rightarrow$ Minimum

$t_2 = 40 \Rightarrow f''(40) = -6 < 0 \Rightarrow$ Maximum

Die größte Füllmenge wird nach 40 Minuten erreicht. Sie beträgt dann 1600 l und ist damit geringer als 2000 l.

c) $f''(x) = -\frac{3}{10}t + 6$

$-\frac{3}{10}t + 6 = 0 \Leftrightarrow t_3 = 20 \quad f'''(x) = -\frac{3}{10} \neq 0$

Nach 20 Minuten ist der Zulauf mit $800 \frac{\text{l}}{\text{min}}$ am größten.

Aufgaben – Anwenden

14 Die eingeschlossene Fläche entspricht dem zurückgelegten Weg.
Die Flächenbilanz entspricht der Entfernung von der Ruhelage.
An den Nullstellen von $v(t)$ nimmt $F_0(t)$ Extremwerte an.

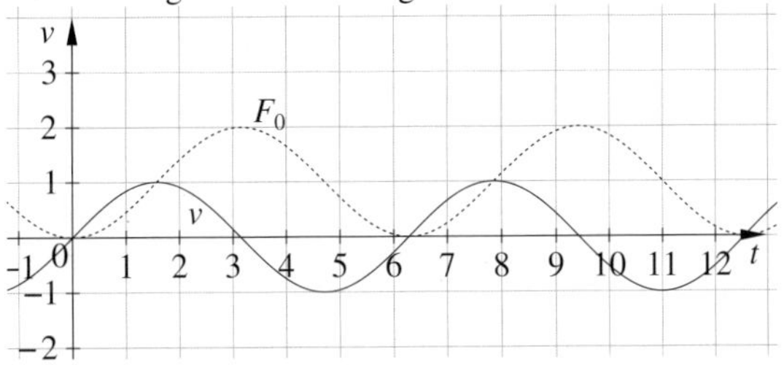

70 **15** Für den Flächeninhalt A gilt:

$$A = \int_0^6 (f(x) - g(x))\,dx + \int_6^7 (g(x) - f(x))\,dx + \int_7^8 (h(x) - f(x))\,dx \approx 10{,}45$$

Da eine Einheit auf den Koordinatenachsen 0,25 m ist, ist die zu berechnende Quadratmeterzahl $10{,}45 : 16 \approx 0{,}65$, sodass der Flächeninhalt des Logos ca. $0{,}65\,\text{m}^2$ beträgt.

16 Baldeneysee 70

Für den Flächeninhalt A (in km²) gilt näherungsweise:	Andere Variante, wenn auch links gemeinsame Grenzen genutzt werden:
$A \approx \int_{-2}^{-1{,}5} (f(x) - (-0{,}5))\,dx + \int_{-1{,}5}^{1{,}65} (f(x) - g(x))\,dx$ $= 0{,}14 + 1{,}47$ $= 1{,}61$	$A \approx \int_{-2}^{1{,}65} (f(x) - g(x))\,dx = 1{,}85$

17 Lösung für den Fall, dass der Koordinatenursprung in den tiefsten Punkt des Querschnitts der Baggerschaufel gelegt wird:

$f(x) = ax^2 \qquad f(-30) = 22{,}5 \Rightarrow a = \frac{1}{40} \Rightarrow f(x) = \frac{1}{40}x^2$

$g(x) = \frac{20}{40}x + n \qquad g(10) = 22{,}5 - 20 \Rightarrow n = -\frac{5}{2} \Rightarrow g(x) = \frac{1}{2}x - \frac{5}{2}$

Für den Querschnitt A (in cm²) und das Volumen V (in cm³) gilt:

$$A = 22{,}5 \cdot 40 - \int_{-30}^{10} f(x)\,dx + \tfrac{1}{2} \cdot 40 \cdot 20$$

$= 900 - \frac{700}{3} + 400$

$= \frac{3200}{3}$

$V = A \cdot 120$

$= 128\,000$

Die Baggerschaufel hat ein Fassungsvermögen von 128 l.

18 a) Bestimmung der Extrema der Funktion g: 71

$g'(t) = \frac{3}{2}t^2 - \frac{27}{2}t + 21 \qquad g''(t) = 3t - \frac{27}{2}$

$\frac{3}{2}t^2 - \frac{27}{2}t + 21 = 0 \Rightarrow t_1 = 2 \qquad g''(2) = -\frac{15}{2} < 0 \Rightarrow$ Maximum

$\Rightarrow t_2 = 7 \qquad g''(7) = \frac{15}{2} > 0 \Rightarrow$ Minimum

$g(2) = 139$

$g(7) = 107{,}75$

Randwerte: $g(0) = 120$

$g(10) = 155$

Die Vorgaben des Trainers wurden von diesem Sportler eingehalten, denn es liegen sowohl die Extremwerte als auch die Randwerte zwischen 100 und 160 Schlägen pro Minute.

Der andere Sportler hielt die Vorgaben des Trainers nicht ein, denn z. B. nach 8 Minuten schlug sein Herz 88-mal pro Minute.

b) Die Zeitpunkte mit der stärksten Abnahme entsprechen den Wendestellen von g und h.

$g''(t) = 3t - \frac{27}{2} \qquad 3t - \frac{27}{2} = 0 \Rightarrow t_3 = \frac{9}{2}$

$h''(t) = 3t - 15 \qquad 3t - 15 = 0 \Rightarrow t_4 = 5$

$g'''(t) = h'''(t) = 3 \neq 0$

Beide Zeitpunkte stimmen nicht überein.

71

Fortsetzung von Aufgabe 18:

c) Mittlere Herzfrequenz (in Schlägen pro Minute):

$$m(k) = \frac{1}{k} \cdot \int_0^k (0{,}5t^3 - 6{,}75t^2 + 21t + 120)\,dt$$
$$= \frac{1}{k} \cdot \left[0{,}125t^4 - 2{,}25t^3 + 10{,}5t^2 + 120t\right]_0^k$$
$$= 0{,}125k^3 - 2{,}25k^2 + 10{,}5k + 120$$

$m(10) = 125$

Der erste Sportler hat während des gesamten Trainingsabschnitts eine mittlere Herzfrequenz von 125 Schlägen pro Minute.

Achtung: Druckfehler im Schülerbuch (2015, 1. Druck):
Aufgabe 19 a) und b) sind korrekterweise die Teilaufgaben 18 d) und e).
Die Nummern der folgenden Aufgaben sind entsprechend um 1 verschoben.

d) $f_a'(t) = 1{,}5t^2 - 3(a+1)t + 6a$

$1{,}5t^2 - 3(a+1)t + 6a = 0$

$t^2 - 2(a+1)t + 4a = 0$

$t_{1,2} = a + 1 \pm \sqrt{(a+1)^2 - 4a}$
$= a + 1 \pm \sqrt{(a-1)^2}$
$= a + 1 \pm |a+1|$

$t_1 = 2$

$t_2 = 2a$

$f_a''(t) = 3t - 3(a+1)$

	$0 < a < 1$	$a > 1$	$a = 1$	
$t_1 = 2$	$f_a''(2) = 3(1-a) > 0$ Tiefpunkt: $T_a(2\|118 + 6a)$	$f_a''(2) = 3(1-a) < 0$ Hochpunkt: $H_a(2\|118 + 6a)$	$t_1 = t_2$	$f_1''(2) = 3(1-a)$ $= 0$ $f_1'''(2) = 3$ $\neq 0$ Sattelpunkt: $S_1(2\|124)$
$t_2 = 2a$	$f_a''(2a) = 3(a-1) < 0$ Hochpunkt: $H_a(2a\|120 - 2a^3 + 6a^2)$	$f_a''(2a) = 3(a-1) > 0$ Tiefpunkt: $T_a(2a\|120 - 2a^3 + 6a^2)$		

$f_a(2) = 6a + 118 \quad > 0$ für $a > 0$.

$f_a(10) = 470 - 90a < 0$ für $a > \frac{47}{9}$.

Im Intervall [2; 10] existiert für $a > 2\frac{2}{9}$ eine Nullstelle von f_a. Dies hätte „negative Herzfrequenzen" zur Folge, die nicht vorkommen können.

e) Schnittpunkte von f_{a_1} und f_{a_2}:

$0{,}5t^3 - 1{,}5(a_1+1)t^2 + 6a_1 \cdot t + 120 = 0{,}5t^3 - 1{,}5(a_2+1)t^2 + 6a_2 \cdot t + 120$

$-1{,}5a_1 \cdot t^2 + 6a_1 \cdot t = -1{,}5a_2 \cdot t^2 + 6a_2 \cdot t$

$-1{,}5 \cdot (a_1 - a_2) \cdot t \cdot (t-4) = 0$

$t_1 = 0 \Rightarrow S_1(0|120)$

$t_2 = 4 \Rightarrow S_2(4|128)$

Fortsetzung von Aufgabe 18: 71

$$A = \left|\int_0^4 (f_{a_1} - f_{a_2})\,dt\right|$$
$$= \left|\int_0^4 (-1{,}5 \cdot (a_1 - a_2) \cdot (t^2 - 4t))\,dt\right|$$
$$= \left|-1{,}5 \cdot (a_1 - a_2) \cdot \left[\tfrac{t^3}{3} - 2t^2\right]_0^4\right|$$
$$= \left|-1{,}5 \cdot (a_1 - a_2) \cdot \left[\tfrac{t^3}{3} - 2t^2\right]_0^4\right|$$
$$= 16(a_2 - a_1)$$

Flächenmaßzahl für $a_1 = 3{,}5$ und $a_2 = 4$: $A = 16 \cdot 0{,}5 = 8$

Die Maßzahl der Fläche entspricht dem Unterschied der Gesamtzahl der Herzschläge der beiden Sportler während der ersten vier Minuten des Trainingsabschnitts. Bei beiden Sportlern stimmt die Anzahl aller Herzschläge im Zeitintervall [0; 4] annähernd überein, sie unterscheidet sich nur um acht Schläge.

19 a) Wird der Ursprung in die Mitte des Tunnelbodens gelegt, so gilt:

$f_{\text{außen}}(x) = -\frac{32}{90}x^2 + \frac{32}{10}$

$f_{\text{innen}}(x) = -\frac{3}{4}x^2 + 3$

b) $V = 12 \cdot 2\,\text{m} \cdot \int_{-2}^{2} \left(-\frac{3}{4}x^2 + 3\right)dx = 24\,\text{m} \cdot 8\,\text{m}^2 = 192\,\text{m}^3$

c) $V_{\text{Segment}} = 2\,\text{m} \cdot \left(\int_{-3}^{3} (f_{\text{außen}}(x))\,dx - \int_{-2}^{2} (f_{\text{innen}}(x))\,dx\right) = 2\,\text{m} \cdot (12{,}8\,\text{m}^2 - 8\,\text{m}^2)$
$= 9{,}6\,\text{m}^3$

$\Rightarrow m_{\text{Segment}} = 9{,}6\,\text{m}^3 \cdot 2{,}2\,\frac{\text{t}}{\text{m}^3} = 21{,}12\,\text{t}$

20 Alle Längen sind in cm, alle Volumina in cm³ angegeben. 72
Legt man den Scheitelpunkt der Parabel in den Ursprung, so gilt wegen $f(6) = 9$:

$f(x) = \frac{1}{4}x^2$

a) $V_{\max} = 28 \cdot \left(9 \cdot 12 - \int_{-6}^{6} \left(\frac{1}{4}x^2\right)dx\right) = 28 \cdot (108 - 36)$
$= 2016$

Das maximale Fassungsvermögen der Tränke beträgt ca. 2 Liter.

b) $V_4 = 28 \cdot \left(4 \cdot 8 - \int_{-4}^{4} \left(\frac{1}{4}x^2\right)dx\right) = 28 \cdot \left(32 - 10\frac{2}{3}\right)$
$= 597\frac{1}{3}$

Bei einer Füllhöhe von 4 cm befinden sich ca. 0,6 Liter Wasser in der Tränke.

c) $V(h) = 28 \cdot \left(4 \cdot \sqrt{h} \cdot h - \int_{-2\sqrt{h}}^{2\sqrt{h}} \left(\frac{1}{4}x^2\right)dx\right) = 28 \cdot \left(4 \cdot \sqrt{h^3} - \frac{4}{3} \cdot \sqrt{h^3}\right)$
$= 74\frac{2}{3} \cdot \sqrt{h^3}$

Fortsetzung von Aufgabe 20 (im 1. Druck 21):

d) $V_{\text{Holz}} = V_{\text{Quader}} - V_{\max} = 6000 - 2016 = 3984$

$m = 3984\,\text{cm}^3 \cdot 0{,}7\,\frac{\text{g}}{\text{cm}^3}$

$= 2788{,}8\,\text{g}$

$\approx 2{,}8\,\text{kg}$

e) $m_{\text{ausgefrästes Holz}} = 2016\,\text{cm}^3 \cdot 0{,}7\,\frac{\text{g}}{\text{cm}^3}$

$= 1411{,}2\,\text{g}$

Da die Füllmenge derart bemessen sein muss, dass das Wasser dieselbe Masse besitzt, ergibt sich bei einer Dichte des Wassers von ca. $1\,\frac{\text{g}}{\text{cm}^3}$ für das notwendige Wasservolumen:

$V_{\text{Wasser}} = \frac{1411{,}2\,\text{g}}{1\,\frac{\text{g}}{\text{cm}^3}} = 1411{,}2\,\text{cm}^3$

Aus diesem Volumen lässt sich mit der Formel aus c) die Füllhöhe $h \approx 7{,}1\,\text{cm}$ berechnen.

Aufgaben – Vernetzen (im 1. Druck sind die Aufgabennummern um 1 verschoben)

21 Der untere Parabelbogen hat die Gleichung $f(x) = -0{,}5x^2 + 0{,}5$.

Fläche zwischen dem Parabelbogen und der x-Achse: $2 \cdot \int_0^1 f(x)\,\mathrm{d}x = \frac{2}{3}$

Das Dreieck ABP mit $P(0|1)$ hat den Flächeninhalt 1, das krummlinig begrenzte Vieleck nimmt somit $\frac{1}{3}$, also $33{,}\overline{3}\,\%$ der Quadratfläche ein.

22 Schnittstellen sind bei $x = -2$ und $x = 2$.

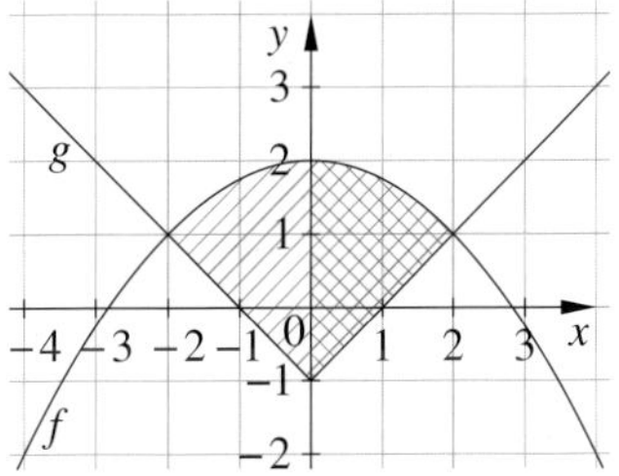

Aus Symmetriegründen gilt:

$\int_{-2}^{2} (f(x) - g(x))\,\mathrm{d}x = 2 \cdot \int_0^2 \left(-\frac{1}{4}x^2 + 3 - x\right)\mathrm{d}x = \frac{20}{3}$

23 a) $f(x) = x \cdot \left(\frac{x^2}{5} - 2\right)$

Der Graph von f schneidet beide Achsen im Koordinatenursprung und die x-Achse an den Stellen $x_1 = -\sqrt{10}$ und $x_2 = \sqrt{10}$.

b) $f'(x) = \frac{3}{5}x^2 - 2$ $\qquad f''(x) = \frac{6}{5}x$

$\frac{3}{5}x^2 - 2 = 0 \Rightarrow x_3 = \sqrt{\frac{10}{3}}$ $\qquad f''(x_3) > 0 \Rightarrow$ Minimum $\Rightarrow$ Tiefpunkt $T\left(\sqrt{\frac{10}{3}}\,\middle|\,-\frac{4}{3}\sqrt{\frac{10}{3}}\right)$

$x_4 = -\sqrt{\frac{10}{3}}$ $\qquad f''(x_4) < 0 \Rightarrow$ Maximum $\Rightarrow$ Hochpunkt $H\left(-\sqrt{\frac{10}{3}}\,\middle|\,\frac{4}{3}\sqrt{\frac{10}{3}}\right)$

$\frac{6}{5}x = 0 \Rightarrow x_5 = 0$ $\qquad f'''(x_5) = \frac{6}{5} \neq 0$ $\Rightarrow$ Wendepunkt $W(0|0)$

c) Gleichung der Tangente t: $t(x) = mx + n$ $\qquad m = f'(-2) = \frac{2}{5}$

$f(-2) = \frac{12}{5} = \frac{2}{5} \cdot (-2) + n \Rightarrow n = \frac{16}{5}$

Gleichung der Tangente t: $t(x) = \frac{2}{5}x + \frac{16}{5}$

d) $f(4) = \frac{24}{5} = t(4)$

e) $A = \left|\int_{-2}^{4} \left(\frac{x^3}{5} - 2x - \left(\frac{2}{5}x + \frac{16}{5}\right)\right)\mathrm{d}x\right| = \left|\left[\frac{x^4}{20} - 1{,}2x^2 - \frac{16}{5}x\right]_{-2}^{4}\right| = \left|-\frac{96}{5} - \frac{12}{5}\right| = 21\frac{3}{5}$

24 Schnittstellen: $a \cdot x \cdot (x^2 - 9) = x \Rightarrow$ Im I. Quadranten stimmen die Funktionswerte an den Stellen $x_1 = 0$ und $x_2 = \sqrt{9 + \frac{1}{a}}$ überein.

$A(a) = \left|\int_{x_1}^{x_2} (a \cdot x \cdot (x^2 - 9) - x)\,\mathrm{d}x\right| = \left|\left[\frac{ax^4}{4} - \frac{9a+1}{2}x^2\right]_0^{\sqrt{9+\frac{1}{a}}}\right| = \frac{(9a+1)^2}{4a}$

$A'(a) = \frac{2 \cdot (9a+1) \cdot 9 \cdot 4a - (9a+1)^2 \cdot 4}{16a^2}$ $\qquad 2 \cdot (9a+1) \cdot 9 \cdot 4a - (9a+1)^2 \cdot 4 = 0 \Rightarrow a = \frac{1}{9}$

$A''(a) = \frac{1}{2a^3}$ $\qquad A''\left(\frac{1}{9}\right) = \frac{729}{9} > 0 \Rightarrow$ Minimum

Für $a = \frac{1}{9}$ wird der Flächeninhalt zwischen dem Graphen von f und der Winkelhalbierenden im I. Quadranten minimal.

25 a) Die Funktion f hat Nullstellen bei $x = -\sqrt{12}$, $x = 0$ und $x = \sqrt{12}$.

Der Graph von f hat den Tiefpunkt $T\left(2\,\middle|\,-\frac{16}{9}\right)$, den Hochpunkt $H\left(-2\,\middle|\,-\frac{16}{9}\right)$ und im Ursprung den Wendepunkt $W(0|0)$.

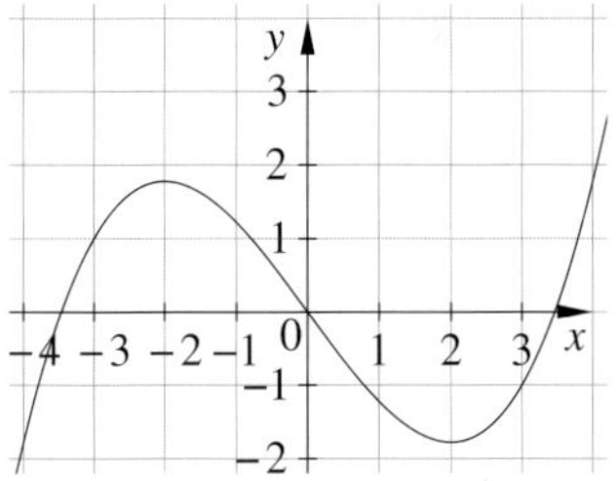

b) $x = -2 \cdot (-2) = 4$

x ist auch Lösung der Gleichung $\frac{1}{9}x^3 - \frac{4}{3}x = \frac{16}{9}$ und somit gilt $f(-2) = f(4)$.

c) $A = \int_{-2}^{4} \left(\frac{1}{9}x^3 - \frac{4}{3}x - \frac{16}{9}\right)\mathrm{d}x = 12$

d) Der Hochpunkt des Graphen von f ist $H\left(-\sqrt{\frac{b}{3a}}\,\middle|\,\frac{2b}{3} \cdot \sqrt{\frac{b}{3a}}\right)$.

$\Rightarrow x_0 = -\sqrt{\frac{b}{3a}}$

$\Rightarrow x_1 = -2x_0 = 2\sqrt{\frac{b}{3a}}$

$\Rightarrow f(x_1) = f(x_0) = \frac{2b}{3} \cdot \sqrt{\frac{b}{3a}}$

72

26 Ansatz: $f(x) = ax^3 + bx^2 + cx + d$

Tiefpunkt: $f'(0) = 3a \cdot 0^2 + 2b \cdot 0 + c = 0 \Rightarrow c = 0$

$f(0) = -2 \Rightarrow d = -2$

Wendepunkt: $f''(1) = 6a \cdot 1 + 2b = 0$

$f(1) = a + b - 2 = 0$

Aus den beiden letzten Bedingungen folgt $a = -1$ und $b = 3$ und somit $f(x) = -x^3 + 3x^2 - 2$. Aus Symmetriegründen ist $H(2|2)$ Hochpunkt des Graphen von f.

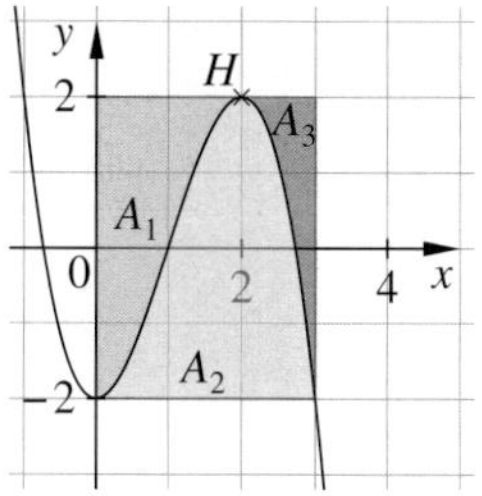

$A_1 = \left\lvert \int_0^2 (2 - f(x))\,dx \right\rvert$	$A_2 = \left\lvert \int_0^3 (f(x) - (-2))\,dx \right\rvert$	$A_3 = \left\lvert \int_2^3 (2 - f(x))\,dx \right\rvert$
$= \left\lvert \left[4x + \frac{x^4}{4} - x^3\right]_0^2 \right\rvert$	$= \left\lvert \left[x^3 - \frac{x^4}{4}\right]_0^2 \right\rvert$	$= \left\lvert \left[4x + \frac{x^4}{4} - x^3\right]_2^3 \right\rvert$
$= 4$	$= 6{,}75$	$= 1{,}25$

Kontrolle: $A_1 + A_2 + A_3 = 12$

Der Flächeninhalt des Rechtecks mit den Seitenlängen 3 und 4 beträgt ebenfalls 12.

27 a) $A + B = \int_0^k (k^3 - x^3)\,dx + \int_k^1 (x^3 - k^3)\,dx = \frac{3}{2} \cdot k^4 - k^3 + \frac{1}{4}$

Die Funktion $k \mapsto \frac{3}{2} \cdot k^4 - k^3 + \frac{1}{4}$ wird minimal für $k = \frac{1}{2}$. Daneben gibt es für $k = 1$ das Randextremum von 0,75, das auch absolutes Maximum ist.

b) $A = B \Leftrightarrow \int_0^k (k^3 - x^3)\,dx = \int_k^1 (x^3 - k^3)\,dx \Leftrightarrow k - \frac{k^4}{4} = -\frac{1}{4} + k^3 + \frac{k^4}{4} - k^4 \Leftrightarrow k = \sqrt[3]{\frac{1}{4}}$

c) $\int_0^k (x^3)\,dx = \int_k^1 (x^3)\,dx \Leftrightarrow \frac{k^4}{4} = \frac{1}{4} - \frac{k^4}{4} \Leftrightarrow k = \sqrt[4]{\frac{1}{2}}$

28 a) $g(x) = a \cdot (x - 1) \cdot (x - 3)$

$g'(x) = a \cdot (2x - 4)$

$g'(3) = 2 \Rightarrow a = 1 \Rightarrow g(x) = x^2 - 4x + 3$

Der Graph von g hat wegen seiner Achsensymmetrie zur Geraden mit der Gleichung $x = 2$ im Punkt E die Steigung -2. Eine weitere denkbare Begründung kann über die Ableitung erfolgen: $g'(1) = 2 \cdot 1 - 4 = -2$

b) Jede der Funktionen f_c besitzt nur gerade Exponenten, es gilt also $f_c(x) = f_c(-x)$. Damit ist der Graph von f_c achsensymmetrisch zur y-Achse.

$f_c'(x) = 4c \cdot x^3 - (4c + 2) \cdot x \qquad f_c'(0) = 0$

$f_c''(x) = 12c \cdot x^2 - (4c + 2) \qquad f_c''(0) = -(4c + 2) < 0 \Rightarrow$ Hochpunkt $H_c(0|c + 1)$

Steigung an der Stelle 1:

$f_c'(1) = 4c - (4c + 2) = -2 = g'(1)$

Beide Funktionsgraphen haben an der Stelle 1 die gleiche Steigung, daher entsteht kein „Knick“.

Fortsetzung von Aufgabe 28 (im 1. Druck 29):

c) $A = 2 \cdot \left(\left\lvert \int_0^1 ((x^4 - 3x^2 + 2) - (2x - 6))\,dx \right\rvert + \left\lvert \int_1^3 ((x^2 - 4x + 3) - (2x - 6))\,dx \right\rvert \right)$

$= 2 \cdot \left(\left\lvert \left[\frac{x^5}{5} - x^3 - x^2 + 8x\right]_0^1 \right\rvert + \left\lvert \left[\frac{x^3}{3} - 3x^2 + 9x\right]_1^3 \right\rvert \right)$

$= 2 \cdot \left(\frac{31}{5} + \frac{8}{3}\right)$

$= \frac{266}{15}$

d) $A_{ABC} = \frac{1}{2} \cdot 6 \cdot 3 = 18 = 2 \cdot \left(\left\lvert \int_0^1 ((cx^4 - 2cx^2 - x^2 + c + 1) - (2x - 6))\,dx \right\rvert + \frac{8}{3} \right)$

$= 2 \cdot \left(\left\lvert \left[\frac{cx^5}{5} - \frac{(2c + 1)x^3}{3} + cx + x - \frac{2x^2}{2} + 6x\right]_0^1 \right\rvert + \frac{8}{3} \right)$

$= 2 \cdot \left(\frac{8}{15}c + \frac{25}{3}\right) \Rightarrow c = \frac{5}{4}$

29 Aufgrund der Symmetrie teilen die Koordinatenachsen und Winkelhalbierenden die blau umrahmte Fläche in acht gleich große Teilflächen, sodass gilt:

$A = 8 \cdot \left(\left(\int_0^2 (x^2 - 4x + 6)\,dx \right) - \frac{2^2}{2} \right) = 37\frac{1}{3}$

73

78
3. Weitere Ableitungsregeln und Exponentialfunktionen

Projekt: Differenzieren – was bisher geschah …

1 Beispiele für mögliche Ergänzungen:

- Zusammenhang zwischen Steigung des Graphen einer Funktion f und der ersten Ableitung der Funktion f an dieser Stelle
- Angabe von Beispielen zu Ableitungsregeln, Differenzenquotienten u. Ä.
- Angabe von Aufgabentypen, die mit Differenzieren gelöst werden können, z. B. Lösen von Extremwertaufgaben oder Modellieren von Funktionen

2 $f(x) = x^4 + 2x^2 \Rightarrow f'(x) = 4x^3 + 6x^2 = 2x^2 \cdot (2x + 3)$

$f'(x) = 0 \Leftrightarrow 2x^2 \cdot (2x + 3) = 0 \Leftrightarrow x_1 = 0$

$x_2 = -1{,}5$

Überprüfung des Vorzeichenwechsels:

x	…	$-1{,}5$	…	0	…
$f'(x)$	–	0	+	0	+
$f(x)$	↘	$-1{,}6875$	↗	0	↗

Der Graph von f hat den Tiefpunkt $T(-1{,}5 \mid -1{,}6875)$ und den Sattelpunkt $S(0 \mid 0)$.

3 Individuelle Lösungen (ggf. unter Einbeziehung der Lösungen zu den beiden ersten Aufgaben).

3.1 Produkte und Verkettungen von Funktionen

79 **AUFTRAG 1** **So oder so? (Produktregel)**

$g'(x) = 2x + 2$

$u'(x) \cdot v'(x) = 4x$ kann nicht die Ableitung von $f(x) = u(x) \cdot v(x)$ sein, da f vom Grad 3 ist und somit f' vom Grad 2 sein muss.

$f(x) = 2x^3 + 5x^2, f'(x) = 6x^2 + 10x$ stimmt überein mit $2x \cdot (2x + 5) + x^2 \cdot 2$.

AUFTRAG 2 **Rechtecksfläche (Produktregel)**

$\ldots = \frac{u(x+h) \cdot v(x) - u(x) \cdot v(x) + u(x+h) \cdot v(x+h) - u(x+h) \cdot v(x)}{h} = \ldots$

Wegen $\lim\limits_{h \to 0} \left(\frac{u(x+h) - u(x)}{h}\right) = u'(x)$ und $\lim\limits_{h \to 0} \left(\frac{v(x+h) - v(x)}{h}\right) = v'(x)$ folgt die Produktregel durch Grenzwertbildung.

AUFTRAG 3 **Eine Schleife mehr … (Kettenregel)**

Wird die Tabelle hinreichend weit ausgefüllt, so liegt die Vermutung nahe, dass die letzte Zeile aus der vorletzten durch Multiplikation mit $2x$ hervorgeht und somit $f'(x) = \cos(x^2) \cdot 2x$ ist.

Aufgaben – Trainieren 83

1 a) $f'(x) = 6x^2 \cdot x^2 + (2x^3 + 5) \cdot 2x$

b) $f'(x) = 2x \cdot (x^2 + 1) + (x^2 - 1) \cdot 2x$

c) $f'(x) = 2x\sqrt{x} + (x^2 + 3) \cdot \frac{1}{2\sqrt{x}}$

d) $f'(x) = -\frac{1}{x^2} \cdot \sin(x) + \frac{1}{x} \cdot \cos x$

e) $f'(x) = (6x^2 - 6x + 1) \cdot (3x + 5) + (2x^3 - 3x^2 + \mathrm{x}) \cdot 3$

f) $f'(x) = \cos(x) \cdot (\cos(x) + 1) + (\sin(x) + 1) \cdot (-\sin(x))$

g) $f'(x) = 15x^4 \cdot (\cos(x) + \mathrm{x}) + 3x^3 \cdot (-\sin(x) + 1)$

h) $f'(x) = \frac{1}{2\sqrt{x}} (\sqrt{x} + 1) + (\sqrt{x} - 1) \cdot \frac{1}{2\sqrt{x}} = 1$

2 a) $f'(x) = \sin(x) + x \cdot \cos(x)$

b) $f'(x) = 3x^2 \cdot \cos(x) + x^3 \cdot \sin(x)$

c) $f'(x) = -\frac{2}{x^3} \cdot \sqrt{x} + \frac{1}{x^2} \cdot \frac{1}{2}\sqrt{x}$

d) $f'(x) = 2x \cdot (2x + 1) + (x^2 - 5) \cdot 2 = 6x^2 + 2x - 10$

e) $f'(x) = (9x^2 + 2x) \cdot x^{-1} + (3x^3 + x^2) \cdot \left(-\frac{1}{x^2}\right) = 6x + 1$

f) $f'(x) = \cos(x) \cdot \cos(x) - \sin(x) \cdot \sin(x) = (\cos(x))^2 - (\sin(x))^2$

g) $f(x) = \sin(x) \cdot \sin(x) \Rightarrow f'(x) = \cos(x) \cdot \sin(x) + \sin(x) \cdot \cos(x) = 2\sin(x) \cdot \cos(x)$

h) $f'(x) = 1{,}5x^2 \cdot (2x + 1) + \frac{x^3}{2} \cdot 2 + 5$

3 a) Bildung der ersten Ableitung auf zwei verschiedene Arten:

Weg 1: $f(x) = x \cdot (x + 2)$	$\Rightarrow f'(x) = 1 \cdot (x + 2) + x \cdot 1$
	$= 2x + 2$
Weg 2: $f(x) = x^2 + 2x$	$\Rightarrow f'(x) = 2x + 2$
Weg 1: $g(x) = x^2 \cdot x^8$	$\Rightarrow g'(x) = 2x \cdot x^8 + x^2 \cdot 8x^7$
	$= 10x^9$
Weg 2: $g(x) = x^{10}$	$\Rightarrow g'(x) = 10x^9$
Weg 1: $h(x) = (1 - x^4) \cdot (x - 3x^4)$	$\Rightarrow h'(x) = -4x^3 \cdot (x - 3x^4) + (1 - x^4) \cdot (1 - 12x^3)$
	$= -4x^4 + 12x^7 + 1 - 12x^3 - x^4 + 12x^7$
	$= 24x^7 - 5x^4 - 12x^3 + 1$
Weg 2: $h(x) = x - 3x^4 - x^5 + 3x^8$	$\Rightarrow h'(x) = 1 - 12x^3 - 5x^4 - 24x^7$
Weg 1: $i(x) = (2x - 1) \cdot (2x - 1)$	$\Rightarrow i'(x) = 2 \cdot (2x - 1) + 2 \cdot (2x - 1)$
	$= 8x - 4$
Weg 2: $i(x) = 4x^2 - 4x + 1$	$\Rightarrow i'(x) = 8x - 4$
Weg 1: $j(x) = (x^3 - 4) \cdot \frac{1}{x}$	$\Rightarrow j'(x) = 3x^2 \cdot \frac{1}{x} + (x^3 - 4) \cdot \left(-\frac{1}{x^2}\right)$
	$= 3x - x + \frac{4}{x^2}$
	$= 2x + \frac{4}{x^2}$
Weg 2: $j(x) = x^2 - \frac{4}{x}$	$\Rightarrow j'(x) = 2x + \frac{4}{x^2}$

83

Fortsetzung von Aufgabe 3:

Weg 1: $k(x) = 3 \cdot \sqrt{x}$	$\Rightarrow k'(x) = 0 \cdot \sqrt{x} + 3 \cdot \frac{1}{2\sqrt{x}} = \frac{3}{2\sqrt{x}}$
Weg 2: $k(x) = 3\sqrt{x}$	$\Rightarrow k'(x) = \frac{3}{2\sqrt{x}}$

Weg 2 ist bei allen Beispielen günstiger.

b) Individuelle Lösungen, z. B. $f(x) = x^3 \cdot (x-10)$, $f(x) = \frac{x^3 - 4x^2}{x}$, $f(x) = x \cdot \sqrt{x}$.

c) Individuelle Lösungen, z. B. $f(x) = 2x \cdot \sin(x)$, $f(x) = \sin(x) \cdot \sqrt{x}$; $f(x) = \cos(x) \cdot (x-3)$.

4 a) $F'(x) = \sin(x) + x \cdot \cos(x) + \frac{1}{2}$

Korrektur von f: Ergänzung des Terms um $\frac{1}{2}$.

b) $F'(x) = \cos(x) + \cos(x) - x \cdot \sin(x) = 2\cos(x) - x \cdot \sin(x)$

Korrektur von f: Negatives Vorzeichen vor $x \cdot \sin(x)$

5

Verkettung von g mit h:	Verkettung von h mit g:
$f(x) = g(h(x))$	$f(x) = h(g(x))$
a) $f(x) = (x-1)^2$	$f(x) = x^2 - 1$
b) $f(x) = \sqrt{3x+2}$	$f(x) = 3\sqrt{x} + 2$
c) $f(x) = x^2 - 2x + 2$	$f(x) = (x+1)^2 - 2(x+1) + 1 = x^2$
d) $f(x) = \sqrt{\frac{1}{x}} - 1$	$f(x) = \frac{1}{\sqrt{x} - 1}$

6

a) $g(h(x)) = x^2 + 1$	$h(g(x)) = (x+1)^2$
$g(h(3)) = 10$	$h(g(3)) = 16$
b) $g(h(x)) = \frac{1}{x+1}$	$h(g(x)) = \frac{1}{x} + 1$
$g(h(0{,}5)) = \frac{2}{3}$	$h(g(0{,}5)) = 3$
c) $g(h(x)) = \sqrt{x-7}$	$h(g(x)) = \sqrt{x} - 7$
$g(h(16)) = 3$	$h(g(16)) = -3$
d) $g(h(x)) = x^6$	$h(g(x)) = x^6$
$g(h(-1)) = 1$	$h(g(-1)) = 1$

7

$g(h(x)) = x^2 + 1 = 1$	$\Rightarrow x = 0$
b) $g(h(x)) = (x-3)^2 = 2$	$\Rightarrow x_1 = 3 + \sqrt{2}, x_2 = 3 - \sqrt{2}$
c) $g(h(x)) = -\cos(x) = 1$	$\Rightarrow x = \pi + z \cdot 2\pi \ (z \in \mathbb{Z})$
d) $g(h(x)) = \sqrt{x-1} = 2$	$\Rightarrow x = 5$

84

8 a) $f(x) = 2\cos(x) = g(h(x))$ mit $g(x) = 2x$ und $h(x) = \cos(x)$.

b) $f(x) = \sin(x+2) = g(h(x))$ mit $g(x) = \sin(x)$ und $h(x) = x + 2$.

c) $f(x) = \sqrt{x+3} = g(h(x))$ mit $g(x) = \sqrt{x}$ und $h(x) = x + 3$.

d) $f(x) = (x-2)^2 + 0{,}5 = g(h(x))$ mit $g(x) = x^2 + 0{,}5$ und $h(x) = x - 2$.

e) $f(x) = (x-1{,}5)^3 - 1 = g(h(x))$ mit $g(x) = x^3 - 1$ und $h(x) = x - 1{,}5$.

f) $f(x) = -0{,}5(x+1{,}5)^2 - 1 = g(h(x))$ mit $g(x) = -0{,}5x^2 - 1$ und $h(x) = x + 1{,}5$.

84

9 Ableitung ohne Kettenregel	Ableitung mit Kettenregel
a) $f(x) = x^{12}$ $f'(x) = 12x^{11}$	Die innere Funktion hat den Funktionsterm x^3 und die äußere Funktion erhebt diesen bei Verkettung in die vierte Potenz. $f'(x) = 4 \cdot (x^3)^3 \cdot 3 \cdot x^2 = 12x^{11}$
b) $f(x) = x^2 + 4x + 4$ $f'(x) = 2x + 4$	Die innere Funktion hat den Funktionsterm $x + 2$ und die äußere Funktion quadriert diesen bei Verkettung. $f'(x) = 2(x+2)^1 \cdot 1 = 2x + 4$
c) $f(x) = x^6 + 4x^3 + 4$ $f'(x) = 6x^5 + 12x^2$	Die innere Funktion hat den Funktionsterm $x^3 + 2$ und die äußere Funktion quadriert diesen bei Verkettung. $f'(x) = 2(x^3+2)^1 \cdot 3x^2 = 6x^5 + 12x^2$
d) $f(x) = x^{\frac{3}{2}}$ $f'(x) = 1{,}5x^{\frac{1}{2}}$	Die innere Funktion hat den Funktionsterm $\sqrt{x}$ und die äußere Funktion erhebt diesen bei Verkettung in die dritte Potenz. $f'(x) = 3 \cdot (\sqrt{x})^2 \cdot 0{,}5 \cdot x^{(-\frac{1}{2})} = 1{,}5x^{\frac{1}{2}}$
e) $f(x) = x^{-6}$ $f'(x) = -6x^{-7}$	Die innere Funktion hat den Funktionsterm x^{-3} und die äußere Funktion quadriert diesen bei Verkettung. $f'(x) = 2(x^{-3})^1 \cdot (-3)x^{-4} = -6x^{-7}$
f) $f(x) = x^3 - 3x^2 + 3x - 1$ $f'(x) = 3x^2 - 6x + 3$	Die innere Funktion hat den Funktionsterm $x - 1$ und die äußere Funktion erhebt diesen bei Verkettung in die dritte Potenz. $f'(x) = 3(x-1)^2 \cdot 1 = 3x^2 - 6x + 3$

10

a) Die innere Funktion hat den Funktionsterm $x^2 + x + 1$ und die äußere Funktion erhebt diesen bei Verkettung in die vierte Potenz.	$f'(x) = 4 \cdot (x^2 + x + 1)^3 \cdot (2x + 1)$
b) Die innere Funktion hat den Funktionsterm $3x + 1$ und die äußere Funktion zieht aus diesem bei Verkettung die Quadratwurzel.	$f'(x) = \frac{1}{2 \cdot \sqrt{3x+1}} \cdot 3 = \frac{3}{2 \cdot \sqrt{3x+1}}$
c) Die innere Funktion hat den Funktionsterm $2 - 3x^4$. Die äußere Funktion zieht bei Verkettung aus diesem die Quadratwurzel und verfünfacht anschließend.	$f'(x) = 5 \cdot \frac{1}{2 \cdot \sqrt{2 - 3x^4}} \cdot 4 \cdot (-3x^3) = -\frac{30x^3}{\sqrt{2 - 3x^4}}$
d) Die innere Funktion hat den Funktionsterm $6x$ und die äußere Funktion bildet bei Verkettung davon den Sinus.	$f'(x) = \cos(6x) \cdot 6 = 6 \cdot \cos(6x)$
e) Die innere Funktion hat den Funktionsterm $-4x^3 + 6$ und die äußere Funktion bildet davon bei Verkettung den Kosinus.	$f'(x) = -\sin(-4x^3 + 6) \cdot 3 \cdot (-4x^2) = 12x^2 \cdot \sin(-4x^3 + 6)$

84 **Fortsetzung von Aufgabe 10:**

f) Die innere Funktion hat den Funktionsterm $\sin(x)$ und die äußere Funktion zieht aus diesem bei Verkettung die Quadratwurzel.	$f'(x) = \frac{1}{2\sqrt{\sin(x)}} \cdot \cos(x)$ $= \frac{\cos(x)}{2\sqrt{\sin(x)}}$

11 a) $5(x^6 - x^4 + x^2 - 1)^4 \cdot (6x^5 - 4x^3 + 2x) = 10x(x^6 - x^4 + x^2 - 1)^4 \cdot (3x^4 - 2x^2 + 1)$
b) $4(x+2)^3 - \frac{4}{(x-2)^5}$
c) $-4 \cdot (\cos(x))^3 \sin(x) - 4(\sin(x))^3 \cos(x) = -4\cos(x)\sin(x) \cdot \left((\cos(x))^2 + (\sin(x))^2\right)$
$= -4\cos(x)\sin(x)$
d) $2\left(x^2 + 2\sqrt{x} + 1\right)\left(\frac{1}{\sqrt{x}} + 2x\right)$

12 a) $f'(x) = \sin(2x) + 2x \cdot \cos(2x)$
b) $f'(x) = \frac{3}{2} \cdot \frac{x^2(7x-4)}{\sqrt{3x-2}}$
c) $f'(x) = 3x^6(5x^2 + 14)(x^2 + 6)^3$
d) $f'(x) = -(x+5)^3(3\sin(x^3)x^3 + 15\sin(x^3)x^2 - 4\cos(x^3))$
e) $f'(x) = \frac{2(7x+1)}{\sqrt[4]{4x+1}}$
f) $f'(x) = 6(\cos(3x))^2$
g) $f'(x) = -\frac{1}{(5-x^2)^2} \cdot (-2x) = \frac{2x}{(5-x^2)^2}$
h) $f'(x) = -\frac{1}{(\cos(x))^2} \cdot (-\sin(x)) = \frac{\sin(x)}{(\cos(x))^2}$
i) $f'(x) = \cos(x) \cdot \frac{1}{\cos(x)} + \sin(x) \cdot \frac{\sin(x)}{(\cos(x))^2} = 1 + (\tan(x))^2$

13 a) $f'(x) = 0{,}6 \cdot x^{-0{,}4}$
b) $f'(x) = (2x+4) \cdot 3x^{-0{,}5} + (x^2 - 4x) \cdot 3 \cdot (-0{,}5) \cdot x^{-1{,}5} = \frac{9x+12}{2\sqrt{x}}$
c) $f'(x) = -\sin(2 \cdot \sqrt[10]{x}) \cdot 2 \cdot 0{,}1 \cdot x^{-0{,}9} = -0{,}2\sin(2 \cdot \sqrt[10]{x}) \cdot x^{-0{,}9}$

NOCH FIT?

I a) Die Graphen der Funktionen f und g liegen bezüglich der y-Achse symmetrisch zueinander, es gilt also $f(x) = g(-x)$ für alle $x \in \mathbb{R}$.
b) Die Graphen von Exponentialfunktionen sind für $0 < a < 1$ monoton fallend (und für $a > 1$ monoton steigend).
c) Der Punkt $S(0|1)$ liegt auf jedem der Graphen.

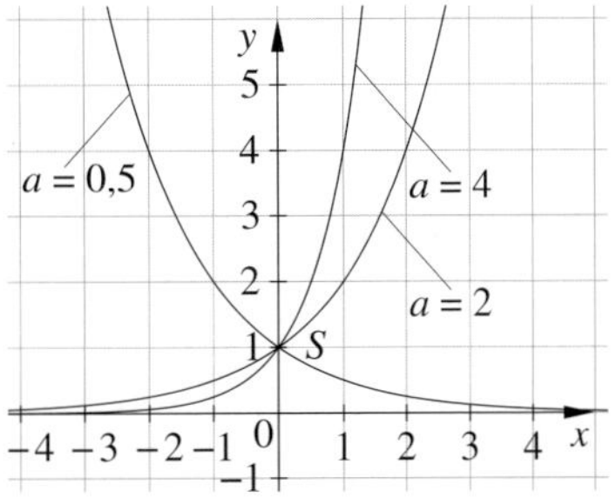

II Sofern die Geldanlage mit Zinseszins erfolgt, ergeben sich nach einem Jahr 5150 €, nach 5 Jahren ca. 5796,37 € und nach 10 Jahren ca. 6719,58 €.

III a) $x = 10$ **b)** $x = -2$ **c)** $x = 0$ **d)** $x = -3$ **e)** $x \approx 2{,}99$ 84

Aufgaben – Anwenden 85

14 a) Die Aussage ist wahr, denn es gilt:
$f'(x) = \frac{1}{2\sqrt{x}} \cdot (2x+5) + 2\sqrt{x} = \frac{6x+5}{2\sqrt{x}}$
$f'(x) = 0$ liefert keine Lösung, da f für $x = -\frac{5}{6}$ nicht definiert ist.
b) Die Aussage ist falsch, denn bei Punktsymmetrie muss $g(-x) = -g(x)$ gelten.
$g(-x) = \sin(-x) \cdot (-x) = -\sin(x) \cdot (-1) \cdot x = x \cdot \sin(x) = g(x) \neq -g(x)$
c) Die Aussage ist wahr, denn es gilt: $h'(0) = -(\sin(0))^2 + (\cos(0))^2 = 1$.
d) Die Aussage ist falsch:
Es gilt zwar $i'(0) = 2 \cdot 0 \cdot \sin(0) + 0^2 \cdot \cos(0) = 0$, es liegt aber an der Stelle 0 kein Vorzeichenwechsel vor.

15 a) $s'(t) = s_0 \cdot \omega \cdot \cos(\omega \cdot t)$ Geschwindigkeit des Schwingers in Abhängigkeit von der Zeit t
$s''(t) = -s_0 \cdot \omega^2 \cdot \sin(\omega \cdot t)$ Beschleunigung des Schwingers in Abhängigkeit von der Zeit t
b) $\frac{s''(t)}{s(t)} = -\omega^2$ Die Beschleunigung des Schwingers ist zu seiner Auslenkung proportional mit dem Proportionalitätsfaktor $(-\omega^2)$.

16	Steigung:
a) $f'(x) = -\frac{3}{2}\cos\left(1 - \frac{x}{2}\right)$	$f'(2) = -\frac{3}{2}$
b) $f'(x) = -\sin(4x)$	$f'(\frac{\pi}{2}) = 0$
c) $f'(x) = -\frac{9}{x^2}\left(\frac{3}{x} - 2\right)^2$	$f'(3) = -1$
d) $f'(x) = \frac{1}{2} \cdot \frac{-3x^2 - 2x}{\sqrt{-x^3 - x^2 + 1}}$	$f'(-4) = -\frac{20}{7}$

17 Allgemeine Form der Tangentengleichung im Punkt $(2|f(2))$:
$y = mx + b = f'(2) \cdot x + (f(2) - 2f'(2))$
a) $f'(x) = 7(x-1)^6 \Rightarrow f'(2) = 7$
Gleichung der Tangente: $y = 7x - 13$
b) $f'(x) = \frac{1}{2\sqrt{x^2+5}} \cdot 2x \Rightarrow f'(2) = \frac{2}{3}$
Gleichung der Tangente: $y = \frac{2}{3}x + \frac{5}{3}$
c) $f'(x) = 2 \cdot 2(x^2 + x - 1) \cdot (2x+1) \cdot \cos(2-x) + 2 \cdot (x^2 + x - 1)^2 \cdot (-\sin(2-x)) \cdot (-1)$
Gleichung der Tangente: $y = 100x - 50$

18 $f'(x) = -21x + 45$
$g'(x) = 3(x-3)^2$

$f'(x) = g'(x) \Rightarrow x_1 = -3$	$f(x_1) = -229{,}5$	$g(x_1) = -216$	$\Rightarrow$ kein Schnittpunkt
$\Rightarrow x_2 = 2$	$f(x_2) = 48$	$g(x_2) = -1$	$\Rightarrow$ kein Schnittpunkt

85

19 **a)** $f'(x) = 4\left(x - \frac{1}{2}\right)(x-2)^2$

$f'(x) = 0$ für $x_1 = 0{,}5$ bzw. $x_2 = 2$. An der Stelle $x_1 = 0{,}5$ findet bei f' ein Vorzeichenwechsel von – nach + statt, daher nimmt die Funktion f dort ein Minimum an mit $f(x_1) = -1{,}6875$.

An der Stelle $x_2 = 2$ findet bei f' kein Vorzeichenwechsel statt, daher hat die Funktion f dort kein Extremum. Der Graph von f hat an dieser Stelle einen Sattelpunkt.

b) $f'(x) = \frac{8}{9}x(x^2+3)^3$

$f'(x) = 0$ für $x_1 = 0$.

An der Stelle $x_1 = 0$ findet bei f' ein Vorzeichenwechsel von – nach + statt, daher nimmt die Funktion f dort ein Minimum an mit $f(x_1) = 9$.

c) $f'(x) = \frac{x-1}{\sqrt{x^2-2x}}$

Es gibt keine Stelle, an der die erste Ableitung null wird, denn an der Stelle $x_0 = 1$ wird zwar die Zählerfunktion null, die Nennerfunktion ist dort jedoch nicht definiert.

Zu betrachten sind nun die Ränder der Definitionsmenge. Für $x_1 = 0$ bzw. $x_2 = 2$ sind die Funktionswerte jeweils null, während sie für alle anderen Zahlen der Definitionsmenge positiv sind. Da aber $x_2 = 2$ nicht zur Definitionsmenge gehört, besitzt f also nur an der Stelle $x_1 = 0$ ein Randminimum mit $f(x_1) = 0$.

d) $f'(x) = \frac{3x^2+6x-24}{2\sqrt{x^3+3x^2-24x}}$

$f'(x) = 0$ für $x_1 = -4$ bzw. $x_2 = 2$ (entfällt wegen $x_2 \notin D_f$).

An der Stelle $x_1 = -4$ findet bei f' ein Vorzeichenwechsel von + nach – statt, daher nimmt die Funktion f dort ein Maximum an mit $f(x_1) = 4\sqrt{5} \approx 8{,}94$. Ein Minimum ist nicht vorhanden, sodass an den Rändern $x_3 = -6$ bzw. $x_4 = 0$ der Definitionsmenge daher Randminima vorliegen mit $f(x_3) = 6$ und $f(x_4) = 0$.

e) Der Graph von f ist gegenüber dem Graphen der Sinusfunktion, deren Art und Lage der Extrema bekannt ist, in Richtung der x-Achse auf die Hälfte gestaucht und um $\frac{1}{2}$ verschoben.

	…	Minimalstelle	Maximalstelle	Minimalstelle	Maximalstelle	…
$\sin(x)$		$x = -\frac{\pi}{2}$	$x = \frac{\pi}{2}$	$x = \frac{3\pi}{2}$	$x = \frac{5\pi}{2}$	
$\sin(2x)$		$x = -\frac{\pi}{4}$	$x = \frac{\pi}{4}$	$x = \frac{3\pi}{4}$	$x = \frac{5\pi}{4}$	
$\sin\left(2\left(x-\frac{1}{2}\right)\right)$		$x = -\frac{\pi}{4} + \frac{1}{2}$	$x = \frac{\pi}{4} + \frac{1}{2}$	$x = \frac{3\pi}{4} + \frac{1}{2}$	$x = \frac{5\pi}{4} + \frac{1}{2}$	

Unter Beachtung der Definitionsmenge ist also $x_1 = \frac{\pi}{4} + \frac{1}{2}$ Maximalstelle mit dem Maximum $f(x_1) = 1$ und $x_2 = \frac{3\pi}{4} + \frac{1}{2}$ Minimalstelle mit dem Minimum $f(x_2) = -1$.

An den Rändern der Definitionsmenge gilt: Bei 0 liegt ein Randminimum und bei π ein Randmaximum vor mit $f(0) = f(\pi) \approx -0{,}84$.

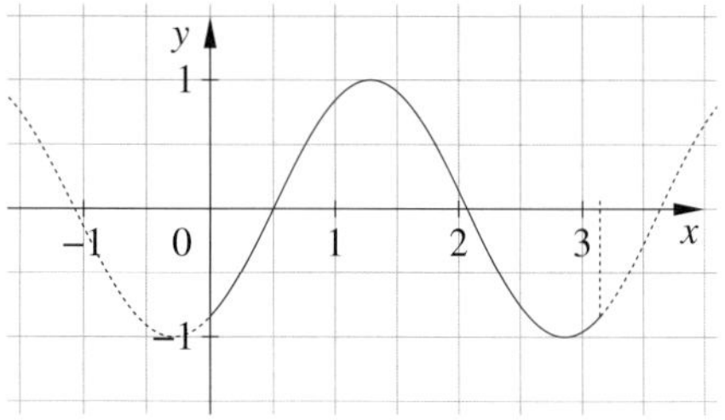

Fortsetzung von Aufgabe 19:

f) $f'(x) = -(x-5)^2 \cdot (x-2)$

$f'(x) = 0$ für $x_1 = 2$ bzw. $x_2 = 5$.

An der Stelle $x_1 = 2$ findet bei f' ein Vorzeichenwechsel von + nach – statt, daher nimmt die Funktion f dort ein Maximum an mit $f(x_1) = 8{,}75$.

An der Stelle $x_2 = 5$ findet bei f' kein Vorzeichenwechsel statt, daher hat die Funktion f dort kein Extremum. Der Graph von f hat an dieser Stelle einen Sattelpunkt.

20 **a)** Aus Bild 85/1 kann abgelesen werden:

$g(x) = -(x-1)^2 + 3$

$h'(-2) = -1{,}5$

$h'(2) = 0{,}5$

Insbesondere gilt $g'(x) = 2 - 2x$.

$f'(x) = g'(h(x)) \cdot h'(x)$

$\quad = -2(h(x) - 1) \cdot h'(x)$

$f'(-2) = -3$

$f'(2) = 4$

b) Die Berechnung der Ableitung von $h(g(x))$, also von $h'(g(x)) \cdot g'(x)$ ist an den Stellen möglich, an denen $g(x)$ den Wert -2 oder 2 besitzt, da $h'(-2)$ und $h'(2)$ bekannt sind.

Auflösen von $g(x) = y$ nach x ergibt:

$x = 1 \pm \sqrt{3-y}$

Aus $y = -2$ folgt $x = 1 \pm \sqrt{5}$.

$h'(g(1+\sqrt{5})) \cdot g'(1+\sqrt{5}) = 3\sqrt{5}$

$h'(g(1-\sqrt{5})) \cdot g'(1-\sqrt{5}) = -3\sqrt{5}$

Aus $y = 2$ folgt $x = 1 \pm \sqrt{1} = 1 \pm 1$.

$h'(g(2)) \cdot g'(2) = -1$

$h'(g(0)) \cdot g'(0) = 1$

Eine weitere Möglichkeit ergibt sich, wenn $g'(x) = 0$ ist, also $2 - 2x = 0$.

Dies ist für $x = 1$ erfüllt.

Für diesen Fall ergibt sich für die Ableitung:

$h'(g(1)) \cdot g'(1) = h'(g(1)) \cdot 0$

$\quad = 0$

86

21 **a)** $r^2 = x^2 + (f(x))^2$

$r(x) = \sqrt{x^2 + (f(x))^2}$

b) Es ist $r'(x) = \frac{x + f(x)\cdot f'(x)}{\sqrt{x^2+(f(x))^2}} = 0$ für eine Stelle a mit $a + f(a)\cdot f'(a) = 0$.

$f(x) = mx + t \Rightarrow f'(x) = m$

Bestimmungsgleichung:

$a + (ma + t)\cdot m = 0$

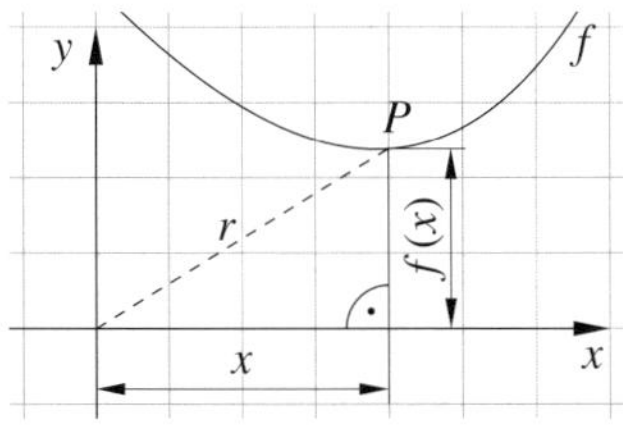

Fortsetzung von Aufgabe 21:

c) Abstand von $P(1{,}6|0{,}8)$ zum Ursprung:
$r = \sqrt{1{,}6^2 + 0{,}8^2} = \frac{4}{5}\sqrt{5} \approx 1{,}8$

Falls dieser Abstand minimal ist, muss die Bestimmungsgleichung aus b) an der Stelle $a = 1{,}6$ mit $m = 2$ und $t = 4$ erfüllt sein:
$1{,}6 + (-2 \cdot 1{,}6 + 4) \cdot (-2) = 1{,}6 - 1{,}6 = 0.$

P ist der Punkt auf der Geraden mit minimalem Abstand $r = \frac{4}{5}\sqrt{5}$ zum Ursprung.

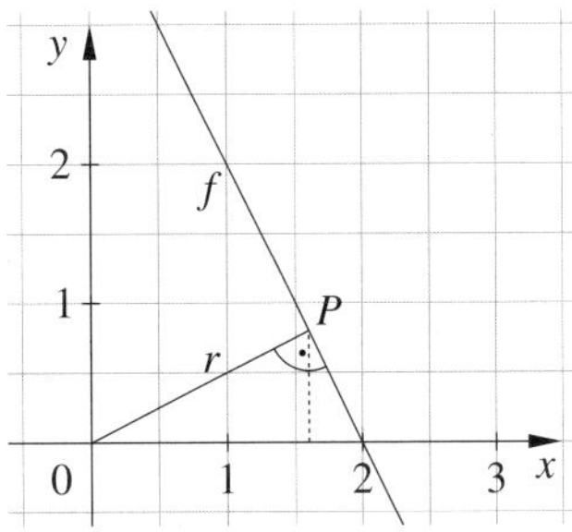

d) Das Differenzieren von r mit $r(x) = \sqrt{x^2 + (f(x))^2}$ sowie das Lösen der Gleichung $r'(x) = 0$ erfolgt mit den entsprechenden Befehlen des verwendeten CAS.

(1)		(2)	
$p = 1$ $r'(x) = \frac{x(-7 + 2x^2)}{\sqrt{-7x^2 + x^4 + 16}}$	$p = \frac{1}{9}$ $r'(x) = \frac{x(9 + 2x^2)}{9\sqrt{9x^2 + x^4 + 1296}}$	$p = 0$ $r'(x) = \frac{x^4 - 1}{x^3\sqrt{\frac{x^4 + 1}{x^2}}}$	$p = 2$ $r'(x) = \frac{x - \frac{1}{(x+2)^3}}{\sqrt{x^2 + \frac{1}{(x+2)^2}}}$
Punkte mit minimalem Abstand zum Ursprung (Koordinaten z. T. gerundet):			
$A(1{,}87|-0{,}50)$ $B(-1{,}87|-0{,}50)$	$C(0|-4)$	$D(1|1)$ $E(-1|-1)$	$F(0{,}11|0{,}47)$

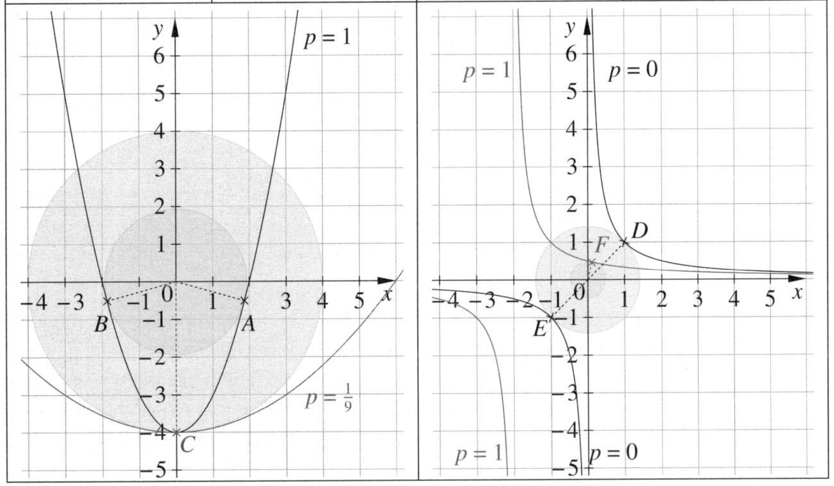

22 a) Radius r (in cm) zu Beginn:
$r = 4{,}0$
Radius nach 40 Sekunden:
$r = 2{,}0$
Konstante Änderungsrate (in $\frac{\text{cm}}{\text{s}}$):
$\frac{\Delta r}{\Delta t} = \frac{2{,}0 - 4{,}0}{40 - 0}$
$= -\frac{1}{20}$
Für die Zeit t (in s) gilt:
$r(t) = 4 - \frac{1}{20}t$

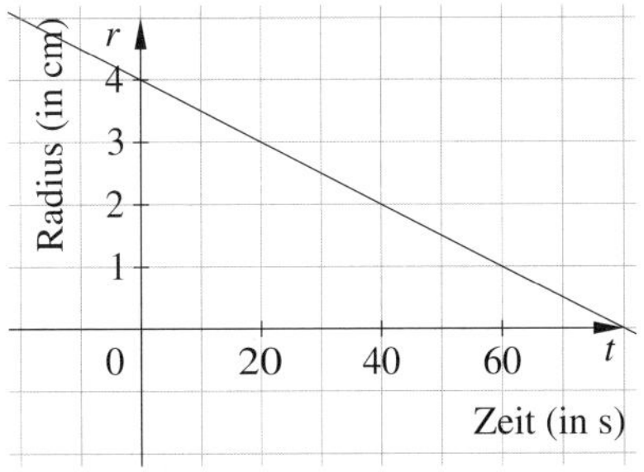

b) $V = \frac{4\pi}{3} r(t)^3$
$= \frac{4\pi}{3}\left(4 - \frac{1}{20}t\right)^3$
$V'(t) = \frac{4\pi}{3} \cdot 3\left(4 - \frac{1}{20}t\right)^2 \cdot \left(-\frac{1}{20}\right) = -\frac{\pi}{5}\left(4 - \frac{1}{20}t\right)^2$
Für die Änderungsraten (in $\frac{\text{cm}^3}{\text{s}}$) erhält man:
$V'(20) \approx -5{,}7$ $V'(40) \approx -2{,}5$ $V'(60) \approx -0{,}63$ $V'(80) = 0$

c) Individuelle Überprüfung mit einem CAS.

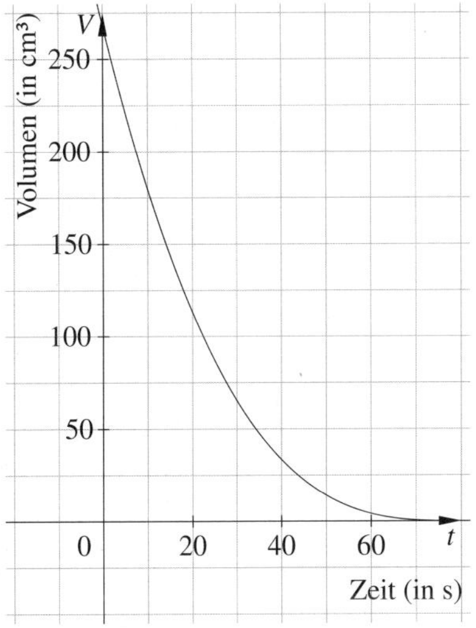

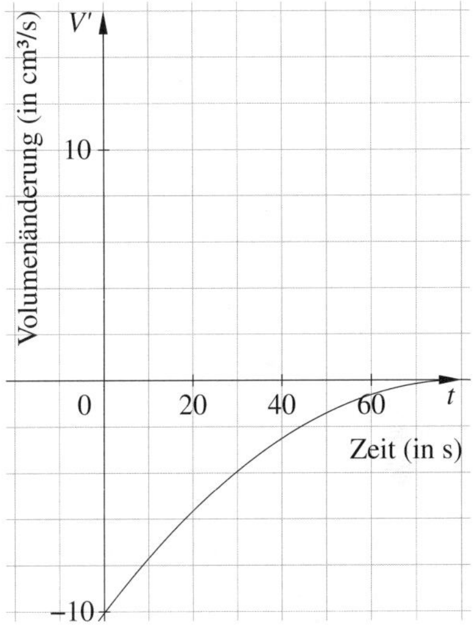

23 a) Für den Abstand x bis zur Torauslinie, den Abstand r bis zur Tormitte (jeweils in m)und die Zeit t (in s) gilt:
$x(t) = 52{,}5 - 7{,}5 \cdot t$
$r(t) = \sqrt{32^2 + (x(t))^2} = \sqrt{32^2 + (52{,}5 - 7{,}5 \cdot t)^2}$

b) $r'(t) = \frac{2 \cdot (52{,}5 - 7{,}5t) \cdot (-7{,}5)}{2 \cdot \sqrt{32^2 + (52{,}5 - 7{,}5t)^2}}$
$= -\frac{7{,}5(52{,}5 - 7{,}5t)}{\sqrt{32^2 + (52{,}5 - 7{,}5t)^2}}$

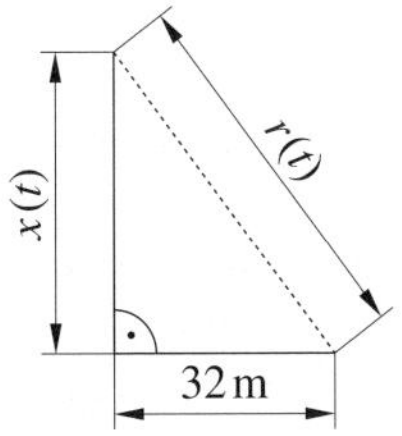

Fortsetzung von Aufgabe 23:

Für die Änderungsrate r' (in $\frac{m}{s}$) erhält man:

$r'(3) \approx -5{,}1$

$r'(5) \approx -3{,}2$

$r'(7) = 0$

$r'(9) \approx 3{,}2$

$r'(t)$ ist die Momentangeschwindigkeit, mit der sich die Schussdistanz $r(t)$ zum Zeitpunkt t ändert. Eine negative Geschwindigkeit (bei $t = 3$ und $t = 5$) bedeutet, dass sich die Schussdistanz verringert. Bei $r'(7) = 0$ verringert sich die Schussdistanz nicht, der Spieler befindet sich auf der Torauslinie ($x(7) = 0$; $r(7) = 32$). Eine positive Geschwindigkeit ($t = 9$) bedeutet, dass sich die Schussdistanz wieder vergrößert. Der Spieler befindet sich außerhalb des Spielfelds hinter der Torauslinie, er hat den Ball nicht rechtzeitig in den Strafraum gespielt.

c)

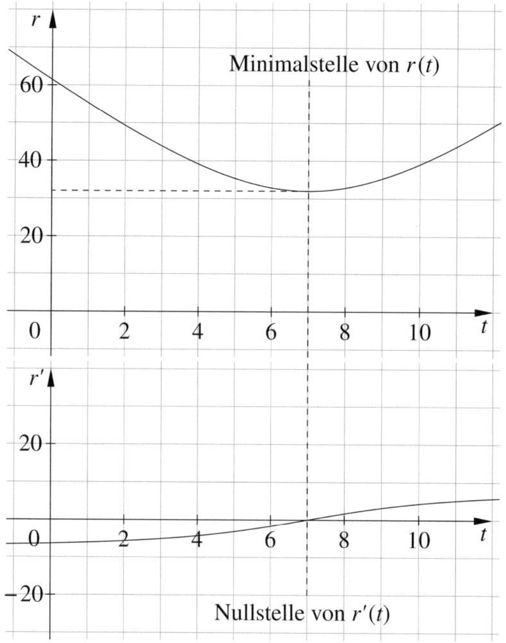

Aufgaben – Vernetzen

24 a) $f(x) = g'(x) = h(x)$

b) $g'(x) = f(x) = h(x)$

25 Aus $f(x) = mx + b$ und $g(x) = nx + c$ folgt: $f(g(x)) = m(nx + c) + b$
$= (mn)x + (mc + b)$

Es entsteht wieder eine lineare Funktion, deren Graph als Steigung das Produkt der Steigungen der beiden linearen Ausgangsfunktionen besitzt.

Beispiel: Aus $f(x) = -2x + 3$ und $g(x) = 4x - 1$ folgt $f(g(x)) = -2(4x - 1) + 3 = -8x + 5$ $(\neq g(f(x)) = -8x + 11)$.

26 $f(x) = g(h(x))$

$f'(x) = g'(h(x)) \cdot h'(x)$

$= g'(x^2) \cdot 2x$

$f'(1) = 2g'(1)$

Für $g'(1) \neq 0$ ist auch $f'(1) \neq 0$, d.h., f besitzt an der Stelle $a = 1$ keine waagerechte Tangente.

27 $f(x) = a_2x^2 + a_1x + a_0$; $g(x)$

$= b_3x^3 + b_2x^2 + b_1x + b_0$

a) $f(g(x)) = a_2(b_3x^3 + b_2x^2 + b_1x + b_0)^2 + a_1(b_3x^3 + b_2x^2 + b_1x + b_0) + a_0$

$= a_2(b_3)^2 \cdot x^6 + \ldots + a_0$

$\Rightarrow (f(g(x)))' = 6a_2(b_3)^2 \cdot x^5 + \ldots$

Als Polynom fünften Grades kann $f(g(x))$ höchstens 5 Nullstellen besitzen, also besitzt $f(g(x))$ höchstens 5 Extremstellen (ohne Beachtung eventueller Randextrema).

b) Ist a eine doppelte Nullstelle, so muss der Faktor $(x - a)^2$ in $g(x)$ enthalten sein:

$g(x) = (x - a)^2 \cdot h(x)$ (mit einem linearen Term $h(x) \neq$ konst.).

Ableitung der Verkettung:

$f'(g(x)) \cdot g'(x) = f'(g(x)) \cdot (2(x - a) \cdot h(x) + (x - a)^2 \cdot h'(x))$

$= f'(g(x)) \cdot (x - a)(2h(x) + (x - a)h'(x))$

$= 0$ für $x = a$, da der Faktor $(x - a)$ in $f'(g(x)) \cdot g'(x)$ enthalten ist.

Also besitzt $f(g(x))$ an der Stelle a eine waagerechte Tangente.

28 a) $f'(x) = 3(x - 5)^2 \cdot (x^2 + 1) + (x - 5)^3 \cdot 2x = (x - 5)^2 \cdot (5x^2 - 10x + 3)$

Damit ist 5 doppelte Nullstelle von f'. [An der Einerstelle erkennt man, dass $(5 \cdot 5^2 - 10 \cdot 5 + 3) \neq 0$.]

b) $f''(x) = 2(x - 5)(5x^2 - 10x + 3) + (x - 5)^2(10x - 10) = 4(x - 5)(5x^2 - 20x + 14)$

$f'''(x) = 4[(5x^2 - 20x + 14) + (x - 5)(10x - 20)] = 12(5x^2 - 30x + 38)$

Damit ist 5 einfache Nullstelle von f'', und, da $f'''(5) \neq 0$, was man wiederum an der Einerstelle erkennt, ist 5 keine Nullstelle von f'''.

c) Dann ist a mindestens doppelte Nullstelle von g', mindestens einfache Nullstelle von g''. (Nach Aufgabenteil d) kann das „mindestens" entfallen, und a ist nach d) auch keine Nullstelle von g'''.

87 **Fortsetzung von Aufgabe 28:**

d) $f'(x) = n \cdot (x-3)^{n-1} \cdot g(x) + (x-3)^n \cdot g'(x) = (x-3)^{n-1}\,(n \cdot g(x) + (x-3) \cdot g'(x))$
Damit ist 3 mindestens eine $(n-1)$-fache Nullstelle von f'. Setzt man 3 in die Klammer $(n \cdot g(x) + (x-3) \cdot g'(x))$ ein, so ist wegen des Linearfaktors $(x-3)$ der zweite Summand gleich Null, der erste Summand $n \cdot g(x)$ ist nach Voraussetzung ungleich Null, also ist 3 keine Nullstelle dieser Klammer und somit genau $(n-1)$-fache Nullstelle von g'.

29 Quotientenregel

a) Die äußere Funktion ist $\frac{1}{x}$, also: $f'(x) = \frac{-1}{(v(x))^2} \cdot v'(x)$

b) $f(x) = u(x) \cdot \frac{1}{v(x)}$, also folgt wegen a):

$f'(x) = u'(x) \cdot \frac{1}{v(x)} + u(x) \cdot \frac{-v'(x)}{(v(x))^2} = \frac{u'(x) \cdot v(x) - u(x) \cdot v'(x)}{(v(x))^2}$

c) $f'(x) = \frac{u'(x) \cdot (w(x))^n - u(x) \cdot n \cdot (w(x))^{n-1} \cdot w'(x)}{(w(x))^{2n}} = \frac{[u'(x) \cdot w(x) - u(x) \cdot n \cdot w'(x)] \cdot (w(x))^{n-1}}{(w(x))^{2n}} =$
$\frac{u'(x) \cdot w(x) - u(x) \cdot n \cdot w'(x)}{(w(x))^{n+1}}$

30 a) $f'(x) = \frac{-1}{(x-3)^2}$
b) $f'(x) = \frac{-12}{(3x+1)^2}$
c) $f'(x) = \frac{4x}{(x^2+1)^2}$
d) $f'(x) = \frac{x}{(2-x^2) \cdot \sqrt{2-x^2}}$
e) $f'(x) = \frac{2x}{(5-x^2)^2}$
f) $f'(x) = \frac{\sin(x)}{(\cos(x))^2}$

31 a) $f'(x) = \frac{3 \cdot (2x-5) - 3x \cdot 2}{(2x-5)^2} = \frac{-15}{(2x-5)^2}$
b) $f'(x) = \frac{1 \cdot (x-1) - (x+1) \cdot 1}{(x-1)^2} = \frac{-2}{(x-1)^2}$
c) (vgl. Aufgabe 29c)!) $f'(x) = \frac{-1 \cdot (x+1) - (x+2) \cdot 1 \cdot 5}{(x+5)^6} = \frac{4x+9}{(x+5)^6}$
d) $f'(x) = \frac{\cos(x) \cdot \cos(x) - \sin(x) \cdot (-\sin(x))}{(\cos(x))^2} = \frac{1}{(\cos(x))^2}$

3.2 Exponentialfunktionen und ihre Ableitungen 88

AUFTRAG 1 **Basissuche mit dem GTR**

Durch Probieren erhält man für die gesuchte Basis $a \approx 2{,}7$; mit größerem Zeitaufwand sind auch genauere Schätzungen möglich.

AUFTRAG 2 **Basissuche mit dem Differenzenquotienten**

$\frac{f(x+h) - f(x)}{h} = \frac{a^{x+h} - a^x}{h} = \frac{a^h - 1}{h} \cdot a^x = f'(0) \cdot f(x)$
Auffinden der Basis a mit $f'(0) = 1$: individuelle Lösungen.

AUFTRAG 3 **Basissuche mit dem Geodreieck**

Individuelle Lösungen.

Aufgaben – Trainieren 91

1 a) $f'(x) = -e^x$
b) $f'(x) = 2e^{2x}$
c) $f'(x) = -15e^{-5x}$
d) $f'(x) = e^{3x} + 3x\,e^{3x}$
e) $f'(x) = -2e^{1-x} + 2x\,e^{1-x}$
f) $f'(x) = -4e^{-0{,}25x} + x\,e^{-0{,}25x}$

2 a) $f'(x) = 12 \cdot e^x$
$f''(x) = 12 \cdot e^x$
$f'''(x) = 12 \cdot e^x$
b) $f'(x) = e^{-x} - x \cdot e^{-x}$
$f''(x) = -e^{-x} - e^{-x} - (-x \cdot e^{-x}) = -2e^{-x} + x \cdot e^{-x}$
$f'''(x) = 2e^{-x} + e^{-x} - x \cdot e^{-x} = 3e^{-x} - x \cdot e^{-x}$
c) $f'(x) = 5e^x$
$f''(x) = 5e^x$
$f'''(x) = 5e^x$
d) $f'(x) = e^x \cdot (x+1) + e^x \cdot 1 = e^x \cdot (x+2)$
$f''(x) = e^x \cdot (x+2) + e^x \cdot 1 = e^x \cdot (x+3)$
$f'''(x) = e^x \cdot (x+3) + e^x \cdot 1 = e^x \cdot (x+4)$
e) $f'(x) = e^{x^2+3} \cdot 2x$
$f''(x) = e^{x^2+3} \cdot 2 + e^{x^2+3} \cdot 2x \cdot 2x = e^{x^2+3} \cdot (2 + 4x^2)$
$f'''(x) = e^{x^2+3} \cdot 2x \cdot (2 + 4x^2) + e^{x^2+3} \cdot 8x = e^{x^2+3} \cdot (12x + 8x^3)$
f) $f'(x) = 2x \cdot e^x + x^2 \cdot e^x = e^x \cdot (2x + x^2)$
$f''(x) = e^x \cdot (2 + 2x) + e^x \cdot (2x + x^2) = e^x \cdot (2 + 4x + x^2)$
$f'''(x) = e^x \cdot (4 + 2x) + e^x \cdot (2 + 4x + x^2) = e^x \cdot (6 + 6x + x^2)$

3 Der Term der n-ten Ableitungsfunktion lautet $x\,e^x + n\,e^x$.

4 a) $f'(x) = 4e^{\frac{1}{2}x}$
b) $f'(x) = 18e^{3x}$
c) $f'(x) = (2x^2 + 4x) \cdot e^x$
d) $f'(x) = 2x \cdot e^{x^2}$
e) $f'(x) = (60x^2 + 10) \cdot e^{4x^3+2x-1}$
f) $f'(x) = \frac{e^x}{(1-e^x)^2}$

5 a) Der Graph von g geht aus dem von f durch Spiegelung an der x-Achse hervor, der Graph von h durch Spiegelung an der y-Achse.
b) $f'(x) = e^x$, $g'(x) = -e^x$, $h'(x) = -e^{-x}$
c) $y = x + 1$, $y = -x - 1$, $y = -x + 1$

6 Gleichung der Tangente t an der Stelle x_0:
$t(x) = f'(x_0) \cdot x + b$
$f(x_0) = f'(x_0) \cdot x_0 + b \Rightarrow b = f(x_0) - f'(x_0) \cdot x_0$
$t(x) = f'(x_0) \cdot x + f(x_0) - f'(x_0) \cdot x_0$

a)	b)	c)
$f'(x) = e^{2x} \cdot (1 + 2x)$ $f'(x_0) = 3e^2$ $f(x_0) = e^2$ $t(x) = 3e^2 \cdot x - 2e^2$	$f'(x) = e^x \cdot (2x + x^2)$ $f'(x_0) = -\frac{1}{e}$ $f(x_0) = \frac{1}{e}$ $t(x) = -\frac{1}{e} \cdot x$	$f'(x) = e^{0,5x} \cdot \left(\frac{1}{2x} - \frac{1}{x^2}\right)$ $f'(x_0) = \frac{1}{16}e^2$ $f(x_0) = \frac{1}{4}e^2$ $t(x) = \frac{1}{16}e^2 \cdot x$

7 a) $f'(x) = -2xe^{-x^2}$
$f'(0) = 0$
Gleichung der Tangente an den Graphen von f im Punkt $P\,(0|1)$: $y = 1$
b) $f'(x) = e^x + x \cdot e^x$
$f'(0) = 1$
Gleichung der Tangente an den Graphen von f im Punkt $P\,(0|0)$: $y = x$
c) $f'(x) = 2x \cdot e^x + x^2 \cdot e^x$
$f'(0) = 0$
Gleichung der Tangente an den Graphen von f im Punkt $P\,(0|0)$: $y = 0$
d) $f'(x) = e^{-x^2} + x \cdot e^{-x^2} \cdot (-2x)$
$f'(0) = 1$
Gleichung der Tangente an den Graphen von f im Punkt $P\,(0|0)$: $y = x$
e) $f'(x) = 2x \cdot e^x + (x^2 - 1) \cdot e^x$
$f'(0) = -1$
Gleichung der Tangente an den Graphen von f im Punkt $P\,(0|-1)$: $y = -x - 1$
f) $f'(x) = 1 \cdot e^{-x} + (x - 2) \cdot e^{-x} \cdot (-1) = (-x + 3) \cdot e^{-x}$
$f'(0) = 3$
Gleichung der Tangente an den Graphen von f im Punkt $P\,(0|-2)$: $y = 3x - 2$

8 a) $f'(x) = 0{,}5 \cdot e^x$
$0{,}5 \cdot e^x = 1 \quad \Rightarrow \quad x = \ln(2) \approx 0{,}69$
b) $f'(x) = 0{,}5 \cdot e^{0{,}5 \cdot x}$
$0{,}5 \cdot e^{0{,}5 \cdot x} = 1 \quad \Rightarrow \quad x = 2\ln(2) \approx 1{,}39$
c) $f'(x) = -\frac{2}{3}e^{-\frac{1}{3}x}$
Die Ableitungsfunktion nimmt ausschließlich negative Werte an, daher kann der Anstieg 1 nicht erreicht werden.
d) $f'(x) = 2x \cdot e^{x^2}$
$2x \cdot e^{x^2} = 1 \quad \Rightarrow \quad x \approx 0{,}42$ (nicht algebraisch lösbar)

9 a) $-\infty$
b) 0
c) 0
d) ∞
e) 0
f) ∞
g) 0
h) 0

10 a) $\int_1^{10} e^x \,dx = \left[e^x\right]_1^{10} = e^{10} - e^1 \approx 22\,023{,}75$
b) $\int_0^1 (x^2 + 0{,}5e^x)\,dx = \left[\frac{1}{3}x^3 + 0{,}5e^x\right]_0^1 = \frac{1}{6} + 0{,}5e \approx 1{,}53$
c) $\int_2^4 e^{2x}\,dx = \left[\frac{1}{2}e^{2x}\right]_2^4 = \frac{1}{2}(e^8 - e^4) \approx 1463{,}18$
d) $\int_u^v e^{x+1}\,dx = \left[e^{x+1}\right]_u^v = e^{v+1} - e^{u+1}$

11 a) $f'(x) = (x + 1) \cdot e^x$, $f''(x) = (x + 2) \cdot e^x$
$f'(-1) = 0 \wedge f''(-1) = e^{-1} > 0$, also hat f an der Stelle -1 ein lokales Minimum, und zwar $f(-1) = -e^{-1}$. Der Graph hat den Tiefpunkt $T(-1\,|-e^{-1})$.
b) $f'(x) = (x^2 + 2x) \cdot e^x$, $f''(x) = (x^2 + 4x + 2) \cdot e^x$
$f'(0) = 0 \wedge f''(0) = 2 > 0$, also hat f an der Stelle 0 ein lokales Minimum, und zwar $f(0) = 0$. Der Graph hat den Tiefpunkt $T(0\,|\,0)$.
$f'(-2) = 0 \wedge f''(-2) = -2 < 0$, also hat f an der Stelle -2 ein lokales Maximum, und zwar $f(-2) = 4e{-}2$. Der Graph hat den Hochpunkt $H(-2\,|\,4e^{-2})$.
c) $f'(x) = \frac{x-1}{x^2 \cdot e^x}$, $f''(x) = \frac{x^2 - 2x + 2}{x^3} \cdot e^x$
$f'(1) = 0 \wedge f''(1) = e > 0$, also hat f an der Stelle 1 ein lokales Minimum, und zwar $f(1) = e$. Der Graph hat den Tiefpunkt $T(1\,|\,e)$.

12 Beispiele für Wertetabellen (z. T. gerundete Werte):

	a)	b)	c)
x	$f(x)$	$f(x)$	$f(x)$
−3	180,76983	−0,01660	72
−1	2,71828	−0,36788	2
−0,5	0,41218	−1,21306	0,35355
−0,25	0,08025	−3,11520	0,07433
0	**0**	–	**0**
0,25	0,04868	5,13610	0,05256
0,5	0,15163	3,29744	0,17678
1	0,36788	2,71828	0,5
2	0,54134	3,69453	1
5	0,16845	29,68263	0,78125
8	0,02147	372,61975	0,25

Alle Nullstellen der Funktionen sind in der Tabelle aufgelistet.

a) Definitionsmenge: $D(f) = \mathbb{R}$
Verhalten an den Rändern der Definitionsmenge:
Für $x \to -\infty$ gilt $f(x) \to \infty$.
$\lim\limits_{x \to \infty} f(x) = 0$

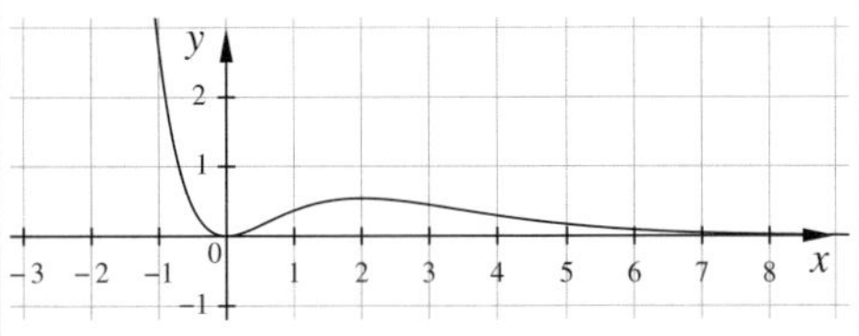

b) Definitionsmenge: $D(f) = \mathbb{R}\backslash\{0\}$
Verhalten an den Rändern der Definitionsmenge:
$\lim\limits_{x \to -\infty} f(x) = 0$
Für $x \to 0$ und $x < 0$ gilt $f(x) \to -\infty$.
Für $x \to 0$ und $x > 0$ gilt $f(x) \to \infty$.
Für $x \to \infty$ gilt $f(x) \to \infty$.

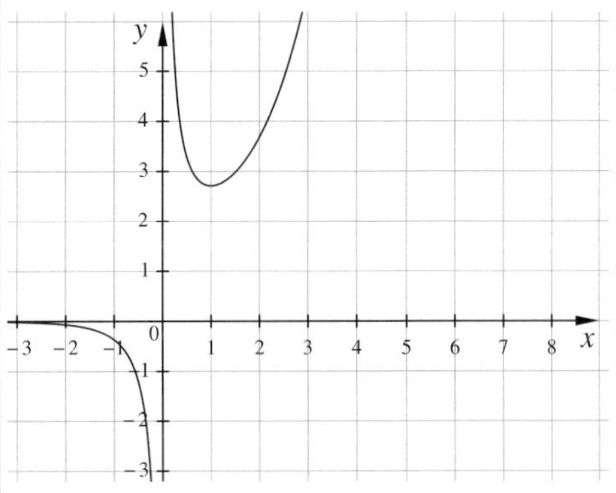

c) Definitionsmenge: $D(f) = \mathbb{R}$
Verhalten an den Rändern der Definitionsmenge:
Für $x \to -\infty$ gilt $f(x) \to \infty$.
$\lim\limits_{x \to \infty} f(x) = 0$

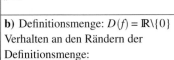

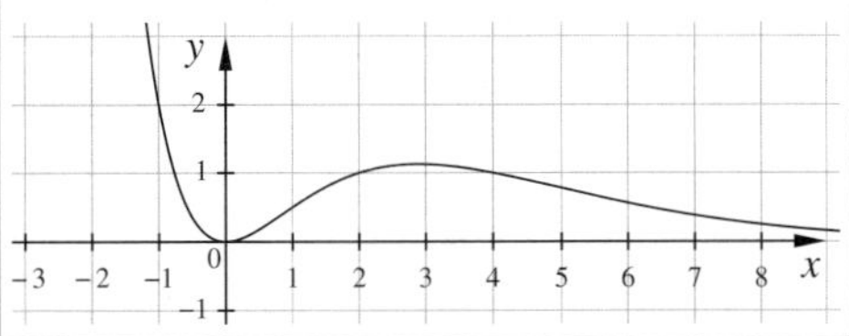

13 a) Ableitungen: $f'(x) = e^{-x} \cdot (1 - x)$
$f''(x) = e^{-x} \cdot (x - 2)$
$f'''(x) = e^{-x} \cdot (3 - x)$

Nullstellen	Wegen $e^{-x} \neq 0$ hat die Funktion f nur an der Stelle $x_N = 0$ eine Nullstelle.
Verhalten an den Rändern des Definitionsbereichs	Mit $D(f) = \mathbb{R}$ gilt $\lim\limits_{x \to \infty} f(x) = 0$ und $\lim\limits_{x \to -\infty} f(x) = -\infty$.
Extrempunkte	$e^{-x} \cdot (1 - x) = 0 \Leftrightarrow x_1 = 1$ $f''(x_1) = -\frac{1}{e} < 0$ Der Graph von f hat den Hochpunkt $H\left(1 \middle\vert \frac{1}{e}\right)$.
Wendepunkte	$e^{-x} \cdot (x - 2) = 0 \Leftrightarrow x_2 = 2$ $f'''(x_2) = e^{-2} \neq 0$ Der Graph von f hat den Wendepunkt $W(2 \vert 2e^{-2})$.
Symmetrie	$f(-x) = -x \cdot e^{x}$ $f(x) = \frac{x}{e^x}$ $-f(x) = -\frac{x}{e^x}$ Der Graph von f ist wegen $f(-x) \neq f(x)$ nicht achsensymmetrisch zur y-Achse und wegen $f(-x) \neq -f(x)$ nicht punktsymmetrisch zum Koordinatenursprung.

b) Ableitungen: $f'(x) = -2x \cdot e^{-x^2}$
$f''(x) = 2e^{-x^2} \cdot (2x^2 - 1)$
$f'''(x) = 4x \cdot e^{-x^2} \cdot (3 - 2x^2)$

Nullstellen	Wegen $e^{-x^2} \neq 0$ hat die Funktion f keine Nullstelle.
Verhalten an den Rändern des Definitionsbereichs	Mit $D(f) = \mathbb{R}$ gilt $\lim\limits_{x \to \infty} f(x) = 0$ und $\lim\limits_{x \to -\infty} f(x) = 0$.
Extrempunkte	$-2x \cdot e^{-x^2} = 0 \Leftrightarrow x_1 = 0$ $f''(x_1) = -2 < 0$ Der Graph von f hat den Hochpunkt $H(0 \vert 1)$.
Wendepunkte	$2e^{-x^2} \cdot (2x^2 - 1) = 0 \Leftrightarrow x_2 = \frac{1}{2}\sqrt{2}$ $x_3 = -\frac{1}{2}\sqrt{2}$ $f'''(x_2) = 4\sqrt{2} \cdot e^{-\frac{1}{2}} \neq 0$ $f'''(x_3) = -4\sqrt{2} \cdot e^{-\frac{1}{2}} \neq 0$ Der Graph von f hat die Wendepunkte $W_2\left(\frac{1}{2}\sqrt{2} \middle\vert e^{-\frac{1}{2}}\right)$ und $W_3\left(-\frac{1}{2}\sqrt{2} \middle\vert e^{-\frac{1}{2}}\right)$.
Symmetrie	$f(-x) = e^{-x^2}$ $f(x) = e^{-x^2}$ $-f(x) = -e^{-x^2}$ Der Graph von f ist wegen $f(-x) = f(x)$ achsensymmetrisch zur y-Achse und wegen $f(-x) \neq -f(x)$ nicht punktsymmetrisch zum Koordinatenursprung.

Fortsetzung von Aufgabe 13:

c) Ableitungen: $f'(x) = e^{-x^2} \cdot (1 - 2x^2)$

$f''(x) = 2x \cdot e^{-x^2} \cdot (2x^2 - 3)$

$f'''(x) = -2e^{-x^2} \cdot (4x^4 - 12x^2 + 3)$

Nullstellen	Wegen $e^{-x^2} \neq 0$ hat die Funktion f nur an der Stelle $x_N = 0$ eine Nullstelle.
Verhalten an den Rändern des Definitionsbereichs	Mit $D(f) = \mathbb{R}$ gilt $\lim\limits_{x\to\infty} f(x) = 0$ und $\lim\limits_{x\to-\infty} f(x) = 0$.
Extrempunkte	$e^{-x^2} \cdot (1 - 2x^2) = 0 \Leftrightarrow x_1 = \frac{1}{2}\sqrt{2}$ $x_2 = -\frac{1}{2}\sqrt{2}$ $f''(x_1) = -2\sqrt{2} \cdot e^{-\frac{1}{2}} < 0$ $f''(x_2) = 2\sqrt{2} \cdot e^{-\frac{1}{2}} > 0$ Der Graph von f hat den Hochpunkt $H\left(\frac{1}{2}\sqrt{2} \middle\vert \frac{1}{2}\sqrt{2}\, e^{-\frac{1}{2}}\right)$ und den Tiefpunkt $T\left(-\frac{1}{2}\sqrt{2} \middle\vert -\frac{1}{2}\sqrt{2}\, e^{-\frac{1}{2}}\right)$.
Wendepunkte	$2x \cdot e^{-x^2} \cdot (2x^2 - 3) = 0 \Leftrightarrow x_3 = 0$ $x_4 = \sqrt{\frac{3}{2}}$ $x_5 = -\sqrt{\frac{3}{2}}$ $f'''(x_3) = -6 \neq 0$ $f'''(x_4) = f'''(x_5) = 12e^{-\frac{3}{2}} \neq 0$ Der Graph von f hat die Wendepunkte $W_3(0\vert 0)$, $W_4\left(\sqrt{\frac{3}{2}} \middle\vert \sqrt{\frac{3}{2}}e^{-\frac{3}{2}}\right)$ und $W_5\left(-\sqrt{\frac{3}{2}} \middle\vert -\sqrt{\frac{3}{2}}e^{-\frac{3}{2}}\right)$.
Symmetrie	$f(x) = x \cdot e^{-x^2}$ $\quad -f(x) = -x \cdot e^{-x^2}$ $\quad f(-x) = -x \cdot e^{-x^2}$ Der Graph von f ist wegen $f(-x) \neq f(x)$ nicht achsensymmetrisch zur y-Achse und wegen $f(-x) = -f(x)$ punktsymmetrisch zum Koordinatenursprung.

d) Ableitungen: $f'(x) = 2x \cdot e^{-x^2} \cdot (1 - x^2)$

$f''(x) = 2 \cdot e^{-x^2} \cdot (2x^4 - 5x^2 + 1)$

$f'''(x) = -4x \cdot e^{-x^2} \cdot (2x^4 - 9x^2 + 6)$

Nullstellen	Wegen $e^{-x^2} \neq 0$ hat die Funktion f nur an der Stelle $x_N = 0$ eine Nullstelle.
Verhalten an den Rändern des Definitionsbereichs	Mit $D(f) = \mathbb{R}$ gilt $\lim\limits_{x\to\infty} f(x) = 0$ und $\lim\limits_{x\to-\infty} f(x) = 0$.
Extrempunkte	$2x \cdot e^{-x^2} \cdot (1 - x^2) = 0 \Leftrightarrow x_1 = 0$ $x_2 = 1$ $x_3 = -1$ $f''(x_1) = 2 > 0$ $f''(x_2) = f''(x_3) = -\frac{4}{e} < 0$ Der Graph von f hat den Tiefpunkt $T(0\vert 0)$ und die Hochpunkte $H_2\left(1 \middle\vert \frac{1}{e}\right)$ und $H_3\left(-1 \middle\vert \frac{1}{e}\right)$.

Fortsetzung von Aufgabe 13:

Wendepunkte	$2 \cdot e^{-x^2} \cdot (2x^4 - 5x^2 + 1) = 0 \Leftrightarrow x_4 = \frac{1}{2}\sqrt{5 + \sqrt{17}}$ $x_5 = -\frac{1}{2}\sqrt{5 + \sqrt{17}}$ $x_6 = \frac{1}{2}\sqrt{5 - \sqrt{17}}$ $x_7 = -\frac{1}{2}\sqrt{5 - \sqrt{17}}$ $f'''(x_4) \approx 2{,}5 \neq 0$ $f'''(x_5) = -2{,}5 \neq 0$ $f'''(x_6) = -6{,}2 \neq 0$ $f'''(x_7) = 6{,}2 \neq 0$ Angabe der Wendepunkte des Graphen von f mit gerundeten Koordinaten: $W_4(1{,}51\vert 0{,}23)$ $W_5(-1{,}51\vert 0{,}23)$ $W_6(0{,}47\vert 0{,}18)$ $W_7(-0{,}47\vert 0{,}18)$
Symmetrie	$f(x) = x^2 \cdot e^{-x^2}$ $-f(x) = -x^2 \cdot e^{-x^2}$ $f(-x) = x^2 \cdot e^{-x^2}$ Der Graph von f ist wegen $f(-x) = f(x)$ achsensymmetrisch zur y-Achse und wegen $f(-x) \neq -f(x)$ nicht punktsymmetrisch zum Koordinatenursprung.

e) Ableitungen: $f'(x) = e^{1-x} \cdot (2 - x)$

$f''(x) = -e^{1-x} \cdot (3 - x)$

$f'''(x) = e^{1-x} \cdot (4 - x)$

Nullstellen	Wegen $e^{-x^2} \neq 0$ und $(x - 1) = 0$ hat die Funktion f nur an der Stelle $x_N = 1$ eine Nullstelle.
Verhalten an den Rändern des Definitionsbereichs	Mit $D(f) = \mathbb{R}$ gilt $\lim\limits_{x\to\infty} f(x) = 0$ und $\lim\limits_{x\to-\infty} f(x) = -\infty$.
Extrempunkte	$e^{1-x} \cdot (2 - x) = 0 \Leftrightarrow x_1 = 2$ $f''(x_1) = -\frac{1}{e} < 0$ Der Graph von f hat den Hochpunkt $H(2\vert e^{-1})$.
Wendepunkte	$-e^{1-x} \cdot (3 - x) = 0 \Leftrightarrow x_2 = 3$ $f'''(x_2) = e^{-2} \neq 0$ Der Graph von f hat den Wendepunkt $W(3\vert\, 2e^{-2})$.
Symmetrie	$f(x) = (x - 1) \cdot e^{1-x}$ $-f(x) = (-x + 1) \cdot e^{1-x}$ $f(-x) = (-x - 1) \cdot e^{1+x}$ Der Graph von f ist wegen $f(-x) \neq f(x)$ nicht achsensymmetrisch zur y-Achse und wegen $f(-x) \neq -f(x)$ nicht punktsymmetrisch zum Koordinatenursprung.

Fortsetzung von Aufgabe 13:

f) Ableitungen: $f'(x) = e^{-x} \cdot (x^2 - 2x - 1)$

$f''(x) = -e^{-x} \cdot (x^2 - 4x + 1)$

$f'''(x) = e^{-x} \cdot (x^2 - 6x + 5)$

Nullstellen	Wegen $e^{-x} \neq 0$ und $(1 - x^2) = 0$ hat die Funktion f Nullstellen an den Stellen $x_1 = 1$ und $x_2 = -1$.
Verhalten an den Rändern des Definitionsbereichs	Mit $D(f) = \mathbb{R}$ gilt $\lim\limits_{x \to \infty} f(x) = 0$ und $\lim\limits_{x \to -\infty} f(x) = -\infty$.
Extrempunkte	$e^{-x} \cdot (x^2 - 2x - 1) = 0 \Leftrightarrow x_3 = 1 + \sqrt{2}$ $x_4 = 1 - \sqrt{2}$ $f''(x_3) = 2\sqrt{2} \cdot e^{-1-\sqrt{2}} > 0$ $f''(x_4) = -2\sqrt{2} \cdot e^{-1+\sqrt{2}} < 0$ Der Graph von f hat den Hochpunkt $H(1 - \sqrt{2} \mid 2(\sqrt{2} - 1)e^{-1+\sqrt{2}})$ und den Tiefpunkt $T(1 + \sqrt{2} \mid -2(\sqrt{2} + 1)e^{-1-\sqrt{2}})$.
Wendepunkte	$-e^{-x} \cdot (x^2 - 4x + 1) = 0 \Leftrightarrow x_5 = 2 + \sqrt{3}$ $x_6 = 2 - \sqrt{3}$ $f'''(x_5) = -2\sqrt{3} \cdot e^{-2-\sqrt{3}} \neq 0$ $f'''(x_6) = 2\sqrt{3} \cdot e^{-2+\sqrt{3}} \neq 0$ Der Graph von f hat die Wendepunkte $W_5(2 + \sqrt{3} \mid -2(3 + 2\sqrt{3}) \cdot e^{-2-\sqrt{3}})$ und $W_6(2 - \sqrt{3} \mid -2(-3 + 2\sqrt{3}) \cdot e^{-2+\sqrt{3}})$.
Symmetrie	$f(x) = (1 - x^2) \cdot e^{-x}$ $-f(x) = -(1 - x^2) \cdot e^{-x}$ $f(-x) = (1 - x^2) \cdot e^{x}$ Der Graph von f ist wegen $f(-x) \neq f(x)$ nicht achsensymmetrisch zur y-Achse und wegen $f(-x) \neq -f(x)$ nicht punktsymmetrisch zum Koordinatenursprung.

14 a) $f(x) = 0 \Leftrightarrow x = 0$ (doppelte Nullstelle)

$\lim\limits_{x \to \infty} f(x) = 0$ weil e^{-x+2} überwiegt. $\lim\limits_{x \to -\infty} f(x) = \infty$

$f'(x) = e^{-x+2}(2x - x^2)$

Mögliche Extremstellen liegen bei $x = 0$ und $x = 2$. Der Term $(-x^2 + 2x)$ hat, da er zu einer nach oben offenen Parabel gehört, an diesen Nullstellen Vorzeichenwechsel. Also $T(0 \mid 0)$ und $H(2 \mid 4)$.

$f''(x) = e^{-x+2}(-x^2 - 4x + 2)$

Die Nullstellen der zweiten Ableitung sind $x = 2 \pm \sqrt{2}$, nur hier sind also Wendepunkte möglich.

Fortsetzung von Aufgabe 14:

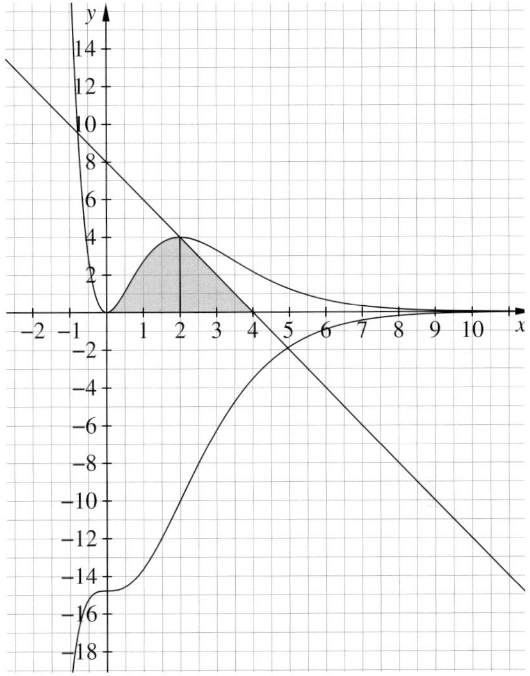

b) $F'(x) = f(x)$

c) Die Gerade verläuft durch H mit Steigung -2: $4 = -2 \cdot 2 + n \Leftrightarrow n = 8$.

$g(x) = -2x + 8$ Der Graph von g schneidet die x-Achse bei $x = 4$.

$$A = \int_0^2 f(x)\,dx + \int_2^4 g(x)\,dx = (-x^2 - 2x - 2)e^{-x+2}\Big|_2^0 + \tfrac{1}{2} \cdot 2 \cdot 4 = -10 + e^2 \cdot 2 + 4 \approx 8{,}78$$

Da $F'(x) = f(x) > 0$ für alle x, ist F streng monoton steigend über $\mathbb{R}$. Damit hat F keine Extrempunkte.

Die Extremstellen von f sind Wendestellen von F. Bei $x = 0$ ist wegen $F''(0) = f'(0) = 0$ ein Sattelpunkt.

15 a) Beispiel für eine Wertetabelle:

x	-2	-1	0	1	2
$f(x)$	$-0{,}07$	$-0{,}74$	$0{,}00$	$0{,}74$	$0{,}07$

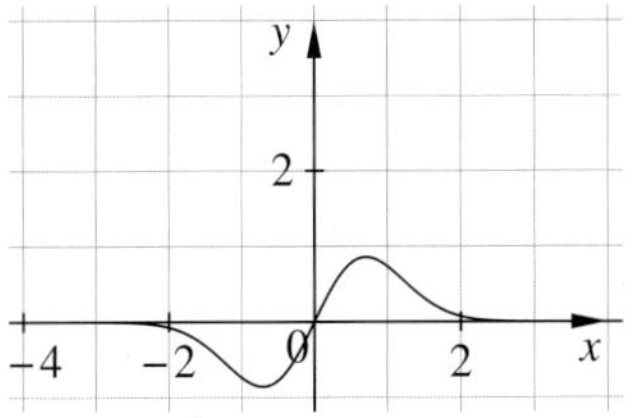

b) $f(x) = 0 \Leftrightarrow x = 0$

$\lim\limits_{x \to \infty} f(x) = 0$

c) $F'(x) = -e^{-x^2} \cdot (-2x) = e^{-x^2} \cdot 2x = f(x)$

$$\int_0^3 f(x)\,\mathrm{d}x = \left[-e^{-x^2}\right]_0^3 = 1 - \tfrac{1}{e^9} \approx 1$$

d) $\int_0^u f(x)\,\mathrm{d}x = \left[-e^{-x^2}\right]_0^u = 1 - \tfrac{1}{e^{u^2}} \Rightarrow \lim\limits_{u \to \infty}\left(1 - \tfrac{1}{e^{u^2}}\right) = 1$

92

16 a) Nullstelle:

$f(x) = 0 \Leftrightarrow (x + 2) \cdot e^{-x} = 0 \Leftrightarrow x = -2$

Da $e^{-x} > 0$ ist für alle $x \in \mathbb{R}$, hängt es nur von dem Faktor $(x + 2)$ ab, ob $f(x)$ positiv oder negativ ist; es gilt $f(x) > 0 \Leftrightarrow x > -2$ und $f(x) < 0 \Leftrightarrow x < -2$.

b) Ableitungen: $f'(x) = (-x - 1) \cdot e^{-x}$

$f''(x) = x \cdot e^{-x}$

$f'''(x) = (1 - x) \cdot e^{-x}$

Mögliche Extremstellen von f sind die Nullstellen von f':

$f'(x) = 0 \Leftrightarrow (-x - 1) \cdot e^{-x} = 0 \Leftrightarrow x = -1$ (da $e^{-x} > 0$!)

$f'(-1) = 0 \wedge f''(-1) = -e < 0$, also hat f an der Stelle -1 ein lokales Maximum, und zwar $f(-1) = e$. Der Graph hat den Hochpunkt $H(-1\,|\,e)$. Mögliche Wendestellen von f sind die Nullstellen von f'': $f''(x) = 0 \Leftrightarrow x \cdot e^{-x} = 0 \Leftrightarrow x = 0$

$f''(0) = 0 \wedge f'''(0) = 1 \neq 0$, also ist 0 Wendestelle von f. Der Graph hat den Wendepunkt $W(0\,|\,2)$.

c) Mit $m = f'(0) = -1$ erhält man die Wendetangente $t: y = -x + 2$

d) $F'(x) = (-1) \cdot e^{-x} + (-x - 3) \cdot e^{-x} \cdot (-1) = (-1 + x + 3) \cdot e^{-x} = (x + 2) \cdot e^{-x} = f(x)$

also ist F Stammfunktion zu f.

e) $A = \int_{-2}^{0} f(x)\,dx = \left[(-x - 3) \cdot e^{-x}\right]_{-2}^{0} = -3 \cdot 1 - (-1) \cdot e^2 = e^2 - 3 \approx 4{,}389.$

f) Zu dem Flächenstück aus g) kommt ein Dreieck mit Grundseite $g = 2$ und Höhe $h = 2$ dazu, das zu untersuchende Flächenstück hat also den Flächeninhalt

$A = e^2 - 3 + \frac{1}{2} \cdot 2 \cdot 2 = e^2 - 1 \approx 6{,}389.$

17 Individuelle Lösungen. Beispiele:

a) $f(x) = x \cdot e^x$ **b)** $f(x) = x^2 \cdot e^x$ **c)** $f(x) = x \cdot e^x$

93

NOCH FIT?

I Nein, denn die Parabel ist achsensymmetrisch zur y-Achse.

II a) $H_2(2|4)$

b) Hochpunkt: $H(-3|1)$

c) Außer in $S_1(5|0)$ und in $S_2(-4|0)$ schneidet der Graph die x-Achse noch in den Punkten $S_3(0|0)$, $S_4(4|0)$ und $S_5(-5|0)$.

III a) und **b)**

Es gilt $f(1 - t) = f(1 + t) = \frac{1}{t^2}$ für alle $t \in \mathbb{R}\backslash 0$, also ist der Graph von f achsensymmetrisch zur Geraden mit der Gleichung $x = 1$.

Es gilt $g(-1 - t) = -g(-1 + t) = -\frac{1}{t^3}$ für alle $t \in \mathbb{R}\backslash 0$, also ist der Graph von g punktsymmetrisch zu $S_g(-1|0)$.

Es gilt $h(-1{,}5 - t) = -h(-1{,}5 + t) = -\frac{2t}{e^{4t^2}}$ für alle $t \in \mathbb{R}$, also ist der Graph von h punktsymmetrisch zu $S_h(-1{,}5|0)$.

Aufgaben – Anwenden 93

18 Die Wahrscheinlichkeit für das Würfeln der Augenzahl 6 (≙ Zerfall eines Atoms) ist (theoretisch) $\frac{1}{6}$, der Erwartungswert für die Anzahl der gewürfelten Sechser (≙ zerfallene Atome) ist theoretisch $\frac{n}{6}$.

Nummer des Wurfes	1	2	3	4	5	6	7	8	9	10	11	12
zerfallene „Atome“	17	14	12	10	8	6	6	5	4	3	3	2
noch unzerfallene „Atome“	83	69	57	47	39	33	27	22	18	15	12	10

Es gilt: $N = 100 \cdot \left(\frac{5}{6}\right)^z$

Dabei ist N die Anzahl der noch unzerfallenen „Atome“ und z die Anzahl der Würfe.

Beim vierten Wurf unterschreitet die Zahl der noch unzerfallenen „Atome“ die Hälfte der Anfangszahl.

Nach dem achten Wurf hat sich die Zahl der noch unzerfallenen „Atome“ wieder halbiert, ebenso nach dem elften/zwölften Wurf.

Die „Halbwertszeit“ entspricht also ca. vier Würfen. Wenn als Maß für die Gefährlichkeit einer radioaktiven Substanz die Anzahl der Zerfälle genommen wird, so ist diese anfangs am größten und nimmt dann immer weiter ab.

19 a) Bei Ausbruch der Krankheit beträgt die Körpertemperatur 36,5 °C. Sie steigt steil an, bis sie nach ca. 10 Stunden ihren höchsten Wert von ca. 40 °C erreicht. Danach sinkt die Temperatur kontinuierlich bis zu einem Wert von ca. 36,9 °C am Ende der Beobachtung nach 48 Stunden. Dabei nimmt die Temperatur nach ca. 20 Stunden am stärksten ab.

b) Ableitungen: $f'(t) = e^{-0{,}1 \cdot t} + t \cdot (-0{,}1\, e^{-0{,}1 \cdot t})$

$= (1 - 0{,}1\,t)\,e^{-0{,}1\,t}$

$f''(t) = -0{,}1 \cdot e^{-0{,}1 \cdot t} + (1 - 0{,}1\,t) \cdot (-0{,}1\, e^{-0{,}1 \cdot t})$

$= (0{,}01\,t - 0{,}2) \cdot e^{-0{,}1 \cdot t}$

$f'''(t) = 0{,}01 \cdot e^{-0{,}1 \cdot t} + (0{,}01\,t - 0{,}2) \cdot (-0{,}1\, e^{-0{,}1 \cdot t})$

$= (0{,}03 - 0{,}001\,t) \cdot e^{-0{,}1 \cdot t}$

Mögliche Extremstellen von f sind die Nullstellen von f':

$f'(t) = 0 \Leftrightarrow (1 - 0{,}1\,t) \cdot \underbrace{e^{-0{,}1 \cdot t}}_{\neq 0} = 0$

$\Leftrightarrow 1 - 0{,}1\,t = 0$

$\Leftrightarrow t = 10$

Überprüfung mit f'': $f'(10) = 0 \wedge f''(10) = -0{,}1 \cdot e^{-1} < 0$, also hat f an der Stelle 10 ein lokales Maximum, und zwar $f(10) = 36{,}5 + \frac{10}{e} \approx 40{,}18$.

Nach 10 Stunden erreicht die Temperatur ihren höchsten Wert von ca. 40,2 °C.

c) Mögliche Wendestellen von f sind die Nullstellen von f'':

$f''(t) = 0 \Leftrightarrow (0{,}01\,t - 0{,}2) \cdot \underbrace{e^{-0{,}1 \cdot t}}_{\neq 0} = 0$

$\Leftrightarrow 0{,}01\,t - 0{,}2 = 0$

$\Leftrightarrow t = 20$

93 **Fortsetzung von Aufgabe 19:**

Überprüfung mit f''': $f'(20) = 0 \wedge f'''(20) = 0{,}01 \cdot e^{-2} < 0$, also ist 20 Wendestelle von f mit lokal minimaler Steigung $f'(20) = -e^{-2} \approx -0{,}135$.

20 Stunden nach Ausbruch der Krankheit nimmt die Temperatur am stärksten ab, und zwar um ca. 0,135 °C pro Stunde.

Bei Ausbruch der Krankheit nimmt die Temperatur am stärksten zu.

d) $f(45) \approx 36{,}9999$

Nach 45 Stunden liegt die Temperatur knapp unter 37 °C. Da f keine weiteren Extremstellen hat, wird sie nicht wieder steigen.

e) Stammfunktion:
$$\begin{aligned} F'(t) &= -10 \cdot e^{-0{,}1 \cdot t} - (10t + 100) \cdot e^{-0{,}1 \cdot t} \cdot (-0{,}1) + 36{,}5 \\ &= (-10 + t + 10) \cdot e^{-0{,}1 \cdot t} + 36{,}5 \\ &= f(t) \end{aligned}$$

f) Berechnung des Mittelwerts:
$$\begin{aligned} m &= \tfrac{1}{45} \int_0^{45} f(t)\,dt \\ &= \tfrac{1}{45} \left[36{,}5t - (10t + 100) \cdot e^{-0{,}1 \cdot t}\right]_0^{45} \\ &= \tfrac{1}{45} [36{,}5 \cdot 45 - 550 \cdot e^{-4{,}5} - 0 + 100] \\ &\approx 38{,}6 \end{aligned}$$

In den ersten 45 Stunden hat der Körper des Erkrankten eine mittlere Temperatur von ca. 38,6 °C.

94 **20 a)** $f(10) = 3000 \cdot e^{-0{,}5} + 35 \approx 1854{,}6$; 10 Minuten nach dem Jahreswechsel beträgt die Feinstaubkonzentration ca. 1855 μg/m³.

b) Ableitungen:
$$\begin{aligned} f'(t) &= 300 \cdot e^{-0{,}05t} + 300t \cdot e^{-0{,}05t} \cdot (-0{,}05) \\ &= (-15t + 300) \cdot e^{-0{,}05t} \\ f''(t) &= (-15) \cdot e^{-0{,}05t} + (-15t + 300) \cdot e^{-0{,}05t} \cdot (-0{,}05) \\ &= (0{,}75t - 30) \cdot e^{-0{,}05t} \end{aligned}$$

$f'(5) = 225 \cdot e^{-0{,}25t} \approx 175{,}2$; 5 Minuten nach dem Jahreswechsel nimmt die Feinstaubkonzentration pro Minute um ca. 175 μg/m³ zu.

c) Mögliche Extremstellen von f sind die Nullstellen von f':
$$\begin{aligned} f'(t) = 0 &\Leftrightarrow (300 - 15t) \cdot e^{-0{,}05t} = 0 \\ &\Leftrightarrow 300 - 15t = 0 \quad (\text{wegen } e^{\blacksquare} > 0) \\ &\Leftrightarrow t = 20 \end{aligned}$$

Überprüfung mit f'':

$f'(20) = 0 \wedge f''(20) = -15 \cdot e^{-1} < 0$, also hat f an der Stelle 20 ein lokales Maximum, und zwar $f(20) = 6000 \cdot e^{-1} + 35$. Der Graph hat den Hochpunkt $H(20 \mid 6000 \cdot e^{-1} + 35)$.

Da es keine weiteren Extremstellen gibt, handelt es sich um ein absolutes Maximum.

20 Minuten nach dem Jahreswechsel erreicht die Feinstaubkonzentration ihren höchsten Wert von ca. 2242 μg/m³.

Fortsetzung von Aufgabe 20: 94

d) Mögliche Wendestellen von f sind die Nullstellen von f'':
$$\begin{aligned} f''(t) = 0 &\Leftrightarrow (0{,}75t - 30) \cdot e^{-0{,}05t} = 0 \\ &\Leftrightarrow 0{,}75t - 30 = 0 \quad (\text{wegen } e^{\blacksquare} > 0) \\ &\Leftrightarrow t = 40 \end{aligned}$$

$f''(30) \approx -1{,}7$ und $f''(50) \approx 0{,}6$, also ist 40 Nullstelle von f'' mit Vorzeichenwechsel (–/+) und somit Wendestelle mit lokal minimaler Steigung von $f'(40) = -300 \cdot e^{-2} \approx -40{,}6$.

Da f'' keine weiteren Nullstellen hat, handelt es sich auch um ein absolutes Minimum.

40 Minuten nach dem Jahreswechsel wird die Feinstaubkonzentration am stärksten reduziert, und zwar pro Minute um ca. 41 μg/m³.

e) (1) Durch Ableiten folgt die Behauptung:
$$\begin{aligned} F'(t) &= (-6000) \cdot e^{-0{,}05t} + (-6000t - 120\,000) \cdot e^{-0{,}05t} \cdot (-0{,}05) + 35 \\ &= (-6000 + 300t + 6000) \cdot e^{-0{,}05t} + 35 \\ &= f(t) \end{aligned}$$

(2) Die mittlere Feinstaubkonzentration im Zeitintervall [0; 120] beträgt:
$$\begin{aligned} m &= \tfrac{1}{120 - 0} \cdot \int_0^{120} f(t)\,dt \\ &= \tfrac{1}{120} \cdot [F(t)]_0^{120} \\ &= \tfrac{1}{120} \cdot (F(120) - F(0)] \\ &= \tfrac{1}{120} \cdot (-840\,000 \cdot e^{-6} + 4200 - (-120\,000)) \\ &= \tfrac{1}{120} \cdot (124\,200 - 840\,000 \cdot e^{-6}) \\ &= 1035 - 7000 \cdot e^{-6} \\ &\approx 1017{,}65 \end{aligned}$$

In der Zeit von 0.00 Uhr bis 2.00 Uhr lag eine mittlere Feinstaubkonzentration von ca. 1018 μg/m³ vor.

f) Der lineare Abbau nach 2 Stunden wird näherungsweise durch die Tangente g an den Graphen von f im Punkt $(120 \mid f(120))$ beschrieben.

(1) Mit $f(120) = 36\,000 \cdot e^{-6} + 35$ und $f'(120) = -1500 \cdot e^{-6}$ erhält man
$$\begin{aligned} g(t) &= -1500 \cdot e^{-6} \cdot (t - 120) + 36\,000 \cdot e^{-6} + 35 \\ &= -1500 \cdot e^{-6} \cdot t + 216\,000 \cdot e^{-6} + 35 \end{aligned}$$

144 Minuten nach dem Jahreswechsel erhält man $g(144) = 35$.

(2) Eine Stammfunktion G zu g ist: $G(t) = -750 \cdot e^{-6} \cdot t^2 + 216\,000 \cdot e^{-6} \cdot t + 35t$, man erhält also:
$$\begin{aligned} [G(t)]_{120}^{144} &= -750 \cdot e^{-6} \cdot 144^2 + 216\,000 \cdot e^{-6} \cdot 144 + 35 \cdot 144 \\ &\quad - (-750 \cdot e^{-6} \cdot 120^2 + 216\,000 \cdot e^{-6} \cdot 120 + 35 \cdot 120) \\ &= 432\,000 \cdot e^{-6} + 840 \end{aligned}$$

94

Fortsetzung von Aufgabe 20:

Einfacher erhält man dieses Ergebnis über den Flächeninhalt des Trapezes, das die Gerade g mit der x-Achse einschließt (beachte: $\overline{AD} \,||\, \overline{BC}$):

$\frac{1}{2} \cdot (f(120) + f(144)) \cdot (144 - 120) = 12 \cdot (36\,000 e^{-6} + 70) = 432\,000 \cdot e^{-6} + 840$

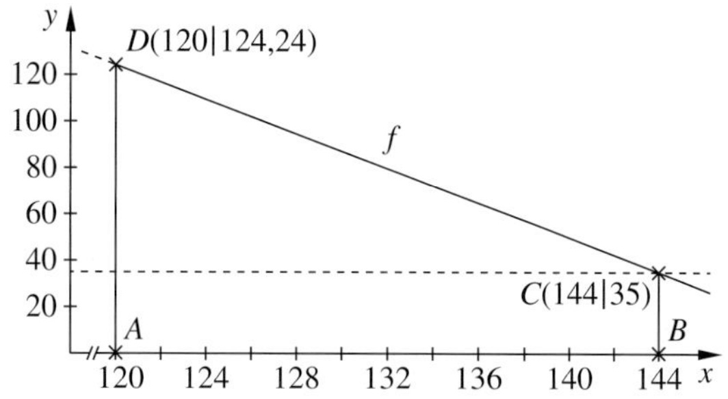

Die mittlere Feinstaubkonzentration für die ersten 144 Minuten nach dem Jahreswechsel beträgt:

$$m = \frac{1}{144} \cdot \left[\int_0^{120} f(t)\,dt + \int_{120}^{144} g(t)\,dt \right]$$
$$= \frac{1}{144} \cdot (124\,200 - 840\,000 \cdot e^{-6} + 432\,000 \cdot e^{-6} + 840)$$
$$= \frac{1}{144} \cdot (125\,040 - 408\,000 \cdot e^{-6})$$
$$\approx 861{,}3$$

g) Ableitung von h:

$$h'(t) = a \cdot e^{-bt} + at \cdot e^{-bt} \cdot (-b)$$
$$= (a - abt) \cdot e^{-bt}$$

Es soll gelten:

$$h'(40) = 0 \Leftrightarrow (a - 40ab) \cdot e^{-40b} = 0$$
$$\Leftrightarrow a - 40ab = 0 \qquad (\text{wegen } e^{\blacksquare} > 0)$$
$$\Leftrightarrow b = 0{,}025 \text{ wegen } a \neq 0$$

Mit $b = 0{,}025$ und $h(40) = 1200$ erhält man:

$$40a \cdot e^{-1} = 1200 \Leftrightarrow a = 30e$$

Für die gesuchte Modellfunktion gilt also

$$h(t) = 30e \cdot t \cdot e^{-0{,}025t}.$$

95

21 a) Bild des Graphen:

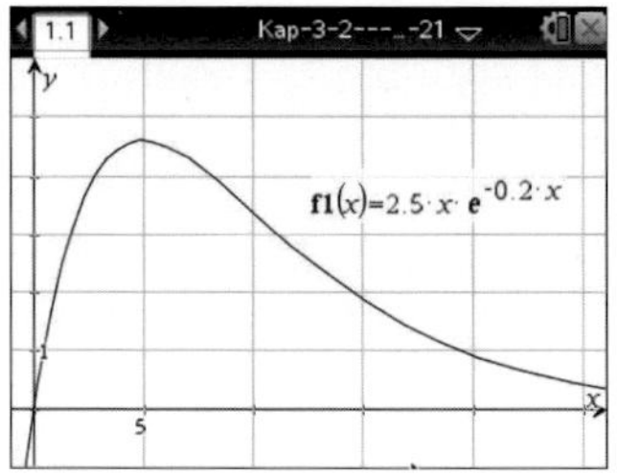

b) $f(3) \approx 4{,}116$; nach drei Stunden liegt eine Wirkstoffkonzentration von ca. 4 Milligramm pro Liter vor.

c) Ableitungen: $f'(t) = -0{,}5(t - 5) \cdot e^{-0{,}2t}$

$f''(t) = 0{,}1(t - 10) \cdot e^{-0{,}2t}$

$f'''(t) = -0{,}02(t - 15) \cdot e^{-0{,}2t}$

$f'(5) = 0 \wedge f''(5) \approx -0{,}18 < 0$, also liegt bei 5 ein lokales Maximum vor, und zwar $f(5) \approx 4{,}6$.

Da f' keine weiteren Nullstellen hat, liegt hier auch das absolute Maximum vor.

Nach 5 Stunden hat die Wirkstoffkonzentration mit ca. 4,6 Milligramm pro Liter ihren höchsten Wert erreicht.

d) Mit dem GTR ermittelt man, dass $f(t) = 1{,}5$ für $t \approx 0{,}7$ und $t \approx 16{,}6$ gilt.

Spätestens nach 16 Stunden und 36 Minuten muss eine erneute Verabreichung erfolgen.

e) $f''(10) = 0 \wedge f'''(10) \approx 0{,}014 > 0$, nach 10 Stunden nimmt die Wirkstoffkonzentration am stärksten ab.

f) $F'(t) = (-12{,}5 + 2{,}5t + 12{,}5) \cdot e^{-0{,}2t} = f(t)$

g) $m = \frac{1}{24} \int_0^{24} f(t)\,dt \approx 2{,}48$

Die durchschnittliche Wirkstoffkonzentration während der ersten 24 Stunden beträgt ca. 2,5 Milligramm pro Liter.

h) $g(x) = f'(10) \cdot (t - 10) + f(10) = -\frac{2{,}5}{e^2} \cdot (t - 20)$

Nach diesem Modell ist nach 20 Stunden kein Wirkstoff mehr im Blut.

22 a) $f(30) = 0{,}02 \cdot 30^2 \cdot e^{-0{,}1 \cdot 30} = 18 \cdot e^{-3} = 0{,}896\ldots$

Wenn die Fichte 30 Jahre alt ist, wächst sie noch mit einer Geschwindigkeit von fast 90 cm pro Jahr. Am Graphen ist abzulesen, dass die maximale Wachstumsgeschwindigkeit der Fichte größer ist, aber schon überschritten, d.h., die Fichte wird nach ca. 20 Jahren ihr Wachstum stetig verlangsamen.

b) Das Alter der Fichte, in dem sie am schnellsten wächst, entspricht der Maximalstelle der Funktion f.

Notwendige Bedingung:

$f'(t) = 0$

$f'(t) = 0{,}02 \cdot 2t \cdot e^{-0{,}1t} - 0{,}02 \cdot t^2 \cdot 0{,}1 \cdot e^{-0{,}1t}$

$= e^{-0{,}1t} \cdot t \cdot (0{,}04 - 0{,}002t)$

Da $e^{-0{,}1t} \neq 0$ für alle t, hat f' die Nullstellen $t_1 = 0$ und $t_2 = 20$. Aus dem Graphen kann abgelesen werden, dass als Maximalstelle nur $t_2 = 20$ in Frage kommt.

Hinreichende Bedingung:

$f''(20) = 0{,}0002 \cdot (20^2 - 40 \cdot 20 + 200) \cdot e^{-0{,}1 \cdot 20} = -\frac{0{,}04}{e^2} < 0$

95 **Fortsetzung von Aufgabe 22:**

Maximum: $f(20) = 0{,}02 \cdot 20^2 \cdot e^{-0{,}1 \cdot 20} = \frac{8}{e^2} = 1{,}08\ldots$

Die maximale Wachstumsgeschwindigkeit der Fichte, die sie in einem Alter von zwanzig Jahren erreicht, beträgt etwas mehr als einen Meter und acht Zentimeter pro Jahr.

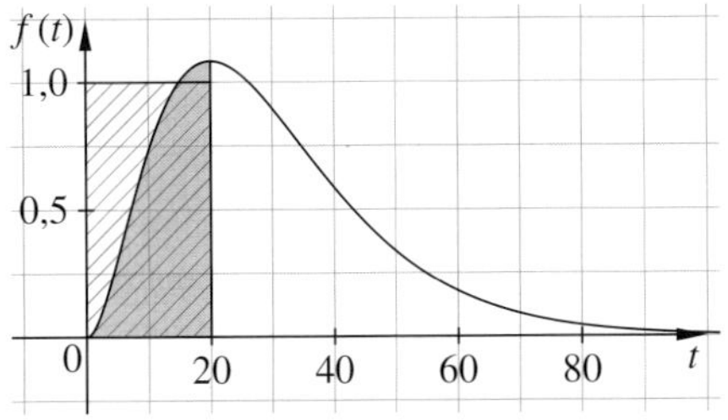

c) Die Höhe der Fichte in einem bestimmten Alter entspricht, wenn die Anfangshöhe von 20 cm vernachlässigt wird, der Fläche unter dem Graphen von 0 bis zu diesem Alter. Zeichnet man ein Rechteck ein, das durch die Koordinatenachsen und die Geraden $t = 20$ und $f(t) = 1$ begrenzt ist, so erhält man den Flächeninhalt 20, was einer Höhe von 20 m im Alter von 20 Jahren entsprechen würde. Vergleicht man die Fläche unter dem Graphen von 0 bis 20, so sieht man deutlich, dass diese kleiner ist als die Rechteckfläche. Die Fichte ist also mit 20 Jahren noch nicht 20 m hoch.

$$\begin{aligned} F'(t) &= \left(-0{,}2 \cdot (t^2 + 20t + 200) \cdot e^{-0{,}1t}\right)' \\ &= -0{,}2 \cdot (2t + 20) \cdot e^{-0{,}1t} - 0{,}2 \cdot (t^2 + 20t + 200) \cdot (-0{,}1) \cdot e^{-0{,}1t} \\ &= e^{-0{,}1t} \cdot (-0{,}4t - 4 + 0{,}02 \cdot t^2 + 0{,}4t + 4) \\ &= e^{-0{,}1t} \cdot (0{,}02 \cdot t^2) \\ &= f(t) \end{aligned}$$

$\Rightarrow$ F ist eine Stammfunktion von f.

Höhe der Fichte nach 20 Jahren:

$$\begin{aligned} 0{,}2 + \int_0^{20} \left(e^{-0{,}1t} \cdot (0{,}02 \cdot t^2)\right) \mathrm{d}t &= 0{,}2 + \left[-0{,}2 \cdot (t^2 + 20t + 200) \cdot e^{-0{,}1t}\right]_0^{20} \\ &= 0{,}2 + 40 - \tfrac{200}{e^2} \\ &\approx 13{,}133 \end{aligned}$$

Die zu erwartende Höhe der Fichte nach 20 Jahren beträgt ca. 13 m.

d) Extremstellen der ersten Ableitung einer Funktion sind Wendestellen dieser Funktion. In Teilaufgabe b) wurde gezeigt, dass f eine Extremstelle besitzt. In Teilaufgabe c) wurde gezeigt, dass $F'(t) = f(t)$ gilt. Also ist die Maximalstelle von $f(t) = F'(t)$ Wendestelle von F.

Fortsetzung von Aufgabe 22: 95

e) Maximal erreichbare Höhe der Fichte:

$$\begin{aligned} 0{,}2 + \lim_{u \to \infty} \left(\int_0^u f(t)\,\mathrm{d}t\right) &= 0{,}2 + \lim_{u \to \infty} \left(\left[F(t)\right]_0^u\right) \\ &= 0{,}2 + \lim_{u \to \infty} \left(-0{,}2 \cdot (u^2 + 20u + 200) \cdot e^{-0{,}1u} + 40\right) \end{aligned}$$

Setzt man $0{,}1\,u = v$, dann gilt: Wenn $u \to \infty$, dann auch $v \to \infty$.

$$\begin{aligned} &= 0{,}2 + \lim_{v \to \infty} \left(40 - 0{,}2 \cdot (100 \cdot v^2 + 20 \cdot 10v + 200) \cdot e^{-v}\right) \\ &= 0{,}2 + \lim_{v \to \infty} \left(40 - 20 \cdot v^2 \cdot e^{-v} - 40 \cdot v^1 \cdot e^{-v} - 40 \cdot v^0 \cdot e^{-v}\right) \\ &= 40{,}2 - 20 \cdot \lim_{v \to \infty} (v^2 \cdot e^{-v}) - 40 \cdot \lim_{v \to \infty} (v^1 \cdot e^{-v}) - 40 \cdot \lim_{v \to \infty} (v^0 \cdot e^{-v}) \\ &= 40{,}2 - 20 \cdot 0 - 40 \cdot 0 - 40 \cdot 0 \quad \text{(vgl. Satz 3.5 auf Seite 90)} \\ &= 40{,}2 \end{aligned}$$

Die Fichte erreicht eine maximale Höhe von ca. 40 m.

23 a) $\int_0^5 e^{-1{,}11t}\,\mathrm{d}t \approx 0{,}897$ 96

Die Zahl gibt die Konzentration des Stoffes nach fünf Minuten an.

b) Zu betrachten ist $\lim_{b \to \infty} \left(\int_0^b e^{-1{,}11t}\,\mathrm{d}t\right)$.

$\int_0^b e^{-1{,}11t}\,\mathrm{d}t = \frac{100}{111} - \frac{100}{111} e^{-1{,}11t} \quad \Rightarrow \quad \lim_{b \to \infty} \left(\int_0^b e^{-1{,}11t}\,\mathrm{d}t\right) = \frac{100}{111} \approx 0{,}9$

Außerdem gilt für alle $b \in \mathbb{R}$: $-\frac{100}{111} e^{-1{,}11t} < 0$

Die Konzentration des Ausgangsstoffs bleibt also stets unter dem Wert von $1 \frac{\text{mol}}{\text{l}}$.

24 a) $h(0) = 0{,}2 \cdot e^{-0{,}9} = 0{,}081\ldots$

Der Strauch hat im Moment des Auspflanzens eine Höhe von ca. 8 cm. Aus dem Graphen kann man ablesen, dass der Strauch nach etwa 18 Tagen eine Höhe von 50 cm erreicht.

Rechnerische Bestimmung:

$0{,}5 = 0{,}2 \cdot e^{0{,}1 \cdot t - 0{,}9} \Rightarrow \ln(2{,}5) = 0{,}1 \cdot t - 0{,}9 \Rightarrow t = 10 \cdot (\ln(2{,}5) + 0{,}9) = 18{,}162\ldots$

Der Strauch erreicht nach etwas mehr als 18 Tagen eine Höhe von 50 cm.

b) Die Wachstumsgeschwindigkeit ist die Ableitung der Funktion h:

$h'(t) = 0{,}02 \cdot e^{0{,}1t - 0{,}9}$

Die Funktion h' ist streng monoton steigend, das heißt, dass die Wachstumsgeschwindigkeit mit wachsendem t immer größer wird. Im Intervall $[0; 20]$ ist sie also am rechten Intervallrand am größten: $h'(20) = 0{,}02 \cdot e^{0{,}1 \cdot 20 - 0{,}9} = 0{,}02 \cdot e^{1{,}1} = 0{,}06\ldots$

Zum Zeitpunkt $t = 20$ wächst der Strauch mit einer Geschwindigkeit von etwa $6 \frac{\text{cm}}{\text{Tag}}$.

Da die Funktion h' streng monoton steigt, bedeutet das eine immer größere Wachstumsgeschwindigkeit, d. h., der Strauch würde schneller wachsen, je älter er wird. Da sich die Wachstumsgeschwindigkeit jedoch nach einer gewissen Zeit verringert, kann die Höhe des Strauches nur in einem begrenzten Zeitraum mit der Funktion h beschrieben werden.

96

Fortsetzung von Aufgabe 24:

c) $h(20) = 0{,}2 \cdot e^{0{,}1 \cdot 20 - 0{,}9} = 0{,}2 \cdot e^{1{,}1} = 0{,}6\ldots$

Um zu bestimmen, wie viel der Baum in den 10 folgenden Tagen wächst, muss man die Funktion z, die die Zuwachsrate beschreibt, von 20 bis 30 integrieren. Dazu muss eine Stammfunktion von z gefunden werden: Z mit $Z(t) = -0{,}2 \cdot e^{-0{,}1t+3{,}1}$ ist eine Stammfunktion von z, denn es gilt: $Z'(t) = -0{,}2 \cdot e^{-0{,}1t+3{,}1} \cdot (-0{,}1) = 0{,}02 \cdot e^{-0{,}1t+3{,}1} = z(t)$

$$\int_{20}^{30} z(t)\,\mathrm{d}t = \left[Z(t)\right]_{20}^{30} = \left[-0{,}2 \cdot e^{-0{,}1t+3{,}1}\right]_{20}^{30} = -0{,}2 \cdot e^{0{,}1} + 0{,}2 \cdot e^{1{,}1} \approx 0{,}38$$

In den ersten 10 Tagen nach dem 20. Tag wächst der Strauch ca. 38 cm.

d) $h_2(t) = h(20) + \int_{20}^{t} z(u)\,\mathrm{d}u = 0{,}2 \cdot e^{1{,}1} + \left[-0{,}2 \cdot e^{-0{,}1t+3{,}1}\right]_{20}^{t} = 0{,}4 \cdot e^{1{,}1} - 0{,}2 \cdot e^{-0{,}1t+3{,}1}$

$\lim\limits_{t\to\infty} (0{,}4 \cdot e^{1{,}1} - 0{,}2 \cdot e^{-0{,}1t+3{,}1}) = 0{,}4 \cdot e^{1{,}1} - \lim\limits_{t\to\infty} (0{,}2 \cdot e^{-0{,}1t+3{,}1}) = 0{,}4 \cdot e^{1{,}1} - 0 = 1{,}201\ldots$

Die maximal erreichbare Höhe beträgt ca. 1,2 m.

e) Da die beiden Funktionen h und f, die die Höhe des Strauches beschreiben, differenzierbar sind, ist auch die Differenzfunktion $g = h - f$ differenzierbar.
Die größte Differenz zwischen h und f entspricht dem Maximum von g (auf [0; 20]).
Dieses Maximum kann durch Nullsetzen der Ableitung von g bestimmt werden oder, falls g' auf [0; 20] keine Nullstelle hat, durch Monotoniebetrachtungen von g.

Aufgaben – Vernetzen

25 $f_k(x) = k \cdot e^x - e^{-x}$
$f_k'(x) = k \cdot e^x + e^{-x}$
$f_k''(x) = k \cdot e^x - e^{-x}$
Für $k < 0$ existiert $x_{\max} = -\frac{\ln(-k)}{2}$ mit dem Maximalwert $y_{\max} = \left(\frac{k}{\sqrt{-k}} - \sqrt{-k}\right)$.
Für $k > 0$ existiert der Wendepunkt $W\left(-\frac{\ln(k)}{2} \,\middle|\, 0\right)$.

26 $f_k(x) = x^2 \cdot e^{kx}$
$f_k'(x) = x \cdot e^{kx} \cdot (2 + kx)$
$f_k''(x) = e^{kx} \cdot (k^2x^2 + 4kx + 2)$
$f_k'''(x) = e^{kx} \cdot (6k + 6k^2x + x^2k^3)$

a) $f_k'(x) = 0 \Rightarrow x \cdot e^{kx} \cdot (2 + kx) = 0 \Rightarrow x_1 = 0 \quad \Rightarrow f_k''(x_1) = 2 > 0$
$x_2 = -\frac{2}{k} \quad \Rightarrow f_k''(x_2) = -2e^{-2} < 0$

An der Stelle $x_1 = 0$ besitzen alle Funktionen der Schar eine Minimalstelle mit dem Minimum 0. An der Stelle $x_2 = -\frac{2}{k}$ besitzen alle Funktionen der Schar für $k \neq 0$ eine Maximalstelle mit dem Maximum $\left(\frac{2}{ek}\right)^2$. Für $k = 0$ existiert keine Maximalstelle, da es sich in diesem Fall um die Normalparabel handelt.

96

Fortsetzung von Aufgabe 26:

b) $f_k''(x) = 0 \Rightarrow e^{kx} \cdot (k^2x^2 + 4kx + 2) = 0 \Rightarrow x_3 = \frac{-2+\sqrt{2}}{k} \quad \Rightarrow f_k'''(x_3) \neq 0$
$x_4 = \frac{-2-\sqrt{2}}{k} \quad \Rightarrow f_k'''(x_4) \neq 0$

Für $k = 0$ existiert kein Wendepunkt, da es sich in diesem Fall um die Normalparabel handelt.
Für $k \neq 0$ hat der Graph jeder Funktion der Schar zwei Wendepunkte:

$W_1\left(\frac{-2+\sqrt{2}}{k} \,\middle|\, \left(\frac{-2+\sqrt{2}}{k}\right)^2 e^{-2+\sqrt{2}}\right) \qquad W_2\left(\frac{-2-\sqrt{2}}{k} \,\middle|\, \left(\frac{-2-\sqrt{2}}{k}\right)^2 e^{-2-\sqrt{2}}\right)$

c) $x = -\frac{2}{k} \Rightarrow k = -\frac{2}{x}$
Einsetzen in $f_k(x)$ ergibt $g(x) = x^2e^{-2}$.
Alle Maximalpunkte liegen auf dem Graphen von g.
Alle Minimalpunkte liegen auf dem Ursprung.

d) Gemeinsamer Punkt aller Graphen der Schar ist der Ursprung.
Weitere gemeinsame Punkte gibt es nicht, denn aus $f_{k1}(x) = f_{k2}(x)$ folgt $k_1 = k_2$.

97

27 **a)** $f_a(x) = -2e^{0{,}5x}$
b) $f_b(x) = 2e^{-0{,}5x}$
c) $f_c(x) = -2e^{-0{,}5x}$
d) $f_d(x) = -2e^{-0{,}5x}$
$f'(x) = e^x \Rightarrow f'(0) = 1$
$f_a'(0) = -1 \qquad f_b'(0) = -1 \qquad f_c'(0) = f_d'(0) = 1$

28 Die gesuchte Funktion g mit $g(x) = ax^3 + bx^2 + cx + d$ und $g'(x) = 3ax^2 + 2bx + c$ muss folgende Bedingungen erfüllen:

$g(0) = 0 \quad \Rightarrow$ (I) $\quad d = 0$
$g'(0) = s_1'(0) = 7{,}4 \quad \Rightarrow$ (II) $\quad c = 7{,}4$
$g(2) = 2 \quad \Rightarrow$ (III) $\quad 8a + 4b = -12{,}8$
$g'(2) = s_2'(2) = -1 \quad \Rightarrow$ (IV) $\quad 12a + 4b = -8{,}4$

Aus (III) und (IV) ergibt sich $a = 1{,}1$ und $b = -5{,}4$. $\Rightarrow g(x) = 1{,}1x^3 - 5{,}4x^2 + 7{,}4x$

b) $f(x) = x \cdot e^{2-x}$
$f'(x) = (1 - x) \cdot e^{2-x}$
$f''(x) = -e^{2-x} - (1 - x) \cdot e^{2-x} = e^{2-x} \cdot (-2 + x)$
$f(2) = 2 \cdot e^0 = 2$
$f'(2) = -1 \cdot e^0 = -1$
$f(0) = 0$
$f'(0) = e^2 = 7{,}389\ldots \approx 7{,}4$
Die ersten drei Bedingungen sind erfüllt und die vierte hinreichend gut.

Fortsetzung von Aufgabe 28:
Maximalstelle:
Notwendige Bedingung:
$f'(x) = 0 \Rightarrow (1 - x) \cdot e^{2-x} = 0$
Da $e^{2-x} \neq 0$ für alle x, muss $(1 - x) = 0$, also $x = 1$ gelten.
Hinreichende Bedingung:
$f''(1) = -e < 0$
$\Rightarrow$ f hat eine Maximalstelle bei $x = 1$.
Maximum: $f(1) = e \approx 2{,}718$
c) Ableiten einer Funktion der Form $(a + bx) \cdot e^{2-x}$ mithilfe der Produktregel:
$((a + bx)) \cdot e^{2-x})' = b \cdot e^{2-x} + (a + bx) \cdot (-1) \cdot e^{2-x}$
$= ((b - a) - bx) \cdot e^{2-x}$

Fortsetzung von Aufgabe 28:
Bestimmen der Parameter a und b für die Funktion f:
$f(x) = x \cdot e^{2-x}$
$= ((\ b - \quad a) - \quad b \cdot x) \cdot e^{2-x}$
$= ((-1 - (-1)) - (-1) \cdot x) \cdot e^{2-x}$
Der Koeffizientenvergleich liefert $b = -1$ und $a = -1$.
Damit gilt $F(x) = (-1 - x) \cdot e^{2-x}$, was man auch durch Ableiten überprüfen kann.
d) Da das Maximum von f den Wert $e = 2{,}718\ldots$ annimmt, stellt die rote Kurve den Graphen von f und die blaue Kurve den Graphen von g dar.
Der Unterschied zwischen den beiden Flächen zwischen Umgehung und Ort entspricht dem Flächeninhalt zwischen den beiden Kurven:

$$\int_0^2 (g(x) - f(x))\,dx = \int_0^2 \left((1{,}1x^3 - 5{,}4x^2 + 7{,}4x) - (x \cdot e^{2-x})\right) \mathrm{d}x$$
$$= \left[\tfrac{1}{4} \cdot 1{,}1x^4 - \tfrac{1}{3} \cdot 5{,}4x^3 + \tfrac{1}{2} \cdot 7{,}4x^2 - (-1 - x) \cdot e^{2-x}\right]_0^2$$
$$= 7{,}8 - e^2$$
$$\approx 0{,}41$$

29 Allgemein gilt: $f'(x) = ab \cdot e^{bx}$
a) $P(0|2) \quad \Rightarrow a = 2$
$f'(0) = 1 \quad \Rightarrow 1 = a \cdot b \Rightarrow b = 0{,}5$
$\Rightarrow f(x) = 2 \cdot e^{0{,}5x}$
b) $Q(2|5) \quad \Rightarrow 5 = a \cdot e^{2b} \Rightarrow a = \frac{5}{e^{2b}}$
$f'(2) = -\frac{1}{2} \quad \Rightarrow -\frac{1}{2} = ab \cdot e^{2b} = \frac{5}{e^{2b}} \cdot b \cdot e^{2b} \Rightarrow b = -0{,}1 \Rightarrow a = 5 \cdot e^{0{,}2}$
$\Rightarrow f(x) = 5 \cdot e^{0{,}2} \cdot e^{-0{,}1x}$

c) Durch die Angabe eines weiteren Punktes auf dem Graphen sind die Funktionen ebenfalls eindeutig festgelegt.

30 a) $f'(x) = \frac{1}{2} \cdot (e^x + e^{-x}) = g(x)$
$g'(x) = \frac{1}{2} \cdot (e^x - e^{-x}) = f(x)$
Die beiden Funktionen reproduzieren sich wechselseitig, ähnlich wie die Sinus- und Kosinusfunktionen, bei denen die Ableitung zusätzlich einen Vorzeichenwechsel ergibt.
Folgerung:
Wird die Funktion f n-mal abgeleitet, so ergibt sich wieder f, falls n gerade ist. Ist n ungerade, so ergibt sich die Funktion g.
Wird die Funktion g n-mal abgeleitet, so ergibt sich wieder g, falls n gerade ist. Ist n ungerade, so ergibt sich die Funktion f.
b) Die Kettenlinie ist für $x < 0$ fallend und für $x > 0$ steigend; vgl. Vorzeichen von $f(x)$.
Die Kettenlinie hat keine Nullstelle. Das Minimum liegt bei $x = 0$ mit $g(0) = 1$.
c) Betrachtet wird die Parabel p mit $p(x) = a \cdot x^2 + b \cdot x + c$, die mit der Funktion g z. B. an den Stellen -2, 0 und 2 übereinstimmen soll. Wegen der Achsensymmetrie gilt $b = 0$.
$c = g(0) = 1 \Rightarrow p(x) = a \cdot x^2 + 1$
Es gilt $g(2) = p(2)$.
$\Rightarrow a \cdot 2^2 + 1 = \frac{1}{2} \cdot (e^2 + e^{-2})$
$\Rightarrow a = \frac{1}{8} \cdot (e^2 + e^{-2} - 2) \approx 0{,}69$
Vergleich der Graphen: siehe rechte Abbildung.

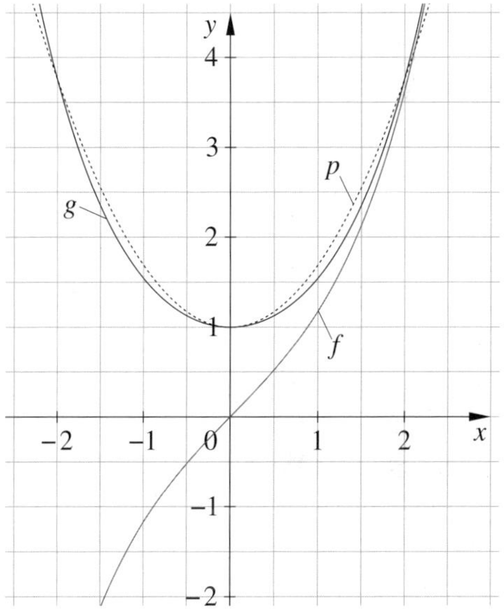

d) Es gilt:
$f(x^2) - g(x^2) = -1$
$(\sinh(x))^2 - (\cosh(x))^2 = -1$
(vgl. „trigonometrischer Pythagoras“ $(\sin(x))^2 + (\cos(x))^2 = 1$)
e) Die Aussage gilt für die Funktion g, aber nicht für die Funktion f.

99

Projekt: Mäusejahre

1 Anfangsdichte bei 10 ha: $P_0 = 500$

$P(16) = 16000 = 500 \cdot e^{k \cdot 16} \Rightarrow k = \frac{\ln(32)}{16} \approx 0{,}21661 \Rightarrow P(t) = 500 \cdot e^{0{,}21661 \cdot t}$

Prozentuales Wachstum pro Vierteljahr:

$\frac{P(t+1) - P(t)}{P(t)} = \frac{P(t+1)}{P(t)} - 1 = \frac{500 \cdot e^{k \cdot (t+1)}}{500 \cdot e^{k \cdot t}} - 1 = \frac{e^{k \cdot t} \cdot e^{k}}{e^{k \cdot t}} - 1 = e^{k} - 1 \approx 0{,}2418\ldots$

Die Mäusepopulation wächst im Vierteljahr um ca. 24 %.

2 $0{,}03 \cdot \int_0^{16} P(t)\,\mathrm{d}t = 0{,}03 \cdot \frac{500}{k} \cdot \left[e^{k \cdot t}\right]_0^{16} = \frac{15}{k} \cdot (e^{16k} - 1) = \frac{465}{k} = 2146{,}7\ldots$

Während eines Vierjahreszyklus entsteht ein Schaden von fast 2200 €.

3 $0{,}03 \cdot \int_0^{32} P_2(t)\,\mathrm{d}t = 0{,}03 \cdot \frac{500 \cdot 2}{k} \cdot \left[e^{0{,}5\,k \cdot t}\right]_0^{32} = 2 \cdot \frac{15}{k} \cdot (e^{16k} - 1)$

Nach 8 Jahren ist der Schaden mit Schädlingsbekämpfung so groß wie der ohne Bekämpfung. Eine Bekämpfung, welche den Wachstumsfaktor zwar reduziert, aber größer als 1 lässt, lohnt sich auf lange Sicht nicht. Die Grafik zeigt, dass der im ersten Zyklus vermiedene Schaden durch die länger anhaltende hohe Population im 2. Zyklus aufgewogen wird.

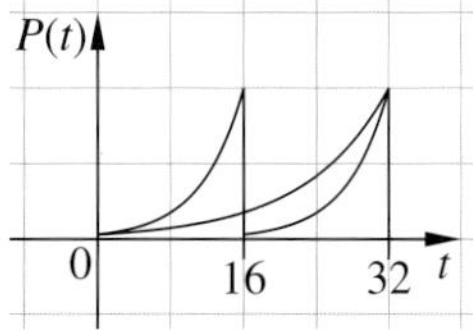

4 Die Bekämpfung bei bereits hoher Dichte bewirkt, dass diese hohe Population länger beibehalten wird (linkes Bild). Man sollte umgekehrt am Anfang, z. B. in den ersten vier Jahren bekämpfen, und dann die Population in zwei Jahren bis zum Zusammenbruch wachsen lassen (rechtes Bild). In diesem Fall wäre der Schaden in 16 Jahren:

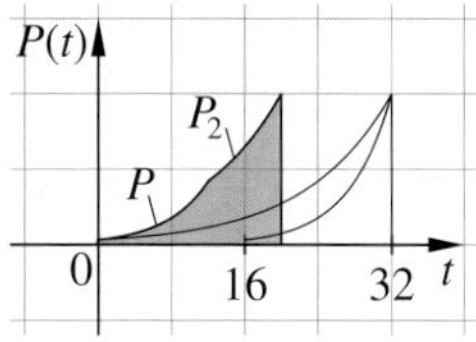

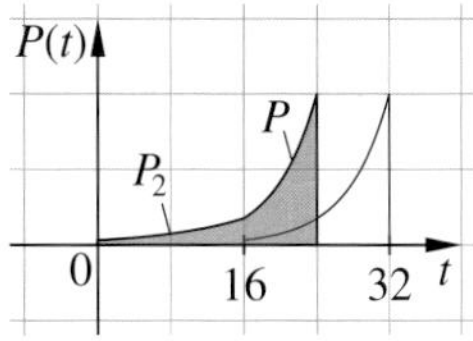

$$0{,}03 \cdot \left(\int_0^{16} P_2(t)\,\mathrm{d}t + \int_8^{16} P(t)\,\mathrm{d}t\right) = 0{,}03 \cdot \left(\frac{500 \cdot 2}{k} \cdot \left(e^{\frac{k}{2} \cdot 16} - 1\right) + \frac{500}{k} \cdot \left(e^{16k} - e^{8k}\right)\right) \approx 2469{,}3$$

Damit sinkt der durchschnittliche Schaden pro Jahr von 536,7 € auf 411,54 €.

5 Individuelle Lösungen.

100

3.3 Wachstumsvorgänge

AUFTRAG 1 **Wachstumsarten**

Fehler im 1. Druck des Schülerbuchs: Bei $B_3(t)$ muss es 22 – 15 … und nicht 22 + 15 … heißen.

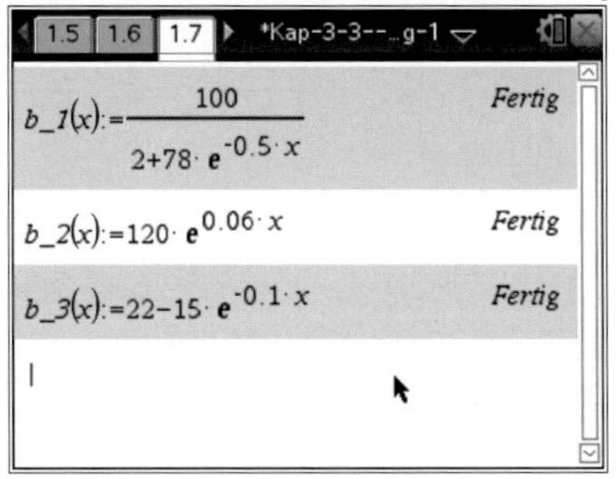

Die angegebenen Funktionen

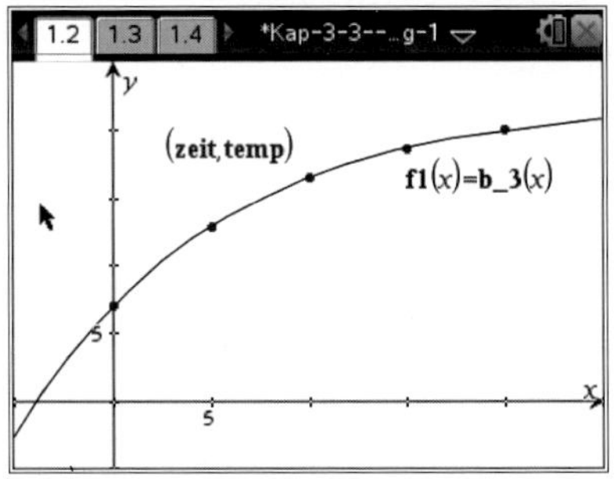

Bild zu Tabelle 1

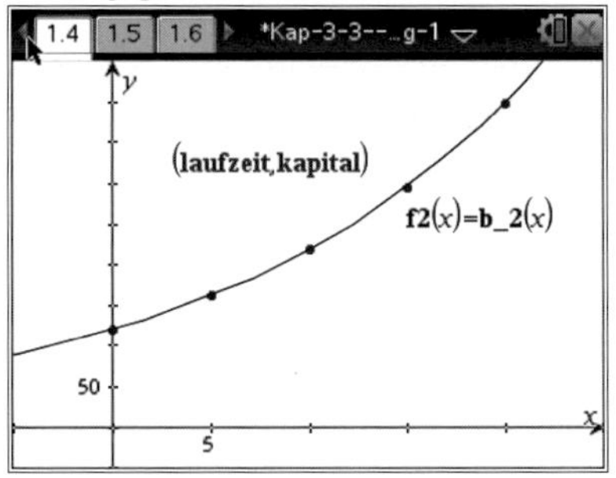

Bild zu Tabelle 2

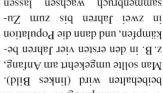

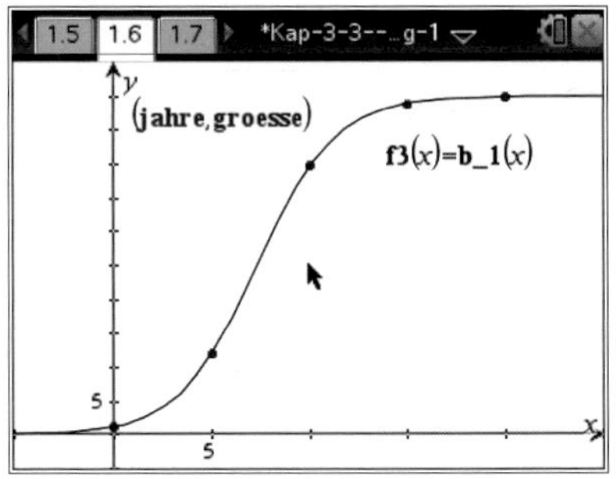

Bild zu Tabelle 3

Zu Tabelle 1: Je näher die Temperatur der gefrorenen Beeren an der Temperatur der Umgebung ist, umso langsamer steigt ihre Temperatur; die Temperatur der Umgebung wird nicht überschritten.

Zu Tabelle 2: Je höher das Kapital ist, umso größer sind die Zinsen. Bei beliebig langer Laufzeit wird das Kapital beliebig hoch.

Zu Tabelle 3: Die Größe nimmt zu Beginn exponentiell zu, danach eine Zeit lang linear, zum Schluss verlangsamt sich das Wachstum und die Größe nähert sich einer oberen Grenze.

AUFTRAG 2 **Beschränktes Wachstum beschreiben**

Aus Bild 4 ($f(x) = e^{x}$) wird durch Spiegelung an der y-Achse Bild 3 ($f(x) = e^{-x}$), daraus durch Spiegelung an der x-Achse Bild 1 ($f(x) = -e^{-x}$), daraus durch Verschiebung in y-Richtung (hier um 2) das Bild 2 ($\mathrm{f(x)} = 2 - e^{-x}$).

Ein Beispiel für einen solchen Vorgang ist die Erwärmung eines Gegenstandes in einer Umgebung mit konstanter Temperatur.

AUFTRAG 3 **Im Labor**

Der Graph verläuft anfangs exponentiell (bis $t = 0$): Je mehr Fläche bedeckt ist, um so mehr Sporen werden ausgestreut.

Der lineare Teil zwischen $t = 0$ und $t = 2$ lässt sich dadurch erklären, dass bei zunehmend bedeckter Fläche zwar weiter zunehmend Sporen ausgestreut werden, aber diese nicht mehr alle auf einen noch freien Platz fallen.

Dieser Effekt nimmt ab $t = 2$ noch zu und bewirkt, dass nun das Wachstum abnimmt, die bedeckte Fläche sich langsam der zur Verfügung stehenden Fläche annähert.

Die Steigung der Graden: $m = 2{,}5$

$f'(t) = 2{,}99 \cdot e^{0{,}98t}$, also $f'(0) = 2{,}94 \neq 2{,}5$

$h'(t) = 20{,}874 \cdot e^{-0{,}98t}$, also $h'(2) \approx 2{,}94 \neq 2{,}5$.

CASIO:

Die ersten drei Screenshots zeigen die Eingabe der Funktionen mit eingeschränktem Definitionsbereich, und ihre Graphen.

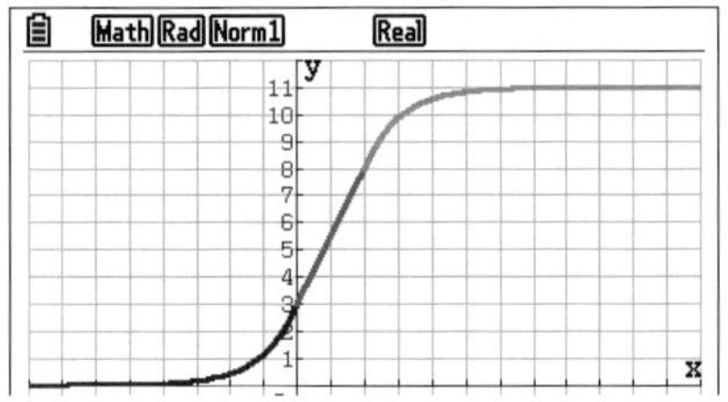

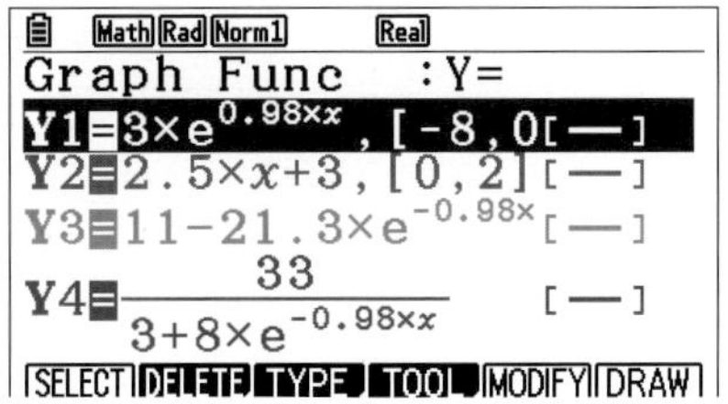

Es gilt $S(0) = \frac{33}{11} = 3$, und $s(2) \approx 8$, siehe Abb. rechts.

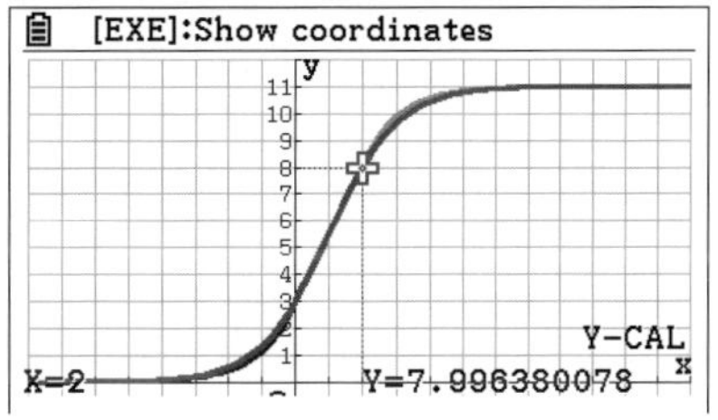

Die Wendestelle wird als Nullstelle von f'' ermittelt, s. Abb. rechts unten.

Man erhält $x \approx 1$.

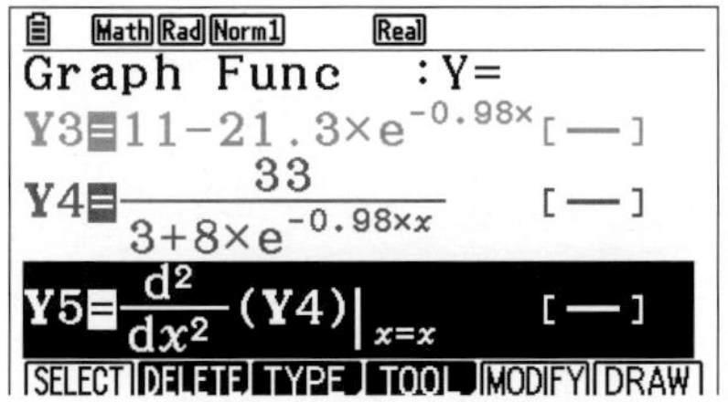

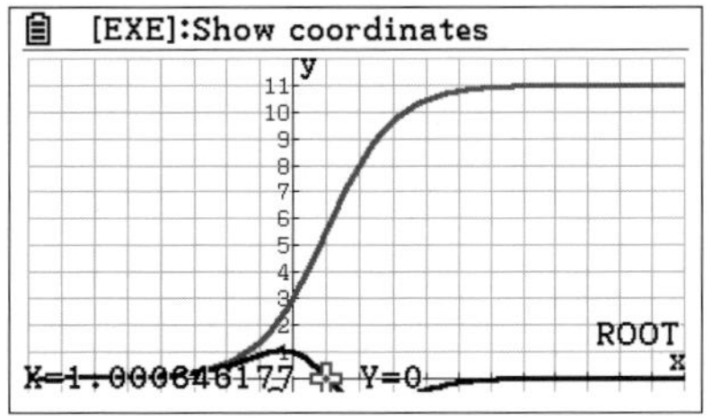

Fortsetzung von Auftrag 3:

Die Wendetangente hat die Gleichung $t(x) = S'(1) \cdot x + S(1) - S'(1)$. Das wird im GTR eingegeben. Die Wendetangente verläuft nicht genau durch A und B, denn $t(0) \approx 2{,}8$ und $t(2) \approx 8{,}2$. Das Bild rechts unten zeigt in Vergößerung, dass t nicht durch $B(2\,|\,8)$ verläuft.

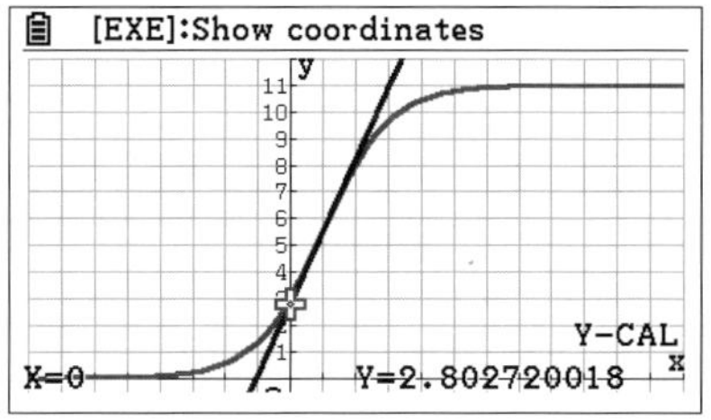

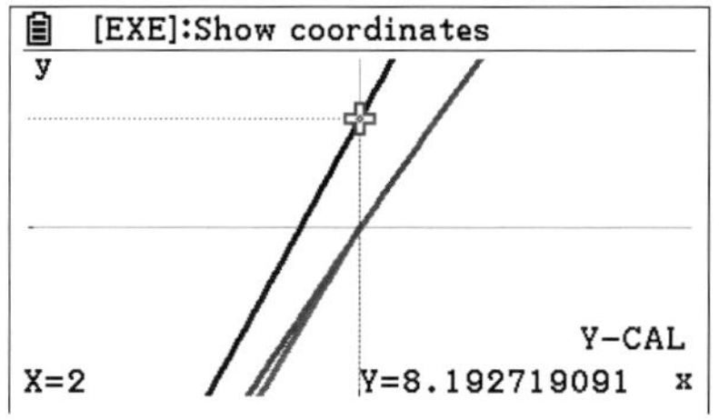

TI-NSPIRE

Eingabe der Funktionen mit eingeschränktem Definitionsbereich:

piecewise $(2.5 \cdot x + 3;\ x \geq 0$ **and** $x \leq 2)$.

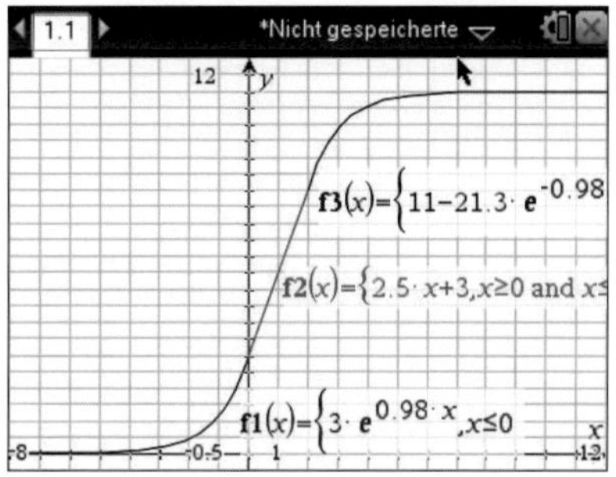

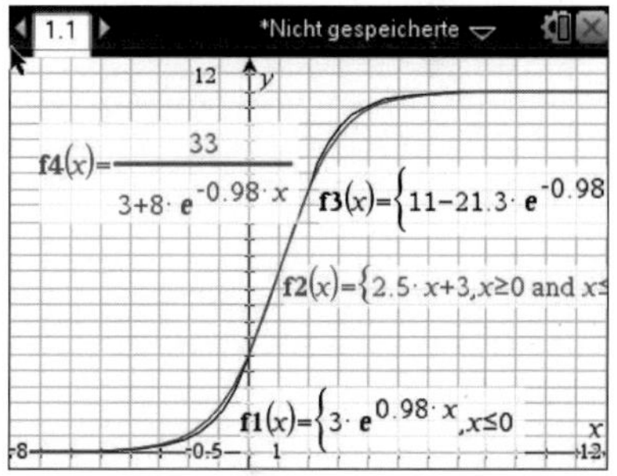

Der Graph der zweiten Ableitung lässt sich zwar zeichnen, s. Abb. links unten. Jedoch lässt sich die per zweiter Ableitung definierte Funktion im Graphikmenü nicht analysieren. Dem Bild entnimmt man, dass der Graph von f_7 bei 1 die x-Achse schneidet. Diese Nullstelle erhält man im Rechenblatt mit nsolve (Abb. unten rechts).

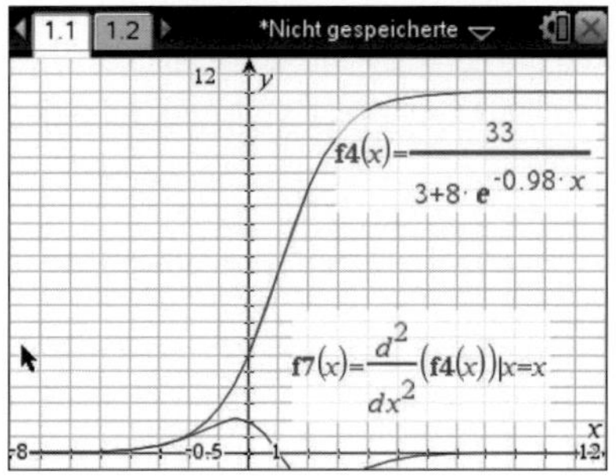

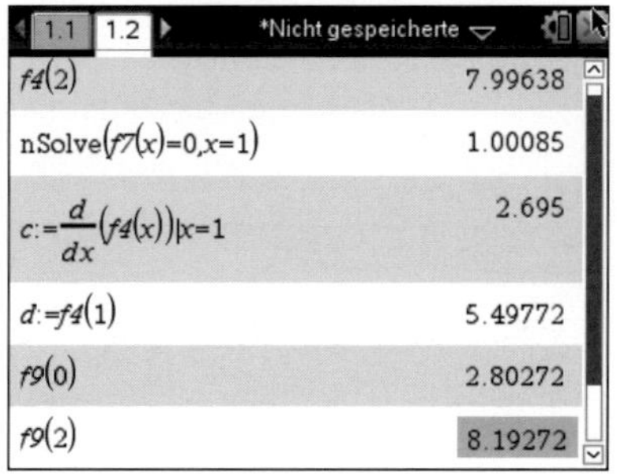

101

Fortsetzung von Auftrag 3:

Im Rechenblatt werden für die Wendetangente Konstanten für $f''_4(1)$ und $f_4(1)$ definiert, und mit diesen dann die Tangentengleichung eingegeben. Man sieht, dass in 0 und 2 die Tangente um ca 0,2 in y-Richtung von den Punkten A und B abweicht.

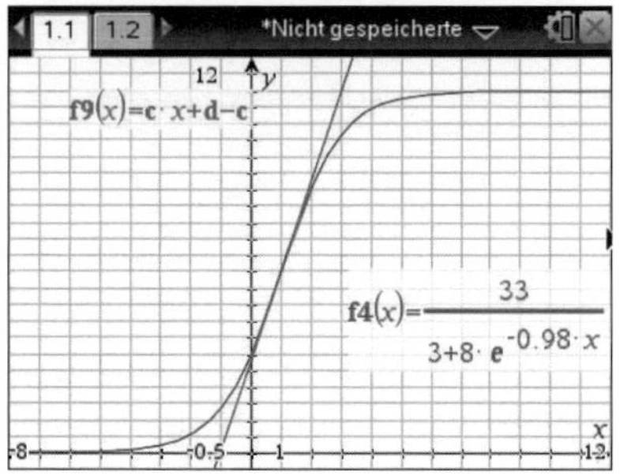

AUFTRAG 4 **Funktionseigenschaften**

Fehler im 1. Druck des Schülerbuchs: An mehreren Stellen wird die Variable *x* anstelle von *t* benutzt.

(1) Wegen $\lim\limits_{t \to 1} (e^{-0,5t}) = 0$ ist $\lim\limits_{t \to 1} (B(t)) = \frac{15}{3} = 5$

(2) $B(0) = \frac{15}{3+2} = 3$

(3) Wegen $\lim\limits_{t \to -1} e^{-0,5t} = 1$ ist $\lim\limits_{t \to -1} (B(t)) = 0$

(4) $B'(t) = \frac{15 \cdot e^{-0,5t}}{(3+2 \cdot e^{-0,5t})^2} = \frac{15 \cdot e^{-0,5t}}{4 \cdot (e^{-0,5t})^2 + 12 \cdot e^{-0,5t} + 9} = \frac{15}{4 \cdot e^{-0,5t} + 12 + 9 \cdot e^{0,5t}}$, also gilt $\lim\limits_{t \to 1} (B'(t)) = 0$

(5) Wegen 2) und $B'(0) = 0,6$ ist t die Tangente an der Stelle 0.

(6) Offensichtlich, da keine negativen Teile in den Termen vorkommen.

Bei Wachstumsvorgängen in der Natur folgt auf ein rasch sich steigerndes Wachstum zu Beginn eine Phase des nahezu gleichmäßigen Wachstums, am Schluss verlangsamt sich das Wachstum bis zu einer oberen Grenze, die nicht überschritten wird.

Aufgaben – Trainieren 105

1 a) $B(t) = 4 \cdot e^{0,05t}$

b) $B(t) = 3,8 \cdot e^{-0,45t}$

c) $B(t) = 21 \cdot e^{-1,05t}$

d) $B(t) = 0,5 \cdot e^{0,83t}$

2 a) $k \approx -0,08$ **b)** $k \approx 0,39$ **c)** $k \approx 9,81$ **d)** $k \approx -0,14$

3 a) Die Funktionswerte wachsen mit wachsendem t, bleiben aber immer kleiner als 200 (vgl. Abb. links). Deshalb handelt es sich um beschränktes Wachstum.

b) Bei einer Exponentialfunktion mit positivem Faktor vor dem Exponenten wachsen die Funktionswerte mit wachsendem t exponentiell (vgl. Abb. rechts). Es handelt sich um exponentielles Wachstum.

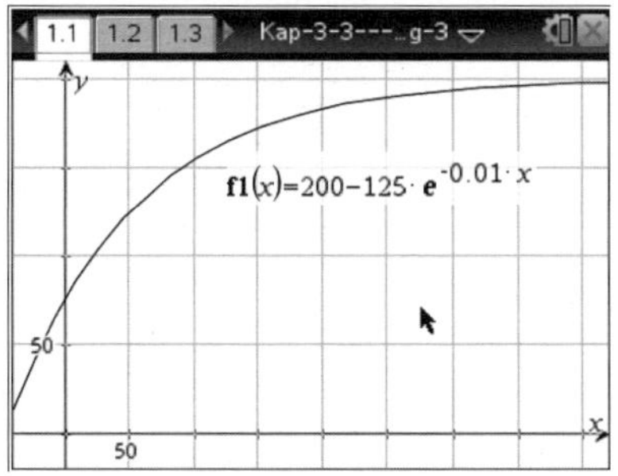

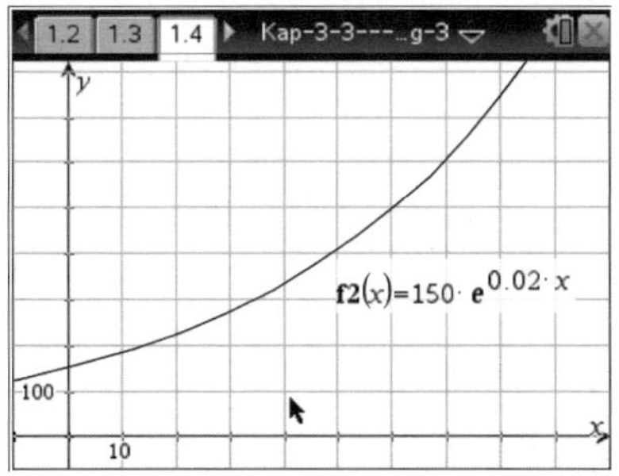

c) Die Funktionswerte wachsen zunächst exponentiell, dann eine zeitlang nahezu linear und danach nur noch beschränkt (vgl. Abb. rechts). Es handelt sich um logistisches Wachstum.

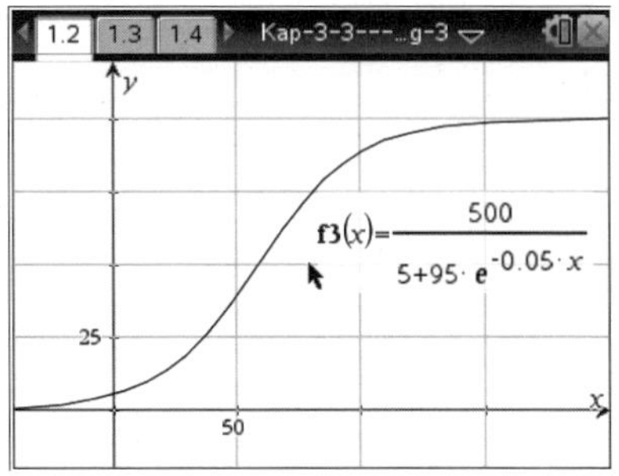

4 a) $B(0) = 75$; $S = 200$

b) $B(0) = 150$; Es gibt keinen Sättigungswert, da exponentielles Wachstum.

c) $B(0) = 5$; $S = 100$

5 a) $B(t) = 2 \cdot e^{0,6t}$

b) $B(t) = 500 - 480 \cdot e^{-0,01t}$

c) $B(t) = \frac{2000}{10 + 190 \cdot e^{-0,1t}}$

6 $B(t) = \dfrac{6500}{25 + 235 \cdot e^{-1,12t}}$

7 Logistisches Wachstum mit einem Anfangswert 10, einer Sättigung von 200 und dem größten Wachstum bei $t = 5$:

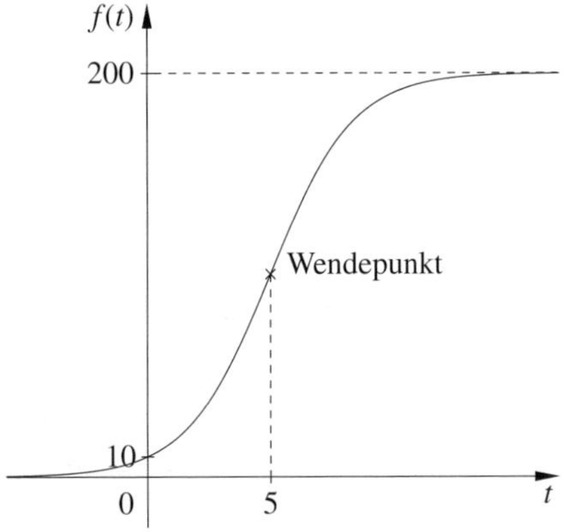

8

Abbildung 1	Abbildung 3
beschränktes Wachstum 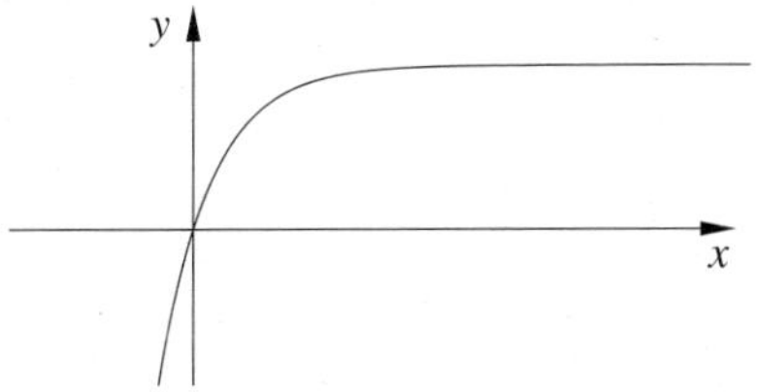	negatives exponentielles Wachstum (Abnahme) 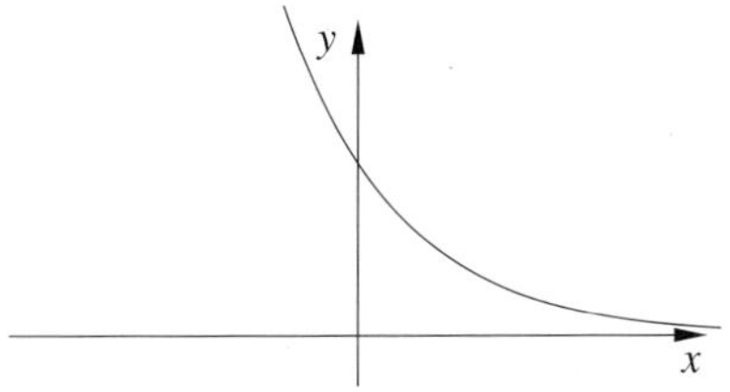
Abbildung 2	**Abbildung 4**
exponentielles Wachstum 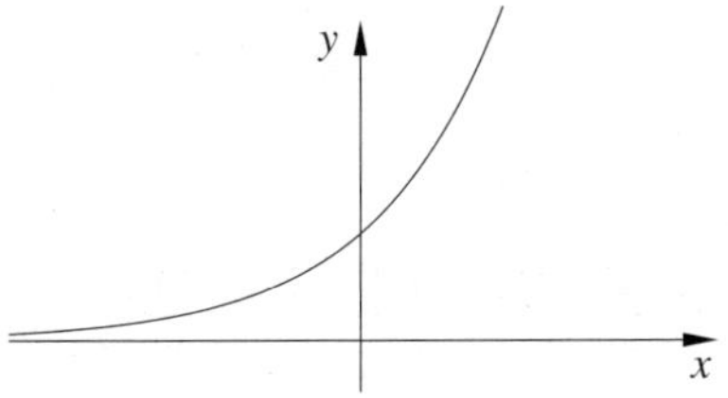	logistisches Wachstum 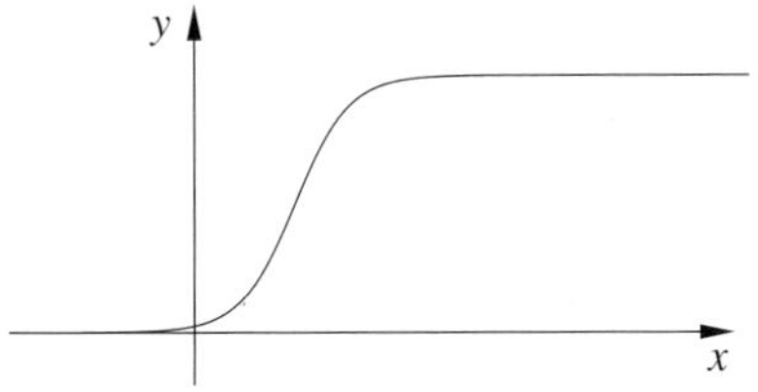

105

9 $\lim\limits_{t \to \infty} \frac{21}{3 + 4 \cdot e^{-0,1 \cdot t}} = \frac{21}{3} = 7 \quad \lim\limits_{t \to -\infty} \frac{21}{3 + 4 \cdot e^{-0,1 \cdot t}} = 0$

B hat keine Nullstellen, da der Zähler konstant ist.

$B'(t) = -21 \cdot \frac{1}{(3 + 4 \cdot e^{-0,1 \cdot t})^2} \cdot (-0,4 \cdot e^{-0,1 \cdot t}) = \frac{8,4 \cdot e^{-0,1 \cdot t}}{(3 + 4 \cdot e^{-0,1 \cdot t})^2} \neq 0$ für alle t;

Also keine Extremstellen.

Zur Ermittlung der Wendestellen kann man entweder fragen (GTR), für welches t gilt $B(t) = \frac{S}{2} = \frac{7}{2} = 3,5$, oder man sucht die Nullstellen der 2. Ableitung (Abb. unten).

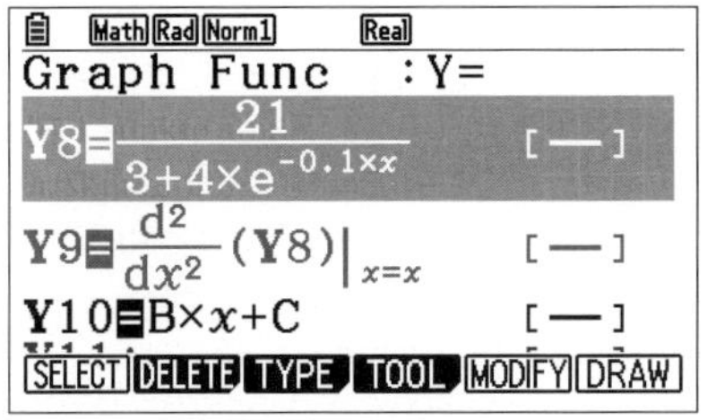

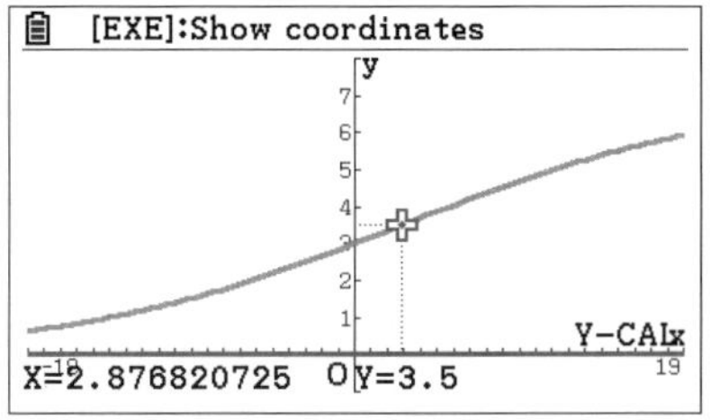

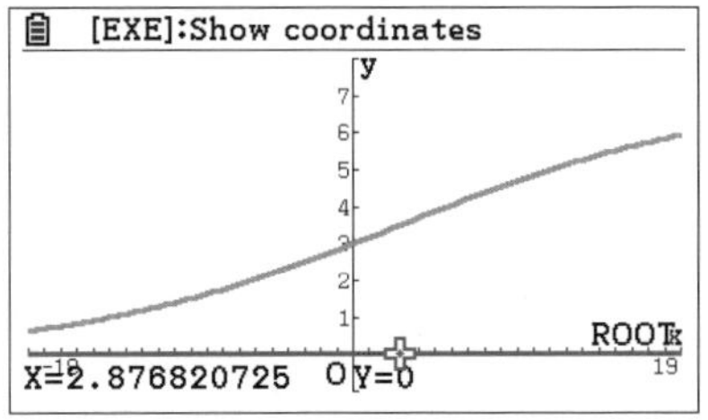

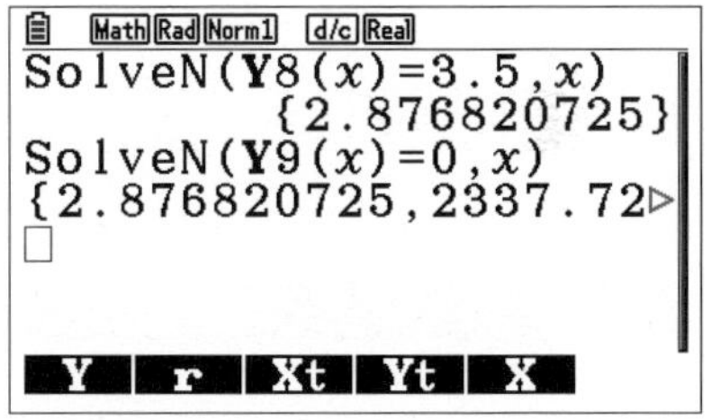

Zur Berechnung der Wendetangente wurde die Wendestelle 2,876820725 in der Variablen A gespeichert. Man erhält $B'(A) = 0; 175$ und für den y-Achsenabschnitt: $C = B(A) - B'(A) \cdot A \approx 3$, und so als Gleichung $y = 0,175x + 3$.

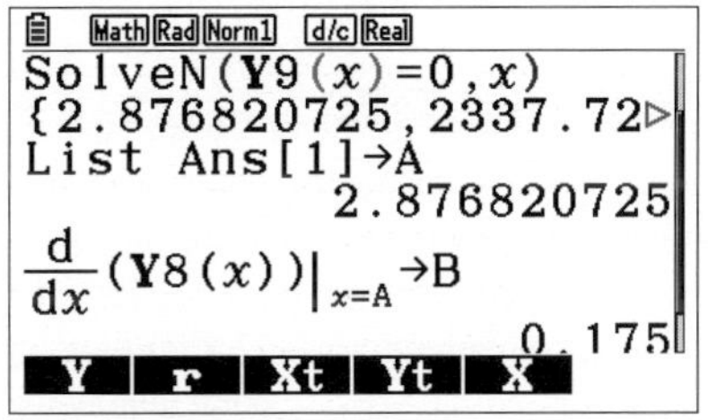

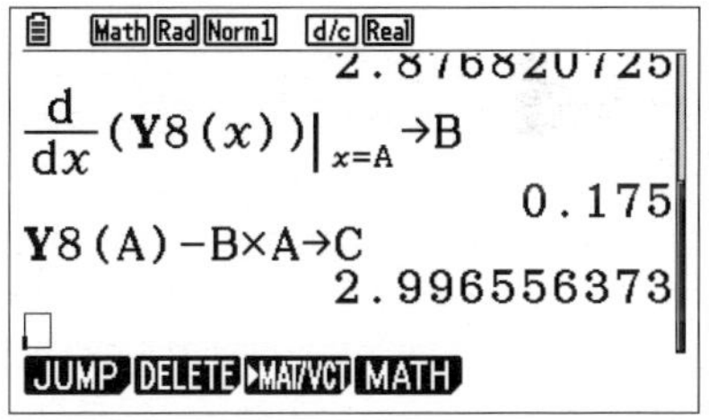

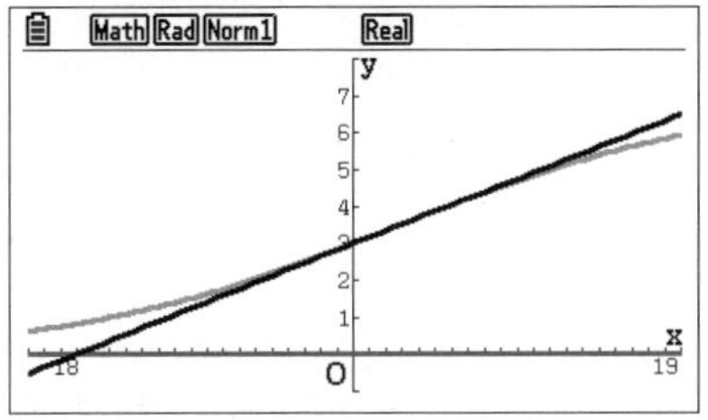

106 **NOCH FIT?**

Im 1. Druck wurde an dieser Stelle fälschlich das Noch fit? von S. 120 wiederholt abgedruckt.

I Beispiel:
$f(x) = (x+3)(x-1)(x-2{,}7)$

II Für die ganzrationale Funktion f zweiten Grades der Form $f(x) = ax^2 + bx + c$ gilt:
$f(1) = a + b + c = -6$
$f(3) = 9a + 3b + c = 0$
$f'(3) = 2a \cdot 3 + b = 5$
Dies führt auf die Funktion f mit $f(x) = x^2 - x - 6$.

Aufgaben – Anwenden

10 a)

x	-2	-1	0	1	2	3
$f(x)$	$\frac{4}{3}$	2	3	4,4	6,75	10,125

Die Wertetabelle kann ohne TR erstellt werden.

b) Beispielsweise im GTR die Horizontale mit dem Graphen von f schneiden. Das ergibt $x \approx 2;09$. (Da nicht angegeben ist, in welcher Einheit die Zeit gemessen wird, ist dieser x-Wert auch nicht in Minuten umrechenbar.)

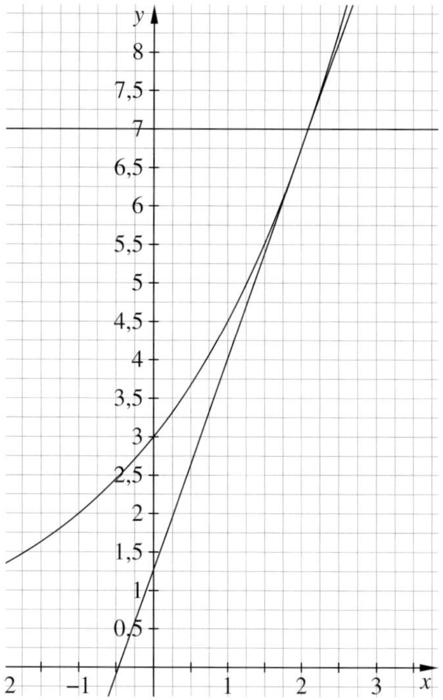

c) Mit GTR löst man die Gleichung $e^k = 1{,}5$ und erhält $k \approx 0{,}405$.
Die Ableitung ist dann
$f'(x) = 3 \cdot 0{,}405 \cdot 1{,}5^x$ und $f'(2) \approx 2{,}74$

11 a) $B(t) = 1000 - 800 \cdot e^{-0{,}013t}$
b) $B(10) \approx 300$; $B(15) \approx 340$; Nach 10 Jahren sind ca. 300, nach 15 Jahren ca. 340 Tiere in der Herde zu erwarten.
c) $B(t) = 950$ hat die Lösung $t \approx 213$ (GTR), d. h. nach ca. 213 Jahren sind 95 % der Maximalanzahl erreicht.
d) $B'(t) = 10{,}4 \cdot e^{-0{,}013t}$
$B'(8) \approx 9{,}37$; Nach 8 Jahren wächst die Anzahl der Tiere mit einer Geschwindigkeit von ca. 9,37 Tieren pro Jahr.

12 a) $B(t) = 20 + 75 \cdot e^{-0{,}073t}$ 106
b) Temperatur nach 5 Minuten: 72,1 °C; nach 10 Minuten: 56,1 °C; nach einer halben Stunde: 28,4 °C; nach einer Stunde: 21,0 °C
c) 20,5° werden nach ca. 68 Minuten erreicht.
d) $B'(20) \approx -1{,}27\frac{°C}{\text{min}}$
e) Nach ca. 23,3 Minuten ist die Temperatur unter $-1\frac{°C}{\text{min}}$ gefallen.

13 a) Aus $\frac{50 \cdot c}{c + 19 \cdot c \cdot e^{-0{,}2t}}$ folgt, dass $50 \cdot c = S \cdot c$, also $50 = S$.
Außerdem muss $19 \cdot c = S - c = 50 - c$ sein, also $c = 2{,}5$.
b) Weil für $x \to \infty$ der Summand $19 \cdot e^{-0{,}2t}$ des Nenners gegen 0 geht, ist
$\lim\limits_{x \to \infty} f(x) = \frac{50}{1} = 50 = S$; $c = f(0) = \frac{50}{(1+19 \cdot e^0)} = \frac{50}{20} = 2{,}5$
c) Beide Lösungswege sind nicht aufwändig, die Berechnung von c in Aufgabe a) ist etwas trickreich. Am besten kombiniert man beide Wege: S gewinnt man am einfachsten so wie in Aufg. a), und c so wie in Aufg. b).

14 a) $B(t) = \frac{600}{1 + 599 \cdot e^{-1{,}25t}}$ 107
b) Nach 8 Tagen sind ca. 120 Personen infiziert.
c) 500 Bewohner sind nach 13 Tagen infiziert.
d) Nach 10 Tagen infizieren sich ca. 1,67 Personen pro Tag; nach 11 Tagen 0,48 Personen pro Tag; nach 12 Tagen 0,14 Personen pro Tag.

15 a) vgl.GTR-Screenshot rechts.

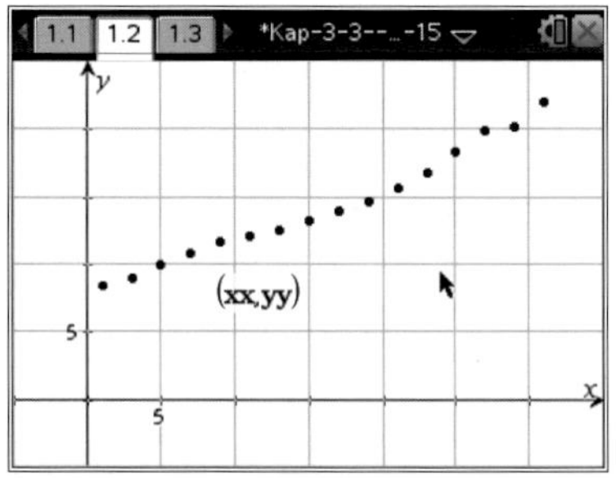

b) $f(x) = 0{,}0003x^3 - 0{,}009x^2 + 0{,}4143x + 8{,}0589$
$g(x) = 8{,}4436 \cdot e^{0{,}0306x}$;
vgl. GTR-Screenshots unten.

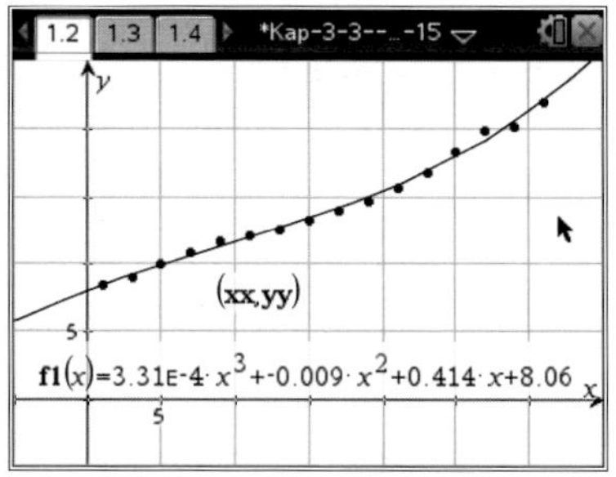

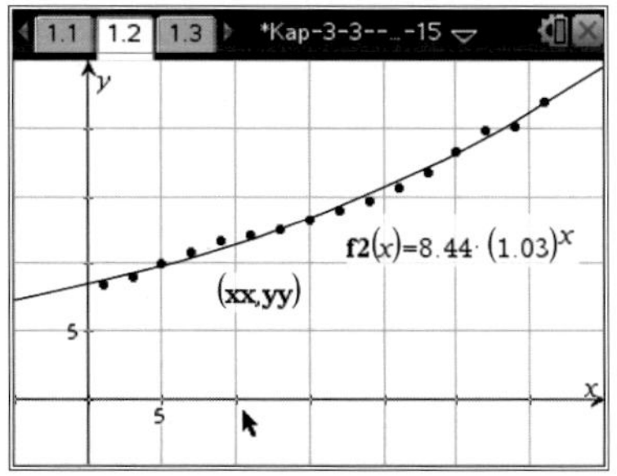

Fortsetzung von Aufgabe 15:

c) $f(55) = 58{,}76$
$g(55) = 45{,}42$

d) Tangente an f: t_f: $y = 0{,}812x - 3{,}034$ $t_f(55) = 41{,}63$
Tangente an g: t_g: $y = 0{,}667x + 1{,}12$ $t_g(50) = 37{,}8$

e) Sättigungsgrenze: 37,95

f) Nein, es gibt keine natürliche Grenze für die reale Stromerzeugung.

16 a) Tabelle und Streudiagramm: Es handelt sich um logistisches Wachstum.

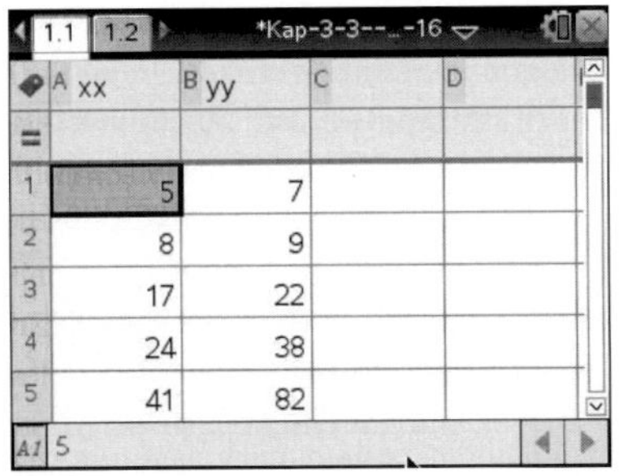

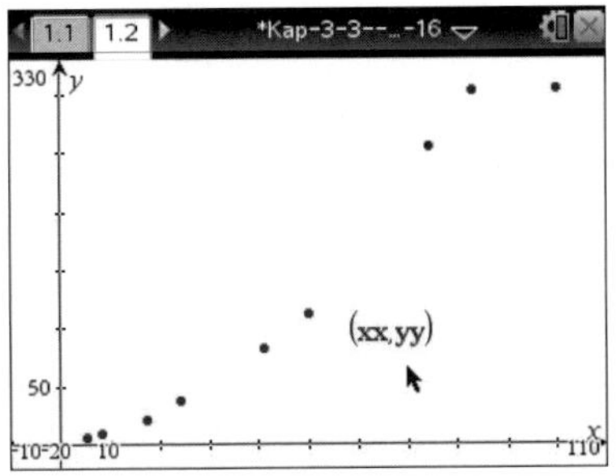

b) Mittels logistischer Regression erhält man:

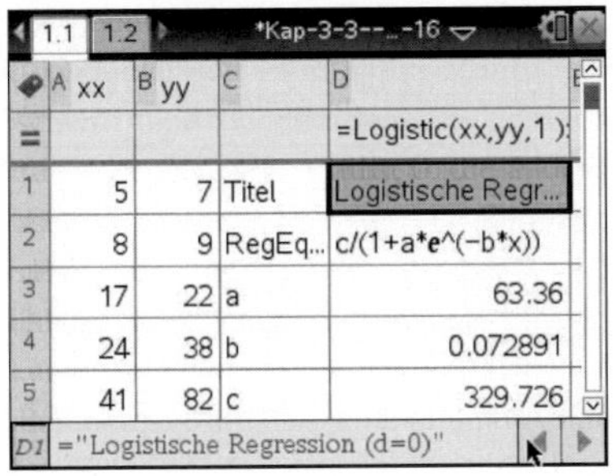

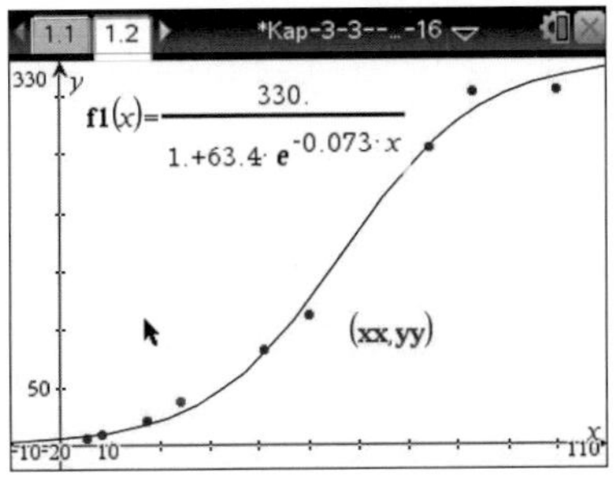

c) $B(0) \approx 5{,}12315$, der Anfangsbestand liegt bei ca. 5 cm. Bei dieser Art der Darstellung des Funktionsterms liest man unmittelbar ab, dass die Sättigung bei ca. 330 cm liegt.

d) Mittels GTR bestimmt man leicht die Nullstelle von f'' (s. Abb. rechts). Nach ca. 57 Tagen wächst der Mais am schnellsten.

e) Nach 60 Tagen wächst der Mais um ca. 6 cm pro Tag:

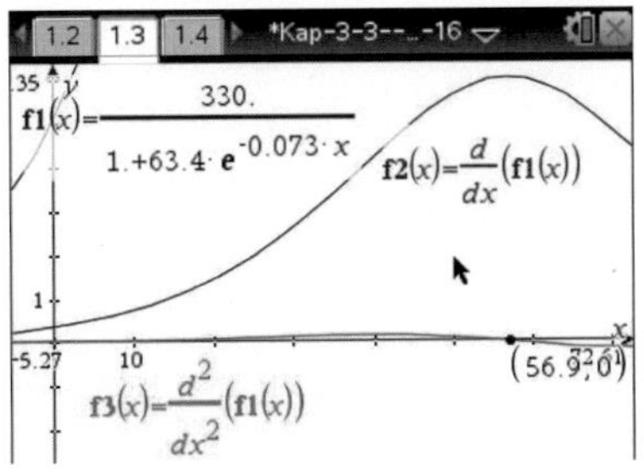

17 a) $\lim\limits_{t \to \infty} f(t) = \frac{2}{2} = 1$; Die maximale Produktionsleitung beträgt $1\,\frac{\text{ml}}{\text{h}}$.

b) $f(t) = \frac{2}{2 + e^{-t}}$

$f'(t) = \frac{2}{(2 + e^{-t})^2}$

$f''(t) = \frac{-4 \cdot e^{-2t} \cdot (2 + e^{-t}) + 2 \cdot e^{-t} \cdot (2 + e^{-t})^2}{(2 + e^{-t})^4}$ mit $e^{-t} \neq 0$; $(2 + e^{-t}) \neq 0$

Nach Kürzen ergibt sich: $f''(t) = 0$, wenn
$-2e^{-t} + 2 + e^{-t} = 0$,
also $e^{-t} = 2$.
Daraus folgt: $e^t = 0{,}5$ und $t = \log 0{,}5 = -0{,}6931$.
Zum Zeitpunkt $t = -0{,}69$ h steigt die Gasproduktion am stärksten an.

c) $f'(0) = 0{,}22\,\frac{\text{ml}}{\text{h}^2}$; $f'(2) = 0{,}06\,\frac{\text{ml}}{\text{h}^2}$

d) $m = \frac{f(2) - f(0)}{2} = \frac{0{,}94 - 0{,}67}{2} \approx 0{,}135\,\frac{\text{ml}}{\text{h}}$

e) $\int\limits_0^2 \frac{2}{2 + e^{-t}}\,dt = \left[\log(2e^t + 1)\right]_0^2 = 1{,}66$

18 a) $B(t) = \frac{3600}{3 + 1197 \cdot e^{-2{,}3t}}$

b) nach 2,6 h

c) ca. 4 h

19 a) $B'(t) = -60\,e^{-2t} = -2 \cdot B(t)$

b) $B'(t) = 8\,e^{-0{,}1t} = (100 - 80\,e^{-0{,}1t} - 100) \cdot (-0{,}1) = (B(t) - 100) \cdot (-0{,}1) = 100 - 0{,}1 \cdot B(t)$.

c) $B'(t) = -12 \cdot \frac{1}{(2 + 10e^{-0{,}5t})^2} \cdot (-5\,e^{-0{,}5t}) = \frac{60\,e^{-0{,}5t}}{(2 + 10\,e^{-0{,}5t})^2}$

In diesem Fall ist keine Beziehung zwischen $B(t)$ und $B'(t)$ zu entdecken.

20 a) $B'(t) = 0{,}5 \cdot e^{0{,}1t}$ und mit $k = 0{,}1$ ist $k \cdot B(t) = 0{,}1 \cdot 5 \cdot e^{0{,}1t}$,
also $B'(t) = k \cdot B(t)$

b) $B'(t) = 70 \cdot e^{-t}$. Mit $k = 1$ und $S = 80$ ist

$$k \cdot (S - B(t)) = 1 \cdot (80 - (80 - 70 \cdot e^{-t})) = 70 \cdot e^{-t},$$

also $B'(t) = k \cdot (S - B(t))$

c)
$$B'(t) = \frac{-5}{(1 + 4 \cdot e^{-t})^2} \cdot (-4\,e^{-t}) = \frac{20\,e^{-t}}{(1 + 4e^{-t})^2}$$

Bestimmung der Koeffizienten durch Vergleich mit $\frac{c \cdot S}{c + (S - c) \cdot e^{-k \cdot S \cdot t}}$: Es ist $c = 1$, wegen $(S - c) = 4$ und $c \cdot S = 5$ ist $S = 5$. Wegen $k \cdot S = 1$ ist $k = \frac{1}{5}$.

$$k \cdot B(t) \cdot (S - B(t)) = \frac{1}{5} \cdot \frac{5}{(1 + 4e^{-t})} \cdot \left(5 - \frac{5}{1 + 4e^{-t}}\right) = \frac{1}{1 + 4e^{-t}} \cdot \frac{5 \cdot (1 + 4e^{-t}) - 5}{1 + 4e^{-t}}$$

$$= \frac{1}{(1 + 4e^{-t})} \cdot \frac{20\,e^{-t}}{(1 + 4e^{-t})} = \frac{20\,e^{-t}}{(1 + 4e^{-t})^2} = B'(t)$$

108

21 a) Es ist $c = 2$, $S = 4$, $k = \frac{1}{8}$ und $B(-8) \approx 0{,}07$ und $B(8) \approx 3{,}93$.
Der Graph von B nimmt bei $t = 0$ den Wert $\frac{S}{2} = 2$ an, also ist $W(0\,|\,2)$.

b) $f(x) = ax^3 + bx^2 + cx + d$

$$f(0) = 0 \Leftrightarrow d = 2$$
$$f''(0) = 0 \Leftrightarrow b = 0$$
$$f(x) = ax^3 + cx + 2$$
$$f'(8) = 0 \Leftrightarrow 3 \cdot 8^3 \cdot a + c = 0 \Leftrightarrow c = -192a$$
$$f(8) = 4 \Leftrightarrow 8^3 \cdot a + (-192a) \cdot 8 + 2 = 4 \Leftrightarrow a = -\frac{1}{512}$$
$$c = \frac{3}{8}$$
$$f(x) = -\frac{1}{512}x^3 + \frac{3}{8}x + 2$$

(Die hinreichende Bedingung für das Maximum bei $x = 8$ wird erfüllt.)

c) Gleicher Wendepunkt, Graphen liegen sehr nahe beieinander. Bei ±8 hat der Graph von f eine waagerechte Tangente; der Graph von B verläuft noch nicht ganz horizontal.

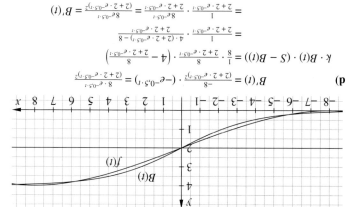

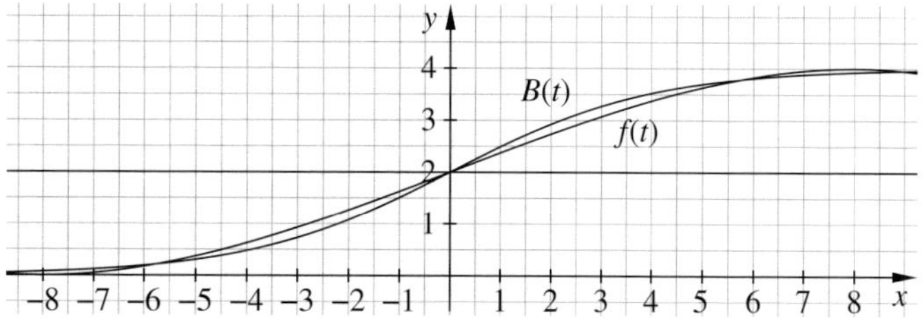

d) $$B'(t) = \frac{-8}{(2 + 2 \cdot e^{-0,5 \cdot t})^2} \cdot (-e^{-0,5 \cdot t}) = \frac{8 \cdot e^{-0,5 \cdot t}}{(2 + 2 \cdot e^{-0,5 \cdot t})^2}$$

$$k \cdot B(t) \cdot (S - B(t)) = \frac{1}{8} \cdot \frac{8}{2 + 2 \cdot e^{-0,5 \cdot t}} \cdot \left(4 - \frac{8}{2 + 2 \cdot e^{-0,5 \cdot t}}\right)$$
$$= \frac{1}{2 + 2 \cdot e^{-0,5 \cdot t}} \cdot \frac{4 \cdot (2 + 2 \cdot e^{-0,5 \cdot t}) - 8}{2 + 2 \cdot e^{-0,5 \cdot t}}$$
$$= \frac{1}{2 + 2 \cdot e^{-0,5 \cdot t}} \cdot \frac{8e^{-0,5 \cdot t}}{2 + 2 \cdot e^{-0,5 \cdot t}} = \frac{8e^{-0,5 \cdot t}}{(2 + 2 \cdot e^{-0,5 \cdot t})^2} = B'(t)$$

e) Eine Messreihe, zu welcher die Modellierung B passt, wird auch durch f gut modelliert. Wegen d) gibt es jedoch einen „inneren", einen logischen Grund für die Übereinstimmung der Messwerte mit dem Graphen von B. Man muss bei einer Modellierung also unterscheiden zwischen einer Modellierung anhand von logischen Überlegungen, hier B, oder anhand einer sozusagen zufälligen Übereinstimmung von Messwerten und Modellfunktion.

109

Aufgaben – Vernetzen

22 a) Es gilt:

$$B(t) = S - (S - B(0)) \cdot a^t \quad \Leftrightarrow \quad a^t = \frac{S - B(t)}{S - B(0)}$$
$$B(t+1) = S - (S - B(0)) \cdot a^{t+1} \quad \Leftrightarrow \quad a^{t+1} = \frac{S - B(t+1)}{S - B(0)}$$
$$\Rightarrow \quad \frac{a^{t+1}}{a^t} = a = \frac{\frac{S - B(t+1)}{S - B(0)}}{\frac{S - B(t)}{S - B(0)}} = \frac{S - B(t+1)}{S - B(t)}$$

Alternativer Lösungsweg: $\frac{S - B(t+1)}{S - B(t)} = \frac{(S - B(0)) \cdot a^{t+1}}{(S - B(0)) \cdot a^t} = a$

Fortsetzung von Aufgabe 22:

b) Einsetzen der Werte für t und $B(t)$ liefert für $t = 0$ und $t = 1$ $a = \frac{S - 21}{S - 1}$ und
für $t = 1$ und $t = 2$ $a = \frac{S - 37}{S - 21}$.

$\frac{S - 21}{S - 1} = \frac{S - 37}{S - 21} \Leftrightarrow S = 101 \Rightarrow a = 0{,}8$

Die Funktion $B(t) = 101 - (101 - 1) \cdot 0{,}8^t$ liefert die gleichen ganzzahlig gerundeten Werte wie die in der Tabelle im Schülerbuch vorliegenden Werte. Für diese Daten kann also ein beschränktes Wachstum angenommen werden.

23 a) Der Funktionsterm kann umgeschrieben werden in

$$f(t) = \frac{a}{2} \cdot h(t) \text{ mit } h(t) = \frac{2}{1 + e^{-kt}}$$

Da $\frac{a}{2}$ nur in y-Richtung streckt, haben f und h die gleiche Wendestelle. Für h gilt $c = 1$ und $S = 2$.
Für die Wendestelle von h gilt: $h(t) = \frac{S}{2} = 1 \Leftrightarrow e^{-kt} = 1 \Leftrightarrow t = 0$. Damit hat h den Wendepunkt $W_h(0\,|\,1)$ und somit ist $W_f(0\,|\,\frac{a}{2})$.

b) Mit $S = 2c$ muss für die Wendestelle t gelten:

$$B(t) = \frac{S}{2} \Leftrightarrow \frac{2c^2}{c + c \cdot e^{-ck \cdot t}} = \frac{2c}{2} \Leftrightarrow \frac{2c}{1 + 1 \cdot e^{-ck \cdot t}} = c \Leftrightarrow t = 0$$

c) Für B gilt $c = 3$ und $S = 10$. Für die Wendestelle a muss dann gelten:

$$\frac{30}{3 + 7 \cdot e^{-0,85 \cdot a}} = 5 \Leftrightarrow 6 = 3 + 7 \cdot e^{-0,85 \cdot a} \Leftrightarrow \frac{3}{7} = e^{-0,85 \cdot a} \Leftrightarrow a = \frac{1}{-0{,}85} \ln \frac{3}{7}$$

Zur Verschiebung um a nach links berechnet man $B(t + a)$:

$$B(t + a) = \frac{30}{3 + 7 \cdot e^{-0,85(t + \frac{1}{-0,85} \ln \frac{3}{7})}} = \frac{30}{3 + 7 \cdot e^{-0,85 \cdot t + \ln \frac{3}{7}}}$$
$$= \frac{30}{3 + 7 \cdot e^{-0,85 \cdot t} \cdot e^{\ln \frac{3}{7}}} = \frac{30}{3 + 7 \cdot \frac{3}{7} \cdot e^{-0,85 \cdot t}}$$
$$= g(t)$$

24 a) Beispiele:

- Gesamtpreis einer Warenlieferung, der sich aus Fixkosten und Stückpreisen zusammensetzt ($f(x) = mx + b$).
- Anzahl der Umdrehungen eines Rades pro Minute in Abhängigkeit von der Geschwindigkeit.

b) $f(x) = mx + b$
$f'(x) = m$ ist konstant.
Eine Differentialgleichung im engeren Sinne von Definition 4.5 lässt sich also nicht angeben.

25 a) $B(t + 1) = B(t) + r \cdot (S - B(t))$ ⇒ beschränktes Wachstum
$B(t + 1) = B(t) + r \cdot B(t)$ ⇒ exponentielles Wachstum
$B(t + 1) = B(t) + r \cdot B(t) \cdot (S - B'(t))$ ⇒ logistisches Wachstum

b) $B(t + 1) = B(t) + z$ (z ist konstant.)

109 **Fortsetzung von Aufgabe 25:**

c) Exponentielles Wachstum:

$B(t+1) = B(t) + r \cdot B(t)$

$B'(t) = k \cdot B(t)$

Die Änderung ist proportional zum Bestand.

Beschränktes Wachstum:

$B(t+1) - B(t) = r \cdot (S - B(t))$

$B'(t) = k \cdot (S - B(t))$

Die Änderung ist proportional zur Differenz aus Sättigung und Bestand.

Logistisches Wachstum:

$B(t+1) - B(t) = r \cdot B(t) \cdot (S - B(t))$

$B'(t) = k \cdot B(t) \cdot (S - B(t))$

Die Änderung ist proportional zum Bestand und zur Differenz aus Sättigung und Bestand.

Bei allen Wachstumsarten können mithilfe der Differenzengleichungen nur diskrete Wachstumsprozesse beschrieben werden, die Differentialgleichungen erlauben auch die Betrachtung stetiger Wachstumsprozesse.

d) $B(t) = B(0) \cdot (1+r)^t$, denn $B(1) = B(0) + r \cdot B(0) = (1+r) \cdot B(0)$

$B(2) = B(1) + r \cdot B(1) = (1+r) \cdot B(1)$

$= (1+r) \cdot (1+r) \cdot B(0)$

$= (1+r)^2 \cdot B(0)$

usw.

26 a) Es wird zuerst angenommen, dass die Salzmenge jeweils in einem Zeitraum h konstant ist. In einer Minute fließen $(3 \cdot 2)$ g Salz hinzu und $\frac{3}{100}$ des vorhandenen Salzes, also $\frac{3}{100} \cdot B(t)$ ab. In h Minuten ist es jeweils h mal so viel. Für die Änderung im Zeitraum von t bis t + h gilt also 109

$$B(t+h) - B(t) = h \cdot \left(6 - \frac{3}{100} \cdot B(t)\right) \Leftrightarrow \frac{B(t+h) - B(t)}{h} = 6 - \frac{3}{100} \cdot B(t)$$

Die Ableitung ist der Grenzwert des Differenzenquotienten:

$$B'(t) = \lim_{h \to 0} \frac{B(t+h) - B(t)}{h} = \lim_{h \to 0} \left[6 - \frac{3}{100} \cdot B(t)\right] = 6 - \frac{3}{100} \cdot B(t)$$

b) $B'_t(t) = 0{,}03 \cdot k \cdot e^{-0{,}03 \cdot t}$

$6 - 0{,}03 \cdot B(t) = 6 - 0{,}03 \cdot (200 - k \cdot e^{-0{,}03 \cdot t}) = 6 - 6 + 0{,}03 \cdot k \cdot e^{-0{,}03 \cdot t}$

$= 0{,}03 \cdot k \cdot e^{-0{,}03 \cdot t} = B'_k(t)$

Alle Funktionen der Schar B_k sind also geeignet, den Satzgehalt zu beschreiben.

c) $B_k(0) = 200 - k = 0 \Leftrightarrow k = 200$ Der Vorgang wird durch $B_{200}(t) = 200 - 200 \cdot e^{-0{,}03 \cdot t}$ beschrieben.

d) B_{200} ist die Funktion eines beschränkten Wachstums mit Sättigungsgrenze $S = 200$. Diese ist erreicht, wenn das Wasser im Tank die gleiche Salzkonzentration hat wie der Zufluss (im Modell wird 200 nie erreicht). Die Zunahme des Salzgehaltes erfolgt immer langsamer, weil eine immer höhere Konzentration ausfließt bei konstantem Zufluss.

114

4. Weiterführung der Differential- und Integralrechnung

4.1 Die natürliche Logarithmusfunktion und ihre Ableitung

AUFTRAG 1

Die Eigenschaften der natürlichen Logarithmusfunktion $g(x) = \ln(x)$ werden im Schülerbuch auf S. 115 ff. zusammengetragen.

AUFTRAG 2

Die Regel für die Bildung der Stammfunktion bei Potenzfunktionen versagt für den Fall $n = -1$, also für $f(x) = \frac{1}{x}$, da sich eine Null im Nenner ergeben würden.
Funktionsgraphen, die Spiegelbilder an der Geraden $x = y$ sind, gehören zu Funktion und Umkehrfunktion. Die Umkehrfunktion einer Funktion f ist nach Definition die Funktion f^{-1}, die jedem Funktionswert sein Argument zuordnet:
$f^{-1}(f(x)) = x$ und $f(f^{-1}(x)) = x$. Deshalb gilt also: $e^{\ln(x)} = x = \ln(e^x)$.
Die Eigenschaften der natürlichen Logarithmusfunktion $g(x) = \ln(x)$ werden im Schülerbuch auf S. 115 ff. zusammengetragen.

118

Aufgaben – Trainieren

1 a) $x = -2$ **c)** $x = -1$ **e)** $x = -3$
b) $x = \frac{1}{2}$ **d)** $x = -2$ **f)** $x = 0$

2 a) $x = \frac{\ln\left(\frac{250}{30}\right)}{\ln(1,6)} \approx 4,51$ **c)** $x = \frac{\ln(0,5)}{\ln(0,92)} \approx 8,31$ **e)** $x = \sqrt[7]{4,5} \approx 1,24$
b) $x = \frac{\ln\left(\frac{450}{100}\right)}{\ln(1,03)} \approx 50,88$ **d)** $x = \frac{\ln(0,5)}{\ln(0,92)} \approx 8,31$ **f)** $x = \log_{1,5} 5 \approx 3,97$

3 Lösungswort: MIKADO

a)
$$2 \cdot 3 \cdot 3^x = 7 \cdot 5^x$$
$$\frac{3^x}{5^x} = \frac{7}{6}$$
$$0,6^x = \frac{7}{6}$$
$$x \cdot \ln(0,6) = \ln\left(\frac{7}{6}\right)$$
$$x = -0,3017\ldots$$

b)
$$2^{3x} = 3 \cdot 5^x$$
$$(2^3)^x = 3 \cdot 5^x$$
$$\left(\frac{8}{5}\right)^x = 3$$
$$x \cdot \ln(1,6) = \ln(3)$$
$$x = 2,3374\ldots$$

c)
$$5 \cdot 3^x \cdot 3^3 = 11 \cdot (2^2)^x \cdot 2^1$$
$$135 \cdot 3^x = 22 \cdot 4^x$$
$$\frac{3^x}{4^x} = \frac{22}{135}$$
$$0,75^x = \frac{22}{135}$$
$$x \cdot \ln(0,75) = \ln\left(\frac{22}{135}\right)$$
$$x = 6,3063\ldots$$

d)
$$7^x \cdot 7^2 = 3 \cdot 5 \cdot 5^{2x}$$
$$7^x = \frac{15}{49} \cdot 25^x$$
$$0,28^x = \frac{15}{49}$$
$$x \cdot \ln(0,28) = \ln\left(\frac{15}{49}\right)$$
$$x = 0,92993\ldots$$

e) $x = 1,30$ ... (GTR) **f)** $x = 0$ (GTR)

4 a) $10^x = e^{\ln(10) \cdot x}$ **b)** $0,2^x = e^{\ln(0,2) \cdot x}$ **c)** $2^{-x} = \frac{1}{2^x} = \frac{1}{e^{\ln(2) \cdot x}} = e^{-\ln(2) \cdot x}$ 118

5 a) $f'(x) = \ln(2) \cdot 2^x$ **b)** $f'(x) = \ln(4,5) \cdot 4,5^u$ **c)** $f'(x) = \ln(0,7) \cdot 0,7^x$
d) $f'(x) = \ln(0,2) \cdot 0,2^x$ **e)** $f'(x) = 0$ **f)** $f'(x) = \ln(3) \cdot 3^x$

6 a) $f'(x) = \frac{\ln(x) + 2}{2\sqrt{x}}$ **d)** $f'(x) = \frac{1 - 2 \cdot \ln(x)}{x^3}$
b) $f'(x) = 3x^2\left(\ln(x) + \frac{1}{3}\right)$ **e)** $f'(x) = \frac{2}{x}$
c) $f'(x) = x \cdot \frac{2 \cdot \ln(x) - 1}{(\ln(x))^2}$ **f)** $f'(x) = 5 \cdot \left(\ln(x^2 + 4x) + \frac{2x + 4}{x + 4}\right)$

7 a) Definitionsbereich von f:

a)	b)	c)	d)	e)	f)
$\mathbb{R}^+$	$\mathbb{R}^+$	$\mathbb{R}^+ \setminus \{1\}$	$\mathbb{R}^+$	$\mathbb{R} \setminus \{0\}$	$\mathbb{R} \setminus [-4; 0]$

b) Nullstellen von f:

a)	b)	c)	d)	e)	f)
$x_1 = 1$	$x_1 = -1$ $x_2 = 0$ $x_3 = 1$	keine	$x_1 = 1$	$x_1 = \sqrt{\frac{1}{3}}$ $x_2 = -\sqrt{\frac{1}{3}}$	$x_1 = -2 + \sqrt{5}$ $x_2 = -2 - \sqrt{5}$

c) Nullstellen von f':

a)	b)	c)	d)	e)	f)
$x_1 = \frac{1}{e^2}$	$x_1 = \frac{1}{\sqrt[3]{e}}$	$x_1 = \sqrt{e}$	$x_1 = \sqrt{e}$	keine	$x_1 \approx 0,088$

d) Grenzwerte:

a)	b)	c)	d)	e)	f)
$\lim\limits_{x \to 0} f(x) = 0$ $\lim\limits_{x \to \infty} f(x) = \infty$	$\lim\limits_{x \to 0} f(x) = 0$ $\lim\limits_{x \to \infty} f(x) = \infty$	$\lim\limits_{x \to 0} f(x) = 0$ $\lim\limits_{x \to \infty} f(x) = \infty$	$\lim\limits_{x \to 0} f(x) = -\infty$ $\lim\limits_{x \to \infty} f(x) = 0$	$\lim\limits_{x \to 0} f(x) = -\infty$ $\lim\limits_{x \to \infty} f(x) = \infty$	$\lim\limits_{x \to 0} f(x) = 0$ $\lim\limits_{x \to \infty} f(x) = \infty$

e) Aufgabe c):
Für $x < 1$ gilt: $\lim\limits_{x \to 1} f(x) = -\infty$
Für $x > 1$ gilt: $\lim\limits_{x \to 1} f(x) = \infty$

Aufgabe f):
$\lim\limits_{x \to -4} f(x) = \infty$

8

	a)	b)	c)	d)
$f(x)$	$x \cdot \ln(x)$	$\frac{\ln(x)}{x}$	$(\ln(x))^2$	$x^2 \cdot \ln(x)$
$f'(x)$	$\ln(x) + 1$	$\frac{1-\ln(x)}{x^2}$	$2 \cdot \frac{\ln(x)}{x}$	$x \cdot (2 \cdot \ln(x) + 1)$
$f''(x)$	$\frac{1}{x}$	$\frac{-3+2\cdot\ln(x)}{x^3}$	$2 \cdot \frac{1-\ln(x)}{x^2}$	$2 \cdot \ln(x) + 3$
$f'''(x)$	$-\frac{1}{x^2}$	$\frac{11-6\cdot\ln(x)}{x^4}$	$2 \cdot \frac{-3+2\cdot\ln(x)}{x^3}$	$\frac{2}{x}$
Definitionsbereich	$\mathbb{R}^+$	$\mathbb{R}^+$	$\mathbb{R}^+$	$\mathbb{R}^+$
Verhalten an den Rändern	$\lim\limits_{x\to 0} f(x) = 0$ $\lim\limits_{x\to\infty} f(x) = \infty$	$\lim\limits_{x\to 0} f(x) = -\infty$ $\lim\limits_{x\to\infty} f(x) = 0$	$\lim\limits_{x\to 0} f(x) = \infty$ $\lim\limits_{x\to\infty} f(x) = \infty$	$\lim\limits_{x\to 0} f(x) = 0$ $\lim\limits_{x\to\infty} f(x) = \infty$
Nullstellen	$x_1 = 1$	$x_1 = 1$	$x_1 = 1$	$x_1 = 1$
Extrempunkte	$f'\left(\frac{1}{e}\right) = 0$ $f''\left(\frac{1}{e}\right) = e > 0$ $\Rightarrow$ Tiefpunkt $T\left(\frac{1}{e}\middle\vert -\frac{1}{e}\right)$	$f'(e) = 0$ $f''(e) = -\frac{1}{e^3} < 0$ $\Rightarrow$ Hochpunkt $H\left(e\middle\vert\frac{1}{e}\right)$	$f'(1) = 0$ $f''(1) = 2 > 0$ $\Rightarrow$ Tiefpunkt $T(1\vert 0)$	$f'\left(\frac{1}{\sqrt{e}}\right) = 0$ $f''\left(\frac{1}{\sqrt{e}}\right) = 2 > 0$ $\Rightarrow$ Tiefpunkt $T\left(\frac{1}{\sqrt{e}}\middle\vert -\frac{1}{2e}\right)$
Wendepunkte	$f''(x) \neq 0$ $\Rightarrow$ keine Wendepunkte	$f''\left(\sqrt{e^3}\right) = 0$ $f'''\left(\sqrt{e^3}\right) = \frac{2}{e^6} \neq 0$ $\Rightarrow$ Wendepunkt $W\left(\sqrt{e^3}\middle\vert\frac{3}{2\sqrt{e^3}}\right)$	$f''(e) = 0$ $f'''(e) = -\frac{1}{e^3} \neq 0$ $\Rightarrow$ Wendepunkt $W(e\vert 1)$	$f''\left(\frac{1}{\sqrt{e^3}}\right) = 0$ $f'''\left(\frac{1}{\sqrt{e^3}}\right) = 2\sqrt{e^3} \neq 0$ $\Rightarrow$ Wendepunkt $W\left(\frac{1}{\sqrt{e^3}}\middle\vert -\frac{3}{2e^3}\right)$

9 a) $f(x) = e^{x \cdot \ln(x)} = x^x$

Definitionsbereich: $\mathbb{R}^+$

$\lim\limits_{x\to 0} f(x) = 1$

$\lim\limits_{x\to\infty} f(x) = \infty$

f hat keine Nullstellen.

$f'(x) = e^{x \cdot \ln(x)} \cdot (\ln(x) + 1)$

$f''(x) = e^{x \cdot \ln(x)} \cdot \left((\ln(x) + 1)^2 + \frac{1}{x}\right)$

Es gilt $f'(e^{-1}) = 0$ und $f''(e^{-1}) = e^{1-\frac{1}{e}} > 0$, also liegt an der Stelle $x = e^{-1}$ eine Minimalstelle vor.

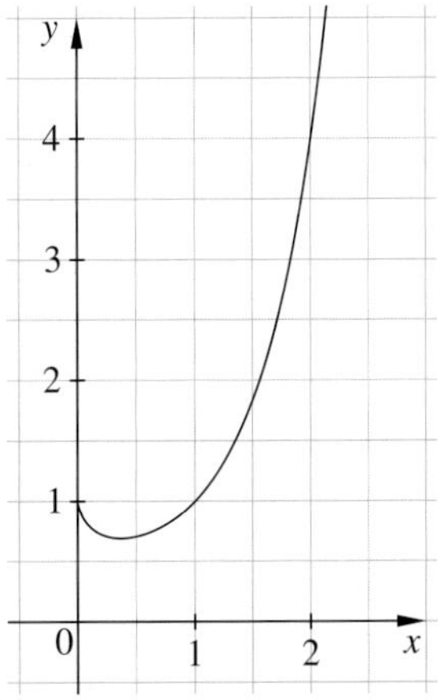

b) Definitionsbereich: $\mathbb{R}^+$

$\lim\limits_{x\to 0} f(x) = -\infty$

$\lim\limits_{x\to\infty} f(x) = 0$

$\lim\limits_{x\to -\infty} f(x) = 0$

f hat die Nullstellen $x_1 = 1$ und $x_2 = -1$.

Fortsetzung von Aufgabe 9:

$f'(x) = \frac{\frac{2}{x}\cdot(x^2+1) - 2x\cdot\ln(x^2)}{(x^2+1)^2}$

Die Nullstellen von f' können nur näherungsweise bestimmt werden. Wird dazu ein Plotter verwendet, wird auch die Art der Extremstelle erkennbar: An den Stellen $x_3 \approx 1{,}90$ und $x_2 \approx -1{,}90$ liegen jeweils Maximalstellen vor.

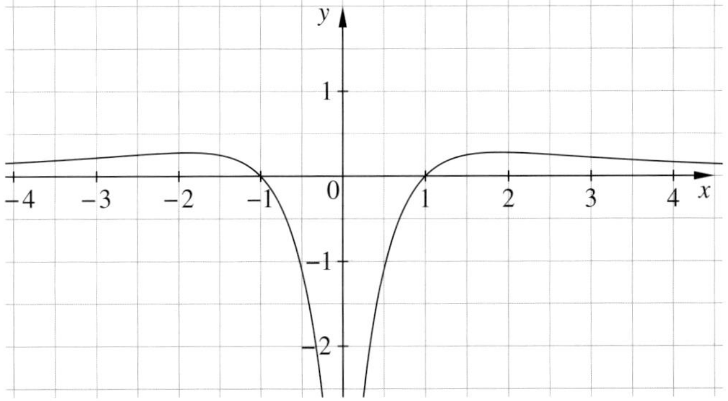

10 a) $\int\limits_1^e \frac{1}{x}\,dx = \left[\ln|x|\right]_1^e$
$= 1$

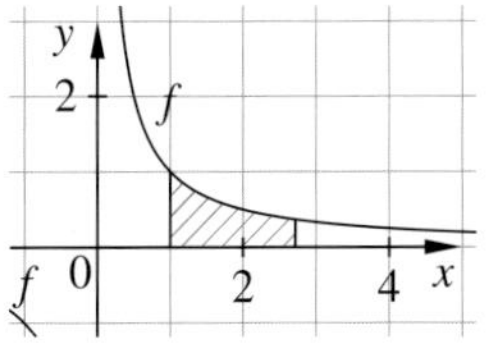

b) $\int\limits_{0,5}^{3} \frac{1+x}{x}\,dx = \int\limits_{0,5}^{3} \left(\frac{1}{x} + 1\right)dx$
$= \left[\ln|x| + x\right]_{0,5}^{3}$
$= \ln(6) + 2{,}5$
$\approx 4{,}29$

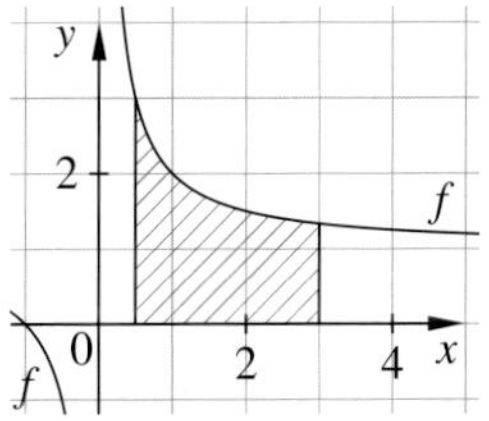

c) $\int\limits_1^2 \frac{x^3+2x^2+6x-1}{x^2}\,dx = \int\limits_1^2 \left(x + 2 + \frac{6}{x} - \frac{1}{x^2}\right)dx$
$= \left[\frac{x^2}{2} + 2x + 6\cdot\ln(|x|) + \frac{1}{x}\right]_1^2$
$= 6\ln(2) + 3$
$\approx 7{,}16$

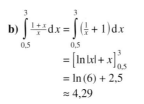

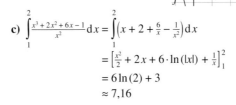

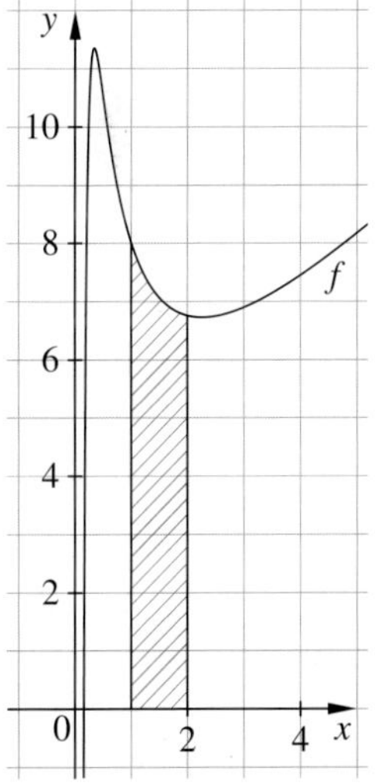

118

11 Eigenschaften der Funktionen f und g bzw. ihrer Graphen:

	$f(x) = e^x$	$g(x) = \ln(x)$
Definitionsbereich	$\mathbb{R}$	$\mathbb{R}^+$
Wertebereich	$\mathbb{R}^+$	$\mathbb{R}$
Nullstellen	keine	$x = 1$
Schnittpunkt mit der y-Achse	$S(1\|0)$	kein Schnittpunkt mit der y-Achse
Grenzwerte	$\lim\limits_{x\to\infty} f(x) = \infty$ $\lim\limits_{x\to-\infty} f(x) = 0$	$\lim\limits_{x\to\infty} g(x) = \infty$ $\lim\limits_{x\to 0} g(x) = -\infty$
Extremstellen	keine Extremstellen	keine Extremstellen
Wendestellen	keine Wendestellen	keine Wendestellen
Monotonie	streng monoton steigend	streng monoton steigend
Krümmung	linksgekrümmt	rechtsgekrümmt

12 Eigenschaften der Funktion f mit $f(x) = \ln(|x|)$
bzw. ihres Graphen:
Definitionsbereich: $\mathbb{R}\setminus\{0\}$
Wertebereich: $\mathbb{R}$
Nullstellen: $x_1 = 1$
$x_2 = -1$
Grenzwerte: $\lim\limits_{x\to\infty} f(x) = \infty$
$\lim\limits_{x\to-\infty} f(x) = \infty$
$\lim\limits_{x\to 0} f(x) = -\infty$

Die Funktion f ist streng monoton fallend für $x < 0$ und streng monoton steigend für $x > 0$. Sie besitzt weder Extremstellen noch Wendestellen. Ihr Graph ist achsensymmetrisch zur y-Achse, ist auf dem gesamten Definitionsbereich rechtsgekrümmt und besitzt keinen Schnittpunkt mit der y-Achse.

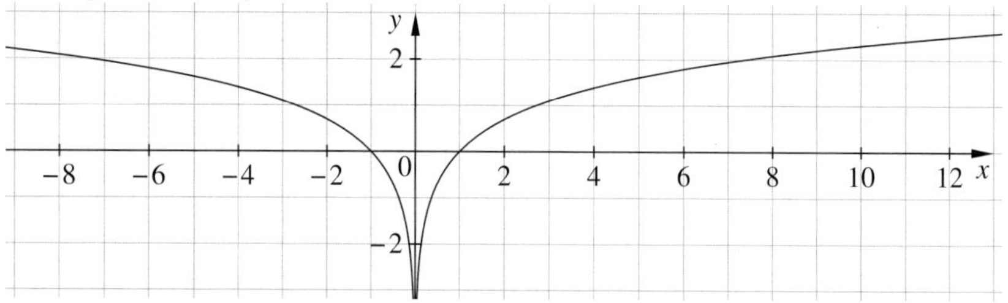

13 Der Graph von g ist der an der x-Achse gespiegelte Graph von f, denn es gilt:
$g(x) = \ln\left(\frac{1}{x}\right) = \ln(1) - \ln(x) = -\ln(x) = -f(x)$

14 Zu zeigen: $F'(x) = f(x)$
$F'(x) = 1 \cdot \ln(x) + x \cdot \frac{1}{x} - 1 = \ln(x) = f(x)$

15 a)

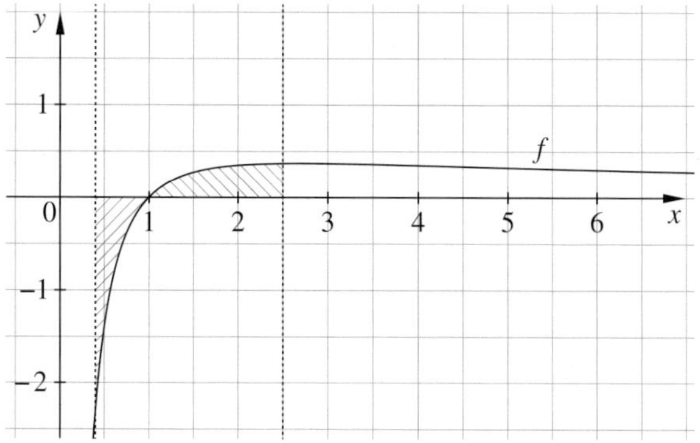

b) $f'(e) = 0$
$f''(e) = -\frac{1}{e^3} < 0$
$\Rightarrow$ Hochpunkt $H\left(e\middle|\frac{1}{e}\right)$

c) $F'(x) = 0{,}5 \cdot 2 \cdot \ln(x) \cdot \frac{1}{x} = \frac{\ln(x)}{x} = f(x)$

d) $\int\limits_{a^{-1}}^{a} f(x)\,dx = \left[0{,}5 \cdot (\ln(x))^2\right]_{a^{-1}}^{a} = 0{,}5 \cdot (\ln(a))^2 - 0{,}5 \cdot \left(\ln\left(\frac{1}{a}\right)\right)^2$
$= 0{,}5 \cdot (\ln(a))^2 - 0{,}5 \cdot (\ln(1) - \ln(a))^2$
$= 0{,}5 \cdot (\ln(a))^2 - 0{,}5 \cdot (\ln(a))^2$
$= 0$

Interpretation:
Die Fläche, die vom Graphen von f und der x-Achse im Intervall $\left[\frac{1}{a}; 1\right]$ eingeschlossen wird, liegt unterhalb der x-Achse. Sie hat betragsmäßig den gleichen Flächeninhalt wie die Fläche, die vom Graphen von f und der x-Achse im Intervall $[1; a]$ eingeschlossen wird und oberhalb der x-Achse liegt. In der Zeichnung ist dies am Beispiel $a = 2{,}5$ dargestellt.

e) Die Tangente t im Punkt $P(x_P|y_P)$ hat die Form $t(x) = f'(x_P) \cdot x = \frac{1-\ln(x_P)}{x_P} \cdot x$.
Für y_P gilt also sowohl $y_P = \frac{1-\ln(x_P)}{x_P} \cdot x_P$ als auch $y_P = \frac{\ln(x_P)}{x_P}$, da P auch auf dem Graphen von f liegt.
$\frac{1-\ln(x_P)}{x_P} = \frac{\ln(x_P)}{x_P} \Rightarrow x_P = e^{\frac{1}{2}} \Rightarrow y_P = \frac{1}{2\sqrt{e}} \Rightarrow P(1{,}65|0{,}30)$

119 **16** Individuelle Lösungen. Beispiel:

Funktion	Definitionsbereich	$\lim\limits_{x \to \infty} f(x)$	symmetrisch zur y-Achse	Graph
f_1	alle positiven reellen Zahlen	∞	nein	→
f_2	alle positiven reellen Zahlen	∞	nein	III
f_3	alle reellen Zahlen außer 0	0	ja	I
f_4	alle reellen Zahlen außer 0, −1 und 1	0	ja	II
f_5	alle reellen Zahlen zwischen −1 und 1	existiert nicht	ja	IV

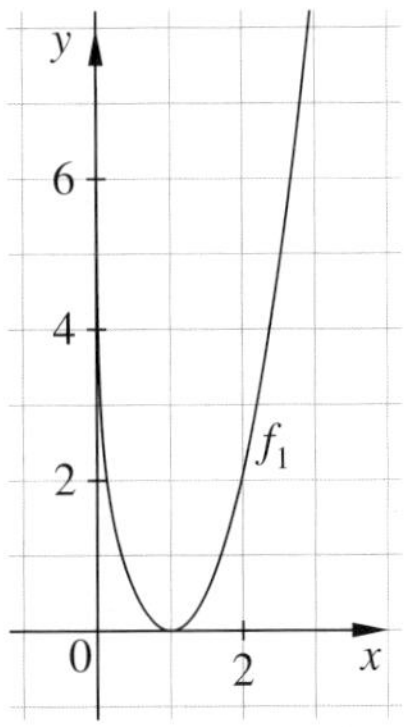

120 **NOCH FIT?**

I a) $\sqrt{x}$ **b)** $\sqrt{a^3}$ **c)** $81\sqrt[4]{s^5}$ **d)** $\frac{1}{4}\sqrt[3]{p^2}$

II a) $x^2 \cdot \sqrt{y}$ **b)** $x^{\frac{13}{6}}$ **c)** $a^{\frac{5}{4}} \cdot b$ **d)** $s^{\frac{9}{2}} \cdot t^{\frac{3}{2}}$

III a) $\sqrt[3]{x^6} = x^2$ **b)** $\sqrt[4]{x^2 y} \cdot \sqrt{xy^2} = xy^{\frac{5}{4}}$ **c)** $\left(\sqrt[3]{xy^4}\right)^{\frac{1}{2}} = 6\sqrt{x} \cdot \sqrt[3]{y^2}$

Aufgaben – Anwenden

17 a) Vor $t = 0$ ähnelt der Graph exponentiellem Wachstum. Bei $t = 0$ scheint ein Wendepunkt zu liegen. Ab hier nimmt das Wachstum ab. Die Maßzahl der bedeckten Fläche nähert sich asymptotisch der 8.

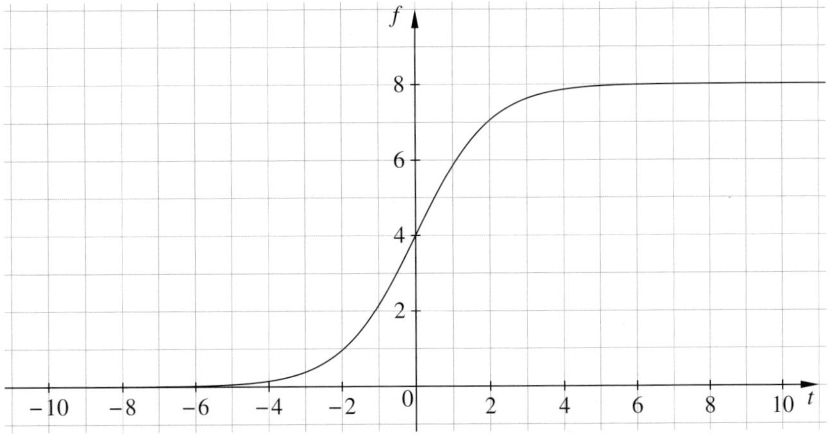

Fortsetzung von Aufgabe 17: 120

b) $f(t) = 6 \;\Leftrightarrow\; \frac{8e^t}{e^t + 1} = 6$

$\Leftrightarrow\; 8e^t = 6e^t + 6$

$\Leftrightarrow\; e^t = 3$

$\Leftrightarrow\; t = \ln(3) \approx 1{,}10$

Nach etwa 1 Stunde und 6 Minuten sind 6 cm² bedeckt.

c) Kettenregel:

$F'(t) = 8 \cdot \frac{1}{e^t + 1} \cdot (e^t + 1)' = 8 \cdot \frac{1}{e^t + 1} \cdot e^t = f(t)$

d) Benötigte Nährflüssigkeit:

$$N(10) = 0{,}5 \cdot \int_0^{10} f(t)\,\mathrm{d}t = 0{,}5 \cdot 8 \cdot \left[\ln(e^t + 1)\right]_0^{10} = 4 \cdot \ln\left(\frac{e^{10} + 1}{2}\right) \approx 37{,}2$$

⇒ Der Tropf reicht nicht.

18 a) Bedingungen:

① $f(-2) = 1$ ③ $f'(-2) = -\frac{1}{2}$ ⑤ $f''(-2) = 0$

② $f(2) = 1$ ④ $f'(2) = \frac{1}{2}$ ⑥ $f''(2) = 0$

Eine ganzrationale Funktion f zweiten Grades hat die Form $f(x) = ax^2 + bx + c$ (mit $a \neq 0$) und es gilt $f'(x) = 2ax + b$ sowie $f''(x) = 2a$. Wegen $a \neq 0$ ist $f''(x)$ nie null, was aber laut ⑤ und ⑥ hier gefordert ist. Es kann also für f keine ganzrationale Funktion zweiten Grades gewählt werden.

b) $f(x) = ax^4 + bx^2 + c$ $f'(x) = 4ax^3 + 2bx$ $f''(x) = 12ax^2 + 2b$

Aus den sechs Bedingungen ergibt sich (wegen teilweiser Übereinstimmung der Gleichungen) das folgende Gleichungssystem:

(I) $16a + 4b + c = 1$

(II) $32a + 4b = \frac{1}{2}$

(III) $48a + 2b = 0$

Die Lösung des Gleichungssystems führt auf die Funktionsgleichung:

$f(x) = -\frac{1}{128} \cdot x^4 + \frac{3}{16}x^2 + \frac{3}{8}$

c) a lässt sich aus Bedingung ① oder ② bestimmen, z. B.:

$g(2) = 1 \;\Rightarrow\; 1 + \ln(2^2 \cdot a + 4a) = 1$

$1 + \ln(8a) = 1$

$a = \frac{1}{8}$

$\Rightarrow\; g(x) = 1 + \ln\left(\frac{1}{8}x^2 + \frac{1}{2}\right)$ $g'(x) = \frac{2x}{x^2 + 4}$ $g''(x) = \frac{8 - 2x^2}{(x^2 + 4)^2}$

Bedingungen:

① $g(-2) = 1 + \ln\left(\frac{1}{2} + \frac{1}{2}\right) = 1$ ✓ ④ $g'(2) = \frac{4}{4+4} = \frac{1}{2}$ ✓

② $g(2) = g(-2) = 1$ ✓ ⑤ $g''(-2) = \frac{8 - 2 \cdot 4}{(4+4)^2} = 0$ ✓

③ $g'(-2) = -\frac{4}{4+4} = -\frac{1}{2}$ ✓ ⑥ $g''(2) = g''(-2) = 0$ ✓

Alle Bedingungen sind erfüllt, also wäre auch die Funktion g geeignet, den Verbindungsbogen zu modellieren.

120 **19** $v_e = 4600\,\frac{\text{m}}{\text{s}} \cdot \ln(3{,}5) \approx 5763\,\frac{\text{m}}{\text{s}}$
Er schafft es nicht allein.

121 **20** $L_W(P) = 10 \cdot \lg\left(\frac{P}{P_0}\right)$
$= 10 \cdot (\lg(P) - \lg(10^{-12}))$
$= 10 \cdot \lg(P) + 120$
$= \frac{10}{\ln(10)} \cdot \ln(P) + 120$

Der Schallleistungspegel L_W nimmt jeweils um 10 dB zu, wenn die von der Schallquelle abgegebene Leistung um den Faktor 10 zunimmt.

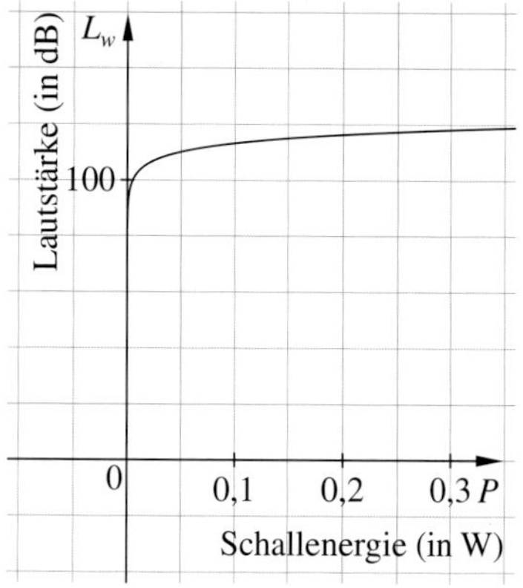

Beispiele:

Schallquelle	L_W (in dB)
Kühlschrank	50
Schreibmaschine	70
Hubschrauber	100
Schmerzgrenze	120
Grenzwert im Gewerbe	85

Aufgaben – Vernetzen

21 a) $f_{-1}(x) = (\ln(x))^2 - \ln(x)$
$f_0(x) = (\ln(x))^2$
$f_1(x) = (\ln(x))^2 + \ln(x)$
Beispiel für eine mögliche Begründung der Zuordnung:
Alle Funktionsterme beinhalten den Summanden $(\ln(x))^2$. Bei f_{-1} wird davon für $x > 1$ eine positive Zahl subtrahiert, deshalb gehört zu f_{-1} Graph ③. Bei f_1 wird dazu für $x > 1$ eine positive Zahl addiert, deshalb gehört zu f_1 Graph ① und zu f_0 gehört dann Graph ②.
b) Der zweite Faktor des Funktionsterms wird (unabhängig von a) für $x = 1$ null und damit besitzen alle Funktionen der Schar die Nullstelle 1.
c) $f'(x) = \frac{2 \cdot \ln(x) + a}{x}$
$f''(x) = \frac{2 - 2 \cdot \ln(x) - a}{x^2}$
$f'''(x) = \frac{2(2 \cdot \ln(x) + a - 3)}{x^3}$

	$a = -1$	$a = 0$	$a = 1$
Extremstellen: $f'(x) = 0 \Leftrightarrow x = e^{-\frac{a}{2}}$; $f''\left(e^{-\frac{a}{2}}\right) = 2 \cdot e^a > 0$	Tiefpunkt $T\left(\sqrt{e}\,\middle|\,-\frac{1}{4}\right)$	Tiefpunkt $T(1\|0)$	Tiefpunkt $T\left(\frac{1}{\sqrt{e}}\,\middle|\,-\frac{1}{4}\right)$
Wendestellen: $f''(x) = 0 \Leftrightarrow x = e^{1-\frac{a}{2}}$; $f'''\left(e^{1-\frac{a}{2}}\right) = -2e^{\left(-3+\frac{3}{2}a\right)} \neq 0$	Wendepunkt $W\left(e^{\frac{3}{2}}\,\middle|\,\frac{3}{4}\right)$	Wendepunkt $W(e\|1)$	Wendepunkt $W\left(\sqrt{e}\,\middle|\,\frac{3}{4}\right)$

121

22 a) Es muss gelten: $x^2 + a > 0$
1. Fall: $a > 0 \Rightarrow D(f_a) = \mathbb{R}$
2. Fall: $a < 0 \Rightarrow D(f_a) = \mathbb{R} \setminus [-\sqrt{-a}; \sqrt{-a}]$
b) Es muss $x^2 + a = 1$ bzw. $x = \pm\sqrt{1 - a}$ gelten.
1. Fall: $a = 1 \Rightarrow$ Die Funktion hat die Nullstelle $x = 0$.
2. Fall: $a < 1 \Rightarrow$ Die Funktion hat die Nullstellen $x_1 = -\sqrt{1-a}$ und $x_2 = \sqrt{1-a}$.
3. Fall: $a > 1 \Rightarrow$ Es existieren keine Nullstellen.
c) $f_a'(x) = \frac{2ax}{x^2 + a}$
$f_a''(x) = \frac{2a^2 - 2ax^2}{(x^2 + a)^2}$
$f_a'(x) = 0 \Rightarrow x = 0$
$f_a''(0) = 2 > 0$
Nur für $a > 0$ gehört 0 zum Definitionsbereich.
$\Rightarrow$ Tiefpunkt $T(0 | a \cdot \ln(a))$
d) $f_a''(x) = \frac{2a^2 - 2ax^2}{(x^2 + a)^2}$ $\quad f_a'''(x) = \frac{4ax \cdot (x^2 - 3a)}{(x^2 + a)^3}$
$f_a''(x) = 0 \Rightarrow x_1 = \sqrt{a}$ $\quad f_a'''(x_1) = -\frac{1}{\sqrt{a}} \neq 0$
$x_2 = -\sqrt{a}$ $\quad f_a'''(x_2) = \frac{1}{\sqrt{a}} \neq 0$
Für $a > 0$ existieren die beiden Wendepunkte $W_1(\sqrt{a} | a \cdot \ln(2a))$ und $W_2(-\sqrt{a} | a \cdot \ln(2a))$.
e)

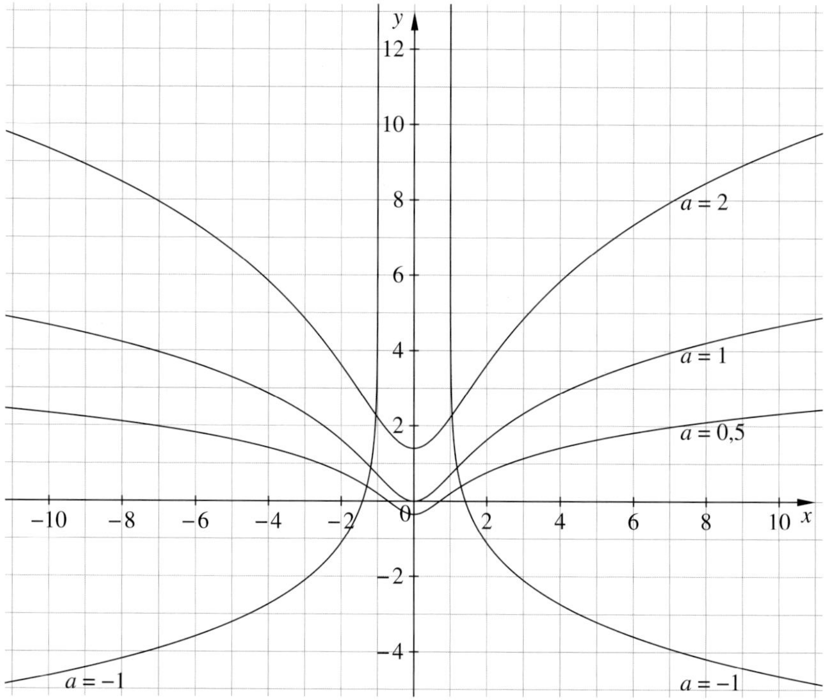

121 **23 a)** $f_1'(x) = \frac{3}{3x+7}$

$f_2'(x) = \frac{4x^3 - 3}{x^4 - 3x}$

$f_3'(x) = \frac{2e^x}{2e^x + 8}$

Der Zähler ist immer die Ableitung des Nenners.

b) $G(x) = \ln|x^2 + 5x|$
$H(x) = 2\ln|x^2 - 5x|$
$I(x) = \frac{2}{3} \cdot \ln|3e^x + 3|$
$J(x) = \ln|\sin(x)|$

24 $f(x) = 8 \cdot \frac{e^x}{e^x + 1}$ wird mit $4e^{-x}$ erweitert zu $f(x) = \frac{32}{4 + 4 \cdot e^{-x}}$.
Anfangswert ist $f(0) = 4$, Sättigungsgrenze ist $\lim\limits_{x \to \infty} f(x) = \frac{32}{4} = 8$.

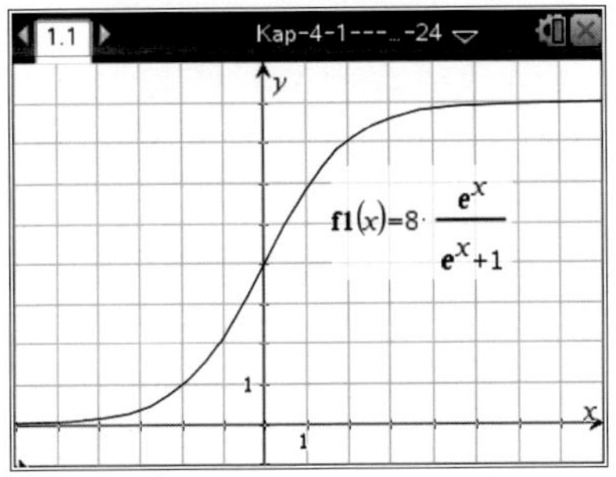

4.2 Uneigentliche Integrale und Rotationskörper 122

AUFTRAG 1

Flächeninhalte der ersten fünf Rechtecke: $A_1 = 1$; $A_2 = \frac{1}{2}$; $A_3 = \frac{1}{4}$; $A_4 = \frac{1}{8}$, $A_5 = \frac{1}{16}$
Die Fläche unter dem Graphen von $f(x)$ wird von den Rechtecken komplett abgedeckt.
Da die Summe der überdeckenden Rechtecke existiert: $1 + \frac{1}{2} + \frac{1}{4} + \frac{1}{8} + \frac{1}{16} + ... = 2$, muss die Fläche unter dem Graphen von $f(x)$ begrenzt und ihr Flächeninhalt kleiner als 2 sein.

$$\int_0^u 2^{-x}\,dx = \left[-2^{-x} \cdot \frac{1}{\ln(2)}\right]_0^u = -2^{-u} \cdot \frac{1}{\ln(2)} - \left(-\frac{1}{\ln(2)}\right) = -2^{-u} \cdot \frac{1}{\ln(2)} + \frac{1}{\ln(2)}$$

$$\lim_{u \to \infty} \int_0^u 2^{-x}\,dx = \lim_{u \to \infty} \left(-2^{-u} \cdot \frac{1}{\ln(2)} + \frac{1}{\ln(2)}\right) = \frac{1}{\ln(2)} \approx 1{,}44$$

AUFTRAG 2

Funktionsterme zu den drei Gläsern:
Glas 1: $f_1(x) = \frac{64}{2401} \cdot x^2$ Glas 2: $f_2(x) = \frac{8}{7} \cdot \sqrt{x}$ Glas 3: $f_3(x) = \frac{16}{49} x$

Angaben der Volumina in cm^3:

Glas 1	Glas 2	Glas 3
Gesamtvolumen: $V = \pi \cdot \int_0^{12,25} \left(\frac{64}{2401} \cdot x^2\right)^2 dx$ $= \left(\frac{64}{2401}\right)^2 \cdot \pi \cdot \int_0^{12,25} x^4\,dx$ $= \left(\frac{64}{2401}\right)^2 \cdot \pi \cdot \left[\frac{x^5}{5}\right]_0^{12,25}$ $= \left(\frac{64}{2401}\right)^2 \cdot \pi \cdot \frac{12{,}25^5}{5}$ $= 39{,}2\pi$ $\approx 123{,}15$	Gesamtvolumen: $V = \pi \cdot \int_0^{12,25} \left(\frac{8}{7}\sqrt{x}\right)^2 dx$ $= \frac{64}{49} \cdot \pi \cdot \int_0^{12,25} x\,dx$ $= \frac{64}{49} \cdot \pi \cdot \left[\frac{x^2}{2}\right]_0^{12,25}$ $= \frac{64}{49} \cdot \pi \cdot \frac{12{,}25^2}{2}$ $= 98\pi$ $\approx 307{,}88$	Gesamtvolumen: $V = \pi \cdot \int_0^{12,25} \left(\frac{16}{49}x\right)^2 dx$ $= \left(\frac{16}{49}\right)^2 \cdot \pi \cdot \int_0^{12,25} x^2\,dx$ $= \left(\frac{16}{49}\right)^2 \cdot \pi \cdot \left[\frac{x^3}{3}\right]_0^{12,25}$ $= \left(\frac{16}{49}\right)^2 \cdot \pi \cdot \frac{12{,}25^3}{3}$ $= \frac{196}{3}\pi$ $\approx 205{,}25$
Volumen bei halber Höhe: $V_{\frac{h}{2}} = \pi \cdot \int_0^{6,125} \left(\frac{64}{2401} \cdot x^2\right)^2 dx$ $= \left(\frac{64}{2401}\right)^2 \cdot \pi \cdot \left[\frac{x^5}{5}\right]_0^{6,125}$ $= \left(\frac{64}{2401}\right)^2 \cdot \pi \cdot \frac{6{,}125^5}{5}$ $= 1{,}225\pi$	Volumen bei halber Höhe: $V_{\frac{h}{2}} = \pi \cdot \int_0^{6,125} \left(\frac{8}{7}\sqrt{x}\right)^2 dx$ $= \frac{64}{49} \cdot \pi \cdot \left[\frac{x^2}{2}\right]_0^{6,125}$ $= \frac{64}{49} \cdot \pi \cdot \frac{6{,}125^2}{2}$ $= 24{,}5\pi$	Volumen bei halber Höhe: $V_{\frac{h}{2}} = \pi \cdot \int_0^{6,125} \left(\frac{16}{49}x\right)^2 dx$ $= \left(\frac{16}{49}\right)^2 \cdot \pi \cdot \left[\frac{x^3}{3}\right]_0^{6,125}$ $= \left(\frac{16}{49}\right)^2 \cdot \pi \cdot \frac{6{,}125^3}{3}$ $= \frac{49}{6}\pi$
$V_{\frac{h}{2}} : V = \frac{1{,}225\pi}{39{,}2\pi}$ $= \frac{1}{32}$	$V_{\frac{h}{2}} : V = \frac{24{,}5\pi}{98\pi}$ $= \frac{1}{4}$	$V_{\frac{h}{2}} : V = \frac{49}{6}\pi : \frac{196}{3}\pi$ $= \frac{1}{8}$

Aufgaben – Trainieren

1 a) $\frac{1}{2}$ **c)** 1 **e)** $\frac{1}{2}$

b) existiert nicht **d)** existiert nicht **f)** existiert nicht

2 a) 2 **c)** existiert nicht

b) existiert nicht **d)** $\frac{3}{2}$

3 a) $F'(x) = f(x)$;

$$\lim_{u\to\infty}\int_3^u \frac{4x}{(1-x^2)^2}\,dx = \lim_{u\to\infty}\left[\frac{2}{1-x^2}\right]_3^u = -\frac{2}{1-9} = \frac{1}{4}$$

4 Alle Rechtecke haben den Flächeninhalt $\frac{1}{2}$. Die Summe ist also unendlich, und da die gesuchte Fläche noch größer ist, existiert das Integral nicht.

5 Gemäß Tipp erhält man mit $0 < c < 1$:

$$\lim_{c\to 0}\int_c^1 f(x)\,dx = \lim_{c\to 0}\left[\tfrac{2}{3}x^{\frac{3}{2}} - 2x^{\frac{1}{2}}\right]_c^1 = \lim_{c\to 0}\left(-\tfrac{4}{3} - \left(\tfrac{2}{3}c^{\frac{3}{2}} - 2c^{\frac{1}{2}}\right)\right) = \tfrac{4}{3}$$

6 a) $V = \pi \cdot \int_0^4 9\,dx = 9\pi \cdot [x]_0^4 = 36\pi$

b) $V = \pi \cdot \int_0^2 \frac{x^2}{16}\,dx = \frac{\pi}{16} \cdot \left[\frac{x^3}{3}\right]_0^2 = \frac{\pi}{6}$

c) $V = \pi \cdot \int_0^2 \frac{x^2}{16}\,dx = \frac{\pi}{16} \cdot \left[\frac{x^3}{3}\right]_2^4 = \frac{7}{6}\pi$

d) $V = \pi \cdot \int_0^3 x^4\,dx = \frac{\pi}{5} \cdot [x^5]_0^3 = 48{,}6\pi$

e) $V = \pi \cdot \int_0^2 (16 - 8x^2 + x^4)\,dx = \pi \cdot \left[16x - \frac{8}{3}x^3 + \frac{1}{5}x^5\right]_0^2 = \frac{256}{15}\pi$

f) $V = \pi \cdot \int_1^2 (x^2 - 1)\,dx = \pi \cdot \left[\frac{x^3}{3} - x\right]_1^2 = \pi \cdot \left(\frac{8}{3} - 2 - \left(\frac{1}{3} - 1\right)\right) = \frac{4}{3}\pi$

7 a) $V = \frac{224}{5}\pi$

b) $V = \frac{\pi}{30}$

c) $V = \frac{16}{15}\pi$

d) $V = \frac{32}{16}\pi$

8 a) $V = 4\pi \approx 12{,}57$

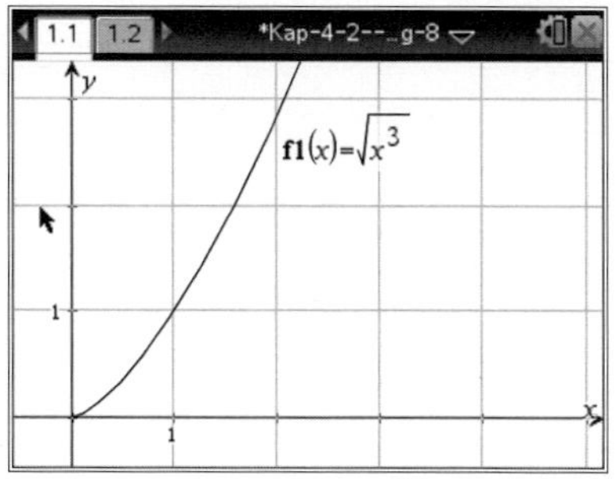

b) $V = \pi\left(1 - \frac{1}{e^4}\right) \approx 3{,}08$

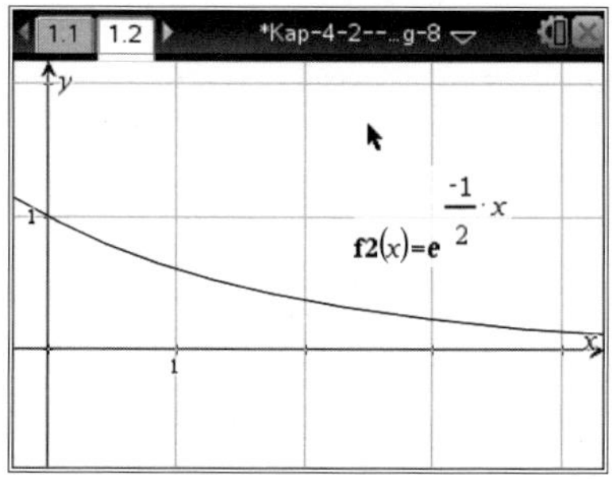

c) $V = 2\pi(3 \cdot \ln(3) - 2) \approx 8{,}14$

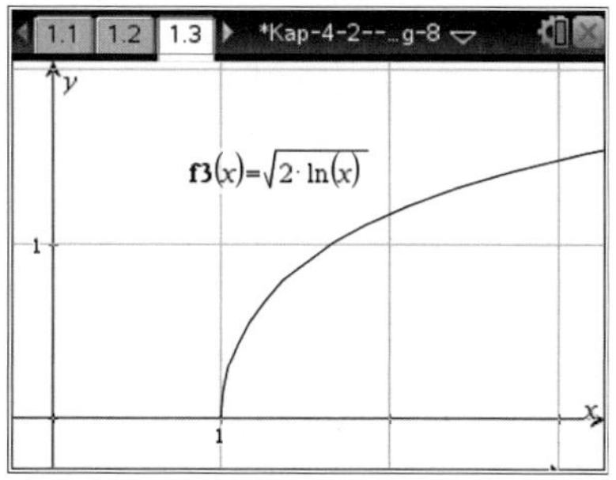

9 Volumen $V = \pi \cdot \int_a^b (f(x))^2\,dx$

a) Zylinder: $f(x) = r = \text{const}$

$$V = \pi \cdot \int_0^h (r)^2\,dx = \pi r^2 h.$$

b) Kegel: $f(x) = x \cdot \frac{r}{h}$

$$V = \pi \cdot \int_0^h \left(x \cdot \tfrac{r}{h}\right)^2 dx = \pi \cdot \tfrac{r^2}{h^2} \int_0^h x^2\,dx = \tfrac{r^2}{h^2} \cdot \left[\tfrac{x^3}{3}\right]_0^h = \tfrac{\pi r^2 h}{3}$$

c) Kugel: $f(x) = \sqrt{r^2 - (x-r)^2}$

(Gleichung des Halbkreises)

$$V = \pi \cdot \int_0^{2r} (r^2 - (x-r)^2)\,dx$$
$$= \pi \cdot \int_0^{2r} (2xr - x^2)\,dx$$
$$= \pi \cdot \left[2r \cdot \tfrac{x^2}{2} - \tfrac{x^3}{3}\right]_0^{2r}$$
$$= 4\pi r^3 - \tfrac{8\pi r^3}{3}$$
$$= \tfrac{4\pi r^3}{3}$$

126 **10 a)** $V = \frac{\pi}{5}$ **b)** $V = \frac{\pi}{2}$

11 $\lim\limits_{u\to\infty} \int_{1}^{u} \frac{1}{x}\,dx = \lim\limits_{u\to\infty} [\ln(x)]_1^u = \lim\limits_{u\to\infty} \ln(u) - \ln(1) = \infty$

Aber: $\lim\limits_{u\to\infty} \pi \cdot \int_{1}^{u} \frac{1}{x^2}\,dx = \lim\limits_{u\to\infty} \pi \cdot \left[-\frac{1}{x}\right]_1^u = \lim\limits_{u\to\infty} \pi \cdot \left(-\frac{1}{u} + 1\right) = \pi$

NOCH FIT? **Achtung: Im 1. Druck dieser Auflage ist fälschlich das NOCH FIT? von S. 120 auf S. 126 nochmals abgedruckt.**

I Vergleich der Graphen:

Graph von f	Graph von f'
steigend	oberhalb der x-Achse
fallend	unterhalb der x-Achse
relativer Hoch- oder Tiefpunkt	Schnittpunkt mit der x-Achse
Sattelpunkt	Berührpunkt mit der x-Achse
linksgekrümmt	steigend
rechtsgekrümmt	fallend

II Ohne Angabe der additiven Integrationskonstante C lauten die Funktionsterme:

a) $\frac{1}{2}x^2$ **b)** $\frac{1}{3}x^3$ **c)** 0 **d)** $-\frac{1}{2}x^{-2}$ **e)** $\frac{2}{3}\sqrt{x^3}$ **f)** $\frac{1}{4}x^4 + \frac{3}{4}\sqrt[3]{x^4}$ **g)** $\cos(x)$ **h)** $x + \sin(x)$

III Ableitungsfunktion:
Die Extremstelle von f ist die Nullstelle von f'. Die Steigung von f ist für $x < 0$ positiv, daher hat f' positive Funktionswerte. Die Steigung von f ist für $x > 0$ negativ, daher hat f' negative Funktionswerte.

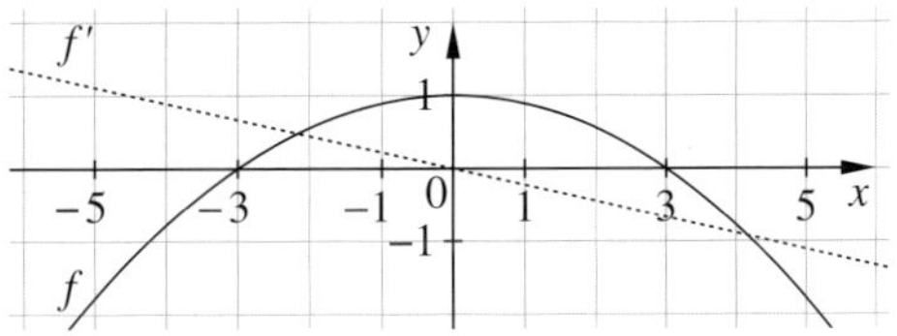

Stammfunktion:
Die Nullstellen von f sind die Extremstellen von F. Der Graph von f ist für $x < 0$ steigend, daher ist der Graph von F linksgekrümmt. Der Graph von f ist für $x > 0$ fallend, daher ist der Graph von F rechtsgekrümmt.

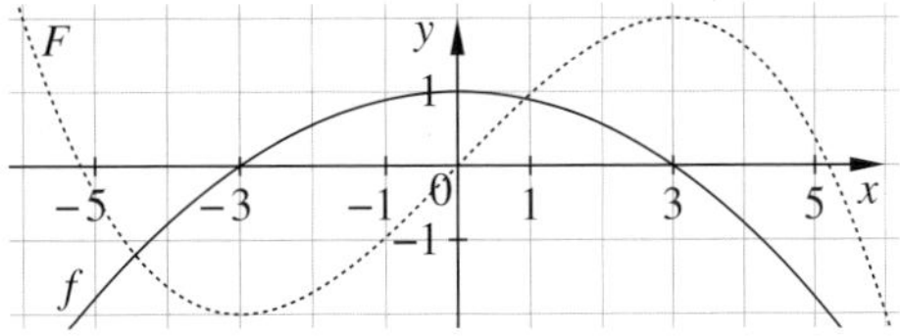

Aufgaben – Anwenden 126

12 a) $F'(x) = f(x)$
b) Die maximale Höhe beträgt 40 Meter.

13 Die maximale Höhe beträgt 80 mm + 36 mm = 116 mm.

14 Benötigte Arbeit: $W = 3{,}12 \cdot 10^{10}\,\mathrm{J}$;
Fluchtgeschwindigkeit: $v = 11\,172\,\frac{\mathrm{m}}{\mathrm{s}}$

15 Ein Beispiel für eine Modellierung ergibt sich für $a = -\frac{1}{30}$ und $b = 8$ (Längenangaben in cm): 127

$V = \pi \cdot \int_{-14}^{14} \left(-\frac{x^2}{30} + 8\right)^2 dx$

$= \pi \cdot \left[\frac{1}{4500}x^5 - \frac{8}{45}x^3 + 64x\right]_{-14}^{14}$

$= \frac{1\,187\,312}{1125}\pi$

$\approx 3315{,}6$

Unter den getroffenen Annahmen hat der Football ein Volumen von ca. 3 l.

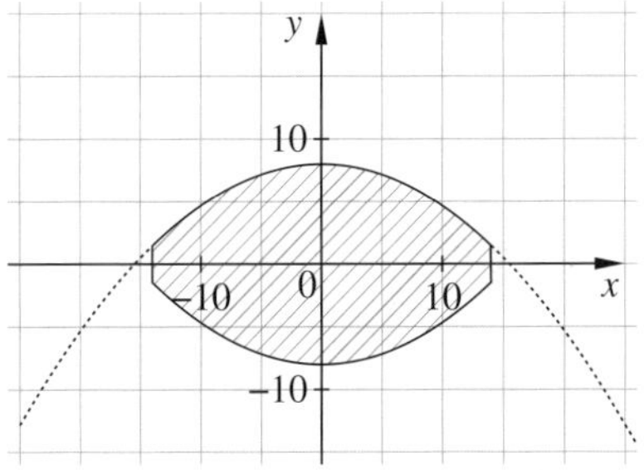

16 Lösung unter der Annahme, dass sich das Fass mittels Rotation der Parabel p mit $p(x) = \frac{2}{5} - \frac{2}{5}x^2$ modellieren lässt (Längenangaben in m):

$V = \left(\frac{2}{5}\right)^2 \cdot \pi \cdot \int_{-0,5}^{0,5} (1 - x^2)^2\,dx$

$= \frac{4}{25}\pi \cdot \left[x - \frac{2}{3}x^3 + \frac{1}{5}x^5\right]_{-0,5}^{0,5}$

$= \frac{203}{1500}\pi$

$\approx 0{,}425\,162$

Unter den getroffenen Annahmen hat das Fass ein Volumen von ca. 425 l.

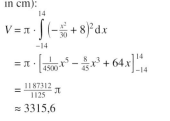

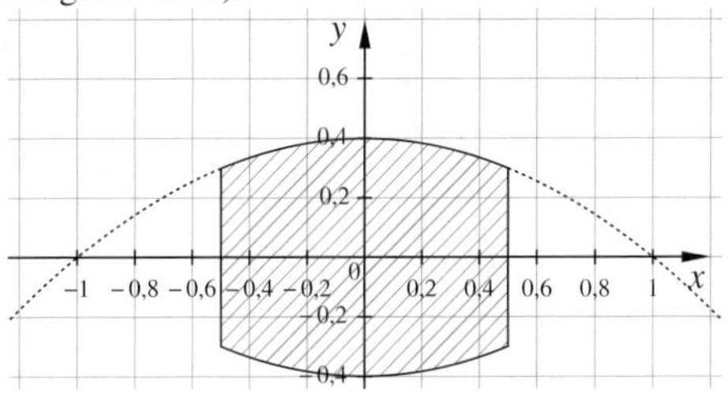

17 a) $V = \pi \cdot \int_0^h \left(\frac{x^2}{8}\right)^2 dx = \frac{\pi}{64} \cdot \int_0^h x^4\,dx = \frac{\pi}{64} \cdot \frac{h^5}{5}$

$\frac{\pi}{64} \cdot \frac{h^5}{5} = 100 \Rightarrow h = \sqrt[5]{\frac{32\,000}{\pi}} \approx 6{,}33$

$d = 2 \cdot f(h) \approx 10{,}026$

Der Kelch des Sektglases hat eine Höhe von ca. 6,3 cm und am oberen Rand einen Durchmesser von ca. 10 cm.

127 **Fortsetzung von Aufgabe 17:**

b) Flüssigkeitsvolumen:

$V = \frac{\pi}{64} \cdot \int_0^4 x^4 \, dx = \frac{\pi}{320} \cdot 4^5$

Variante B: $V_{Sekt} = \frac{\pi}{64} \cdot \int_0^2 x^4 \, dx = \frac{\pi}{320} \cdot 2^5$

$V : V_{Sekt} = 0{,}5^5 = 0{,}03125$

Der Sektanteil bei Variante B beträgt 3,125 % und der bei Variante A 96,875 %.

18 Das Volumen beträgt 147 445 m^3.

19 Es soll gelten: $f'(10)[= \tan(45°)] = 1$

Mit $f'_n(x) = n \cdot \left(\frac{x}{10}\right)^{n-1} \cdot \frac{1}{10}$ erhält man:

$n \cdot \frac{1}{10} = 1 \Leftrightarrow n = 10.$

Für das gesuchte Volumen erhält man also:

$$V = \pi \cdot \int_0^{10} \left(2 + \left(\tfrac{x}{10}\right)^{10}\right)^2 = \pi \cdot \int_0^{10} \left(4 + 4\left(\tfrac{x}{10}\right)^{10} + \left(\tfrac{x}{10}\right)^{20}\right) dx$$
$$= \pi \cdot \left[4x + \tfrac{4}{10^{10}} \cdot \tfrac{1}{11} \cdot x^{11} + \tfrac{1}{10^{20}} \cdot \tfrac{1}{21} \cdot x^{21}\right]_0^{10}$$
$$= \pi \cdot \left(40 + \tfrac{40}{11} + \tfrac{10}{21}\right) \approx \pi \cdot 44{,}1 \approx 138,6$$

Die Vase hat ein Volumen von ca. 140 cm^3.

128 **20** $V = \pi \cdot \int_{-2}^{1} f^2(x) - g^2(x) \, dx = \pi \cdot \int_{-2}^{1} 4x^3 - 20x^2 - 32x + 48 \, dx = 117\pi$

21 Der Term $f(x) - g(x)$ beschreibt eine neue Funktion, deren Rotation um die x-Achse einen Rotationskörper erzeugt, dessen Volumen durch

$V = \pi \cdot \int_a^b [f(x) - g(x)]^2 \, dx$ berechnet wird.

Dieser neue Rotationskörper hat nichts zu tun mit dem Rotationskörper, der entsteht, wenn die von den Graphen von f und g eingeschlossene Fläche um die x-Achse rotiert

Aufgaben – Vernetzen 128

22 a) $d \approx 11{,}4$ cm

b) $d_{mittel} \approx 8{,}25$ cm

c) $V \approx 182{,}78$ cm^3

23 a) $r = \sqrt{\frac{27}{8}}$; $h = \frac{1}{2}$

b) $r = \frac{1}{\sqrt{e}}$; $h = 1$

c) nur mit GTR: $r \approx 1{,}11$; $h \approx 1{,}15$

24 $f(x) = \frac{1}{480}x^3 - \frac{1}{10}x^2 + x + 12$; $V \approx 12\,347$ cm^3

25 Das Volumen des Torus wird als Differenz zweier Volumina berechnet:

$$V = V_o - V_u,$$

wobei V_o das Volumen der Funktion der Oberkante der Torus angibt:

$$f_o = R + \sqrt{r^2 - x^2},$$

und V_u das Volumen der Funktion der Unterkante:

$$f_u = R - \sqrt{r^2 - x^2}.$$

Mit der Formel für Rotationskörper:

$$V_o = \pi \int_{-r}^{r} (R + \sqrt{r^2 - x^2})^2$$
$$= \pi \int_{-r}^{r} (R^2 + 2R\sqrt{r^2 - x^2} + r^2 - x^2) \, dx$$
$$= \pi (R^2 + r^2) \cdot 2r - \pi \left[\tfrac{x^3}{3}\right]_{-r}^{r} + 2\pi R \int_{-r}^{r} \sqrt{r^2 - x^2} \, dx.$$

Laut Randbemerkung im Schülerbuch auf S. 128 ist die Fläche des Halbkreises:

$$I = \int_{-r}^{r} \sqrt{r^2 - x^2} \, dx = \tfrac{1}{2} \cdot \pi r^2.$$

Mit

$$\left[\tfrac{x^3}{3}\right]_{-r}^{r} = \tfrac{2r^3}{3}$$

erhalten wir:

$$V_o = \pi - (R^2 + r^2) \cdot 2r + \pi^2 R r^2 - \tfrac{2r^3}{3}.$$

Bei V_u hat die Formel die gleiche Struktur wie oben für V_o, nur dass das Vorzeichen vor dem Wurzelterm anders ist:

$$V_u = \pi \int_{-r}^{r} (R - \sqrt{r^2 - x^2})^2$$
$$= \pi \int_{-r}^{r} (R^2 - 2R\sqrt{r^2 - x^2} + r^2 - x^2) \, dx$$
$$= \pi \cdot (R^2 + r^2) \cdot 2r - \pi^2 R r^2 - \tfrac{2r^3}{3}$$

Daraus ergibt sich:

$$V = V_o - V_u = 2 \cdot \pi^2 R r^2.$$

130 **4.3 Funktionenscharen und Ortskurven**

AUFTRAG 1

$f(x) = x^3 + ax^2 + bx + c$

$f'(x) = 3x^2 + 2ax + b$

$f''(x) = 6x + 2a$

Da alle Graphen im Punkt $(0|0)$ eine waagerechte Tangente besitzen, gilt $f(0) = 0$ und $f'(0) = 0$ und somit $b = c = 0$.

Mit $f'(x) = 0 \Leftrightarrow x = 0 \vee x = -\frac{2}{3}a$ und $f''(-\frac{2}{3}a) = -2a$ haben die Graphen für $a \neq 0$ die Extrempunkte $E_a(-\frac{2}{3}a|\frac{4}{27}a^3)$.

Wegen $g(-\frac{2}{3}a) = -\frac{1}{2} \cdot (-\frac{2}{3}a)^3 = \frac{4}{27}a^3$ liegen alle Extrempunkte auf dem Graphen von g.

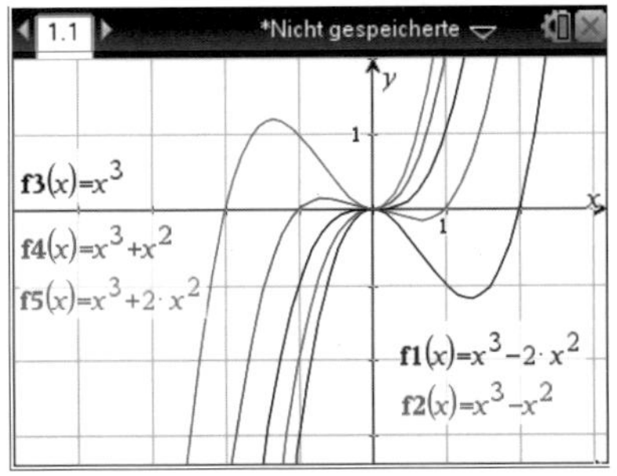

AUFTRAG 2

Ableitungen:
$f_t(x) = \frac{1}{4}x^4 - t^2x^2$

$f'_t(x) = x^3 - 2t^2x$

$f''_t(x) = 3x^2 - 2t^2$

$f'''_t(x) = 6x$

Nullstellen:
$f_t(x) = 0 \Leftrightarrow \frac{1}{4}x^4 - t^2x^2 = 0$

$\Leftrightarrow x^2 \cdot (x^2 - 4t^2) = 0$

$\Leftrightarrow x = 0 \vee x = \pm 2t$

Extremstellen:
$f'_t(x) = 0 \Leftrightarrow x^3 - 2t^2x = 0$

$\Leftrightarrow x \cdot (x^2 - 2t^2) = 0$

$\Leftrightarrow x = 0 \vee x = \pm\sqrt{2} \cdot t$

Wendestellen:
$f''_t(x) = 0 \Leftrightarrow 3x^2 - 2t^2 = 0$

$\Leftrightarrow x = \pm\sqrt{\frac{2}{3}} \cdot t$

Für $t \neq 0$ ist $f'''\left(\pm\sqrt{\frac{2}{3}} \cdot t\right) \neq 0$ und der Graph besitzt die Wendepunkte $W_{1,2}\left(\pm\sqrt{\frac{2}{3}} \cdot t\middle|-\frac{5}{9}t^4\right)$

Mit $f''(0) = -2t^2 < 0$ und $f''(\pm\sqrt{2} \cdot t) = 4t^2 > 0$ erhält man den Hochpunkt $H(0|0)$ und die Tiefpunkte $T_{1,2}(\pm\sqrt{2} \cdot t|-t^4)$. Wegen $g(\pm\sqrt{2} \cdot t) = -\frac{1}{4} \cdot (\pm\sqrt{2} \cdot t) = -t^4$ liegen alle Extrempunkte auf dem Graphen von g.

Es soll gelten:
$$\left|\int_{-2t}^{0} f_t(x)\,dx\right| = 8{,}1 \Leftrightarrow \left|\left[\frac{1}{20}x^5 - \frac{1}{3}t^2x^3\right]_{-2t}^{0}\right| = 8{,}1$$

$$\Leftrightarrow \frac{16}{15}t^5 = \frac{81}{10}$$

$$\Leftrightarrow t = \frac{3}{2}$$

AUFTRAG 3 **Funktionen mit Parameter** 130

	$a > 0$	$a < 0$
$f_a(x) = a \cdot x^n$	$0 < a < 1$: Stauchung in y-Richtung $a > 1$: Streckung in y-Richtung	$-1 < a < 0$: Stauchung in y-Richtung und Spiegelung an der x-Achse $a < -1$: Streckung in y-Richtung und Spiegelung an der x-Achse
$f_a(x) = (x - a)^n$	Verschiebung um a nach rechts	Verschiebung um $\lvert a\rvert$ nach links
$f_a(x) = x^n + a$	Verschiebung um a nach oben	Verschiebung um $\lvert a\rvert$ nach unten
$f_a(x) = a \cdot (x - a)^n + a$	$0 < a < 1$: Stauchung in y-Richtung $a > 1$: Streckung in y-Richtung sowie Verschiebung um a nach rechts und um a nach oben	$-1 < a < 0$: Stauchung in y-Richtung und Spiegelung an der x-Achse $a < -1$: Streckung in y-Richtung und Spiegelung an der x-Achse sowie Verschiebung um $\lvert a\rvert$ nach links und um $\lvert a\rvert$ nach unten

Im Vergleich zur Funktion $f_0(x) = (x - 1{,}5 \cdot 0)^2 - 0{,}25 \cdot 0^2 = x^2$ ergeben sich folgende Veränderungen:

- Verdopplung der Anzahl der Nullstellen
- horizontale Verschiebung der Nullstellen um a bzw. um $2a$
- horizontale Verschiebung der Extremstelle um $1{,}5a$
- vertikale Verschiebung der Extremstelle um $-0{,}25a^2$

Ortskurve der Tiefpunkte $T(1{,}5a|-0{,}25a^2)$: $x = 1{,}5a \Rightarrow a = \frac{2}{3}x$

$y = -0{,}25a^2 = -0{,}25 \cdot \left(\frac{2}{3}x\right)^2 = -\frac{1}{9}x^2$

Aufgaben – Trainieren

1 Beispiele:

a) $a = 1, 2, 3$

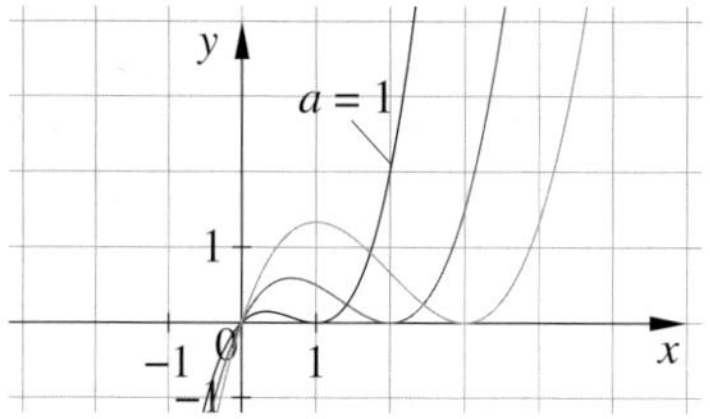

b) $k = -3, -2, -1$

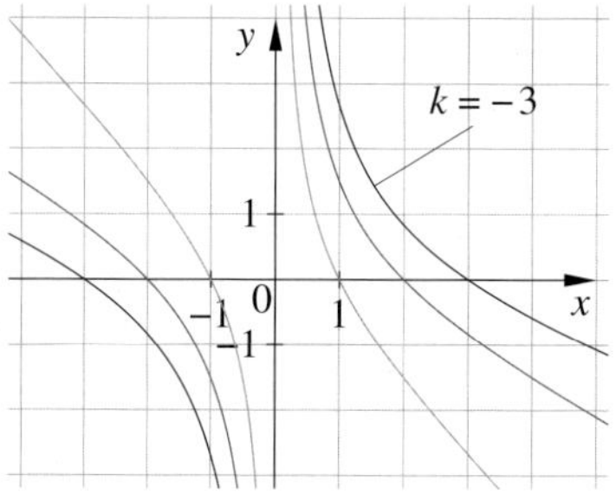

$k = 1, 2, 3$

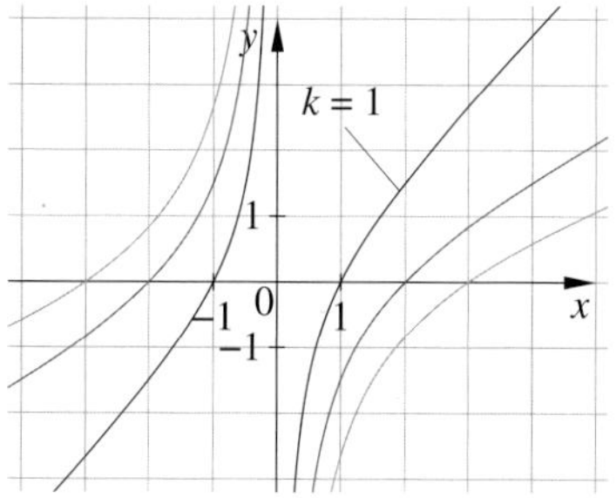

c) $t = -4, -2, 0, 2$

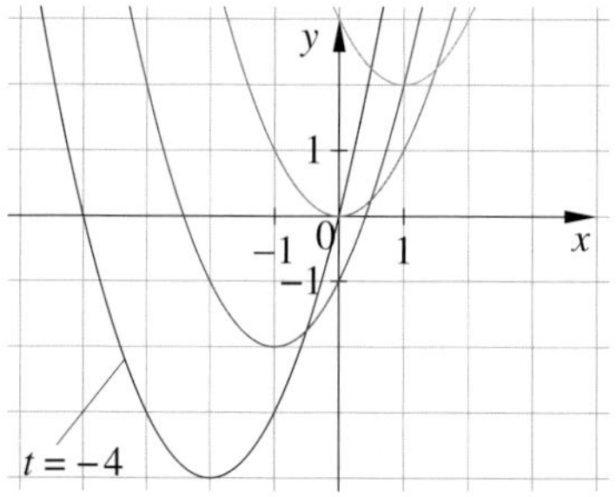

d) $t = 2, 4, 6, 8$

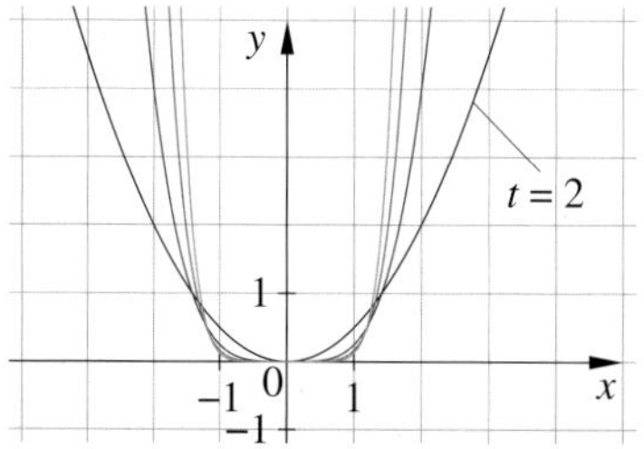

Fortsetzung von Aufgabe 1:

133

e) $t = -4, -3, -2, -1$

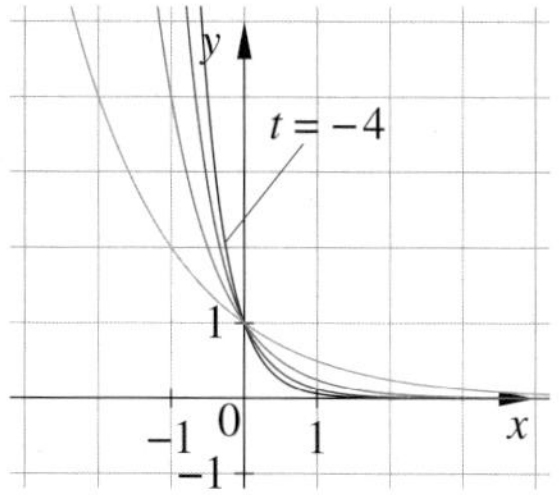

$t = 0, 1, 2, 3$

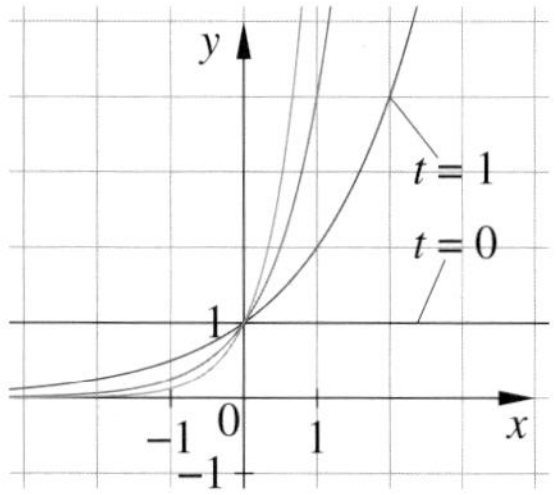

f) $t = -3, -2, -1$

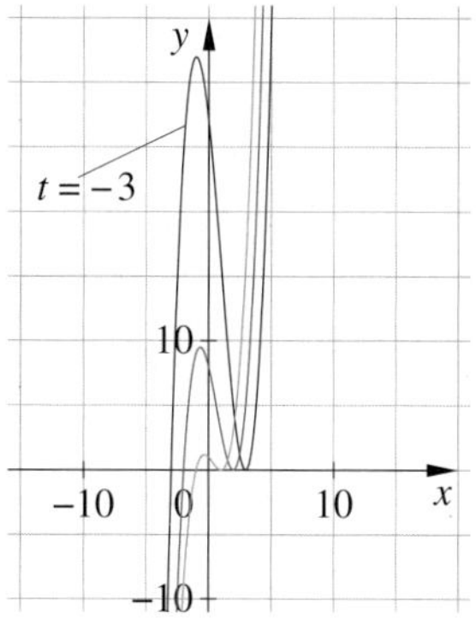

$t = 1, 2, 3$

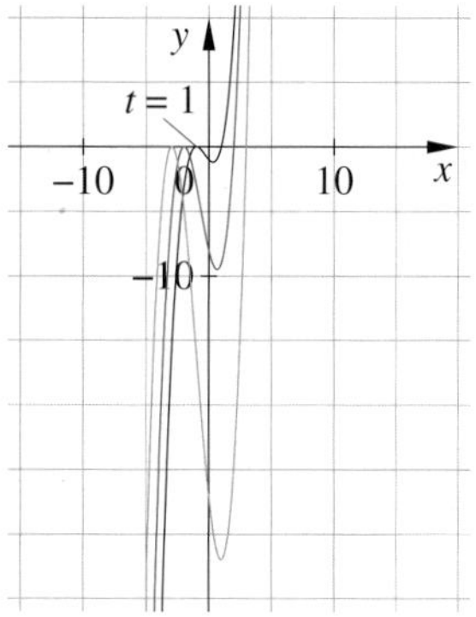

g) $t = 1, 2, 3$

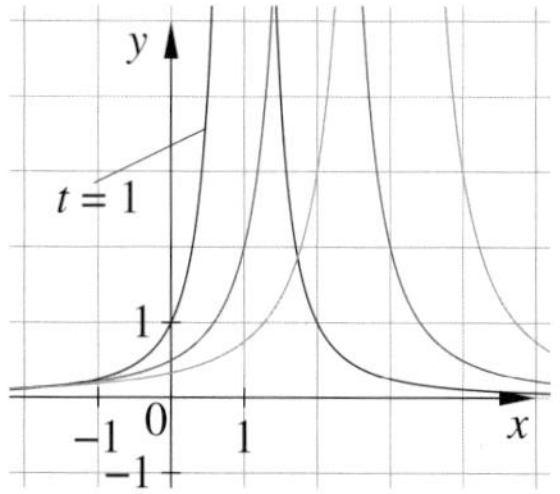

h) $k = 1, 2, 3$

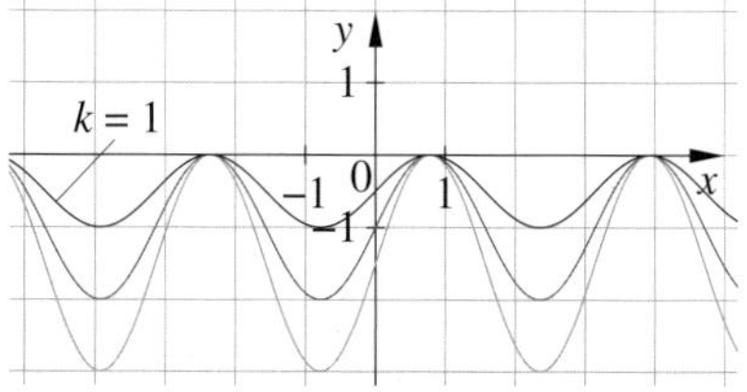

133 **2 a)** $f_t(x) = t \cdot x - 2 \cdot t$

b) $f_t(x) = x^2 - t$

3 a) $5 = -2 + t \Rightarrow t = 7$

b) $-4 = -1 + t \Rightarrow t = -3$

c) $7 = k^2 \Rightarrow k_1 = \sqrt{7}$ bzw. $k_2 = -\sqrt{7}$

d) $4 = -t \cdot t^2 \Rightarrow t = -\sqrt[3]{4}$

e) $0 = \frac{2}{k} - \frac{1}{2}k \Rightarrow k_1 = 2$ bzw. $k_2 = -2$

f) $4 = 2^{(-3+a)} \Rightarrow a = 5$

4 a) $f_t'(x) = -2x + t \Rightarrow f_t'(-3) = 6 + t$

b) $f_t'(x) = -\frac{3}{t} \cdot x^2 + 2x - 3t \Rightarrow f_t'(t) = -4t$

c) $f_k'(x) = k \cdot e^{-kx} \cdot (2 - kx) \Rightarrow f_k'(0) = 2k$

d) $f_t'(x) = 1 \cdot (x + t)^2 + (x - t) \cdot 2 \cdot (x + t) \Rightarrow f_t'(t) = 4t^2$

$f_t'(-t) = 0$

134 **5 a)** $f_t'(x) = -4 \cdot t \cdot x + t^2$

$m = f_t'(1)$

$5 = -4 \cdot t \cdot 1 + t^2$

$0 = t^2 - 4t - 5 \Rightarrow t_1 = 5$ bzw. $t_2 = -1$

b) $f_k'(x) = 3 \cdot (x + 2k)^2$

$m = f_k'(k)$

$\frac{1}{3} = 3 \cdot (k + 2k)^2$

$k^2 = \frac{1}{81} \Rightarrow k_1 = \frac{1}{9}$ bzw. $k_2 = -\frac{1}{9}$

c) $f_a'(x) = 2a \cdot e^{2x}$

$m = f_a'\left(\frac{1}{2}\right)$

$e = 2a \cdot e^{2 \cdot 0,5} \Rightarrow a = \frac{1}{2}$

6 a) $f_t'(x) = -3x^2 + 2t \cdot x + t^2 \quad (t > 0)$

$f_t''(x) = -6x + 2t$

$f_t'''(x) = -6 \neq 0$

Wendestelle:

$f_t''(x) = 0 \Leftrightarrow -6x + 2t = 0$

$\Leftrightarrow x = \frac{1}{3}t$

Wendepunkt: $W_f\left(\frac{1}{3}t \middle| \frac{11}{27}t^3\right)$

Ortskurve:

$x = \frac{1}{3}t \Leftrightarrow t = 3x$

$\Leftrightarrow y = \frac{11}{27}t^3$

$= \frac{11}{27} \cdot (3x)^3$

$= 11x^3$

Wegen $t > 0$ ist auch $x = \frac{1}{3}t > 0$, sodass die Ortskurve der Wendepunkte der Scharkurven für $x > 0$ die Gleichung $y = 11x^3$ besitzt.

Fortsetzung von Aufgabe 6: 134

b) $g_k'(x) = -x^3 + 4k^2 \cdot x \quad (k > 0)$

$g_k''(x) = -3x^2 + 4k^2$

Extremstellen:

$g_k'(x) = 0 \Leftrightarrow (-x^2 + 4k^2) \cdot x = 0$

$\Leftrightarrow x_1 = 0 \qquad g_k''(x_1) = 4k^2 > 0 \Rightarrow$ Minimalstelle

$x_2 = 2k \qquad g_k''(x_2) = -8k^2 < 0 \Rightarrow$ Maximalstelle

$x_3 = -2k \qquad g_k''(x_3) = -8k^2 < 0 \Rightarrow$ Maximalstelle

Hochpunkte sind $H_2\,(2k|4k^4 + 1)$ bzw. $H_3\,(-2k|4k^4 + 1)$.

Ortskurve:

$x = \pm 2k \Leftrightarrow k = \pm\frac{x}{2}$

$\Leftrightarrow y = \frac{k}{4} + 1$

$= \frac{1}{4}x^4 + 1$

Wegen $k > 0$ ist $x = \pm 2k \neq 0$, sodass die Ortskurve der Hochpunkte der Scharkurven für $x \neq 0$ die Gleichung $y = \frac{1}{4}x^4 + 1$ besitzt.

c) $h_a'(x) = -\frac{a}{x^2} + 1 \quad (a > 0)$

$h_a''(x) = \frac{2a}{x^3}$

Extremstellen:

$h_a'(x) = 0 \Leftrightarrow -\frac{a}{x^2} + 1 = 0$

$\Leftrightarrow x_1 = \sqrt{a} \qquad h_a''(x_1) = \frac{2}{\sqrt{a}} > 0 \Rightarrow$ Minimalstelle

$x_2 = -\sqrt{a} \qquad h_a''(x_2) = -\frac{2}{\sqrt{a}} < 0 \Rightarrow$ Maximalstelle

Tiefpunkt: $T_h\,(\sqrt{a}|2\sqrt{a})$

Hochpunkt: $H_h\,(-\sqrt{a}|-2\sqrt{a})$

Ortskurve:

$x = \pm\sqrt{a} \Leftrightarrow y = \pm 2\sqrt{a}$

$= 2x$

Wegen $a > 0$ ist $x = \pm\sqrt{a} \neq 0$, sodass die Ortskurve der Extrempunkte der Scharkurven für $x \neq 0$ die Gleichung $y = 2x$ besitzt.

d) $k_a'(x) = e^{-ax} \cdot (2 - ax) \quad (a > 0)$

$k_a''(x) = a \cdot e^{-ax} \cdot (-3 + ax)$

Extremstellen:

$k_a'(x) = 0 \Leftrightarrow e^{-ax} \cdot (2 - ax) = 0$

$\Leftrightarrow x_1 = \frac{2}{a}$

$k_a''(x_1) = -\frac{a}{e^2} < 0 \Rightarrow$ Maximalstelle

Hochpunkt ist $H\left(\frac{2}{a} \middle| \frac{1}{a \cdot e^2}\right)$.

Ortskurve:

$x = \frac{2}{a} \Leftrightarrow a = \frac{2}{x}$

$\Leftrightarrow y = \frac{1}{a \cdot e^2}$

$= \frac{1}{2 \cdot e^2} \cdot x$

Wegen $a > 0$ ist $x = \frac{2}{a} \neq 0$, sodass die Ortskurve der Hochpunkte der Scharkurven für $x \neq 0$ die Gleichung $y = \frac{1}{2 \cdot e^2} \cdot x$ besitzt.

134

7 Ansatz: $f(x) = ax^3 + bx^2 + cx + d \quad (a \neq 0)$

$f''(x) = 3ax^2 + 2bx + c$

$f'''(x) = 6ax + 2b$

Bedingungen: $f(0) = 0 \Rightarrow ax^3 + bx^2 + cx + d = 0 \Rightarrow d = 0 \Rightarrow f(x) = ax^3 + bx^2 + cx$

$f(2) = 4 \quad \Rightarrow 8a + 4b + 2c = 4 \quad$ (I)

$f''(2) = 0$ (mit $f'''(2) \neq 0$) $\Rightarrow 12a + 4b + c = 0 \quad$ (II)

(II) – (I) $\Rightarrow 4a - c = -4 \quad \Rightarrow c = 4a + 4$

(II) $\Rightarrow 12a + 4b + c = 0 \Rightarrow b = -4a - 1$

Mit a als Parameter lautet die Gleichung für die Funktionenschar:

$f_a(x) = ax^3 + (-4a - 1)x^2 + (4a + 4)x$

Dabei kann a alle Werte außer 0 und $\frac{1}{2}$ annehmen, denn für $a = \frac{1}{2}$ ist $f'''(2) = 0$ und für $a = 0$ wäre es keine ganzrationale Funktion 3. Grades.

$f_a'''(x) = 6ax + 2 \cdot (-4a - 1) = 6ax - 8a - 2$

$f_a'''(2) = 4a - 2$

Hochpunkt:

$f_a'''(2) < 0$ für $a < \frac{1}{2}$ $(a \neq 0)$.

Tiefpunkt:

$f_a'''(2) > 0$ für $a > \frac{1}{2}$.

8 a) $f_a(x) = \frac{1}{a^2} \cdot x \cdot (x - 3a)^2 \Rightarrow f_a$ hat die Nullstellen $x_1 = 0$ und $x_2 = 3a$ (doppelte Nullstelle).

$f_a'(x) = \frac{3}{a^2}x^2 - \frac{12}{a}x + 9 \qquad f_a''(x) = \frac{6}{a^2}x - \frac{12}{a}$

$f_a'(x) = 0 \Rightarrow x_2 = 3a \qquad f_a''(x_2) = \frac{6}{a} > 0 \Rightarrow$ Der Graph von f hat den Tiefpunkt $T(3a|0)$.

$x_3 = a \qquad f_a''(x_3) = -\frac{6}{a} < 0 \Rightarrow$ Der Graph von f hat den Hochpunkt $H(a|4a)$.

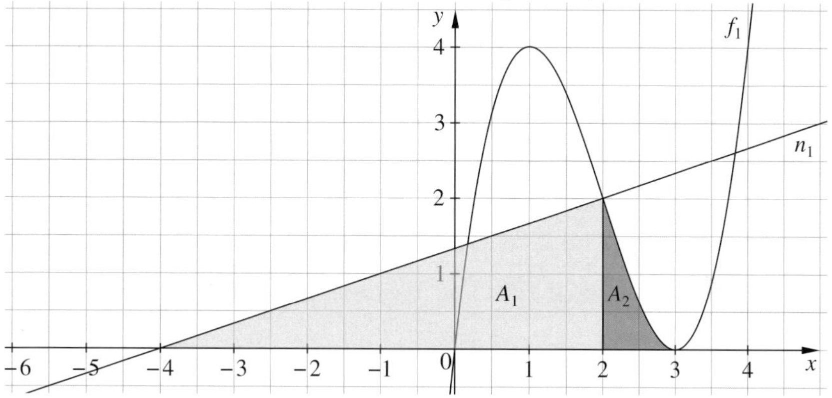

Fortsetzung von Aufgabe 8:

b) $f_a'(2a) = \frac{3}{a^2} \cdot 4a^2 - \frac{12}{a} \cdot 2a + 9 = -3$

Alle Funktionen f_a besitzen an der Wendestelle die Steigung -3.

Gleichung der Normalen n_a:

$n_a(x) = \frac{1}{3}x + \frac{4}{3}a$

c) $f_1(x) = x^3 - 6x^2 + 9x$

$n_1(x) = \frac{1}{3}x + \frac{4}{3}$

Nullstelle von n_1 ist $x_4 = -4$.

$$A = A_1 + A_2 = \frac{1}{2} \cdot (2 - (-4)) \cdot 2 + \left| \int_2^3 (x^3 - 6x^2 + 9x)\,dx \right| = 6 + \left| \left[\frac{1}{4}x^4 - 2x^3 + \frac{9}{2}x^2\right]_2^3 \right| = 6 + \frac{3}{4} = \frac{27}{4}$$

d) Wenn P_1 auf dem Graphen von f_1 liegt, dann gilt: $\quad y = x^3 - 6x^2 + 9x$

$ay = ax^3 - 6ax^2 + 9ax$

Wenn P_a auf dem Graphen von f_a liegt, dann muss gelten: $ay = f_a(ax) = \frac{1}{a^2}a^3x^3 - \frac{6}{a}a^2x^2 + 9ax = ax^3 - 6ax^2 + 9ax$

Da jeder Punkt P_a auf dem Graphen von f_a aus P_1 durch Streckung um a in Richtung von x-Achse und von y-Achse hervorgeht, müsste $A_a = \frac{27}{4}a^2$ gelten.

9 Für das Geradenbüschel f_m gilt $f_m(x) = m \cdot x + c$.

Für den Punkt $P(0|4)$ gilt:

$f_m(0) = m \cdot 0 + c \Rightarrow c = 4 \Rightarrow f_m(x) = m \cdot x + 4$

Parabel und Gerade müssen genau einen gemeinsamen Punkt besitzen. Für diesen muss also gelten

$-x^2 + 2 = m \cdot x + 4 \Leftrightarrow m_{1,2} = \frac{-(m-2) \pm \sqrt{(m-2)^2 - 4 \cdot 4}}{2}$ mit $(m-2)^2 - 4 \cdot 4 = 0$.

Dies wird von den beiden Werten 6 und -2 erfüllt, sodass die beiden Geraden mit den Gleichungen $f_6(x) = 6x + 4$ bzw. $f_{-2}(x) = -2x + 4$ Tangenten an die Parabel sind.

135

10 Nullstellen:

$f_t(x) = 0 \Leftrightarrow 6x \cdot (x - t) = 0 \Leftrightarrow x_1 = 0;\ x_2 = t$

Flächeninhalt (in FE):

$$A(t) = \int_0^t f_t(x)\,dx = \left[\frac{3}{2}x^4 - 4t \cdot x^3 + 3t^2x^2\right]_0^t = \frac{1}{2}t^4$$

$A(t) = 8 \Leftrightarrow t_1 = -2$

$t_2 = 2$

Wegen $t > 0$ erfüllt nur $t_2 = 2$ die Gleichung $\frac{1}{2}t^4 = 8$.

11 a) Als Beispiel für die Bestimmung einer Kurvenschar f_t mit einer Ortskurve aller Hochpunkte $H_t(t|0{,}5t^2)$ wählt man eine nach unten geöffnete Parabel, deren Hochpunkt bei $x = t$ liegt:

$f_t(x) = -(x-t)^2 + c$

$f_t(t) = -(t-t)^2 + c = 0{,}5t^2 \Rightarrow c = 0{,}5t^2$

$\Rightarrow f_t(x) = -(x-t)^2 + 0{,}5t^2$

b) Beispiel für die Bestimmung einer Kurvenschar f_t mit einer Ortskurve aller Wendepunkte $W_t(t|0{,}5t^2)$:

Wegen $f_t''(t) = 0$ könnte z. B. $f_t''(x) = 2x - 2t$ gelten.

$\Rightarrow f_t'(x) = x^2 - 2t \cdot x$

$\Rightarrow f_t(x) = \frac{1}{3}x^3 - t \cdot x^2 + c$

$\Rightarrow f_t(t) = \frac{1}{3}t^3 - t \cdot t^2 + c = 0{,}5t^2 \Rightarrow c = \frac{1}{2}t^2 + \frac{2}{3}t^3$

$\Rightarrow f_t(t) = \frac{1}{3}x^3 - t \cdot x^2 + \frac{1}{2}t^2 + \frac{2}{3}t^3$

12 Parabel und Gerade müssen genau einen gemeinsamen Punkt besitzen. Für diesen muss also gelten

$-\frac{x^2}{4} + \frac{5}{2}x - 4 = m \cdot x$

$\Leftrightarrow$

$m_{1,2} = \frac{-(4m-10) \pm \sqrt{(4m-10)^2 - 4 \cdot 4}}{2}$

mit $(4m-10)^2 - 4 \cdot 4 = 0$.

Dies wird von den beiden Werten 0,5 und 4,5 erfüllt, sodass die beiden Geraden mit den Gleichungen

$f_{0,5}(x) = 0{,}5x$ bzw.

$f_{4,5}(x) = 4{,}5x$ Tangenten an die Parabel sind.

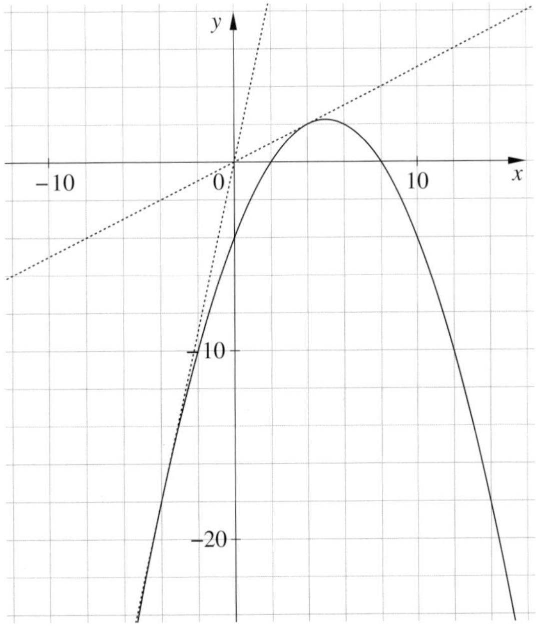

13 a) Der Parameter a bewirkt eine Streckung/Stauchung in y-Richtung mit der x-Achse als Fixpunktgerade.

b) Wegen $a \neq 0$ gilt:
$f_a(x) = 0 \Leftrightarrow -ax^2 + 10ax - 9a = 0$

$\Leftrightarrow x^2 - 10x + 9 = 0$

$\Leftrightarrow (x-1) \cdot (x-9) = 0$

$\Leftrightarrow x = 1 \vee x = 9$

c) Der Graph von f_a berührt die Gerade g mit $g(x) = 1{,}6x$ genau dann, wenn die Gleichung $f_a(x) = g(x)$ genau eine Lösung hat.

$f_a(x) = g(x) \Leftrightarrow -ax^2 + 10ax - 9a = 1{,}6x$

$\Leftrightarrow x^2 - \frac{10a - 1{,}6}{a} + 9 = 0$

$\Leftrightarrow x = \frac{5a - 0{,}8}{a} \pm \sqrt{\frac{(5a - 0{,}8)^2}{a^2} - 9}$

Damit es genau eine Lösung gibt, muss der Radikand Null werden:

$(5a - 0{,}8)^2 - 9a^2 = 0 \Leftrightarrow 25a^2 - 8a + 0{,}64 - 9a^2 = 0$

$\Leftrightarrow 16a^2 - 8a + 0{,}64 = 0$

$\Leftrightarrow a^2 - 0{,}5a + 0{,}04 = 0$

$\Leftrightarrow (a - 0{,}1) \cdot (a - 0{,}4) = 0$

$\Leftrightarrow a = 0{,}1 \vee a = 0{,}4$

d) Es soll gelten: $\int_1^9 f_a(x)\,dx = \pm 128$:

$\left[-\frac{1}{3}ax^3 + 5ax^2 - 9ax\right]_1^9 = \pm 128 \Leftrightarrow \frac{256}{3}a = \pm 128$

$\Leftrightarrow a = \pm \frac{3}{2}$

14 $V(a) = \pi \cdot \int_0^a (f_a(x))^2\,\mathrm{d}x$

$= \pi \cdot \left[\frac{1}{2}ax^2\right]_0^a = \pi \cdot \frac{1}{2}a^3$

$V(a) = 32\pi \quad \Leftrightarrow \quad a^3 = 64 \quad \Leftrightarrow \quad a = 4$

135 **NOCH FIT?**

I a) $t(x) = 12x - 12$ **c)** $t(x) = -x + 1$ **f)** $t(x) = 2x - \frac{1}{2}$

a) $t(x) = 2x + 1$ **d)** $t(x) = -\frac{1}{2}x + 3\frac{1}{2}$ **g)** $t(x) = \frac{e}{2}$

b) $t(x) = -4x - 1$ **e)** $t(x) = -\frac{1}{e}x - \frac{4}{e}$

II a) $f'(1) = 3 \cdot 1^2 - 2 \cdot 1 - 1 = 0$; $f''(1) = 6 \cdot 1 - 2 = 4 > 0 \Rightarrow T(1|-2)$

$f'\left(-\frac{1}{3}\right) = 3 \cdot \left(-\frac{1}{3}\right)^2 - 2 \cdot \left(-\frac{1}{3}\right) - 1 = 0$; $f''\left(-\frac{1}{3}\right) = 6 \cdot \left(-\frac{1}{3}\right) - 2 = -4 < 0 \Rightarrow H\left(-\frac{1}{3}\middle|-\frac{22}{27}\right)$

g: $g(x) = -\frac{8}{9}x - \frac{10}{9}$

b) $-\frac{8}{9} = 3x^2 - 2x - 1 \Rightarrow x_1 = \frac{1}{3} + \frac{2}{\sqrt{27}} \Rightarrow t_1(x) \approx -0{,}8889x - 1{,}2252$

$x_2 = \frac{1}{3} - \frac{2}{\sqrt{27}} \Rightarrow t_2(x) \approx -0{,}8889x - 0{,}9971$

Der Graph von f ist symmetrisch zum Punkt $P\left(\frac{1}{3}\middle|-\frac{38}{27}\right)$.

III a) $t(x) = 2x - 9$

b) $t(x) = x + \frac{1}{4}$

135 **Aufgaben – Anwenden**

15 a) Siehe rechte Zeichnung.

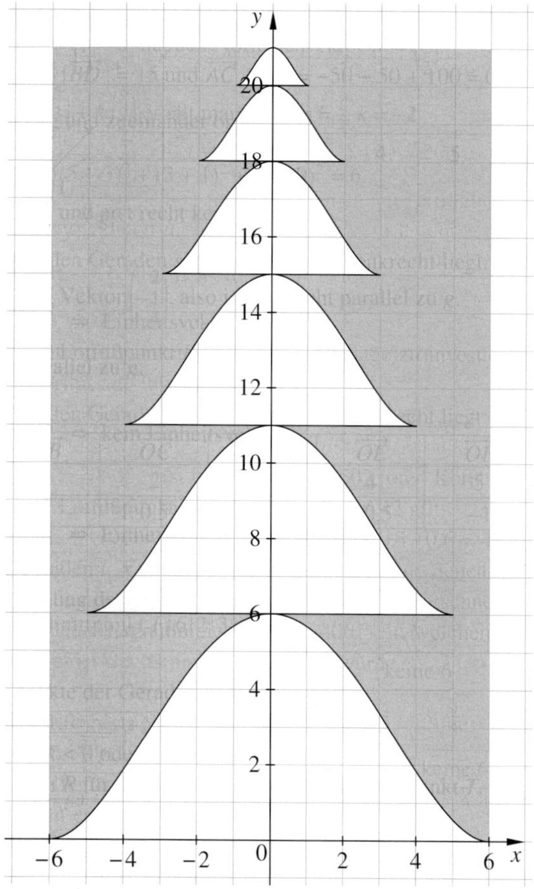

b) Flächeninhalt einer weißen Teilfläche:

$A_t = 2 \cdot \int_0^t (f_t(x) - g_t(x))\,dx$

$= 2 \cdot \int_0^t \left(\frac{x^4}{t^3} - \frac{2x^2}{t} + t\right) dx$

$= \frac{16}{15}t^2$

Flächeninhalt aller weißen Teilflächen:

$A = \frac{16}{15}(1^2 + 2^2 + \ldots + 6^2) = \frac{1456}{15}$

Papierabfall:

Absolut:

$12 \cdot 21 - A = \frac{2324}{15}$

Prozentual:

$\frac{A}{12 \cdot 21} \approx 61{,}48\,\%$

136

16 a) Nullstellen:

$f_a(x) = 0 \Leftrightarrow \frac{1}{6}x^3 - \frac{a^2}{4}x^2 = 0 \Leftrightarrow x_1 = 0$

$x_2 = \frac{3}{2}a^2$

$g_a(x) = 0 \Leftrightarrow -\frac{1}{a}x^2 + \frac{3a}{2}x = 0 \Leftrightarrow x_1 = 0$

$x_2 = \frac{3}{2}a^2$

$f_a'(x) = \frac{1}{2}x^2 - \frac{a^2}{2}x$

$g_a'(x) = -\frac{2}{a}x + \frac{3a}{2}$

Notwendige Bedingung für die Existenz von Extremstellen:

$f_a'(x) = 0 \Leftrightarrow \frac{1}{2}x^2 - \frac{a^2}{2}x = 0 \Leftrightarrow x_3 = 0$

$x_4 = a^2$

$g_a(x) = 0 \Leftrightarrow -\frac{2}{a}x + \frac{3a}{2} = 0 \Leftrightarrow x_5 = \frac{3}{4}a^2$

Für alle $a > 0$ ist $\frac{3}{4}a^2 \neq 0$ und $\frac{3}{4}a^2 \neq a^2$.

Es gibt keine gemeinsamen Stellen mit waagerechter Tangente, also erst recht keine gemeinsamen Extremstellen.

b) $\int_0^{\frac{3}{2}a^2} f_a(x)\,dx = \left[\frac{1}{24}x^4 - \frac{a^2}{12}x^3\right]_0^{\frac{3}{2}a^2} = -\frac{9}{128}a^8$ $A_f = \frac{9}{128}a^8$

$\int_0^{\frac{3}{2}a^2} g_a(x)\,dx = \left[-\frac{1}{3a}x^3 + \frac{3a}{4}x^2\right]_0^{\frac{3}{2}a^2} = \frac{9}{16}a^5$ $A_g = \frac{9}{16}a^5$

$A_f = A_g \Leftrightarrow \frac{9}{128}a^8 = \frac{9}{16}a^5 \Leftrightarrow a = 2$

Für $a = 2$ sind beide Flächeninhalte gleich.

c) $0 \leq k \leq 4$

$A(k) = \int_k^{k+2} \left(\left(-\frac{1}{2}x^2 + 3x\right) - \left(\frac{1}{6}x^3 - x^2\right)\right) dx$

$= \int_k^{k+2} \left(\frac{x^2}{2} + 3x - \frac{x^3}{6}\right) dx$

$= \left[\frac{x^3}{6} + \frac{3x^2}{2} - \frac{x^4}{24}\right]_k^{k+2}$

$= -\frac{1}{24}(k+2)^4 + \frac{1}{6}(k+2)^3 + \frac{3}{2}(k+2)^2 - \left(-\frac{1}{24}k^4 + \frac{1}{6}k^3 + \frac{3}{2}k^2\right)$

$A'(k) = -\frac{1}{6}(k+2)^3 + \frac{1}{2}(k+2)^2 + 3(k+2) - \left(-\frac{1}{6}k^3 + \frac{1}{2}k^2 + 3k\right)$

$= \frac{20}{3} - k^2$

Somit hat A bei $k = \pm\sqrt{\frac{20}{3}}$ mögliche Extremstellen.

Der Graph von A' ist eine nach unten geöffnete Parabel, welche an ihrer rechten Nullstelle einen Vorzeichenwechsel von + nach – hat, also nimmt A bei $k \approx 2{,}58$ ein relatives Maximum an: $A\left(\sqrt{\frac{20}{3}}\right) \approx 18{,}14$

An den Rändern des Definitionsbereichs von A gilt $A(0) = 6{,}\overline{6}$ bzw. $A(4) = 12$, also ist es auch ein absolutes Maximum.

17 a) Die Hangkurve h kann z. B. als Polynom dritten Grades dargestellt werden:

$h(x) = ax^3 + bx^2 + cx + d$

$h'(x) = 3ax^2 + 2bx + c$

$h''(x) = 6ax + 2b$

Da der Hang im Ursprung beginnt, gilt $d = 0$.

Da $O(0|0)$ ein Hochpunkt ist, muss auch c null sein.

Für den Wendepunkt $K(140|-90)$ gilt:

$h(140) = a \cdot 140^3 + b \cdot 140^2$

$h''(140) = 6a \cdot 140 + 2b$

Mithilfe des GTR erhält man:

$a \approx 1{,}6399 \cdot 10^{-5}$

$b \approx -0{,}0069$

$h(x) = 1{,}6399 \cdot 10^{-5} \cdot x^3 - 0{,}0069x^2$

b) Siehe nächste Seite.

c) Zielfunktion: $d(x) = f_{30}(x) - h(x)$

$= 5 - 0{,}19x - \frac{3}{30^2} \cdot x^2 - (1{,}6399 \cdot 10^{-5} \cdot x^3 - 0{,}0069x^2)$

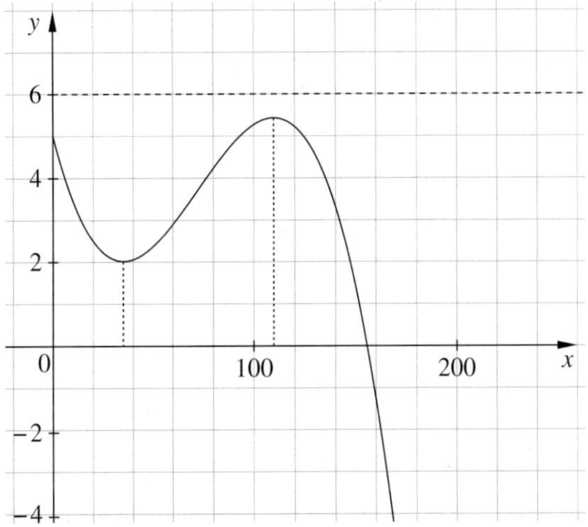

Im Schaubild kann man erkennen, dass der Abstand eingehalten wird.

Mithilfe des GTR kann man die Abstände zum Hang ermitteln.

Höchster Abstand zum Hang:

$x \approx 106{,}8$ m

(5,43 m über dem Hang)

Geringster Abstand zum Hang:

$x \approx 35{,}16$ m

(2,02 m über dem Hang)

Fortsetzung von Aufgabe 17:

b) Flugkurven mit Auftreffpunkten:

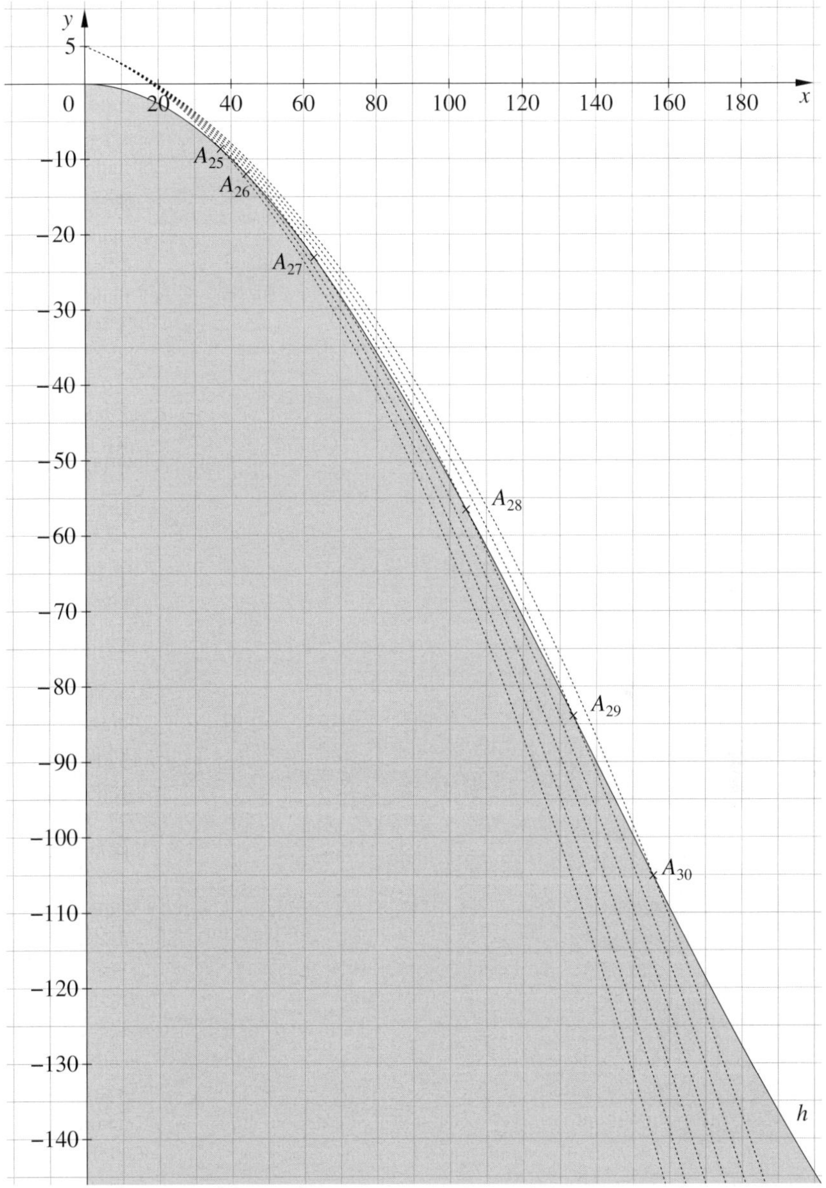

Fortsetzung von Aufgabe 17:

d) Für $v > 30\,\frac{\text{m}}{\text{s}}$ sind die Auftreffwinkel gegenüber dem Hang zu groß (Gesundheitsrisiko).

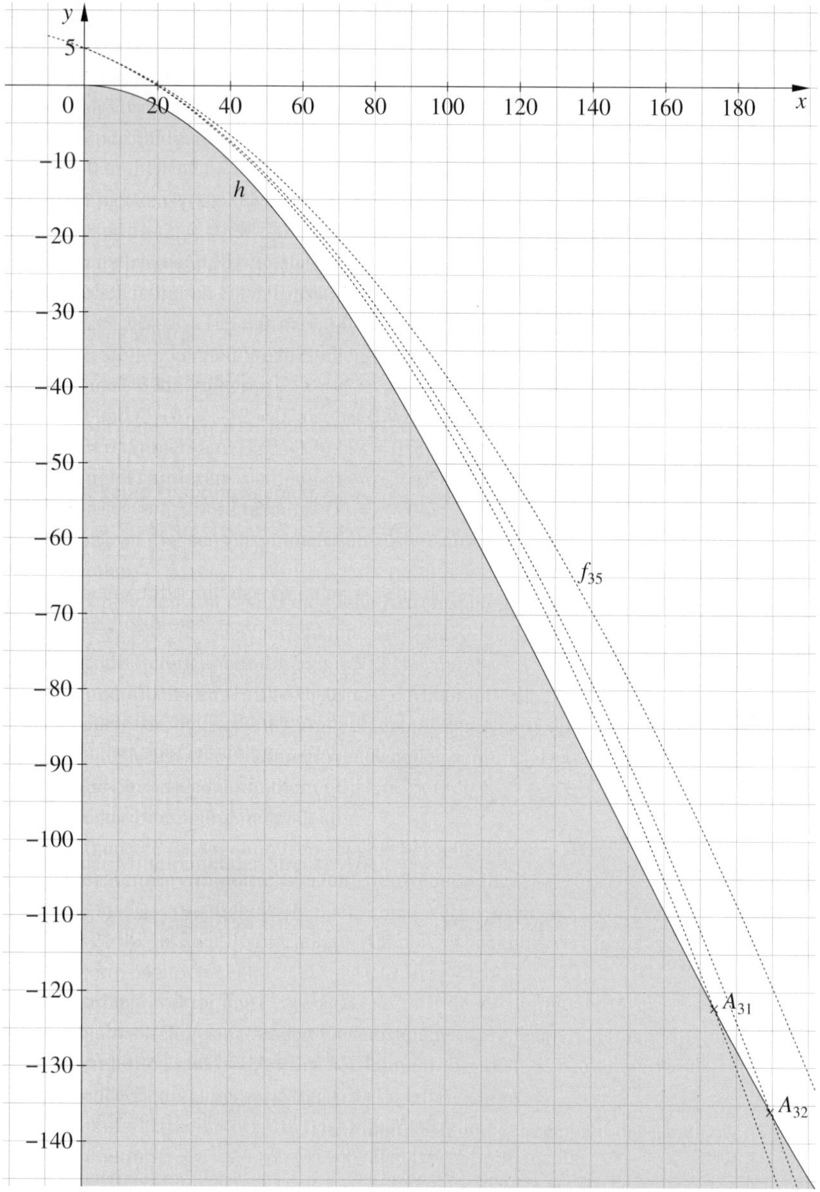

18 a) $f_a(4) = a \cdot 4 \cdot e^{-0,25 \cdot 4} = 10,3 \Rightarrow a \approx 7,0 \Rightarrow f_7(24) \approx 0,42$

b) $f_a'(t) = a\,(1 - 0,25\,t) \cdot e^{-0,25\,t}$

$f_a'(t) > 0$ für $0 \le t < 4$, da $a > 0$ und $e^{-0,25\,t} > 0$, d. h., f_a ist streng monoton steigend in $[0; 4[$.
Entsprechend gilt $f_a'(t) < 0$ für $4 < t \le 24$, d. h., f_a ist streng monoton fallend in $]4; 24]$.

$f_a'(t) = 0 \Leftrightarrow 1 - 0,25\,t = 0 \Leftrightarrow t = 4$

Wegen des Vorzeichenwechsels von + nach − von f_a' an der Stelle $t = 4$ besitzt f_a dort das relative Maximum $f_a(4) = 4\frac{a}{e}$. Aus der Untersuchung der Randwerte folgt, dass es auch absolutes Maximum der Funktion f_a ist.

Die Wirkstoffkonzentration nimmt innerhalb der ersten vier Stunden nach Einnahme des Medikaments zu und erreicht ihre maximale Höhe. Danach nimmt die Wirkstoffkonzentration wieder ab (bis zum Zeitpunkt $t = 24$).

Schädliche Dosishöhe a:

$f_a(4) > 18 \Leftrightarrow 4\frac{a}{e} > 18 \Leftrightarrow a > 4,5 \cdot e = 12,23\ldots$

Wenn die Dosishöhe $12,2\,\frac{\text{mg}}{\text{l}}$ übersteigt, wirkt das Medikament schädlich.

c) Wegen $f_a'(8) = -\frac{a}{e^2} < 0$ nimmt die Wirkstoffkonzentration an der Stelle $t = 8$ ab und sie nimmt dort auch am stärksten ab, denn es gilt:

$f_a''(t) = \frac{a}{16}(t - 8) \cdot e^{-0,25\,t}$ $\qquad f_a'''(t) = \frac{a}{64}(12 - t) \cdot e^{-0,25\,t}$

$f_a''(t) = 0 \Leftrightarrow t - 8 = 0 \Leftrightarrow t = 8$ $\qquad f_a'''(8) = \frac{a}{16e^2} \neq 0$

d) Nachweis durch Ableiten:

$$F_{10}'(t) = (-40(t+4) \cdot e^{-0,25\,t})' = -40 \cdot e^{-0,25\,t} + (-40(t+4)) \cdot e^{-0,25\,t} \cdot (-0,25)$$
$$= -40 \cdot e^{-0,25\,t} + 10(t+4) \cdot e^{-0,25\,t}$$
$$= 10\,t \cdot e^{-0,25\,t}$$
$$= f_{10}(t)$$

Nachweis durch Integrieren (partielle Integration):

$$F_{10}(t) = \int (10\,t \cdot e^{-0,25\,t})\,\mathrm{d}t = 10 \cdot \left(t \cdot (-4 \cdot e^{-0,25\,t}) - \int (1 \cdot (-4 \cdot e^{-0,25\,t}))\,\mathrm{d}t\right)$$
$$= -10 \cdot \left(4\,t \cdot e^{-0,25\,t} - 4 \cdot \int (e^{-0,25\,t})\,\mathrm{d}t\right)$$
$$= -10 \cdot (4\,t \cdot e^{-0,25\,t} + 16 \cdot e^{-0,25\,t})$$
$$= -40 \cdot (t+4) \cdot e^{-0,25\,t}$$

Mittlere Wirkstoffkonzentration in den ersten k Stunden:

$$m(k) = \frac{1}{k} \cdot \int_0^k f_{10}(t)\,\mathrm{d}t = -\frac{40}{k}((k+4) \cdot e^{-0,25\,k} - 4) \qquad m(12) = -\frac{40}{3} \cdot \left(\frac{4}{e^3} - 1\right) = 10,678\ldots$$

Die mittlere Wirkstoffkonzentration in den ersten zwölf Stunden beträgt ca. $10,68\,\frac{\text{mg}}{\text{l}}$.

e) Nach Satz 4.4 gilt $\lim\limits_{t \to \infty} (t \cdot e^{-t}) = 0$ und damit $\lim\limits_{t \to \infty} (10\,t \cdot e^{-0,25\,t}) = 0$.

Der Wirkstoff würde erst nach unendlich langer Zeit, also nie vollständig abgebaut.

f) Für die lineare Funktion g mit $g(t) = m \cdot t + n$ muss gelten:

$g(24) = f_{10}(24) \quad \Rightarrow \quad 24\,m + n = \frac{240}{e^6}$

$g'(24) = f_{10}'(24) \quad \Rightarrow \quad m = -\frac{50}{e^6} \quad \Rightarrow \quad n = \frac{1440}{e^6}$

$g(t) = -\frac{50}{e^6} \cdot t + \frac{1440}{e^6}$

$-\frac{50}{e^6} \cdot t + \frac{1440}{e^6} = 0 \Rightarrow t = 28,8$

Nach 28 Stunden und 48 Minuten wäre das Medikament vollständig abgebaut.

138 **19 a)** Wegen $k > 0$ und $e^x > 0$ ist $x = 0$ einzige Nullstelle von f_k.
Für $x \to \infty$ geht e^{-2x^2-k} gegen null und damit gilt $\lim\limits_{x \to \infty} \left(8k^2 \cdot x \cdot e^{-2x^2-k}\right) = 0$, da die e-Funktion überwiegt.

$f'(x) = 8k^2 e^{-2x^2-k}(1 - 4x^2)$ $\quad f''(x) = 32k^2 \cdot x \cdot e^{-2x^2-k} \cdot (4x^2 - 3)$

$f'(x) = 0 \Rightarrow x_1 = \frac{1}{2}$ $\quad f''(x_1) = -32k^2 \cdot e^{-\frac{1}{2}-k} < 0 \Rightarrow$ Hochpunkt $H_k\left(\frac{1}{2} \middle| 4k^2 e^{-\frac{1}{2}-k}\right)$

$x_2 = -\frac{1}{2}$ (entfällt)

$f'''(x) = 32k^2 e^{-2x^2-k} \cdot (24x^2 - 16x^4 - 3)$

$f''(x) = 0 \Rightarrow x_3 = 0$ $\quad f'''(x_3) = -96k^2 e^{-k} \neq 0 \Rightarrow$ Wendepunkt $W(0|0)$

$x_4 = \frac{\sqrt{3}}{2}$ $\quad f'''(x_4) = 192k^2 e^{-\frac{3}{2}-k} \neq 0 \Rightarrow$ Wendepunkt $W_k\left(\frac{\sqrt{3}}{2} \middle| 4k^2\sqrt{3}\, e^{-\frac{3}{2}-k}\right)$

$x_5 = -\frac{\sqrt{3}}{2}$ (entfällt)

b) $f_2(2) = 64 \cdot e^{-10} \approx 0{,}003$

$f_5(2) = 400 \cdot e^{-13} \approx 0{,}001$

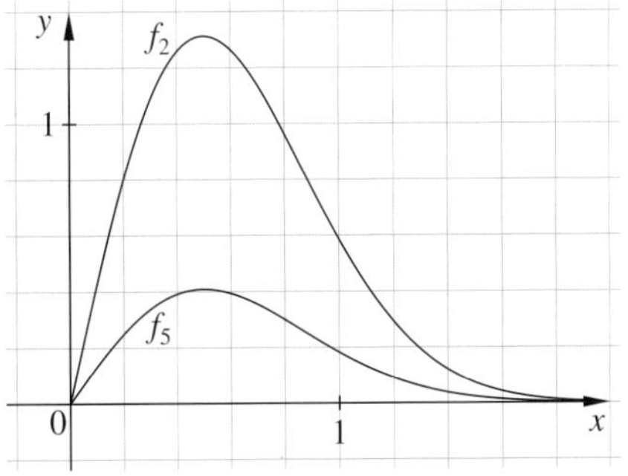

c) H_k ist der höchste Punkt für jeden Querschnitt. Für die höchste Stelle des Dammes sucht man das Maximum des y-Wertes von H_k:

$h(k) = 4k^2 e^{-\frac{1}{2}-k}$

$h'(k) = 4k e^{-\frac{1}{2}-k}(2 - k)$

Notwendige Bedingung:

$h'(k) = 0 \Rightarrow k_1 = 0$ (Tiefpunkt)

$k_2 = 2$

Hinreichende Bedingung:

$(2 - k)$ hat bei $k_2 = 2$ einen Vorzeichenwechsel von + nach –, also handelt es sich um ein relatives Maximum.

$h(2) = 16 e^{-\frac{5}{2}} \approx 1{,}313$

Wegen $h(0) = 0$ und $h(7) \approx 0{,}108$ ist es ein absolutes Maximum.

Der Wall ist an seiner höchsten Stelle ca. 13,1 m hoch.

d) Flächeninhalt der rechten Teilfläche:

$$A_r = \int_{0{,}5}^{2} f_2(x)\,dx$$
$$= \int_{0{,}5}^{2} \left(32x e^{-2x^2-2}\right) dx$$
$$= -8 \int_{0{,}5}^{2} \left((-4x) \cdot \left(e^{-2x^2-2}\right)\right) dx$$
$$= -8 \left[e^{-2x^2-2}\right]_{0{,}5}^{2}$$
$$= -8\left(e^{-10} - e^{-2{,}5}\right)$$

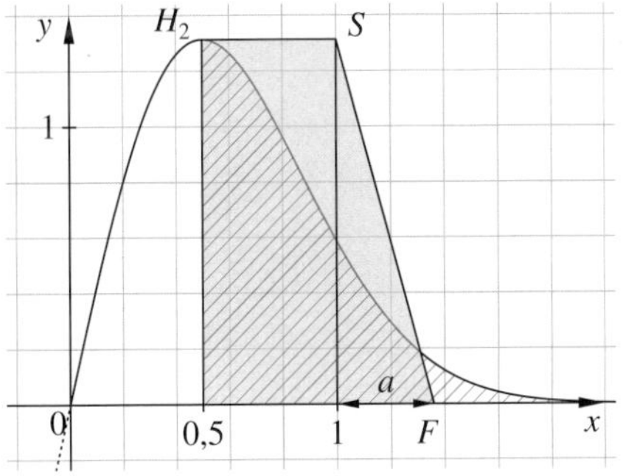

Fortsetzung von Aufgabe 19: 138

Flächeninhalt des Trapezes:

Die y-Koordinate des Hochpunktes von f_2 ist $16 e^{-2{,}5}$.

$A_{\text{Trapez}} = 0{,}5 \cdot 16 e^{-2{,}5} + \frac{a}{2} \cdot 16 e^{-2{,}5} = 8 \cdot e^{-2{,}5} \cdot (1 + a)$

$A_{\text{Trapez}} = A_r \Rightarrow 8 \cdot e^{-2{,}5} \cdot (1 + a) = -8\left(e^{-10} - e^{-2{,}5}\right)$

$1 + a = \left(e^{-2{,}5} - e^{-10}\right) \cdot e^{2{,}5}$

$a = -e^{-7{,}5}$

$a \approx -0{,}00055$

Mit $a = 0{,}006$ m liegt F ein wenig, aber vernachlässigbar wenig links von S. Das kann für die Vermutung bedeuten:

Wenn man damals genau senkrechte Mauern in dieser Höhe errichten konnte, dann ist die Vermutung bestätigt. Ansonsten muss man davon ausgehen, dass die Krone weniger breit war oder Material verloren ging.

Aufgaben – Vernetzen

20 a) Individuelle Lösungen. Zum Beispiel hat f_3 bei $x = \sqrt{3} \approx 1{,}7$ eine Nullstelle. Damit 139
gehört zu f_3 der rote Graph und damit für g' der blaue Graph.

Der Graph von g' hat an der Stelle $x = -1$ einen Vorzeichenwechsel von + nach – und damit nimmt g dort ein Maximum an, d. h., für $x < -1$ steigt g und für $x > -1$ fällt g.

Wegen des Maximums von g' an der Stelle $x \approx -2$ hat g eine Wendestelle und wegen $g'(-2) \neq 0$ handelt es sich nicht um einen Sattelpunkt.

b) Der Ansatz $f_3(x) = 2(x)$ führt zur quadratischen Gleichung $x^2 + 2x - 3 = 0$ mit den Lösungen $x_1 = 1$ und $x_2 = -3$. Es gilt $f'(x) = e^x(x^2 + 2x - 3)$ und $f''(x) = e^x(x^2 + 4x - 1)$. Wegen $f'(1) = f'(-3) = 0$ und $f''(1) = 4e \neq 0$ sowie $f''(-3) = -4e^{-3} \neq 0$ schneiden die Funktionsgraphen von f_3 und g einander in den Extrempunkten von f_3.

$s(x) = \frac{6e^{-3} - (-2e)}{-3 - 1} \cdot (x - (-3)) + 6e^{-3} = -\frac{1}{2}(3e^{-3} + e) \cdot x + \frac{3}{2}(e^{-3} - e)$

$n(x) = \frac{2}{3e^{-3} + e} \cdot (x - (-1)) + 2e^{-1} = \frac{2}{3e^{-3} + e} \cdot x + \frac{2}{3e^{-3} + e} + \frac{2}{e}$

Für $x < -3$ gilt sowohl $0 < -2x$ als auch $0 < (x-1)(x+3) = x^2 + 2x - 3$ bzw. $-2x < x^2 - 3$, also auch $0 < -2x < x^2 - 3$ bzw. $0 < -2x \cdot e^x < (x^2 - 3) \cdot e^x$.

c) $f_t(x) = 0 \Leftrightarrow x^2 - t = 0$

f_t hat die beiden Nullstellen $x_3 = \sqrt{t}$ und $x_4 = -\sqrt{t}$ und für $t = 0$ nur eine einzige Nullstelle. Die Funktion F_0 hat $f_0 = e^x \cdot x^2$ als erste Ableitung, die an der Stelle $x = 0$ null ist. Wegen $e^x \cdot x^2 > 0$ findet kein Vorzeichenwechsel statt, daher handelt es sich um einen Sattelpunkt.

d) $-2x \cdot e^x = e^x(x^2 - t) \Leftrightarrow x^2 + 2x - t = 0 \Leftrightarrow x_{5,6} = -1 \pm \sqrt{1 + t}$

Für $t > -1$ existieren genau zwei Schnittstellen, sodass ein begrenztes Flächenstück eingeschlossen werden kann.

$f_t'(x) = e^x \cdot 2x + e^x(x^2 - t) = e^x(x^2 - t) + (-2x \cdot e^x) = f_t(x) - g(x)$

$\int (f_t(x) - g(x))\,dx = \int f_t'(x)\,dx = f_t'(x)$

Fortsetzung von Aufgabe 20:

Flächeninhalt:

$$A_t = \left| \int_{-1-\sqrt{1+t}}^{-1+\sqrt{1+t}} (f_t(x) - g(x))\, dx \right|$$
$$= \left| \left[f_t(x) \right]_{-1-\sqrt{1+t}}^{-1+\sqrt{1+t}} \right|$$
$$= \left| e^{(-1+\sqrt{1+t})} \cdot ((-1+\sqrt{1+t})^2 - t) - e^{(-1-\sqrt{1+t})} \cdot ((-1-\sqrt{1+t})^2 - t) \right|$$

$A_3 = |-2e - 6e^{-3}| \approx 5{,}735$

21 a) Nullstelle: $f_k(x) = 0 \Leftrightarrow x = -\frac{1}{k}$

$\lim\limits_{x\to\infty} (f_k(x)) = 0$

b) Ableitungen:

$$f'_k(x) = k^2 \cdot e^{-kx} + k^2\left(x + \tfrac{1}{k}\right) \cdot e^{-kx} \cdot (-k)$$
$$= (k^2 - k^3x - k^2) \cdot e^{-kx} = -k^3xe^{-kx}$$
$$f''_k(x) = -k^3e^{-kx} - k^3xe^{-kx} \cdot (-k)$$
$$= k^4\left(x - \tfrac{1}{k}\right)e^{-kx}$$
$$f'''_k(x) = k^4 \cdot e^{-kx} + k^4\left(x - \tfrac{1}{k}\right)e^{-kx} \cdot (-k)$$
$$= k^4(2 - kx)e^{-kx}$$

Mögliche Extremstellen von f sind die Nullstellen von f':

$$f'_k(x) = 0 \Leftrightarrow -k^3x\underbrace{e^{-kx}}_{\neq 0} = 0 \Leftrightarrow x = 0$$

Überprüfung mit f''_k:

$f'_k(0) = 0 \wedge f''_k(0) = -k^3 < 0$ wegen $k > 0$, also hat f_k an der Stelle 0 ein lokales Maximum, und zwar $f_k(0) = k$. Der Graph von f_k hat den Hochpunkt $H_k(0\,|\,k)$.

Mögliche Wendestellen von f sind die Nullstellen von f'':

$$f''_k(x) = 0 \Leftrightarrow k^4\left(x - \tfrac{1}{k}\right)\underbrace{e^{-kx}}_{\neq 0} = 0 \Leftrightarrow x = \tfrac{1}{k}$$

Überprüfung mit f'':

$f''_k\left(\frac{1}{k}\right) = 0 \wedge f'''_k\left(\frac{1}{k}\right) = \frac{k^4}{e} \neq 0$, also ist $\frac{1}{k}$ Wendestelle von f_k. Der Graph von f_k hat den Wendepunkt $W_k\left(\frac{1}{k}\,\middle|\,\frac{2k}{e}\right)$.

Mit $m_k = f'_k\left(\frac{1}{k}\right) = \frac{-k^2}{e}$ erhält man: $t_k(x) = -\frac{k^2}{e}\left(x - \frac{1}{k}\right) + \frac{2k}{e}$

$$= -\frac{k^2}{e}x + \frac{3k}{e}$$

Fortsetzung von Aufgabe 21:

c) Mit $x = \frac{1}{k} \Leftrightarrow k = \frac{1}{x}$ und $y = \frac{2k}{e}$ erhält man: $w(x) = \frac{2}{ex}$

d) Mit $t_k(x) = 0 \Leftrightarrow x = \frac{3}{k}$ erhält man: $A_\triangle = \frac{1}{2} \cdot g \cdot h = \frac{1}{2} \cdot \frac{3}{k} \cdot \frac{3k}{e} = \frac{9}{2e} \approx 1{,}66$

e) Durch Ableiten erhält man:

$$F'_k(x) = -k \cdot e^{-kx} + (-kx - 2) \cdot e^{-kx} \cdot (-k)$$
$$= (k^2x + k) \cdot e^{-kx}$$
$$= f_k(x)$$

f) Abbildung für $k = 1$:

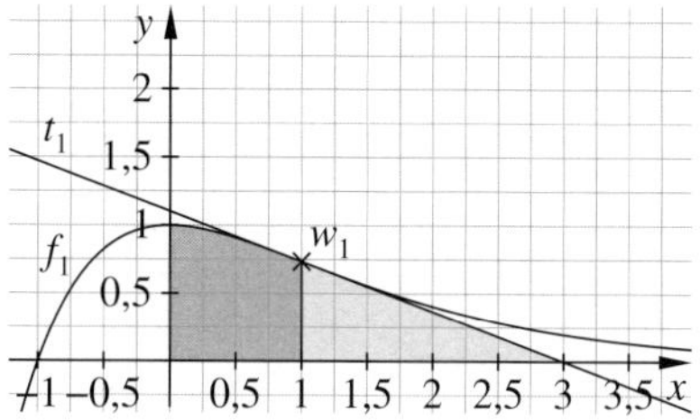

Das Flächenstück setzt sich zusammen aus:

$$\int_0^{\frac{1}{k}} f_k(x)\,dx = \left[F_k(x)\right]_0^{\frac{1}{k}} = -3e^{-1} - (-2) \cdot 1 = 2 - \tfrac{3}{e}$$

und der Dreiecksfläche $\quad \frac{1}{2} \cdot \frac{2}{k} \cdot \frac{2k}{e} = \frac{2}{e}$

insgesamt ist also $\quad A = 2 - \frac{1}{e} \approx 1{,}63$

g) Abbildung für $k = 2$:

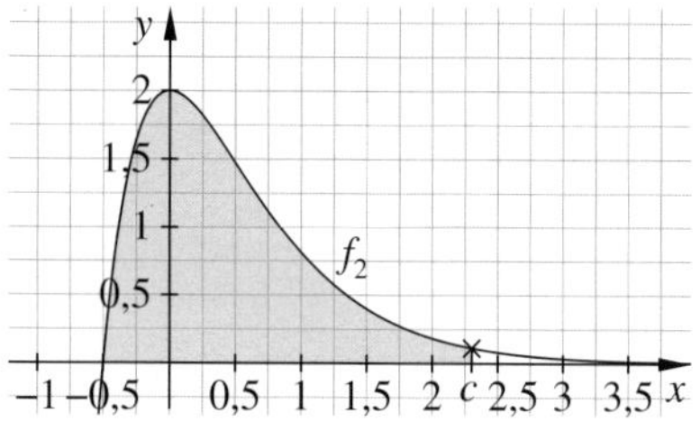

Zunächst erhält man für $c > 0$:

$$A(c) = \int_{-\frac{1}{k}}^{c} f_k(x)\,dx$$
$$= \left[(-kx - 2) \cdot e^{-kx}\right]_{-\frac{1}{k}}^{c}$$
$$= (-kc - 2) \cdot e^{-kc} - (1 - 2) \cdot e^{1}$$
$$= e - (kc + 2) \cdot e^{-kc}$$

und es folgt: $A = \lim\limits_{c\to\infty} (A(c)) = e$.

146   5. Geraden im Raum

5.1 Lineare Gleichungssysteme (LGS)

AUFTRAG 1   Gaußscher Algorithmus

1)
$$\begin{array}{ccc} x_1 & x_2 & x_3 \end{array}$$
$$\begin{pmatrix} 2 & 1 & 1 & | & 1 \\ 2 & -2 & -1 & | & -7 \\ 4 & 1 & 3 & | & 1 \end{pmatrix} \quad |\cdot(-1) \quad |\cdot(-2)$$

$$\begin{pmatrix} 2 & 1 & 1 & | & 1 \\ 0 & -3 & -2 & | & -8 \\ 0 & -1 & 1 & | & -1 \end{pmatrix} \quad |\cdot(-3)$$

$$\begin{pmatrix} 2 & 1 & 1 & | & 1 \\ 0 & -3 & -2 & | & -8 \\ 0 & 0 & -5 & | & -5 \end{pmatrix}$$

$-5x_3 = -5 \quad \Rightarrow x_3 = 1$
$-3x_2 - 2 \cdot 1 = -8 \quad \Rightarrow x_2 = 2$
$2 \cdot x_1 + 1 \cdot 2 + 1 \cdot 1 = 1 \quad \Rightarrow x_1 = -1 \Rightarrow$ Es gibt genau eine Lösung: $(-1|2|1)$

2)
$$\begin{array}{ccc} x_1 & x_2 & x_3 \end{array}$$
$$\begin{pmatrix} 1 & 1 & 1 & | & 0 \\ 0 & 2 & 1 & | & 1 \\ 3 & -1 & 1 & | & -2 \end{pmatrix} \quad |\cdot(-3)$$

$$\begin{pmatrix} 1 & 1 & 1 & | & 0 \\ 0 & 2 & 1 & | & 1 \\ 0 & -4 & -2 & | & -2 \end{pmatrix} \quad |\cdot 2$$

$$\begin{pmatrix} 1 & 1 & 1 & | & 0 \\ 0 & 2 & 1 & | & 1 \\ 0 & 0 & 0 & | & 0 \end{pmatrix}$$

$x_3 = r$
$2x_2 + 1 \cdot r = 1 \quad \Rightarrow x_2 = 0{,}5 - 0{,}5r$
$x_1 + 1 \cdot (0{,}5 - 0{,}5r) + 1 \cdot r = 0 \quad \Rightarrow x_1 = -0{,}5 - 0{,}5r$
Es gibt unendlich viele Lösungen: $L = \{(-0{,}5 - 0{,}5r | 0{,}5 - 0{,}5r | r) \mid r \in \mathbb{R}\}$

Fortsetzung von Auftrag 1:

3)
$$\begin{array}{ccc} x_1 & x_2 & x_3 \end{array}$$
$$\begin{pmatrix} 1 & 1 & -1 & | & 4 \\ 4 & -2 & -2 & | & 3 \\ 5 & -4 & -2 & | & 0 \end{pmatrix} \quad |\cdot(-4) \quad |\cdot(-5)$$

$$\begin{pmatrix} 1 & 1 & -1 & | & 4 \\ 0 & -6 & 2 & | & -13 \\ 0 & -9 & 3 & | & -20 \end{pmatrix} \quad |\cdot 3 \quad |\cdot(-2)$$

$$\begin{pmatrix} 1 & 1 & -1 & | & 4 \\ 0 & -6 & 2 & | & -13 \\ 0 & 0 & 0 & | & 1 \end{pmatrix} \quad |\cdot 3 \quad |\cdot(-2)$$

Da die Gleichung $0 \cdot x_3 = 1$ keine Lösung hat, ist das lineare Gleichungssystem unlösbar.

4)
$$\begin{array}{ccc} x_1 & x_2 & x_3 \end{array}$$
$$\begin{pmatrix} 1 & -2 & -1 & | & -2 \\ 3 & -6 & -3 & | & -6 \\ 2 & -4 & -2 & | & -4 \end{pmatrix} \quad |\cdot(-3) \quad |\cdot(-2)$$

$$\begin{pmatrix} 1 & -2 & -1 & | & -2 \\ 0 & 0 & 0 & | & 0 \\ 0 & 0 & 0 & | & 0 \end{pmatrix} \quad |\cdot(-3) \quad |\cdot(-2)$$

$x_2 = r$
$x_3 = s$
$1 \cdot x_1 - 2r - s = -2 \quad \Rightarrow x_1 = 2r + s - 2$
Es gibt unendlich viele Lösungen: $L = \{(2r + s - 2 | r | s) \mid r, s \in \mathbb{R}\}$

AUFTRAG 2   Rekonstruktion von Daten

Matrix des Gleichungssystems, das sich aus den Angaben des Lagerverwalters ergibt:
$$\begin{array}{ccc} x_1 & x_2 & x_3 \end{array}$$
$$\begin{pmatrix} 30 & 20 & 40 & | & 25\,000 \\ 0 & 20 & 50 & | & 22\,000 \\ 45 & 10 & 10 & | & 16\,000 \end{pmatrix} \quad |\cdot 1{,}5$$

$$\begin{pmatrix} 30 & 20 & 40 & | & 25\,000 \\ 0 & 20 & 50 & | & 22\,000 \\ 0 & 20 & 50 & | & 21\,500 \end{pmatrix}$$

Im Gleichungssystem hat man für dieselben linken Seiten zwei verschiedene Ergebnisse auf der rechten Seite. Damit ist das gesamte Gleichungssystem unerfüllbar, die Lösungsmenge ist leer: $L = \{\}$. Die Informationen des Lagerverwalters stimmen also nicht.

146

Fortsetzung von Auftrag 2:

Matrix des Gleichungssystems, das sich aus den Angaben der Schichtführerin ergibt:

$$\begin{array}{ccc|c} x_1 & x_2 & x_3 & \\ 30 & 20 & 40 & 25\,000 \\ 0 & 20 & 50 & 22\,000 \\ 45 & 10 & 10 & 15\,500 \end{array} \quad |\cdot 1{,}5 \; -$$

$$\left(\begin{array}{ccc|c} 30 & 20 & 40 & 25\,000 \\ 0 & 20 & 50 & 22\,000 \\ 0 & 20 & 50 & 22\,000 \end{array}\right)$$

Die letzten beiden Gleichungen sind identisch, damit ist eine der Variablen, z. B. x_3 frei wählbar:

$x_3 = r$

$20x_2 + 50 \cdot r = 22\,000 \quad \Rightarrow x_2 = 1100 - 2{,}5r$

$30 \cdot x_1 + 20 \cdot (1100 - 2{,}5r) + 40 \cdot r = 25\,000 \quad \Rightarrow x_1 = \frac{r}{3} + 100$

Das Gleichungssystem hat unendlich viele Lösungen. Berücksichtigt man den realen Sachverhalt, dann müssen aber sämtliche Anzahlen natürliche Zahlen sein.

Das bedeutet für x_1: r muss durch 3 teilbar sein.

Das bedeutet für x_2: r muss gerade sein, also auch durch 6 teilbar.

Außerdem muss $1100 - 2{,}5r \geq 0$ und damit $r \leq 440$ gelten.

$r = 6k \; (k \in \mathbb{N})$

$6k \leq 440 \Rightarrow k \leq 73{,}\overline{3}$

Lösungsmenge: $L = \{(2k + 100 | 1100 - 15k | k) \mid k \in \mathbb{N} \text{ und } k \leq 73\}$

Die Angaben der Schichtführerin können stimmen, da aber 74 verschiedene Werte für k möglich sind, kann man aus ihren Angaben die Produktionsmengen nicht eindeutig rekonstruieren.

147

AUFTRAG 3 **Ein lineares Gleichungssystem mit Parameter**

$k = -1$

$$\left(\begin{array}{ccc|c} x_1 & x_2 & x_3 & \\ 1 & 3 & 2 & 5 \\ 4 & 2 & 1 & 1 \\ 4 & 2 & 7 & 4 \end{array}\right) \quad |\cdot(-4) \; + \quad |\cdot(-4) \; +$$

$$\left(\begin{array}{ccc|c} 1 & 3 & 2 & 5 \\ 0 & -10 & -7 & -19 \\ 0 & -10 & -1 & -16 \end{array}\right) \quad |\cdot(-1) \; +$$

$$\left(\begin{array}{ccc|c} 1 & 3 & 2 & 5 \\ 0 & -10 & -7 & -19 \\ 0 & 0 & 6 & 3 \end{array}\right) \quad \begin{array}{ll} 6x_3 = 3 & \Rightarrow x_3 = 0{,}5 \\ -10x_2 - 7 \cdot 0{,}5 = -19 & \Rightarrow x_2 = 1{,}55 \\ 1 \cdot x_1 + 3 \cdot 1{,}55 + 2 \cdot 0{,}5 = 5 & \Rightarrow x_1 = -0{,}65 \end{array}$$

Das Gleichungssystem hat genau eine Lösung. $L = \{(-0{,}65 | 1{,}55 | 0{,}5)\}$

Fortsetzung von Auftrag 3: 147

$k = -2$

$$\left(\begin{array}{ccc|c} x_1 & x_2 & x_3 & \\ 1 & 3 & 2 & 5 \\ 4 & 2 & 4 & 1 \\ 4 & 2 & 4 & 5 \end{array}\right)$$

Die letzten beiden Zeilen zeigen, dass das Gleichungssystem unlösbar ist.

$k = 2$

$$\left(\begin{array}{ccc|c} x_1 & x_2 & x_3 & \\ 1 & 3 & 2 & 5 \\ 4 & 2 & 4 & 1 \\ 4 & 2 & 4 & 1 \end{array}\right) \quad |\cdot(-4) \; + \quad |\cdot(-4) \; +$$

$$\left(\begin{array}{ccc|c} 1 & 3 & 2 & 5 \\ 0 & -10 & -4 & -19 \\ 0 & -10 & -4 & -19 \end{array}\right) \quad |\cdot(-1) \; +$$

$$\left(\begin{array}{ccc|c} 1 & 3 & 2 & 5 \\ 0 & -10 & -4 & -19 \\ 0 & 0 & 0 & 0 \end{array}\right) \quad \begin{array}{ll} x_3 = r & \\ -10x_2 - 4 \cdot r = -19 & \Rightarrow x_2 = -0{,}4r + 1{,}9 \\ 1 \cdot x_1 + 3 \cdot (-0{,}4r + 1{,}9) + 2 \cdot r = 5 & \Rightarrow x_1 = -0{,}7 - 0{,}8r \end{array}$$

Das Gleichungssystem hat unendlich viele Lösungen:

$L = \{(-0{,}7 - 0{,}8r | -0{,}4r + 1{,}9 | r) \mid r \in \mathbb{R}\}$

AUFTRAG 4 **Funktionensteckbrief**

Dieser Auftrag wird im Schülerbuch auf Seite 148f. bearbeitet.

Aufgaben – Trainieren 150

1 a) $(3|-2|2)$ **d)** $(0|-2|0)$ **g)** $(0{,}5|-1{,}75|0)$

b) $(3{,}4|4|-5)$ **e)** $(1|2|3)$ **h)** $(1|0|-2)$

c) $(2{,}5|1|-3)$ **f)** $(2|-1|3)$

2 a) zwei frei wählbare Variablen, unendlich viele Lösungen

b) eindeutig lösbar, dritte Zeile der Matrix ist überflüssig

c) eine frei wählbare Variable, unendlich viele Lösungen, reduzierte Stufenform

d) eindeutig lösbar, dritte Zeile der Matrix ist überflüssig

e) unerfüllbar wegen letzter Zeile, reduzierte Stufenform

f) eindeutig lösbar, reduzierte Stufenform, diagonale Matrix

g) zwei frei wählbare Variablen, unendlich viele Lösungen, reduzierte Stufenform

h) zwei frei wählbare Variablen, unendlich viele Lösungen

150 **3 a)** $\left(\frac{1}{3}\middle|-\frac{1}{3}\middle|0\right)$

b) $(-3|2|0)$

c) Beispiel für eine mögliche Stufenform:
$$\left(\begin{array}{ccc|c} 3 & -1 & 2 & 0 \\ 0 & 0 & 0 & 1 \\ 0 & 0 & 0 & 0 \end{array}\right) \Rightarrow \text{Das Gleichungssystem ist unlösbar.}$$

d) Beispiel für eine mögliche Stufenform:
$$\left(\begin{array}{ccc|c} 2 & -3 & 0 & 17 \\ 0 & 0 & 1 & 0 \\ 0 & 0 & 0 & 0 \end{array}\right) \Rightarrow \begin{array}{l} x_3 = 0 \\ x_2 = r \\ x_1 = 8{,}5 + 1{,}5\,r \end{array}$$

Lösungsmenge des Gleichungssystems: $L = \{(8{,}5 + 1{,}5\,r|r|0) \mid r \in \mathbb{R}\}$

4 a) $L = \{(2|-2|0)\}$

b) $L = \{(-2 + 2r + s|r|s) \mid r \in \mathbb{R}\}$

c) $L = \{\ \}$

151 **5 a)** Auf die dritte Gleichung kann verzichtet werden, denn sie ergibt sich als Summe der beiden ersten Gleichungen. Auf die vierte Gleichung kann ebenfalls verzichtet werden, denn sie ergibt sich als Differenz der beiden ersten Gleichungen.
Beispiel für eine mögliche Stufenform:
$$\left(\begin{array}{ccc|c} 2 & -4 & -1 & -4 \\ 6 & 9 & 2 & 27 \\ 0 & 0 & 0 & 0 \end{array}\right) \Rightarrow \left(\begin{array}{ccc|c} 2 & -4 & -1 & -4 \\ 0 & 21 & 5 & 39 \\ 0 & 0 & 0 & 0 \end{array}\right)$$
Damit ist eine der Variablen frei wählbar, z. B.:

$x_3 = r$

$21x_2 + 5r = 39 \quad \Rightarrow x_2 = \frac{13}{7} - \frac{5}{21}r$

$2x_1 - 4\left(\frac{13}{7} - \frac{5}{21}r\right) - r = -4 \quad \Rightarrow x_1 = \frac{12}{7} + \frac{1}{42}r$

$L = \left\{\left(\frac{12}{7} + \frac{1}{42}r\middle|\frac{13}{7} - \frac{5}{21}r\middle|r\right) \middle| r \in \mathbb{R}\right\}$

b) Auf die dritte Gleichung kann verzichtet werden, denn sie ist das Doppelte der zweiten Gleichung. Beispiel für eine mögliche Stufenform:
$$\left(\begin{array}{ccc|c} -5 & 7 & -1 & 14 \\ 2 & -6 & 1 & -14 \\ -1 & -5 & 1 & 10 \end{array}\right) \Rightarrow \left(\begin{array}{ccc|c} -5 & 7 & -1 & 14 \\ 0 & -16 & 3 & -42 \\ 0 & -32 & 6 & 36 \end{array}\right) \Rightarrow \left(\begin{array}{ccc|c} -5 & 7 & -1 & 14 \\ 0 & -16 & 3 & -42 \\ 0 & 0 & 0 & 120 \end{array}\right)$$
Da die Gleichung $0 \cdot x_3 = 120$ keine Lösung hat, ist das lineare Gleichungssystem unlösbar.

6 a) $(0|-1)$ **b)** $\left(r\middle|1 + \frac{5}{2}r\middle|8 - \frac{19}{2}r\right)$ **c)** unerfüllbar

d) $(0|0|0)$ **e)** $(r|2 - r|1 + 2r)$ **f)** $(3|-1|7)$

g) $(r|-r|2r)$ **h)** unerfüllbar

7 Die Lösungsmenge lässt sich schreiben als $L = \{(z|0{,}5|1{,}5 - 2z) \mid z \in \mathbb{R}\}$. 151
Die Lösung ist …

a) … falsch, denn für $x_1 = z = -\frac{7}{4} + 2q$ ist $x_3 = 1{,}5 - 2z = 5 - 4q \neq 5 + 4q$.

b) … richtig, denn für $x_1 = z = \frac{1}{2} + r$ ist $x_3 = 1{,}5 - 2z = 0{,}5 - 2r$.

c) … richtig, denn für $x_1 = z = 2 - 0{,}5s$ ist $x_3 = 1{,}5 - 2z = -2{,}5 + s$.

d) … falsch, denn für $x_1 = z = -3 - t$ ist $x_3 = 1{,}5 - 2z = 7{,}5 + 2t \neq 1 + 2t$.

e) … falsch, denn $x_2 \neq 0{,}5$.

f) … falsch, denn für $x_1 = z = v$ ist $x_3 = 1{,}5 - 2z = 1{,}5 - 2v \neq 1{,}5 - v$.

8 a) $L = \{(3|-2|4)\}$

b) $L = \{(-2 - z|1 - 2z|z) \mid z \in \mathbb{R}\}$

c) $L = \{\ \}$

9 a) $(2|-1|2)$

b) $\left(\frac{2059}{501} + \frac{55}{1002}r\middle|-\frac{296}{501} - \frac{1799}{1002}r\middle|r\right)$, für $r = -2$: $(4|3|-2)$

c) $\left(\frac{1}{2}\middle|2\right)$

d) $(1|1|1|2)$

10 a) Beispiele für Gleichungssysteme, die der Einfachheit halber in Matrizenform angegeben sind:

a)
$$\left(\begin{array}{ccc|c} 1 & 0 & 0 & 3 \\ 0 & 1 & 0 & 2 \\ 0 & 0 & 1 & -1 \end{array}\right) \quad + \quad + \quad + \quad \Rightarrow \left(\begin{array}{ccc|c} 1 & 1 & 1 & 4 \\ 0 & 1 & 1 & 1 \\ 0 & 0 & 1 & -1 \end{array}\right)$$

b)
$$\left(\begin{array}{ccc|c} 1 & 0 & 0 & 0 \\ 0 & 1 & 0 & 0 \\ 0 & 0 & 1 & 0 \end{array}\right) \quad |\cdot(-3) \; + \quad |\cdot 2 \; + \quad \Rightarrow \left(\begin{array}{ccc|c} 1 & 0 & 0 & 0 \\ -3 & 1 & 0 & 0 \\ 0 & 2 & 1 & 0 \end{array}\right)$$

c) $x_1 = 1 + t$, $x_2 = 2t$, $x_3 = t$
$$\left(\begin{array}{ccc|c} 1 & 0 & -1 & 1 \\ 0 & 1 & -2 & 0 \\ 0 & 0 & 0 & 0 \end{array}\right) \quad |\cdot 2 \; + \quad \Rightarrow \left(\begin{array}{ccc|c} 1 & 0 & -1 & 1 \\ 0 & 1 & -2 & 0 \\ 2 & 0 & -2 & 2 \end{array}\right)$$

d) $x_1 = 2 + 7r - 3s$, $x_2 = r$, $x_3 = s$
$$\left(\begin{array}{ccc|c} 1 & -7 & 3 & 2 \\ 0 & 0 & 0 & 0 \\ 0 & 0 & 0 & 0 \end{array}\right) \quad |\cdot 2 \; + \quad |\cdot(-5) \; + \quad \Rightarrow \left(\begin{array}{ccc|c} 1 & -7 & 3 & 2 \\ 2 & -14 & 6 & 4 \\ -5 & 35 & -15 & -10 \end{array}\right)$$

151 **11** Individuelle Lösungen.

Ein Beispiel mit sehr einfachen Ergänzungen:

Keine Lösung:

$$\left(\begin{array}{ccc|c} 3 & -4 & -14 & 11 \\ 12 & 9 & 1 & 18 \\ 0 & 0 & 0 & 1 \end{array}\right)$$

Unendlich viele Lösungen:

Das ursprüngliche LGS hat unendlich viele Lösungen. Eine Stufenform wäre z. B.:

$$\left(\begin{array}{ccc|c} 1 & \frac{3}{4} & \frac{1}{12} & \frac{2}{3} \\ 0 & 1 & \frac{57}{25} & -\frac{36}{25} \end{array}\right)$$

Ergänzt man diese zwei Zeilen z. B. mit deren Summe als dritte, so ergibt sich dieselbe Lösungsmenge.

Genau eine Lösung:

Aus obiger Stufenform entnimmt man $x_3 = r$

$$x_2 = -\frac{36}{25} - \frac{57}{25}r$$
$$x_1 = \frac{131}{75} + \frac{122}{75}r$$

Mit $r = 2$ ergibt sich $x_3 = 2$, $x_2 = -6$, $x_1 = 5$. Ergänzt man das Gleichungssystem mit der dritten Zeile (0 0 1 | 2), so erhält man ein eindeutig lösbares Gleichungssystem.

152 **12** Bezeichnet man die Variablen des Gleichungssystems wie üblich mit x_1, x_2 und x_3, dann kann in der unteren Gleichung nach x_3 aufgelöst werden, da der Koeffizient von x_3 ungleich null ist. Danach kann die mittlere Gleichung nach x_2 aufgelöst werden, da der Koeffizient von x_2 ungleich null ist. Entsprechendes gilt in der oberen Gleichung für die Variable x_1.

13 Erlangung der Stufenform mithilfe des Gaußschen Algorithmus:

$$\left(\begin{array}{ccc|c} 2 & 10 & 4 & -14 \\ -3 & -6 & -5 & -4 \\ 2 & 4 & 6 & 8 \end{array}\right) \begin{array}{l} \cdot 3;\ \cdot(-1) \\ \cdot 2 \ (+\ \text{Zeile 1} \cdot 3) \\ +\ \text{Zeile 1} \cdot (-1) \end{array}$$

$$\left(\begin{array}{ccc|c} 2 & 10 & 4 & -14 \\ 0 & 18 & 2 & -50 \\ 0 & -6 & 2 & 22 \end{array}\right) \begin{array}{l} \\ \\ \cdot 3 \ (+\ \text{Zeile 2}) \end{array}$$

$$\left(\begin{array}{ccc|c} 2 & 10 & 4 & -14 \\ 0 & 18 & 2 & -50 \\ 0 & 0 & 8 & 16 \end{array}\right) \Rightarrow \text{Stufenform}$$

14 a) Die Aussage ist falsch, denn z. B. hat das folgende Gleichungssystem mit vier Variablen und drei Gleichungen keine Lösung, weil die beiden letzten Gleichungen einander widersprechen: 152

$$\begin{aligned} x_1 + x_2 + x_3 + x_4 &= 5 \\ 2x_2 + x_3 &= 4 \\ 2x_2 + x_3 &= 7 \end{aligned}$$

b) Die Aussage ist falsch, denn fügt man z. B. einem Gleichungssystem die Summe der anderen Gleichungen hinzu, bleibt das Gleichungssystem mit derselben Lösung eindeutig lösbar.

15 Individuelle Lösungen. Beispiele:

Zwei Gleichungen mit zwei Unbekannten:

$\left(\begin{array}{cc|c} 1 & 2 & 3 \\ 0 & 4 & 8 \end{array}\right)$ eindeutig lösbar

$\left(\begin{array}{cc|c} 1 & 2 & 3 \\ 0 & 0 & 0 \end{array}\right)$ unendlich viele Lösungen

$\left(\begin{array}{cc|c} 1 & 2 & 3 \\ 0 & 0 & 1 \end{array}\right)$ keine Lösung

Drei Gleichungen mit zwei Unbekannten:

$\left(\begin{array}{cc|c} 1 & 2 & 3 \\ 0 & 4 & 8 \\ 0 & 0 & 0 \end{array}\right)$ eindeutig lösbar

$\left(\begin{array}{cc|c} 1 & 2 & 3 \\ 0 & 0 & 0 \\ 0 & 0 & 0 \end{array}\right)$ unendlich viele Lösungen

$\left(\begin{array}{cc|c} 1 & 2 & 3 \\ 0 & 0 & 1 \\ 0 & 0 & 0 \end{array}\right)$ keine Lösung

Zwei Gleichungen mit drei Unbekannten:

$\left(\begin{array}{ccc|c} 1 & 2 & 3 & 4 \\ 0 & 4 & 8 & 12 \end{array}\right)$ unendlich viele Lösungen (mit dem Parameter x_2 oder x_3)

$\left(\begin{array}{ccc|c} 1 & 2 & 3 & 4 \\ 0 & 0 & 4 & 12 \end{array}\right)$ unendlich viele Lösungen (mit dem festen Wert x_3 und dem Parameter x_2)

$\left(\begin{array}{ccc|c} 1 & 2 & 3 & 4 \\ 0 & 0 & 0 & 1 \end{array}\right)$ keine Lösung

152 **Fortsetzung von Aufgabe 15:**

Drei Gleichungen mit drei Unbekannten:

$\left(\begin{array}{ccc|c} 1 & 2 & 3 & 4 \\ 0 & 3 & 6 & 9 \\ 0 & 0 & 2 & 4 \end{array}\right)$ eindeutig lösbar

$\left(\begin{array}{ccc|c} 1 & 2 & 3 & 4 \\ 0 & 3 & 6 & 9 \\ 0 & 0 & 0 & 0 \end{array}\right)$ unendlich viele Lösungen (ein Parameter)

$\left(\begin{array}{ccc|c} 1 & 2 & 3 & 4 \\ 0 & 0 & 0 & 0 \\ 0 & 0 & 0 & 0 \end{array}\right)$ unendlich viele Lösungen (zwei Parameter)

$\left(\begin{array}{ccc|c} 1 & 2 & 3 & 4 \\ 0 & 3 & 6 & 9 \\ 0 & 0 & 0 & 1 \end{array}\right)$ keine Lösung

$\left(\begin{array}{ccc|c} 1 & 2 & 3 & 4 \\ 0 & 0 & 0 & 1 \\ 0 & 0 & 0 & 0 \end{array}\right)$ keine Lösung

NOCH FIT?

I a) $3 \cdot \begin{pmatrix} 2 \\ 7 \\ -1 \end{pmatrix} + 2 \cdot \begin{pmatrix} 3 \\ -4 \\ 2 \end{pmatrix} = \begin{pmatrix} 6 \\ 21 \\ -3 \end{pmatrix} + \begin{pmatrix} 6 \\ -8 \\ 4 \end{pmatrix} = \begin{pmatrix} 12 \\ 13 \\ 1 \end{pmatrix}$

$-5 \cdot \begin{pmatrix} -1 \\ -18 \\ 4 \end{pmatrix} - 7 \cdot \begin{pmatrix} -1 \\ 11 \\ -3 \end{pmatrix} = \begin{pmatrix} 5 \\ 90 \\ -20 \end{pmatrix} + \begin{pmatrix} 7 \\ -77 \\ 21 \end{pmatrix} = \begin{pmatrix} 12 \\ 13 \\ 1 \end{pmatrix}$

b) $k \cdot \begin{pmatrix} 2 \\ 7 \\ -1 \end{pmatrix} + \begin{pmatrix} -1 \\ -18 \\ 4 \end{pmatrix} = 2 \cdot \begin{pmatrix} 3 \\ -4 \\ -2 \end{pmatrix} + \begin{pmatrix} -1 \\ 11 \\ -3 \end{pmatrix}$

$k \cdot \begin{pmatrix} 2 \\ 7 \\ -1 \end{pmatrix} = \begin{pmatrix} 6 \\ -8 \\ 4 \end{pmatrix} + \begin{pmatrix} -1 \\ 11 \\ -3 \end{pmatrix} + \begin{pmatrix} 1 \\ 18 \\ -4 \end{pmatrix} = \begin{pmatrix} 6 \\ 21 \\ -3 \end{pmatrix}$ $\quad \underline{\underline{k = 3}}$

II a) $\overrightarrow{OG} = \overrightarrow{OC} + \overrightarrow{AE} = \begin{pmatrix} 4 \\ 13 \\ 0 \end{pmatrix} + \begin{pmatrix} 0 \\ 0 \\ 6 \end{pmatrix} = \begin{pmatrix} 4 \\ 13 \\ 6 \end{pmatrix}$

$\overrightarrow{OH} = \overrightarrow{OG} + \overrightarrow{FE} = \begin{pmatrix} 4 \\ 13 \\ 6 \end{pmatrix} + \begin{pmatrix} -10+4 \\ -10-2 \\ -6+6 \end{pmatrix} = \begin{pmatrix} 4 \\ 13 \\ 6 \end{pmatrix} + \begin{pmatrix} -6 \\ -12 \\ 0 \end{pmatrix} = \begin{pmatrix} -2 \\ 1 \\ 6 \end{pmatrix}$

Fortsetzung von Aufgabe II: 152

$\overrightarrow{OR} = \frac{1}{2}(\overrightarrow{OA} + \overrightarrow{OC}) = \frac{1}{2}\left[\begin{pmatrix} 4 \\ -2 \\ -0 \end{pmatrix} + \begin{pmatrix} 4 \\ 13 \\ 0 \end{pmatrix}\right] = \begin{pmatrix} 4 \\ 5{,}5 \\ 0 \end{pmatrix}$

$\overrightarrow{OM} = \frac{1}{2}\overrightarrow{OG} + \overrightarrow{OH} = \frac{1}{2}\left[\begin{pmatrix} 4 \\ 13 \\ 6 \end{pmatrix} + \begin{pmatrix} -2 \\ 1 \\ 6 \end{pmatrix}\right] = \begin{pmatrix} 1 \\ 7 \\ 6 \end{pmatrix}$

$\overrightarrow{OS} = \overrightarrow{OF} + \frac{2}{3}\overrightarrow{FM} = \begin{pmatrix} 10 \\ 20 \\ 6 \end{pmatrix} + \frac{2}{3}\begin{pmatrix} -10+1 \\ -10+7 \\ -6+6 \end{pmatrix} = \begin{pmatrix} 10 \\ 10 \\ 6 \end{pmatrix} + \frac{2}{3}\begin{pmatrix} -9 \\ -3 \\ 0 \end{pmatrix} = \begin{pmatrix} 4 \\ 8 \\ 6 \end{pmatrix}$

Die Koordinaten der gesuchten Punkte sind somit:

$G(4|13|6)$

$H(-2|1|6)$

$R(4|5{,}5|0)$

$M(1|7|6)$

$S(4|8|6)$

b) $\overrightarrow{RS} = \begin{pmatrix} -4 \\ -5{,}5 \\ 0 \end{pmatrix} + \begin{pmatrix} 4 \\ 8 \\ 6 \end{pmatrix} = \begin{pmatrix} 0 \\ 2{,}5 \\ 6 \end{pmatrix}$ $\quad |\overrightarrow{RS}| = \sqrt{2{,}5^2 + 6^2} = \sqrt{42{,}25}$

Aufgaben – Anwenden 153

16 a) $f(x) = ax^3 + bx^2 + cx + d$

$f(1) = 4$: $\quad a + b + c + d = 4$

$f(-3) = -1$: $\quad -27a + 9b - 3c + d = -1$

$f(3) = 5$: $\quad 27a + 9b + 3c + d = 5$

$f(0) = 3$: $\quad d = 3$

Lösung des Gleichungssystems:

$a = -\frac{1}{72}$; $\quad b = -\frac{1}{9}$; $\quad c = \frac{9}{8}$; $\quad d = 3$

$\Rightarrow f(x) = -\frac{1}{72}x^3 - \frac{1}{9}x^2 + \frac{9}{8}x + 3$

b) Wegen der Symmetrie zur y-Achse kommen nur gerade Potenzen von x vor:

$f(x) = ax^4 + bx^2 + c$

$f'(x) = 4ax^3 + 2bx$

$f''(x) = 12ax^2 + 2b$

$f(2) = 4$: $\quad 16a + 4b + c = 4$

$f''(2) = 0$: $\quad 48a + 2b = 0$

Das Gleichungssystem hat unendlich viele Lösungen. Setzt man z. B. c als frei wählbar, so ergibt sich:

$a = -\frac{1}{20} + \frac{1}{80}c \quad (a \neq 0 \Rightarrow c \neq 4) \qquad b = \frac{6}{5} - \frac{3}{10}c$

Wählt man z. B. $c = 2$, so erhält man die Funktion f mit $f(x) = -\frac{1}{40}x^4 + \frac{3}{5}x^2 + 2$.

17 a) Roter Graph:
Aus der Zeichnung erkennt man, dass der Grad der Funktion r mindestens 3 sein muss.
Weiterhin kann z. B. abgelesen werden: $r(1) = 2$
$r(2) = 1$
$r(3) = -2$
$r'(3) = 2$
Mit dem Ansatz $r(x) = ax^3 + bx^2 + cx + d$ und $r'(x) = 3ax^2 + 2bx + c$ ergibt sich:
$r(1) = 2$: $a + b + c + d = 2$
$r(2) = 1$: $8a + 4b + 2c + d = 1$
$r(3) = -2$: $27a + 9b + 3c + d = -2$
$r'(3) = 2$: $27a + 6b + c = 2$
Lösung des Gleichungssystems: $a = 3$
$b = -19$
$c = 35$
$d = -17 \Rightarrow r(x) = 3x^3 - 19x^2 + 35x - 17$
Schwarzer Graph:
Aus der Zeichnung erkennt man, dass der Grad der Funktion s mindestens 3 sein muss.
Weiterhin kann z. B. abgelesen werden: $s(-2) = 1$
$s(-1) = \frac{1}{2}$
$s''(-1) = 0$
$s(1) = -2$
Mit dem Ansatz $s(x) = ax^3 + bx^2 + cx + d$ und $s''(x) = 6ax + 2b$ ergibt sich:
$s(1) = -2$: $a + b + c + d = -2$
$s(-1) = \frac{1}{2}$: $-a + b - c + d = \frac{1}{2}$
$s(-2) = 1$: $-8a + 4b - 2c + d = 1$
$s''(-1) = 0$: $-6a + 2b = 0$
Lösung des Gleichungssystems: $a = -\frac{1}{4}$ $b = -\frac{3}{4}$ $c = -1$ $d = 0$
$\Rightarrow s(x) = -\frac{1}{4}x^3 - \frac{3}{4}x^2 - x$
b) Aus der Zeichnung erkennt man, dass der Grad der Funktion f mindestens 2 sein muss.
Weiterhin kann abgelesen werden: $f(-3) = 4$
$f(-1) = 2$
Mit dem Ansatz $f(x) = ax^2 + bx + c$ ergibt sich:
$f(-3) = 4$: $9a - 3b + c = 4$
$f(-1) = 2$: $a - b + c = 2$
Lösung des Gleichungssystems: $a = -\frac{1}{3} + \frac{1}{3}c$
$b = -\frac{7}{3} + \frac{4}{3}c \Rightarrow f_c(x) = \left(-\frac{1}{3} + \frac{1}{3}c\right)x^2 + \left(-\frac{7}{3} + \frac{4}{3}c\right)x + c$

18 a) $f(x) = a + bx + c \cdot e^x$
$f'(x) = b + c \cdot e^x$
$f(1) = \frac{e}{2} - 1$: $a + b + ec = \frac{e}{2} - 1$
$f'(1) = \frac{e}{2} - 3$: $b + ec = \frac{e}{2} - 3$
$f''(1) = \frac{e^2}{2} - 4$: $a + 2b + e^2c = \frac{e^2}{2} - 4$
Lösung des Gleichungssystems: $a = 2$
$b = -3$
$c = \frac{1}{2}$

b) $f(x) = ax + bx^2 + c \cdot e^x$
$f'(x) = a + 2bx + c \cdot e^x$
$f(1) = 2e + 3$: $a + b + ec = 2e + 3$
$f'(1) = 2e + 4$: $a + 2b + ec = 2e + 4$
$f''(1) = 2e + 2$: $2b + ec = 2e + 2$
Lösung des Gleichungssystems: $a = 2$
$b = 1$
$c = 2$

19 a)
$$\begin{array}{cccc|c} x_1 & x_2 & x_3 & r & \\ 2 & 7 & -2 & 1 & 2 \\ -6 & -4 & 6 & -3 & 0 \\ 4 & -3 & -3 & -1 & 4 \end{array} \quad \overset{\text{GTR}}{\Rightarrow} \quad \left(\begin{array}{cccc|c} 1 & 0 & 0 & -\frac{5}{2} & \frac{98}{17} \\ 0 & 1 & 0 & 0 & \frac{6}{17} \\ 0 & 0 & 1 & -3 & 6 \end{array}\right)$$
Aus der dritten Zeile ergibt sich $x_3 = 3r + 6$.
Aus der zweiten Zeile ergibt sich $x_2 = \frac{6}{17}$.
Aus der ersten Zeile ergibt sich $x_1 = \frac{5}{2}r + \frac{98}{17}$.
$L = \left\{\left(\frac{5}{2}r + \frac{98}{17} \middle| \frac{6}{17} \middle| 3r + 6\right) \mid r \in \mathbb{R}\right\}$

b)
$$\begin{array}{cccc|c} x_1 & x_2 & x_3 & t & \\ 4 & 5 & 3 & -7 & 0 \\ 3 & 1 & 4 & -1 & -1 \\ 5 & 1 & 6 & -1 & 2 \end{array} \quad \overset{\text{GTR}}{\Rightarrow} \quad \left(\begin{array}{cccc|c} 1 & 0 & 0 & -\frac{1}{3} & \frac{61}{12} \\ 0 & 1 & 0 & -\frac{4}{3} & -\frac{23}{12} \\ 0 & 0 & 1 & \frac{1}{3} & -\frac{43}{12} \end{array}\right)$$
Aus der dritten Zeile ergibt sich $x_3 = -\frac{1}{3}t - \frac{43}{12}$.
Aus der zweiten Zeile ergibt sich $x_2 = \frac{4}{3}t - \frac{23}{12}$.
Aus der ersten Zeile ergibt sich $x_1 = \frac{1}{3}t + \frac{61}{12}$.
$L = \left\{\left(\frac{1}{3}t + \frac{61}{12} \middle| \frac{4}{3}t - \frac{23}{12} \middle| -\frac{1}{3}t - \frac{43}{12}\right) \mid r \in \mathbb{R}\right\}$

20 a) x_1, x_2: Anteile der Legierungen $(x_1, x_2 \geq 0)$
$0{,}14x_1 + 0{,}24x_2 = 0{,}18$
$0{,}24x_1 + 0{,}05x_2 = 0{,}08$
Lösung: $(0{,}6 \mid 0{,}4)$
Man muss 0,6 t der ersten Sorte und 0,4 t der zweiten Sorte nehmen.

153 **Fortsetzung von Aufgabe 20:**

b) x_1, x_2, x_3, x_4: Anteile der Legierungen $(x_1, x_2, x_3, x_4 \geq 0)$

$$\begin{aligned} x_1 + \quad x_2 + \quad x_3 + \quad x_4 &= 1 \\ 0{,}24x_1 + 0{,}04x_2 + 0{,}14x_3 + 0{,}14x_4 &= 0{,}18 \\ 0{,}04x_1 + \quad 0{,}12x_2 \qquad\quad + 0{,}16x_4 &= 0{,}18 \end{aligned}$$

Umformungen nach dem Gauß-Algorithmus ergeben:

$$\begin{aligned} x_1 + x_2 + x_3 + x_4 &= 1 \\ 2x_2 - x_3 + 3x_4 &= 1 \\ 5x_3 - 5x_4 &= -1 \end{aligned}$$

Setzt man $x_4 = t$, so ergibt sich (da alle vier Komponenten nichtnegativ sein müssen) die folgende Lösungsmenge;

$L = \{(0{,}8 - t \,|\, 0{,}4 - t \,|\, -0{,}2 + t \,|\, t) \,|\, t \in [0{,}2 \,|\, 0{,}4]\}$

21

$$\left(\begin{array}{ccc|c} 80 & 95 & 80 & 90 \\ 20 & 0 & 10 & 5 \\ 0 & 5 & 10 & 5 \end{array}\right) \Rightarrow \left(\begin{array}{ccc|c} 1 & 0 & 0 & \frac{1}{6} \\ 0 & 1 & 0 & \frac{2}{3} \\ 0 & 0 & 1 & \frac{1}{6} \end{array}\right)$$

Eine Mischung, die zu je $\frac{1}{6}$ aus Legierung I und III sowie zu $\frac{2}{3}$ aus Legierung II besteht, enthält das verlangte Mischungsverhältnis von Kupfer, Zink und Zinn.

154 **22 a)** Das LGS zu $x\vec{B} + y\vec{C} + z\vec{D} = E$ hat die eindeutige Lösung $(0 \,|\, \frac{3}{2} \,|\, -\frac{1}{2})$. Negative Mischungsanteile sind technisch nicht realisierbar.

b) Das LGS zu $u\vec{A} + x\vec{B} + y\vec{C} + z\vec{D} = \vec{E}$ hat die Lösung $\{(\frac{1}{2} + r \,|\, 0 \,|\, \frac{1}{2} - 2r \,|\, r \,|\, r \in \mathbb{R})\}$. Alle Komponenten der Lösung sind nicht negativ, wenn $0 \leq r \leq \frac{1}{4}$.

c) Auf B muss man verzichten, auf C, D kann man verzichten ($r = \frac{1}{4}$ bzw. $r = 0$, in beiden Fällen ist $u > 0$). Da für die erlaubten r immer $u > 0$ gilt, ist A unverzichtbar.

23 a) $Z = \begin{pmatrix} 27{,}5 \\ 37{,}5 \\ 3{,}75 \\ 31{,}25 \end{pmatrix}$

b) Das LGS hat die Lösung $\left(\frac{5}{8} - \frac{1}{2}r \,\middle|\, \frac{3}{8} - \frac{1}{2}r \,\middle|\, r\right)$.

Alle Komponenten sind nichtnegativ für $0 \leq r \leq \frac{3}{4}$.

Den kleinsten Anteil von A erhält mit $\left(\frac{1}{4} \,\middle|\, 0 \,\middle|\, \frac{3}{4}\right)$.

c) Das LGS ist eindeutig lösbar: $\left(\frac{5}{8} \,\middle|\, \frac{3}{8} \,\middle|\, 0\right)$.

Bei dieser einzigen Lösung wird D gar nicht benötigt.

24 a) $\vec{v_1} = \vec{a} + 2\vec{b} + \vec{c}$

b) $\vec{v_2} = (2 - r)\vec{b} + (3 - r)\vec{c} + r\vec{d}$

c) Das LGS ist unerfüllbar, $\vec{v_3}$ kann nicht durch $\vec{b}$; $\vec{c}$; $\vec{d}$ ausgedrückt werden.

Fortsetzung von Aufgabe 24: 154

d) $\vec{v_4} = \begin{pmatrix} 2 \\ 8 \\ 13 \end{pmatrix} = 3\vec{a} + (3 - r)\vec{b} + (2 - r)\vec{c} + r\vec{d}$;

Auf $\vec{a}$ kann nicht verzichtet werden;
ohne $\vec{b}$: $r = 3$, also $\vec{v_4} = 3\vec{a} - \vec{c} + 3\vec{d}$;
ohne $\vec{c}$: $r = 2$, also $\vec{v_4} = 3\vec{a} + \vec{b} + 2\vec{d}$;
ohne $\vec{d}$: $r = 0$; also $\vec{v_4} = 3\vec{a} + 3\vec{b} + 2\vec{c}$.

25 a) C: $x_1 = x_4$
H: $4x_1 = 2x_3$
O: $2x_2 = x_3 + 2x_4$
Setze $x_1 = 1$; dies ergibt: $CH_4 + 2O_2 \rightarrow 2H_2O + CO_2$

b) $2C_8H_{18} + 25O_2 \rightarrow 16CO_2 + 18H_2O$

c) $3H_2SO_4 + 2Al(OH)_3 \rightarrow 6H_2O + Al_2(SO_4)_3$

d) $3Cu + 8HNO_3 \rightarrow 2NO + 3Cu(NO_3)_2 + 4H_2O$

e) $16HCl + 2KMnO_4 \rightarrow 5Cl_2 + 2MnCl_2 + 2KCl + 8H_2O$

f) Mit einer frei wählbaren Variablen sind die Proportionen festgelegt, nicht aber die absolute Menge.

Aufgaben – Vernetzen

26 a) $x_2 = \frac{9998}{9999} \approx 0{,}9999$; $\quad x_1 = 2 - \frac{9998}{9999} = 1\frac{1}{9999} \approx 1{,}0001$ 155

b) $x_2 = \frac{9998}{9999} \approx 0{,}9999$; $\quad x_1 = \frac{1 - 0{,}9999}{0{,}0001} \approx 1$

c) $0{,}9999x_2 = 0{,}9998 \Rightarrow x_2 \approx 1{,}0001$; $\quad x_1 = 2 - x_2 \approx 2 - 1{,}0001 \approx 0{,}9999$

d) Es wird jeweils mit unterschiedlich gerundeten Ergebnissen weitergearbeitet.

27 a) $\left(16\frac{1}{3} \,\middle|\, -44\right)$ $\quad (98 \,|\, -269{,}4)$
b) $(-10 \,|\, -14{,}5)$ $\quad \left(-11\frac{3}{7} \,\middle|\, -17\frac{1}{70}\right)$

Kleine Änderungen der gegebenen Koeffizienten können das Ergebnis erheblich ändern.

Erläuterung an Aufgabe a):

Fasst man die gegebenen Gleichungen als Geradengleichungen auf, so entspricht die Lösung des Gleichungssystems dem Schnittpunkt der beiden Geraden. Die Geradengleichungen des ersten Gleichungssystems lauten näherungsweise $x_2 = -2{,}75x_1 + 0{,}92$ bzw. $x_2 = -2{,}76x_1 + 1{,}08$.

Die Geradengleichung der geänderten ersten Geraden im zweiten Gleichungssystem lautet näherungsweise $x_2 = -2{,}758x_1 + 0{,}92$.

Schon im ersten Gleichungssystem haben die beiden Geraden sehr ähnliche Steigungen. Ändert man dann die Steigung einer Geraden so, dass sie sich der zweiten Steigung noch mehr annähert, verschiebt sich der Schnittpunkt beider Geraden erheblich.

28 a)

$$\left(\begin{array}{rrrr|r} 3 & 4 & 11 & 1 & 20 \\ 7 & -8 & -6 & 9 & 11 \\ 8 & 9 & 20 & -1 & 35 \\ 12 & 0 & 50 & 1 & 64 \end{array}\right) \quad \begin{array}{l} |\cdot 7 \\ |\cdot(-3) \ + \end{array} \quad \begin{array}{l} |\cdot 8 \\ |\cdot(-3) \ + \end{array} \quad \begin{array}{l} |\cdot 12 \\ |\cdot(-3) \ + \end{array}$$

$$\left(\begin{array}{rrrr|r} 3 & 4 & 11 & 1 & 20 \\ 0 & 52 & 95 & -20 & 107 \\ 0 & 5 & 28 & 11 & 55 \\ 0 & 48 & -18 & 9 & 48 \end{array}\right) \quad \begin{array}{l} |\cdot(-5) \\ |\cdot 52 \ + \end{array} \quad \begin{array}{l} |\cdot(-48) \\ |\cdot 52 \ + \end{array}$$

$$\left(\begin{array}{rrrr|r} 3 & 4 & 11 & 1 & 20 \\ 0 & 52 & 95 & -20 & 107 \\ 0 & 0 & 981 & 672 & 2325 \\ 0 & 0 & -5496 & 1428 & -2640 \end{array}\right) \quad \begin{array}{l} |\cdot 5496 \\ |\cdot 981 \ + \end{array}$$

$$\left(\begin{array}{rrrr|r} 3 & 4 & 11 & 1 & 20 \\ 0 & 52 & 95 & -20 & 107 \\ 0 & 0 & 981 & 672 & 2325 \\ 0 & 0 & 0 & 5\,094\,180 & 10\,188\,360 \end{array}\right)$$

$\Rightarrow x_4 = 2 \Rightarrow x_3 = 1 \Rightarrow x_2 = 1 \Rightarrow x_1 = 1$

b) Es können sehr große Koeffizienten entstehen. Zur exakten Berechnung mithilfe eines Computers sollte als Datentyp Integer-Zahlen gewählt werden. Bei diesen ist aber die Anzahl der Stellen begrenzt.

c)

$$\left(\begin{array}{rrrr|r} 1 & 1{,}33 & 3{,}67 & 0{,}33 & 6{,}67 \\ 7 & -8 & -6 & 9 & 11 \\ 8 & 9 & 20 & -1 & 35 \\ 12 & 0 & 50 & 1 & 64 \end{array}\right) \quad |\cdot(-7) \ + \quad |\cdot(-8) \ + \quad |\cdot(-12) \ +$$

$$\left(\begin{array}{rrrr|r} 1 & 1{,}33 & 3{,}67 & 0{,}33 & 6{,}67 \\ 0 & -17{,}31 & -31{,}69 & -6{,}69 & -35{,}69 \\ 0 & -1{,}64 & -9{,}36 & -3{,}64 & -18{,}36 \\ 0 & -15{,}96 & 5{,}96 & -2{,}96 & -16{,}04 \end{array}\right)$$

$$\left(\begin{array}{rrrr|r} 1 & 1{,}33 & 3{,}67 & 0{,}33 & 6{,}67 \\ 0 & 1 & 18{,}31 & -0{,}39 & 2{,}06 \\ 0 & -1{,}64 & -9{,}36 & -3{,}64 & -18{,}36 \\ 0 & -15{,}96 & 5{,}96 & -2{,}96 & -16{,}04 \end{array}\right) \quad |\cdot 1{,}64 \ + \quad |\cdot 15{,}96 \ +$$

Fortsetzung von Aufgabe 28:

$$\left(\begin{array}{rrrr|r} 1 & 1{,}33 & 3{,}67 & 0{,}33 & 6{,}67 \\ 0 & 1 & 18{,}31 & -0{,}39 & 2{,}06 \\ 0 & 0 & -6{,}34 & -4{,}28 & -14{,}98 \\ 0 & 0 & 35{,}17 & -9{,}18 & 16{,}84 \end{array}\right)$$

$$\left(\begin{array}{rrrr|r} 1 & 1{,}33 & 3{,}67 & 0{,}33 & 6{,}67 \\ 0 & 1 & 18{,}31 & -0{,}39 & 2{,}06 \\ 0 & 0 & 1 & 0{,}68 & 2{,}36 \\ 0 & 0 & 35{,}17 & -9{,}18 & 16{,}84 \end{array}\right) \quad |\cdot(-35{,}17) \ +$$

$$\left(\begin{array}{rrrr|r} 1 & 1{,}33 & 3{,}67 & 0{,}33 & 6{,}67 \\ 0 & 1 & 18{,}31 & -0{,}39 & 2{,}06 \\ 0 & 0 & 1 & 0{,}68 & 2{,}36 \\ 0 & 0 & 0 & -33{,}10 & -66{,}16 \end{array}\right)$$

$\Rightarrow x_4 \approx -66{,}16 : (-33{,}1) \approx 2 \Rightarrow x_3 \approx 1 \Rightarrow x_2 \approx 1{,}01 \Rightarrow x_1 \approx 1$

Diese Berechnungsart hat den Vorteil, dass die Zahlen nicht so groß werden. Dafür ergeben sich aber Rundungsfehler, wenn auch in diesem Beispiel nur geringe. Bei anderen Koeffizienten kann dieser Effekt aber das ganze Ergebnis erheblich verfälschen.

29 a) Ansatz:

$S_1(n) = a \cdot n^2 + b \cdot n$

$S_1(1) = 1$: $\quad a + b = 1$

$S_1(2) = 1 + 2 = 3$: $\quad 4a + 2b = 3$

Lösung: $a = \frac{1}{2}$, $b = \frac{1}{2}$

$\Rightarrow S_1(n) = \frac{1}{2} \cdot n^2 + \frac{1}{2} \cdot n = \frac{n(n+1)}{2}$

b) $k = 2$:

$S_2(n) = 1^2 + 2^2 + 3^3 + \ldots + n^2$

Ansatz:

$S_2(n) = a \cdot n^3 + b \cdot n^2 + c \cdot n$

$S_2(1) = 1^2 = 1$: $\quad a + b + c = 1$

$S_2(2) = 1^2 + 2^2 = 5$: $\quad 8a + 4b + 2c = 5$

$S_2(3) = 1^2 + 2^2 + 3^2 = 14$: $\quad 27a + 9b + 3c = 14$

Lösung: $a = \frac{1}{3}$, $b = \frac{1}{2}$, $c = \frac{1}{6}$

$\Rightarrow S_2(n) = \frac{1}{3} \cdot n^3 + \frac{1}{2} \cdot n^2 + \frac{1}{6} \cdot n = \frac{n(n+1)(2n+1)}{6}$

154 **Fortsetzung von Aufgabe 29:**

$k = 3$:

$S_3(n) = 1^3 + 3^3 + 3^3 + \ldots + n^3$

Ansatz:

$S_3(n) = a \cdot n^4 + b \cdot n^3 + c \cdot n^2 + d \cdot n$

$S_3(1) = 1^3 = 1$:	$a + b + c + d = 1$
$S_3(2) = 1^3 + 2^3 = 9$:	$16a + 8b + 4c + 2d = 9$
$S_3(3) = 1^3 + 2^3 + 3^3 = 36$:	$81a + 27b + 9c + 3d = 36$
$S_3(4) = 1^3 + 2^3 + 3^3 + 4^3 = 100$:	$256a + 64b + 16c + 4d = 100$

Lösung: $a = \frac{1}{4}$

$b = \frac{1}{2}$

$c = \frac{1}{4}$

$d = 0$

$\Rightarrow S_3(n) = \frac{1}{4} \cdot n^4 + \frac{1}{2} \cdot n^3 + \frac{1}{4} \cdot n^2$

$= \frac{n^2(n+1)^2}{4}$

30 Eine Funktion kann an derselben Stelle nicht verschiedene Funktionswerte annehmen. Folglich kann es nicht zwei verschiedene Punkte eines Funktionsgraphen mit gleicher Abszisse geben.

Projekt: Punkte und Wege im $\mathbb{R}^3$ – was bisher geschah 157

1 a) Vgl. Abbildung rechts.

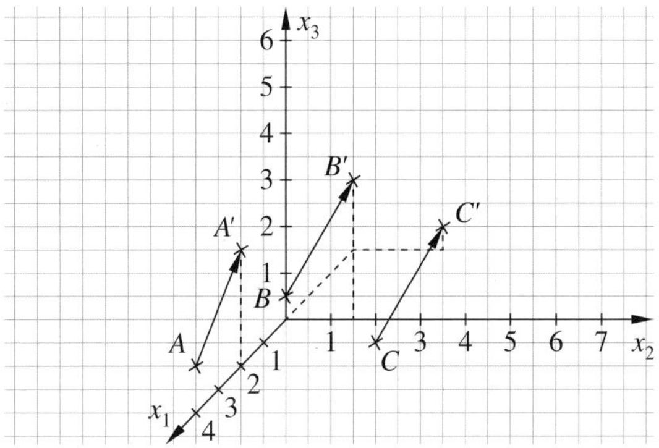

b) $A'(1|0|2)$

$B'(0|1{,}5|3)$

$C'(-3|2|0{,}5)$

2 a) Vgl. Abbildung rechts.

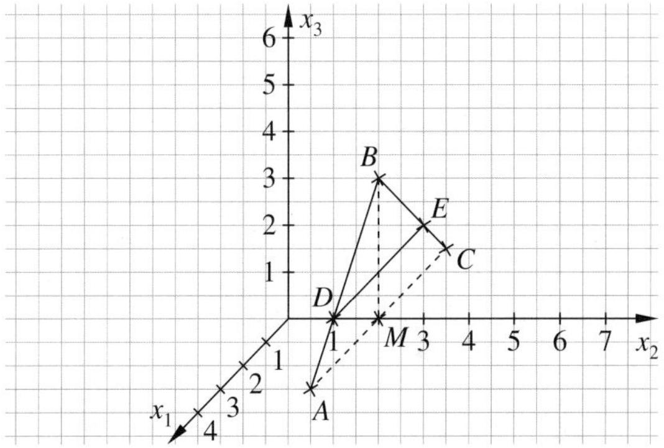

b) $D(0|1|0)$, $E(0|3|2)$

c) $\left|\overrightarrow{AB}\right| = \sqrt{3^2 + 0 + 3^2}$

$= \sqrt{18} = \left|\overrightarrow{BC}\right|$

d) $\overrightarrow{AC} = \begin{pmatrix} 0 \\ 3 \\ 3 \end{pmatrix}$, $\overrightarrow{DE} = \begin{pmatrix} 0 \\ 2 \\ 2 \end{pmatrix}$

$\overrightarrow{AC} = \frac{2}{3}\overrightarrow{DE}$

e) $\overrightarrow{OM} = \overrightarrow{OA} + \frac{1}{2}\overrightarrow{AC}$

$= \begin{pmatrix} 1 \\ 1 \\ -1 \end{pmatrix} + \frac{1}{2}\begin{pmatrix} 0 \\ 3 \\ 3 \end{pmatrix} = \begin{pmatrix} 1 \\ 2{,}5 \\ 0{,}5 \end{pmatrix}$

$\overrightarrow{MB} = -\overrightarrow{OM} + \overrightarrow{OB} = \begin{pmatrix} -1 \\ -2{,}7 \\ -0{,}5 \end{pmatrix} + \begin{pmatrix} -2 \\ 1 \\ 2 \end{pmatrix} = \begin{pmatrix} -3 \\ -1{,}5 \\ 1{,}5 \end{pmatrix} = 1{,}5 \cdot \begin{pmatrix} -2 \\ 1 \\ 1 \end{pmatrix}$

$\left|\overrightarrow{MB}\right| = 1{,}5 \cdot \sqrt{6}$

3 $2 \cdot \begin{pmatrix} 2 \\ 1 \\ -4 \end{pmatrix} + 3 \cdot \begin{pmatrix} -1 \\ 4 \\ 1 \end{pmatrix} + k \cdot \begin{pmatrix} 2 \\ 1 \\ -2 \end{pmatrix} - \begin{pmatrix} -9 \\ 9 \\ 5 \end{pmatrix} = 0$ hat die Lösung $k = -5$.

157

4 Vgl. Abbildung rechts; Wegen $\overrightarrow{AB} = 2\,\overrightarrow{CD}$ sind $\overline{AB}$ und $\overline{CD}$ parallel. $\overline{EF}$ ist zu keiner der Strecken parallel.

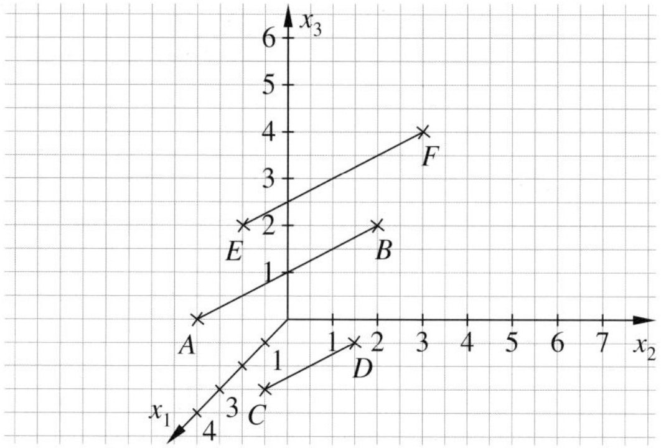

5 Vgl. Abbildung rechts;

$\overrightarrow{OD} = \overrightarrow{OA} + \overrightarrow{AD}$
$= \overrightarrow{OA} + \overrightarrow{BC}$

$= \begin{pmatrix} 3 \\ -2 \\ 1 \end{pmatrix} + \begin{pmatrix} -5 \\ -2 \\ 1 \end{pmatrix} = \begin{pmatrix} -2 \\ -4 \\ 2 \end{pmatrix}$

$D(-2|-4|2)$

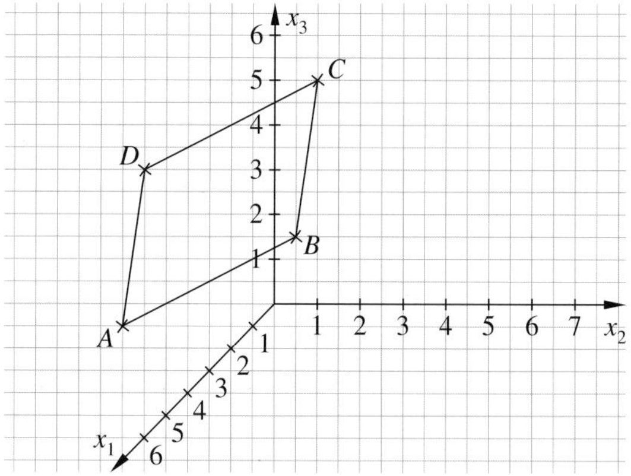

6 a) $C(0|5|0)$
$G(1|4|6)$
$H(1|1|6)$

b) $\overrightarrow{AE} = \begin{pmatrix} -1 \\ 1 \\ 6 \end{pmatrix}$

$|\overrightarrow{AE}| = \sqrt{1^2 + 1^2 + 6^2} = \sqrt{38}$

158

5.2 Parameterform der Geradengleichung

AUFTRAG 1 **Raumdiagonalen**

Dieser Auftrag wird im Schülerbuch auf Seite 160f. bearbeitet.

AUFTRAG 2 **Flugbewegungen**

Für den Landepunkt L des dritten Flugzeugs gilt:

$$\overrightarrow{OG} + k \cdot \overrightarrow{GR} = \begin{pmatrix} x \\ y \\ 0{,}04 \end{pmatrix} \Rightarrow \begin{pmatrix} -24{,}8 \\ 18 \\ 0{,}96 \end{pmatrix} + 20 \cdot \begin{pmatrix} 0{,}74 \\ -0{,}53 \\ -0{,}046 \end{pmatrix} = \begin{pmatrix} -10 \\ 7{,}4 \\ 0{,}04 \end{pmatrix}$$

$$|\overrightarrow{GR}| = \sqrt{(-24{,}06 + 24{,}8)^2 + (17{,}47 - 18)^2 + (0{,}914 - 0{,}96)^2} = \sqrt{0{,}830616} = 0{,}91138\ldots$$

Das dritte Flugzeug landet im Punkt L $(-10|7{,}4|0{,}04)$. Es legt in den zehn Sekunden eine Strecke von ca. 0,911 km zurück, das entspricht einer Geschwindigkeit von ca. $328\,\frac{\text{km}}{\text{h}}$.

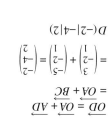

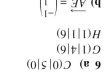

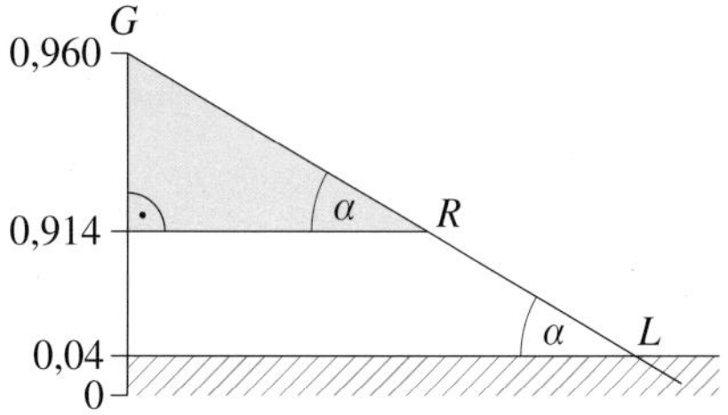

Gleitflugwinkel α:

$\sin(\alpha) = \frac{0{,}96 - 0{,}914}{|\overrightarrow{GR}|} = \frac{0{,}046}{\sqrt{0{,}830616}}$

$\Rightarrow \alpha \approx 2{,}9°$

Vergleich der Vektoren $\begin{pmatrix} 0{,}74 \\ -0{,}53 \\ -0{,}046 \end{pmatrix}$ und $\begin{pmatrix} 0{,}74 \\ -0{,}53 \\ -0{,}048 \end{pmatrix}$:

Beide Vektoren sind bis auf den x_3-Wert gleich. Das bedeutet, dass die Flugbahnen nicht parallel zueinander sind. Beide Flugzeuge benutzen zwar den gleichen Flugkorridor, das erste Flugzeug sinkt aber etwas schneller als das andere.

Für den Landepunkt M des ersten Flugzeugs gilt:

$$\begin{pmatrix} -14{,}44 \\ 10{,}58 \\ 0{,}36 \end{pmatrix} + k \cdot \begin{pmatrix} 0{,}74 \\ -0{,}53 \\ -0{,}048 \end{pmatrix} = \begin{pmatrix} x \\ y \\ 0{,}04 \end{pmatrix} \Rightarrow \begin{pmatrix} -14{,}44 \\ 10{,}58 \\ 0{,}36 \end{pmatrix} + 6\tfrac{2}{3} \cdot \begin{pmatrix} 0{,}74 \\ -0{,}53 \\ -0{,}048 \end{pmatrix} = \begin{pmatrix} -9{,}50\overline{6} \\ 7{,}04\overline{6} \\ 0{,}04 \end{pmatrix}$$

Die Flugzeuge setzen nicht an der gleichen Stelle auf.

159

AUFTRAG 3 **3-D-Darstellung durch Raytracing**

$$\overrightarrow{OZ} + 1 \cdot \vec{v} = \begin{pmatrix} 12 \\ 13 \\ 2{,}5 \end{pmatrix} + 1 \cdot \begin{pmatrix} -4 \\ -3 \\ -0{,}5 \end{pmatrix} = \begin{pmatrix} 8 \\ 10 \\ 2 \end{pmatrix}$$

$$\overrightarrow{OZ} + 2 \cdot \vec{v} = \begin{pmatrix} 12 \\ 13 \\ 2{,}5 \end{pmatrix} + 2 \cdot \begin{pmatrix} -4 \\ -3 \\ -0{,}5 \end{pmatrix} = \begin{pmatrix} 4 \\ 7 \\ 1{,}5 \end{pmatrix}$$

$$\overrightarrow{OZ} + 3 \cdot \vec{v} = \begin{pmatrix} 12 \\ 13 \\ 2{,}5 \end{pmatrix} + 3 \cdot \begin{pmatrix} -4 \\ -3 \\ -0{,}5 \end{pmatrix} = \begin{pmatrix} 0 \\ 4 \\ 1 \end{pmatrix} \Rightarrow$$

Der zugehörige Punkt $(0|4|1)$ hat die x_1-Koordinate null, also liegt er in der x_2-x_3-Ebene und stellt somit A' dar.

Vergleich von $\vec{v}$ mit $\overrightarrow{ZA}$:

$$\overrightarrow{ZA} = \begin{pmatrix} -20 \\ -15 \\ -2{,}5 \end{pmatrix} = 5 \cdot \begin{pmatrix} -4 \\ -3 \\ -0{,}5 \end{pmatrix} = 5 \cdot \vec{v}$$

$\overrightarrow{OA} = \overrightarrow{OZ} + 5 \cdot \vec{v}$

159 **Fortsetzung von Auftrag 3:**

Zum Beispiel gibt es zu jedem Punkt P der Strecke $\overline{ZB}$ ein k mit $\overrightarrow{OP} = \overrightarrow{OZ} + k \cdot \overrightarrow{ZB}$.

Also gibt es auch ein k mit $\overrightarrow{OB'} = \overrightarrow{OZ} + k \cdot \overrightarrow{ZB} = \begin{pmatrix} 0 \\ x_2 \\ x_3 \end{pmatrix}$.

$\overrightarrow{OB'} = \begin{pmatrix} 12 \\ 13 \\ 2{,}5 \end{pmatrix} + k \cdot \begin{pmatrix} -8-12 \\ 3-13 \\ 0-2{,}5 \end{pmatrix} = \begin{pmatrix} 0 \\ x_2 \\ x_3 \end{pmatrix} \Rightarrow k = 0{,}6 \Rightarrow B'(0|7|1)$

Für die anderen Strecken und Punkte ist das Verfahren analog:

$C'(0|9|1{,}5)$
$D'(0|7|1{,}5)$
$E'(0|4|5{,}5)$
$F'(0|7|5{,}5)$
$G'(0|9|4{,}5)$
$H'(0|7|4{,}5)$

Wird ein Vektor mit einer Zahl multipliziert, verändert er seine Richtung nicht. Ist die Zahl positiv, behält er seine Orientierung, ist sie negativ, kehrt sich seine Orientierung um, sodass er in die entgegengesetzte Richtung zeigt. Ist der Betrag der Zahl größer als 1, verlängert sich der Vektor. Liegt der Betrag der Zahl zwischen 0 und 1, verkürzt sich der Vektor.

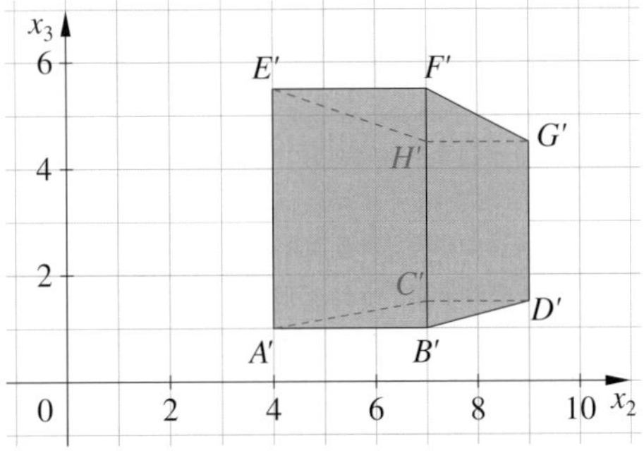

Zur Darstellung einer Geraden im Raum wird der Ortsvektor eines beliebigen Punkts der Geraden und ein Richtungsvektor (Vektor zwischen zwei beliebigen Punkten der Geraden) benötigt. Jeder Punkt der Geraden lässt sich als Summe aus diesem Ortsvektor und einem Vielfachen des Richtungsvektors darstellen.

Ist eine der Koordinaten eines Punktes null, so liegt der Punkt in der Koordinatenebene, die aus den zu den anderen beiden Koordinaten gehörenden Achsen gebildet wird. Beispiel: $S(8|3{,}5|0)$ liegt in der x_1-x_2-Ebene. $T(6|0|0)$ liegt sowohl in der x_1-x_2-Ebene als auch in der x_1-x_3-Ebene.

$\overrightarrow{AE} = \begin{pmatrix} 0 \\ 0 \\ 7{,}5 \end{pmatrix}$

$\overrightarrow{A'E'} = \begin{pmatrix} 0 \\ 0 \\ 4{,}5 \end{pmatrix} = \frac{5}{3} \cdot \overrightarrow{AE} \Rightarrow$ Beide Vektoren sind zueinander parallel.

$\overrightarrow{FG} = \begin{pmatrix} -10 \\ 0 \\ 0 \end{pmatrix}$

$\overrightarrow{F'G'} = \begin{pmatrix} 0 \\ 2 \\ -1 \end{pmatrix} \quad \Rightarrow$ Es gibt kein Vielfaches von $\overrightarrow{FG}$, sodass $\overrightarrow{F'G'}$ entsteht. Beide Vektoren sind nicht zueinander parallel.

Aufgaben – Trainieren 162

1 a) $F(3|4|3)$
$G(-2|4|3)$
$H(-2|0|3)$

b) $|\overrightarrow{ES}| \approx 3{,}46$
$|\overrightarrow{GS}| \approx 4{,}12$

2 a) $\overrightarrow{OQ} = \begin{pmatrix} -2 \\ 5 \\ -7 \end{pmatrix} + \frac{2}{3}\begin{pmatrix} 12 \\ -6 \\ 6 \end{pmatrix} = \begin{pmatrix} 6 \\ 1 \\ -3 \end{pmatrix}$

$\overrightarrow{AQ} = \frac{2}{3}\overrightarrow{AB}$. Also: Q teilt $\overline{AB}$ im Verhältnis 2:1.

b) $M(4|2|-4)$

c) $\overrightarrow{OP} = \begin{pmatrix} -2 \\ 5 \\ -7 \end{pmatrix} + \frac{5}{6}\begin{pmatrix} 12 \\ -6 \\ 6 \end{pmatrix} = \begin{pmatrix} 8 \\ 0 \\ -2 \end{pmatrix}$

d) $\overrightarrow{AR} = \begin{pmatrix} 2-(-2) \\ 3-5 \\ -5-(-7) \end{pmatrix} = \begin{pmatrix} 4 \\ -2 \\ 2 \end{pmatrix} = \frac{1}{3}\begin{pmatrix} 12 \\ -6 \\ 6 \end{pmatrix}$ $\quad R$ teilt $\overline{AB}$ im Verhältnis 1:2.

3 $P_0(4|-2|5)$
$P_1(3|0|4)$
$P_2(2|2|3)$
$P_3(1|4|2)$
$P_4(0|6|1)$
$P_5(-1|8|0)$

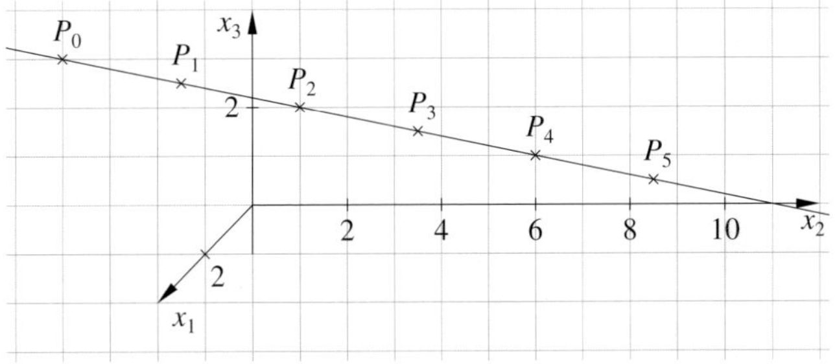

4 A liegt auf g, denn für $k = 2$ ergibt sich $\overrightarrow{OA}$.
B liegt nicht auf g, denn z. B. für $k = 1$ ergibt sich zwar die x_2-Koordinate, aber nicht die beiden anderen Koordinaten.
C liegt auf g, denn für $k = -3$ ergibt sich $\overrightarrow{OC}$.
D liegt nicht auf g, denn z. B. für $k = 1$ ergibt sich zwar die x_2-Koordinate, aber nicht die beiden anderen Koordinaten.

162

5 Besonderheiten:
Die Gerade
- g_b verläuft parallel zur x_2-x_3-Ebene,
- g_c ist eine Ursprungsgerade (Hauptdiagonale des Koordinatensystems),
- g_d liegt in der x_1-x_3 -Ebene,
- g_e verläuft parallel zur x_2 -Achse und liegt in der x_2-x_3-Ebene,
- g_f fällt mit der x_3-Achse zusammen.

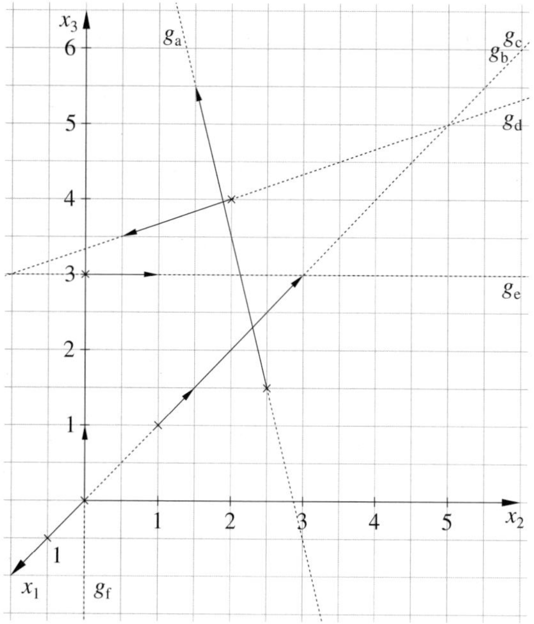

6 a) $g_{AB} = \begin{pmatrix} 7 \\ -2 \\ 8 \end{pmatrix} + k \cdot \begin{pmatrix} -8 \\ 4 \\ -14 \end{pmatrix}$

$-8 = (\mathbf{-4}) \cdot 2$
$4 = (\mathbf{-4}) \cdot (-1)$
$-14 = (\mathbf{-3{,}5}) \cdot 4$

Vektor $\begin{pmatrix} -8 \\ 4 \\ -14 \end{pmatrix}$ ist kein Vielfaches von Vektor $\begin{pmatrix} 2 \\ -1 \\ 4 \end{pmatrix}$, also ist g_{AB} nicht parallel zu g.

b) $g_{AB} = \begin{pmatrix} 3 \\ 6 \\ 0 \end{pmatrix} + k \cdot \begin{pmatrix} 2 \\ -1 \\ 4 \end{pmatrix} \Rightarrow g_{AB}$ ist parallel zu g.

7

	$\overrightarrow{OA}$	$\overrightarrow{OP}$	$\overrightarrow{OB}$	$\overrightarrow{OC}$	$\overrightarrow{OR}$	$\overrightarrow{OE}$	$\overrightarrow{OF}$
k	−1	0	1	2	3	4	5
l	2	1,5	1	0,5	0	−0,5	−1

8 Beispiel für eine Parametergleichung der Geraden g_{RS}:

$\vec{x} = \begin{pmatrix} -2 \\ 7 \\ 0 \end{pmatrix} + k \cdot \begin{pmatrix} 1 \\ -7 \\ 4 \end{pmatrix}$

Für diese Gleichung erhält man Punkte der Geraden …
a) … zwischen R und S für $0 < k < 1$,
b) … außerhalb der Strecke $\overline{RS}$ für $k < 0$ oder $k > 1$,
c) … von S aus gesehen jenseits von R für $k < 0$, z. B. ergibt $k = -0{,}5$ den Punkt T.
Vgl. Abbildung auf folgender Seite.

Fortsetzung von Aufgabe 8:

162

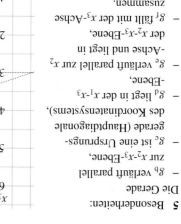

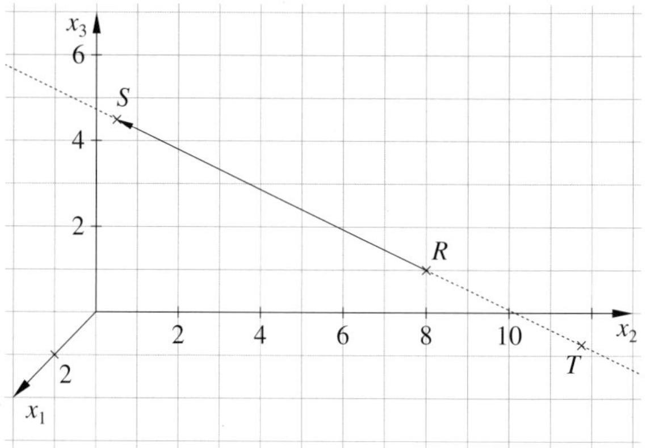

163

9 Beispiele für Parameterformen der drei Mittelparallelen:

$\vec{x} = \overrightarrow{OM_a} + k \cdot \overrightarrow{M_aM_b} = \begin{pmatrix} -1 \\ 7 \\ 1 \end{pmatrix} + k \cdot \begin{pmatrix} -2 \\ -4 \\ 2 \end{pmatrix}$

$\vec{x} = \overrightarrow{OM_b} + k \cdot \overrightarrow{M_bM_c} = \begin{pmatrix} -3 \\ 3 \\ 3 \end{pmatrix} + k \cdot \begin{pmatrix} 4 \\ 1 \\ -4 \end{pmatrix}$

$\vec{x} = \overrightarrow{OM_c} + k \cdot \overrightarrow{M_cM_a} = \begin{pmatrix} 1 \\ 4 \\ -1 \end{pmatrix} + k \cdot \begin{pmatrix} -2 \\ 3 \\ 2 \end{pmatrix}$

Beispiele für Parameterformen der drei Seitenhalbierenden:

$\vec{x} = \overrightarrow{OM_a} + k \cdot \overrightarrow{M_aA} = \begin{pmatrix} -1 \\ 7 \\ 1 \end{pmatrix} + k \cdot \begin{pmatrix} 0 \\ -7 \\ 0 \end{pmatrix}$

$\vec{x} = \overrightarrow{OM_b} + k \cdot \overrightarrow{M_bB} = \begin{pmatrix} -3 \\ 3 \\ 3 \end{pmatrix} + k \cdot \begin{pmatrix} 6 \\ 5 \\ -6 \end{pmatrix}$

$\vec{x} = \overrightarrow{OM_c} + k \cdot \overrightarrow{M_cC} = \begin{pmatrix} 1 \\ 4 \\ -1 \end{pmatrix} + k \cdot \begin{pmatrix} -6 \\ 2 \\ 6 \end{pmatrix}$

Beispiel für einen inneren Punkt P der Strecke $\overline{M_cM_a}$: $\overrightarrow{OP} = \overrightarrow{OM_c} + \frac{1}{2} \cdot \overrightarrow{M_cM_a}$
$\Rightarrow P(0|5{,}5|0)$

10 a) $\vec{x} = \begin{pmatrix} 3 \\ 3 \\ 8 \end{pmatrix} + k \begin{pmatrix} 1 \\ 3 \\ 4 \end{pmatrix}$
$x = 0 \Rightarrow k = -3$ $\quad S_{yz}(0|-6|-4)$
$y = 0 \Rightarrow k = -1$ $\quad S_{xz}(2|0|4)$
$z = 0 \Rightarrow k = -2$ $\quad S_{xy}(1|-3|0)$

b) $\vec{x} = \begin{pmatrix} -1 \\ 5 \\ -2 \end{pmatrix} + k \begin{pmatrix} 4 \\ 0 \\ 1 \end{pmatrix}$
$x = 0 \Rightarrow k = \frac{1}{4}$ $\quad S_{yz}(0|5|-1{,}75)$
$y = 0$ unmöglich, $\quad$ Gerade parallel zur xz-Ebene
$z = 0 \Rightarrow k = 2$ $\quad S_{xy}(7|5|0)$

11 Geradengleichungen:

a) $g\colon \vec{x} = \begin{pmatrix} 8 \\ -12 \\ 12 \end{pmatrix} + k \cdot \begin{pmatrix} -8 \\ 24 \\ -16 \end{pmatrix}$ **b)** $h\colon \vec{x} = \begin{pmatrix} -4 \\ 7 \\ 4 \end{pmatrix} + k \cdot \begin{pmatrix} -4 \\ 3 \\ 2 \end{pmatrix}$ **c)** $k\colon \vec{x} = \begin{pmatrix} 11 \\ -6 \\ -2 \end{pmatrix} + k \cdot \begin{pmatrix} -4 \\ 3 \\ 2 \end{pmatrix}$

	a)	**b)**	**c)**
Spurpunkt mit der x_1-x_2-Ebene:	$G_{12}(2\vert 6\vert 0)$	$H_{12}(4\vert 1\vert 0)$	$K_{12}(7\vert -3\vert 0)$
Spurpunkt mit der x_2-x_3-Ebene:	$G_{23}(0\vert 12\vert -4)$	$H_{23}(0\vert 4\vert 2)$	$K_{23}(0\vert 2{,}25\vert 3{,}5)$
Spurpunkt mit der x_1-x_3-Ebene:	$G_{13}(4\vert 0\vert 4)$	$H_{13}(5{,}\overline{3}\vert 0\vert -0{,}\overline{6})$	$K_{13}(3\vert 0\vert 2)$

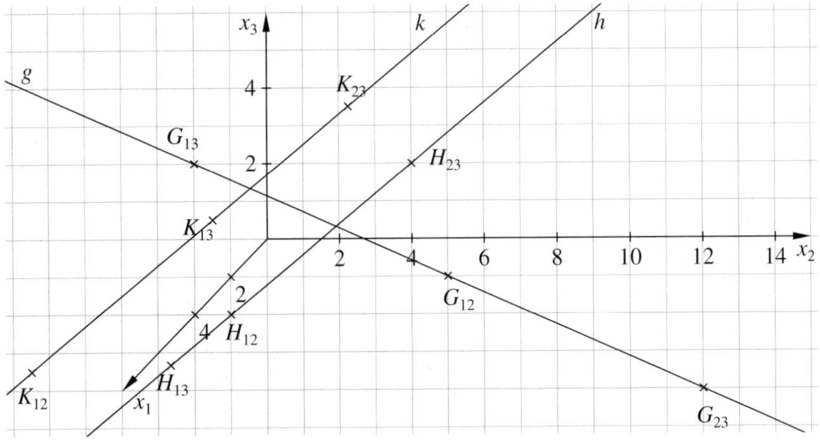

12 $\vec{x} = \overrightarrow{OA} + k \cdot \overrightarrow{AB}$

a) $\vec{x} = \begin{pmatrix} -2 \\ 1 \\ 7 \end{pmatrix} + k \cdot \begin{pmatrix} -1 \\ 4 \\ -2 \end{pmatrix}$

Wäre C ein Punkt der Geraden, dann müsste gelten:

$\begin{pmatrix} 1 \\ -11 \\ 12 \end{pmatrix} = \begin{pmatrix} -2 \\ 1 \\ 7 \end{pmatrix} + k \cdot \begin{pmatrix} -1 \\ 4 \\ -2 \end{pmatrix}$

$\begin{pmatrix} 3 \\ -12 \\ 5 \end{pmatrix} = k \cdot \begin{pmatrix} -1 \\ 4 \\ -2 \end{pmatrix}$

Da dies nicht möglich ist, liegt C nicht auf der Geraden.

b) $\vec{x} = \begin{pmatrix} 14 \\ 0 \\ 2 \end{pmatrix} + k \cdot \begin{pmatrix} -16 \\ 3 \\ 6 \end{pmatrix}$

Wäre C ein Punkt der Geraden, dann müsste gelten:

$\begin{pmatrix} -10 \\ 1{,}5 \\ 11 \end{pmatrix} = \begin{pmatrix} 14 \\ 0 \\ 2 \end{pmatrix} + k \cdot \begin{pmatrix} -16 \\ 3 \\ 6 \end{pmatrix}$

$\begin{pmatrix} -24 \\ 1{,}5 \\ 9 \end{pmatrix} = k \cdot \begin{pmatrix} -16 \\ 3 \\ 6 \end{pmatrix}$

Da dies nicht möglich ist, liegt C nicht auf der Geraden.

13 a) Bei $\vec{x} = \overrightarrow{OP} + k\,\overrightarrow{PQ}$ erhält man für

$A\colon k = -1$; $B\colon k = \frac{2}{3}$; $C\colon k = \frac{4}{3}$

also liegt nur B auf der Strecke.

NOCH FIT?

I f hat die Nullstellen $x_1 = -4$ und $x_2 = 4$.

$F(x) = \frac{1}{12}x^3 - 4x$

Flächeninhalt, den der Graph von f mit der x-Achse einschließt:

$A_f = \frac{64}{3}$

g hat die Nullstellen $x_3 = -4$ und $x_4 = 7$.

$G(x) = \frac{1}{160}x^4 - \frac{1}{12}x^3 - \frac{7}{80}x^2 + \frac{49}{10}x$

Flächeninhalt, den der Graph von g mit der x-Achse einschließt:

$A_g = \frac{14641}{480} \approx 30{,}5$

Die Graphen von f und g schneiden einander an den Stellen $x_5 = -4$, $x_6 = 12 - \sqrt{55}$ und $x_7 = 12 + \sqrt{55}$.

Flächeninhalt, den die Graphen von f und g einschließen:

$$A = \left|\int_{x_5}^{x_6} (f(x) - g(x))\,\mathrm{d}x\right| + \left|\int_{x_6}^{x_7} (f(x) - g(x))\,\mathrm{d}x\right| \approx 50{,}34 + 217{,}56 \approx 268$$

II Für die Durchflussgeschwindigkeit y und die Zeit t gilt:

$y(t) = 2\frac{\mathrm{l}}{\mathrm{s}^2} \cdot t$

Volumen:

$Y(t) = 1\frac{\mathrm{l}}{\mathrm{s}^2} \cdot t^2$

$Y(10\,\mathrm{s}) = 100\,\mathrm{l}$

Nach 10 Sekunden sind 100 Liter geflossen.

III a) $F(x) = \frac{1}{3}x^3$

Mittelwert:

$\frac{F(3) - F(-3)}{3 - (-3)} = 3$

Der Mittelwert von f im Intervall $[-3; 3]$ ist in der rechten Zeichnung als Strichellinie dargestellt.

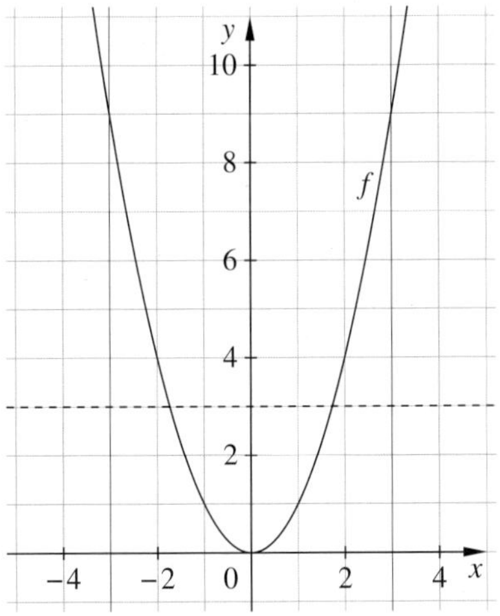

b) Individuelle Lösungen.

Beispiele:

$g(x) = 5x$

$G(x) = 2{,}5x^2$

Mittelwert:

$\frac{2{,}5 \cdot 1^2 - 2{,}5 \cdot (-1)^2}{1 - (-1)} = 0$

$h(x) = 3x^3 + 8x$

$H(x) = 0{,}75x^4 + 4x^2$

Mittelwert:

$\frac{0{,}75 \cdot 1^4 + 4 \cdot 1^2 - (0{,}75 \cdot (-1)^4 + 4 \cdot (-1)^2)}{1 - (-1)} = 0$

163 **Aufgaben – Anwenden**

14 g_{SB}: $\vec{x} = \begin{pmatrix}-2\\3\\6\end{pmatrix} + k\begin{pmatrix}0+2\\8-3\\0-6\end{pmatrix} = \begin{pmatrix}-2\\3\\6\end{pmatrix} + k\cdot\begin{pmatrix}2\\5\\-6\end{pmatrix}$

$\overrightarrow{OC} = \overrightarrow{OS} + 2\,\overrightarrow{SM} = \begin{pmatrix}-2\\3\\6\end{pmatrix} + 2\begin{pmatrix}-3+2\\4{,}5-3\\3-6\end{pmatrix} = \begin{pmatrix}-4\\6\\0\end{pmatrix}$

g_{SC}: $\vec{x} = \begin{pmatrix}-2\\3\\6\end{pmatrix} + k\begin{pmatrix}-4+2\\6-3\\0-6\end{pmatrix} = \begin{pmatrix}-2\\3\\6\end{pmatrix} + k\cdot\begin{pmatrix}-2\\3\\-6\end{pmatrix}$

g_{CB}: $\vec{x} = \begin{pmatrix}-4\\6\\0\end{pmatrix} + k\begin{pmatrix}0+4\\8-6\\0\end{pmatrix} = \begin{pmatrix}-4\\6\\0\end{pmatrix} + k\cdot\begin{pmatrix}4\\2\\0\end{pmatrix}$

164 **15 a)** g_{AC}: $\vec{x} = \begin{pmatrix}-2\\3\\1\end{pmatrix} + k\cdot\begin{pmatrix}-4\\4\\1\end{pmatrix}$

$\begin{pmatrix}2\\-3\\-1\end{pmatrix} \neq k\cdot\begin{pmatrix}-4\\4\\1\end{pmatrix}$

$\Rightarrow$ g_{AC} ist keine Ursprungsgerade.

g: $\vec{x} = \begin{pmatrix}0\\0\\0\end{pmatrix} + k\cdot\begin{pmatrix}-4\\4\\1\end{pmatrix}$

Die Gerade g fällt mit der Geraden g_{AC} in der Zeichnung zusammen.

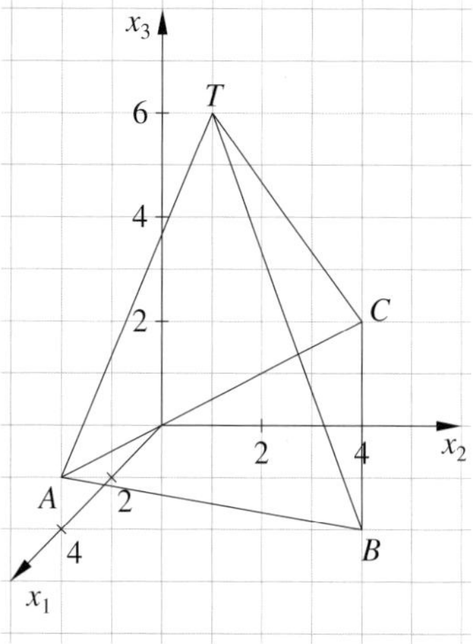

b) g_{AB}: $\vec{x} = \begin{pmatrix}2\\-1\\0\end{pmatrix} + k\cdot\begin{pmatrix}0\\6\\-1\end{pmatrix}$

Zum Beispiel liegen die Punkte $E(2|11|-2)$ und $F(2|-7|1)$ auf der Geraden g_{AB}.

$\overrightarrow{OP} = \begin{pmatrix}2\\2\\-0{,}5\end{pmatrix} = \begin{pmatrix}2\\-1\\0\end{pmatrix} + \frac{1}{2}\cdot\begin{pmatrix}0\\6\\-1\end{pmatrix}$

$\Rightarrow$ P ist der Mittelpunkt der Strecke $\overline{AB}$.

c) g_c: $\vec{x} = \begin{pmatrix}-2\\3\\1\end{pmatrix} + k\cdot\begin{pmatrix}4\\-1\\-1{,}5\end{pmatrix}$

$\overrightarrow{OS} = \begin{pmatrix}-2\\3\\1\end{pmatrix} + \frac{2}{3}\cdot\begin{pmatrix}4\\-1\\-1{,}5\end{pmatrix} \Rightarrow S\left(\frac{2}{3}\middle|\frac{7}{3}\middle|0\right)$

g_{TS}: $\vec{x} = \begin{pmatrix}0\\1\\6\end{pmatrix} + k\cdot\begin{pmatrix}0{,}\overline{6}\\1{,}\overline{3}\\-6\end{pmatrix}$

$\overrightarrow{OQ} = \begin{pmatrix}2\\5\\-12\end{pmatrix} = \begin{pmatrix}0\\1\\6\end{pmatrix} + 3\cdot\begin{pmatrix}0{,}\overline{6}\\1{,}\overline{3}\\-6\end{pmatrix}$ $\Rightarrow$ Die Punkte T, S und Q liegen auf der gleichen Geraden.

164

16 Alle Koordinatenangaben in Metern.

a) Lösung für eine Wahl des Koordinatensystems, in dem die Punkte T und Z die Koordinaten $T(2{,}00|2{,}00|1{,}50)$ und $Z(4{,}00|12{,}00|3{,}00)$ haben:

g_{TZ}: $\vec{x} = \overrightarrow{OT} + k\cdot\overrightarrow{TZ} = \begin{pmatrix}2{,}00\\2{,}00\\1{,}50\end{pmatrix} + k\cdot\begin{pmatrix}2{,}00\\10{,}00\\1{,}50\end{pmatrix}$

Es gilt:

$\begin{pmatrix}2{,}80\\6{,}00\\2{,}10\end{pmatrix} = \begin{pmatrix}2{,}00\\2{,}00\\1{,}50\end{pmatrix} + 0{,}4\cdot\begin{pmatrix}2{,}00\\10{,}00\\1{,}50\end{pmatrix}$

Die Wand muss im Punkt $F(2{,}80|6{,}00|2{,}10)$ durchbohrt werden.

b) Die x_2-Koordinate beträgt 6.

Für die x_1-Koordinate gilt nach dem Strahlensatz:

$\frac{x_1 - 2{,}00}{4{,}00 - 2{,}00} = \frac{4{,}00}{12{,}00 - 2{,}00} \Rightarrow x_1 = 2{,}80$

Diesen Wert haben die Punkte F und B.

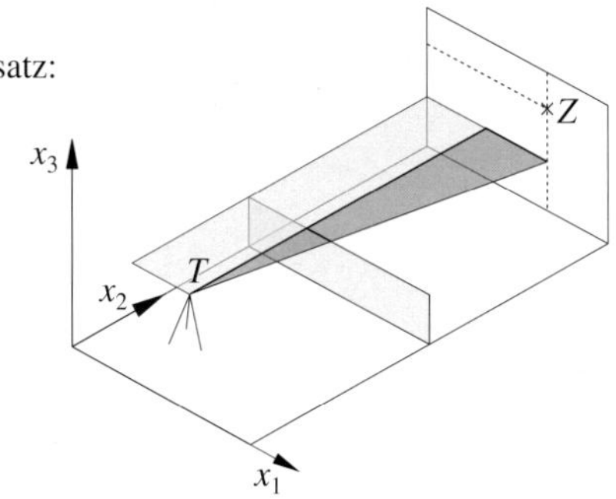

Für die x_3-Koordinate gilt nach dem Strahlensatz:

$\frac{x_3 - 1{,}50}{3{,}00 - 1{,}50} = \frac{4{,}00}{12{,}00 - 2{,}00} \Rightarrow x_3 = 2{,}10$

Diesen Wert haben die Punkte F und G.

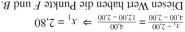

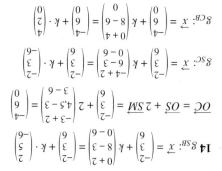

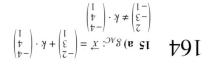

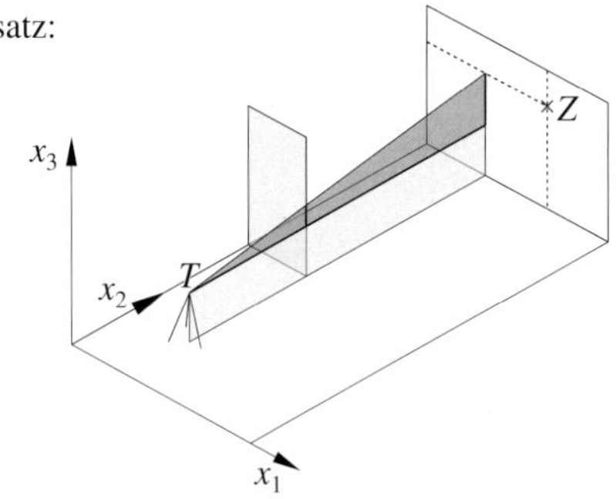

Punkt F erfüllt alle Kriterien.

Die Wand muss im Punkt $F(2{,}80|6{,}00|2{,}10)$ durchbohrt werden.

17 Lösung unter der Annahme, dass sich das Flugzeug mit gleichbleibender Geschwindigkeit auf einer Geraden g bewegt:

g: $\vec{x} = \begin{pmatrix}-9\\2{,}5\\1{,}02\end{pmatrix} + k\cdot\begin{pmatrix}-0{,}9\\-0{,}12\\0{,}2\end{pmatrix}$

$\begin{pmatrix}-14\\y\\z\end{pmatrix} = \begin{pmatrix}-9\\2{,}5\\1{,}02\end{pmatrix} + k\cdot\begin{pmatrix}-0{,}9\\-0{,}12\\0{,}2\end{pmatrix} \Rightarrow k = \frac{50}{9} = 5{,}\overline{5} \Rightarrow z = 2{,}13\overline{1}$

Unter den gegebenen Annahmen erreicht das Flugzeug nach ca. 56 Sekunden eine Höhe von ca. 2,13 km.

18 a) Gleichung der Geraden für den Kurs des ersten Seglers:

$g_1\colon \vec{x} = \begin{pmatrix} -100 \\ 150 \end{pmatrix} + k \cdot \begin{pmatrix} 200 \\ -100 \end{pmatrix}$

Es gilt:

$\overrightarrow{OH} = \begin{pmatrix} 800 \\ -300 \end{pmatrix} = \begin{pmatrix} -100 \\ 150 \end{pmatrix} + 4{,}5 \cdot \begin{pmatrix} 200 \\ -100 \end{pmatrix}$

Gleichung der Geraden für den Kurs des zweiten Seglers:

$g_2\colon \vec{x} = \begin{pmatrix} -400 \\ -700 \end{pmatrix} + h \cdot \begin{pmatrix} 300 \\ 100 \end{pmatrix}$

Es gilt:

$\overrightarrow{OH} = \begin{pmatrix} 800 \\ -300 \end{pmatrix} = \begin{pmatrix} -400 \\ -700 \end{pmatrix} + 4 \cdot \begin{pmatrix} 300 \\ 100 \end{pmatrix} = \begin{pmatrix} -400 \\ -700 \end{pmatrix} + 8 \cdot \begin{pmatrix} 150 \\ 50 \end{pmatrix}$

b) Der zweite Segler benötigt acht Minuten bis zur Anlegestelle, während der erste Segler nur viereinhalb Minuten benötigt und somit die Anlegestelle als Erster erreicht.

19 Alle Entfernungen sind in Metern und alle Zeiten in Sekunden angegeben. Lösung unter der Annahme, dass das Flugzeug in positive x_2-Achsenrichtung fliegt, da sich ansonsten beide Objekte voneinander entfernen.

Gleichung der Geraden, auf der der Ballon steigt:

$g_B = \begin{pmatrix} 80 \\ 600 \\ 0 \end{pmatrix} + k \cdot \begin{pmatrix} 0 \\ 0 \\ 5 \end{pmatrix}$

Gleichung der Geraden, auf der das Flugzeug fliegt:

$g_F = \begin{pmatrix} 0 \\ -2000 \\ 800 \end{pmatrix} + k \cdot \begin{pmatrix} 0 \\ 40 \\ 0 \end{pmatrix}$

Entfernung:

$\sqrt{80^2 + (600 - (40k - 2000))^2 + (5k - 800)^2}$

$= \sqrt{1625k^2 - 216\,000k + 7\,406\,400}$

Es ist zu prüfen, ob für alle zeitgleich einander entsprechenden Punkte beider Geraden

$500 \leq \sqrt{1625k^2 - 216\,000k + 7\,406\,400}$ bzw.

$500^2 \leq 1625k^2 - 216\,000k + 7\,406\,400$ gilt.

Berechnen des Minimums:

$f(k) = 1625k^2 - 216\,000k + 7\,406\,400$

$f'(k) = 3250k - 216\,000$

Der Abstand wird am niedrigsten bei $k = \frac{864}{13}$. Das entspricht nach ca. 66 Sekunden einer Entfernung von ca. 479 Metern, was bei einem umgehenden Reagieren des Piloten keine Schwierigkeit darstellen sollte, da der Sicherheitsabstand nur ganz leicht unterschritten wird.

20 a) $g_{PA}\colon \vec{x} = \begin{pmatrix} 3 \\ 8 \\ 1 \end{pmatrix} + k \begin{pmatrix} -2-3 \\ -2-8 \\ 0-1 \end{pmatrix} = \begin{pmatrix} 3 \\ 8 \\ 1 \end{pmatrix} + k \begin{pmatrix} -5 \\ -10 \\ -1 \end{pmatrix}$ $\quad k = \frac{3}{5} \quad A'(0|2|0{,}4)$

$g_{PB}\colon \vec{x} = \begin{pmatrix} 3 \\ 8 \\ 1 \end{pmatrix} + k \begin{pmatrix} -2-3 \\ 0-8 \\ 0-1 \end{pmatrix} = \begin{pmatrix} 3 \\ 8 \\ 1 \end{pmatrix} + k \begin{pmatrix} -5 \\ -8 \\ -1 \end{pmatrix}$ $\quad k = \frac{3}{5} \quad B'(0|3{,}2|0{,}4)$

$g_{PC}\colon \vec{x} = \begin{pmatrix} 3 \\ 8 \\ 1 \end{pmatrix} + k \begin{pmatrix} -7-3 \\ 0-8 \\ 0-1 \end{pmatrix} = \begin{pmatrix} 3 \\ 8 \\ 1 \end{pmatrix} + k \begin{pmatrix} -10 \\ -8 \\ -1 \end{pmatrix}$ $\quad k = \frac{3}{10} \quad C'(0|5{,}6|0{,}7)$

$g_{PE}\colon \vec{x} = \begin{pmatrix} 3 \\ 8 \\ 1 \end{pmatrix} + k \begin{pmatrix} -2-3 \\ -2-8 \\ 2-1 \end{pmatrix} = \begin{pmatrix} 3 \\ 8 \\ 1 \end{pmatrix} + k \begin{pmatrix} -5 \\ -10 \\ 1 \end{pmatrix}$ $\quad k = \frac{3}{5} \quad E'(0|2|1{,}6)$

$g_{PF}\colon \vec{x} = \begin{pmatrix} 3 \\ 8 \\ 1 \end{pmatrix} + k \begin{pmatrix} -2-3 \\ 0-8 \\ 0-1 \end{pmatrix} = \begin{pmatrix} 3 \\ 8 \\ 1 \end{pmatrix} + k \begin{pmatrix} -5 \\ -8 \\ 1 \end{pmatrix}$ $\quad k = \frac{3}{5} \quad F'(0|3{,}2|1{,}6)$

$g_{PG}\colon \vec{x} = \begin{pmatrix} 3 \\ 8 \\ 1 \end{pmatrix} + k \begin{pmatrix} -7-3 \\ 0-8 \\ 2-1 \end{pmatrix} = \begin{pmatrix} 3 \\ 8 \\ 1 \end{pmatrix} + k \begin{pmatrix} -10 \\ -8 \\ 1 \end{pmatrix}$ $\quad k = \frac{3}{10} \quad G'(0|5{,}6|1{,}3)$

$g_{PS}\colon \vec{x} = \begin{pmatrix} 3 \\ 8 \\ 1 \end{pmatrix} + k \begin{pmatrix} -6-3 \\ -1-8 \\ 5-1 \end{pmatrix} = \begin{pmatrix} 3 \\ 8 \\ 1 \end{pmatrix} + k \begin{pmatrix} -9 \\ -9 \\ 4 \end{pmatrix}$ $\quad k = \frac{1}{3} \quad S'\left(0|5|2\tfrac{1}{3}\right)$

$g_{PR}\colon \vec{x} = \begin{pmatrix} 3 \\ 8 \\ 1 \end{pmatrix} + k \begin{pmatrix} -3-3 \\ -1-8 \\ 5-1 \end{pmatrix} = \begin{pmatrix} 3 \\ 8 \\ 1 \end{pmatrix} + k \begin{pmatrix} -6 \\ -9 \\ 4 \end{pmatrix}$ $\quad k = \frac{1}{2} \quad R'(0|3{,}5|3)$

b) Vgl. Abbildung

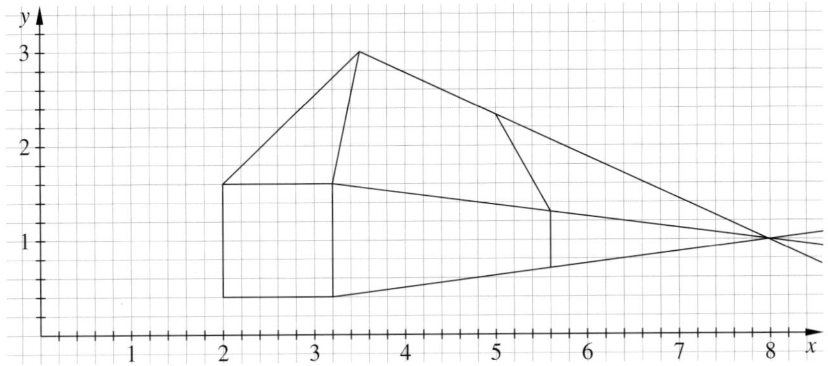

c) Individuelle Lösungen

165

Aufgaben – Vernetzen

21 a) $(0|b)$ ist der Schnittpunkt der Geraden g mit der x_2-Achse, im Beispiel $(0|-3)$, und $m = 2$ ist die Steigung der Geraden.

b) $g\colon \vec{x} = \binom{0}{-3} + k \cdot \binom{1}{2}$

c) $h\colon \vec{x} = \binom{0}{1} + l \cdot \binom{2}{-1}$

$j\colon \vec{x} = \binom{0}{0} + m \cdot \binom{1}{-1}$

$k\colon \vec{x} = \binom{0}{4} + n \cdot \binom{1}{0}$

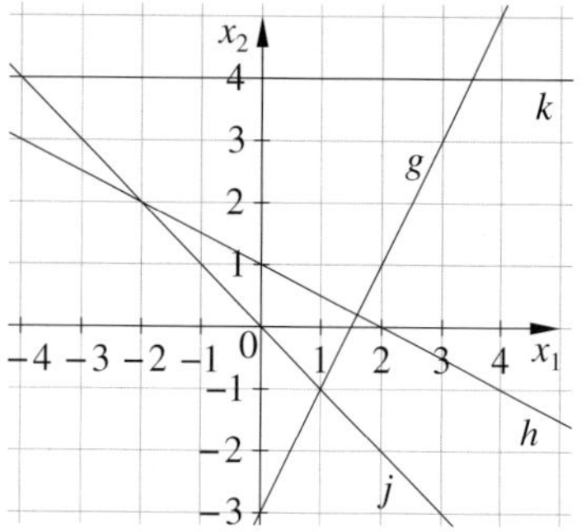

22 Eine Geradengleichung im Raum ordnet jedem x_1-Wert einen festen x_2-Wert und einen festen x_3-Wert zu.
In der angegebenen Gleichung sind jedoch x_1 und x_2 voneinander unabhängig. Wenn über bzw. unter jedem Punkt der x_1-x_2-Ebene ein Punkt liegt, ergibt sich keine Gerade, sondern eine Fläche.

23 a) $\left(\begin{array}{ccc|c} 1 & 1 & 1 & 7 \\ 3 & 1 & 7 & 11 \\ 2 & 1 & 4 & 9 \end{array}\right) \Rightarrow \left(\begin{array}{ccc|c} 1 & 0 & 3 & 2 \\ 0 & 1 & -2 & 5 \\ 0 & 0 & 0 & 0 \end{array}\right)$ $\quad L = \{(2 - 3r|5 + 2r|r) | r \in \mathbb{R}\}$

b) $(8|1|-2), (5|3|-1), (2|5|0), (-1|7|1)$;
Die Punkte scheinen auf einer Geraden zu liegen.
Pro Schritt in z-Richtung nimmt x um 3 ab, y um 2 zu.

c) $\vec{x} = \begin{pmatrix} 2 \\ 5 \\ 0 \end{pmatrix} + r \cdot \begin{pmatrix} -3 \\ 2 \\ 1 \end{pmatrix}$

d) $(-1 + 6k) + (7 - 4k) + (1 - 2k) = 7$ (w)

$3(-1 + k) + (7 - 4k) + 7(1 - 2k) =$
$-3 + 18k + 7 - 4k + 7 - 14k = 11$ (w)

$2(-1 + 6k) + (7 - 4k) + 4(1 - 2k) =$
$-2 + 12k) + 7 - 4k + 4 - 8k = 9$ (w)

166

Projekt: Extravagante Dächer

1 g_0 ist in der linken Skizze im Schülerbuch rot eingezeichnet und verläuft in der x_2-x_3-Ebene, also ist x_1 null.

$x_3 = a \cdot x_2^2$
$\Rightarrow -4 = a \cdot 8^2$
$\Rightarrow a = -\frac{1}{16}$
$\Rightarrow x_3 = -\frac{1}{16} x_2$
$\Rightarrow (x_1|x_2|x_3) = (0|x_2|-\frac{1}{16} x_2)$

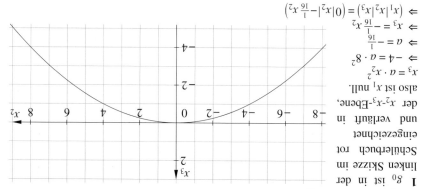

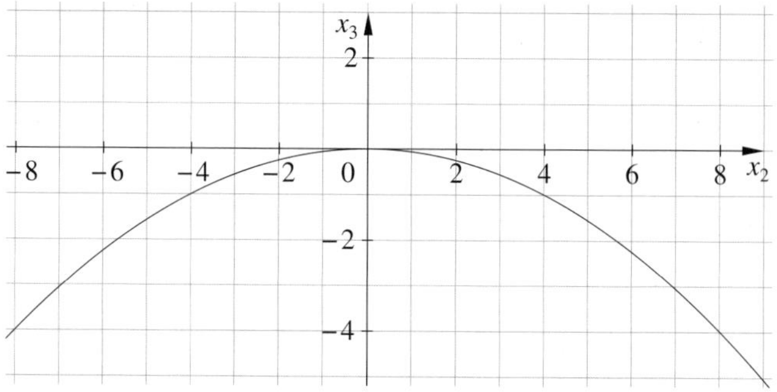

2 Jeder Punkt liegt auf einem g_k, also hat er die Koordinaten $\left(k|x_2|-\frac{x_2^2}{16} + y_k\right)$. Dabei ist y_k der x_3-Wert des Scheitelpunkts von g_k. Dieser liegt auf der Parabel f_0.
$f_0(k) = \frac{1}{16}k^2 \Rightarrow P_k\left(k|x_2|-\frac{x_2^2}{16} + \frac{1}{16}k^2\right)$ oder $P_{x_1}\left(x_1|x_2|\frac{x_1^2}{16} - \frac{x_2^2}{16}\right)$.

167

3 Gerade durch $E_3(3|5|-1)$ und $G_3(-5|-3|1)$: $\vec{x} = \begin{pmatrix} 3 \\ 5 \\ -1 \end{pmatrix} + k \cdot \begin{pmatrix} -8 \\ -8 \\ 2 \end{pmatrix} \Rightarrow k = \frac{5}{8}$ ergibt $\overrightarrow{OP}$.

Gerade durch $D_5(3|-5|-1)$ und $B_5(-5|3|1)$: $\vec{x} = \begin{pmatrix} 3 \\ -5 \\ -1 \end{pmatrix} + k \cdot \begin{pmatrix} -8 \\ 8 \\ 2 \end{pmatrix}$ $\Rightarrow k = \frac{5}{8}$ ergibt $\overrightarrow{OP}$.
$\Rightarrow k = \frac{3}{4}$ ergibt $\overrightarrow{OQ}$.

Gerade durch $E_2(2|6|-2)$ und $G_2(-6|-2|2)$: $\vec{x} = \begin{pmatrix} 2 \\ 6 \\ -2 \end{pmatrix} + k \cdot \begin{pmatrix} -8 \\ -8 \\ 4 \end{pmatrix}$ $\Rightarrow k = \frac{5}{8}$ ergibt $\overrightarrow{OQ}$.

Für P gilt $\frac{1}{4} = \frac{(-2)^2}{16} - \frac{0^2}{16}$ und für Q gilt $0{,}5 = \frac{(-3)^2}{16} - \frac{1^2}{16}$.

168 **5.3 Lage zweier Geraden**

AUFTRAG 1 **Ohne System sicher zum Kurzschluss**

$g_{AB}\colon \vec{x} = \begin{pmatrix}5\\-1\\2\end{pmatrix} + k \cdot \begin{pmatrix}-4\\6\\4\end{pmatrix}$ $g_{DC}\colon \vec{x} = \begin{pmatrix}3\\0\\3\end{pmatrix} + l \cdot \begin{pmatrix}5\\7{,}5\\5\end{pmatrix}$	$g_{AB}\colon \vec{x} = \begin{pmatrix}5\\-1\\2\end{pmatrix} + k \cdot \begin{pmatrix}-4\\6\\4\end{pmatrix}$ $g_{FE}\colon \vec{x} = \begin{pmatrix}0\\-1{,}5\\3{,}5\end{pmatrix} + l \cdot \begin{pmatrix}3\\7{,}5\\-1{,}5\end{pmatrix}$	$g_{AB}\colon \vec{x} = \begin{pmatrix}5\\-1\\2\end{pmatrix} + k \cdot \begin{pmatrix}-4\\6\\4\end{pmatrix}$ $g_{HG}\colon \vec{x} = \begin{pmatrix}-1\\-2\\6\end{pmatrix} + l \cdot \begin{pmatrix}8\\8\\-4\end{pmatrix}$
Die Richtungsvektoren weisen jeweils keine Parallelität auf, deshalb können die Geraden entweder zueinander windschief sein oder einen gemeinsamen Punkt besitzen. In letzten Fall muss das Gleichungssystem, das für die Koordinaten der Ortsvektoren gilt, eindeutig lösbar sein.		
(1) $-4k - 5l = -2$ (2) $6k - 7{,}5l = 1$ (3) $4k - 5l = 1$	(1) $-4k - 3l = -5$ (2) $6k - 7{,}5l = -0{,}5$ (3) $4k + 1{,}5l = 1{,}5$	(1) $-4k - 8l = -6$ (2) $6k - 8l = -1$ (3) $4k + 4l = 4$
(1) + (3) $l = 0{,}1$ (1) $k = \frac{3}{8}$ (2) $k = \frac{7}{24}$	(1) + (3) $l = \frac{7}{3}$ (1) $k = -0{,}5$ (2) $k = \frac{17}{6}$	(1) + (3) $l = 0{,}5$ (1) $k = 0{,}5$ (2) $k = 0{,}5$ (3) $k = 0{,}5$
g_{AB} und g_{DC} sind zueinander windschief.	g_{AB} und g_{FE} sind zueinander windschief.	g_{AB} und g_{HG} haben den Schnittpunkt $S(3\|2\|4)$.

Die Leitung von A nach B hatte Kontakt zur Leitung, die von H nach G führte.

AUFTRAG 2 **Verdrehte Zustände**

Dieser Auftrag wird im Schülerbuch auf Seite 206 f. bearbeitet.

169 **AUFTRAG 3** **Flugsicherung**

$\overrightarrow{v_{AB}} = \begin{pmatrix}-7\\7\\0{,}8\end{pmatrix}$ $\Rightarrow \|\overrightarrow{v_{AB}}\| = \sqrt{98{,}64} = 9{,}931\ldots$	In 70 Sekunden legt das von A nach B fliegende Flugzeug ca. 9,9 km zurück, das entspricht einer durchschnittlichen Geschwindigkeit von ca. 551 $\frac{\text{km}}{\text{h}}$.
$\overrightarrow{v_{CD}} = \begin{pmatrix}-12\\-1{,}5\\0\end{pmatrix}$ $\Rightarrow \|\overrightarrow{v_{CD}}\| = \sqrt{146{,}25} = 12{,}093\ldots$	Das von C nach D fliegende Flugzeug legt in 70 s ca. 12,1 km zurück, das entspricht einer durchschnittlichen Geschwindigkeit von ca. 622 $\frac{\text{km}}{\text{h}}$.

Vermutlich überschneiden sich die Flugbahnen in unterschiedlicher Höhe oder zu unterschiedlichen Zeiten.
Gleichungen in der x_1-x_2-Ebene: $g_{AB}\colon \vec{x} = \binom{4}{5} + k \cdot \binom{-7}{7}$ $\quad g_{CD}\colon \vec{x} = \binom{8}{10} + l \cdot \binom{-12}{-1{,}5}$
Es ergibt sich für $k = \frac{4}{7}$ und $l = \frac{2}{3}$ der Schnittpunkt $S(0\|9)$.
Das von C nach D fliegende Flugzeug behält seine Höhe von 3,4 km bei, während das andere über S eine Höhe von ca. 2,6 km erreicht, denn $x_3 = 2{,}1 + \frac{4}{7} \cdot 0{,}8$.

AUFTRAG 4 **Direkt zur Sache** 169

Die Geraden g_1, g_3 und g_4 haben die gleiche Richtung, denn es gilt:
$\begin{pmatrix}-1\\3\\1\end{pmatrix} = \left(-\frac{2}{3}\right) \cdot \begin{pmatrix}1{,}5\\-4{,}5\\-1{,}5\end{pmatrix} = 0{,}5 \cdot \begin{pmatrix}-2\\6\\2\end{pmatrix}$
Punkt $P(7\|-7\|-1)$ liegt sowohl auf g_1 als auch auf g_4, denn es gilt $\begin{pmatrix}7\\-7\\-1\end{pmatrix} = \begin{pmatrix}5\\-1\\1\end{pmatrix} - 2 \cdot \begin{pmatrix}-1\\3\\1\end{pmatrix}$ und damit sind beide Geraden identisch.
Somit muss nur noch die gegenseitige Lage der Geraden g_1, g_2 und g_3 untersucht werden:

Für g_1 und g_3 ist $\begin{pmatrix}-2\\-1\\-1\end{pmatrix} = \begin{pmatrix}5\\-1\\1\end{pmatrix} + k \cdot \begin{pmatrix}-1\\3\\1\end{pmatrix}$ nicht erfüllbar und damit gilt $g_1 \parallel g_3$.

Für g_1 und g_2 gilt $\begin{pmatrix}2\\8\\4\end{pmatrix} = \begin{pmatrix}5\\-1\\1\end{pmatrix} + 3 \cdot \begin{pmatrix}-1\\3\\1\end{pmatrix} = \begin{pmatrix}0\\8\\0\end{pmatrix} + 2 \cdot \begin{pmatrix}1\\0\\2\end{pmatrix}$. $\Rightarrow$ Beide Geraden schneiden einander im Punkt $S(2\|8\|4)$.

Die Geraden g_2 und g_3 sind nicht parallel zueinander und wenn sie einander schneiden würden, müsste für den Schnittpunkt $T(t_1\|t_2\|t_3)$ gelten:

$t_1 = 0 + l \cdot 1 \qquad t_1 = -2 + r \cdot 1{,}5$
$t_2 = 8 + l \cdot 0 \qquad t_2 = -1 + r \cdot (-4{,}5)$
$t_3 = 0 + l \cdot 2 \qquad t_3 = -1 + r \cdot (-1{,}5)$

Daraus ergibt sich ein lineares Gleichungssystem:

(I) $0 + l \cdot 1 = -2 + r \cdot 1{,}5$
(II) $8 + l \cdot 0 = -1 + r \cdot (-4{,}5) \quad \Rightarrow r = -2$
(III) $0 + l \cdot 2 = -1 + r \cdot (-1{,}5)$
(III) − 2 · (I): $0 = 3 - r \cdot 4{,}5 \quad \Rightarrow r = \frac{2}{3}$

Aus diesem Widerspruch ergibt sich, dass die Geraden g_2 und g_3 keinen gemeinsamen Punkt haben können, daher sind sie zueinander windschief.

Aufgaben – Trainieren

1 a) Die Geraden g und h schneiden einander im Punkt $S_a(6\|-1)$, wobei $k = 2$ und $l = -1$ ist. 172

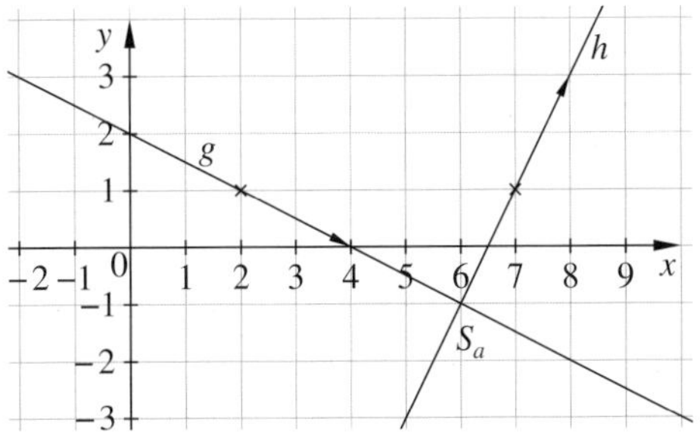

172

Fortsetzung von Aufgabe 1:

b) $(-2)\cdot\begin{pmatrix}0{,}5\\3\end{pmatrix}=\begin{pmatrix}1\\6\end{pmatrix}$

$(3|4)$ liegt nicht auf h, daher sind die Geraden g und h zueinander parallel (vgl. Abb. rechts).

c) $\begin{pmatrix}-\frac{3}{4}\end{pmatrix}\cdot\begin{pmatrix}4\\-2\end{pmatrix}=\begin{pmatrix}-3\\1{,}5\end{pmatrix}$

$(3|5)$ liegt auf h, daher sind die Geraden g und h identisch.

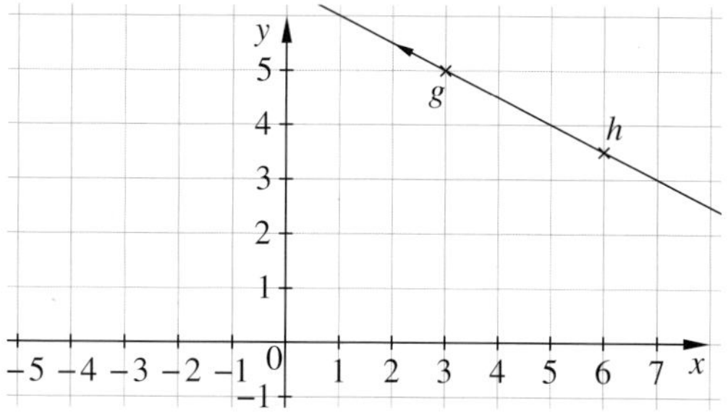

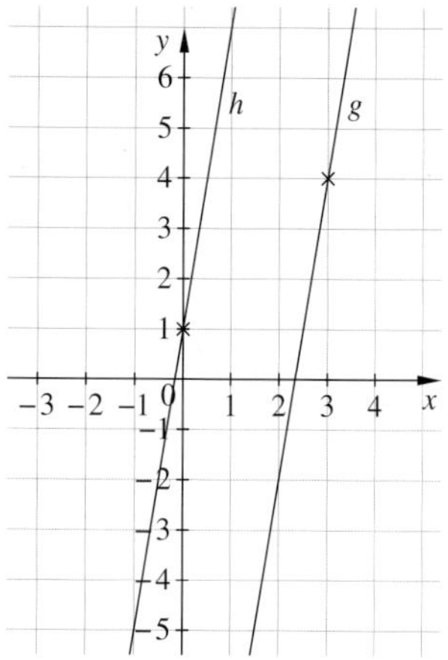

2 a) $S(5|-1|2)$; $k=-1$; $l=0$.
b) $S(11|0|0)$; $k=1{,}5$.
c) $S(0|1|0)$; $k=0$; $l=0$.
d) $S(-2|6|0)$; $k=1$; $l=0$.

3 a) g und h sind zueinander windschief.
b) g und h sind parallel zueinander; **im 1. Druck Fehler: Der Ortsvektor lautete** $\begin{pmatrix}4\\2\\3\end{pmatrix}$, **damit waren die Geraden identisch.**
c) g und h haben den Schnittpunkt $S(3|-2|1)$ mit $k=-1$ und $l=1$.
d) g und h sind identisch.

4 Parallel zueinander sind die Vektoren $\overrightarrow{LP}$ und $\overrightarrow{MN}$:

$\overrightarrow{LM}=\begin{pmatrix}2\\5\\2\end{pmatrix}$

$\overrightarrow{LN}=\begin{pmatrix}5\\8\\4\end{pmatrix}$

$\overrightarrow{LP}=\begin{pmatrix}6\\6\\4\end{pmatrix}$

$\overrightarrow{MN}=\begin{pmatrix}3\\3\\2\end{pmatrix}$

$\overrightarrow{MP}=\begin{pmatrix}4\\1\\2\end{pmatrix}$

$\overrightarrow{NP}=\begin{pmatrix}1\\-2\\0\end{pmatrix}$

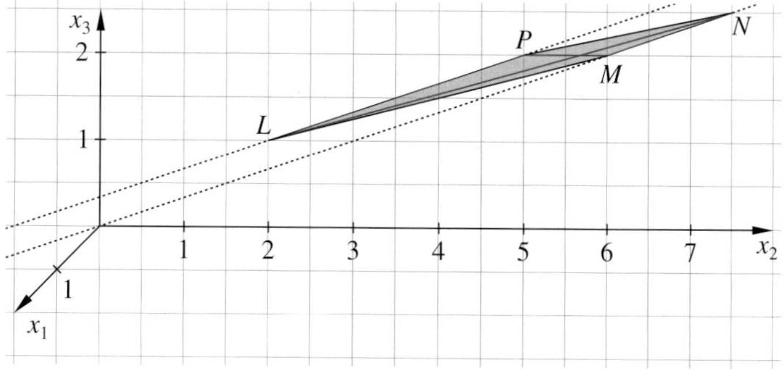

Aus $|\overrightarrow{LM}|=\sqrt{33}$ und $|\overrightarrow{NP}|=\sqrt{5}$ ergibt sich, dass das Trapez nicht gleichschenklig ist.

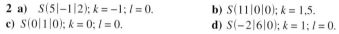

Fortsetzung von Aufgabe 4:

a) g_{LN}: $\vec{x}=\begin{pmatrix}-4\\0\\-1\end{pmatrix}+k\cdot\begin{pmatrix}5\\8\\4\end{pmatrix}$ $\quad g_{MP}$: $\vec{x}=\begin{pmatrix}-2\\5\\1\end{pmatrix}+l\cdot\begin{pmatrix}4\\1\\2\end{pmatrix}$

Für $k=\frac{2}{3}$ und $l=\frac{1}{3}$ ergibt sich der Diagonalenschnittpunkt $S_D\left(-\frac{2}{3}\middle|\frac{16}{3}\middle|\frac{5}{3}\right)$ des Trapezes.

b) g_{LM}: $\vec{x}=\begin{pmatrix}-4\\0\\-1\end{pmatrix}+k\cdot\begin{pmatrix}2\\5\\2\end{pmatrix}$ $\quad g_{NP}$: $\vec{x}=\begin{pmatrix}1\\8\\3\end{pmatrix}+l\cdot\begin{pmatrix}1\\-2\\0\end{pmatrix}$

Für $k=2$ und $l=-1$ ergibt sich der Schnittpunkt $S_S(0|10|3)$ der Schenkelverlängerungen des Trapezes.

5 Die Gerade g_2 ist die x_1-Achse und die Gerade g_1 verläuft durch den Ursprung $(r=-3)$. Demnach schneiden die Geraden einander im Punkt $(0|0|0)$.

6

g_1	g_2	$r_1=0$	$r_2=1$	Schnittpunkt: $A(3\|-3\|2)$
g_2	g_3	$r_2=0$	$r_3=1$	Schnittpunkt: $B(2\|1\|-1)$
g_1	g_3	$r_1=1$	$r_3=4$	Schnittpunkt: $C(5\|-2\|-1)$

$\overrightarrow{AB}=\begin{pmatrix}-1\\4\\-3\end{pmatrix}$ $\quad\overrightarrow{AC}=\begin{pmatrix}2\\1\\-3\end{pmatrix}$ $\quad\overrightarrow{BC}=\begin{pmatrix}3\\-3\\0\end{pmatrix}$

Seitenlängen des Dreiecks ABC:

$|\overrightarrow{AB}|=\sqrt{26}\approx 5{,}1$ $\quad|\overrightarrow{AC}|=\sqrt{14}\approx 3{,}7$ $\quad|\overrightarrow{BC}|=\sqrt{18}\approx 4{,}2$

7 Da bei den Richtungsvektoren der beiden Geraden keine Parallelität vorliegt, sind auch die Geraden nicht zueinander parallel (g_1 ist parallel zur x_2-Achse, g_2 ist nicht parallel zur x_2-Achse).
Alle Punkte von g_1 haben die x_1-Koordinate 3, alle Punkte von g_2 haben die x_1-Koordinate -2, also gibt es keinen gemeinsamen Punkt.

8 a) In der Skizze gilt z.B.:

$\overrightarrow{OS}=\overrightarrow{OP_1}+3\cdot\vec{v_1}\quad\Rightarrow k=3$

$\overrightarrow{OS}=\overrightarrow{OP_2}+(-1)\cdot\vec{v_2}\quad\Rightarrow l=-1$

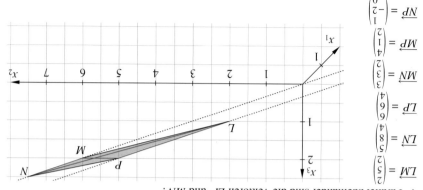

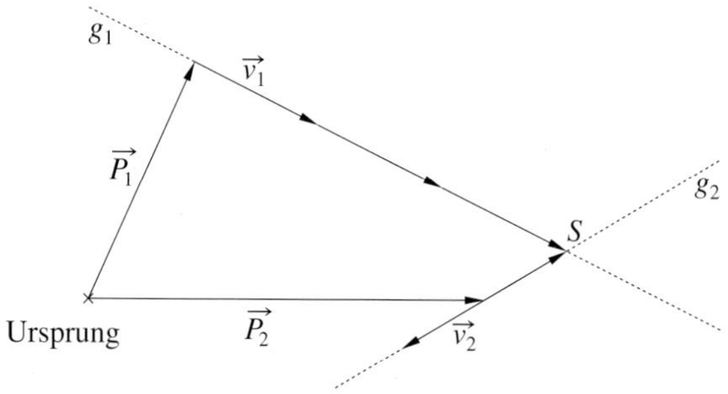

172

172 **Fortsetzung von Aufgabe 8:**

b) $S(7|-11|2)$ mit $k = 3$ und $l = -2$.

Lösung 1:

Bestimmung neuer Stützvektoren (von S ausgehend), z. B.:

$\overrightarrow{OP_1} = \overrightarrow{OS} - \begin{pmatrix} 2 \\ -5 \\ 1 \end{pmatrix} = \begin{pmatrix} 5 \\ -6 \\ 1 \end{pmatrix}$ $\quad \overrightarrow{OP_2} = \overrightarrow{OS} - \begin{pmatrix} -1 \\ 5 \\ 1 \end{pmatrix} = \begin{pmatrix} 8 \\ -16 \\ 1 \end{pmatrix}$

$g_1\colon \vec{x} = \begin{pmatrix} 5 \\ -6 \\ 1 \end{pmatrix} + k \cdot \begin{pmatrix} 2 \\ -5 \\ 1 \end{pmatrix}$ $\quad g_2\colon \vec{x} = \begin{pmatrix} 8 \\ -16 \\ 1 \end{pmatrix} + l \cdot \begin{pmatrix} -1 \\ 5 \\ 1 \end{pmatrix}$

Lösung 2:

Änderung der Länge der Richtungsvektoren, z. B.:

$g_1\colon \vec{x} = \begin{pmatrix} 1 \\ 4 \\ -1 \end{pmatrix} + k \cdot 3 \cdot \begin{pmatrix} 2 \\ -5 \\ 1 \end{pmatrix} = \begin{pmatrix} 1 \\ 4 \\ -1 \end{pmatrix} + k \cdot \begin{pmatrix} 6 \\ -15 \\ 3 \end{pmatrix}$

$g_2\colon \vec{x} = \begin{pmatrix} 5 \\ -1 \\ 4 \end{pmatrix} + l \cdot (-2) \cdot \begin{pmatrix} -1 \\ 5 \\ 1 \end{pmatrix} = \begin{pmatrix} 5 \\ -1 \\ 4 \end{pmatrix} + l \cdot \begin{pmatrix} 2 \\ -10 \\ -2 \end{pmatrix}$

Lösung 3:

Kombination beider Methoden

9 a) Zum Lösen des Gleichungssystems kann der GTR oder z. B. das Einsetzungsverfahren verwendet werden:

Umformen der dritten Gleichung: $l = -2 - 4k$

Einsetzen in die erste Gleichung: $5k - 3(-2 - 4k) = 1 \quad \Leftrightarrow \quad k = -\frac{5}{17}$

Einsetzen in die zweite Gleichung: $-2k + 4(-2 - 4k) = 10 \quad \Leftrightarrow \quad k = -1$

Das Gleichungssystem ist nicht lösbar.

b) Der GTR-Einsatz lohnt sich nicht, denn das Gleichungssystem ist offensichtlich unerfüllbar, da sich die erste und die zweite Gleichung nur durch die Konstante unterscheiden.

173 **10**

CASIO fx-CG 20:

In den Spalten b und c stehen jeweils die Richtungsvektoren der beiden Geraden, deren Schnitt betrachtet wird, in Spalte d die Differenz der beiden Stützvektoren. Spalte a muss als Nullspalte ergänzt werden, da der Casio nur die Eingabe von nxn-Gleichungssystemen ermöglicht.

a) Unendlich viele Lösungen: Uninteressant ist X=X, das rührt von der Nullspalte her. Aber Y wird durch Z ausgedrückt, also ist eine Variable frei wählbar. Die beiden Geraden sind identisch.

b) Keine Lösung: Das heißt, die Geraden sind windschief oder parallel. In den Spalten b und c stehen die Richtungsvektoren. Man sieht, dass diese nicht kollinear sind, also sind die Geraden windschief.

Fortsetzung von Aufgabe 10: 173

c) Das LGS ist eindeutig lösbar. Die „infinitely many solutions" rühren daher, dass man bei einem 3x2-System im Casio eine Nullspalte eingeben muss und so X=X erhält. Damit schneiden sich die beiden Geraden.

TI-Nspire-CX:

Hier ist das Ablesen leichter: Beim Ti kann man beliebige nxm-Gleichungssysteme eingeben.

d) In der Lösung ist eine Variable frei wählbar, es gibt unendlich viele Lösungen, die Geraden sind identisch.

e) Keine Lösung, die Geraden sind parallel oder windschief. Die Vorfaktoren von k und l sind die Koordinaten der Richtungsvektoren. Man kann erkennen, dass diese nicht kollinear sind und die Geraden daher windschief.

f) Eindeutige Lösung, die Geraden schneiden sich.

NOCH FIT?

I a) $P(A) = \frac{4}{32} = \frac{1}{8}$

$P(B) = \frac{1}{4}$

$P(A \cap B) = \frac{1}{32}$

b) Die Ereignisse A und B sind unabhängig voneinander, daher gilt $P_B(A) = P(A) = \frac{1}{8}$ und $P_A(B) = P(B) = \frac{1}{4}$.

II $P(\text{„blond"}) \cdot P(\text{„grünäugig"}) = \frac{30}{128} \cdot \frac{49}{128}$

$= \frac{735}{8192}$

$P(\text{„blond und grünäugig"}) = \frac{6}{128}$

$= \frac{3}{64}$

Die beiden Ereignisse „blond" und „grünäugig" sind abhängig, denn sonst hätte sich $P(\text{„blond und grünäugig"}) = P(\text{„blond"}) \cdot P(\text{„grünäugig"})$ ergeben.

Aufgaben – Anwenden

11 Zeichnerisch:

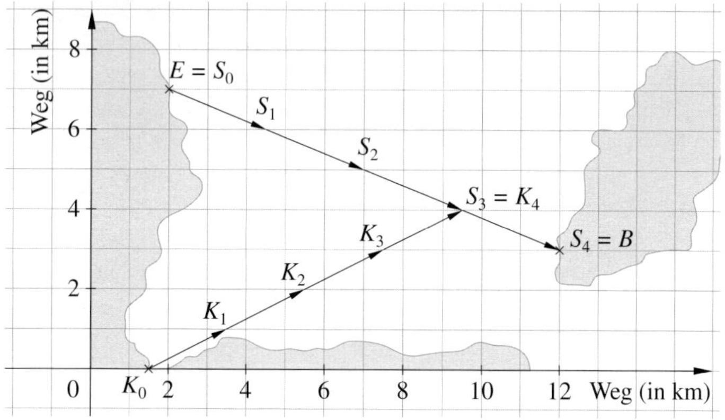

$\left|\overrightarrow{K_3S_3}\right| = \left|\binom{2}{1}\right| = \sqrt{5} > 1$

Vermutlich sieht die Küstenwache das Schmugglerschiff nicht.

Probieren:

t	K_t	S_t	Entfernung
0	(1,5|0)	(2|7)	$\sqrt{49{,}25}$
1	(3,5|1)	(4,5|6)	$\sqrt{26}$
2	(5,5|2)	(7|5)	$\sqrt{11{,}25}$
3	(7,5|3)	(9,5|4)	$\sqrt{5}$
4	(9,5|4)	(12|3)	$\sqrt{7{,}25}$

Bei $t = 4$ kommt das Schmugglerboot in B an.

Systematisch:

$d(t) = \left|\overrightarrow{K_tS_t}\right|$

$= \left|\left(\binom{2}{7} + t\cdot\binom{2{,}5}{-1}\right) - \left(\binom{1{,}5}{0} + t\cdot\binom{2}{1}\right)\right|$

$= \left|\binom{0{,}5 + 0{,}5t}{7 - 2t}\right|$

$= \sqrt{4{,}25t^2 - 27{,}5t + 49{,}25}$

Das Minimum dieser Funktion kann mithilfe des GTR bestimmt werden.

Alternativ:

Der Wert der Wurzel ist genau dann minimal, wenn der Radikand minimal ist.

$r(t) = 4{,}25t^2 - 27{,}5t + 49{,}25$

$r'(t) = 8{,}5t - 27{,}5$

$r'(t) = 0 \;\Leftrightarrow\; t = \frac{55}{17}$

(mit Vorzeichenwechsel von – nach +)

$d\left(\frac{55}{17}\right) = \frac{9}{\sqrt{17}} \approx 2{,}2 > 1$

12 a) $g_{OC}\colon \vec{x} = k\cdot\begin{pmatrix}0\\5\\5\end{pmatrix}$

$\overrightarrow{OT} = \begin{pmatrix}0\\4\\4\end{pmatrix} = \frac{4}{5}\cdot\begin{pmatrix}0\\5\\5\end{pmatrix}$

Wegen $0 \le \frac{4}{5} \le 1$ liegt T auf $\overline{OT}$.

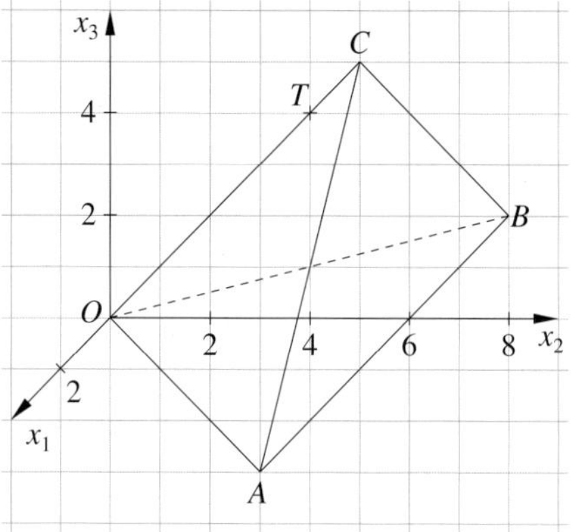

b) $D(1|6|0)$

$E(2|2{,}5|-0{,}5)$

$g_{BE}\colon \vec{x} = \begin{pmatrix}-2\\7\\1\end{pmatrix} + k\cdot\begin{pmatrix}4\\-4{,}5\\-1{,}5\end{pmatrix}$

$g_{OD}\colon \vec{x} = l\cdot\begin{pmatrix}1\\6\\0\end{pmatrix}$

Für $k = \frac{2}{3}$ und $l = \frac{2}{3}$ schneiden beide Geraden einander in $S\left(\frac{2}{3}\middle|4\middle|0\right)$.

c) $g_{TD}\colon \vec{x} = \begin{pmatrix}0\\4\\4\end{pmatrix} + k\cdot\begin{pmatrix}1\\2\\-4\end{pmatrix}$

$g_{CS}\colon \vec{x} = \begin{pmatrix}0\\5\\5\end{pmatrix} + l\cdot\begin{pmatrix}0{,}\overline{6}\\-1\\-5\end{pmatrix}$

Für $k = \frac{2}{7}$ und $l = \frac{3}{7}$ schneiden beide Geraden einander in $U\left(\frac{2}{7}\middle|\frac{32}{7}\middle|\frac{20}{7}\right)$.

d) Gleichung der Parallelen zu $\overline{AC}$ durch D:

$\vec{x} = \begin{pmatrix}1\\6\\0\end{pmatrix} + k\cdot\begin{pmatrix}-4\\0\\6\end{pmatrix}$

$g_{OC}\colon \vec{x} = l\cdot\begin{pmatrix}0\\5\\5\end{pmatrix}$

$\begin{pmatrix}1\\6\\0\end{pmatrix} + k\cdot\begin{pmatrix}-4\\0\\6\end{pmatrix} = l\cdot\begin{pmatrix}0\\5\\5\end{pmatrix} \;\Rightarrow\;$ (I) $k = \frac{1}{4}$; (II) $l = \frac{6}{5}$; (III) $\frac{1}{4}\cdot 6 \ne \frac{6}{5}\cdot 5 \;\Rightarrow$ Es gibt keinen Schnittpunkt.

13 a) $M_a(7|0)$ $\quad M_b(3|1)$ $\quad M_c(4|-1)$

$s_a\colon \vec{x} = k\cdot\binom{7}{0}$ $\quad s_b\colon \vec{x} = \binom{8}{-2} + l\cdot\binom{-5}{3}$ $\quad s_c\colon \vec{x} = \binom{6}{2} + m\cdot\binom{-2}{-3}$

Für $k = l = \frac{2}{3}$ ist $S\left(\frac{14}{3}\middle|0\right)$ der Schnittpunkt von s_a und s_b. S liegt auch auf s_c, denn es gilt $\binom{4{,}\overline{6}}{0} = \binom{6}{2} + \frac{2}{3}\cdot\binom{-2}{-3}$ und damit haben die drei Geraden den gemeinsamen Schnittpunkt S.

b) S teilt jede der Strecken $\overline{AM_a}$, $\overline{BM_b}$ und $\overline{CM_c}$ im Verhältnis 2 : 1.

c) $M_a(0|5|1)$ $\quad M_b(0|2|0)$ $\quad M_c(3|2|-1)$

$s_a\colon \vec{x} = \begin{pmatrix}3\\-1\\-2\end{pmatrix} + k\cdot\begin{pmatrix}-3\\6\\3\end{pmatrix}$ $\quad s_b\colon \vec{x} = \begin{pmatrix}3\\5\\0\end{pmatrix} + l\cdot\begin{pmatrix}-3\\-3\\0\end{pmatrix}$ $\quad s_c\colon \vec{x} = \begin{pmatrix}-3\\5\\2\end{pmatrix} + m\cdot\begin{pmatrix}6\\-3\\-3\end{pmatrix}$

Für $k = l = \frac{2}{3}$ ist $S(1|3|0)$ der Schnittpunkt von s_a und s_b. S liegt auch auf s_c, denn es gilt $\begin{pmatrix}1\\3\\0\end{pmatrix} = \begin{pmatrix}-3\\5\\2\end{pmatrix} + \frac{2}{3}\cdot\begin{pmatrix}6\\-3\\-3\end{pmatrix}$ und damit haben die drei Geraden den gemeinsamen Schnittpunkt S.

S teilt jede der Strecken $\overline{AM_a}$, $\overline{BM_b}$ und $\overline{CM_c}$ im Verhältnis 2 : 1.

14 a) $M_a(1|3|-4)$ $\quad M_b(1|1|-4)$ $\quad M_c(4|2|-4)$

$N_a(2|0|-2)$ $\quad N_b(2|2|-2)$ $\quad N_c(-1|1|-2)$

$g_a\colon \vec{x} = \begin{pmatrix}1\\3\\-4\end{pmatrix} + k\cdot\begin{pmatrix}1\\-3\\2\end{pmatrix}$ $\quad g_b\colon \vec{x} = \begin{pmatrix}1\\1\\-4\end{pmatrix} + l\cdot\begin{pmatrix}1\\1\\2\end{pmatrix}$ $\quad g_c\colon \vec{x} = \begin{pmatrix}4\\2\\-4\end{pmatrix} + m\cdot\begin{pmatrix}-5\\-1\\2\end{pmatrix}$

Für $k = l = 0{,}5$ ist $S(1{,}5|1{,}5|-3)$ der Schnittpunkt von g_a und g_b.
S liegt auch auf g_c, denn es gilt

$\begin{pmatrix}1{,}5\\1{,}5\\-3\end{pmatrix} = \begin{pmatrix}4\\2\\-4\end{pmatrix} + 0{,}5\cdot\begin{pmatrix}-5\\-1\\2\end{pmatrix}$, daher haben die drei Geraden den gemeinsamen Schnittpunkt S.

b) $\frac{1}{4}\left(\overrightarrow{OA} + \overrightarrow{OB} + \overrightarrow{OC}\right) = \frac{1}{4}\left(\begin{pmatrix}4\\0\\-4\end{pmatrix} + \begin{pmatrix}4\\4\\-4\end{pmatrix} + \begin{pmatrix}-2\\2\\-4\end{pmatrix}\right)$

$= \frac{1}{4}\begin{pmatrix}6\\6\\-12\end{pmatrix}$

$= \overrightarrow{OS}$

15 a) Für die Richtungsvektoren der Geraden gilt $\begin{pmatrix}2\\-1\\3\end{pmatrix} = -6\cdot\begin{pmatrix}-\frac{1}{3}\\\frac{1}{6}\\-\frac{1}{2}\end{pmatrix}$ und $\begin{pmatrix}2\\-1\\3\end{pmatrix} = \frac{2}{3}\cdot\begin{pmatrix}3\\-1{,}5\\4{,}5\end{pmatrix}$, also sind g_1, g_2 und g_3 entweder identisch oder zueinander parallel.

Wegen $\begin{pmatrix}0\\1\\-4\end{pmatrix} = \begin{pmatrix}4\\-1\\2\end{pmatrix} - 2\cdot\begin{pmatrix}2\\-1\\3\end{pmatrix}$ liegt der Stützpunkt von g_2 auf g_1, also sind beide Geraden identisch.

Der Stützpunkt von g_3 liegt nicht auf g_1, denn in der Gleichung $\begin{pmatrix}1\\1\\1\end{pmatrix} = \begin{pmatrix}4\\-1\\2\end{pmatrix} + r\cdot\begin{pmatrix}2\\-1\\3\end{pmatrix}$ würde r die Werte $-\frac{3}{2}$, -2 bzw. $-\frac{1}{3}$ annehmen.

Daher ist g_3 echt parallel zu g_1.

b) $\begin{pmatrix}4\\-1\\2\end{pmatrix} - \begin{pmatrix}0\\1\\-4\end{pmatrix} = \begin{pmatrix}4\\-2\\6\end{pmatrix}$

$= 2\cdot\begin{pmatrix}2\\-1\\3\end{pmatrix}$

Der Verbindungsvektor der beiden Stützpunkte von g_1 und g_2 ist parallel zum Richtungsvektor von g_1 und g_2. Auch hieran erkennt man, dass beide Geraden identisch sind.

c) Der Stützvektor von g_2 zeigt auf g_1, siehe Teilaufgabe a).

Der Stützvektor von g_3 zeigt nicht auf g_2, denn in der Gleichung $\begin{pmatrix}0\\1\\-4\end{pmatrix} = \begin{pmatrix}1\\1\\1\end{pmatrix} + t\cdot\begin{pmatrix}3\\-1{,}5\\4{,}5\end{pmatrix}$ würde t die Werte $-\frac{1}{3}$, 0 bzw. $-\frac{10}{9}$ annehmen.

Die Lagebeziehung der Geraden g_1, g_2 und g_3 wurde in Teilaufgabe a) erläutert.

d) Weil im Richtungsvektor von g_4 alle Koordinaten das gleiche Vorzeichen besitzen, kann dieser Richtungsvektor kein Vielfaches der Richtungsvektoren von g_1, g_2 oder g_3 sein.

e) Individuelle Lösungen.

Eine Gleichung für eine Gerade g_5, die zu g_1, g_2 und g_3 parallel ist und die die Gerade g_4 schneidet, ist z. B.:

$g_5\colon \vec{x} = \begin{pmatrix}-10\\-6\\-19\end{pmatrix} + l\cdot\begin{pmatrix}2\\-1\\3\end{pmatrix} \quad (l \in \mathbb{R})$

16 a) $g_{AH}\colon \vec{x} = \begin{pmatrix}6\\0\\0\end{pmatrix} + k\cdot\begin{pmatrix}-3\\1\\8\end{pmatrix}$

$g_{BF}\colon \vec{x} = \begin{pmatrix}6\\6\\0\end{pmatrix} + l\cdot\begin{pmatrix}-3\\-1\\8\end{pmatrix}$

$k = l = 3 \Rightarrow S_1(-3|3|24)$

$g_{DH}\colon \vec{x} = \begin{pmatrix}0\\0\\0\end{pmatrix} + k\cdot\begin{pmatrix}3\\1\\8\end{pmatrix}$

$g_{CF}\colon \vec{x} = \begin{pmatrix}0\\6\\0\end{pmatrix} + l\cdot\begin{pmatrix}3\\-1\\8\end{pmatrix}$

$k = l = 3 \Rightarrow S_2(9|3|24)$

$g_{BE}\colon \vec{x} = \begin{pmatrix}6\\6\\0\end{pmatrix} + k\cdot\begin{pmatrix}-1\\-3\\8\end{pmatrix}$

$g_{CG}\colon \vec{x} = \begin{pmatrix}0\\6\\0\end{pmatrix} + l\cdot\begin{pmatrix}1\\-3\\8\end{pmatrix}$

$k = l = 3 \Rightarrow S_3(3|-3|24)$

$g_{AE}\colon \vec{x} = \begin{pmatrix}6\\0\\0\end{pmatrix} + k\cdot\begin{pmatrix}-1\\3\\8\end{pmatrix}$

$g_{DG}\colon \vec{x} = \begin{pmatrix}0\\0\\0\end{pmatrix} + l\cdot\begin{pmatrix}1\\3\\8\end{pmatrix}$

$k = l = 3 \Rightarrow S_4(3|9|24)$

b) Siehe rechte Zeichnung.

Schnittpunkte in der Ebene mit $x_3 = 24$:

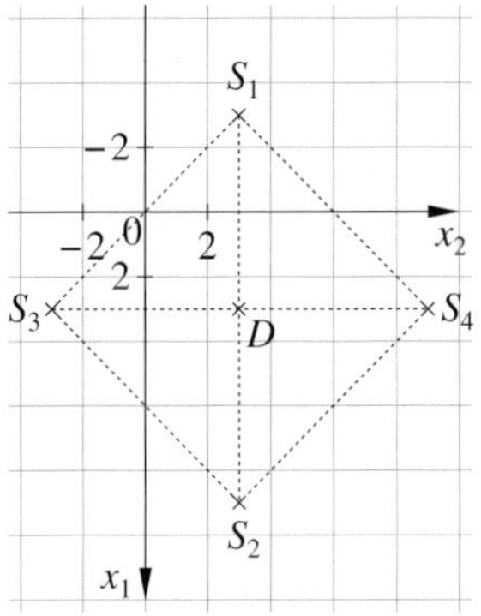

Das Viereck $S_1S_3S_2S_4$ hat gleich lange Diagonalen, die einander im Punkt $D(3|3)$ unter einem rechten Winkel schneiden und dabei halbieren, und ist somit ein Quadrat.

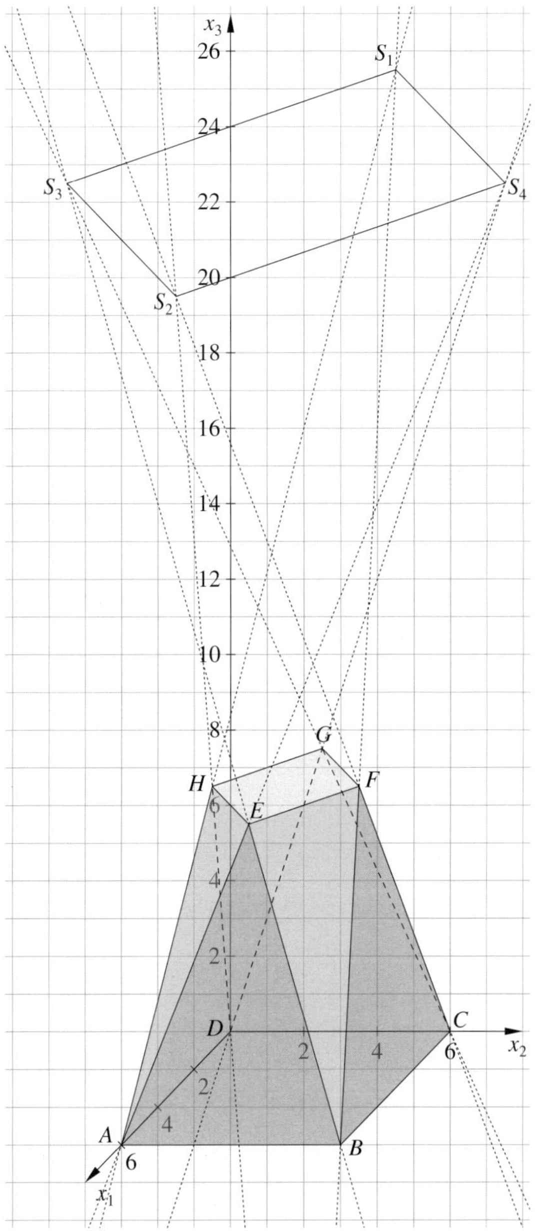

17 a) g_{AC}: $\vec{x} = \begin{pmatrix} 4 \\ -2 \\ 0 \end{pmatrix} + k \cdot \begin{pmatrix} -4 \\ 5 \\ -2 \end{pmatrix}$ g_{BD}: $\vec{x} = \begin{pmatrix} 4 \\ 4 \\ -1 \end{pmatrix} + l \cdot \begin{pmatrix} -8 \\ -4 \\ -1 \end{pmatrix}$

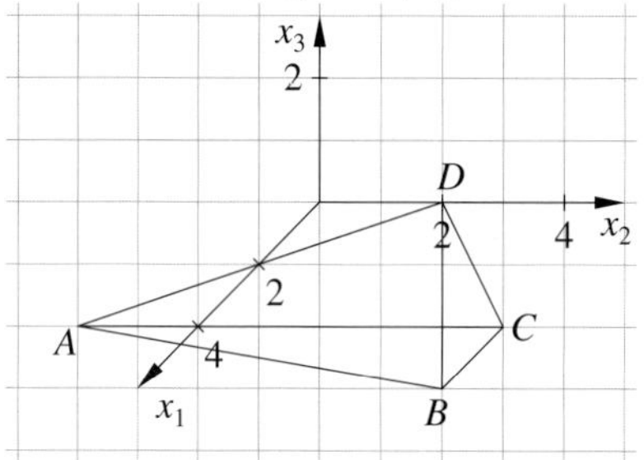

Beide Geraden sind zueinander windschief, das Viereck *ABCD* ist daher nicht eben.

b) g_{AC}: $\vec{x} = \begin{pmatrix} 3 \\ 0 \\ 0 \end{pmatrix} + k \cdot \begin{pmatrix} -2 \\ 5 \\ -1 \end{pmatrix}$ $\qquad$ g_{BD}: $\vec{x} = \begin{pmatrix} 5 \\ 4 \\ -1 \end{pmatrix} + l \cdot \begin{pmatrix} -7 \\ -3 \\ 1 \end{pmatrix}$

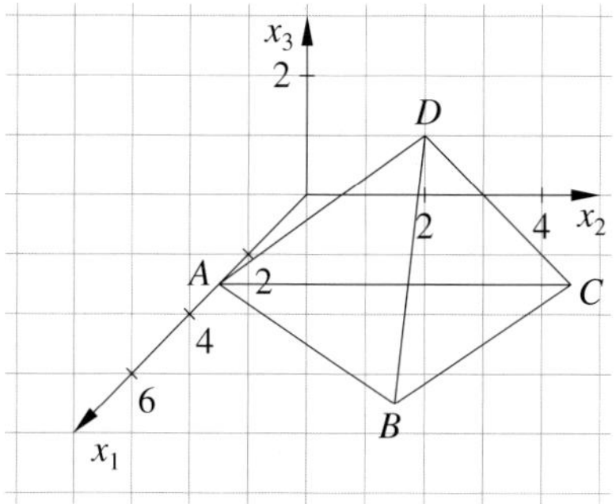

Beide Geraden sind zueinander windschief, das Viereck *ABCD* ist daher nicht eben.

c) Eine Möglichkeit besteht darin, das Dreieck *ABD* zu einem Parallelogramm zu ergänzen:

$\overrightarrow{OC} = \overrightarrow{OB} + \overrightarrow{AD} = \begin{pmatrix} 6 \\ 4 \\ 0 \end{pmatrix} + \begin{pmatrix} -3 \\ 7 \\ -1 \end{pmatrix} = \begin{pmatrix} 3 \\ 11 \\ -1 \end{pmatrix}$

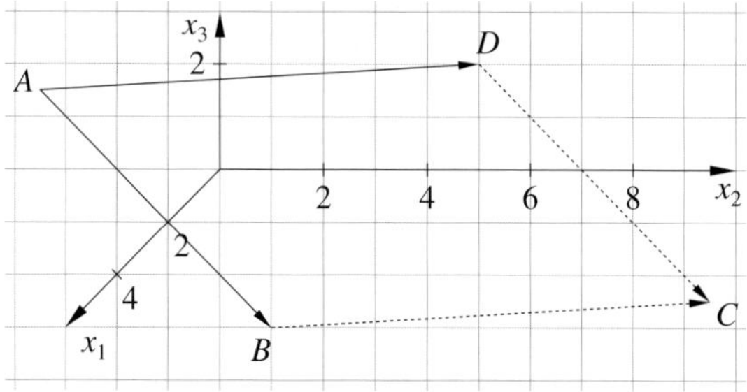

d) Beispielsweise kann eine Koordinate des Punktes *C* geändert werden: $C'(3|4|-1)$

18 a)
$A(4|0|0)$
$B(4|8|0)$
$C(0|8|0)$
$D(4|0|5)$
$E(4|8|5)$
$F(0|8|5)$
$G(0|0|5)$

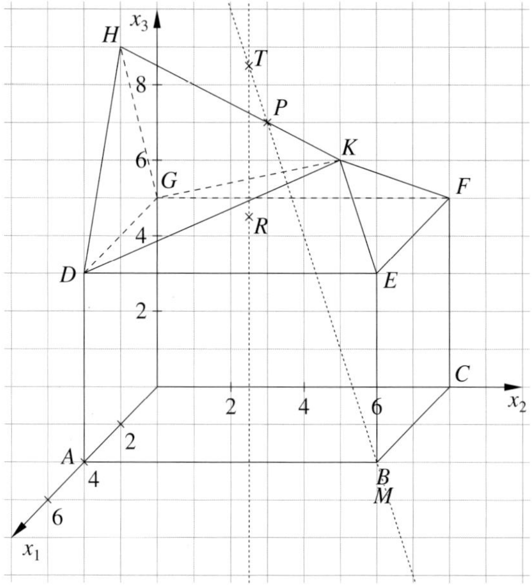

a) Zu zeigen ist, dass die Geraden g_{DK} und g_{EH} zueinander windschief sind.

g_{DK}: $\vec{x} = \begin{pmatrix} 4 \\ 0 \\ 5 \end{pmatrix} + k \cdot \begin{pmatrix} -2 \\ 6 \\ 2 \end{pmatrix}$

g_{EH}: $\vec{x} = \begin{pmatrix} 4 \\ 8 \\ 5 \end{pmatrix} + l \cdot \begin{pmatrix} -2 \\ -8 \\ 5 \end{pmatrix}$

Es gilt: $\begin{pmatrix} -2 \\ 6 \\ 2 \end{pmatrix} \nparallel \begin{pmatrix} -2 \\ -8 \\ 5 \end{pmatrix}$

(I) $\quad 4 - 2k = 4 - 2l$
(II) $\quad 6k = 8 - 8l$
(III) $\quad 5 + 2k = 5 + 5l$

Aus (I) folgt $l = k$ und daraus in (II) eingesetzt $k = \frac{4}{7}$ bzw. in (III) eingesetzt $k = 0$. Es gibt keinen Punkt, der auf beiden Geraden liegt, sie sind also zueinander windschief.

b) Koordinaten der Streckenmittelpunkte:
$M_{DH}(3|0|7{,}5)$ $\quad M_{EK}(3|7|6)$ $\quad M_{GH}(1|0|7{,}5)$ $\quad M_{KF}(1|7|6)$

Richtungsvektor von g_1: $\begin{pmatrix} 0 \\ 7 \\ -1{,}5 \end{pmatrix}$ $\quad$ Richtungsvektor von g_2: $\begin{pmatrix} 0 \\ 7 \\ -1{,}5 \end{pmatrix}$ $\quad \Rightarrow g_1 \parallel g_2$

c) $\overrightarrow{OP} = \begin{pmatrix} 2 \\ 4 \\ 8 \end{pmatrix} = \begin{pmatrix} 2 \\ 0 \\ 10 \end{pmatrix} + \frac{2}{3} \cdot \begin{pmatrix} 0 \\ 6 \\ -3 \end{pmatrix} \Rightarrow$ *P* teilt $\overline{HK}$ im Verhältnis 2 : 1.

d) *T* ist der Schnittpunkt von g_{MP} mit *g*.

g_{MP}: $\vec{x} = \begin{pmatrix} 8 \\ 10 \\ 2 \end{pmatrix} + k \cdot \begin{pmatrix} -6 \\ -6 \\ 6 \end{pmatrix}$ $\qquad g$: $\vec{x} = \begin{pmatrix} 1 \\ 3 \\ 5 \end{pmatrix} + l \cdot \begin{pmatrix} 0 \\ 0 \\ 1 \end{pmatrix}$

Für $k = \frac{7}{6}$ und $l = 4$ ist $T(1|3|9)$ der Schnittpunkt von g_{MP} mit *g*.

e) Es ist die Frage zu klären, ob der „Sehstrahl" $\overline{MP}$ ober- oder unterhalb der Kante $\overline{DE}$ verläuft. Das bedeutet herauszufinden, welchen x_3-Wert derjenige Punkt auf g_{MP} hat, dessen x_1-Koordinate 4 ist.

(I) $8 - 6k = 4 \Rightarrow k = \frac{2}{3}$
(III) $\quad 2 + \frac{2}{3} \cdot 6 = 6 > 5$

Man kann *P* von *M* aus sehen.

19 a) Flugbahn:

$\overrightarrow{x_F} = \begin{pmatrix}-7\\-2\\1{,}5\end{pmatrix} + k\cdot\begin{pmatrix}3{,}5\\3\\-0{,}25\end{pmatrix}$

Dabei gibt k die Anzahl der Minuten an, die seit Position P vergangen sind.

10:07 Uhr: $k = 2 \Rightarrow (0|4|1)$

10:08 Uhr: $k = 3 \Rightarrow (3{,}5|7|0{,}75)$

Landung: $x_3 = 0 \Rightarrow k = 6 \Rightarrow$ Das Flugzeug setzt 11:11 Uhr auf Position $(14|16|0)$ auf.

a) $\begin{pmatrix}7\\10\\h_F\end{pmatrix} = \begin{pmatrix}-7\\-2\\1{,}5\end{pmatrix} + 4\cdot\begin{pmatrix}3{,}5\\3\\-0{,}25\end{pmatrix} \Rightarrow h_F = 0{,}5$

Nach vier Minuten (um 10:09 Uhr) befindet sich das Flugzeug genau über dem Dom in 500 m Höhe, also 340 m oberhalb der Domspitze. Bei guter Sicht können die Fluggäste den Dom von oben sehen.

b) $\left|\begin{pmatrix}3{,}5\\3\\-0{,}25\end{pmatrix}\right| = \sqrt{21{,}3125} = 4{,}616\ldots$

In einer Minute legt das Flugzeug eine Entfernung von ca. 4,6 km zurück, das entspricht einer Geschwindigkeit von ca. $277\,\frac{\text{km}}{\text{h}}$.

$\sqrt{(-7-(-3{,}5))^2 + (-2-1)^2} = \sqrt{3{,}5^2+3^2} = \sqrt{21{,}25} = 4{,}609\ldots$

In einer Minute beträgt die parallel zur x_1-x_2-Ebene zurückgelegte Entfernung ca. 4,6 km bei einem Höhenunterschied von 0,25 km.

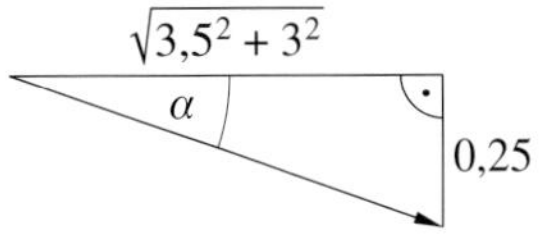

Für den Gleitwinkel α gilt:

$\tan(\alpha) = \frac{0{,}25}{\sqrt{21{,}25}} = 0{,}0542\ldots \Rightarrow \alpha \approx 3{,}1°$

Der typische Gleitwinkel beim Sinkflug (Instrumentenanflug) liegt bei ca. 3°.

c) Flugbahn des Luftballons: $\overrightarrow{x_B} = \begin{pmatrix}9{,}25\\13\\0\end{pmatrix} + l\cdot\begin{pmatrix}0{,}25\\0\\0{,}05\end{pmatrix}$

Die Flugbahnen kreuzen sich für $k = l = 5$ im Punkt $S(10{,}5|13|0{,}25)$. Da aber $k = 5$ für das Flugzeug 10:10 Uhr bedeutet und $l = 5$ für den Ballon 10:08 Uhr, kommt es nicht zu einer Kollision.

d) In der Gleichung für die Flugbahn des Luftballons wird der Stützvektor so geändert, dass k der gleichen Zeit entspricht (Startzeit 10:05 Uhr) wie bei der Flugbahn des Flugzeugs:

$\overrightarrow{x_B} = \begin{pmatrix}9{,}75\\13\\0{,}1\end{pmatrix} + k\cdot\begin{pmatrix}0{,}25\\0\\0{,}05\end{pmatrix}$

$d(k) = |\overrightarrow{x_F} - \overrightarrow{x_B}| = \left|\begin{pmatrix}-16{,}75+3{,}25k\\-15+3k\\1{,}4-0{,}3k\end{pmatrix}\right| = \sqrt{19{,}6525k^2 - 199{,}715k + 507{,}522}$

Das Minimum kann mithilfe des GTR bestimmt werden oder mithilfe der Überlegung, dass der Term an genau der Stelle ein Minimum besitzt, an der der Radikand ein Minimum besitzt: $(19{,}6525k^2 - 199{,}715k + 507{,}522)' = 39{,}305k + 199{,}715 = 0 \Rightarrow k = 5{,}081\ldots$

Bei einer Parabel kann auf die Untersuchung der hinreichenden Bedingung verzichtet werden. Die Parabel ist nach oben geöffnet und besitzt also an dieser Stelle ein Minimum. Ungefähr um 10:10 Uhr ist der Abstand beider Flugobjekte mit ca. 130 m am geringsten.

20 a) Beispiel für die Lage der Pyramide in einem Koordinatensystem:
$A(10|0|0)$
$B(10|10|0)$
$C(0|10|0)$
$D(0|0|0)$
$E(8|2|3)$
$F(8|8|3)$
$G(2|8|3)$
$H(2|2|3)$

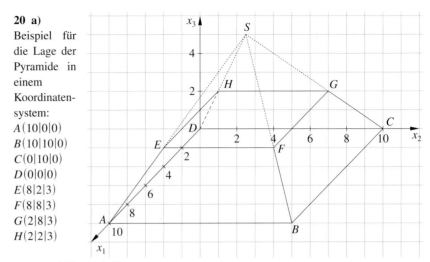

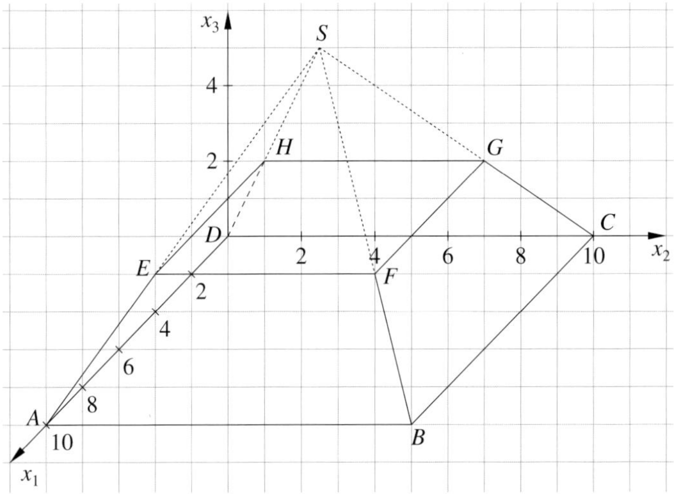

g_{AE}: $\vec{x} = \begin{pmatrix}10\\0\\0\end{pmatrix} + k\cdot\begin{pmatrix}-2\\2\\3\end{pmatrix}$

g_{BF}: $\vec{x} = \begin{pmatrix}10\\10\\0\end{pmatrix} + l\cdot\begin{pmatrix}-2\\-2\\3\end{pmatrix}$

Für $k = l = 2{,}5$ ist $S(5|5|7{,}5)$ der Schnittpunkt von g_{AE} und g_{BF} und damit aus Symmetriegründen die Spitze der Pyramide.

b) Die Höhe der vollendeten Pyramide beträgt 7,5 m.

$V_{\text{Pyramidenstumpf}} = \left(\frac{1}{3}\cdot(10\,\text{m})^2\cdot 7{,}5\,\text{m}\right) - \left(\frac{1}{3}\cdot(6\,\text{m})^2\cdot 4{,}5\,\text{m}\right) = 196\,\text{m}^3$

21 a) $g_{AA'}$: $\vec{x} = \begin{pmatrix}4{,}5\\4\\7{,}5\end{pmatrix} + k\cdot\begin{pmatrix}-0{,}5\\4\\2{,}5\end{pmatrix}$ $\quad g_{BB'}$: $\vec{x} = \begin{pmatrix}2\\-4\\5\end{pmatrix} + l\cdot\begin{pmatrix}6\\8\\0\end{pmatrix}$ $\quad g_{CC'}$: $\vec{x} = \begin{pmatrix}5\\8\\11\end{pmatrix} + m\cdot\begin{pmatrix}0\\-4\\-3\end{pmatrix}$

Für $k = -1$ und $l = 0{,}5$ schneiden die Geraden $g_{AA'}$ und $g_{BB'}$ einander im Punkt $S(5|0|5)$.

S liegt auf $g_{CC'}$, denn es gilt $\begin{pmatrix}5\\0\\5\end{pmatrix} = \begin{pmatrix}5\\8\\11\end{pmatrix} + 2\cdot\begin{pmatrix}0\\-4\\-3\end{pmatrix}$.

Daher haben die drei Geraden den gemeinsamen Schnittpunkt S.

b)

g_{BC}: $\vec{x} = \begin{pmatrix}2\\-4\\5\end{pmatrix} + k\cdot\begin{pmatrix}3\\12\\6\end{pmatrix}$	$g_{B'C'}$: $\vec{x} = \begin{pmatrix}8\\4\\5\end{pmatrix} + l\cdot\begin{pmatrix}-3\\0\\3\end{pmatrix}$	$k = \frac{2}{3}$	$l = \frac{4}{3}$	$S_a(4\|4\|9)$
g_{AC}: $\vec{x} = \begin{pmatrix}4{,}5\\4\\7{,}5\end{pmatrix} + k\cdot\begin{pmatrix}0{,}5\\4\\3{,}5\end{pmatrix}$	$g_{A'C'}$: $\vec{x} = \begin{pmatrix}4\\8\\10\end{pmatrix} + l\cdot\begin{pmatrix}1\\-4\\-2\end{pmatrix}$	$k = \frac{1}{3}$	$l = \frac{2}{3}$	$S_b\left(\frac{14}{3}\|\frac{16}{3}\|\frac{26}{3}\right)$
g_{AB}: $\vec{x} = \begin{pmatrix}4{,}5\\4\\7{,}5\end{pmatrix} + k\cdot\begin{pmatrix}-2{,}5\\-8\\-2{,}5\end{pmatrix}$	$g_{A'B'}$: $\vec{x} = \begin{pmatrix}4\\8\\10\end{pmatrix} + l\begin{pmatrix}4\\-4\\-5\end{pmatrix}$	$k = -\frac{1}{3}$	$l = \frac{1}{3}$	$S_c\left(\frac{16}{3}\|\frac{20}{3}\|\frac{25}{3}\right)$

Gerade durch S_a und S_b: $\vec{x} = \begin{pmatrix}4\\4\\9\end{pmatrix} + m\cdot\begin{pmatrix}0{,}\overline{6}\\1{,}\overline{3}\\-0{,}\overline{3}\end{pmatrix}$

Für S_c gilt $\overrightarrow{OS_c} = \begin{pmatrix}4\\4\\9\end{pmatrix} + 2\cdot\begin{pmatrix}0{,}\overline{6}\\1{,}\overline{3}\\-0{,}\overline{3}\end{pmatrix}$ und damit liegt auch S_c auf dieser Geraden.

176

Aufgaben – Vernetzen

22 a) Der Koordinatenvergleich führt zum folgenden Gleichungssystem:

$$\begin{array}{lcll} -4r-3s+k=1 & & -4r-3s+k=1 & \\ r+2s-k=-7 & \Rightarrow & -5s+3k=27 & \\ 2r+3s+k=1 & & -12k=-48 & \Rightarrow k=4 \end{array}$$

Für $k=4$ besitzen die Geraden g und h den Schnittpunkt $S(-11|1|9)$.

b) Der Koordinatenvergleich führt zum folgenden Gleichungssystem:

$$\begin{array}{lcll} 3r-2s-3k=2 & & 3r-2s-3k=2 & \\ 7r-4s-2k=0 & \Rightarrow & 2s+15k=-14 & \\ 2r+s+4k=8 & & -23k=46 & \Rightarrow k=-2 \end{array}$$

Für $k=-2$ besitzen die Geraden g und h den Schnittpunkt $S(17|28|9)$.

23 a) s_a: $\vec{x}=\binom{0}{0}+k\cdot\overrightarrow{AM_a}$
$=k\cdot\begin{pmatrix}0{,}5(b+c_1)-0\\0{,}5(0+c_2)-0\end{pmatrix}$
$=k\cdot\begin{pmatrix}0{,}5b+0{,}5c_1\\0{,}5c_2\end{pmatrix}$

s_b: $\vec{x}=\binom{b}{0}+l\cdot\overrightarrow{M_bB}$
$=\binom{b}{0}+l\cdot\begin{pmatrix}0{,}5(0+c_1)-b\\0{,}5(0+c_2)\end{pmatrix}$
$=\binom{b}{0}+l\cdot\begin{pmatrix}-b+0{,}5c_1\\0{,}5c_2\end{pmatrix}$

b) Gleichungen:

(II) $k\cdot 0{,}5c_2=l\cdot 0{,}5c_2 \quad\Rightarrow\quad l=k$

(I) $k\cdot(0{,}5b+0{,}5c_1)=b+l\cdot(-b+0{,}5c_1) \;\Rightarrow\; 0{,}5bk=b-bk \;\Rightarrow\; k=l=\frac{2}{3}$

Das Teilungsverhältnis beträgt 2 : 1.

24 A sei der Ursprung des Koordinatensystems.

a) g_{AM_b}: $\vec{x}=k\cdot\overrightarrow{AM_b}=k\cdot\left(\overrightarrow{AB}+\frac{1}{2}\overrightarrow{AD}\right)=k\cdot\begin{pmatrix}0\\9\\18\end{pmatrix}$

g_{CM_a}: $\vec{x}=\overrightarrow{AC}+l\cdot\overrightarrow{CM_a}=\begin{pmatrix}-6+12\\12-6\\9+18\end{pmatrix}+l\cdot\begin{pmatrix}-12+3\\6-6\\-18-4{,}5\end{pmatrix}$
$=\begin{pmatrix}6\\6\\27\end{pmatrix}+l\cdot\begin{pmatrix}-9\\0\\-22{,}5\end{pmatrix}$

g_{BD}: $\vec{x}=\overrightarrow{AB}+m\cdot\overrightarrow{BD}=\begin{pmatrix}-6\\12\\9\end{pmatrix}+m\cdot\begin{pmatrix}18\\-18\\9\end{pmatrix}$

Fortsetzung von Aufgabe 24:

b) Für $k=\frac{2}{3}$ und $m=\frac{1}{3}$ ist $S(0|6|12)$ der Schnittpunkt der Geraden g_{AM_b} und g_{BD} und wegen $k<1$ und $m<1$ auch der Schnittpunkt der Strecken $\overline{AM_b}$ und $\overline{BD}$.
S liegt auch auf der Strecke $\overline{CM_a}$, denn es gilt:

$\overrightarrow{OS}=\begin{pmatrix}6\\6\\27\end{pmatrix}+\frac{2}{3}\cdot\begin{pmatrix}-9\\0\\-22{,}5\end{pmatrix}$.

$\overline{AS}:\overline{SM_b}=\overline{CS}:\overline{SM_a}$
$=\overline{DS}:\overline{SB}$
$=2:1$

c) S ist der Schnittpunkt der Seitenhalbierenden des Dreiecks ABC und somit teilt S die Strecken $\overline{AM_b}$ und $\overline{CM_a}$ im Verhältnis 2 : 1.

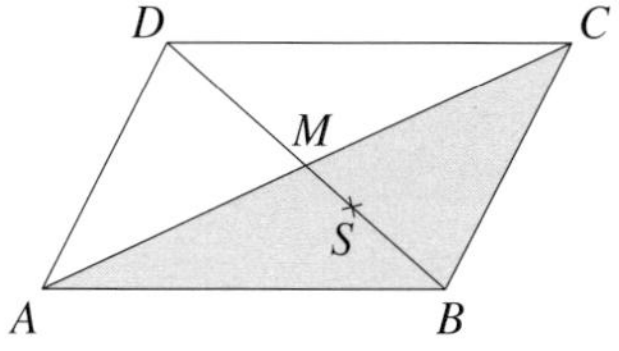

Da die Diagonalen eines Parallelogramms einander halbieren, ist die Gerade g_{BD} auch Seitenhalbierende des Dreiecks ABC.

Es gilt: $\overrightarrow{BS}=\frac{2}{3}\overrightarrow{BM}$
$\overrightarrow{BM}=\frac{1}{2}\overrightarrow{BD}$
$\Rightarrow\ \overrightarrow{BS}=\frac{2}{3}\cdot\frac{1}{2}\overrightarrow{BD}$
$=\frac{1}{3}\overrightarrow{BD}$

Deshalb teilt S die Strecke $\overline{DB}$ im Verhältnis 2 : 1.

25 a) Für $m=\frac{1}{2}$ gilt:
$\left(1-2\cdot\frac{1}{2}\middle|1-\frac{1}{2}\middle|\frac{1}{2}\right)=\left(0\middle|\frac{1}{2}\middle|\frac{1}{2}\right)$

Für $k=0$ gilt:
$\left(0\middle|\frac{1}{2}+\frac{1}{2}\cdot 0\middle|\frac{1}{2}-\frac{1}{2}\cdot 0\right)=\left(0\middle|\frac{1}{2}\middle|\frac{1}{2}\right)$

Beispiele für weitere gemeinsame Elemente:

Für $m=0$ gilt:
$(1-2\cdot 0|1-0|0)=(1|1|0)$

Für $k=1$ gilt:
$\left(1\middle|\frac{1}{2}+\frac{1}{2}\cdot 1\middle|\frac{1}{2}-\frac{1}{2}\cdot 1\right)=(1|1|0)$

Für $m=1$ gilt:
$(1-2\cdot 1|1-1|1)=(-1|0|1)$

Für $k=-1$ gilt:
$\left(-1\middle|\frac{1}{2}+\frac{1}{2}\cdot(-1)\middle|\frac{1}{2}-\frac{1}{2}\cdot(-1)\right)=(-1|0|1)$

b) Alle Elemente von L_1 lassen sich vektoriell schreiben als:
$\begin{pmatrix}1-2m\\1-m\\m\end{pmatrix}=\begin{pmatrix}1\\1\\0\end{pmatrix}+m\cdot\begin{pmatrix}-2\\-1\\1\end{pmatrix}$

Alle Elemente von L_2 lassen sich vektoriell schreiben als:
$\begin{pmatrix}k\\\frac{1}{2}+\frac{k}{2}\\\frac{1}{2}-\frac{k}{2}\end{pmatrix}=\begin{pmatrix}0\\\frac{1}{2}\\\frac{1}{2}\end{pmatrix}+k\cdot\begin{pmatrix}1\\\frac{1}{2}\\-\frac{1}{2}\end{pmatrix}$

Fortsetzung von Aufgabe 25:
Diese Darstellungsformen entsprechen Geraden. Sie sind identisch, wenn sie mindestens zwei gemeinsame Elemente besitzen.
c) Beispiele:
Schnittbedingung für die Geraden, die den Lösungsmengen entsprechen, aufstellen:

$$\begin{pmatrix}1\\1\\0\end{pmatrix} + m \cdot \begin{pmatrix}-2\\-1\\1\end{pmatrix} = \begin{pmatrix}0\\\frac{1}{2}\\\frac{1}{2}\end{pmatrix} + k \cdot \begin{pmatrix}1\\\frac{1}{2}\\-\frac{1}{2}\end{pmatrix}$$

$$\begin{array}{cc|c} m & k & \\ -2 & -1 & -1 \\ -1 & -\frac{1}{2} & -\frac{1}{2} \\ 1 & \frac{1}{2} & \frac{1}{2} \end{array}$$

$$\left(\begin{array}{cc|c} -2 & -1 & -1 \\ 0 & 0 & 0 \\ 0 & 0 & 0 \end{array}\right)$$

$\Rightarrow$ Die Geraden sind identisch.
Komponentenvergleich:

$$\begin{pmatrix}1-2m\\1-m\\m\end{pmatrix} = \begin{pmatrix}k\\\frac{1}{2}+\frac{k}{2}\\\frac{1}{2}-\frac{k}{2}\end{pmatrix}$$

$$\begin{aligned} k &= 1-2m \\ \tfrac{1}{2}+\tfrac{k}{2} = 1-m \quad &\Leftrightarrow \quad 1+k = 2-2m \\ &\Leftrightarrow \quad k = 1-2m \\ \tfrac{1}{2}-\tfrac{k}{2} = m \quad &\Leftrightarrow \quad 1-k = 2m \\ &\Leftrightarrow \quad k = 1-2m \end{aligned}$$

Setzt man also für k in L_2 den Term $(1-2m)$ ein, so erhält man das entsprechende Element von L_1.

26 Das Gleichungssystem kann z. B. folgendermaßen umgeformt werden:

$$\begin{array}{lrcl} \text{(I)} & 0+2s &=& 6+6t \\ \text{(II)} & 0-5s &=& -18-15t \\ \text{(III)} & 0+7s &=& 3+21t \end{array}$$

Es entspricht der Gleichsetzung der Koordinaten bei der Schnittpunktbestimmung zweier Geraden mit den Gleichungen

$$g_1: \vec{x} = \begin{pmatrix}0\\0\\0\end{pmatrix} + s \cdot \begin{pmatrix}2\\-5\\7\end{pmatrix} \text{ bzw. } g_2: \vec{x} = \begin{pmatrix}6\\-18\\3\end{pmatrix} + t \cdot \begin{pmatrix}6\\-15\\21\end{pmatrix}.$$

Es gilt:

$$3 \cdot \begin{pmatrix}2\\-5\\7\end{pmatrix} = \begin{pmatrix}6\\-15\\21\end{pmatrix}$$

Fortsetzung von Aufgabe 26:
Da die Richtungsvektoren beider Gleichungen zueinander parallel sind, aber der zu g_1 gehörende Koordinatenursprung kein Punkt der Geraden g_2 ist, gilt $g_1 \parallel g_2$. Zueinander parallele Geraden haben keine gemeinsamen Punkte und das zugehörige Gleichungssystem hat daher keine Lösung.

6. Winkel und Abstände

6.1 Das Skalarprodukt

AUFTRAG 1 **Orthogonalität von Vektoren**

$$|\vec{u}|^2 + |\vec{v}|^2 = |\vec{u} - \vec{v}|^2$$
$$16 + 9 + 25 + 1 + 9 + x^2 = 25 + 0 + (5 - x)^2$$
$$25 + 10 + x^2 = 25 - 10x + x^2$$
$$x = -1$$

Allgemein:
$$u_1^2 + u_2^2 + u_3^2 + v_1^2 + v_2^2 + v_3^2 = (u_1 - v_1)^2 + (u_2 - v_2)^2 + (u_3 - v_3)^2$$
$$0 = -2(u_1 v_1 + u_2 v_2 + u_3 v_3)$$
$$u_1 v_1 + u_2 v_2 + u_3 v_3 = 0$$

AUFTRAG 2 **Der Winkel zwischen Vektoren und das Skalarprodukt**

Der Winkel zwischen $\vec{a}$ und $\vec{b}$ soll aus den Koordinaten der beiden Vektoren berechnet werden. Zeichnet man die Höhe $\overline{HB}$ in das Dreieck ABC ein, dann entstehen zwei rechtwinklige Teildreiecke ABH und BCH. Im Teildreieck BCH hat die Hypotenuse die Länge $b = |\vec{b}|$, die Katheten haben die Längen $b \cos(\gamma)$ und h; es gilt:

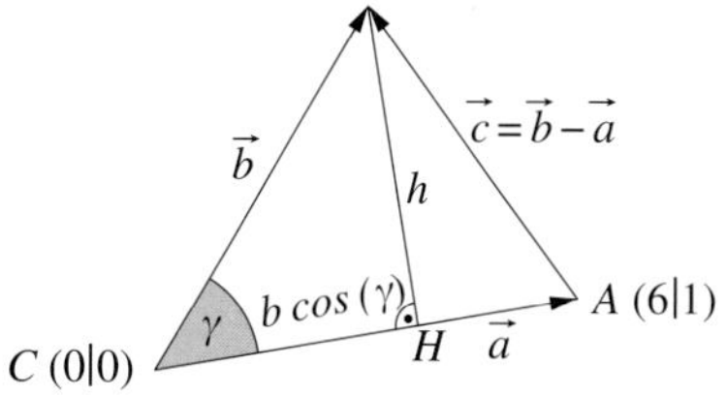

$h^2 = b^2 - (b \cos(\gamma))^2$.

Im Teildreieck ABH hat die Hypotenuse die Länge $c = |\vec{c}| = |\vec{b} - \vec{a}|$, die Katheten haben die Längen $a - b\cos(\gamma)$ und h. Somit gilt:

$h^2 = c^2 - (a - b\cos(\gamma))^2$.

Aus den beiden Gleichungen folgt unter Verwendung des Kosinussatzes:

$c^2 - (a - b\cos(\gamma))^2 = b^2 - (b\cos(\gamma))^2$

$c^2 - a^2 + 2ab\cos(\gamma) - (b\cos(\gamma))^2 = b^2 - (b\cos(\gamma))^2$

$$\cos(\gamma) = \frac{a^2 + b^2 - c^2}{2ab} = \frac{|\vec{a}|^2 + |\vec{b}|^2 - |\vec{b} - \vec{a}|^2}{2|\vec{a}||\vec{b}|}$$

Im Beispiel gilt

$|\vec{a}|^2 = 6^2 + 1^2 = 37$, $|\vec{b}|^2 = 3^2 + 5^2 = 34$ und $|\vec{b} - \vec{a}|^2 = (3-6)^2 + (5-1)^2 = 25$,

also $\cos(\gamma) = \frac{37 + 34 - 25}{2\sqrt{37}\sqrt{34}} \approx 0{,}64847$. Damit erhalten wir $\gamma \approx 49{,}57°$.

Fortsetzung von Auftrag 2:

Die Differenz $|\vec{a}|^2 + |\vec{b}|^2 - |\vec{b} - \vec{a}|^2$ im Zähler des Quotienten $\frac{|\vec{a}|^2 + |\vec{b}|^2 - |\vec{b} - \vec{a}|^2}{2|\vec{a}||\vec{b}|}$ kann man vereinfachen, wenn die Beträge durch die Koordinaten der Vektoren ausgedrückt werden:

$|\vec{a}|^2 + |\vec{b}|^2 - |\vec{b} - \vec{a}|^2 = a_1^2 + a_2^2 + b_1^2 + b_2^2 - ((b_1 - a_1)^2 + (b_2 - a_2)^2)$

$= a_1^2 + a_2^2 + b_1^2 + b_2^2 - (b_1^2 - 2b_1 a_1 + a_1^2 + b_2^2 - 2b_2 a_2 + a_2^2) = 2(a_1 b_1 + a_2 b_2)$

Damit ergibt sich für den Winkel zwischen zwei Vektoren $\vec{a} = \binom{a_1}{a_2}$ und $\vec{b} = \binom{b_1}{b_2}$:

$$\cos(\gamma) = \frac{a_1 b_1 + a_2 b_2}{|\vec{a}| \cdot |\vec{b}|} = \frac{a_1 b_1 + a_2 b_2}{\sqrt{a_1^2 + a_2^2} \cdot \sqrt{b_1^2 + b_2^2}}.$$

AUFTRAG 3 **Weniger Arbeit?**

Alle auftretenden Kräfte werden in N und die Längen in m angegeben:

Winkel α zwischen x_1-Achse und $\vec{s} = \binom{12}{4}$: $\tan(\alpha) = \frac{4}{12}$ $\Rightarrow \alpha \approx 18{,}435°$

Winkel β zwischen x_1-Achse und $\vec{F} = \binom{3}{2}$: $\tan(\beta) = \frac{2}{3} \Rightarrow \beta \approx 33{,}690°$

$\Rightarrow \varphi = \beta - \alpha \approx 15{,}255°$

Anteil F_H von $\vec{F}$ in Richtung $\vec{s}$: $F_H = F \cdot \cos(\varphi) \approx \left|\binom{3}{2}\right| \cdot \cos(15{,}255°) \approx 3{,}479$

Anteil $F_\perp$ von $\vec{F}$ senkrecht zum Hang: $F_\perp = F \cdot \sin(\varphi) \approx \left|\binom{3}{2}\right| \cdot \sin(15{,}255°) \approx 0{,}947$

Weglänge: $s = |\vec{s}| = \left|\binom{12}{4}\right| = \sqrt{12^2 + 4^2} = \sqrt{160}$

Arbeit (in Nm bzw. J): $W = F_H \cdot s \approx 44$

Berechnung der Arbeit mithilfe von Vektoren: Multipliziert man den x_1-Anteil der Kraft mit dem (gleichgerichteten!) x_1-Anteil des Weges, dann erhält man einen „x_1-Anteil" der Arbeit (die aber keine Richtung hat). Multipliziert man nun auch den x_2-Anteil der Kraft mit dem x_2-Anteil des Weges, dann erhält man einen „x_2-Anteil" der Arbeit. Definiert wird das mathematisch wie folgt und heißt Skalarprodukt der Vektoren:

$\vec{F} \cdot \vec{s} = \binom{3}{2} \cdot \binom{12}{4} = 3 \cdot 12 + 2 \cdot 4 = 44$

Es ist $\vec{F} \cdot \vec{s} = |\vec{F}| \cdot |\vec{s}| \cdot \cos(\varphi)$, wie man an den beiden folgenden Zeichnungen erkennen kann: (links) Kraftanteil längs des Weges; (rechts) Weganteil in Kraftrichtung

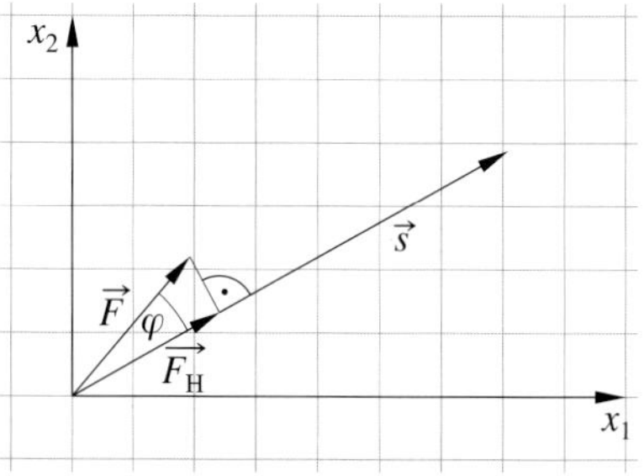

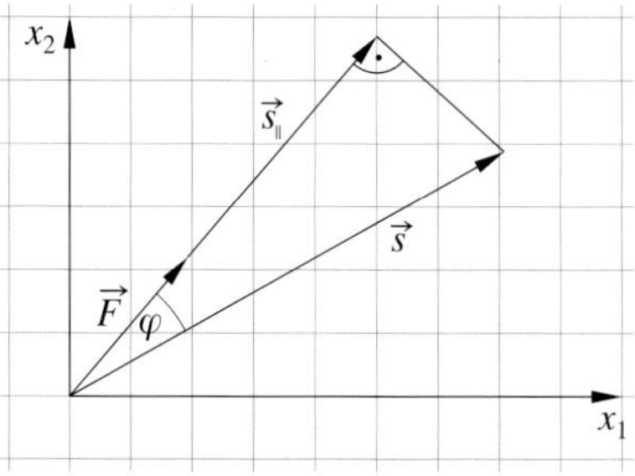

182 **Fortsetzung von Auftrag 3:**

Wächst einer der Faktoren um einen reellen Faktor r, dann wird wegen der koordinatenweisen Definition des Skalarproduktes auch dessen Wert um den Faktor r verändert (gemischtes Assoziativgesetz):

$(r \cdot \vec{a}) \cdot \vec{b} = \vec{a} \cdot (r \cdot \vec{b}) = r \cdot (a_1 \cdot b_1 + a_2 \cdot b_2)$

Im Falle $\vec{F} = \begin{pmatrix} -b \\ 3b \end{pmatrix}$ und $\vec{s} = \begin{pmatrix} 3a \\ a \end{pmatrix}$ ergibt sich $W = \vec{F} \cdot \vec{s} = 0$.

Die Arbeit ist 0, da keine Kraft in Wegrichtung aufgebracht wird ($\vec{F} \perp \vec{s}$).

185 **Aufgaben – Trainieren**

1 a) $\vec{a} \cdot \vec{b} = -3{,}35$ nicht orthogonal
b) $\vec{a} \cdot \vec{b} = 0{,}28$ nicht orthogonal
c) $\vec{a} \cdot \vec{b} = 0$ orthogonal
d) $\vec{a} \cdot \vec{b} = -26$ nicht orthogonal
e) $\vec{a} \cdot \vec{b} = 0$ orthogonal
f) $\vec{a} \cdot \vec{b} = 0$ orthogonal

2 $\begin{pmatrix} -1 \\ -2 \end{pmatrix} \cdot \begin{pmatrix} 5 \\ -2 \end{pmatrix} = -5 + 4 = 1 \neq 0 \Rightarrow \vec{a}$ und $\vec{b}$ stehen nicht aufeinander senkrecht.

3 $\begin{pmatrix} 0 \\ 7 \\ 5 \end{pmatrix} \cdot \begin{pmatrix} 2 \\ -5 \\ 7 \end{pmatrix} = 0 - 35 + 35 = 0$

$\begin{pmatrix} -7 \\ 0 \\ 2 \end{pmatrix} \cdot \begin{pmatrix} 2 \\ -5 \\ 7 \end{pmatrix} = -14 + 0 + 14 = 0$

$\begin{pmatrix} 5 \\ 2 \\ 0 \end{pmatrix} \cdot \begin{pmatrix} 2 \\ -5 \\ 7 \end{pmatrix} = 10 - 10 + 0 = 0$

Orthogonal zu $\vec{u} = \begin{pmatrix} 6 \\ 3 \\ -8 \end{pmatrix}$ sind $\begin{pmatrix} -3 \\ 6 \\ 0 \end{pmatrix}$, $\begin{pmatrix} 8 \\ 0 \\ 6 \end{pmatrix}$, $\begin{pmatrix} 0 \\ 8 \\ 3 \end{pmatrix}$.

Eine der drei Koordinaten ist 0, die anderen beiden werden vertauscht und bei einer das Vorzeichen gewechselt.

4 Die gesuchte Komponente wird jeweils mit r bezeichnet.

$\begin{pmatrix} 4 \\ 1 \\ r \end{pmatrix} \cdot \begin{pmatrix} 3 \\ 2 \\ -1 \end{pmatrix} = 14 - r = 0 \Rightarrow r = 14$ $\qquad \begin{pmatrix} 4 \\ 1 \\ 14 \end{pmatrix} \perp \begin{pmatrix} 3 \\ 2 \\ -1 \end{pmatrix}$

$\begin{pmatrix} 5 \\ 2 \\ r \end{pmatrix} \cdot \begin{pmatrix} 3 \\ 2 \\ -1 \end{pmatrix} = 19 - r = 0 \Rightarrow r = 19$ $\qquad \begin{pmatrix} 4 \\ 1 \\ 19 \end{pmatrix} \perp \begin{pmatrix} 3 \\ 2 \\ -1 \end{pmatrix}$

$\begin{pmatrix} 3 \\ r \\ -4 \end{pmatrix} \cdot \begin{pmatrix} 3 \\ 2 \\ -1 \end{pmatrix} = 13 + 2r = 0 \Rightarrow r = -6{,}5$ $\qquad \begin{pmatrix} 3 \\ -6{,}5 \\ -4 \end{pmatrix} \perp \begin{pmatrix} 3 \\ 2 \\ -1 \end{pmatrix}$

Lage der Vektoren, die orthogonal zu $\begin{pmatrix} 3 \\ 2 \\ -1 \end{pmatrix}$ sind:

Sie beschreiben eine Ebene, die orthogonal zu $\begin{pmatrix} 3 \\ 2 \\ -1 \end{pmatrix}$ ist.

Für jeden Vektor $\vec{x} = \begin{pmatrix} x_1 \\ x_2 \\ x_3 \end{pmatrix}$, der orthogonal zu einem vorgegebenen Vektor $\vec{a} = \begin{pmatrix} a_1 \\ a_2 \\ a_3 \end{pmatrix}$ ist,

gilt die Gleichung: $x_1 \cdot a_1 + x_2 \cdot a_2 + x_3 \cdot a_3 = 0$

Diese Gleichung hat unendlich viele Lösungen. Folglich gibt es unendlich viele Vektoren, die orthogonal zu $\vec{a}$ sind.

185

5 a) $\begin{pmatrix} 3 \\ 1 \\ 4 \end{pmatrix} + k\begin{pmatrix} 2 \\ -7 \\ 5 \end{pmatrix} = \begin{pmatrix} 5 \\ -6 \\ 9 \end{pmatrix} + l\begin{pmatrix} 1 \\ 1 \\ 1 \end{pmatrix}$ Mit $k = 1$, $l = 0$ ist $S(5\,|\,-6\,|\,9)$.

Wegen $\begin{pmatrix} 2 \\ -7 \\ 5 \end{pmatrix} \cdot \begin{pmatrix} 1 \\ 1 \\ 1 \end{pmatrix} = 0$ stehen die Geraden senkrecht aufeinander.

b) $\begin{pmatrix} 3 \\ 0 \\ 1 \end{pmatrix} + k\begin{pmatrix} -3 \\ 1 \\ -1 \end{pmatrix} = \begin{pmatrix} 0 \\ 1 \\ 0 \end{pmatrix} + l\begin{pmatrix} 1 \\ 2 \\ 2 \end{pmatrix}$ Mit $k = 1$; $l = 0$ ist $S(0\,|\,1\,|\,0)$.

Wegen $\begin{pmatrix} -3 \\ 1 \\ -1 \end{pmatrix} \cdot \begin{pmatrix} 1 \\ 2 \\ 2 \end{pmatrix} = -3$ stehen die Geraden nicht senkrecht aufeinander.

6 a) $\overrightarrow{AB} = \begin{pmatrix} -3 \\ 2 \\ 0 \end{pmatrix} = \overrightarrow{DC}$ und $\overrightarrow{AD} = \begin{pmatrix} 0 \\ 4 \\ 4 \end{pmatrix} = \overrightarrow{BC}$, also Parallelogramm.

$\overrightarrow{AB} \cdot \overrightarrow{AD} = \begin{pmatrix} -3 \\ 2 \\ 0 \end{pmatrix} \cdot \begin{pmatrix} 0 \\ 0 \\ 4 \end{pmatrix} = 0$, also Rechteck.

b) $\overrightarrow{AB} = \begin{pmatrix} 2 \\ -1 \\ 6 \end{pmatrix} = \overrightarrow{DC}$ und $\overrightarrow{AD} = \begin{pmatrix} -6 \\ 2 \\ 1 \end{pmatrix} = \overrightarrow{BC}$, also Parallogramm.

$\overrightarrow{AB} \cdot \overrightarrow{AD} = \begin{pmatrix} 2 \\ -1 \\ 6 \end{pmatrix} \cdot \begin{pmatrix} -6 \\ 2 \\ 1 \end{pmatrix} = -8$, kein Rechteck.

c) $\overrightarrow{AB} = \begin{pmatrix} 1 \\ -1 \\ 4 \end{pmatrix} = \overrightarrow{DC}$ und $\overrightarrow{AD} = \begin{pmatrix} -2 \\ 2 \\ 1 \end{pmatrix} = \overrightarrow{BC}$, also Parallelogramm.

$\overrightarrow{AB} \cdot \overrightarrow{AD} = \begin{pmatrix} 1 \\ -1 \\ 4 \end{pmatrix} \cdot \begin{pmatrix} -2 \\ 2 \\ 1 \end{pmatrix} = 0$, Rechteck.

d) $\overrightarrow{AB} = \begin{pmatrix} 4 \\ -3 \\ 2 \end{pmatrix}$ $\quad \overrightarrow{DC} = \begin{pmatrix} 2 \\ -3 \\ 4 \end{pmatrix}$ $\quad$ Wegen $\overrightarrow{AB} \neq \overrightarrow{DC}$ kein Parallelogramm.

7 Längen der Vektoren:

$|\vec{a}| = 17 \quad |\vec{b}| = 21 \quad |\vec{c}| = 27 \quad |\vec{d}| = 10\sqrt{14} \quad |\vec{e}| = 4 \quad |\vec{f}| = 2{,}5$

Vergleich: $|\vec{a}| = \sqrt{(-9)^2 + (-12)^2 + 8^2} = \sqrt{289} = 17$

$\vec{a} \cdot \vec{a} = (-9)^2 + (-12)^2 + 8^2 = 289 = 17^2$

Das Skalarprodukt des Vektors $\vec{a}$ ist die Quadratzahl seines Betrages.

8

a) Für die Koordinaten des Vektors $\vec{b}$ muss $2b_1 + b_2 + 2b_3 = 0$ und $b_1{}^2 + b_2{}^2 + b_3{}^2 = 5$ gelten.

b) Für die Koordinaten des Vektors $\vec{b}$ muss $12b_1 - 3b_2 + 4b_3 = 0$ und $b_1{}^2 + b_2{}^2 + b_3{}^2 = 25$ gelten.

c) Für die Koordinaten des Vektors $\vec{b}$ muss $3b_1 - 6b_2 + 2b_3 = 0$ und $b_1{}^2 + b_2{}^2 + b_3{}^2 = 45$ gelten.

Beispiele:

a) $\vec{b} = \begin{pmatrix} 0 \\ 2 \\ -1 \end{pmatrix} \quad \vec{b_1} = \begin{pmatrix} -1 \\ 2 \\ 0 \end{pmatrix} \quad \vec{b_2} = \begin{pmatrix} 1 \\ 1{,}2 \\ -1{,}6 \end{pmatrix}$

b) $\vec{b} = \begin{pmatrix} 0 \\ 4 \\ 3 \end{pmatrix} \quad \vec{b_1} = \frac{5}{\sqrt{29}}\begin{pmatrix} 2 \\ 4 \\ -3 \end{pmatrix} \quad \vec{b_2} = \frac{5}{\sqrt{10}}\begin{pmatrix} 1 \\ 0 \\ -3 \end{pmatrix}$

c) $\vec{b} = \frac{3\sqrt{5}}{\sqrt{17}}\begin{pmatrix} 2 \\ 2 \\ 3 \end{pmatrix} \quad \vec{b_1} = \frac{3\sqrt{5}}{\sqrt{13}}\begin{pmatrix} 2 \\ 0 \\ -3 \end{pmatrix} \quad \vec{b_2} = \frac{3\sqrt{5}}{\sqrt{97}}\begin{pmatrix} 6 \\ 5 \\ 6 \end{pmatrix}$

9 a) $\overrightarrow{AB} = \begin{pmatrix}4\\3\\1\end{pmatrix} = \overrightarrow{DC}$ und $\overrightarrow{AD} = \begin{pmatrix}1\\0\\5\end{pmatrix} = \overrightarrow{BC}$, also Parallelogramm.

$|\overrightarrow{AD}| = \sqrt{25+1} = \sqrt{26}$ und $|\overrightarrow{AB}| = \sqrt{16+9+1} = \sqrt{26}$, also Raute.

$\overrightarrow{AB} \cdot \overrightarrow{AD} = 4 + 0 + 5 \neq 0$, kein Quadrat (kein Rechteck).

Diagonalen: $\overrightarrow{AC} = \begin{pmatrix}5\\3\\6\end{pmatrix}$ $\quad |\overrightarrow{AC}| = \sqrt{25+9+36} = \sqrt{70}$

$\overrightarrow{BD} = \begin{pmatrix}-3\\-3\\4\end{pmatrix}$ $\quad |\overrightarrow{BD}| = \sqrt{9+9+16} = \sqrt{34}$

b) $\overrightarrow{AB} = \begin{pmatrix}5\\0\\0\end{pmatrix} = \overrightarrow{DC}$ und $\overrightarrow{AD} = \begin{pmatrix}0\\-3\\4\end{pmatrix} = \overrightarrow{BC}$, also Parallelogramm. Offensichtlich ist

$\overrightarrow{AB} \cdot \overrightarrow{AD} = 0$ und $|\overrightarrow{AB}| = |\overrightarrow{AD}| = 5$ also Quadrat.

Diagonalen: $\overrightarrow{AC} = \begin{pmatrix}5\\-3\\4\end{pmatrix}$ und $\overrightarrow{BD} = \begin{pmatrix}-5\\-3\\4\end{pmatrix}$. Beide haben den Betrag $\sqrt{50}$.

c) $\overrightarrow{AC} = \begin{pmatrix}10\\5\\10\end{pmatrix}$ $\quad \overrightarrow{BD} = \begin{pmatrix}-5\\-10\\10\end{pmatrix}$ $\quad |\overrightarrow{AC}| = |\overrightarrow{BD}| = 15$ und $\overrightarrow{AC} \cdot \overrightarrow{BD} = -50 - 50 + 100 = 0$

Die Diagonalen sind also gleich lang und zueinander orthogonal.

$\overrightarrow{AB} = \begin{pmatrix}7\\5\\4\end{pmatrix}$ $\quad \overrightarrow{DC} = \begin{pmatrix}8\\10\\-4\end{pmatrix}$

Also ist $ABCD$ kein Parallelogramm und erst recht kein Quadrat.

10 a) $\left|\begin{pmatrix}0\\-1\\0\end{pmatrix}\right| = \sqrt{0^2 + (-1)^2 + 0^2}$
$= 1$ $\quad \Rightarrow$ Einheitsvektor

$\left|\begin{pmatrix}2\\1\\-3\end{pmatrix}\right| = \sqrt{2^2 + 1^2 + (-3)^2}$
$= \sqrt{14}$
$\approx 3{,}7$ $\quad \Rightarrow$ kein Einheitsvektor

$\left|\begin{pmatrix}0{,}8\\0\\0{,}6\end{pmatrix}\right| = \sqrt{0{,}8^2 + 0^2 + 0{,}6^2}$
$= 1$ $\quad \Rightarrow$ Einheitsvektor

b) $|\overrightarrow{c_0}| = \left|\frac{1}{|\vec{c}|} \cdot \begin{pmatrix}c_1\\c_2\\c_3\end{pmatrix}\right|$

$= \left|\frac{1}{\sqrt{(c_1)^2 + (c_2)^2 + (c_3)^2}} \cdot \begin{pmatrix}c_1\\c_2\\c_3\end{pmatrix}\right|$

$= \sqrt{\left(\frac{c_1}{\sqrt{(c_1)^2 + (c_2)^2 + (c_3)^2}}\right)^2 + \left(\frac{c_2}{\sqrt{(c_1)^2 + (c_2)^2 + (c_3)^2}}\right)^2 + \left(\frac{c_3}{\sqrt{(c_1)^2 + (c_2)^2 + (c_3)^2}}\right)^2}$

$= \sqrt{\frac{(c_1)^2}{(c_1)^2 + (c_2)^2 + (c_3)^2} + \frac{(c_2)^2}{(c_1)^2 + (c_2)^2 + (c_3)^2} + \frac{(c_3)^2}{(c_1)^2 + (c_2)^2 + (c_3)^2}} = \sqrt{\frac{(c_1)^2 + (c_2)^2 + (c_3)^2}{(c_1)^2 + (c_2)^2 + (c_3)^2}} = 1$

11

a) 14	**b)** 0	**c)** 14	**d)** −40	**e)** −65	**f)** −4
19,65°	90°	14,96°	135,23°	159,27°	104,96°

12 a) $\begin{pmatrix}2\\-3\\4\end{pmatrix} \cdot \begin{pmatrix}1\\-6\\-2\end{pmatrix} = 2 + 18 - 8 = 12 > 0$ Also ist $0° \leq \alpha < 90°$.

b) $\begin{pmatrix}-3\\4\\1\end{pmatrix} \cdot \begin{pmatrix}5\\2\\1\end{pmatrix} = -15 + 8 + 1 = -6 < 0$ Also ist $90° < \alpha \leq 180°$.

13 Bild 186/1: $\binom{2}{2} \cdot \binom{3}{1} = 8$ $\quad$ Winkelgröße: 26,6°
Bild 186/2: $\binom{-3}{1} \cdot \binom{2}{-2} = -8$ $\quad$ Winkelgröße: 153,4°
Bild 186/3: $\binom{-2}{-1} \cdot \binom{-2}{-1} = 5$ $\quad$ Winkelgröße: 0°

14 a) $\overrightarrow{AB} = \binom{-7}{1}$ $\quad \overrightarrow{BC} = \binom{4}{3}$ $\quad \overrightarrow{CA} = \binom{3}{-4}$
$|\overrightarrow{AB}| = \sqrt{50}$ $\quad |\overrightarrow{BC}| = 5$ $\quad |\overrightarrow{CA}| = 5$
$\alpha = 45°$ $\quad \beta = 45°$ $\quad \gamma = 90°$

b) $\overrightarrow{AB} = \begin{pmatrix}-4\\4\\7\end{pmatrix}$ $\quad \overrightarrow{BC} = \begin{pmatrix}4\\-4\\-2\end{pmatrix}$ $\quad \overrightarrow{CA} = \begin{pmatrix}0\\0\\-5\end{pmatrix}$
$|\overrightarrow{AB}| = 9$ $\quad |\overrightarrow{BC}| = 6$ $\quad |\overrightarrow{CA}| = 5$
$\alpha \approx 38{,}9°$ $\quad \beta \approx 31{,}6°$ $\quad \gamma \approx 109{,}5°$

15 a) Die Gleichung $\begin{pmatrix}1\\0\\-2\end{pmatrix} + r \cdot \begin{pmatrix}1\\3\\0\end{pmatrix} = \begin{pmatrix}3\\2\\1\end{pmatrix} + s \cdot \begin{pmatrix}1\\-1\\3\end{pmatrix}$ führt auf ein Gleichungssystem mit den Lösungen $r = 1$ und $s = -1$. Schnittpunkt von g und h: $S(2|3|-2)$

Für den Schnittwinkel γ zwischen den Richtungsvektoren der Geraden g und h gilt:

$\cos(\gamma) = \frac{|1 \cdot 1 - 3 \cdot 1 + 0 \cdot 3|}{\sqrt{1^2 + 3^2 + 0^2} \cdot \sqrt{1^2 + 1^2 + 3^2}} = \frac{2}{\sqrt{10} \cdot \sqrt{11}} \Rightarrow \gamma \approx 79°$

b) $\begin{pmatrix}-0{,}5\\1\\2{,}5\end{pmatrix} + r \cdot \begin{pmatrix}1\\0\\-1\end{pmatrix} = \begin{pmatrix}0\\0\\1{,}5\end{pmatrix} + s \cdot \begin{pmatrix}3\\2\\-2\end{pmatrix} \Rightarrow r = 2$ und $s = 0{,}5$.

Schnittpunkt von g und h: $S(1{,}5|1|0{,}5)$
$\cos(\gamma) = \frac{5}{\sqrt{2} \cdot \sqrt{17}} \Rightarrow \gamma \approx 31{,}0°$

c) $\begin{pmatrix}-2\\1\\4\end{pmatrix} + r \cdot \begin{pmatrix}4\\1\\-1\end{pmatrix} = \begin{pmatrix}6\\-6\\1\end{pmatrix} + s \cdot \begin{pmatrix}2\\-4\\-1\end{pmatrix} \Rightarrow r = 1$ und $s = -2$.

Schnittpunkt von g und h: $S(2|2|3)$
$\cos(\gamma) = \frac{5}{\sqrt{18} \cdot \sqrt{21}} \Rightarrow \gamma \approx 75{,}1°$

d) $\begin{pmatrix}1\\-3\\-3\end{pmatrix} + r \cdot \begin{pmatrix}2\\1\\-1\end{pmatrix} = \begin{pmatrix}0\\0\\-8\end{pmatrix} + s \cdot \begin{pmatrix}3\\-2\\4\end{pmatrix} \Rightarrow r = 1$ und $s = 1$.

Schnittpunkt von g und h: $S(3|-2|-4)$
$\cos(\gamma) = 0 \Rightarrow \gamma = 90°$

186

16 a) $\vec{a} \cdot \vec{b} = -12 + 12 = 0$; $\vec{a} \cdot \vec{c} = 0$; $\vec{b} \cdot \vec{c} = 0 \Rightarrow \vec{a} \perp \vec{b}$; $\vec{a} \perp \vec{c}$; $\vec{b} \perp \vec{c}$

$|\vec{a}| = |\vec{b}| = |\vec{c}| = 5 \Rightarrow$ Würfel

Für den Winkel α zwischen den Richtungsvektoren $\vec{d_1}$ und $\vec{d_2}$ zweier Raumdiagonalen

mit $\vec{d_1} = \vec{a} + \vec{b} + \vec{c} = \begin{pmatrix} 1 \\ 7 \\ 5 \end{pmatrix}$ und $\vec{d_2} = \vec{a} - \vec{b} + \vec{c} = \begin{pmatrix} 7 \\ -1 \\ 5 \end{pmatrix}$ gilt:

$\cos(\alpha) = \frac{25}{75} \Rightarrow \alpha \approx 70{,}5°$

Die anderen Winkel haben aus Symmetriegründen die gleiche Winkelgröße.

b) $\vec{a} \cdot \vec{b} = \vec{a} \cdot \vec{c} = \vec{b} \cdot \vec{c} = 0 \Rightarrow \vec{a} \perp \vec{b}$; $\vec{a} \perp \vec{c}$; $\vec{b} \perp \vec{c}$

$|\vec{a}| = |\vec{b}| = |\vec{c}| = 15 \Rightarrow$ Würfel

Für den Winkel α zwischen den Richtungsvektoren $\vec{d_1}$ und $\vec{d_2}$ zweier Raumdiagonalen

mit $\vec{d_1} = \vec{a} + \vec{b} + \vec{c} = \begin{pmatrix} 3 \\ -21 \\ -15 \end{pmatrix}$ und $\vec{d_2} = \vec{a} - \vec{b} + \vec{c} = \begin{pmatrix} -19 \\ -17 \\ 5 \end{pmatrix}$ gilt:

$\cos(\alpha) = \frac{225}{675} \Rightarrow \alpha \approx 70{,}5°$

Die anderen Winkel haben aus Symmetriegründen die gleiche Winkelgröße.

17 a) $|\vec{a} \cdot \vec{b}| = |-42| = 42$ $\qquad |\vec{a}| \cdot |\vec{b}| = \sqrt{21} \cdot \sqrt{84} = \sqrt{1764} = 42$

b) $|\vec{a} \cdot \vec{b}| = |-78| = 78$ $\qquad |\vec{a}| \cdot |\vec{b}| = \sqrt{26} \cdot \sqrt{234} = \sqrt{6084} = 78$

c) $|\vec{a} \cdot \vec{b}| = |-31{,}5| = 31{,}5$ $\qquad |\vec{a}| \cdot |\vec{b}| = \sqrt{21} \cdot \sqrt{47{,}25} = \sqrt{992{,}25} = 31{,}5$

Allgemein gilt: $\qquad \vec{a} \cdot \vec{b} = |\vec{a}| \cdot |\vec{b}| \cdot \cos(\alpha)$

Für $|\vec{a}| \cdot |\vec{b}| = |\vec{a} \cdot \vec{b}|$ gilt dann: $\qquad \vec{a} \cdot \vec{b} = |\vec{a} \cdot \vec{b}| \cdot \cos(\alpha)$

Dies ist nur für $\cos(\alpha) = 1$ bzw. $\cos(\alpha) = -1$ erfüllt, also für $\alpha = 0°$ bzw. $\alpha = 180°$. Die Vektoren $\vec{a}$ und $\vec{b}$ sind also Richtungsvektoren derselben Geraden.

18 In den ersten fünf Aufgaben steht der Malpunkt für das Skalarprodukt zweier Vektoren:

a) $-6 + 1{,}5 + 4{,}5 = 0$

b) 0

c) $-18 - 10{,}5 - 13{,}5 = -42$

d) $-4 - 0{,}5 + 3{,}5 = -1$

e) $\begin{pmatrix} 7 \\ -2{,}5 \\ -8{,}5 \end{pmatrix} \cdot \begin{pmatrix} 4 \\ 1 \\ -7 \end{pmatrix} = 28 - 2{,}5 + 59{,}5 = 85$

f) 0 Der erste und der letzte Malpunkt stehen für das Skalarprodukt zweier Vektoren, der mittlere für die Multiplikation der dabei entstehenden Zahlen.

g) $\begin{pmatrix} -1 \\ -0{,}5 \\ -0{,}5 \end{pmatrix} \cdot (-12 - 12 - 18) = \begin{pmatrix} 42 \\ 21 \\ 21 \end{pmatrix}$ Der letzte Malpunkt steht für das Skalarprodukt zweier Vektoren, der erste für die Multiplikation eines Vektors mit einer Zahl.

h) 0 Der erste Malpunkt steht für das Skalarprodukt zweier Vektoren, der letzte für die Multiplikation eines Vektors mit einer Zahl.

19 $\vec{a} \cdot \vec{b} = \begin{pmatrix} 2 \\ 2 \\ 3 \end{pmatrix} \cdot \begin{pmatrix} 3 \\ -4 \\ 2 \end{pmatrix} = 6 - 8 + 6 = 4 \qquad \vec{c} \cdot \vec{b} = \begin{pmatrix} 1 \\ 0 \\ 0{,}5 \end{pmatrix} \cdot \begin{pmatrix} 3 \\ -4 \\ 2 \end{pmatrix} = 3 + 0 + 1 = 4$

Es gilt also $\vec{a} \cdot \vec{b} = \vec{c} \cdot \vec{b}$, ohne dass $\vec{a}$ und $\vec{c}$ gleich sind. Weitere Vektoren beispielsweise:

$$\begin{pmatrix} 0 \\ -1 \\ 0 \end{pmatrix} \cdot \begin{pmatrix} 3 \\ -4 \\ 2 \end{pmatrix} = \begin{pmatrix} 4 \\ 2 \\ 0 \end{pmatrix} \cdot \begin{pmatrix} 3 \\ -4 \\ 2 \end{pmatrix} = \begin{pmatrix} 1 \\ 0{,}25 \\ 1 \end{pmatrix} \cdot \begin{pmatrix} 3 \\ -4 \\ 2 \end{pmatrix} = 4$$

20 a) $\vec{c} = \begin{pmatrix} -1 \\ 2 \\ 0 \end{pmatrix}$

b) Damit $\vec{c} \perp \vec{a}$, setze $\vec{c} = \begin{pmatrix} -1 \\ y \\ 3 \end{pmatrix}$. Dann $\vec{c} \cdot \vec{b} = -2 + 4y + 6 = 0 \Leftrightarrow y = -1 \qquad \vec{c} = \begin{pmatrix} -1 \\ -1 \\ 3 \end{pmatrix}$.

c) Damit $\vec{c} \perp \vec{b}$, setze $\vec{c} = \begin{pmatrix} 1 \\ 2 \\ z \end{pmatrix}$. Dann $\vec{c} \cdot \vec{a} = 3 + 10 - z = 0 \Leftrightarrow z = 13 \qquad \vec{c} = \begin{pmatrix} 1 \\ 2 \\ 13 \end{pmatrix}$.

d) Es muss gelten

$$2c_1 + 6c_2 + 4c_3 = 0$$
$$-c_1 + 5c_2 + 2c_3 = 0$$

Dieses LGS hat die Lösung $(y\,|\,y\,|\,-2y)$, etwa $\begin{pmatrix} 1 \\ 1 \\ -2 \end{pmatrix}$.

Wegen vorhandener Nullen können a) bis c) ohne LGS gelöst werden.

NOCH FIT?

I a) $f'(x) = 2x\sin(x) - x^2\cos(x)$

b) $f'(x) = e^x(2x + x^2)$

c) $f'(x) = -2e^{-2x+5}$

d) $f'(x) = e^{-\frac{x}{2}} \cdot \left(-\frac{1}{2}x^2 + \frac{9}{2}x - 5\right)$

e) $f'(x) = \cos^2(x) - \sin^2(x)$

f) $f'(x) = -2xe^{-x^2+5}$

II a) $f(x) = x^2 \cdot e^{-x}$

$f'(x) = (2x - x^2) \cdot e^{-x}$

$f''(x) = (x^2 - 4x + 2) \cdot e^{-x}$

$f'''(x) = (-x^2 + 6x - 6) \cdot e^{-x}$

Extremstellen:

$f'(x) = 0 \Leftrightarrow x_1 = 0$ bzw. $x_2 = 2$.

$f''(x_1) = 2 > 0$, also liegt ein Minimum vor. $\Rightarrow T(0|0)$

$f''(x_2) = \frac{-2}{e^2} < 0$, also liegt ein Maximum vor. $\Rightarrow H\left(2\middle|\frac{4}{e^2}\right)$

Wendestellen:

$f''(x) = 0 \Leftrightarrow x_3 = 2 - \sqrt{2} \approx 0{,}59$ bzw. $x_4 = 2 + \sqrt{2} \approx 3{,}41$.

$f'''(x_3) \approx -1{,}57 \neq 0$, also liegt eine Wendestelle vor. $\Rightarrow W_1(0{,}59|0{,}19)$

$f'''(x_4) \approx 0{,}093 \neq 0$, also liegt eine Wendestelle vor. $\Rightarrow W_2(3{,}41|0{,}38)$

187

Fortsetzung von Aufgabe II:

b) $f(x) = \frac{1}{5}x^5 - 2x^3 + 8x \quad f'(x) = x^4 - 6x^2 + 8 \quad f''(x) = 4x^3 - 12x \quad f'''(x) = 12x^2 - 12$

Extremstellen:

$f'(x) = 0 \Leftrightarrow x^4 - 6x^2 + 8 = 0 \Leftrightarrow x^2 = 2 \vee x^2 = 4 \Leftrightarrow x = \pm\sqrt{2} \vee x = \pm 2$

Die einzigen Kandidaten für Extremstellen: $\sqrt{2}$; $-\sqrt{2}$; 2; -2

Der Graph von f ist punktsymmetrisch zum Ursprung.

Hinreichende Bedingung mit f'':

$f'(\sqrt{2}) = 0$ und $f''(\sqrt{2}) = 8\sqrt{2} - 12\sqrt{2} < 0$, also ist $\sqrt{2}$ Maximalstelle. Wegen Punktsymmetrie ist $(-\sqrt{2})$ Minimalstelle.

$f'(2) = 0$ und $f''(2) = 4 \cdot 8 - 12 \cdot 2 > 0$, also ist 2 Minimalstelle und (-2) wegen Punktsymmetrie dann Maximalstelle.

Wendestellen:

$f''(x) = 0 \Leftrightarrow x(4x^2 - 12) = 0 \Leftrightarrow x = 0 \vee x = \pm\sqrt{3}$

Nur diese Stellen können Wendestellen sein.

Hinreichende Bedingung mit f''':

$f''(0) = 0$ und $f'''(0) = -12 \neq 0$, also ist 0 Wendestelle.

$f''(\pm\sqrt{3}) = 0$ und $f'''(\pm\sqrt{3}) = 3 \cdot 12 - 12 \neq 0$, also sind $\pm\sqrt{3}$ Wendestellen.

c) $f(x) = e^{-x^2} \quad f'(x) = -2xe^{-x^2} \quad f''(x) = e^{-x^2}(4x^2 - 2) \quad f'''(x) = e^{-x^2}(-8x^3 + 12x)$

Der Graph von f ist achsensymmetrisch zur y-Achse.

Extremstellen:

Nur die Nullstellen von f' sind mögliche Extremstellen:

$f'(x) = 0 \Leftrightarrow x = 0$.

Hinreichende Bedingung mit f'':

$f'(0) = 0$ und $f''(0) = e^0 \cdot (-2) < 0$, also ist 0 Maximalstelle.

Wendestellen:

Nur die Nullstellen von f'' können Wendestellen sein:

$f''(x) = 0 \Leftrightarrow 4x^2 - 2 = 0 \Leftrightarrow x = \pm\sqrt{\frac{1}{2}}$

Hinreichende Bedingung mit f''':

$f''(\sqrt{\frac{1}{2}}) = 0$ und $f'''(\sqrt{\frac{1}{2}}) = e^{-\frac{1}{2}} \cdot \sqrt{\frac{1}{2}} \cdot (-8 \cdot \frac{1}{2} + 12) > 0$, also ist $\frac{1}{2}$ Wendestelle.

Wegen der Achsensymmetrie ist auch $-\sqrt{\frac{1}{2}}$ Wendestelle.

d) $f(x) = 2e^{\frac{x}{2}}(x^2 - 8x + 16) = 2e^{\frac{x}{2}}(x - 4)^2$

$f'(x) = e^{\frac{x}{2}}(x^2 - 4x) \quad f''(x) = e^{\frac{x}{2}}(\frac{1}{2}x^2 - 4) \quad f'''(x) = e^{\frac{x}{2}}(\frac{1}{4} + x - 2)$

Extremstellen:

Nur die Nullstellen von f' können Extremstellen sein:

$f'(x) = 0 \Leftrightarrow x^2 - 4x = 0 \Leftrightarrow x = 0 \vee x = 4$

Hinreichende Bedingung mit f'':

$f'(0) = 0$ und $f''(0) = e^0(-4) < 0$, 0 ist Maximalstelle.

$f'(4) = 0$ und $f''(4) = e^2(\frac{1}{2} \cdot 16 - 4) > 0$, also ist 4 Minimalstelle.

Fortsetzung von Aufgabe II: 187

Wendestellen:

Nur die Nullstellen von f'' können Wendestellen sein:

$f''(x) = 0 \Leftrightarrow \frac{1}{2}x^2 - 4 = 0 \Leftrightarrow x = \pm\sqrt{8}$

Hinr. Bedingung mit f''':

$f''(\sqrt{8}) = 0$ und $f'''(\sqrt{8}) = e^{\sqrt{2}}(\frac{1}{4} \cdot 8 + \sqrt{8} - 2) > 0$, also ist $\sqrt{8}$ Wendestelle.

$f''(-\sqrt{8}) = 0$ und $f'''(-\sqrt{8}) = e^{-\sqrt{2}}(\frac{1}{4} \cdot 8 - \sqrt{8} - 2) < 0$, also ist $(-\sqrt{8})$ Wendestelle.

Aufgaben – Anwenden

21 a) $\overrightarrow{CA} \cdot \overrightarrow{CB} = 0$

b) $\overrightarrow{BA} \cdot \overrightarrow{BC} = 0$

c) $(\overrightarrow{AB})^2 = (\overrightarrow{AC})^2 = (\overrightarrow{BC})^2$

d) $\overrightarrow{AB} \cdot \overrightarrow{BC} = \overrightarrow{BC} \cdot \overrightarrow{CD} = \overrightarrow{CD} \cdot \overrightarrow{DA} = 0$

e) $(\overrightarrow{AB})^2 = (\overrightarrow{BC})^2 = (\overrightarrow{CD})^2 = (\overrightarrow{DA})^2$ und $\overrightarrow{AB} \cdot \overrightarrow{AD} = 0$

22 $\overrightarrow{AB} = \begin{pmatrix} 4 \\ 2 \\ -1 \end{pmatrix} \quad \overrightarrow{BC} = \begin{pmatrix} -2 \\ 2 \\ -4 \end{pmatrix}$ 188

a) $\overrightarrow{OD} = \overrightarrow{OA} + \overrightarrow{BC}$ ergibt $D(1|0|-2)$

$\overrightarrow{AB} \cdot \overrightarrow{BC} = 0$, also ist das Parallelogramm ein Rechteck.

b) Der Ansatz $\overrightarrow{AB} \cdot \vec{n} = 0$ und $\overrightarrow{BC} \cdot \vec{n} = 0$ führt zu einem LGS. Ein möglicher Lösungsvektor ist $\vec{n} = \begin{pmatrix} 1 \\ -3 \\ -2 \end{pmatrix}$.

c) $168 \cdot |\overrightarrow{AB}| \cdot |\overrightarrow{BC}| \cdot r \cdot |\vec{n}| \Leftrightarrow \sqrt{24} \cdot \sqrt{21} \cdot r \cdot \sqrt{14} = 168 \Leftrightarrow 84r = 168$

Mit $r = 2$ ist $\overrightarrow{OE} = \overrightarrow{OA} + 2\vec{n}$ usw. Man erhält:

$E(5|-8|-2)$; $F(9|-6|-3)$; $G(7|-4|-7)$; $H(3|-6|-6)$

d) Mit $\overrightarrow{OE'} = \overrightarrow{OA} - 2 \cdot \vec{n}$ erhält man

$E'(1|4|6)$; $F'(5|6|5)$; $G'(3|8|1)$; $H'(-1|6|2)$

23 Der Würfel der Kantenlänge a habe die Eckpunkte $A(0|0|0)$, $B(a|0|0)$, $C(a|a|0)$, $D(0|a|0)$, $E(0|0|a)$, $F(a|0|a)$, $G(a|a|a)$, $H(0|a|a)$. Für den Winkel γ...

a) ... zwischen $\overrightarrow{AB}$ und $\overrightarrow{AC}$ gilt: $\cos(\gamma) = \frac{\overrightarrow{AB} \cdot \overrightarrow{AC}}{|\overrightarrow{AB}| \cdot |\overrightarrow{AC}|} = \frac{a^2}{a \cdot a\sqrt{2}} = \frac{1}{\sqrt{2}} \quad \Rightarrow \gamma = 45°$

b) ... zwischen $\overrightarrow{AB}$ und $\overrightarrow{AG}$ gilt: $\cos(\gamma) = \frac{\overrightarrow{AB} \cdot \overrightarrow{AG}}{|\overrightarrow{AB}| \cdot |\overrightarrow{AG}|} = \frac{a^2}{a \cdot a\sqrt{3}} = \frac{1}{\sqrt{3}} \quad \Rightarrow \gamma \approx 54{,}7°$

Fortsetzung von Aufgabe 23:

c) … zwischen $\overline{AG}$ und $\overline{BH}$ gilt: $\cos(\gamma) = \frac{\overrightarrow{AG} \cdot \overrightarrow{BH}}{|\overrightarrow{AG}| \cdot |\overrightarrow{BH}|} = \frac{a^2}{a\sqrt{3} \cdot a\sqrt{3}} = \frac{1}{3} \quad \Rightarrow \gamma \approx 70{,}5°$

d) … zwischen $\overline{AG}$ und $\overline{AC}$ gilt: $\cos(\gamma) = \frac{\overrightarrow{AG} \cdot \overrightarrow{AC}}{|\overrightarrow{AG}| \cdot |\overrightarrow{AC}|} = \frac{2a^2}{a\sqrt{3} \cdot a\sqrt{2}} = \frac{2}{\sqrt{6}} \quad \Rightarrow \gamma \approx 35{,}3°$

24 Der Winkel bzw. dessen Größe hängt nicht von der Größe von a ab, denn eine Veränderung von a bewirkt eine Streckung bzw. Stauchung des Quaders, welche den Winkel nicht verändert.
Dass sich die Winkelgröße nicht ändert, kann auch mithilfe der Formel für den Kosinus des Winkels begründet werden. Alle Vektoren enthalten den Faktor a. Im Zähler und im Nenner des Bruches kommt daher jeweils a^2 vor, was sich dann kürzen lässt. Somit bleibt nur die Abhängigkeit des Winkels von der Wahl der Raumdiagonalen.

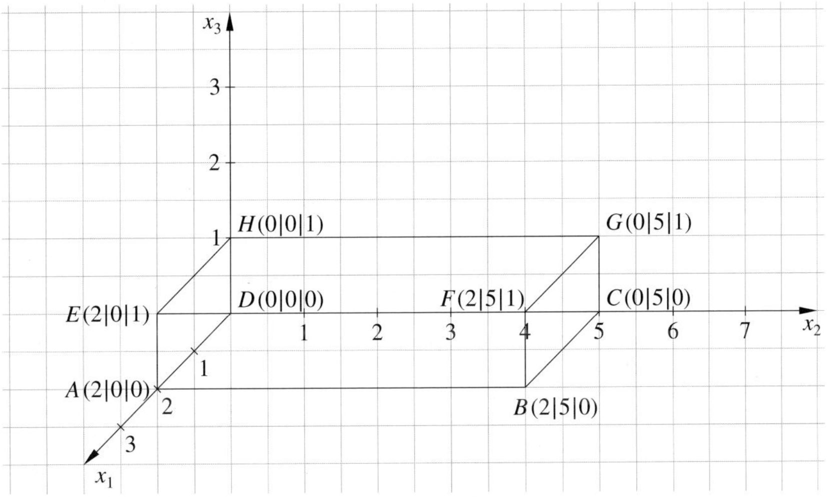

Die Berechnung der Winkel kann z. B. für $a = 1$ erfolgen:
Den Raumdiagonalen des Quaders $ABCDEFG$ entsprechende Richtungsvektoren sind
$\overrightarrow{AG} = \begin{pmatrix} -2 \\ 5 \\ 1 \end{pmatrix}$, $\overrightarrow{DF} = \begin{pmatrix} 2 \\ 5 \\ 1 \end{pmatrix}$ und $\overrightarrow{BH} = \begin{pmatrix} -2 \\ -5 \\ 1 \end{pmatrix}$.
Für den Winkel α zwischen den Vektoren $\overrightarrow{AG} = \begin{pmatrix} -2 \\ 5 \\ 1 \end{pmatrix}$ und $\overrightarrow{DF} = \begin{pmatrix} 2 \\ 5 \\ 1 \end{pmatrix}$ gilt:
$\cos(\alpha) = \frac{22}{\sqrt{30} \cdot \sqrt{30}}$
$\Rightarrow \alpha \approx 42{,}8°$

Fortsetzung von Aufgabe 24:
Der Schnittwinkel der Diagonalen $\overline{AG}$ und $\overline{DF}$ hat eine Größe von ca. 42,8°.
Für den Winkel β zwischen den Vektoren $\overrightarrow{AG} = \begin{pmatrix} -2 \\ 5 \\ 1 \end{pmatrix}$ und $\overrightarrow{BH} = \begin{pmatrix} -2 \\ -5 \\ 1 \end{pmatrix}$ gilt:
$\cos(\beta) = \frac{-20}{\sqrt{30} \cdot \sqrt{30}}$
$\Rightarrow \beta \approx 131{,}8°$
Der Schnittwinkel der Diagonalen $\overline{AG}$ und $\overline{BH}$ hat eine Größe von ca. 48,2°.
Für den Winkel γ zwischen den Vektoren $\overrightarrow{DF} = \begin{pmatrix} 2 \\ 5 \\ 1 \end{pmatrix}$ und $\overrightarrow{BH} = \begin{pmatrix} -2 \\ -5 \\ 1 \end{pmatrix}$ gilt:
$\cos(\gamma) = \frac{-28}{\sqrt{30} \cdot \sqrt{30}}$
$\Rightarrow \gamma \approx 158{,}96°$
Der Schnittwinkel der Diagonalen $\overline{DF}$ und $\overline{BH}$ hat eine Größe von ca. 21,04°.

25 Der Winkel bei N ist der Winkel zwischen $\overrightarrow{BA} = \begin{pmatrix} 0 \\ -6 \\ 0 \end{pmatrix}$ und $\overrightarrow{NS} = \begin{pmatrix} 0 \\ -3 \\ 3 \end{pmatrix}$.

$\cos\alpha = \frac{\overrightarrow{NS} \cdot \overrightarrow{BA}}{|\overrightarrow{NS}| \cdot |\overrightarrow{BA}|} = \frac{18}{3\sqrt{2} \cdot 6} = \frac{1}{\sqrt{2}}$ Wie zu erwarten ist $\alpha = 45°$.

Winkel bei $M(2|-1|5)$:

$\cos\alpha = \frac{\overrightarrow{BC} \cdot \overrightarrow{MS}}{|\overrightarrow{BC}| \cdot |\overrightarrow{MS}|} = \frac{\begin{pmatrix} -10 \\ 0 \\ 0 \end{pmatrix} \cdot \begin{pmatrix} -2 \\ 0 \\ 3 \end{pmatrix}}{10 \cdot \sqrt{13}} = \frac{2}{\sqrt{13}}$ Also $\alpha \approx 56{,}31°$.

26 a) $\cos\alpha = \frac{\overrightarrow{AC} \cdot \overrightarrow{AH}}{|\overrightarrow{AC}| \cdot |\overrightarrow{AH}|} = \frac{\begin{pmatrix} -6 \\ 6 \\ 0 \end{pmatrix} \cdot \begin{pmatrix} -6 \\ 0 \\ 6 \end{pmatrix}}{6\sqrt{2} \cdot 6\sqrt{2}} = \frac{1}{2} \quad \alpha = 60°$

b) Wegen $|\overrightarrow{AC}| = \begin{pmatrix} -6 \\ 6 \\ 0 \end{pmatrix} = 6\sqrt{2}$ und $|\overrightarrow{AH}| = \begin{pmatrix} -6 \\ 0 \\ 6 \end{pmatrix} = 6\sqrt{2}$ ist als Dreieck gleichschenklig.

Weil zudem ein Innenwinkel 60° beträgt, ist es sogar gleichseitig.

c) s_c verläuft oensichtlich durch C. Der Mittelpunkt $M_c(1|-1|0)$ von $\overline{AH}$ liegt auf s_c: $\begin{pmatrix} 1 \\ -1 \\ 0 \end{pmatrix} = \begin{pmatrix} -2 \\ 5 \\ -3 \end{pmatrix} + 3 \cdot \begin{pmatrix} 1 \\ -2 \\ 1 \end{pmatrix}$.

$\overrightarrow{AH} \cdot \begin{pmatrix} 1 \\ -2 \\ 1 \end{pmatrix} = 0$, also steht s_c senkrecht auf $\overline{AH}$.

d) Mit der Formel für den Flächeninhalt des gleichseitigen Dreiecks, oder:

$A = \frac{g \cdot h}{2} = \frac{1}{2}|\overrightarrow{AH}| \cdot |\overrightarrow{CM_c}| = \frac{1}{2} \cdot 6\sqrt{2} \cdot 3\sqrt{6} = 18\sqrt{3} \approx 31{,}2$

27 a) $\overrightarrow{AB} = \begin{pmatrix} -4 \\ 8 \\ 1 \end{pmatrix} = \overrightarrow{DC}$, also Parallelogramm.

$\overrightarrow{AD} = \begin{pmatrix} 4 \\ 1 \\ 8 \end{pmatrix}$. Offensichtlich ist $\overline{AB} = \overline{AD}$, also Raute.

$\overrightarrow{AB} \cdot \overrightarrow{AD} = -16 + 8 + 8 = 0$, also Quadrat.

188 **Fortsetzung von Aufgabe 27:**

b) $\cos\alpha = \frac{\overrightarrow{DS}\cdot\overrightarrow{DC}}{|\overrightarrow{DS}|\cdot|\overrightarrow{DC}|} = \frac{\begin{pmatrix}3\\-7,5\\7,5\end{pmatrix}\cdot\begin{pmatrix}-4\\8\\1\end{pmatrix}}{\sqrt{121,5}\cdot\sqrt{81}} = \frac{1}{\sqrt{6}} = 0{,}408\ldots \quad \alpha \approx 65{,}9°$

c) $\overrightarrow{DS} = \begin{pmatrix}3\\7,5\\-7,5\end{pmatrix} \quad \overrightarrow{CS} = \begin{pmatrix}7\\-0,5\\-8,5\end{pmatrix} \quad |\overrightarrow{DS}| = |\overrightarrow{CS}| = \sqrt{121{,}5}.$

Da $\overline{DC}$ die Basis des gleichschenkligen Dreiecks ist, ist der Mittelpunkt $M(7\,|\,4\,|\,8{,}5)$ von $\overline{DC}$ der Fußpunkt der Höhe.

d) $\overrightarrow{MS} = \begin{pmatrix}5\\3,5\\-8\end{pmatrix} \quad A = \frac{1}{2}|\overrightarrow{DC}|\cdot|\overrightarrow{MS}| = \frac{1}{2}\cdot 9\cdot\sqrt{101{,}25} \approx 45{,}3$

e) Der Diagonalenschnittpunkt S' ist der Mittelpunkt $S'(5\,|\,3{,}5\,|\,4{,}5)$ von $\overline{AC}$. S' liegt auf h:

$\begin{pmatrix}5\\3,5\\4,5\end{pmatrix} = \begin{pmatrix}12\\7,5\\0,5\end{pmatrix} + (-1)\begin{pmatrix}7\\4\\-4\end{pmatrix}.$

$\begin{pmatrix}7\\4\\-4\end{pmatrix}\cdot\begin{pmatrix}0\\9\\9\end{pmatrix} = 0$ und $\begin{pmatrix}7\\4\\-4\end{pmatrix}\cdot\begin{pmatrix}8\\-7\\7\end{pmatrix} = 0$, also steht h auf beiden Diagonalen senkrecht.

f) $V = \frac{1}{3}Gh = \frac{1}{3}\cdot|\overrightarrow{AB}|^2\cdot|\overrightarrow{S'S}| = \frac{1}{3}\cdot 9^2\cdot 9 = 243$

189 **28 a)** $\overrightarrow{AB} = \begin{pmatrix}8\\4\end{pmatrix} \qquad g_{AB}\colon\ \vec{x} = \begin{pmatrix}2\\-1\end{pmatrix} + l\cdot\begin{pmatrix}8\\4\end{pmatrix}$

$h_c\colon\ \vec{x} = \begin{pmatrix}1\\6\end{pmatrix} + k\cdot\begin{pmatrix}-1\\2\end{pmatrix}$

Schnittpunkt H_c der Geraden g_{AB} und h_c:

$1 - k = 2 + 8l$

$6 + 2k = -1 + 4l$

$\Rightarrow l = \frac{1}{4} \Rightarrow k = -3 \Rightarrow H_c(4|0) \Rightarrow |\overrightarrow{CH_c}| = \left|(-3)\cdot\begin{pmatrix}-1\\2\end{pmatrix}\right| = 3\sqrt{5}$

$A = \frac{1}{2}\cdot|\overrightarrow{AB}|\cdot|\overrightarrow{CH_c}| = \frac{1}{2}\cdot 4\sqrt{5}\cdot 3\sqrt{5} = 30$

b) Wegen $\begin{pmatrix}4\\-1\\2\end{pmatrix} = \begin{pmatrix}3\\0\\0\end{pmatrix} + \frac{1}{3}\cdot\begin{pmatrix}3\\-3\\6\end{pmatrix}$ liegt H_c auf g_{AB}.

$\overrightarrow{CH_c}\cdot\overrightarrow{AB} = \begin{pmatrix}-2\\-4\\-1\end{pmatrix}\cdot\begin{pmatrix}3\\-3\\6\end{pmatrix} = 0 \Rightarrow \overrightarrow{CH_c} \perp \overrightarrow{AB}$

$A = \frac{1}{2}\cdot|\overrightarrow{AB}|\cdot|\overrightarrow{CH_c}| = \frac{1}{2}\cdot\sqrt{21}\cdot 3\sqrt{6} = \frac{9}{2}\sqrt{14}$

c) $\overrightarrow{AB} = \begin{pmatrix}2\\4\\-4\end{pmatrix} \qquad \overrightarrow{AC} = \begin{pmatrix}-1\\0\\-5\end{pmatrix} \qquad \overrightarrow{BC} = \begin{pmatrix}-3\\-4\\-1\end{pmatrix}$

$|\overrightarrow{AB}| = 6 \qquad |\overrightarrow{AC}| = |\overrightarrow{BC}| = \sqrt{26}$

Satz des Pythagoras: $h = \sqrt{26 - 3^2} = \sqrt{17}$

$A = \frac{1}{2}\cdot|\overrightarrow{AB}|\cdot h = 3\sqrt{17}$

d) $\overrightarrow{AB} = \begin{pmatrix}2\\0\\2\end{pmatrix} \qquad \overrightarrow{AC} = \begin{pmatrix}-1\\-3\\5\end{pmatrix} \qquad \overrightarrow{BC} = \begin{pmatrix}-3\\-3\\3\end{pmatrix}$

$\overrightarrow{AB}\cdot\overrightarrow{BC} = 0 \Rightarrow \overrightarrow{AB} \perp \overrightarrow{BC}$

$A = \frac{1}{2}\cdot|\overrightarrow{AB}|\cdot|\overrightarrow{BC}| = \frac{1}{2}\cdot\sqrt{8}\cdot 3\sqrt{3} = 3\sqrt{6}$

29 Es gibt unendlich viele Richtungen senkrecht zu $\overrightarrow{AB}$. Wählt man einen beliebigen Vektor $\vec{v}$, der senkrecht zu $\overrightarrow{AB}$ steht, so ist nicht gesichert, dass $\vec{v}$ parallel zu der durch das Dreieck ABC festgelegten Ebene liegt. Ist das nicht der Fall, so schneidet h_c mit $\vec{x} = \overrightarrow{OC} + k\cdot\vec{v}$ nicht die Gerade g_{AB}. 189

Im vorliegenden Fall gilt $k\cdot\begin{pmatrix}1\\6\\-1\end{pmatrix} = \begin{pmatrix}2\\4\\4\end{pmatrix} + l\cdot\begin{pmatrix}1\\0\\1\end{pmatrix}$.

$k = 2 + l \qquad \Rightarrow l = -\frac{4}{3}$

$6k = 4 \qquad \Rightarrow k = \frac{2}{3}$

$-k = 4 + l \qquad \Rightarrow l = -\frac{14}{3}$

Das Gleichungssystem ist nicht erfüllbar, daher existiert kein Schnittpunkt.

30 a) $\overrightarrow{OQ_0} = \begin{pmatrix}2\\-1\\4\end{pmatrix} + 0\cdot\begin{pmatrix}-4\\6\\-2\end{pmatrix} = \begin{pmatrix}2\\-1\\4\end{pmatrix} \qquad \overrightarrow{PQ_0} = \begin{pmatrix}2\\-7\\-11\end{pmatrix} \qquad \begin{pmatrix}2\\-7\\-11\end{pmatrix}\cdot\begin{pmatrix}-4\\6\\-2\end{pmatrix} = -72$

$\overrightarrow{OQ_1} = \begin{pmatrix}2\\-1\\4\end{pmatrix} + 1\cdot\begin{pmatrix}-4\\6\\-2\end{pmatrix} = \begin{pmatrix}-2\\5\\2\end{pmatrix} \qquad \overrightarrow{PQ_1} = \begin{pmatrix}-2\\-1\\-13\end{pmatrix} \qquad \begin{pmatrix}-2\\-1\\-13\end{pmatrix}\cdot\begin{pmatrix}-4\\6\\-2\end{pmatrix} = 28$

$\overrightarrow{OQ_2} = \begin{pmatrix}2\\-1\\4\end{pmatrix} + 2\cdot\begin{pmatrix}-4\\6\\-2\end{pmatrix} = \begin{pmatrix}-6\\11\\0\end{pmatrix} \qquad \overrightarrow{PQ_2} = \begin{pmatrix}-6\\5\\-15\end{pmatrix} \qquad \begin{pmatrix}-6\\5\\-15\end{pmatrix}\cdot\begin{pmatrix}-4\\6\\-2\end{pmatrix} = 84$

b) $\left[\begin{pmatrix}2\\-7\\-11\end{pmatrix} + r\begin{pmatrix}-4\\6\\-2\end{pmatrix}\right]\cdot\begin{pmatrix}-4\\6\\-2\end{pmatrix} = -28 + 56r = 0 \Leftrightarrow r = \frac{1}{2} \qquad \overrightarrow{OQ_{\frac{1}{2}}} = \begin{pmatrix}0\\2\\3\end{pmatrix}$

$d(g, P) = |\overrightarrow{PQ_{\frac{1}{2}}}| = \left|\begin{pmatrix}0\\-4\\-12\end{pmatrix}\right| = 4\sqrt{10}$

c) $\left[\begin{pmatrix}-3\\-17\\-3\end{pmatrix} + r\begin{pmatrix}2\\-3\\1\end{pmatrix}\right]\cdot\begin{pmatrix}2\\-3\\1\end{pmatrix} = 42 + 14r = 0 \Leftrightarrow r = -3 \qquad \overrightarrow{OQ_{-3}} = \begin{pmatrix}1\\3\\2\end{pmatrix}$

$|\overrightarrow{PQ_{-3}}| = \left|\begin{pmatrix}-9\\-8\\-6\end{pmatrix}\right| = \sqrt{181}$

d) Es ist $|\overrightarrow{AB}| = \left|\begin{pmatrix}9\\-12\\6\end{pmatrix}\right| = \sqrt{261}$

$h_c = \left[\begin{pmatrix}3\\6\\-7\end{pmatrix} + k\begin{pmatrix}9\\-12\\6\end{pmatrix}\right]\cdot\begin{pmatrix}9\\-12\\6\end{pmatrix} = -87 + 261k = 0 \Leftrightarrow k = \frac{1}{3} \qquad \overrightarrow{OQ_{\frac{1}{3}}} = \begin{pmatrix}5\\-4\\5\end{pmatrix}$

$h_c = |\overrightarrow{CQ_{\frac{1}{3}}}| = \left|\begin{pmatrix}6\\2\\-5\end{pmatrix}\right| = \sqrt{65} \qquad A_{\triangle ABC} = \frac{1}{2}|\overrightarrow{AB}|\cdot|\overrightarrow{CQ_{\frac{1}{3}}}| = \frac{1}{2}\sqrt{261}\cdot\sqrt{65} \approx 65{,}1$

189 **31 a)** Segel: $A(1\,|\,-2\,|\,8)$; $B(9\,|\,10\,|\,4)$; $C(-1\,|\,3\,|\,5)$

$|\overrightarrow{AB}| = \left|\begin{pmatrix}8\\12\\-4\end{pmatrix}\right| = \sqrt{224}\quad g_{AB}: \vec{x} = \begin{pmatrix}1\\-2\\8\end{pmatrix} + k\begin{pmatrix}8\\12\\-4\end{pmatrix}$

$\left[\begin{pmatrix}2\\-5\\3\end{pmatrix} + k\begin{pmatrix}8\\12\\-4\end{pmatrix}\right]\cdot\begin{pmatrix}8\\12\\-4\end{pmatrix} = -56 + 224k = 0 \Leftrightarrow k = \frac{1}{4}\quad \overrightarrow{OF} = \begin{pmatrix}3\\1\\7\end{pmatrix}$

$|\overrightarrow{CF}| = \left[\begin{pmatrix}4\\-2\\2\end{pmatrix}\right] = \sqrt{24}\quad A_{\triangle ABC} = \frac{1}{2}|\overrightarrow{AB}|\cdot|\overrightarrow{CF}| = \frac{1}{2}\sqrt{224}\cdot\sqrt{24} = 8\sqrt{21} \approx 36{,}7$

b) $\overrightarrow{OA'} = \begin{pmatrix}1\\-2\\8\end{pmatrix} + 8\begin{pmatrix}-1\\-1\\-1\end{pmatrix} = \begin{pmatrix}-7\\-10\\0\end{pmatrix}\qquad \overrightarrow{OB'} = \begin{pmatrix}9\\10\\4\end{pmatrix} + 4\cdot\begin{pmatrix}-1\\-1\\-1\end{pmatrix} = \begin{pmatrix}5\\6\\0\end{pmatrix}$

$\overrightarrow{OC'} = \begin{pmatrix}-1\\3\\5\end{pmatrix} + 5\begin{pmatrix}-1\\-1\\-1\end{pmatrix} = \begin{pmatrix}-6\\-2\\0\end{pmatrix}$

$g_{A'B'}: \vec{x} = \begin{pmatrix}-7\\-10\\0\end{pmatrix} + k\begin{pmatrix}12\\16\\0\end{pmatrix}\qquad |\overrightarrow{A'B'}| = \left|4\cdot\begin{pmatrix}3\\4\\0\end{pmatrix}\right| = 20$

$\left[\begin{pmatrix}-1\\-8\\0\end{pmatrix} + r\begin{pmatrix}12\\16\\0\end{pmatrix}\right]\cdot\begin{pmatrix}12\\16\\0\end{pmatrix} = -140 + 400k = 0 \Leftrightarrow k = \frac{7}{20} = 0{,}35$

$\overrightarrow{OF'} = \begin{pmatrix}-2{,}8\\-4{,}4\\0\end{pmatrix}$

$|\overrightarrow{C'F'}| = \begin{pmatrix}3{,}2\\-2{,}4\\0\end{pmatrix} = \sqrt{16} = 4\qquad A_{\triangle A'B'C'} = \frac{1}{2}\cdot 20\cdot 4 = 40$

Durch die Schrägstellung des Segels ist die Schattenfläche größer als die Fläche des Segels.

190 **32** $g: \vec{x} = \begin{pmatrix}-24\,200\\35\,600\\1616\end{pmatrix} + t\begin{pmatrix}300\\-400\\-20\end{pmatrix}$

a) Das Flugzeug legt in 10 sec $\left|\begin{pmatrix}300\\-400\\-20\end{pmatrix}\right| \approx 500{,}4$ m zurück, in einer Stunde ca. 180,144 km.

b) $g_{EA}: \vec{x} = \begin{pmatrix}1000\\2000\\0\end{pmatrix} + k\begin{pmatrix}-1500\\2000\\20\end{pmatrix}$

Die Schnittbedingung $\begin{pmatrix}-24\,200\\35\,600\\1616\end{pmatrix} + t\begin{pmatrix}300\\-400\\-20\end{pmatrix} = \begin{pmatrix}1000\\2000\\0\end{pmatrix} + k\begin{pmatrix}-1500\\2000\\20\end{pmatrix}$ hat die Lösung $k = 0{,}8$ und $t = 80$ mit dem Aufsetzpunkt $L(-200\,|\,3600\,|\,16)$. Die Strecke $\overline{EL}$ verbleibt zum Ausrollen.

$|\overrightarrow{EL}| = \left|\begin{pmatrix}-1200\\1600\\16\end{pmatrix}\right| = \sqrt{4\,000\,256} \approx 2000{,}064$. Es verbleiben 2000 m, also mehr als 1500 m, zum Ausrollen.

c) $\cos\alpha = \frac{\begin{pmatrix}-1500\\2000\\20\end{pmatrix}\cdot\begin{pmatrix}-300\\400\\20\end{pmatrix}}{\sqrt{6\,250\,400}\cdot\sqrt{250\,400}} = 0{,}9994\ldots\quad \alpha = 1{,}83°$

Fortsetzung von Aufgabe 34:

d) $\left[\begin{pmatrix}-21\,300\\27\,770\\1500\end{pmatrix} + t\begin{pmatrix}300\\-400\\-20\end{pmatrix}\right]\cdot\begin{pmatrix}300\\-400\\-20\end{pmatrix} = -17\,528\,000 + 250\,400t = 0 \Leftrightarrow t = 70$

$d(g, T) = \left|\begin{pmatrix}-21\,300\\27\,770\\1500\end{pmatrix} + 70\begin{pmatrix}300\\-400\\-20\end{pmatrix}\right| = \sqrt{152\,900} \approx 391$

10 sec vor der Landung, welche bei $t = 80$ stattfindet, passiert das Flugzeug den Turm im Abstand von 391 m.

33 $g_{AC}: \vec{x} = \begin{pmatrix}8\\-2\\6\end{pmatrix} + k\begin{pmatrix}-18\\9\\3\end{pmatrix}\quad |\overrightarrow{AC}| = \sqrt{414}$

a) $\left[\begin{pmatrix}9\\-12\\-2\end{pmatrix} + k\begin{pmatrix}-18\\9\\3\end{pmatrix}\right]\cdot\begin{pmatrix}-18\\9\\3\end{pmatrix} = -276 + 414k = 0 \Leftrightarrow k = \frac{2}{3}\quad \overrightarrow{OF} = \begin{pmatrix}-4\\4\\8\end{pmatrix}\quad \overrightarrow{BF} = \begin{pmatrix}-3\\-6\\0\end{pmatrix}$

$\overrightarrow{OD} = \overrightarrow{OF} + \overrightarrow{BF} = \begin{pmatrix}-7\\-2\\8\end{pmatrix}\quad \overrightarrow{OS} = \overrightarrow{OF} + \begin{pmatrix}0\\0\\6\end{pmatrix} = \begin{pmatrix}-4\\4\\14\end{pmatrix}$

b) $\triangle BSF: \overrightarrow{BF}\cdot\overrightarrow{FS} = \begin{pmatrix}-3\\-6\\0\end{pmatrix}\cdot\begin{pmatrix}0\\0\\6\end{pmatrix} = 0\qquad \triangle AFS: \overrightarrow{AF}\cdot\overrightarrow{FS} = \begin{pmatrix}-12\\6\\2\end{pmatrix}\cdot\begin{pmatrix}0\\0\\6\end{pmatrix} = 12 \neq 0$

c) Winkel zwischen $\overrightarrow{AS} = \begin{pmatrix}-12\\6\\8\end{pmatrix} = 2\begin{pmatrix}-6\\3\\4\end{pmatrix}$ und $\overrightarrow{AC} = \begin{pmatrix}-18\\9\\3\end{pmatrix} = 3\begin{pmatrix}-6\\3\\1\end{pmatrix}$:

$\cos\alpha = \frac{\begin{pmatrix}-6\\3\\4\end{pmatrix}\cdot\begin{pmatrix}-6\\3\\1\end{pmatrix}}{\sqrt{61}\cdot\sqrt{46}} = \frac{49}{\sqrt{61\cdot 46}} = 0{,}92\ldots\quad \alpha = 22{,}3°$

Winkel zwischen $\overrightarrow{CS} = \begin{pmatrix}6\\-3\\5\end{pmatrix}$ und $\overrightarrow{CF} = \begin{pmatrix}6\\-3\\-1\end{pmatrix}$:

$\cos\alpha = \frac{36 + 9 - 5}{\sqrt{70}\cdot\sqrt{46}} = 0{,}704\ldots\quad \alpha = 45{,}2°$

d) $A = 2\cdot\frac{1}{2}\cdot|\overrightarrow{AC}|\cdot|\overrightarrow{BF}| = \sqrt{414}\cdot\sqrt{45} = 136{,}5$

34 $g_1: \vec{x} = \begin{pmatrix}0\\-5\\1\end{pmatrix} + r\begin{pmatrix}4\\3\\1\end{pmatrix}\quad g_2: \vec{x} = \begin{pmatrix}26\\18\\6\end{pmatrix} + s\begin{pmatrix}3{,}5\\3{,}5\\0{,}5\end{pmatrix}\quad g_3: \vec{x} = \begin{pmatrix}-8\\-4\\14\end{pmatrix} + t\begin{pmatrix}3\\3\\-1\end{pmatrix}$

a) Die Schnittbedingung: $\begin{pmatrix}0\\-5\\1\end{pmatrix} + r\begin{pmatrix}4\\3\\1\end{pmatrix} = \begin{pmatrix}26\\18\\6\end{pmatrix} + s\begin{pmatrix}3{,}5\\3{,}5\\0{,}5\end{pmatrix}$ ergibt $r = 3$ und $s = -4$.

3 Minuten nach 8:00 Uhr hat F_1 die Bahn von F_2 gekreuzt. Zu diesem Zeitpunkt war F_2 in $\overrightarrow{OP_2} = \begin{pmatrix}26\\18\\6\end{pmatrix} + 3\begin{pmatrix}3{,}5\\3{,}5\\0{,}5\end{pmatrix} = \begin{pmatrix}36{,}5\\28{,}5\\1{,}5\end{pmatrix}$ und F_1 in

$\overrightarrow{OP_1} = \begin{pmatrix}0\\-5\\1\end{pmatrix} + 3\begin{pmatrix}4\\3\\1\end{pmatrix} = \begin{pmatrix}12\\4\\4\end{pmatrix}$ Für den Abstand beider zu diesem Zeitpunkt gilt

$|\overrightarrow{F_1F_2}| = \left|\begin{pmatrix}24{,}5\\24{,}5\\-2{,}5\end{pmatrix}\right| = \sqrt{1206{,}57} = 34{,}7$ (km)

Winkel zwischen den Bahnen: $\cos\alpha = \frac{\begin{pmatrix}4\\3\\1\end{pmatrix}\cdot\begin{pmatrix}7\\7\\1\end{pmatrix}}{\sqrt{26}\cdot\sqrt{99}} = \frac{50}{\sqrt{26}\cdot\sqrt{99}} = 0{,}985\ldots\quad \alpha = 9{,}8°$

190

Fortsetzung von Aufgabe 34:

b) Das sich aus der Schnittbedingung $\begin{pmatrix}0\\-5\\1\end{pmatrix} + r\begin{pmatrix}4\\3\\1\end{pmatrix} = \begin{pmatrix}-8\\-4\\14\end{pmatrix} + t\begin{pmatrix}3\\3\\-1\end{pmatrix}$ ergebende LGS hat keine Lösung, die Geraden haben keinen gemeinsamen Punkt. Offensichtlich sind sie nicht parallel, also sind sie windschief.

$P(10|14|8)$ wird bei $t = 6$ erreicht: $\begin{pmatrix}10\\14\\8\end{pmatrix} = \begin{pmatrix}-8\\-4\\14\end{pmatrix} + 6\begin{pmatrix}3\\3\\-1\end{pmatrix}$

Bestimmung des Richtungsvektors $\vec{n}$ von h:

$\begin{pmatrix}x\\y\\z\end{pmatrix} \cdot \begin{pmatrix}4\\3\\1\end{pmatrix} = 0$ und $\begin{pmatrix}x\\y\\z\end{pmatrix} \cdot \begin{pmatrix}3\\3\\-1\end{pmatrix} = 0$ Eine Lösung ist $\vec{n} = \begin{pmatrix}-6\\-7\\3\end{pmatrix}$ Also $h: \vec{x} = \begin{pmatrix}10\\14\\8\end{pmatrix} + k\begin{pmatrix}6\\-7\\-3\end{pmatrix}$

c) Schnitt von g_1 und h:

$\begin{pmatrix}0\\-5\\1\end{pmatrix} + r\begin{pmatrix}4\\3\\1\end{pmatrix} = \begin{pmatrix}10\\14\\8\end{pmatrix} + k\begin{pmatrix}6\\-7\\-3\end{pmatrix} \Leftrightarrow k = 1$ und $r = 4$. Schnittpunkt: $S(16|7|5)$.

Der Abstand beider Geraden entspricht $|\overrightarrow{PS}|$, und wegen $k = 1$ ist $\overrightarrow{PS} = \vec{n}$. Also
$d(g_1 g_3) = \vec{n} = \sqrt{36 + 49 + 9} = \sqrt{94} \approx 9{,}7$ (km)

d) $\overrightarrow{F_1F_3} = \begin{pmatrix}0\\-5\\1\end{pmatrix} + r\begin{pmatrix}4\\3\\1\end{pmatrix} - \left[\begin{pmatrix}-8\\-4\\14\end{pmatrix} + r\begin{pmatrix}3\\3\\-1\end{pmatrix}\right] = \begin{pmatrix}8\\-1\\-13\end{pmatrix} + r\begin{pmatrix}1\\0\\2\end{pmatrix}$

$|\overrightarrow{F_1F_3}| = \sqrt{(8+r)^2 + 1 + (-13+2r)^2} = \sqrt{5r^2 - 36r + 234}$

Der Wert der Wurzel ist minimal genau dann, wenn der Wert des Radikanden minimal ist. Der Radikand ist eine nach oben geöffnete Parabel, hat also ein Minimum, das an der Stelle mit waagerechter Tangente liegt:

$(5r^2 - 36r + 234)' = 10r - 36 = 0 \Leftrightarrow r = \frac{36}{10} = 3{,}6$. Dieses r in die Wurzel eingesetzt ergibt $\sqrt{169{,}2} \approx 13$ (km).

3 Minuten und 36 Sekunden nach 8:00 Uhr haben die beiden Flugzeuge mit ca. 13 km den kleinsten Abstand voneinander.

191

Aufgaben – Vernetzen

35 a) Die Dreiecke $B'SB$ und SAC sind kongruent,
also ist $|\cos(\alpha)| = |\overline{B'S}| = |\overline{SA}| = |\cos(180° - \alpha)|$.
$\cos\alpha$ und $\cos(180 - \alpha)$ haben also den gleichen Betrag, sind aber vorzeichen-entgegengesetzt, also
$\cos\alpha = -\cos(180° - \alpha)$

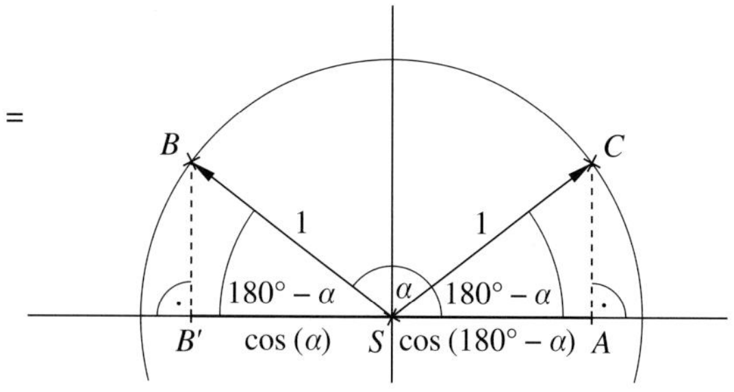

Fortsetzung von Aufgabe 35:

b) $\vec{a} \cdot \vec{b} = \vec{a} \cdot (\overrightarrow{SB'} + \overrightarrow{B'B})$ Wegen $\overrightarrow{B'B} \perp \vec{a}$ ist das

$= \vec{a} \cdot \overrightarrow{SB'}$ Mit Regel (S. 184) für kollineare, entgegengesetzt orientierte Vektoren:

$= -\vec{a} \cdot |\overrightarrow{SB'}|$ Ersetzen von $|\overrightarrow{SB'}|$ nach Skizze:

$= -\vec{a} \cdot \vec{b}\cos(180° - \alpha)$ Nach Teil a) wird daraus:

$= \vec{a} \cdot \vec{b}\cos\alpha$

36 Erster Schritt (Formel für den Projektionsvektor):

Der Vektor $\vec{b_a}$ ist ein Vielfaches von $\vec{a}$. $\Rightarrow \vec{b_a} = t \cdot \vec{a}$

Der Vektor $\vec{b_a} - \vec{b}$ ist orthogonal zu $\vec{a}$. $\Rightarrow (\vec{b_a} - \vec{b}) \cdot \vec{a} = 0$

$$t \cdot \vec{a} \cdot \vec{a} - \vec{b} \cdot \vec{a} = 0$$
$$t = \frac{\vec{b} \cdot \vec{a}}{\vec{a} \cdot \vec{a}}$$
$$\vec{b_a} = \frac{\vec{b} \cdot \vec{a}}{\vec{a} \cdot \vec{a}} \cdot \vec{a}$$

Entsprechend gilt $\vec{a_b} = \frac{\vec{a} \cdot \vec{b}}{\vec{b} \cdot \vec{b}} \cdot \vec{b}$.

Zweiter Schritt (Prüfen der Gleichung): $|\vec{a}| \cdot |\vec{b_a}| = |\vec{a}| \cdot \left|\frac{\vec{b} \cdot \vec{a}}{\vec{a} \cdot \vec{a}} \cdot \vec{a}\right|$

$$= \frac{|\vec{a}| \cdot |\vec{b} \cdot \vec{a}| \cdot |\vec{a}|}{|\vec{a} \cdot \vec{a}|}$$
$$= \vec{b} \cdot \vec{a} \quad (\text{wegen } |\vec{a}| \cdot |\vec{a}| = |\vec{a} \cdot \vec{a}|)$$

Entsprechend ergibt sich $\vec{b} \cdot \vec{a_b} = \vec{a} \cdot \vec{b}$.

Da das Skalarprodukt kommutativ ist, sind die beiden Ergebnisse gleich.

Ohne Verwendung des Skalarprodukts:

Für den Winkel φ zwischen den Vektoren $\vec{a}$ und $\vec{b}$ gilt:

$\cos(\varphi) = \frac{|\vec{b_a}|}{|\vec{b}|} = \frac{|\vec{a_b}|}{|\vec{a}|} \Rightarrow |\vec{a}| \cdot |\vec{b_a}| = |\vec{b}| \cdot |\vec{a_b}|$

37 Für Winkel β zwischen den Vektoren $\vec{a}$ und $\vec{b}$ gilt: $\vec{a} \cdot \vec{b} = |\vec{a}| \cdot |\vec{b}| \cdot \cos(\beta)$

Für Winkel γ zwischen den Vektoren $\vec{a}$ und $\vec{c}$ gilt: $\vec{a} \cdot \vec{c} = |\vec{a}| \cdot |\vec{c}| \cdot \cos(\gamma)$

Wenn für die Vektoren $\vec{a} \cdot \vec{b} = \vec{a} \cdot \vec{c}$ gilt, dann folgt:

$$|\vec{a}| \cdot |\vec{b}| \cdot \cos(\beta) = |\vec{a}| \cdot |\vec{c}| \cdot \cos(\gamma)$$
$$|\vec{b}| \cdot \cos(\beta) = |\vec{c}| \cdot \cos(\gamma)$$
$$|\vec{b}| \cdot \frac{x_b}{|\vec{b}|} = |\vec{c}| \cdot \frac{x_c}{|\vec{c}|}$$
$$x_b = x_c$$

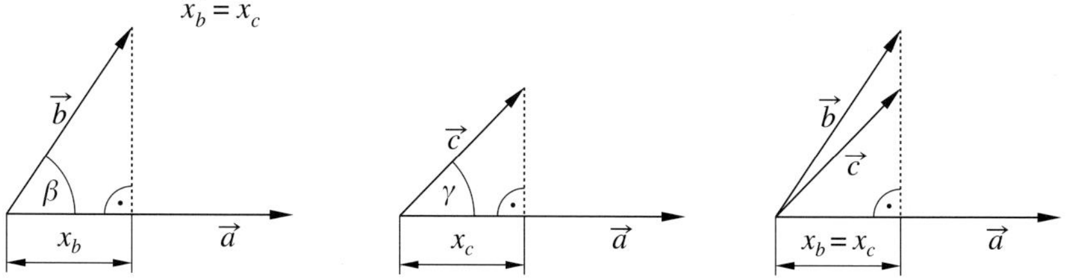

Die senkrechte Projektion auf $\vec{a}$ liefert für alle Vektoren $\vec{c}$ denselben Wert wie die von Vektor $\vec{b}$.

38 $\mathbb{R}^2$:

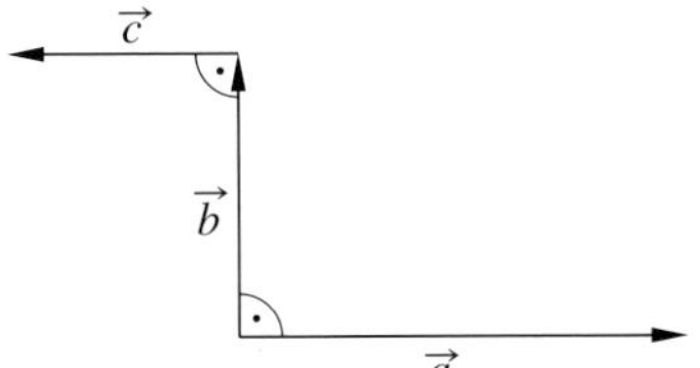

$\mathbb{R}^3$:

Am Beispiel eines dreiseitigen Prismas lässt sich leicht zeigen, dass zwar sowohl $\vec{a} \perp \vec{b}$ als auch $\vec{b} \perp \vec{c}$ gilt, aber die Vektoren $\vec{a}$ und $\vec{c}$ nicht zueinander parallel sind.

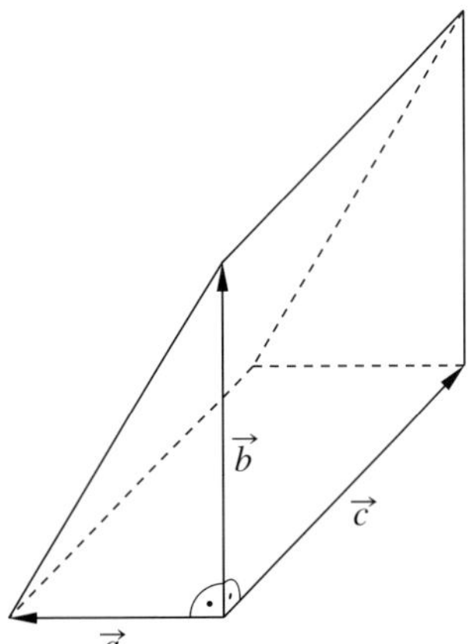

39 a) Für $90° > \alpha \geq 0$ ist das Skalarprodukt positiv, die Betragstriche haben keine Auswirkung. Für $\alpha > 90°$ ist das Skalarprodukt negativ. Die folgende Zeile zeigt, dass man mithilfe der Betragstriche praktisch den Winkel zwischen $(-\vec{u})$ und $\vec{v}$, also den Nebenwinkel von α berechnet: $|\vec{u} \cdot \vec{v}| = -(\vec{u} \cdot \vec{v}) = (-\vec{u}) \cdot \vec{v}$

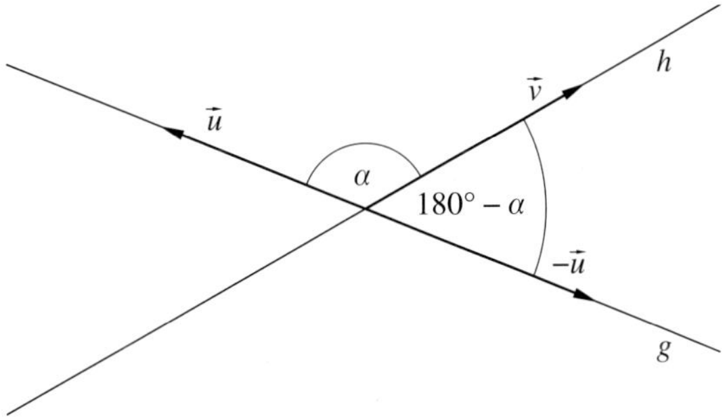

b) Mit der ersten Darstellung der Geraden h:

$$\vec{v_g} \cdot \vec{v_h} = \begin{pmatrix} -1 \\ 2 \\ 2 \end{pmatrix} \cdot \begin{pmatrix} 1 \\ -2 \\ 1 \end{pmatrix} = -3$$

$$\left.\begin{array}{l} |\vec{v_g}| = 3 \\ |\vec{v_h}| = \sqrt{6} \end{array}\right. \Rightarrow \frac{\vec{v_g} \cdot \vec{v_h}}{|\vec{v_g}| \cdot |\vec{v_h}|} = -\frac{1}{\sqrt{6}}$$

Mit Betragsstrichen: $\cos(\gamma_1) = \frac{1}{\sqrt{6}}$ und $0° \leq \gamma_1 \leq 180°$ ergibt $\gamma_1 \approx 65{,}9°$.
Ohne Betragsstriche: $\cos(\gamma_2) = -\frac{1}{\sqrt{6}}$ und $0° \leq \gamma_2 \leq 180°$ ergibt $\gamma_2 \approx 114{,}1°$.
Die beiden Winkel ergänzen sich zu 180°.

Fortsetzung von Aufgabe 39:

Ohne Betragsstriche erhält man den Winkel zwischen den beiden Richtungsvektoren, mit den Betragsstrichen erhält man den Schnittwinkel.
Mit der zweiten Darstellung der Geraden h:

$$\vec{v_g} \cdot \vec{v_h} = \begin{pmatrix} -1 \\ 2 \\ 2 \end{pmatrix} \cdot \begin{pmatrix} -3 \\ 6 \\ -3 \end{pmatrix} = 9$$

$$\left.\begin{array}{l} |\vec{v_g}| = 3 \\ |\vec{v_h}| = \sqrt{54} \end{array}\right. \Rightarrow \frac{\vec{v_g} \cdot \vec{v_h}}{|\vec{v_g}| \cdot |\vec{v_h}|} = \frac{1}{\sqrt{6}}$$

Da der Zähler positiv ist, ergeben sich in beiden Fällen dieselben Winkelgrößen.
Die Richtungsvektoren in den beiden Darstellungen der Geraden h zeigen in verschiedene Richtungen. Dies bedingt bei der Winkelberechnung die unterschiedlichen Vorzeichen im Zähler des betreffenden Bruches.

40 a) Durch Einsetzen von $k = 3$ bzw. $k = 4$ sieht man, dass $Q_{3/4}$ auf g liegen.

$\overrightarrow{PQ_3} = \begin{pmatrix} 0 \\ 7 \\ -1 \end{pmatrix}$ $\quad |\overrightarrow{PQ_3}| = \sqrt{50}$ $\quad \overrightarrow{PQ_4} = \begin{pmatrix} 0 \\ 6 \\ 0 \end{pmatrix}$ $\quad |\overrightarrow{PQ_4}| = 6$

b) $|\overrightarrow{PQ_k}| = \left|\begin{pmatrix} 2-2 \\ 10 \\ 0-4 \end{pmatrix} + k\begin{pmatrix} 0 \\ -1 \\ 1 \end{pmatrix}\right| = \left|\begin{pmatrix} 0 \\ 10 \\ -4 \end{pmatrix} + k\begin{pmatrix} 0 \\ -1 \\ 1 \end{pmatrix}\right| = \sqrt{0 + (10-k)^2 + (k-4)^2} = \sqrt{2k^2 - 28k + 116}$

Diese Wurzel hat genau dann einen minimalen Wert, wenn ihr Radikand minimal ist. Dieser ist der Term einer nach oben geöffneten Parabel, welche im Scheitelpunkt, der einzigen Stelle mit waagerechter Tangente, ein Minimum annimmt:
$4k - 28 = 0 \Leftrightarrow k = 7$

c) $\overrightarrow{PQ_7} = \begin{pmatrix} 0 \\ 3 \\ 3 \end{pmatrix}$ Orthogonal zu g: $\begin{pmatrix} 0 \\ 3 \\ 3 \end{pmatrix} \cdot \begin{pmatrix} 0 \\ -1 \\ 1 \end{pmatrix} = 0$

$|\overrightarrow{PQ_7}| = 3\sqrt{2}$ ist der Abstand von P zu g.

192

6.2 Ebenen und Geraden

AUFTRAG 1 **Solarpaneele**

$\overrightarrow{OR} = \overrightarrow{OP} + 2\vec{u} + \vec{v} = \begin{pmatrix}8\\7\\11\end{pmatrix} + 2\begin{pmatrix}-2\\1\\0\end{pmatrix} + \begin{pmatrix}-2\\-4\\2\end{pmatrix}$

$\overrightarrow{OS} = \overrightarrow{OP} - 4\vec{u} + 2\vec{v}$ $\quad S(12\,|\,-5\,|\,15)$

$\overrightarrow{OT_1} = \overrightarrow{OP} + \frac{3}{2}\vec{u} + \frac{1}{2}\vec{v}$ $\quad T_1(4\,|\,6{,}5\,|\,12)$

$\overrightarrow{OT_2} = \overrightarrow{OP} - \frac{9}{2}\vec{u} + \frac{3}{2}\vec{v}$ $\quad T_2(14\,|\,-3{,}5\,|\,14)$

Jeder Punkt der Dachfläche lässt sich erreichen durch

$$\vec{x} = \overrightarrow{OP} + r\vec{u} + s\vec{v} = \begin{pmatrix}8\\7\\11\end{pmatrix} + r\begin{pmatrix}-2\\1\\0\end{pmatrix} + s\begin{pmatrix}-2\\-4\\2\end{pmatrix} \quad -5 \le r \le 3,\ -1 \le s \le 2$$

Punktprobe für K:

$$\begin{pmatrix}10\\1\\13\end{pmatrix} = \begin{pmatrix}8\\7\\11\end{pmatrix} + r\begin{pmatrix}-2\\1\\0\end{pmatrix} + s\begin{pmatrix}-2\\-4\\2\end{pmatrix} \Leftrightarrow \begin{pmatrix}2\\-6\\2\end{pmatrix} = r\begin{pmatrix}-2\\1\\0\end{pmatrix} + s\begin{pmatrix}-2\\-4\\2\end{pmatrix}$$

In der 3. Zeile muss $s = 1$ gelten, und damit muss gelten

$$\begin{pmatrix}2\\-6\\2\end{pmatrix} = r\begin{pmatrix}-2\\1\\0\end{pmatrix} + \begin{pmatrix}-2\\-4\\2\end{pmatrix} \Leftrightarrow \begin{pmatrix}4\\-2\\0\end{pmatrix} = r\begin{pmatrix}-2\\1\\0\end{pmatrix} \Leftrightarrow r = -2$$

Die Punktprobe geht auf mit $s = 1$, $r = -2$

Die Punktprobe für L geht ebenso auf mit $s = -1$, $r = 4$

AUFTRAG 2 **Ein schiefes Prisma**

Wenn der Punkt S_1 im Parallelogramm $ABED$ liegt, dann muss gelten:

$\overrightarrow{OS_1} = r \cdot \overrightarrow{OB} + s \cdot \overrightarrow{OD}$

Andererseits liegt S_1 auf der Geraden durch Punkt N:

$\overrightarrow{OS_1} = \overrightarrow{ON} + k \cdot \begin{pmatrix}0\\0\\1\end{pmatrix}$

Daher gilt: $\begin{pmatrix}-2\\3{,}5\\0\end{pmatrix} + k \cdot \begin{pmatrix}0\\0\\1\end{pmatrix} = r \cdot \begin{pmatrix}0\\6\\0\end{pmatrix} + s \cdot \begin{pmatrix}-3\\-4\\5\end{pmatrix}$

(I) $\quad -2 = -3s$

(II) $\quad 3{,}5 = 6r - 4s$

Aus (I) folgt: $s = \frac{2}{3}$

Aus (II) folgt: $r = \frac{37}{36}$

$\overrightarrow{OS_1} = \frac{37}{36} \cdot \overrightarrow{OB} + \frac{2}{3} \cdot \overrightarrow{OD}$

Wegen $r > 1$ liegt S_1 knapp oberhalb des Parallelogramms $ABED$.

Wenn der Punkt S_2 im Parallelogramm $BEFC$ liegt, dann muss gelten:

$\overrightarrow{OS_2} = \overrightarrow{OB} + r \cdot \overrightarrow{BE} + s \cdot \overrightarrow{BC}$

$\overrightarrow{OS_2} = \overrightarrow{ON} + k \cdot \begin{pmatrix}0\\0\\1\end{pmatrix}$.

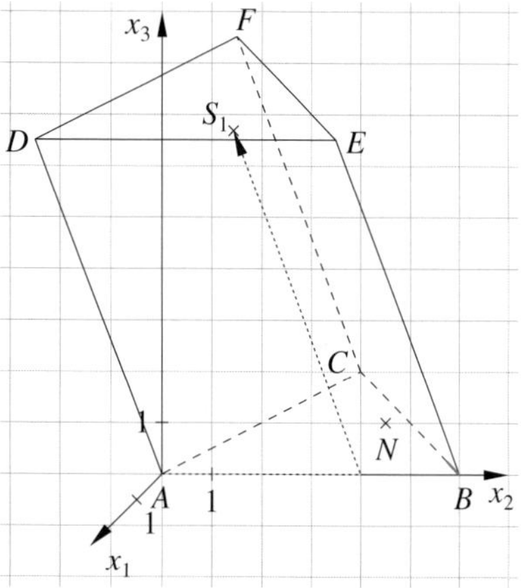

Fortsetzung von Auftrag 2:

$\begin{pmatrix}-2\\3{,}5\\0\end{pmatrix} + k \cdot \begin{pmatrix}0\\0\\1\end{pmatrix} = \begin{pmatrix}0\\6\\0\end{pmatrix} + r \cdot \begin{pmatrix}-3\\-4\\5\end{pmatrix} + s \cdot \begin{pmatrix}-4\\-4\\0\end{pmatrix}$

$\Rightarrow k = 2{,}5 \quad \Rightarrow r = 0{,}5 \quad \Rightarrow s = \frac{1}{8}$

Da sowohl r als auch s zwischen 0 und 1 liegen, befindet sich S_2 innerhalb des Parallelogramms $BEFC$.

Lässt man für r und s auch beliebige Werte zu, dann lautet die Gleichung für die Ebene durch die Punkte B, C und E:

$\vec{x} = \overrightarrow{OB} + r \cdot \overrightarrow{BE} + s \cdot \overrightarrow{BC}$

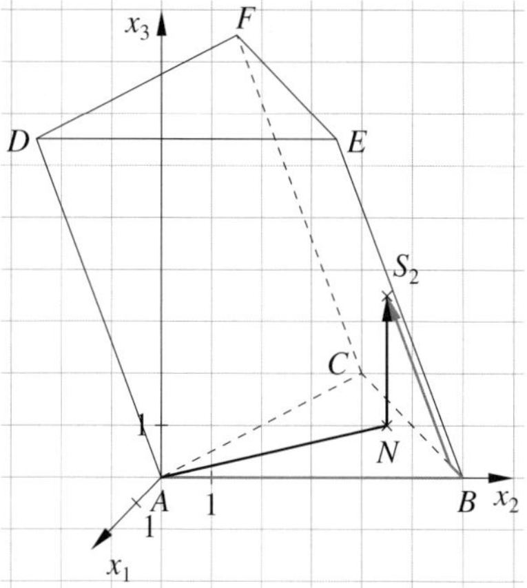

AUFTRAG 3 **Direttissima**

$\overrightarrow{OK} = \begin{pmatrix}-1\\0{,}5\\1\end{pmatrix} + 3\begin{pmatrix}0\\2\\1\end{pmatrix} + 2\begin{pmatrix}-1\\1\\1\end{pmatrix} = \begin{pmatrix}1\\8{,}5\\6\end{pmatrix}$

Auf dieseWeise lassen sich alle Punkte der von den beiden Geraden aufgespannten Ebene bestimmen.

196

Aufgaben – Trainieren

1 a) $E_{ABC}: \vec{x} = \begin{pmatrix}2\\-4\\1\end{pmatrix} + r\begin{pmatrix}-1\\11\\-4\end{pmatrix} + s\begin{pmatrix}-6\\6\\0\end{pmatrix}$

b) $E_{ABC}: \vec{x} = \begin{pmatrix}4\\0\\0\end{pmatrix} + r\begin{pmatrix}-4\\5\\0\end{pmatrix} + s\begin{pmatrix}-4\\0\\6\end{pmatrix}$

c) $E_{ABC}: \vec{x} = \begin{pmatrix}4\\6\\8\end{pmatrix} + r\begin{pmatrix}-7\\0\\-8\end{pmatrix} + s\begin{pmatrix}-5\\-4\\-8\end{pmatrix}$

d) Die Vektoren $\overrightarrow{AB} = \begin{pmatrix}4\\-2\\-6\end{pmatrix}$ und $\overrightarrow{AC} = \begin{pmatrix}6\\-3\\-9\end{pmatrix}$ sind kollinear, die drei Punkte liegen auf einer Geraden. Es gibt unendlich viele Ebenen durch diese drei Punkte,

z. B. $E_{ABC}: \vec{x} = \begin{pmatrix}3\\-2\\4\end{pmatrix} + r\begin{pmatrix}4\\-2\\-6\end{pmatrix} + s\begin{pmatrix}1\\0\\0\end{pmatrix}$

2 a) Die Ebene liegt parallel zur x_2-x_3-Ebene, durch $P(5\,|\,0\,|\,0)$

b) Die Ebene verläuft durch den Ursprung.

c) E steht senkrecht auf der Hauptdiagonalen der x_1-x_2-Ebene, verläuft also auch durch den Ursprung.

d) A, B, C liegen in der x_1-x_2-Ebene, also ist E gleich der x_1-x_2-Ebene.

3 a) $\overrightarrow{OE_4} = \overrightarrow{OD_4} + \vec{v} = \begin{pmatrix} 1 \\ -1 \\ 3 \end{pmatrix} + \begin{pmatrix} -6 \\ 2 \\ -2 \end{pmatrix} = \begin{pmatrix} -5 \\ 1 \\ 1 \end{pmatrix}$

$\overrightarrow{OD_3} = \overrightarrow{OD_4} - \vec{u} = \begin{pmatrix} 1 \\ -1 \\ 3 \end{pmatrix} - \begin{pmatrix} -3 \\ 1{,}5 \\ -3 \end{pmatrix} = \begin{pmatrix} 4 \\ -2{,}5 \\ 6 \end{pmatrix}$

$\overrightarrow{OC_5} = \overrightarrow{OD_4} + \vec{u} - \vec{v} = \begin{pmatrix} 1 \\ -1 \\ 3 \end{pmatrix} + \begin{pmatrix} -3 \\ 1{,}5 \\ -3 \end{pmatrix} - \begin{pmatrix} -6 \\ 2 \\ -2 \end{pmatrix} = \begin{pmatrix} 4 \\ -1{,}5 \\ 2 \end{pmatrix}$

$\overrightarrow{OB_6} = \overrightarrow{OD_4} + 2\vec{u} - 2\vec{v} = \begin{pmatrix} 1 \\ -1 \\ 3 \end{pmatrix} + \begin{pmatrix} -6 \\ 3 \\ -6 \end{pmatrix} - \begin{pmatrix} -12 \\ 4 \\ -4 \end{pmatrix} = \begin{pmatrix} 7 \\ -2 \\ 1 \end{pmatrix}$

$\overrightarrow{OA_6} = \overrightarrow{OB_6} + \vec{v} = \begin{pmatrix} 7 \\ -2 \\ 1 \end{pmatrix} + \begin{pmatrix} 6 \\ -2 \\ 2 \end{pmatrix} = \begin{pmatrix} 13 \\ -4 \\ 3 \end{pmatrix}$

b) $\overrightarrow{OM} = \overrightarrow{OD_4} + \frac{1}{3}\vec{u} - \frac{3}{2}\vec{v} = \begin{pmatrix} 1 \\ -1 \\ 3 \end{pmatrix} + \begin{pmatrix} -1 \\ 0{,}5 \\ -1 \end{pmatrix} - \begin{pmatrix} -9 \\ 3 \\ -3 \end{pmatrix} = \begin{pmatrix} 9 \\ -3{,}5 \\ 5 \end{pmatrix}$

c) $\overrightarrow{OP} = \overrightarrow{OD_4} + 2\vec{u} + \vec{v}$, $P = E_6$
$\overrightarrow{OQ} = \overrightarrow{OD_4} - \frac{4}{3}\vec{u} - \frac{1}{2}\vec{v}$, Q liegt im Parallelogramm $C_3D_3D_2C_2$.
$OR = \overrightarrow{OD_4} - \frac{10}{3}\vec{u} - \frac{3}{2}\vec{v}$, R liegt im Parallelogramm $B_7B_8C_8C_7$.
$\overrightarrow{OS} = \overrightarrow{OD_4} + r\vec{u} + s\vec{v}$ ist unerfüllbar, S liegt nicht in E.
$\overrightarrow{OT} = \overrightarrow{OD_4} + \frac{5}{3}\vec{u} + \frac{5}{2}\vec{v}$, T liegt im Parallelogramm $F_3G_3G_2F_2$.

4 a) $E: \vec{x} = \begin{pmatrix} 3 \\ \frac{1}{3} \\ 4 \end{pmatrix} + r\begin{pmatrix} -1 \\ -20 \\ 15 \end{pmatrix} + s\begin{pmatrix} 6 \\ 2 \\ 1 \end{pmatrix}$

b) $E: \vec{x} = \begin{pmatrix} 14 \\ 7 \\ 21 \end{pmatrix} + r\begin{pmatrix} -3 \\ 1 \\ 3 \end{pmatrix} + l\begin{pmatrix} 3 \\ -5 \\ -2 \end{pmatrix}$

c) vgl. Abb. rechts

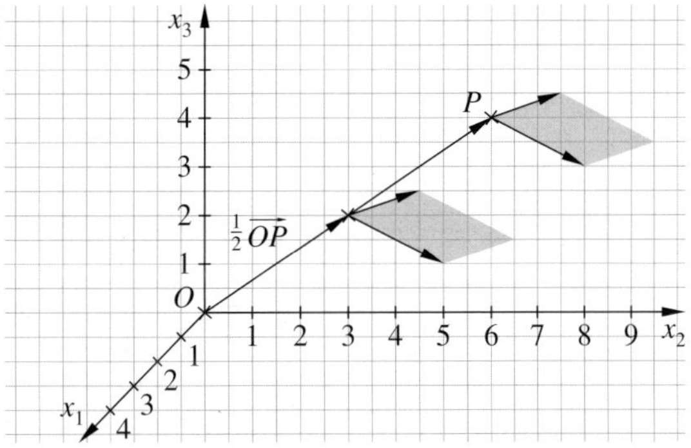

5 a) $2x_1 + 4x_2 - 3x_3 + 15 = 0$
b) $x_3 - 3 = 0$
c) $x_1 - 1 = 0$
Die Richtungsvektoren der beiden Geraden zeigen, dass g und h nicht zueinander parallel sind. Hätten sie einen gemeinsamen Punkt, müsste für diesen z. B. $x_1 = 0 + 0 \cdot r = 0$, aber auch $x_1 = 1 + 0 \cdot s = 1$ gelten. Die Geraden g und h sind also weder zueinander parallel, noch haben sie einen Schnittpunkt, daher sind sie zueinander windschief und spannen keine Ebene auf.

6 Seitenfläche $ABCD$:
Parametergleichung: $\vec{x} = \begin{pmatrix} 3 \\ 0 \\ 0 \end{pmatrix} + r \cdot \begin{pmatrix} 0 \\ 6 \\ 0 \end{pmatrix} + s \cdot \begin{pmatrix} -3 \\ 6 \\ 0 \end{pmatrix}$
Koordinatengleichung: $x_3 = 0$

Seitenfläche $EFGH$:
Parametergleichung: $\vec{x} = \begin{pmatrix} 3 \\ 0 \\ 2 \end{pmatrix} + r \cdot \begin{pmatrix} 0 \\ 6 \\ 0 \end{pmatrix} + s \cdot \begin{pmatrix} -3 \\ 6 \\ 0 \end{pmatrix}$
Koordinatengleichung: $x_3 - 2 = 0$

Seitenfläche $ADHE$:
Parametergleichung: $\vec{x} = \begin{pmatrix} 3 \\ 0 \\ 0 \end{pmatrix} + r \cdot \begin{pmatrix} -3 \\ 0 \\ 0 \end{pmatrix} + s \cdot \begin{pmatrix} -3 \\ 0 \\ 2 \end{pmatrix}$
Koordinatengleichung: $x_2 = 0$

Seitenfläche $BCGF$:
Parametergleichung: $\vec{x} = \begin{pmatrix} 3 \\ 6 \\ 0 \end{pmatrix} + r \cdot \begin{pmatrix} -3 \\ 0 \\ 0 \end{pmatrix} + s \cdot \begin{pmatrix} -3 \\ 0 \\ 2 \end{pmatrix}$
Koordinatengleichung: $x_2 - 6 = 0$

Seitenfläche $ABFE$:
Parametergleichung: $\vec{x} = \begin{pmatrix} 3 \\ 0 \\ 0 \end{pmatrix} + r \cdot \begin{pmatrix} 0 \\ 6 \\ 0 \end{pmatrix} + s \cdot \begin{pmatrix} 0 \\ 6 \\ 2 \end{pmatrix}$
Koordinatengleichung: $x_1 - 3 = 0$

Seitenfläche $CGDH$:
Parametergleichung: $\vec{x} = \begin{pmatrix} 0 \\ 6 \\ 0 \end{pmatrix} + r \cdot \begin{pmatrix} 0 \\ 0 \\ 2 \end{pmatrix} + s \cdot \begin{pmatrix} 0 \\ -6 \\ 0 \end{pmatrix}$
Koordinatengleichung: $x_1 = 0$

Diagonalenfläche $ACGE$:
Parametergleichung: $\vec{x} = \begin{pmatrix} 3 \\ 0 \\ 0 \end{pmatrix} + r \cdot \begin{pmatrix} -3 \\ 6 \\ 0 \end{pmatrix} + s \cdot \begin{pmatrix} 0 \\ 0 \\ 2 \end{pmatrix}$
Koordinatengleichung: $2x_1 + x_2 - 6 = 0$

Diagonalenfläche $BFDH$:
Parametergleichung: $\vec{x} = \begin{pmatrix} 3 \\ 6 \\ 0 \end{pmatrix} + r \cdot \begin{pmatrix} 0 \\ 0 \\ 2 \end{pmatrix} + s \cdot \begin{pmatrix} -3 \\ -6 \\ 0 \end{pmatrix}$
Koordinatengleichung: $2x_1 - x_2 = 0$

Diagonalenfläche $ABGH$:
Parametergleichung: $\vec{x} = \begin{pmatrix} 3 \\ 0 \\ 0 \end{pmatrix} + r \cdot \begin{pmatrix} 0 \\ 6 \\ 0 \end{pmatrix} + s \cdot \begin{pmatrix} -3 \\ 6 \\ 2 \end{pmatrix}$
Koordinatengleichung: $2x_1 + 3x_3 - 6 = 0$

Diagonalenfläche $EFCD$:
Parametergleichung: $\vec{x} = \begin{pmatrix} 3 \\ 0 \\ 2 \end{pmatrix} + r \cdot \begin{pmatrix} 0 \\ 6 \\ 0 \end{pmatrix} + s \cdot \begin{pmatrix} -3 \\ 6 \\ -2 \end{pmatrix}$
Koordinatengleichung: $2x_1 - 3x_3 = 0$

Diagonalenfläche $BCHE$:
Parametergleichung: $\vec{x} = \begin{pmatrix} 3 \\ 6 \\ 0 \end{pmatrix} + r \cdot \begin{pmatrix} -3 \\ 0 \\ 0 \end{pmatrix} + s \cdot \begin{pmatrix} -3 \\ -6 \\ 2 \end{pmatrix}$
Koordinatengleichung: $x_2 + 3x_3 - 6 = 0$

Diagonalenfläche $AFGD$:
Parametergleichung: $\vec{x} = \begin{pmatrix} 3 \\ 0 \\ 0 \end{pmatrix} + r \cdot \begin{pmatrix} 0 \\ 6 \\ 2 \end{pmatrix} + s \cdot \begin{pmatrix} -3 \\ 6 \\ 2 \end{pmatrix}$
Koordinatengleichung: $x_2 - 3x_3 = 0$

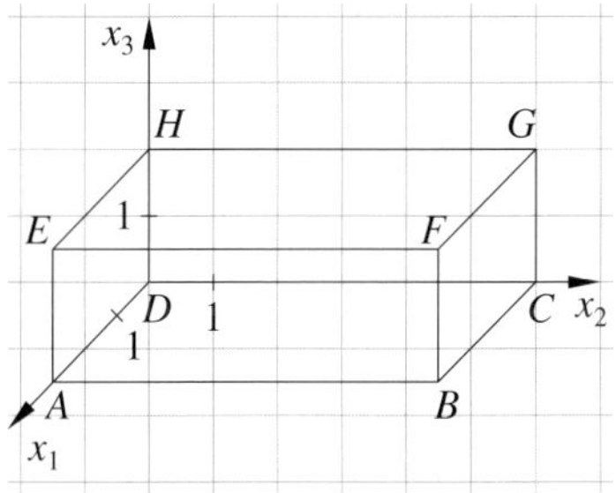

7 Weitere Möglichkeiten, eine Ebene mithilfe von Punkten und/oder Geraden festzulegen:

- zwei zueinander parallele Geraden; Beispiel:

$g_1: \vec{x} = \begin{pmatrix}0\\0\\2\end{pmatrix} + r \cdot \begin{pmatrix}0\\1\\0\end{pmatrix}$

$g_2: \vec{x} = \begin{pmatrix}1\\0\\1\end{pmatrix} + s \cdot \begin{pmatrix}0\\1\\0\end{pmatrix}$

$E: \vec{x} = \begin{pmatrix}0\\0\\2\end{pmatrix} + t \cdot \begin{pmatrix}0\\1\\0\end{pmatrix} + u \cdot \begin{pmatrix}1\\0\\-1\end{pmatrix}$

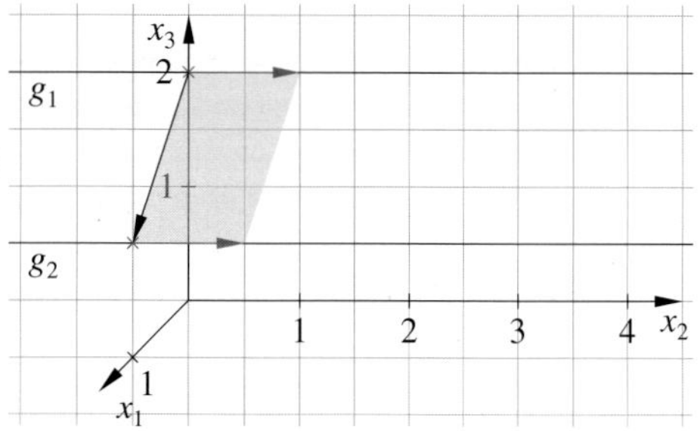

- eine Gerade und ein Punkt, der nicht auf dieser Geraden liegt; Beispiel: $P(1|0|1)$

$g: \vec{x} = \begin{pmatrix}0\\0\\2\end{pmatrix} + r \cdot \begin{pmatrix}0\\1\\0\end{pmatrix}$

$E: \vec{x} = \begin{pmatrix}0\\0\\2\end{pmatrix} + t \cdot \begin{pmatrix}0\\1\\0\end{pmatrix} + u \cdot \begin{pmatrix}1\\0\\-1\end{pmatrix}$

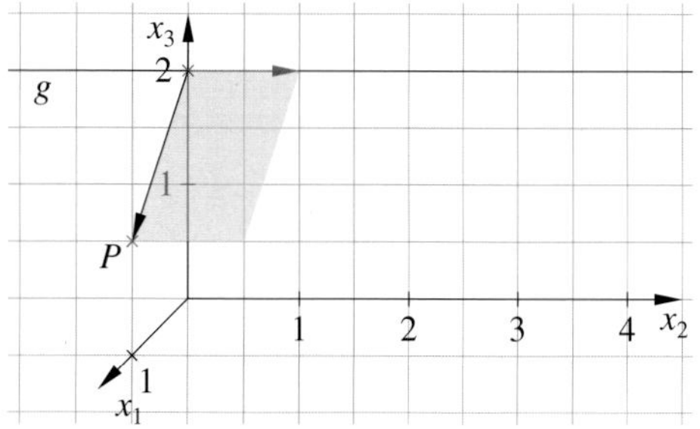

- zwei Geraden, die einander schneiden; Beispiel:

$g_1: \vec{x} = \begin{pmatrix}0\\0\\2\end{pmatrix} + r \cdot \begin{pmatrix}0\\1\\0\end{pmatrix}$

$g_2: \vec{x} = \begin{pmatrix}0\\0\\2\end{pmatrix} + s \cdot \begin{pmatrix}1\\0\\-1\end{pmatrix}$

$E: \vec{x} = \begin{pmatrix}0\\0\\2\end{pmatrix} + t \cdot \begin{pmatrix}0\\1\\0\end{pmatrix} + u \cdot \begin{pmatrix}1\\0\\-1\end{pmatrix}$

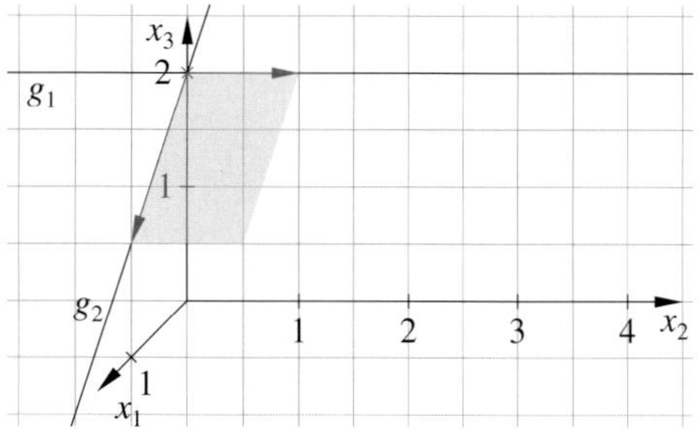

8 a) $E: \vec{x} = \begin{pmatrix}-2\\0\\0\end{pmatrix} + r\begin{pmatrix}2\\6\\0\end{pmatrix} + s\begin{pmatrix}2\\0\\4\end{pmatrix}$

$g_{12}: \vec{x} = \begin{pmatrix}-2\\0\\0\end{pmatrix} + k\begin{pmatrix}2\\6\\0\end{pmatrix}$ $\quad g_{23}: \vec{x} = \begin{pmatrix}0\\6\\0\end{pmatrix} + k\begin{pmatrix}0\\-6\\4\end{pmatrix}$ $\quad g_{13}: \vec{x} = \begin{pmatrix}-2\\0\\0\end{pmatrix} + k\begin{pmatrix}2\\0\\4\end{pmatrix}$

b) $E: \vec{x} = \begin{pmatrix}8\\-12\\5\end{pmatrix} + r\begin{pmatrix}-18\\33\\-5\end{pmatrix} + s\begin{pmatrix}8\\6\\-15\end{pmatrix}$

Für S_1 erhält man $r = \frac{10}{31}$, $s = \frac{7}{31}$ und $S_1(4|0|0)$.

Für S_2 erhält man $r = \frac{16}{31}$, $s = \frac{5}{31}$ und $S_2(0|6|0)$.

Für S_3 erhält man $r = \frac{12}{31}$, $s = -\frac{4}{31}$ und $S_3(0|0|5)$.

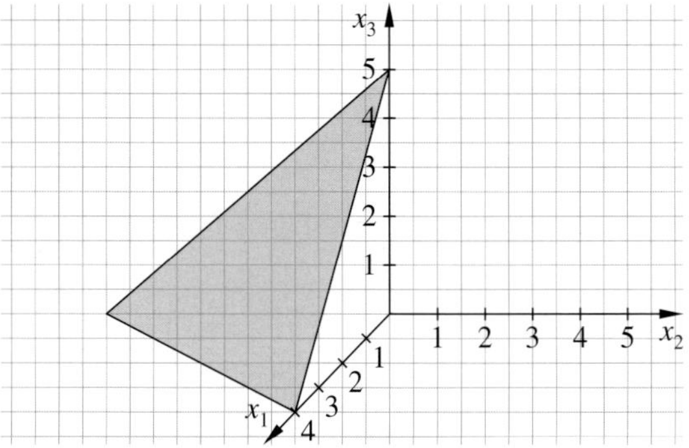

c) Für S_1 erhält man mit $s = 0$, $r = -2$ und $S_1(3|0|0)$.

Für S_3 erhält man mit $s = 1$, $r = 2: S_3(0|0|6)$.

S_2 existiert nicht, die Ebene ist parallel zur x_2-Achse.

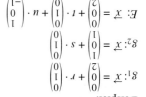

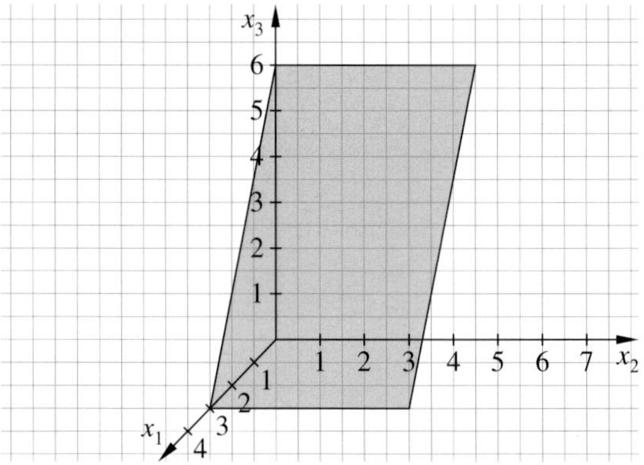

g_{12}: Mit $0 = 4 + 2r - 2s$ ist $g_{12}: \vec{x} = \begin{pmatrix}1\\2\\4\end{pmatrix} + r\begin{pmatrix}-1\\1\\2\end{pmatrix} + (2 + r)\begin{pmatrix}1\\-4\\-2\end{pmatrix} = \begin{pmatrix}3\\-6\\0\end{pmatrix} + r\begin{pmatrix}0\\-3\\0\end{pmatrix}$.

g_{23}: Mit $0 = 1 - r + s$ ist $g_{23}: \vec{x} = \begin{pmatrix}1\\2\\4\end{pmatrix} + (1 + s)\begin{pmatrix}-1\\1\\2\end{pmatrix} + s\begin{pmatrix}1\\-4\\-2\end{pmatrix} = \begin{pmatrix}0\\3\\6\end{pmatrix} + s\begin{pmatrix}0\\-3\\0\end{pmatrix}$.

g_{12} und g_{23} verlaufen parallel.

197 **9 a)** $\begin{pmatrix}4\\0\\3\end{pmatrix} = \begin{pmatrix}2\\5\\3\end{pmatrix} + k\begin{pmatrix}2\\-10\\3\end{pmatrix} + l\begin{pmatrix}4\\-5\\-3\end{pmatrix}$ ist erfüllbar: $k = l = \frac{1}{3}$.

b) z. B.: $g: \vec{x} = \begin{pmatrix}2\\5\\3\end{pmatrix} + k\begin{pmatrix}2\\-10\\3\end{pmatrix}$

c) Für S_1 erhält man $k = 0$, $l = 1$ und $S_1(6|0|0)$.

Für S_2 erhält man $k = -1$, $l = 0$ und $S_2(0|15|0)$.

Für S_3 erhält man $k = 1$, $l = -1$ und $S_3(0|0|9)$.

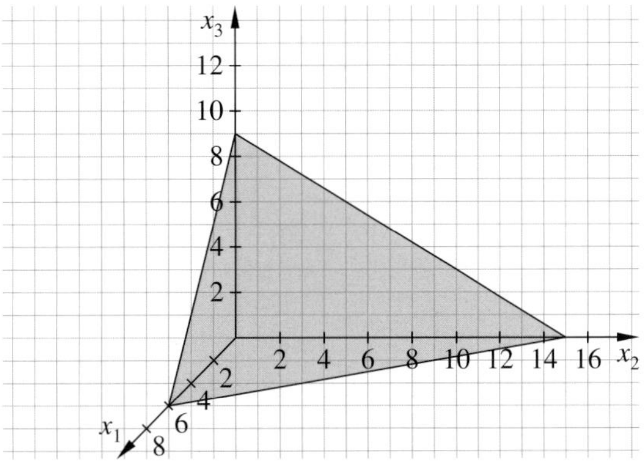

10 a) $r\begin{pmatrix}0\\-3\\4\end{pmatrix} + s\begin{pmatrix}0\\1\\5\end{pmatrix} + k\begin{pmatrix}1\\-2\\0\end{pmatrix} = \begin{pmatrix}-2\\0\\-1\end{pmatrix}$ Stufenform: $\left(\begin{array}{ccc|c} k & s & r & \\ 1 & 0 & 0 & -2 \\ 0 & 1 & -3 & -4 \\ 0 & 0 & 19 & 19 \end{array}\right)$

$r = 1$, $s = -1$, $k = -2$ $\quad S(3|-2|-1)$

b) $r\begin{pmatrix}1\\1\\2\end{pmatrix} + s\begin{pmatrix}3\\1\\4\end{pmatrix} + k\begin{pmatrix}-1\\2\\1\end{pmatrix} = \begin{pmatrix}-1\\0\\-4\end{pmatrix}$ Stufenform: $\left(\begin{array}{ccc|c} r & s & k & \\ 1 & 3 & -1 & -1 \\ 0 & 2 & -3 & -1 \\ 0 & 0 & 0 & 1 \end{array}\right)$

Nullzeile mit Konstante $\neq 0$, LGS unerfüllbar, g ist echt parallel zu E.

c) $r\begin{pmatrix}-4\\-1\\1\end{pmatrix} + s\begin{pmatrix}2\\4\\3\end{pmatrix} + k\begin{pmatrix}1\\-1\\-2\end{pmatrix} = \begin{pmatrix}-4\\-4\\1\end{pmatrix}$ Stufenform: $\left(\begin{array}{ccc|c} k & r & s & \\ 1 & -4 & 2 & -4 \\ 0 & -1 & 1 & -1 \\ 0 & 0 & 1 & -3 \end{array}\right)$

$r = -2$, $s = -3$, $k = -6$ $\quad S(-5|8|11)$

d) $r\begin{pmatrix}1\\-5\\0\end{pmatrix} + s\begin{pmatrix}-1\\1\\-2\end{pmatrix} + k\begin{pmatrix}-1\\3\\-11\end{pmatrix} = \begin{pmatrix}-1\\5\\0\end{pmatrix}$ Stufenform: $\left(\begin{array}{ccc|c} r & s & k & \\ 1 & -1 & -1 & -1 \\ 0 & -4 & -2 & 0 \\ 0 & 0 & 0 & 0 \end{array}\right)$

eine Variable frei wählbar: $s = -\frac{1}{2}k$, $r = -1 + \frac{1}{2}k$. g liegt in E.

198 **11 a)** Die Stufenform enthält eine Nullzeile mit Konstante $\neq 0$, das LGS ist unerfüllbar, g ist echt parallel zu E.
b) Die reduzierte Stufenform enthält gleich viele Zeilen wie Variablenspalten: Das LGS ist eindeutig lösbar, g schneidet E.
c) Das LGS hat unendlich viele Lösungen, g liegt in E.
d) Die reduzierte Stufenform enthält mehr Variablenspalten als Nichtnullzeilen, das LGS hat unendlich viele Lösungen, g liegt in E.

Fortsetzung von Aufgabe 11: 198
e) Das LGS ist eindeutig lösbar, g schneidet E.
f) Das LGS ist unerfüllbar, g ist echt parallel zu E.

12 a)

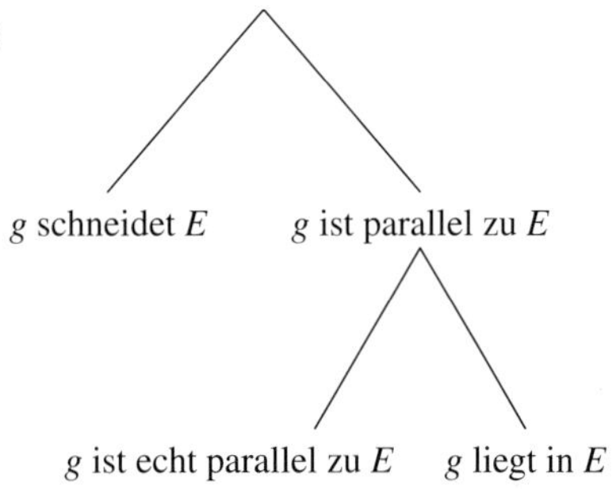

b) $\begin{pmatrix}1\\0\\2\end{pmatrix} + \begin{pmatrix}4\\7\\0\end{pmatrix} = \begin{pmatrix}5\\7\\2\end{pmatrix}$

Der Richtungsvektor der Geraden ist eine Linearkombination der Richtungsvektoren der Ebene. Daher ist die Gerade parallel zur Ebene. Wenn nun der Stützpunkt von g in E liegt, liegt die Gerade in E, sonst ist sie echt parallel zu E.

$\begin{pmatrix}6\\2\\0\end{pmatrix} = \begin{pmatrix}2\\-3\\1\end{pmatrix} + r\begin{pmatrix}1\\0\\2\end{pmatrix} + s\begin{pmatrix}4\\7\\0\end{pmatrix} \Leftrightarrow \begin{pmatrix}4\\5\\-1\end{pmatrix} = r\begin{pmatrix}1\\0\\2\end{pmatrix} + s\begin{pmatrix}4\\7\\0\end{pmatrix} \quad \begin{pmatrix} \rightarrow s = \frac{5}{7} \\ \rightarrow r = -\frac{1}{2} \end{pmatrix}$

In der ersten Zeile wäre dann aber $4 \neq -\frac{1}{2} + \frac{20}{7}$, daher ist g echt parallel zu E.

13 $E: \vec{x} = \begin{pmatrix}5\\-2\\1\end{pmatrix} + r\begin{pmatrix}4\\4\\-2\end{pmatrix} + s\begin{pmatrix}6\\-2\\4\end{pmatrix} \qquad g: \vec{x} = \begin{pmatrix}14\\-3\\6\end{pmatrix} + k\begin{pmatrix}2\\-1\\2\end{pmatrix}$

Die Matrix $\left(\begin{array}{ccc|c} k & r & s & \\ -2 & 4 & 6 & 9 \\ 1 & 4 & -2 & -1 \\ -2 & -2 & 4 & 5 \end{array}\right)$ hat die Stufenform $\left(\begin{array}{ccc|c} k & r & s & \\ -2 & 4 & 6 & 9 \\ 0 & 12 & 2 & 7 \\ 0 & 0 & -2 & -1 \end{array}\right)$

Es ist $s = \frac{1}{2} = r$, $k = -2$ und $S(10|-1|2)$. Wegen $0 \leq r, s \leq 1$ liegt S im Parallelogramm, wegen $k < 0$ liegt S nicht auf der Strecke $\overline{KL}$.

14 g liegt in E.
Überprüfung der Lösung $s = -2k$, $r = 2 + 3k$:

$\begin{pmatrix}3\\-1\\0\end{pmatrix} + (2 + 3k)\begin{pmatrix}1\\-2\\1\end{pmatrix} - 2k\begin{pmatrix}2\\1\\-3\end{pmatrix} = \begin{pmatrix}3\\-1\\0\end{pmatrix} + 2\begin{pmatrix}1\\-2\\1\end{pmatrix} + 3k\begin{pmatrix}1\\-2\\1\end{pmatrix} - 2k\begin{pmatrix}2\\1\\-3\end{pmatrix} =$

$\begin{pmatrix}5\\-5\\2\end{pmatrix} + k\begin{pmatrix}3\\-6\\3\end{pmatrix} + k\begin{pmatrix}-4\\-2\\6\end{pmatrix} = \begin{pmatrix}5\\-5\\2\end{pmatrix} + k\begin{pmatrix}-1\\-8\\9\end{pmatrix}$

198 **15** Die Lösungen sollten enthalten: Form des LGS bzw. der Matrix zur Schnittbedingung, für alle Fälle jeweils Lösungsmenge des LGS (eventuell auch Beschreibung der Stufenform der Matrix), Folgerungen für die Lage. Bei Gerade-Gerade auch noch die Unterscheidung von windschief und parallel anhand der Richtungsvektoren.

199 **NOCH FIT?**

I f hat die Nullstelle $x_1 = -1$ und die doppelte Nullstelle $x_2 = 2$.

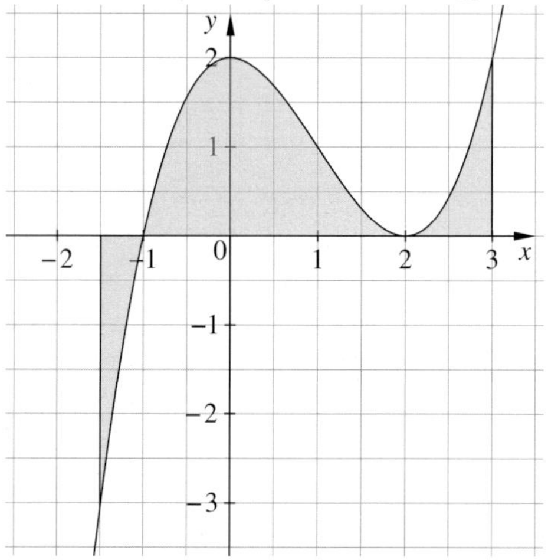

$\int f(x)\,dx = \frac{1}{8}x^4 - \frac{1}{2}x^3 + 2x + C$ $\qquad A = \left|\int_{-1,5}^{-1} f(x)\,dx\right| + \left|\int_{-1}^{3} f(x)\,dx\right| = \left|-\frac{89}{128}\right| + \left|\frac{32}{8}\right| = \frac{601}{128}$

II Der betrachtete Zeitraum umfasst 86 400 Sekunden.
Für den Gesamtzufluss Z (in m³) gilt:

$$\int_0^{86400} 1020,4 \cdot e^{-0,000026 \cdot t}\,dt = -\frac{1020,4}{0,000026} \cdot e^{-0,000026t}\Big|_0^{86400} \approx 35\,094\,721 \text{ m}^3 \approx 35 \text{ Mio m}^3$$

Das bestimmte Integral kann natürlich auch mit dem GTR bestimmt werden. CASIO liefert $3,5094 \cdot 10^7$.

Aufgaben – Anwenden

16 Der Normalenvektor der gesuchten Ebenen ist der Vektor $\overrightarrow{AG} = \begin{pmatrix}4\\4\\4\end{pmatrix}$.

Bild 199/2:
Punkt H gehört z. B. zur Ebene:
$\left[\begin{pmatrix}x_1\\x_2\\x_3\end{pmatrix} - \begin{pmatrix}4\\0\\4\end{pmatrix}\right] \cdot \begin{pmatrix}4\\4\\4\end{pmatrix} = 0$
$x_1 + x_2 + x_3 - 8 = 0$

Bild 199/3:
Punkt D gehört z. B. zur Ebene:
$\left[\begin{pmatrix}x_1\\x_2\\x_3\end{pmatrix} - \begin{pmatrix}2\\0\\4\end{pmatrix}\right] \cdot \begin{pmatrix}4\\4\\4\end{pmatrix} = 0$
$x_1 + x_2 + x_3 - 6 = 0$

17 Die Ebene E enthält die Punkte $A(0|0|5)$, $B(8|0|4)$, $C(0|5|4)$. Damit ist

$E: \vec{x} = \begin{pmatrix}0\\0\\5\end{pmatrix} + r\begin{pmatrix}8\\0\\-1\end{pmatrix} + s\begin{pmatrix}0\\5\\-1\end{pmatrix} = \begin{pmatrix}8\\5\\z\end{pmatrix}$.

Mit $r = 1$ und $s = 1$ erhält man $D(8|5|3)$.

18 a) Die Punkte $A(0|-4|2)$, $C(0|-2|4)$ und $D(0|2|4)$ haben die x_1-Koordinate 0, liegen also in der Ebene $x_1 = 0$, Punkt $B(2|0|-4)$ dagegen nicht, da dessen x_1-Koordinate 2 ist. Prüfe, ob D in der von A, B und C aufgespannten Ebene liegt:

$\begin{pmatrix}0\\-4\\2\end{pmatrix} + r\begin{pmatrix}2\\4\\-6\end{pmatrix} + s\begin{pmatrix}0\\2\\2\end{pmatrix} = \begin{pmatrix}0\\2\\4\end{pmatrix}$ $\quad \begin{pmatrix}\to r = 0\\ \to s = 3\end{pmatrix}$

In der 3. Zeile ergibt sich dann $2 + 3 \cdot 2 = 8 \neq 4$, D nicht in E_{ABC}.

b) Zueinander windschief sind die Geraden g_{AB} und g_{CD}, die Geraden g_{AC} und g_{BD} sowie die Geraden g_{AD} und g_{BC}:

Gerade g_1 durch $M_{AB}(1|-2|-1)$ und $M_{CD}(0|0|4)$: $\vec{x} = \begin{pmatrix}1\\-2\\-1\end{pmatrix} + r \cdot \begin{pmatrix}1\\-2\\5\end{pmatrix}$

Gerade g_2 durch $M_{AC}(0|-3|3)$ und $M_{BD}(1|1|0)$: $\vec{x} = \begin{pmatrix}0\\-3\\3\end{pmatrix} + s \cdot \begin{pmatrix}1\\4\\-3\end{pmatrix}$

Gerade g_3 durch $M_{AD}(0|-1|3)$ und $M_{BC}(1|-1|0)$: $\vec{x} = \begin{pmatrix}0\\-1\\3\end{pmatrix} + t \cdot \begin{pmatrix}1\\0\\-3\end{pmatrix}$

Schnittpunkt P_1 der Geraden g_1 mit der Geraden g_2:
(I) $1 + r = s$
(II) $-2 - 2r = -3 + 4s$
(III) $-1 - 5r = 3 - 3s$
(I) in (II): $r = -0,5$
(I) in (III): $r = -0,5 \Rightarrow s = 0,5$
$\Rightarrow P_1(0,5|-1|1,5)$

Schnittpunkt P_2 der Geraden g_1 mit der Geraden g_3:
(I) $1 + r = t$
(II) $-2 - 2r = -1 \Rightarrow r = -0,5$
(III) $-1 - 5r = 3 - 3t$
(II) in (I): $t = 0,5$
(II) in (III): $t = 0,5$
$\Rightarrow P_2(0,5|-1|1,5)$

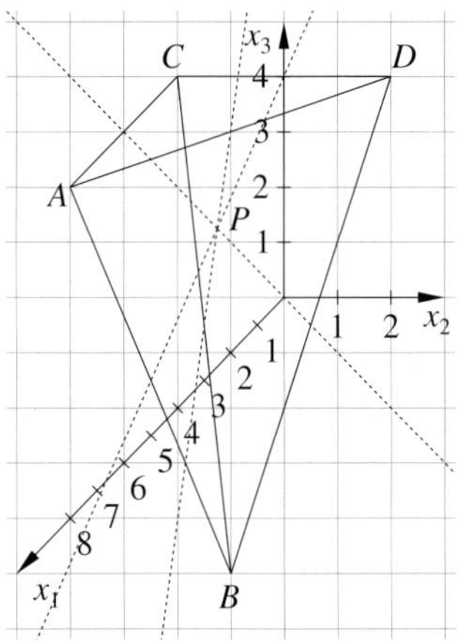

199 **Fortsetzung von Aufgabe 18:**

Schnittpunkt P_3 der Geraden g_2 mit der Geraden g_3:

(I) $s = t$

(II) $-3 + 4s = -1 \Rightarrow s = 0{,}5$

(III) $3 - 3s = 3 - 3t$

(II) in (I): $t = 0{,}5$

(II) in (III): $t = 0{,}5$

$\Rightarrow P_3(0{,}5|-1|1{,}5)$

Alle drei Schnittpunkte sind identisch: $P_1 = P_2 = P_3 = P$

c) g_1 durch $M_{AB}(1|-2|-1)$ und $M_{CD}(0|0|4)$ $\quad g_1: \vec{x} = \begin{pmatrix} 0 \\ 0 \\ 4 \end{pmatrix} + k\begin{pmatrix} 1 \\ -2 \\ -5 \end{pmatrix}$

g_2 durch $M_{AD}(0|-1|3)$ und $M_{BC}(1|-1|0)$ $\quad g_2: \vec{x} = \begin{pmatrix} 1 \\ -1 \\ 0 \end{pmatrix} + r\begin{pmatrix} -1 \\ 0 \\ 3 \end{pmatrix}$

g_3 durch $M_{AC}(0|-3|3)$ und $M_{BD}(1|1|0)$ $\quad g_3: \vec{x} = \begin{pmatrix} 1 \\ 1 \\ 0 \end{pmatrix} + s\begin{pmatrix} -1 \\ -4 \\ 3 \end{pmatrix}$

Die Bedingung zu $g_1 \cap g_2$ ergibt $k = r = \frac{1}{2}$. Für $k = r = s = \frac{1}{2}$ erhält man $S(0{,}5|-1|1{,}5)$.

200 **19** $B'(32|10|8)$, $C'(28|26|16)$, $D'(0|30|16)$, $E'(0|14|26)$, $F'(0|2|16)$

G liegt auf E_1 durch $B'C'E'$:

$$E_1: \vec{x} = \begin{pmatrix} 32 \\ 10 \\ 8 \end{pmatrix} + r\begin{pmatrix} -4 \\ 16 \\ 8 \end{pmatrix} + s\begin{pmatrix} -32 \\ -4 \\ 18 \end{pmatrix} = \begin{pmatrix} 20 \\ 0 \\ z \end{pmatrix}$$

Das 2x2-LGS der ersten beiden Zeilen hat die Lösung $r = -\frac{17}{33}$, $s = \frac{29}{66}$. Dies in Zeile 3 eingesetzt ergibt $z = \frac{389}{33} \approx 11{,}79$.

20 D ist oberhalb A und so hoch wie C. Ebenso erhält man die Koordinaten von B.

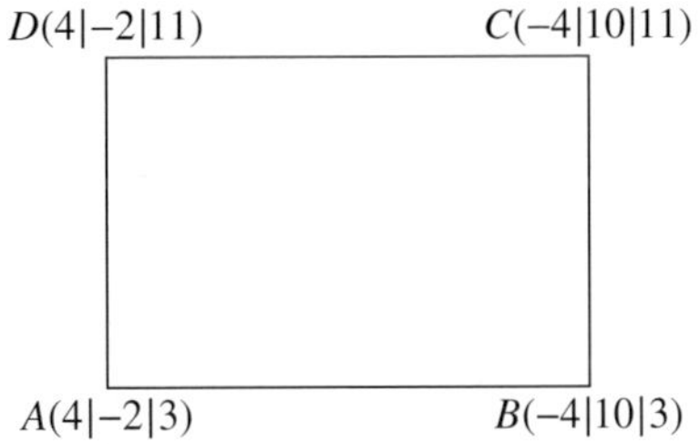

$$E: \vec{x} = \begin{pmatrix} 4 \\ -2 \\ 3 \end{pmatrix} + r\begin{pmatrix} 0 \\ 0 \\ 8 \end{pmatrix} + s\begin{pmatrix} -8 \\ 12 \\ 0 \end{pmatrix}$$

Das LGS zum Schnitt von g und E hat die Lösung $r = \frac{3}{8}$, $s = \frac{3}{4}$, $k = 3$ mit $S(-2|7|6)$. Wegen $0 \leq r, s \leq 1$ trifft der Strahl zu g das Leinwandrechteck.

Das LGS zum Schnitt von h und E hat die Lösung $r = \frac{1}{4}$, $s = -\frac{1}{4}$, $k = 2$ mit $S(6|-5|5)$. Der Strahl zu h trifft zwar die Ebene, aber wegen $s < 0$ nicht das Leinwandrechteck.

21 a) $\cos\alpha = \frac{\overrightarrow{AB} \cdot \overrightarrow{AD}}{|\overrightarrow{AB}| \cdot |\overrightarrow{AD}|} = \frac{\begin{pmatrix} 2 \\ 4 \\ -2 \end{pmatrix} \cdot \begin{pmatrix} -4 \\ 2 \\ 2 \end{pmatrix}}{\sqrt{24} \cdot \sqrt{24}} = \frac{-4}{24} = -\frac{1}{6} \quad \alpha \approx 99{,}6°$ 200

b) $\overrightarrow{AB} = \begin{pmatrix} 2 \\ 4 \\ -2 \end{pmatrix} = \overrightarrow{BC}$ und $\overrightarrow{AD} = \begin{pmatrix} -4 \\ 2 \\ 2 \end{pmatrix} = \overrightarrow{DC}$, also ist es ein Parallelogramm.

$|\overrightarrow{AB}| = |\overrightarrow{AD}| = \sqrt{24}$, also Raute.

c) $E_{ABD}: \vec{x} = \begin{pmatrix} 1 \\ 3 \\ 3 \end{pmatrix} + r\begin{pmatrix} 2 \\ 4 \\ -2 \end{pmatrix} + s\begin{pmatrix} -4 \\ 2 \\ 2 \end{pmatrix}$

Die Schnittbedingung mit $g: \vec{x} = \begin{pmatrix} 1 \\ 1 \\ -2 \end{pmatrix} + k\begin{pmatrix} 1 \\ 1 \\ 1 \end{pmatrix}$ hat die Lösung $r = \frac{1}{2}$, $s = -\frac{1}{2}$, $k = 3$ mit $S(4|4|1)$.

d) Wegen $\overrightarrow{OS} = \overrightarrow{OA} + \frac{1}{2}\overrightarrow{AB} - \frac{1}{2}\overrightarrow{AD}$ handelt es sich um die an $\overline{AB}$ angrenzende Raute.

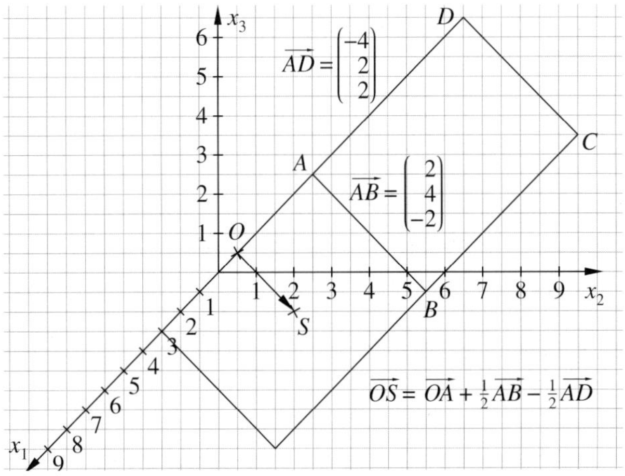

200 **22** $L(-1|-2|4)$, $A(2|0|2)$, $B(2|2|2)$, $C(0|2|2)$, $D(0|0|2)$.

Die Werte für die Parameter müssen jeweils so gewählt werden, dass die x_3-Koordinate null wird:

g_{LA}:
$\vec{x} = \begin{pmatrix}-1\\-2\\4\end{pmatrix} + r \cdot \begin{pmatrix}3\\2\\-2\end{pmatrix}$
$\Rightarrow r = 2$
$\Rightarrow A'(5|2|0)$

g_{LB}:
$\vec{x} = \begin{pmatrix}-1\\-2\\4\end{pmatrix} + s \cdot \begin{pmatrix}3\\4\\-2\end{pmatrix}$
$\Rightarrow s = 2$
$\Rightarrow B'(5|6|0)$

g_{LC}:
$\vec{x} = \begin{pmatrix}-1\\-2\\4\end{pmatrix} + t \cdot \begin{pmatrix}1\\4\\-2\end{pmatrix}$
$\Rightarrow t = 2$
$\Rightarrow C'(1|6|0)$

g_{LD}:
$\vec{x} = \begin{pmatrix}-1\\-2\\4\end{pmatrix} + u \cdot \begin{pmatrix}1\\2\\-2\end{pmatrix}$
$\Rightarrow u = 2$
$\Rightarrow D'(1|2|0)$

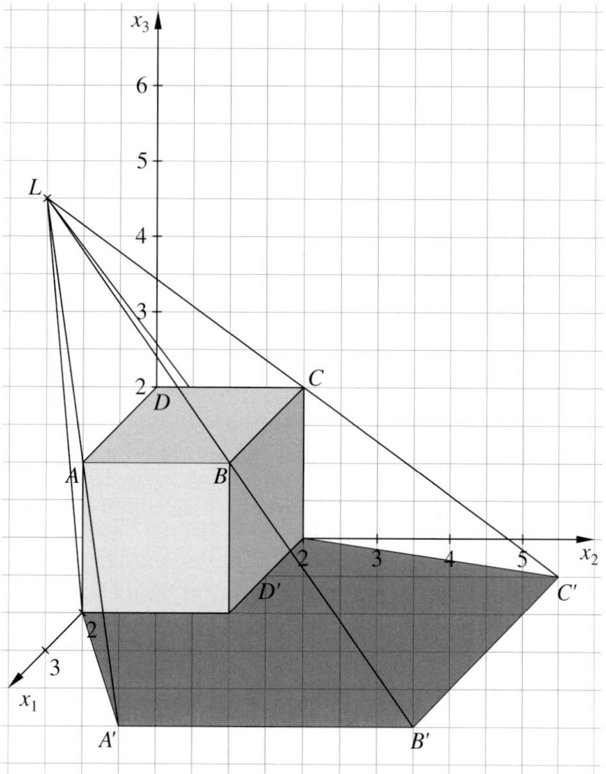

Die unteren Punkte des Würfels liegen bereits in der Ebene $x_3 = 0$.

201 **23 a)** $\overrightarrow{OA} = \overrightarrow{OP} - 6\vec{u} - \vec{v} = \begin{pmatrix}8\\7\\11\end{pmatrix} + \begin{pmatrix}12\\-6\\0\end{pmatrix} + \begin{pmatrix}2\\4\\-2\end{pmatrix} = \begin{pmatrix}22\\5\\9\end{pmatrix}$

$\overrightarrow{OD} = \overrightarrow{AO} + 3\vec{v} = \begin{pmatrix}22\\5\\9\end{pmatrix} + \begin{pmatrix}-6\\-12\\6\end{pmatrix} = \begin{pmatrix}16\\-7\\15\end{pmatrix}$

$\overrightarrow{OC} = \overrightarrow{OP} + 3\vec{u} + 2\vec{v} = \begin{pmatrix}8\\7\\11\end{pmatrix} + \begin{pmatrix}-6\\3\\0\end{pmatrix} + \begin{pmatrix}-4\\-8\\4\end{pmatrix} = \begin{pmatrix}-2\\2\\15\end{pmatrix}$

Da die Vierecke Parallelogramme sind, ist nur zu prüfen, ob sie einen rechten Winkel haben.

$\overrightarrow{DC} = \begin{pmatrix}-18\\9\\0\end{pmatrix} = 9\vec{u} \quad \overrightarrow{DA} = \begin{pmatrix}6\\12\\-6\end{pmatrix} = -3\vec{v}$

Fortsetzung von Aufgabe 23:

Wegen $\vec{u} \cdot \vec{v} = 4 - 4 + 0$ ist $\overrightarrow{DC} \perp \overrightarrow{DA}$, also ist $ABCD$ ein Rechteck.

Flächeninhalt: $A_{ABCD} = 9|\vec{u}| \cdot 3|\vec{v}| = 27\sqrt{5} \cdot \sqrt{24}$

$\overrightarrow{DE} = \begin{pmatrix}-4\\-8\\-4\end{pmatrix} \quad \overrightarrow{DE} \cdot \overrightarrow{DC} = \begin{pmatrix}-4\\-8\\-4\end{pmatrix} \cdot 9 \cdot \begin{pmatrix}-2\\1\\0\end{pmatrix} = 9 \cdot (8 - 8 + 0) = 0$ also $\overrightarrow{DE} \perp \overrightarrow{DC}$,

also ist $DCFE$ ein Rechteck.

Flächeninhalt: $A_{DCFE} = \left|\begin{pmatrix}-4\\-8\\-4\end{pmatrix}\right| \cdot \left|9 \cdot \begin{pmatrix}-2\\1\\0\end{pmatrix}\right| = 18\sqrt{24} \cdot \sqrt{5}$

Also $A_{DCFE} = \frac{2}{3} A_{ABCD}$, man könnte auf $CDFE$ $\frac{2}{3} \cdot 27 = 18$ Paneelen unterbringen.

b) G liegt 11 m unter E, H 9 m unter A: $G(12|-15|0)$, $H(22|5|0)$.

$\overrightarrow{GH} = \begin{pmatrix}10\\20\\0\end{pmatrix} = 10\begin{pmatrix}1\\2\\0\end{pmatrix} \qquad \overrightarrow{ED} = \begin{pmatrix}4\\8\\4\end{pmatrix} = 4\begin{pmatrix}1\\2\\1\end{pmatrix} \qquad \cos\alpha = \frac{\begin{pmatrix}1\\2\\0\end{pmatrix} \cdot \begin{pmatrix}1\\2\\1\end{pmatrix}}{\sqrt{5}\sqrt{6}} = \frac{5}{\sqrt{30}}$

$\overrightarrow{AD} = \begin{pmatrix}-6\\-12\\6\end{pmatrix} = 6\begin{pmatrix}-1\\-2\\1\end{pmatrix} \qquad \overrightarrow{HG} = 10\begin{pmatrix}-1\\-2\\0\end{pmatrix} \qquad \cos\beta = \frac{\begin{pmatrix}-1\\-2\\1\end{pmatrix} \cdot \begin{pmatrix}-1\\-2\\0\end{pmatrix}}{\sqrt{6}\sqrt{5}} = \frac{5}{\sqrt{30}}$

$\alpha = \beta \approx 24{,}1°$

c) $E_{ABD}: \vec{x} = \begin{pmatrix}22\\5\\9\end{pmatrix} + r\begin{pmatrix}-18\\9\\0\end{pmatrix} + s\begin{pmatrix}-6\\12\\6\end{pmatrix} = \begin{pmatrix}10\\1\\13\end{pmatrix}$. Das zugehörige LGS hat die Lösung $r = \frac{4}{9}$, $s = \frac{2}{3}$. Wegen $0 \le r, s \le 1$ liegt R im Rechteck.

$\overrightarrow{OR} = \overrightarrow{OA} + \frac{4}{9}\begin{pmatrix}-18\\9\\0\end{pmatrix} + \frac{2}{3}\begin{pmatrix}-6\\-12\\6\end{pmatrix} = \overrightarrow{OA} + 4\begin{pmatrix}-2\\1\\0\end{pmatrix} + 2\begin{pmatrix}-2\\-4\\2\end{pmatrix} = \overrightarrow{OA} + 4\vec{u} + 2\vec{v}$.

Damit liegt R auf einer Paneelenecke.

d) $\begin{pmatrix}10\\1\\13\end{pmatrix} + k\begin{pmatrix}-2\\-9\\0\end{pmatrix} = \begin{pmatrix}16\\-7\\15\end{pmatrix} + r\begin{pmatrix}-4\\-8\\-4\end{pmatrix} + s\begin{pmatrix}-18\\9\\0\end{pmatrix}$

Dieses LGS hat die Lösung $r = \frac{1}{2}$, $s = \frac{1}{3}$, $k = 1$. Der Punkt $S(8|-8|13)$ liegt wegen $0 \le r$, $s \le 1$ im Rechteck $DCFE$.

e) Mastspitze $R'(10|1|21)$ Sonnenstrahl durch R': $g: \vec{x} = \begin{pmatrix}10\\1\\21\end{pmatrix} + k\begin{pmatrix}0\\1\\-2\end{pmatrix}$

Die Schnittbedingung mit $E_{ABD}: \vec{x} = \begin{pmatrix}22\\5\\9\end{pmatrix} + r\begin{pmatrix}-18\\9\\0\end{pmatrix} + s\begin{pmatrix}-6\\-12\\6\end{pmatrix}$ hat die Lösung $r = \frac{5}{9}$, $s = \frac{1}{3}$, $k = 5$ mit $S(10|6|11)$.

Länge des Schattens $\overline{RS}$: $\overrightarrow{RS} = \begin{pmatrix}0\\5\\-2\end{pmatrix}$, und $|\overrightarrow{RS}| = \sqrt{29}$

f) Liegt K auf der Strecke $\overline{RS}$?

$\begin{pmatrix}10\\1\\13\end{pmatrix} + k\begin{pmatrix}0\\5\\-2\end{pmatrix} = \begin{pmatrix}10\\11\\9\end{pmatrix} \Leftrightarrow k = 2$. Wegen $\overrightarrow{OK} = \overrightarrow{OR} + 2\overrightarrow{RS}$ liegt K nicht auf $\overline{RS}$.

Der Schatten erreicht den Punkt K nicht.

201 **24 a)** $\overrightarrow{OC} = \overrightarrow{AB} + \overrightarrow{AD} = \begin{pmatrix}2\\10\\0{,}1\end{pmatrix} + \begin{pmatrix}-9\\-3\\0\end{pmatrix} = \begin{pmatrix}-7\\7\\0{,}1\end{pmatrix}$

$\overrightarrow{AB} = \begin{pmatrix}-3\\9\\0{,}2\end{pmatrix}$ Wegen $\overrightarrow{AB} \cdot \overrightarrow{AD} = \begin{pmatrix}-3\\9\\0{,}2\end{pmatrix} \cdot \begin{pmatrix}-9\\-3\\0\end{pmatrix} = 0$ ist das Viereck ein Rechteck.

b) Schnitt der Flugbahn mit E_{ABD}:

$$\begin{pmatrix}-1\\-46\\5\end{pmatrix} + t\begin{pmatrix}0\\10\\-1\end{pmatrix} = \begin{pmatrix}5\\1\\-0{,}1\end{pmatrix} + r\begin{pmatrix}-3\\9\\0{,}2\end{pmatrix} + s\begin{pmatrix}-9\\-3\\0\end{pmatrix}$$

Die Lösung $r = s = \frac{1}{2}$, $t = 5$. Wegen $\overrightarrow{OM} = \overrightarrow{AO} + \frac{1}{2}\overrightarrow{AB} + \frac{1}{2}\overrightarrow{AD}$ ist $M(-1\,|\,4\,|\,0)$ Mittelpunkt des Rechtecks.

c) $\overrightarrow{X(3)} = \begin{pmatrix}-1\\-46\\5\end{pmatrix} + 3\begin{pmatrix}0\\10\\-1\end{pmatrix} = \begin{pmatrix}-1\\-16\\2\end{pmatrix}$ und $\overrightarrow{Y(2)} = \begin{pmatrix}-21\\-16\\0\end{pmatrix} + 2\begin{pmatrix}10\\0\\1\end{pmatrix} = \begin{pmatrix}-1\\-16\\2\end{pmatrix}$

liegt S auf beiden Flugbahnen.

$$d(t) = \left|\overrightarrow{X(t)} - \overrightarrow{Y(t)}\right| = \left|\begin{pmatrix}20\\-30\\5\end{pmatrix} + t\begin{pmatrix}-10\\10\\-2\end{pmatrix}\right|$$

$$= \sqrt{(20-10t)^2 + (-30+10t)^2 + (5-2t)^2} = \sqrt{1325 - 1020t + 204t^2}$$

$d(t)$ ist minimal, wenn die (nach unten geöffnete) Parabel zu $1325 - 1020t + 204t^2$ ihren Scheitelpunkt hat, also wenn $408t - 1020 = 0 \Leftrightarrow t = 2{,}5$.
$2{,}5 \cdot 10$ min = 25 min. Nach 25 Minuten sind sich die Flugzeuge am nächsten.
Der Abstand beträgt dann $d(2{,}5) = \sqrt{1325 - 1020 \cdot 2{,}5 + 204 \cdot 6{,}25} \approx 7{,}07$. Der geringste Abstand der Flugzeuge ist 700 m.

202 **25 a)** $\overrightarrow{OD} = \overrightarrow{OA} + (BC) = \begin{pmatrix}2\\1\\0\end{pmatrix} + \begin{pmatrix}-6\\9\\3\end{pmatrix} = \begin{pmatrix}-4\\10\\3\end{pmatrix}$

Lage von N: $\begin{pmatrix}2\\1\\0\end{pmatrix} + r\begin{pmatrix}6\\4\\2\end{pmatrix} + s\begin{pmatrix}-6\\9\\3\end{pmatrix} = \begin{pmatrix}1\\9\\3\end{pmatrix}$ hat die Lösung $r = \frac{1}{2}$, $s = \frac{2}{3}$, somit liegt N im Parallelogramm.

b) Die Schnittbedingung $\begin{pmatrix}2\\1\\0\end{pmatrix} + r\begin{pmatrix}6\\4\\2\end{pmatrix} + s\begin{pmatrix}-6\\9\\3\end{pmatrix} = \begin{pmatrix}3\\19\\-23\end{pmatrix} + k\begin{pmatrix}-1\\-5\\13\end{pmatrix}$ hat die Lösung $r = \frac{1}{2}$, $s = \frac{2}{3}$, $k = 2$. Somit liegt der Schnittpunkt $S(1\,|\,9\,|\,3)$ im Parallelogramm.

g steht senkrecht auf der Ebene: $\begin{pmatrix}-1\\-5\\13\end{pmatrix} \cdot \begin{pmatrix}6\\4\\2\end{pmatrix} = 0$ und $\begin{pmatrix}-1\\-5\\13\end{pmatrix} \cdot \begin{pmatrix}-6\\9\\3\end{pmatrix} = 0$

c) $E: \vec{x} = \begin{pmatrix}3\\19\\-23\end{pmatrix} + k\begin{pmatrix}-1\\-5\\13\end{pmatrix} + l\begin{pmatrix}8-3\\5-19\\2+23\end{pmatrix} = \begin{pmatrix}3\\19\\-23\end{pmatrix} + k\begin{pmatrix}-1\\-5\\13\end{pmatrix} + l\begin{pmatrix}-5\\-14\\25\end{pmatrix}$

D liegt nicht auf E, denn

$\begin{pmatrix}3\\19\\-23\end{pmatrix} + k\begin{pmatrix}-1\\-5\\13\end{pmatrix} + l\begin{pmatrix}-5\\-14\\25\end{pmatrix} = \begin{pmatrix}-4\\10\\2\end{pmatrix}$ ist nicht erfüllbar.

26 a) Mittelpunkte: $M_{BS}(2\,|\,2\,|\,4)$, $M_{DS}(-2\,|\,-2\,|\,4)$. Damit ist 202

$$E_1: x = \begin{pmatrix}-4\\4\\0\end{pmatrix} + r\begin{pmatrix}6\\-2\\4\end{pmatrix} + s\begin{pmatrix}2\\-6\\4\end{pmatrix}$$

g steht senkrecht auf E_1, also auf beiden Richtungsvektoren:

$$\begin{pmatrix}-4\\4\\8\end{pmatrix} \cdot \begin{pmatrix}6\\-2\\4\end{pmatrix} = 0 \text{ und } \begin{pmatrix}-4\\4\\8\end{pmatrix} \cdot \begin{pmatrix}2\\-6\\4\end{pmatrix} = 0$$

Somit ist g auch nicht parallel zu E_1, also schneidet g die Ebene E_1.
(Der – nicht geforderte – Schnittpunkt ist $S(\frac{4}{3}\,|\,-\frac{4}{3}\,|\,\frac{16}{3})$.)

b) i) Es ist $\overrightarrow{AB} = \overrightarrow{DC} = \begin{pmatrix}0\\8\\0\end{pmatrix}$ und $\overrightarrow{AD} = \overrightarrow{BC} = \begin{pmatrix}-8\\0\\0\end{pmatrix}$. Somit ist das Viereck eine Raute mit Kantenlänge 8. Offensichtlich ist $\overrightarrow{AB} \perp \overrightarrow{AD}$, also ist es ein Quadrat.
Volumen: $V = \frac{1}{3} \cdot 8^2 \cdot 8 = \frac{512}{3}$

ii) Elementargeometrisch erhält man mit Pythagoras für die Höhe h des Seitendreiecks: $h = \sqrt{8^2 - 4^2} = 4\sqrt{3}$. Somit ist der Inhalt der Mantelfläche $A_M = 4 \cdot \frac{1}{2} \cdot 8 \cdot 4\sqrt{3} = 64\sqrt{3}$

c) Berechnung des Basiswinkels $\sphericalangle BAS$ mit $\overrightarrow{AB} = \begin{pmatrix}0\\8\\0\end{pmatrix}$, $\overrightarrow{AS} = \begin{pmatrix}-4\\4\\8\end{pmatrix}$:

$$\cos\alpha = \frac{32}{8 \cdot \sqrt{96}} = \frac{1}{\sqrt{6}}$$

Somit ist $\alpha \approx 65{,}9°$ und nach Basis- und Innenwinkelsatz gilt für den Winkel an der Spitze S: $\gamma = 48{,}2°$.

d) Die Gerade durch B_1 parallel zu $\overline{BS}$ wird geschnitten mit der Geraden durch C_1 parallel zu $\overline{CS}$

$$\begin{pmatrix}2{,}5\\3{,}5\\1\end{pmatrix} + k\begin{pmatrix}-4\\-4\\8\end{pmatrix} = \begin{pmatrix}-2{,}5\\3{,}5\\1\end{pmatrix} + l\begin{pmatrix}4\\-4\\8\end{pmatrix}$$

Als Lösung ergibt sich $k = l = \frac{5}{8}$ und $S_1(0\,|\,1\,|\,6)$.

e) S' muss so weit unterhalb der x_1-x_2-Ebene liegen wie S oberhalb liegt: $S'(0\,|\,0\,|\,-8)$

Die Schnittbedingung für $E_{AS'B}: \vec{x} = \begin{pmatrix}4\\-4\\0\end{pmatrix} + r\begin{pmatrix}-4\\4\\-8\end{pmatrix} + s\begin{pmatrix}0\\8\\0\end{pmatrix}$ und $h: \vec{x} = \begin{pmatrix}-3\\3\\2\end{pmatrix} + k\begin{pmatrix}-6\\6\\4\end{pmatrix}$

hat die Lösung $r = \frac{1}{4}$, $s = 0$, $k = -1$.
Wegen $\overrightarrow{OL} = \overrightarrow{OA} + \frac{1}{4}\overrightarrow{AS'}$ liegt L auf $\overline{AS'}$.
Die Koordinaten sind $L(3\,|\,-3\,|\,-2)$.

202 **27 a)** Der Richtungsvektor von g steht auf beiden Richtungsvektoren von E senkrecht:

$\begin{pmatrix}1\\-1\\2\end{pmatrix}\cdot\begin{pmatrix}x\\y\\z\end{pmatrix}=0$ und $\begin{pmatrix}3\\4\\-1\end{pmatrix}\cdot\begin{pmatrix}x\\y\\z\end{pmatrix}=0$ ergibt ein LGS mit $\left(\begin{array}{ccc|c}x & y & z & \\ 1 & -1 & 2 & 0\\ 3 & 4 & -1 & 0\end{array}\right)$

und der Lösung $z = y = -x$, also z. B. $\vec{n} = \begin{pmatrix}1\\-1\\-1\end{pmatrix}$, also $g: \vec{x} = \begin{pmatrix}6\\7\\-9\end{pmatrix} + k\begin{pmatrix}1\\-1\\-1\end{pmatrix}$.

b) Die Schnittbedingung

$$\begin{pmatrix}-2\\1\\4\end{pmatrix} + r\begin{pmatrix}1\\-1\\2\end{pmatrix} + s\begin{pmatrix}3\\4\\-1\end{pmatrix} = \begin{pmatrix}6\\7\\-9\end{pmatrix} + k\begin{pmatrix}1\\-1\\-1\end{pmatrix}$$

hat die Lösung $r = -3$, $s = 2$, $k = -5$ mit $S(1\,|\,12\,|-4)$. Es ist

$$\overrightarrow{SP} = \begin{pmatrix}5\\-5\\-5\end{pmatrix} \text{ und } |\overrightarrow{SP}| = 5\sqrt{3}$$

203 **28** Die Ebene $E_{ABC}: x = \begin{pmatrix}-1\\3\\-2\end{pmatrix} + r\begin{pmatrix}0\\-6\\6\end{pmatrix} + s\begin{pmatrix}8\\-8\\4\end{pmatrix}$ hat den Normalenvektor $\vec{n} = \begin{pmatrix}1\\2\\2\end{pmatrix}$.

Beim Schnitt von E_{ABC} mit $g: \vec{x} = \begin{pmatrix}5\\3\\4\end{pmatrix} + k\begin{pmatrix}1\\2\\2\end{pmatrix}$ erhält man $r = 0$, $s = \frac{1}{2}$, $k = -2$ und $H(3\,|-1\,|\,0)$.

Die Länge der Höhe ist $h = |\overrightarrow{HS}| = \sqrt{(5-3)^2 + (3+1)^2 + (4-0)^2} = 6$.

29 Gleichung der durch P verlaufenden Geraden s, die zur Ebene E senkrecht liegt:

$\vec{x} = \begin{pmatrix}7\\1\\7\end{pmatrix} + r\cdot\begin{pmatrix}3\\-1\\2\end{pmatrix}\quad (r \in \mathbb{R})$

Der Schnittpunkt von s und E ist der Lotfußpunkt $P'(1\,|\,3\,|\,3)$.

30 Gleichung der durch P verlaufenden Geraden s, die zur Ebene E senkrecht liegt:

$\vec{x} = \begin{pmatrix}10\\1\\-4\end{pmatrix} + r\cdot\begin{pmatrix}4\\-2\\1\end{pmatrix}\quad (r \in \mathbb{R})$

Der Schnittpunkt von s und E ist der Lotfußpunkt $P'(2\,|\,5\,|-6)$.

31 Der Schnitt von E mit der Lotgeraden $l: \vec{x} = \begin{pmatrix}4\\8\\11\end{pmatrix} + r\cdot\begin{pmatrix}1\\-3\\-4\end{pmatrix}\quad (r \in \mathbb{R})$

ergibt $r = 0$, $s = 1$, $k = 2$ und den Schnittpunkt $F(6\,|\,2\,|\,3)$.

$\overrightarrow{OP'} = \overrightarrow{OF} + \overrightarrow{FP}$ ergibt $P'(8\,|-4\,|-5)$.

32 a) (1) Wegen $42^2 + 6^2 = 24^2 + 18^2 + 30^2 = 1800$ sind die Seiten gleich lang.

(2) E_{ACF}:

$\vec{x} = \begin{pmatrix}20\\-4\\-10\end{pmatrix} + r\begin{pmatrix}-7\\1\\0\end{pmatrix} + s\begin{pmatrix}-3\\4\\5\end{pmatrix}$

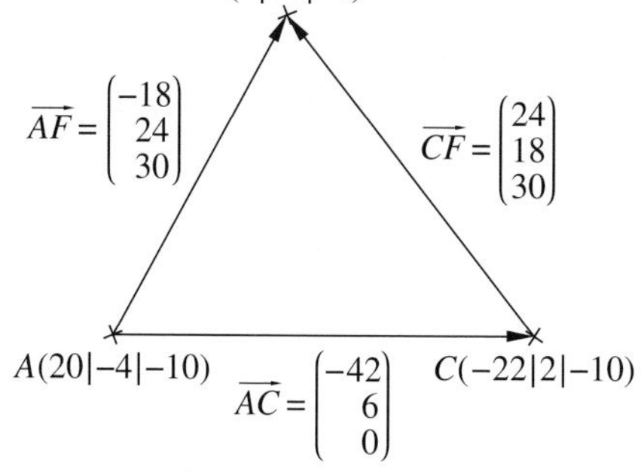

b) Die Schnittbedingung $\begin{pmatrix}20\\-4\\-10\end{pmatrix} + r\begin{pmatrix}-7\\1\\0\end{pmatrix} + s\begin{pmatrix}-3\\4\\5\end{pmatrix} = \begin{pmatrix}-3\\-15\\15\end{pmatrix} + k\begin{pmatrix}1\\7\\-5\end{pmatrix}$

hat die Lösung $r = s = 2$, $k = 3$ mit $S(0\,|\,6\,|\,0)$.

c) $\overrightarrow{AP_k} = \begin{pmatrix}-23+k\\-11+7k\\25-5k\end{pmatrix}$ und $\overrightarrow{CP_K} = \begin{pmatrix}19+k\\-17+7k\\25-5k\end{pmatrix}$

Es ergibt sich $|\overrightarrow{AP_k}|^2 = |\overrightarrow{CP_k}|^2 = 1275 - 450k + 75k^2$

d) Es muss gelten $|\overrightarrow{AP_k}|^2 = |\overrightarrow{AC}|^2 = 1800$

$$\Leftrightarrow 1275 - 450k + 75k^2 = 1800$$
$$\Leftrightarrow k^2 - 6k - 7 = 0$$
$$\Leftrightarrow k = 7 \vee k = -1$$

Damit ist

$$\overrightarrow{OP_7} = \begin{pmatrix}-3+7\\-15+49\\15-35\end{pmatrix} = \begin{pmatrix}4\\34\\-20\end{pmatrix} \qquad \overrightarrow{OP_{-1}} = \begin{pmatrix}-3-1\\-15-7\\15+5\end{pmatrix} = \begin{pmatrix}-4\\-22\\20\end{pmatrix}$$

e) Die Lotgerade g durch H schneidet E_{ACF} in $S(0\,|\,6\,|\,0)$. Für die Pyramidenhöhe h gilt

$$h = d(H, E_{ACF}) = |\overrightarrow{SH}| = \sqrt{(-4)^2 + (-6-22)^2 + 20^2} = \sqrt{1200}$$

Mit der Formel $A = \frac{a^2}{4}\sqrt{3}$ für die Fläche eines gleichseitigen Dreiecks erhält man mit $a = \sqrt{1800}$ für das Volumen des Tetraeders:

$V = \frac{1}{3}\cdot\frac{1800}{4}\sqrt{3}\cdot\sqrt{1200} = 9000$

f) Man sieht sofort, dass die Seitenvektoren des Vierecks zueinander orthogonal sind und dass sie gleich lang sind.

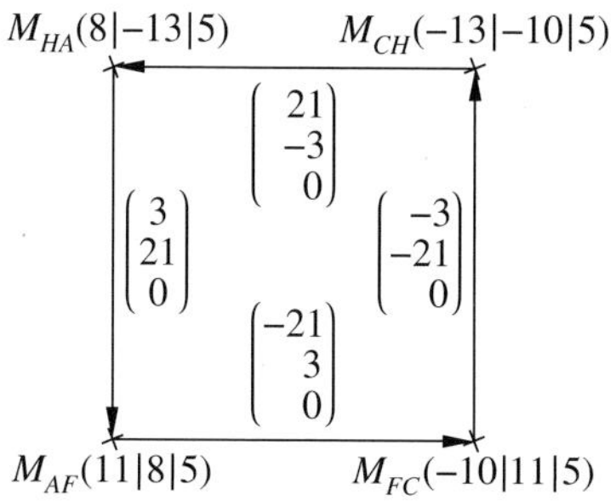

g) $\overrightarrow{OB} = \overrightarrow{OM_{AC}} + \frac{1}{2}\overrightarrow{HF} =$

$\begin{pmatrix}-1\\-1\\10\end{pmatrix} + \frac{1}{2}\begin{pmatrix}6\\42\\0\end{pmatrix} = \begin{pmatrix}2\\20\\-10\end{pmatrix}$

33 a)

$$\overrightarrow{OP'} = \overrightarrow{OA} + r\vec{b} + s\vec{c} \text{ und } 0 \le r, s \quad r + s = 1$$
$$\Leftrightarrow \overrightarrow{OP'} = \overrightarrow{OA} + r\vec{b} + (1 - r)\vec{c} \text{ und } 0 \le r \le 1$$
$$\Leftrightarrow \overrightarrow{OP'} = (\overrightarrow{OA} + \vec{c}) + r(\vec{b} - \vec{c}) \text{ und } 0 \le r \le 1$$
$$\Leftrightarrow \overrightarrow{OP'} = \overrightarrow{OC} + r\overrightarrow{CB} \text{ und } 0 \le r \le 1$$
$$\Leftrightarrow P' \text{ liegt auf } \overline{CB}$$

b) P liegt genau dann im Dreieck, wenn es einen Punkt P' gibt mit

$$\overrightarrow{OP} = \overrightarrow{OA} + k\overrightarrow{AP'} \text{ und } 0 \le k \le 1$$
$$\Leftrightarrow \overrightarrow{OP} = \overrightarrow{OA} + k(r\vec{b} + s\vec{c}) \text{ und } 0 \le k, r, s \le 1 \quad r + s = 1$$
$$\Leftrightarrow \overrightarrow{OP} = \overrightarrow{OA} + kr\vec{b} + ks\vec{c} \text{ und } 0 \le k, r, s \le 1 \quad r + s = 1$$

Wenn $r + s = 1$ und $0 \le k \le 1$, dann ist $0 \le kr + ks \le 1$.
Also liegt P im Dreieck genau dann, wenn gilt:

$$\overrightarrow{OP} = \overrightarrow{OA} + r\vec{b} + s\vec{c} \text{ und } 0 \le r, s \quad r + s \le 1$$

34 a) Die Schnittbedingung führt zu einem unterbestimmten LGS, dessen Koeffizientenmatrix 4 Spalten und 3 Zeilen hat. Fälle:

$$\left(\begin{array}{cccc|c} x & * & * & * & * \\ 0 & x & * & * & * \\ 0 & 0 & x & * & * \end{array}\right) \quad \left(\begin{array}{cccc|c} x & * & * & * & * \\ 0 & * & * & * & * \\ 0 & 0 & 0 & 0 & x \end{array}\right) \quad \left(\begin{array}{cccc|c} x & * & * & * & * \\ 0 & x & * & * & * \\ 0 & 0 & 0 & 0 & 0 \end{array}\right)$$

Im ersten Fall ist eine Variable frei wählbar.Das Schnittgebilde ist eine Gerade.
Im zweiten Fall ist die Lösungsmege leer, also sind die Ebenen parallel.
Im dritten Fall sind zwei Variablen frei wählbar, das Schnittgebilde ist eine Ebene, also sind die beiden Ebenen identisch.
b) und **c)** individuelle Lösungen

35 $\begin{pmatrix} 2 \\ -7 \\ 1 \end{pmatrix} + k\begin{pmatrix} -3 \\ 4 \\ 2 \end{pmatrix} + (k-2)\begin{pmatrix} 1 \\ 0 \\ 2 \end{pmatrix} = \begin{pmatrix} 2-2 \\ -7 \\ 1-4 \end{pmatrix} + k\begin{pmatrix} -3+1 \\ 4 \\ 2+2 \end{pmatrix} = \begin{pmatrix} 0 \\ -7 \\ -3 \end{pmatrix} + k\begin{pmatrix} -2 \\ 4 \\ 4 \end{pmatrix}$

$\begin{pmatrix} -3 \\ 3 \\ 1 \end{pmatrix} + (2k-2)\begin{pmatrix} -1 \\ 2 \\ 2 \end{pmatrix} - \begin{pmatrix} -1 \\ 6 \\ 0 \end{pmatrix} = \begin{pmatrix} -3+2+1 \\ 3-4-6 \\ 1-4 \end{pmatrix} + k\begin{pmatrix} -2 \\ 4 \\ 4 \end{pmatrix} = \begin{pmatrix} 0 \\ -7 \\ -3 \end{pmatrix} + k\begin{pmatrix} -2 \\ 4 \\ 4 \end{pmatrix}$

Aus beiden Ebenentermen entsteht dieselbe Gleichung der Schnittgeraden.

36 a) Die Ebenen sind parallel.
b) Mit $s = r$, $u = (1 - r)$, $v = r$ ist die Schnittgerade $g: \vec{x} = \begin{pmatrix} 2 \\ -3 \\ 5 \end{pmatrix} + k\begin{pmatrix} 1 \\ -1 \\ 2 \end{pmatrix}$

c) Die Lösung des LGS enthält zwei frei wählbare Variable: $r = (1 + u - v)$, $s = (-2 - u + v)$, die Ebenen sind parallel.

d) Eine Variable frei wählbar. Mit $r = -\frac{2}{3} - \frac{1}{3}v$, $s = \frac{1}{3} - \frac{1}{3}v$, $u = -v$ ist eine Gleichung der Schnittgerade $g: \vec{x} = \begin{pmatrix} 2 \\ 5 \\ 6 \end{pmatrix} + k\begin{pmatrix} 1 \\ -4 \\ -1 \end{pmatrix}$.

6.3 Die Vorteile der Normalengleichung

AUFTRAG 1 Neue Bauernregel?

R : ist Stützvektor von E.
S : Liegt in E, man erhält beim Gleichsetzen mit der Parametergleichung $s = 3$, $r = -2$.
T : x_3 : $s = 1$, damit erhält man für x_2 : $r = 4$ und für x_1 : $r = \frac{2}{3}$, T liegt nicht in E.

Normalenvektor: Es muss gelten $\vec{n} = k \cdot \begin{pmatrix} 1 \\ 3 \\ z \end{pmatrix}$ und $\begin{pmatrix} 1 \\ 3 \\ z \end{pmatrix} \cdot \begin{pmatrix} 3 \\ 1 \\ -4 \end{pmatrix} = 6 - 4z = 0 \Rightarrow \vec{n} = \begin{pmatrix} 2 \\ 6 \\ 3 \end{pmatrix}$.

Gleichung: Das Produkt des Normalenvektors mit den Richungsvektoren ist gleich 0.
Deshalb:

$\begin{pmatrix} 2 \\ 6 \\ 3 \end{pmatrix} \cdot \begin{pmatrix} x_1 \\ x_2 \\ x_3 \end{pmatrix} = \begin{pmatrix} 2 \\ 6 \\ 3 \end{pmatrix} \cdot \begin{pmatrix} 0 \\ 1 \\ 4 \end{pmatrix}$ oder $2x_1 + 6x_2 + 3x_3 = 18$

$R: 2 \cdot 0 + 6 \cdot 1 + 3 \cdot 4 = 18$ geht auf, R in E.
$S: 2 \cdot 3 + 6 \cdot 6 + 3 \cdot (-8) = 18$ geht auf, S in E.
$T: 2 \cdot 5 + 6 \cdot (-2) + 3 \cdot 0 = 18$ ist falsch, T nicht in E.
Bis auf den Spezialfall des Stützpunktes ist die Punktprobe so einfacher.

AUFTRAG 2 Windschutz

Bedingung für geeignete Punkte X: $\begin{pmatrix} 3 \\ 5 \\ -1 \end{pmatrix} \cdot \left[\begin{pmatrix} x_1 \\ x_2 \\ x_3 \end{pmatrix} - \begin{pmatrix} 1 \\ 7 \\ 6 \end{pmatrix}\right] = 0$.

$B: \begin{pmatrix} 3 \\ 5 \\ -1 \end{pmatrix} \cdot \left[\begin{pmatrix} 9 \\ 3 \\ 10 \end{pmatrix} - \begin{pmatrix} 1 \\ 7 \\ 6 \end{pmatrix}\right] = \begin{pmatrix} 3 \\ 5 \\ -1 \end{pmatrix} \cdot \begin{pmatrix} 8 \\ -4 \\ 4 \end{pmatrix} = 0$ B ist geeignet.

$C: \begin{pmatrix} 3 \\ 5 \\ -1 \end{pmatrix} \cdot \left[\begin{pmatrix} 6 \\ 7 \\ 9 \end{pmatrix} - \begin{pmatrix} 1 \\ 7 \\ 6 \end{pmatrix}\right] = \begin{pmatrix} 3 \\ 5 \\ -1 \end{pmatrix} \cdot \begin{pmatrix} 5 \\ 0 \\ 3 \end{pmatrix} = 12$ C ist nicht geeignet.

$D: \begin{pmatrix} 3 \\ 5 \\ -1 \end{pmatrix} \cdot \left[\begin{pmatrix} 4 \\ 6 \\ 10 \end{pmatrix} - \begin{pmatrix} 1 \\ 7 \\ 6 \end{pmatrix}\right] = \begin{pmatrix} 3 \\ 5 \\ -1 \end{pmatrix} \cdot \begin{pmatrix} 3 \\ -1 \\ 4 \end{pmatrix} = 0$ D ist geeignet.

Einsetzen der Geradenpunkte:

$g: \begin{pmatrix} 3 \\ 5 \\ -1 \end{pmatrix} \cdot \left[\begin{pmatrix} 4+2k \\ -6+4k \\ k \end{pmatrix} - \begin{pmatrix} 1 \\ 7 \\ 6 \end{pmatrix}\right] = \begin{pmatrix} 3 \\ 5 \\ -1 \end{pmatrix} \cdot \begin{pmatrix} 3+2k \\ -13+4k \\ -6+k \end{pmatrix} = -50 + 25k = 0 \Leftrightarrow k = 2$

Der Punkt $P(8|2|2)$ der Geraden g ist geeignet.

AUFTRAG 3 Besonderheit des Skalarprodukts

$\begin{pmatrix} 0 \\ 0 \\ 6 \end{pmatrix} \cdot \begin{pmatrix} 2 \\ -1 \\ 2 \end{pmatrix} = 6 = \begin{pmatrix} 5 \\ 1 \\ -3 \end{pmatrix} \cdot \begin{pmatrix} 2 \\ -1 \\ 2 \end{pmatrix}$

Es gilt $\overrightarrow{OA} \cdot \vec{n} = \overrightarrow{OD} \cdot \vec{n}$, wenn $|\overrightarrow{OA}| \cos \alpha = |\overrightarrow{OD}| \cos \delta$.

Anschaulich: Alle Vektoren, die (im Ursprung angesetzt) die gleiche Projektion auf $\vec{n}$ haben, haben mit $\vec{n}$ das gleiche Skalarprodukt. Das sind die Vektoren, deren Spitze auf die Gerade, ja sogar auf die Ebene, senkrecht zu $\vec{n}$ durch A zeigen.

205 **Fortsetzung von Auftrag 3:**

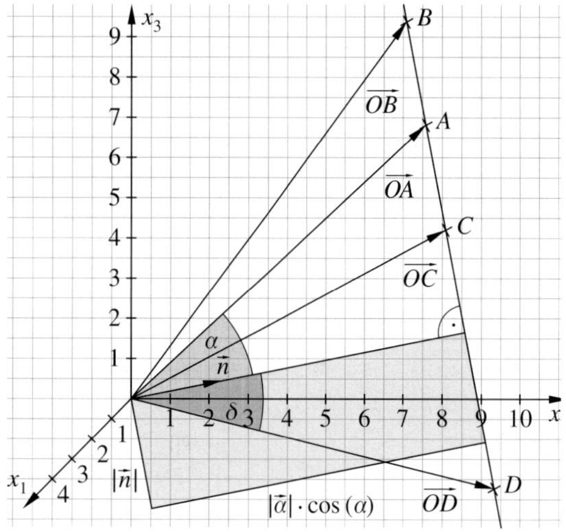

210 **Aufgaben – Trainieren**

1 a) $\begin{pmatrix} 2 \\ 3 \\ -6 \end{pmatrix} \cdot \vec{x} = \begin{pmatrix} 2 \\ 3 \\ -6 \end{pmatrix} \cdot \begin{pmatrix} -2 \\ 5 \\ 1 \end{pmatrix}$ $\quad 2x_1 + 3x_2 - 6x_3 = 5$

b) $\begin{pmatrix} 7 \\ 2 \\ -2 \end{pmatrix} \cdot \vec{x} = \begin{pmatrix} 7 \\ 2 \\ -2 \end{pmatrix} \cdot \begin{pmatrix} 1 \\ -3 \\ 4 \end{pmatrix}$ $\quad 7x_1 + 2x_2 - 2x_3 = -7$

c) $\begin{pmatrix} 0 \\ 0 \\ 1 \end{pmatrix} \cdot \vec{x} = \begin{pmatrix} 0 \\ 0 \\ 1 \end{pmatrix} \cdot \begin{pmatrix} 0 \\ 0 \\ 6 \end{pmatrix}$ $\quad x_3 = 6$

d) $\begin{pmatrix} 5 \\ 8 \\ -7 \end{pmatrix} \cdot \vec{x} = 0$ $\quad 5x_1 + 8x_2 - 7x_3 = 0$

2 Die Wahl von $\vec{p}$ ist nicht eindeutig.

a) $\begin{pmatrix} 3 \\ -6 \\ 7 \end{pmatrix} \cdot \vec{x} = \begin{pmatrix} 3 \\ -6 \\ z \end{pmatrix} \cdot \begin{pmatrix} 1 \\ -1 \\ 0 \end{pmatrix}$

b) $\begin{pmatrix} 1 \\ 0 \\ 4 \end{pmatrix} \cdot \vec{x} = \begin{pmatrix} 1 \\ 0 \\ 4 \end{pmatrix} \cdot \begin{pmatrix} 2 \\ 1 \\ 1 \end{pmatrix}$

3 E_1: Normalenvektor: $\begin{pmatrix} x \\ 4 \\ 5 \end{pmatrix} \cdot \begin{pmatrix} -3 \\ 3 \\ -1 \end{pmatrix} = -3x + 7 = 0 \Leftrightarrow x = \frac{7}{3}$ $\quad \vec{n} = \begin{pmatrix} 7 \\ 12 \\ 15 \end{pmatrix}$

$\begin{pmatrix} 7 \\ 12 \\ 15 \end{pmatrix} \cdot \begin{pmatrix} 1 \\ -3 \\ 2 \end{pmatrix} = 1 \quad E_1 : 7x_1 + 12x_2 + 15x_3 = 1$

E_2: Normalenvektor: $\vec{n} = \begin{pmatrix} 2 \\ 2 \\ 1 \end{pmatrix} \quad E_2 : 2x_1 + 2x_2 + x_3 = 2$

E_3: Normalenvektor: $\vec{n} = \begin{pmatrix} -12 \\ 2 \\ 3 \end{pmatrix} \quad E_2 : -12x_1 + 2x_2 + 3x_3 = 2$

4 a) $E : \vec{x} = \begin{pmatrix} 1 \\ 1 \\ -2 \end{pmatrix} + r\begin{pmatrix} 2 \\ -3 \\ 3 \end{pmatrix} + s\begin{pmatrix} -2 \\ 0 \\ 0 \end{pmatrix}$ $\quad \vec{n} = \begin{pmatrix} 0 \\ 1 \\ 1 \end{pmatrix}$ $\quad -x_2 - x_3 = 1$ 210

b) $E : \vec{x} = \begin{pmatrix} 3 \\ 1 \\ -2 \end{pmatrix} + r\begin{pmatrix} -4 \\ 1 \\ -1 \end{pmatrix} + s\begin{pmatrix} -3 \\ -2 \\ 3 \end{pmatrix}$ $\quad \vec{n} = \begin{pmatrix} 1 \\ 15 \\ 11 \end{pmatrix}$ $\quad -x_1 - 15x_2 - 11x_3 = 4$

c) $E : \vec{x} = \begin{pmatrix} 0 \\ -1 \\ 2 \end{pmatrix} + r\begin{pmatrix} 1 \\ 1 \\ -5 \end{pmatrix} + s\begin{pmatrix} 2 \\ 0 \\ -4 \end{pmatrix}$ $\quad \vec{n} = \begin{pmatrix} 2 \\ 3 \\ 1 \end{pmatrix}$ $\quad -2x_1 - 3x_2 - x_3 = 1$

d) $E : \vec{x} = \begin{pmatrix} 2 \\ 3 \\ -1 \end{pmatrix} + r\begin{pmatrix} -3 \\ -1 \\ 2 \end{pmatrix} + s\begin{pmatrix} -5 \\ -5 \\ 5 \end{pmatrix}$ $\quad \vec{n} = \begin{pmatrix} 1 \\ 1 \\ 2 \end{pmatrix}$ $\quad x_1 + x_2 + 2x_3 = 3$

5 Ein Normalenvektor der von $\vec{a}$ und $\vec{b}$ aufgespannten Ebene E ist $\vec{n} = \begin{pmatrix} 2 \\ 2 \\ 1 \end{pmatrix}$.
Zu diesem muss $\vec{c}$ senkrecht stehen:

a) $\begin{pmatrix} 2 \\ 2 \\ 1 \end{pmatrix} \cdot \begin{pmatrix} 0 \\ 3 \\ 1 \end{pmatrix} = 7 \neq 0$ $\quad \Rightarrow \vec{c} \nparallel E$

b) $\begin{pmatrix} 2 \\ 2 \\ 1 \end{pmatrix} \cdot \begin{pmatrix} 1 \\ 1 \\ -4 \end{pmatrix} = 0$ $\quad \Rightarrow \vec{c} \parallel E$

c) $\begin{pmatrix} 2 \\ 2 \\ 1 \end{pmatrix} \cdot \begin{pmatrix} -3 \\ 2 \\ 2 \end{pmatrix} = 0$ $\quad \Rightarrow \vec{c} \parallel E$

6 a) Die Ebene E ist parallel zur x_2-x_3-Ebene.
b) Die Ebene E enthält die x_1-Achse.
c) Die Ebene E enthält die x_3-Achse.
d) Die Ebene E ist parallel zur x_3-Achse.

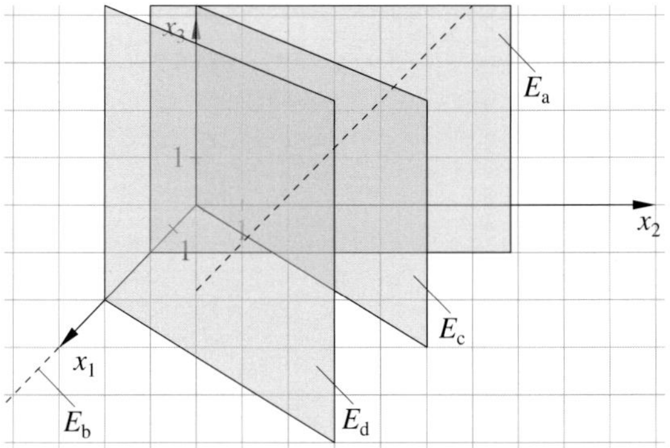

7 a) und **b)** richtig.
c) Muss nicht richtig sein, denn z. B. sind die beiden Ebenen
E_1 mit $x_3 = 0$
bzw. $\vec{x} = \begin{pmatrix} 0 \\ 0 \\ 0 \end{pmatrix} + r_1 \cdot \begin{pmatrix} 1 \\ 0 \\ 0 \end{pmatrix} + s_1 \cdot \begin{pmatrix} 0 \\ 1 \\ 0 \end{pmatrix}$
und E_2 mit $x_3 = 1$
bzw. $\vec{x} = \begin{pmatrix} 0 \\ 0 \\ 1 \end{pmatrix} + r_2 \cdot \begin{pmatrix} 1 \\ 2 \\ 0 \end{pmatrix} + s_2 \cdot \begin{pmatrix} 3 \\ -2 \\ 0 \end{pmatrix}$
zueinander parallel, ihre Spannvektoren dagegen nicht.
d) richtig.

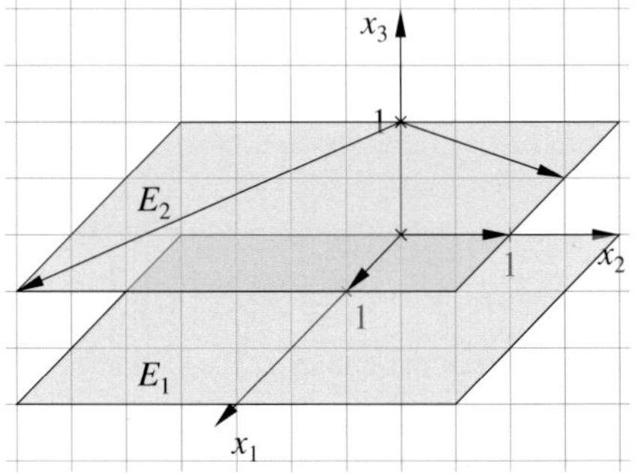

210 **8 a)** $\vec{x} = \begin{pmatrix}1\\1\\2\end{pmatrix} + r \cdot \begin{pmatrix}0\\1\\-1\end{pmatrix} + s \cdot \begin{pmatrix}1\\0\\-1\end{pmatrix}$

$x_1 + x_2 + x_3 - 4 = 0$

Beispiele für die drei Spurgeraden:

s_1: $\vec{x} = \begin{pmatrix}4\\0\\0\end{pmatrix} + r \cdot \begin{pmatrix}-4\\4\\0\end{pmatrix}$

s_2: $\vec{x} = \begin{pmatrix}0\\4\\0\end{pmatrix} + s \cdot \begin{pmatrix}0\\-4\\4\end{pmatrix}$

s_3: $\vec{x} = \begin{pmatrix}0\\0\\4\end{pmatrix} + t \cdot \begin{pmatrix}4\\0\\-4\end{pmatrix}$

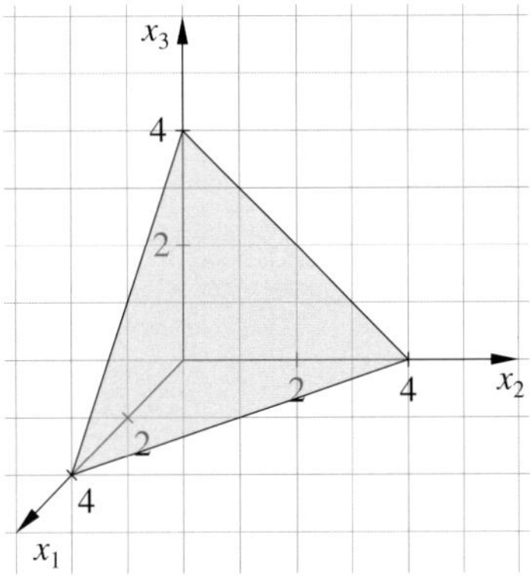

b) $\vec{x} = \begin{pmatrix}1\\1\\2\end{pmatrix} + r \cdot \begin{pmatrix}0\\0\\1\end{pmatrix} + s \cdot \begin{pmatrix}1\\0\\-1\end{pmatrix}$

$x_2 - 1 = 0$

Beispiele für die zwei Spurgeraden (s_2 fehlt):

s_1: $\vec{x} = \begin{pmatrix}0\\1\\0\end{pmatrix} + r \cdot \begin{pmatrix}0\\0\\1\end{pmatrix}$

s_3: $\vec{x} = \begin{pmatrix}0\\1\\0\end{pmatrix} + t \cdot \begin{pmatrix}1\\0\\0\end{pmatrix}$

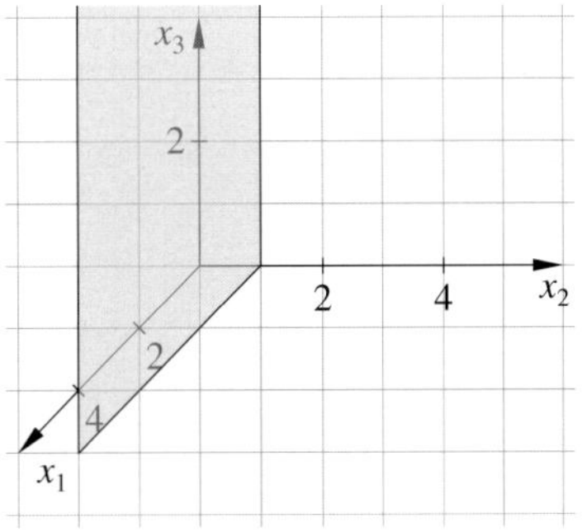

9 a) $3x_1 + 4x_2 + 6x_3 = 12 \Leftrightarrow \frac{x_1}{4} + \frac{x_2}{3} + \frac{x_3}{2} = 1$

Wenn man jeweils zwei der Koordinaten null setzt, dann muss die dritte Koordinate gleich dem zugehörigen Nenner sein, um die Gleichung zu erfüllen. Anhand der Achsenabschnitte können sofort die Spurpunkte der Ebene angegeben werden, also hier $(4|0|0)$, $(0|3|0)$ und $(0|0|2)$.

b) $2x_1 + 6x_2 + 3x_3 = 18 \Leftrightarrow \frac{x_1}{9} + \frac{x_2}{3} + \frac{x_3}{6} = 1$

Spurpunkte:

$(9|0|0)$; $(0|3|0)$; $(0|0|6)$.

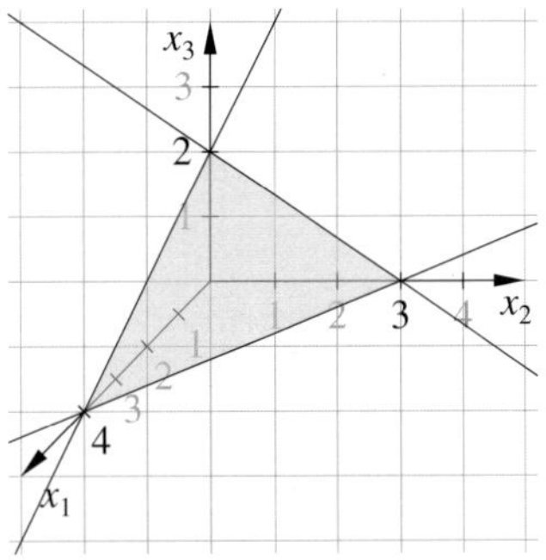

211 **10** Lösung unter der Annahme, dass es sich bei P, Q und R um Spurpunkte handelt:

Bild 211/1:	Bild 211/2:	Bild 211/3:
$P(3\|0\|0)$	$P(-1\|0\|0)$	$P(4\|0\|0)$
$Q(0\|2\|0)$	$Q(0\|3\|0)$	$Q(0\|-3\|0)$
$R(0\|0\|5)$	$R(0\|0\|4)$	$R(0\|0\|5)$
$10x_1 + 15x_2 + 6x_3 - 30 = 0$	$12x_1 - 4x_2 - 3x_3 + 12 = 0$	$15x_1 - 20x_2 + 12x_3 - 60 = 0$

11 a) z. B.: $E: \vec{x} = \begin{pmatrix}-1\\2\\1\end{pmatrix} + r\begin{pmatrix}1\\1\\0\end{pmatrix} + s\begin{pmatrix}1\\0\\2\end{pmatrix}$ 211

b) A: $\begin{pmatrix}3\\1\\3\end{pmatrix} = \begin{pmatrix}-1\\2\\1\end{pmatrix} + r\begin{pmatrix}1\\1\\0\end{pmatrix} + s\begin{pmatrix}1\\0\\2\end{pmatrix}$ $x_3: s = 1$, $x_2: r = -1$, passt nicht in x_1

$-2 \cdot 3 + 2 \cdot 1 + 1 \cdot 3 \neq 7$. A nicht in E.

B: $\begin{pmatrix}-2\\2\\-1\end{pmatrix} = \begin{pmatrix}-1\\2\\1\end{pmatrix} + r\begin{pmatrix}1\\1\\0\end{pmatrix} + s\begin{pmatrix}1\\0\\2\end{pmatrix}$ $x_3: s = -1$, $x_2: r = 0$, passt in x_1

$-2 \cdot (-2) + 2 \cdot 2 + 1 \cdot (-1) = 7$. B in E.

c) z. B. Der Aufwand ist bei der Koordinatenform viel kleiner. Allerdings kann man den Unterschied reduzieren, wenn man in der Parameterform viele Nullen wählt.

12 a) g und E schneiden einander in $S(9|2|-3)$.

b) g und E schneiden einander in $S(2|-2|-1)$.

c) g und E sind zueinander parallel.

d) g und E schneiden einander in $S(-2{,}5|2|1)$.

e) g liegt in E.

f) g und E sind zueinander parallel.

g) g liegt in E.

13 $S(3|6|3)$

Gleichung der Geraden h, die durch die Punkte A und B verläuft:

$\vec{x} = \overrightarrow{OA} + t \cdot \overrightarrow{AB} = \begin{pmatrix}3\\-2\\3\end{pmatrix} + t \cdot \begin{pmatrix}0\\4\\0\end{pmatrix}$ $(t \in \mathbb{R})$

Für $0 < t < 1$ liegt der zugehörige Punkt auf der Strecke $\overline{AB}$. Punkt S liegt daher nicht auf $\overline{AB}$, denn für ihn gilt:

$\begin{pmatrix}3\\6\\3\end{pmatrix} = \begin{pmatrix}3\\-2\\3\end{pmatrix} + 2 \cdot \begin{pmatrix}0\\4\\0\end{pmatrix}$

14 Beispiele für Diagramme:

a)

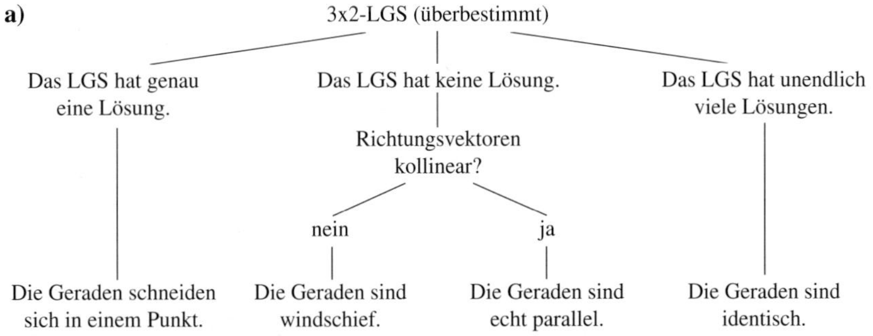

211 **b)** Der Richtungsvektor der Schnittgeraden ist orthogonal zu den Normalenvektoren der beiden Ebenen.

c) 3x3-LGS

- Das LGS hat genau eine Lösung. → Die Gerade schneidet die Ebene in genau einem Punkt.
- Das LGS hat keine Lösung. → Die Gerade ist echt parallel zur Ebene.
- Das LGS hat unendlich viele Lösungen. → Die Gerade liegt in der Ebene.

212 **15** Ein Normalenvektor der Ebene E lautet: $\vec{n} = \begin{pmatrix} -1 \\ 2 \\ 5 \end{pmatrix}$

Wenn die Ebene E parallel zur Geraden g verläuft, muss das Skalarprodukt des Richtungsvektors der Geraden und des Normalenvektors der Ebene 0 sein.

$\begin{pmatrix} 4 \\ 2 \\ 0 \end{pmatrix} \cdot \begin{pmatrix} -1 \\ 2 \\ 5 \end{pmatrix} = -4 + 4 + 0 = 0$

Nun muss geprüft werden, ob die Gerade g in der Ebene E liegt, z. B. Punkt $P(3|-2|1)$ der Geraden:

$-3 + 2 \cdot (-2) + 5 \cdot 1 = -2 \neq 6 \Rightarrow$ Die Gerade g verläuft echt parallel zur Ebene E.

b) Die Gerade h mit $\vec{x} = \begin{pmatrix} -6 \\ 0 \\ 0 \end{pmatrix} + r \cdot \begin{pmatrix} 4 \\ 2 \\ 0 \end{pmatrix}$ liegt in der Ebene E.

16 a) 70,5°

b) 45°

c) 87,0°

d) Normalenvektor E_1 : $\vec{n_1} = \begin{pmatrix} 3 \\ -1 \\ 2 \end{pmatrix}$.

Normalenvektor E_2: Senkrecht zu beiden Richtungsvektoren ist $\vec{n_2} = \begin{pmatrix} 5 \\ 1 \\ -2 \end{pmatrix}$.

Winkel: $\cos\alpha = \frac{10}{\sqrt{10} \cdot \sqrt{30}} = 0{,}48\ldots \quad \alpha \approx 60{,}8°$

e) Als Normalenvektoren erhält man: $\vec{n_1} = \begin{pmatrix} 1 \\ 2 \\ -1 \end{pmatrix} \quad \vec{n_2} = \begin{pmatrix} 3 \\ -1 \\ 1 \end{pmatrix}$.

Es ist $\vec{n_1} \perp \vec{n_2}$, der

Winkel zwischen den Ebenen beträgt 90°.

17 a) $\vec{n} = \begin{pmatrix} 1 \\ -1 \\ 3 \end{pmatrix} \quad \vec{u} = \begin{pmatrix} -1 \\ 0 \\ 1 \end{pmatrix} \quad \sin\alpha = \frac{|\vec{n} \cdot \vec{u}|}{|\vec{n}| \cdot |\vec{u}|} = \frac{2}{\sqrt{11} \cdot \sqrt{2}} = 0{,}42\ldots \quad \alpha \approx 25{,}2°$ 212

b) $\vec{n} = \begin{pmatrix} 5 \\ -1 \\ 1 \end{pmatrix} \quad \vec{u} = \begin{pmatrix} 1 \\ 2 \\ -3 \end{pmatrix} \quad \vec{n} \perp \vec{u},\ \alpha = 0°.$

c) $\vec{n} = \begin{pmatrix} -1 \\ 1 \\ 1 \end{pmatrix} \quad \vec{u} = \begin{pmatrix} 1 \\ -1 \\ 1 \end{pmatrix} \quad \sin\alpha = \frac{|-1|}{\sqrt{3} \cdot \sqrt{3}} = \frac{1}{3} \quad \alpha \approx 19{,}5°$

d) $\vec{n} = \begin{pmatrix} 2 \\ -3 \\ 2 \end{pmatrix} \quad \vec{u} = \overrightarrow{AB} = \begin{pmatrix} 1 \\ 2 \\ 2 \end{pmatrix} \quad \vec{n} \perp \vec{u},\ \alpha = 0°$

18 a) 3 **b)** $\sqrt{3}$ **c)** 1 **d)** 0

19 Mögliche Methoden: Mithilfe der Lotgeraden durch P (siehe Aufgaben Kap 6.2) oder Einsetzen in HNF.

a) $2\frac{1}{3}$ **b)** 1,5 **c)** 0,6 **d)** 5

20 a) $E_1 : 16x_1 + 2x_2 - 8x_3 = 23 \quad E_2 : 8x_1 + x_2 - ax_3 = 20$. Die Normalenvektoren sind kollinear, also sind die Ebenen parallel. Da in beiden Gleichungen $e > 0$ ist, zeigen die Normalenvektoren zur Ebene. Da sie gleich gerichtet sind, ist der Ebenenabstand gleich der Differenz der Ursprungsabstände: $d(E_1, E_2) = \frac{20}{9} - \frac{23}{18} = \frac{17}{18}$. Insbesondere hat E_2 vom Ursprung den Abstand $\frac{20}{9}$.

b) E_2: $3x_1 - 12x_2 + 4x_3 = 34$

E_1 und E_2 sind zueinander parallel, weil ihre Normalenvektoren zueinander parallel sind.

Abstand von E_1 und E_2: $d = 2$

Anderer möglicher Lösungsweg:

$E_1 \parallel E_2$, da der Normalenvektor von E_1 auf beiden Richtungsvektoren von E_2 senkrecht steht:

$\begin{pmatrix} 3 \\ -12 \\ 4 \end{pmatrix} \cdot \begin{pmatrix} 4 \\ 1 \\ 0 \end{pmatrix} = 0 \qquad \begin{pmatrix} 3 \\ -12 \\ 4 \end{pmatrix} \cdot \begin{pmatrix} 0 \\ 1 \\ 3 \end{pmatrix} = 0.$

Berechnung des Abstandes des Stützpunktes $P(6|1|7)$ von E_2 zu E_1 durch Einsetzen in die HNF von E_1:

$d(P, E_1) = \frac{1}{13} \left| \begin{pmatrix} 3 \\ -12 \\ 4 \end{pmatrix} \cdot \begin{pmatrix} 6 \\ 1 \\ 7 \end{pmatrix} - 8 \right| = \frac{26}{13} = 2.$

Ohne die Betragstriche wäre der Abstand positiv, also liegt E_2 vom Ursprung aus gesehen jenseits von E_1: Somit gilt für den Ursprungsabstand von E_2:

$d_2 = d_1 + d(E_1, E_2) = \frac{8}{13} + 2 = \frac{34}{13}$

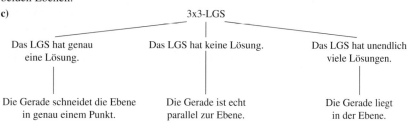

212 **21** Lösung mit Lotfußpunktverfahren:

a) $\left[\begin{pmatrix}-3\\2\\3\end{pmatrix} + r\begin{pmatrix}1\\-4\\-1\end{pmatrix}\right]\cdot\begin{pmatrix}1\\-4\\-1\end{pmatrix} = -14 + 18r = 0 \Leftrightarrow r = \frac{7}{9}$

$d(P, g) = \left|\begin{pmatrix}-3+\frac{7}{9}\\2-\frac{28}{9}\\3-\frac{7}{9}\end{pmatrix}\right| = \left|\frac{1}{9}\begin{pmatrix}-20\\-10\\20\end{pmatrix}\right| = \frac{10}{3}.$

Als Lotfußpunkt (nicht gefordert) erhält man $F(\frac{7}{9} \mid -\frac{10}{9} \mid -\frac{16}{9})$.

b) $\left[\begin{pmatrix}12\\-11\\-10\end{pmatrix} + s\begin{pmatrix}3\\-3\\2\end{pmatrix}\right]\cdot\begin{pmatrix}-3\\2\\3\end{pmatrix} = -88 + 22s = 0 \Leftrightarrow s = 4$

$d(P, g) = \left|\begin{pmatrix}12-12\\-11+8\\-10+12\end{pmatrix}\right| = \left|\begin{pmatrix}0\\-3\\2\end{pmatrix}\right| = \sqrt{13}$ $(F(-12 \mid 8 \mid 12))$

213 **22 a)** Koordinatenvergleich:

(I) $2 - r = 2 - s \quad \Rightarrow r = s$

(II) $0 - 4r = -1 \quad \Rightarrow r = \frac{1}{4}$

(III) $1 + 3r = -1 + 2s \quad \Rightarrow 1 + \frac{3}{4} \neq -1 + \frac{1}{2}$

Das Gleichungssystem ist nicht lösbar, es existiert also kein Schnittpunkt.

Die Richtungsvektoren der beiden Geraden sind nicht zueinander parallel, daher sind die Geraden zueinander windschief.

Hilfsebene E, die g enthält und parallel zu h verläuft:

$\vec{x} = \begin{pmatrix}2\\0\\1\end{pmatrix} + r\cdot\begin{pmatrix}-1\\-4\\3\end{pmatrix} + s\cdot\begin{pmatrix}-1\\0\\2\end{pmatrix} \quad (s, r \in \mathbb{R})$

E: $8x_1 + x_2 + 4x_3 = 20$

Normalenvektor: $\begin{pmatrix}8\\1\\4\end{pmatrix}$

Normaleneinheitsvektor: $\frac{1}{9}\cdot\begin{pmatrix}8\\1\\4\end{pmatrix}$

Abstand von g und h:

$\left|\left[\begin{pmatrix}2\\-1\\-1\end{pmatrix} - \begin{pmatrix}2\\0\\1\end{pmatrix}\right]\cdot\frac{1}{9}\cdot\begin{pmatrix}8\\1\\4\end{pmatrix}\right| = \left|0\cdot\frac{8}{9} - 1\cdot\frac{1}{9} - 2\cdot\frac{4}{9}\right| = 1$

b) Lotfußpunktverfahren:

$\left[\begin{pmatrix}2\\0\\8\end{pmatrix} + k\begin{pmatrix}2\\-1\\3\end{pmatrix} + t\begin{pmatrix}-1\\0\\2\end{pmatrix}\right]\cdot\begin{pmatrix}2\\-1\\-3\end{pmatrix} = 0 \Leftrightarrow 14k - 8t = 20$

$\left[\begin{pmatrix}2\\0\\8\end{pmatrix} + k\begin{pmatrix}2\\-1\\3\end{pmatrix} + t\begin{pmatrix}-1\\0\\2\end{pmatrix}\right]\cdot\begin{pmatrix}-1\\0\\2\end{pmatrix} = 0 \Leftrightarrow 8k - 5t = 14$

Lösung (GTR): k = −2, t = −6 Damit $d(g, h) = \left|\begin{pmatrix}2-4+6\\0+2+0\\8+6-12\end{pmatrix}\right| = \left|\begin{pmatrix}4\\2\\2\end{pmatrix}\right| = \sqrt{24}$

$(F_g(6 \mid 1 \mid -2), F_h(10 \mid 3 \mid 0))$

Fortsetzung von Aufgabe 22: 213

c) $\left[\begin{pmatrix}7\\-6\\-1\end{pmatrix} + k\begin{pmatrix}-4\\-1\\2\end{pmatrix} + t\begin{pmatrix}6\\1\\-4\end{pmatrix}\right]\cdot\begin{pmatrix}-4\\-1\\2\end{pmatrix} = 0 \Leftrightarrow 21k - 33t = 24$

$\left[\begin{pmatrix}7\\-6\\-1\end{pmatrix} + k\begin{pmatrix}-4\\-1\\2\end{pmatrix} + t\begin{pmatrix}6\\1\\-4\end{pmatrix}\right]\cdot\begin{pmatrix}6\\1\\-4\end{pmatrix} = 0 \Leftrightarrow -33k + 53t = -40$

(GTR:) $k = -2$, $t = -2$ Damit $d(g, h) = \left|\begin{pmatrix}7+8-12\\-6+2-2\\-1-4+8\end{pmatrix}\right| = \left|\begin{pmatrix}3\\-6\\3\end{pmatrix}\right| = 3\sqrt{6}$

$(F_g(-6 \mid -3 \mid 11), F_h(-3 \mid -9 \mid 14))$

NOCH FIT?

I a)

	1	2	3	4
b	5	**16,6**	12	7
c	**4,5**	10	8	**4,6**
α	27°	53°	**48,1°**	49°

b) Nebenwinkel von α: $\alpha' = 40°$. Damit $c = 6 \cdot \cos 40° \approx 4{,}596$.

$|\cos 140°| \cdot 6 = |-0{,}766| \cdot 6 = 4{,}596$

Falls $\alpha > 90°$, erhält man durch die Betragstriche die Rechnung mit dem spitzen Nebenwinkel.

II a) $\alpha \approx 65{,}669°$. $\sin(90° - \alpha) = 0{,}412$. Also $\cos\alpha = \sin(90° - \alpha)$.

b) $\alpha = 111{,}7° - 0{,}37$ und $\beta = 68{,}3°$. Es gilt $\alpha + \beta = 180°$.

c)

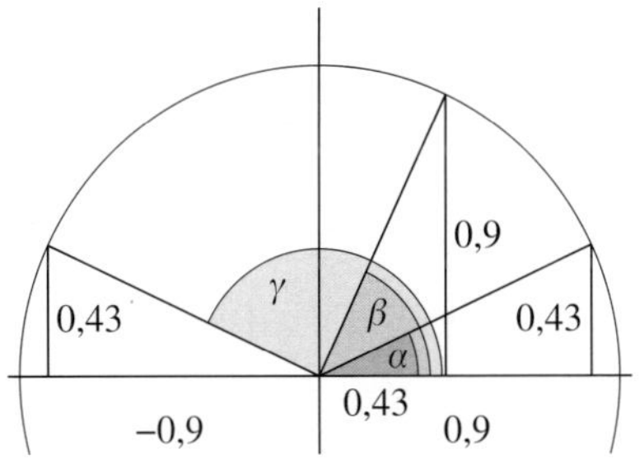

d)

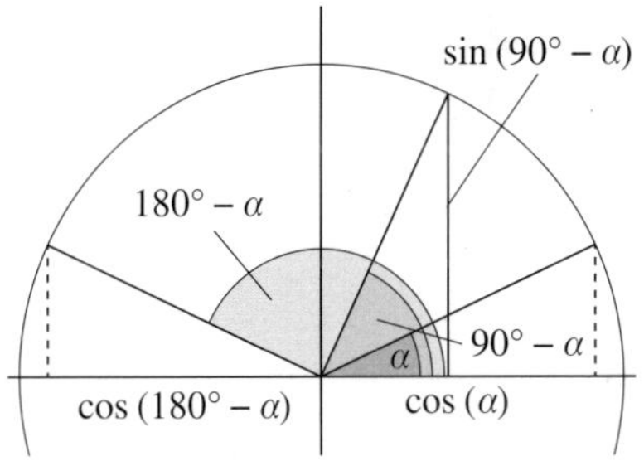

213

Aufgaben – Anwenden

23 Es sind $\overrightarrow{FC} = \begin{pmatrix} 3 \\ 4 \\ 1 \end{pmatrix}$, $\overrightarrow{SC} = \begin{pmatrix} 8 \\ 2 \\ -6 \end{pmatrix}$ und $\overrightarrow{SF} = \begin{pmatrix} 5 \\ -2 \\ -7 \end{pmatrix}$.

a) Das Dreieck FCS ist rechtwinklig mit rechtem Winkel bei F, denn die beiden Vektoren $\overrightarrow{FC}$ und $\overrightarrow{SF}$ sind zueinander orthogonal: $\overrightarrow{FC} \cdot \overrightarrow{SF} = 15 - 8 - 7 = 0$.

b) Bei Rotation des Dreiecks FCS um die Achse g_{FS} hat der entstehende Kegel K_1 die Höhe $h_1 = |\overline{FS}| = \sqrt{25 + 4 + 49} = \sqrt{78}$ und den Radius $r_1 = |\overline{EF}| = \sqrt{9 + 16 + 1} = \sqrt{26}$.

$V_1 = \frac{1}{3}\pi \cdot 26 \cdot \sqrt{78} \approx 240{,}5$

c) $\overrightarrow{SF}$ ist ein Normalenvektor und F ist ein Punkt der Ebene E: $5x_1 - 2x_2 - 7x_3 + c = 0$

Koordinaten von F einsetzen: $5 \cdot 2 - 2 \cdot 1 - 7 \cdot 1 + c = 0 \Leftrightarrow c = -1$

E: $5x_1 - 2x_2 - 7x_3 - 1 = 0$

24 Die Gerade g_{PA} schneidet die Ebene W in $A'(5|5|2)$, die Gerade g_{PB} schneidet W in $B'(0|6|8)$.

$|\overline{A'B'}| = \sqrt{25 + 1 + 36} = \sqrt{62}$. Das Bild des Schlitzes hat eine Länge von ca. 7,87 LE.

214

25 Bild 214/1:

Gleichung der Ebene E: $2x_1 + 5x_2 + 5x_3 = 20$

Gleichung der Geraden g: $\vec{x} = \begin{pmatrix} 4 \\ 4 \\ 0 \end{pmatrix} + r \cdot \begin{pmatrix} 3 \\ 3 \\ -5 \end{pmatrix}$ $(r \in \mathbb{R})$

g schneidet E im Punkt $S(10|10|-10)$.

Bild 214/2:

Gleichung der Ebene E: $2x_1 + x_2 - x_3 = 2$

Gleichung der Geraden g: $\vec{x} = \begin{pmatrix} 4 \\ 4 \\ 0 \end{pmatrix} + r \cdot \begin{pmatrix} 3 \\ 3 \\ -5 \end{pmatrix}$ $(r \in \mathbb{R})$

g und E sind zueinander parallel.

Individuelle Lösungen beim Bestätigen der Rechnung mit einem Raumgeometrieprogramm.

26 E_{ABS}: $x_1 - 2x_2 + 5x_3 = 59$

E_{BCS}: $2x_1 - x_2 + 5x_3 = 67$

Schnittwinkel: $\alpha \approx 14{,}8°$

27 Ebene E_{ABC}: $4x_1 + 3x_3 = -2$

Da für D $4 \cdot 1 - 3 \cdot 2 = -2$ gilt, liegt D in E_{ABC}.

$|\overline{AB}| = |\overline{BC}| = |\overline{CD}| = |\overline{DA}| = 5$

$\overrightarrow{AB} \cdot \overrightarrow{BC} = (-3) \cdot 0 + 0 \cdot (-5) + 4 \cdot 0 = 0$

Das Viereck $ABCD$ ist also ein Quadrat.

Abstand des Punktes S von E_{ABC}: $h = 8$

Volumen der Pyramide: $V = \frac{1}{3} \cdot A_G \cdot h = \frac{1}{3} \cdot 5^2 \cdot 8 = \frac{200}{3} \approx 66{,}7$

28 a) E durch Ursprung und A, B:

$E: \vec{x} = r\begin{pmatrix} -5 \\ -2 \\ 1 \end{pmatrix} + s\begin{pmatrix} 3 \\ -4 \\ 2 \end{pmatrix}$, $E: x_2 + 2x_3 = 0$

b) $P(0|0|5)$ $\overrightarrow{BP} = \begin{pmatrix} -3 \\ 4 \\ 3 \end{pmatrix}$ $\overrightarrow{AP} = \begin{pmatrix} 5 \\ 2 \\ 4 \end{pmatrix}$

Winkel zu $\overrightarrow{BP}$: $\sin \beta = \frac{10}{5 \cdot \sqrt{35}}$ $\beta \approx 31{,}0°$

Winkel zu $\overrightarrow{AP}$: $\sin \alpha = \frac{10}{5 \cdot \sqrt{45}}$ $\alpha \approx 36{,}6°$

$d(P, E) = \frac{1}{\sqrt{5}} \left| \begin{pmatrix} 0 \\ 1 \\ 2 \end{pmatrix} \cdot \begin{pmatrix} 0 \\ 0 \\ 5 \end{pmatrix} \right| = \frac{10}{\sqrt{5}} \approx 4{,}47$

215

29 a) $A(4|2|4)$, $B(4|4|1)$, $C(0|4|2)$

$E_0: \vec{x} = \begin{pmatrix} 4 \\ 4 \\ 1 \end{pmatrix} + r\begin{pmatrix} 0 \\ -2 \\ 3 \end{pmatrix} + s\begin{pmatrix} -4 \\ 0 \\ 1 \end{pmatrix}$ $E_0: x_1 + 6x_2 + 4x_3 = 32$

b) Schnitt von E_0 mit g_D: $\vec{x} = \begin{pmatrix} 0 \\ 0 \\ 4 \end{pmatrix} + k\begin{pmatrix} 0 \\ 1 \\ 0 \end{pmatrix}$ ergibt $D(0|\frac{8}{3}|4)$

c) Winkel zwischen E_0 und der x_1-x_2-Ebene: $\cos \alpha = \frac{\left|\begin{pmatrix} 1 \\ 6 \\ 4 \end{pmatrix} \cdot \begin{pmatrix} 0 \\ 0 \\ 1 \end{pmatrix}\right|}{\sqrt{53} \cdot 1} = \frac{4}{\sqrt{53}}$ $\alpha \approx 56{,}7°$

Der Winkel β zwischen E_0 und der x_3-Achse: $\beta = 90° - \alpha \approx 33{,}3°$.

d) g ist parallel zu E_0, weil der Richtungsvektor von g orthogonal zum Normalenvektor von E_0 ist. Wenn der Abstand des Stützpunktes $P(-3|-3|3)$ von g zu E_0 größer als 0 ist, dann ist g echt parallel zu E_0:

$d(P, E_0) = \frac{1}{\sqrt{53}} \left| \begin{pmatrix} 1 \\ 6 \\ 4 \end{pmatrix} \cdot \begin{pmatrix} -3 \\ -3 \\ 3 \end{pmatrix} - 32 \right| = \frac{|-41|}{\sqrt{53}} \approx 5{,}6$

30 a) Lösung durch Veränderung des Ursprungsabstandes:

HNF von E: $\frac{1}{3}(2x_1 - x_2 + 2x_3) = \frac{5}{3}$.

G um 2 näher am Ursprung: $G: \frac{1}{3}(2x_1 - x_2 + 2x_3) = \frac{5}{3} - 2 \Leftrightarrow 2x_1 - x_2 + 2x_3 = -1$

F um 2 weiter vom Ursprung: $F: \frac{1}{3}(2x_1 - x_2 + 2x_3) = \frac{5}{3} + 2 \Leftrightarrow 2x_1 - x_2 + 2x_3 = 11$

b) Methoden: Spiegelung eines Punktes von E mithilfe einer Lotgeraden durch diesen Punkt.

Einfacher: Die Skizze zeigt die mit dem Faktor $\vec{n}$ verlängerten Ursprungsabstände:

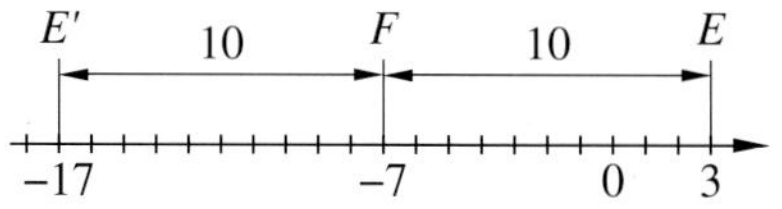

$E': x_1 - 2x_2 + 2x_3 = -17$

31 a) Für das Spiegelbild P' des Punktes P bei Spiegelung an Q gilt:

$\overrightarrow{OP'} = \overrightarrow{OQ} + \overrightarrow{PQ} = \begin{pmatrix} 2 \\ 1 \\ 4 \end{pmatrix} + \begin{pmatrix} -2 \\ -5 \\ 2 \end{pmatrix} = \begin{pmatrix} 0 \\ -4 \\ 6 \end{pmatrix}$

Fortsetzung von Aufgabe 31:

b) Für das Spiegelbild P' des Punktes P bei Spiegelung an der Geraden g, die durch $G(3|2|1)$ verläuft und den Richtungsvektor $\vec{g}$ besitzt, gilt:

$\overrightarrow{OP'} = \overrightarrow{OP} + 2 \cdot \overrightarrow{PL}$

Dabei ist L der Lotfußpunkt der zu g senkrecht verlaufenden Geraden durch P.

$\left[\begin{pmatrix}5\\-7\\8\end{pmatrix} + r\begin{pmatrix}4\\-2\\1\end{pmatrix}\right] \cdot \begin{pmatrix}4\\-2\\1\end{pmatrix} = 0 \Leftrightarrow r = -2$. Damit ist $L(-5|6|-1)$ und

$\overrightarrow{OP'} = \begin{pmatrix}-2\\9\\-7\end{pmatrix} + 2\begin{pmatrix}-5+2\\6-9\\-1+7\end{pmatrix} = \begin{pmatrix}-8\\3\\5\end{pmatrix}$

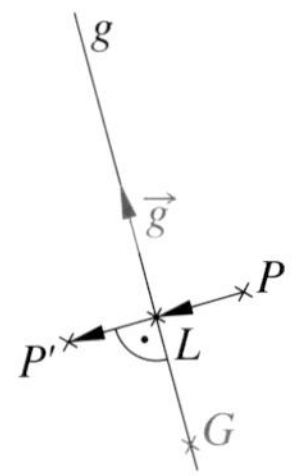

c) Für das Spiegelbild P' des Punktes P bei Spiegelung an der Ebene E mit $\vec{n}_E = \begin{pmatrix}2\\-1\\4\end{pmatrix}$ gilt: $\overrightarrow{OP'} = \overrightarrow{OP} + 2 \cdot \overrightarrow{PL}$

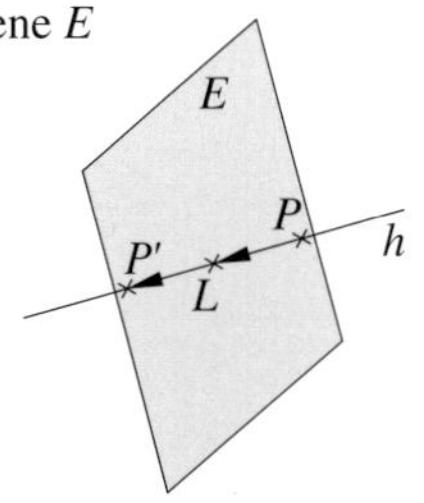

Dabei ist L der Schnittpunkt von E mit der durch P verlaufenden Geraden h mit dem Richtungsvektor $\vec{n}_E$.

Für L gilt: $2 \cdot (6 + 2r) - (-r) + 4 \cdot (9 + 4r) = 6 \Leftrightarrow r = -2$

$\Rightarrow L(2|2|1) \Rightarrow P'(-2|-4|-7)$

Für den Punkt Q liegt der Schnittpunkt von E mit der durch Q verlaufenden Geraden mit dem Richtungsvektor $\vec{n}_E$ bei $(0|2|2)$. $\Rightarrow Q'(6|-1|14)$

d) Der Mittelpunkt $M(3|4|-2)$ der Strecke $\overline{AB}$ ist ein Punkt der gesuchten Ebene E.

$\overrightarrow{AB} = \begin{pmatrix}2\\-2\\8\end{pmatrix}$ ist ein Normalenvektor der Ebene E.

Es gilt:

$2 \cdot 3 - 2 \cdot 4 + 8 \cdot (-2) = -18$

Gleichung der Ebene E:

$2x_1 - 2x_2 + 8x_3 + 18 = 0$

e) Individuelle Lösungen. Beispiele für derartige Skizzen sind den jeweiligen Teilaufgaben angefügt.

32 a) Skalarprodukt des Normalenvektors der Ebene E und des Richtungsvektors der Geraden g:

$\begin{pmatrix}1\\-4\\3\end{pmatrix} \cdot \begin{pmatrix}5\\2\\1\end{pmatrix} = 5 - 8 + 3 = 0$

Beide Vektoren sind also zueinander senkrecht, daher liegt Gerade g entweder in Ebene E oder parallel zu E.

Da für Punkt $(1|3|-3)$ der Geraden g $1 - 4 \cdot 3 + 3 \cdot (-3) = -20 \neq 6$ gilt, ist die Gerade g echt parallel zur Ebene E.

Parameterdarstellung der gespiegelten Geraden:

$\vec{x} = \begin{pmatrix}3\\-5\\3\end{pmatrix} + r \cdot \begin{pmatrix}5\\2\\1\end{pmatrix} \quad (r \in \mathbb{R})$

Fortsetzung von Aufgabe 32:

b) $g: \vec{x} = \begin{pmatrix}-4\\0\\8\end{pmatrix} + r\begin{pmatrix}-4\\-4\\9\end{pmatrix}$.

Schnittbedingung: $3(-4 - 4r) - 4r - 4(8 + 9r) = 8 \Leftrightarrow r = -1 \quad S(0|4|-1)$

Lotgerade: $h: \vec{x} = \begin{pmatrix}-4\\0\\8\end{pmatrix} + k\begin{pmatrix}3\\1\\-4\end{pmatrix}$

Schnittbedingung $3(-4 + 3k) + k - 4(8 - 4k) = 8 \Leftrightarrow k = 2$.

Spiegelpunkt: $\overrightarrow{OP'} = \begin{pmatrix}-4\\0\\8\end{pmatrix} + 2 \cdot 2\begin{pmatrix}1\\3\\-4\end{pmatrix} = \begin{pmatrix}8\\4\\-8\end{pmatrix}$.

$g' = g_{SP'}: \vec{x} = \begin{pmatrix}0\\4\\-1\end{pmatrix} + r\begin{pmatrix}8\\0\\-7\end{pmatrix}$.

c) Individuelle Lösungen.

33 a) $E_{ABC}: \vec{x} = \begin{pmatrix}-2\\-1\\2\end{pmatrix} + r\begin{pmatrix}2\\7\\-3\end{pmatrix} + s\begin{pmatrix}2\\6\\-2\end{pmatrix} \quad E_{ABC}: -2x_1 + x_2 + x_3 = 5$

$d(P, E_{ABC}) = \frac{1}{\sqrt{6}}\left(\begin{pmatrix}-2\\1\\1\end{pmatrix} \cdot \begin{pmatrix}5\\-1\\-2\end{pmatrix} - 5\right) = \frac{|-18|}{\sqrt{6}} \approx 7{,}3$

b) Lotgerade: $h: \vec{x} = \begin{pmatrix}5\\-1\\-2\end{pmatrix} + k\begin{pmatrix}-2\\1\\1\end{pmatrix}$, Einsetzen in die Koordinatengleichung von E_{ABC} ergibt $k = 3$ und $F(-1|2|1)$.

c) Schnittbedingung: $-2(5 - 8k) + (-1 + 10k) + (-2 + 10k) = 5 \Leftrightarrow k = \frac{1}{2}$, damit $S(1|4|3)$.

Winkel: $\sin\alpha = \frac{\left|\begin{pmatrix}-4\\5\\5\end{pmatrix} \cdot \begin{pmatrix}-2\\1\\1\end{pmatrix}\right|}{\sqrt{66}\sqrt{6}} = \frac{3}{\sqrt{11}} \quad \alpha = 64{,}8°$.

d) $g_{FS}: \vec{x} = \begin{pmatrix}-1\\2\\1\end{pmatrix} + k\begin{pmatrix}2\\2\\2\end{pmatrix}$.

g_{FS} ist die senkrechte Projektion von g auf E_{ABC}.

e) $E: \begin{pmatrix}1\\1\\1\end{pmatrix} \cdot \vec{x} = \begin{pmatrix}1\\1\\1\end{pmatrix} \cdot \begin{pmatrix}1\\4\\3\end{pmatrix} = 8$

f) g' ist die Spiegelung von g an E. Dazu Spiegeln von $P(5|-1|-2)$:

Lotgerade: $h: \vec{x} = \begin{pmatrix}5\\-1\\-2\end{pmatrix} + k\begin{pmatrix}1\\1\\1\end{pmatrix}$

Schnittbedingung: $(5 + k) + (-1 + k) + (-2 + k) = 8 \Leftrightarrow k = 2 \quad P'(9|3|2)$

$g' = g_{SP'}: \vec{x} = \begin{pmatrix}1\\4\\3\end{pmatrix} + k\begin{pmatrix}8\\-1\\-1\end{pmatrix}$

215

215 **34** Radius der Kugel: $|\overline{EM}| = 3$

Lotgerade l zur Ebene E durch M: $\vec{x} = \begin{pmatrix}2\\5\\0\end{pmatrix} + r \cdot \begin{pmatrix}2\\-2\\1\end{pmatrix}$ $(r \in \mathbb{R})$

Schnittpunkt von l und E: $B(0|7|-1)$

Wird der Berührpunkt B an M gespiegelt, so erhält man $B'(4|3|1)$.

Ebene E' parallel zu E durch B': $2x_1 - 2x_2 + x_3 = 3$

216 **35 a)** Lotfußpunktverfahren: Man erhält $k = 2$ und $F(8|1|-1)$

b) Wenn die Ebene E senkrecht zu g sein soll, dann ist der Richtungsvektor von g ein Normalenvektor für E. P soll auf E liegen, also:

E: $\vec{x} \cdot \begin{pmatrix}4\\3\\-1\end{pmatrix} = \begin{pmatrix}4\\3\\-1\end{pmatrix}\begin{pmatrix}5\\5\\-1\end{pmatrix} = 36$

$E \cap g$: $4(4k) + 3(-5 + 3k) - (1 - k) = 36$ ergibt $k = 2$.

c) Der 2. Richtungsvektor von E_1 ist ein Vektor von P zu einem Punkt der Geraden.

$E_1 : \vec{x} = \begin{pmatrix}0\\-5\\1\end{pmatrix} + k\begin{pmatrix}4\\3\\-1\end{pmatrix} + l\begin{pmatrix}-5\\-10\\2\end{pmatrix}$ Mit GTR: $\vec{n_1} = \begin{pmatrix}4\\3\\25\end{pmatrix}$ (Probe!)

Wenn g_1 in E_1 liegt, dann ist sein Rchtungsvektor senkrecht zum Normalenvektor von E_1. Außerdem soll g_1 senkrecht auf g stehen. Aus diesen beiden Bedingungen

erhält man $\vec{r} = \begin{pmatrix}-3\\4\\0\end{pmatrix}$ und $g_1 : \vec{x} = \begin{pmatrix}5\\5\\-1\end{pmatrix} + l\begin{pmatrix}-3\\4\\0\end{pmatrix}$.

Dieses g_1 ist die Gerade durch P, welche g im rechten Winkel schneidet, so dass der Schnittpunkt wiederum der Fußpunkt F ist.

$\begin{pmatrix}5\\5\\-1\end{pmatrix} + l\begin{pmatrix}-3\\4\\0\end{pmatrix} = \begin{pmatrix}0\\-5\\1\end{pmatrix} + k\begin{pmatrix}4\\3\\-1\end{pmatrix}$ Das LGS führt zu $k = 2$.

d) $\overrightarrow{PQ_k} = \begin{pmatrix}-5+4k\\-5-5+3k\\1+1-k\end{pmatrix} = \begin{pmatrix}-5+4k\\-10+3k\\2-k\end{pmatrix}$

$f(k) = |\overrightarrow{PQ_k}| = \sqrt{(-5+4k)^2 + (-10+3k)^2 + (2-k)^2} = \sqrt{26k^2 - 104k + 129}$

Der Wurzelterm ist genau dann minimal, wenn sein Radikand minimal ist.

Gesucht ist also die Minimalstelle der Parabel zu $p(k) = 26k^2 - 104k + 129$.

Notwendige Bedingung: $p'(k) = 0 \Leftrightarrow 52k - 104 = 0 \Leftrightarrow k = 2$

Da die Parabel nach oben geöffnet ist, hat sie an der einzigen Stelle mit waagerechter Tangente ein Minimum.

36 a) Punkt A liegt senkrecht unter Punkt E, also hat A die Koordinaten $(4|-2|z)$. Es ist z so zu bestimmen, dass Punkt A in der Ebene E liegt:

$4 + 2 \cdot (-2) + 10z = 20 \Leftrightarrow z = 2$

$h = 7 - z$

Damit beträgt die Höhe der hinteren Mauer 5 m.

Es ist $\overrightarrow{BA} = \begin{pmatrix}-4\\-8\\2\end{pmatrix}$ und $BC = \begin{pmatrix}-10\\5\\0\end{pmatrix}$. Wegen $\overrightarrow{BA} \cdot \overrightarrow{BC} = 0$ ist bei B ein rechter Winkel.

216 **Fortsetzung von Aufgabe 36:**

b) Der Winkel zwischen zwei Ebenen ist gleich dem Winkel zwischen ihren Normalenvektoren.

E_{EFH}	E_{FGH}
$\vec{x} = \begin{pmatrix}8\\6\\7\end{pmatrix} + k \cdot \begin{pmatrix}-4\\-8\\0\end{pmatrix} + l \cdot \begin{pmatrix}-4\\-3\\5\end{pmatrix}$	$\vec{x} = \begin{pmatrix}8\\6\\7\end{pmatrix} + k \cdot \begin{pmatrix}-10\\5\\0\end{pmatrix} + l \cdot \begin{pmatrix}-4\\-3\\5\end{pmatrix}$
Normalenvektor: $\vec{n_1} = \begin{pmatrix}2\\-1\\1\end{pmatrix}$	Normalenvektor: $\vec{n_2} = \begin{pmatrix}1\\2\\2\end{pmatrix}$
$\cos(\alpha) = \frac{\begin{pmatrix}2\\-1\\1\end{pmatrix} \cdot \begin{pmatrix}0\\0\\1\end{pmatrix}}{\sqrt{6} \cdot 1} = \frac{1}{\sqrt{6}} \Rightarrow \alpha \approx 65{,}9°$	$\cos(\beta) = \frac{\begin{pmatrix}1\\2\\2\end{pmatrix} \cdot \begin{pmatrix}0\\0\\1\end{pmatrix}}{3 \cdot 1} = \frac{2}{3} \Rightarrow \beta \approx 48{,}2°$

c) Flächeninhalt des Dreiecks EFH: Setzt man die Symmetrie des Hauses nicht voraus, so erhält man den Fußpunkt M der Höhe als Schnitt der Geraden g_{EF} mit der Ebene E_1 durch H, welche senkrecht auf $\overline{EF}$ steht.

E_1: $\vec{x} \cdot \overrightarrow{EF} = \overrightarrow{OH} \cdot \overrightarrow{EF} \Leftrightarrow x_1 + 2x_2 = 10$

g_{EF}: $\vec{x} = \begin{pmatrix}8\\6\\7\end{pmatrix} + k \cdot \begin{pmatrix}-4\\-8\\0\end{pmatrix}$

Koordinatenweises Einsetzen von g_{EF} in E_1 ergibt $k = \frac{1}{2}$ und $M(6|2|7)$.

Flächeninhalt des Dreiecks: $A_1 = \frac{1}{2} \cdot gh = \frac{1}{2} \cdot |\overrightarrow{HM}| \cdot |\overrightarrow{FE}| = \sqrt{30} \cdot \sqrt{80} = 10\sqrt{6}$

Flächeninhalt des Trapezes $FGHK$:

Ebene durch h senkrecht zu $\overline{FG}$: E_2: $2x_1 - x_2 = 5$

g_{FG}: $\vec{x} = \begin{pmatrix}8\\6\\7\end{pmatrix} + k \cdot \begin{pmatrix}-2\\1\\0\end{pmatrix}$

Koordinatenweises Einsetzen von g_{FG} in E_2 ergibt $k = 1$ und $H'(6|7|7)$.

Flächeninhalt des Trapezes: $A_2 = \frac{1}{2} \cdot |\overrightarrow{HH'}| \cdot (|\overrightarrow{HK}| + |\overrightarrow{FG}|) = \frac{1}{2} \cdot \sqrt{45} \cdot (\sqrt{45} + \sqrt{125}) = 60$

$A_{\text{gesamt}} = 2 \cdot (A_1 + A_2) = 2 \cdot (10\sqrt{6} + 60)$

Das Dach hat einen Flächeninhalt von ca. $169\,m^2$.

d) Gesucht ist der Schnittpunkt von g_{PQ}: $\vec{x} = \begin{pmatrix}5\\-5\\22{,}5\end{pmatrix} + k \cdot \begin{pmatrix}-7\\21\\-7\end{pmatrix}$ mit der Ebene E_1, die durch H senkrecht zu $\overline{EF}$ verläuft.

Einsetzen in E_1: $x_1 + 2x_2 = 10$ ergibt $k = \frac{3}{7}$ und $T(2|4|19{,}5)$.

Das Drahtseil verläuft 7,5 m über dem Dachfirst.

e) Da Kugel und Abhängseil zusammen 9 m lang sind, würde die Kugel gegen das Dach stoßen – es fehlen 1,5 m.

Wenn Punkt S die Dachfläche berührt, hat der Mittelpunkt der Kugel von E_{FGH} einen Abstand von $r = 3$. Der Kugelmittelpunkt bewegt sich entlang der Geraden g, welche genau 6 Einheiten unterhalb von g_{PQ} verläuft. Gesucht ist der Punkt dieser Geraden, der von E_{FGH} mit $x_1 + 2x_2 + 2x_3 = 34$ den Abstand $r = 3$ hat.

216 **Fortsetzung von Aufgabe 36:**

Die Gleichung $\frac{1}{3}\left[\begin{pmatrix} 5-k \\ -5+3k \\ 16{,}5-k \end{pmatrix} \cdot \begin{pmatrix} 1 \\ 2 \\ 2 \end{pmatrix} - 34\right] = \pm 3$ hat die Lösungen $k = 5$ bzw. $k = -1$.

Der Wert $k = -1$ gehört zu einem Punkt außerhalb der Strecke $\overline{PQ}$.

$\overrightarrow{OS} = \begin{pmatrix} 5 \\ -5 \\ 16{,}5 \end{pmatrix} + 5 \cdot \begin{pmatrix} -1 \\ 3 \\ -1 \end{pmatrix} = \begin{pmatrix} 0 \\ 10 \\ 11{,}5 \end{pmatrix}$

f) Die Gerade muss durch P und den Punkt T' verlaufen, der mit $x_3 = 21$ oberhalb von $T(2|4|19{,}5)$ liegt.

$g: \vec{x} = \begin{pmatrix} 5 \\ -5 \\ 22{,}5 \end{pmatrix} + k \cdot \begin{pmatrix} -3 \\ 9 \\ -1{,}5 \end{pmatrix}$

Gesucht ist der Punkt $Q'(-2|16|z)$, der auf g liegt.

$\begin{pmatrix} 5 \\ -5 \\ 22{,}5 \end{pmatrix} + k \cdot \begin{pmatrix} -3 \\ 9 \\ -1{,}5 \end{pmatrix} = \begin{pmatrix} -2 \\ 16 \\ z \end{pmatrix} \Leftrightarrow k = \frac{7}{3} \qquad Q'(-2|16|19)$

Der Mast muss von 15,5 m auf 19 m erhöht werden.

37 a) $\overrightarrow{AB} = \begin{pmatrix} -2+0 \\ -1+5 \\ -3+1 \end{pmatrix} = \begin{pmatrix} -2 \\ 4 \\ -2 \end{pmatrix} \quad \overrightarrow{AD} = \begin{pmatrix} -3 \\ 0 \\ 3 \end{pmatrix} \quad \overrightarrow{AB} \cdot \overrightarrow{AD} = \begin{pmatrix} -2 \\ 4 \\ 2 \end{pmatrix} \cdot \begin{pmatrix} -3 \\ 0 \\ 3 \end{pmatrix} = 0$, also Rechteck.

$\overrightarrow{ON} = \overrightarrow{OA} + k\overrightarrow{AB} + l\overrightarrow{AD}$

$\Leftrightarrow \begin{pmatrix} -1{,}5 \\ 4 \\ 3{,}5 \end{pmatrix} = \begin{pmatrix} 2 \\ 1 \\ 3 \end{pmatrix} + k \begin{pmatrix} -2 \\ 4 \\ -2 \end{pmatrix} + l \begin{pmatrix} -3 \\ 0 \\ 3 \end{pmatrix} \Leftrightarrow \begin{pmatrix} -3{,}5 \\ 3 \\ 0{,}5 \end{pmatrix} = k \begin{pmatrix} -2 \\ 4 \\ -2 \end{pmatrix} + l \begin{pmatrix} -3 \\ 0 \\ 3 \end{pmatrix}$

Die mittlere Zeile ergibt $k = \frac{3}{4}$, und in der ersten und dritten Zeile erhält man dann $l = \frac{2}{3}$. Damit liegt N in E_{ABC}, und wegen $0 < k, l < 1$ liegt es sogar im Parallelogramm $ABCD$.

b) Die Höhe der Pyramide ist der Abstand von S zu E_{ABC}.
Berechnung mit HNF. Der Normalenvektor von E_{ABC}:

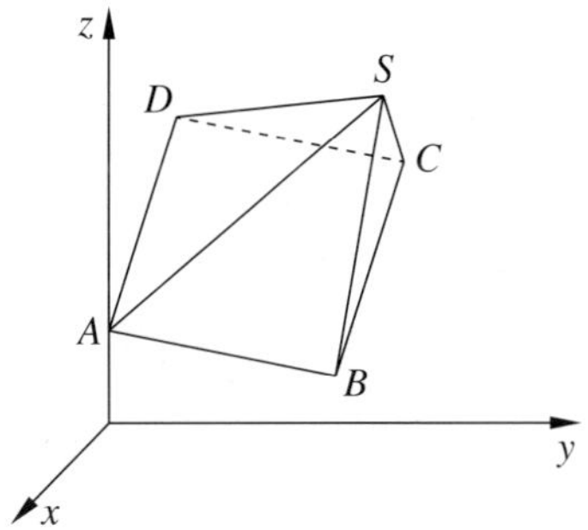

$\vec{n} \cdot \begin{pmatrix} -3 \\ 0 \\ 3 \end{pmatrix} = 0 \Leftrightarrow n_1 = n_3 \quad \begin{pmatrix} n_1 \\ n_2 \\ n_3 \end{pmatrix} \cdot \begin{pmatrix} -2 \\ 4 \\ -2 \end{pmatrix} = 0 \Leftrightarrow$

$-4n_3 + 4n_2 = 0 \Leftrightarrow n_2 = n_3$

$\vec{n} = \begin{pmatrix} 1 \\ 1 \\ 1 \end{pmatrix} \quad E_{ABC}: \vec{x} \cdot \begin{pmatrix} 1 \\ 1 \\ 1 \end{pmatrix} = \begin{pmatrix} 1 \\ 1 \\ 1 \end{pmatrix} \begin{pmatrix} 2 \\ 1 \\ 3 \end{pmatrix} = 6$

HNF: $\frac{1}{\sqrt{3}}[x + y + z - 6] = 0$

$h = d(S, E_{ABC}) = \frac{1}{\sqrt{3}}[4 + 8 + 9 - 6] = \frac{15}{\sqrt{3}}$

Grundfläche (Rechteck): $|\overrightarrow{AB}| \cdot |\overrightarrow{AD}| = \sqrt{24}\sqrt{18} = 12\sqrt{3}$

$V = \frac{1}{3}Gh = \frac{1}{3} \cdot 12\sqrt{3} \cdot \frac{15}{\sqrt{3}} = 60$

Fortsetzung von Aufgabe 37: 216

c) Richtungsvektoren von E sind der Normalenvektor von E_{ABC} und $\overrightarrow{BS}$

$$E: \vec{x} = \begin{pmatrix} 0 \\ 5 \\ 1 \end{pmatrix} + k \begin{pmatrix} 4 \\ 3 \\ 8 \end{pmatrix} + l \begin{pmatrix} 1 \\ 1 \\ 1 \end{pmatrix}$$

$$\text{Normalenvektor: } \vec{n} = \begin{pmatrix} -5 \\ 4 \\ 1 \end{pmatrix} \quad E: \vec{x} \cdot \begin{pmatrix} -5 \\ 4 \\ 1 \end{pmatrix} = \begin{pmatrix} 0 \\ 5 \\ 1 \end{pmatrix} \begin{pmatrix} -5 \\ 4 \\ 1 \end{pmatrix} = 21$$

$$d(A, E) = \frac{1}{\sqrt{42}}\left[\begin{pmatrix} 2 \\ 1 \\ 3 \end{pmatrix} \cdot \begin{pmatrix} -5 \\ 4 \\ 1 \end{pmatrix} - 21\right] = \frac{1}{\sqrt{42}}[-10 + 4 + 3 - 21] < 0$$

$$d(N, E) = \frac{1}{\sqrt{42}}\left[\begin{pmatrix} -1{,}5 \\ 4 \\ 3{,}5 \end{pmatrix} \cdot \begin{pmatrix} -5 \\ 4 \\ 1 \end{pmatrix} - 21\right] = \frac{1}{\sqrt{42}}[7{,}5 + 20 + 3{,}5 - 21] > 0$$

Von der Ebene aus betrachtet liegen A und der Ursprung auf einer Seite, N auf der anderen. Die zu E parallele Bohrung kann also nur innerhalb von BCS austreten.

d) $\overrightarrow{AS} = \begin{pmatrix} -2-1 \\ -1+3 \\ -3+4 \end{pmatrix} = \begin{pmatrix} -3 \\ 2 \\ 1 \end{pmatrix} = k \begin{pmatrix} -2 \\ 4 \\ -2 \end{pmatrix} + l \begin{pmatrix} -3 \\ 0 \\ 3 \end{pmatrix} \Rightarrow \text{II: } k = \frac{1}{2}$

$$\text{I: } -3 = -1 - 3l \Leftrightarrow l = \tfrac{2}{3} \quad \text{III: } 1 = -1 + 3l \Leftrightarrow 2 = 3l \Leftrightarrow l = \tfrac{2}{3}$$

$$\overrightarrow{AS} = \tfrac{1}{2}\overrightarrow{AB} + \tfrac{2}{3}\overrightarrow{AD}$$

Die Pyramide ist nicht schief, wenn S genau über der Mitte des Grundrechteckes liegt, also wenn $k = l = \frac{1}{2}$ gilt. Das ist hier nicht der Fall.

e) Die Koordinaten der Grundkanten ergeben sich aus den Kantenlängen: $B(0|\sqrt{24}|0)$, $C(-\sqrt{18}|\sqrt{24}|0)$, $D(-\sqrt{18}|0|0)$

Die z-Koordinate von S entspricht nun der Höhe der Pyramide: $\frac{15}{\sqrt{3}}$. Die x- und y-Koordinate sind die von S', und die kann man aus der Darstellung von Aufg. d) gewinnen:

$$\overrightarrow{OS'} = \overrightarrow{AS'} = \tfrac{1}{2}\begin{pmatrix} 0 \\ \sqrt{24} \\ 0 \end{pmatrix} + \tfrac{2}{3}\begin{pmatrix} -\sqrt{18} \\ 0 \\ 0 \end{pmatrix}$$

$S\left(-\frac{\sqrt{18}}{2} \,\middle|\, \frac{2\sqrt{24}}{3} \,\middle|\, \frac{15}{\sqrt{3}}\right)$

38 a) $\overrightarrow{AB} = \begin{pmatrix} -4 \\ 2 \\ 4 \end{pmatrix} \quad \overrightarrow{BC} = \begin{pmatrix} 2 \\ -4 \\ 4 \end{pmatrix} \quad \overrightarrow{BF} = \begin{pmatrix} 6 \\ 6 \\ 3 \end{pmatrix}$ 217

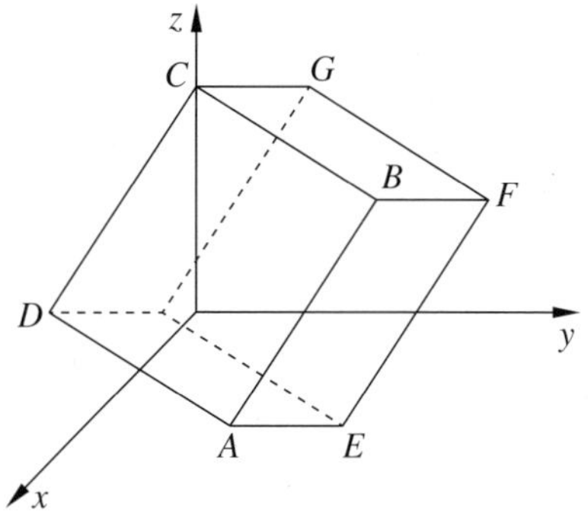

$\overrightarrow{OD} = \overrightarrow{OA} + \overrightarrow{BC} = \begin{pmatrix} 2 \\ 2 \\ -2 \end{pmatrix} + \begin{pmatrix} 2 \\ -4 \\ 4 \end{pmatrix} = \begin{pmatrix} 4 \\ -2 \\ 2 \end{pmatrix}$

$\overrightarrow{OE} = \overrightarrow{OA} + \overrightarrow{BF} = \begin{pmatrix} 2 \\ 2 \\ -2 \end{pmatrix} + \begin{pmatrix} 6 \\ 6 \\ 3 \end{pmatrix} = \begin{pmatrix} 8 \\ 8 \\ 1 \end{pmatrix}$

$\overrightarrow{AB} \cdot \overrightarrow{BC} = \begin{pmatrix} -4 \\ 2 \\ 4 \end{pmatrix} \cdot \begin{pmatrix} 2 \\ -4 \\ 4 \end{pmatrix} = -8 - 8 + 16 = 0$

$\overrightarrow{AB} \cdot \overrightarrow{BF} = \begin{pmatrix} -4 \\ 2 \\ 4 \end{pmatrix} \cdot \begin{pmatrix} 6 \\ 6 \\ 3 \end{pmatrix} = 0$

Also sind die beiden Parallelogramme Rechtecke.

217 **Fortsetzung von Aufgabe 38:**

b) $E_{ABE}: \vec{x} = \overrightarrow{OA} + k\overrightarrow{AB} + l\overrightarrow{BF} = \begin{pmatrix}2\\2\\-2\end{pmatrix} + k\begin{pmatrix}-4\\2\\4\end{pmatrix} + l\begin{pmatrix}6\\6\\3\end{pmatrix}$

Zum 3x3-LGS der Schnittbedingung erhält man (z. B. mit GTR): $r = 3$ $l = \frac{1}{3}$ $k = \frac{1}{2}$

Da gilt: $\overrightarrow{OS} = \overrightarrow{OA} + k\overrightarrow{AB} + l\overrightarrow{AE}$ mit $0 < k, l < 1$ liegt S innerhalb des Parallelogramms, $S(2|5|1)$

$\vec{n} = \begin{pmatrix}1\\-2\\2\end{pmatrix}$ Winkel: $\sin\alpha = \frac{\left|\begin{pmatrix}1\\-2\\2\end{pmatrix}\cdot\begin{pmatrix}-2\\-3\\1\end{pmatrix}\right|}{\sqrt{9}\sqrt{14}} = \frac{-2-6+2}{3\sqrt{14}}$ $\alpha \approx 32{,}3°$

c) Ein Punkt der Projektionsgeraden ist S. Ein zweiter Punkt ist die Projektion von $P(8|14|-2)$ auf die Ebene $E_{ABE}: x_1 - 2x_2 + 2x_3 = 6$

Lotgerade: $\vec{x} = \begin{pmatrix}8\\-14\\-2\end{pmatrix} + k\begin{pmatrix}1\\-2\\2\end{pmatrix}$

Schnittbedingung: $-(8+6) + 2(14-2k) - 2(-2+2k) = 6 \Leftrightarrow k = 2$ $P'(10|10|2)$

$g': \vec{x} = \begin{pmatrix}10\\10\\2\end{pmatrix} + k\begin{pmatrix}10-2\\10-5\\2-1\end{pmatrix} = \begin{pmatrix}10\\10\\2\end{pmatrix} + k\begin{pmatrix}8\\5\\1\end{pmatrix}$

d) Lotfußpunktverfahren für den Abstand von M zu h:

$\left[\begin{pmatrix}-30\\-90\\0\end{pmatrix} + t\begin{pmatrix}2\\4\\1\end{pmatrix}\right]\cdot\begin{pmatrix}48\\88\\21\end{pmatrix} = 0 \Leftrightarrow t = 20$

$\overrightarrow{OT_1} = \begin{pmatrix}8\\8\\1\end{pmatrix} + 20\begin{pmatrix}2\\4\\1\end{pmatrix} = \begin{pmatrix}48\\88\\21\end{pmatrix}$ und $\overrightarrow{T_1M} = \begin{pmatrix}38-48\\98-88\\1-21\end{pmatrix} = \begin{pmatrix}-10\\10\\-20\end{pmatrix}$

$|\overrightarrow{T_1M}| = 10\sqrt{1+1+4} = 10\sqrt{6} \approx 24{,}5$ Oberflächenabstand: $24{,}5 - r = 18{,}5$

e) $\overrightarrow{OT_2} = \overrightarrow{OT_1} + 2\overrightarrow{T_1M} = \begin{pmatrix}48\\88\\21\end{pmatrix} + 2\begin{pmatrix}-10\\10\\-20\end{pmatrix} = \begin{pmatrix}28\\108\\-19\end{pmatrix}$

Entfernung ist halber Kreisumfang mit $r = 10\sqrt{6}$: $\frac{1}{2}U = \pi 10\sqrt{6} \approx 77$

218 **39 a)** (1) Mögliche Parametergleichung von E_{EGH}:

$\vec{x} = \overrightarrow{DE} + r\cdot\overrightarrow{EG} + s\cdot\overrightarrow{EH} = \begin{pmatrix}4\\0\\4\end{pmatrix} + r\cdot\begin{pmatrix}-4\\4\\0\end{pmatrix} + s\cdot\begin{pmatrix}-4\\0\\1\end{pmatrix},\ r, s \in \mathbb{R}$

Hieraus ergibt sich

$$\left|\begin{array}{lcl} x_1 & = & 4-4r-4s \\ x_2 & = & 4r \\ x_3 & = & 4+s \end{array}\right|, \quad \left|\begin{array}{lcl} x_1 & = & 4-x_2-4\cdot(x_3-4) \\ r & = & \frac{1}{4}x_2 \\ s & = & x_3-4 \end{array}\right|$$

und schließlich E_{EGH}: $x_1 + x_2 + 4x_3 = 20$.

Fortsetzung von Aufgabe 39:

(2) F ist der Schnittpunkt der Ebene E_{EGH} mit der Geraden g durch S und B. Es gilt

$g: \vec{x} = \overrightarrow{DS} + k\cdot\overrightarrow{SB} = \begin{pmatrix}0\\0\\8\end{pmatrix} + k\cdot\begin{pmatrix}8\\8\\-8\end{pmatrix}, k \in \mathbb{R}$

Einsetzen der „rechten Seite" in die Koordinatengleichung von E_{EGH} führt auf die Gleichung $8k + 8k + 4\cdot(8-8k) = 20$ mit der Lösung $k = \frac{3}{4}$. Einsetzen von k in die Parametergleichung von g ergibt $F(6|6|2)$.

(3) Der Spannvektor $\overrightarrow{EH} = \begin{pmatrix}-4\\0\\1\end{pmatrix}$ der Ebene $EEGH$ liegt nicht in der x_1-x_2-Ebene.

Daher ist $EEGH$ nicht parallel zur x_1-x_2-Ebene, somit auch die Deckfläche der Schachtel nicht parallel zu ihrer Grundfläche.

b) (1) Das Skalarprodukt der Diagonalenvektoren $\overrightarrow{EG}$ und $\overrightarrow{HF}$ ist Null:

$\overrightarrow{EG}\cdot\overrightarrow{HF} = \begin{pmatrix}-4\\4\\0\end{pmatrix}\cdot\begin{pmatrix}6\\6\\-3\end{pmatrix} = 0$ Die Diagonalen sind somit orthogonal.

(2) $|\overrightarrow{EG}| = \left|\begin{pmatrix}-4\\4\\0\end{pmatrix}\right| = 4\cdot\sqrt{2} \approx 5{,}7$ [cm], $|\overrightarrow{HF}| = \left|\begin{pmatrix}6\\6\\-3\end{pmatrix}\right| = 9$ [cm].

Der Schnittpunkt V der Diagonalen $\overrightarrow{EG}$ und $\overrightarrow{HF}$ muss wie die Punkte E und G die x_3-Koordinate 4 haben: $V = (v_1|v_2|4)$.

Aus dem Ansatz $\begin{pmatrix}v_1\\v_2\\4\end{pmatrix} = \overrightarrow{DH} + r\cdot\overrightarrow{HF} = \begin{pmatrix}0\\0\\5\end{pmatrix} + r\cdot\begin{pmatrix}6\\6\\-3\end{pmatrix}$ ergibt sich sofort $r = \frac{1}{3}$ sowie $v_1 = v_2 = 2$. Der Schnittpunkt der Diagonalen ist $V(2|2|4)$.

(3) Die Diagonalen sind gemäß (1) orthogonal. Für den Flächeninhalt der Deckfläche gilt:

$A = \frac{1}{2}|\overrightarrow{EG}|\cdot|\overrightarrow{HF}| + \frac{1}{2}|\overrightarrow{EG}|\cdot|\overrightarrow{VF}| = \frac{1}{2}|\overrightarrow{EG}|\cdot|\overrightarrow{HF}| = \frac{1}{2}\cdot 4\sqrt{2}\cdot 9 = 18\sqrt{2} \approx 25{,}5$ [cm^2]

[Da außerdem V der Mittelpunkt der Strecke $\overrightarrow{EG}$ ist, handelt es sich bei dem Viereck $EFGH$ um ein Drachenviereck.]

c) (1) Das Volumen der Pyramide $ABCDS$ beträgt $V = \frac{1}{3}\cdot G\cdot h = \frac{1}{3}\cdot 8^2\cdot 8 = 170\frac{2}{3}$ [cm^2]

(2) Die Höhe h_T des oberen Teilstücks $EFGHS$ der Pyramide $ABCDS$ erhält man z. B. als Abstand der zur Ebene E_{EGH} parallelen Ebene durch den Punkt S:

$h_T = \frac{\begin{pmatrix}1\\1\\4\end{pmatrix}\cdot\begin{pmatrix}0\\0\\8\end{pmatrix} - 20}{\left|\begin{pmatrix}1\\1\\4\end{pmatrix}\right|} = \frac{32-20}{3\sqrt{2}} = 2\sqrt{2}$ [cm]. Der Flächeninhalt $G_T = 18\sqrt{2} \approx 25{,}5$ [cm^2] seiner Grundfläche ist aus Teilaufgabe b) (3) bekannt. Das Volumen des Teilstücks $EFGHS$ ist damit:

$V_T = \frac{1}{3}\cdot G_T\cdot h_T = \frac{1}{3}\cdot 18\sqrt{2}\cdot 2\sqrt{2} = 24$ [cm^3]. Das Volumen der Schachtel beträgt $170\frac{2}{3}$ cm^3 – 24 cm^3 = $146\frac{2}{3}$ cm^3.

Fortsetzung von Aufgabe 39:

d) (1) $H_4 = (0|0|4)$, $F_4 = (4|4|4)$. Es gilt $|\overrightarrow{EF_4}| = |\overrightarrow{F_4G}| = |\overrightarrow{GH_4}| = |\overrightarrow{H_4E}| = 4$ und benachbarte Seiten sind orthogonal. Die neue Deckfläche ist also ein Quadrat.

(2) Der Punkt F_a liegt genau dann auf der Strecke $\overline{SB}$, wenn für seine x_3-Koordinate $\frac{6a-32}{a-6}$ gilt: $0 \le \frac{6a-32}{a-6} \le 8$. Dabei ist $0 \le a \le 6$ vorausgesetzt.

Als zusätzliche Bedingung für a ergibt sich daher einerseits:

$0 \le \frac{6a-32}{a-6} \Leftrightarrow 6a - 32 \le 0 \Leftrightarrow a \le \frac{16}{3}$, andererseits:

$\frac{6a-32}{a-6} \le 8 \Leftrightarrow 6a - 32 \ge 8a - 48 \Leftrightarrow a \le 8.$

Insgesamt folgt: F_a liegt genau dann auf der Strecke $\overline{SB}$, wenn $0 \le a \le \frac{16}{3}$ gilt.

[Auch elementargeometrische oder anschauliche Argumente sind vorstellbar.]

Interpretation im Sachzusammenhang:

Für die berechneten Werte von a hat die Schachtel eine viereckige Deckfläche wie in der Abbildung dargestellt.

Für $\frac{16}{3} < a < 6$ liegt der Punkt F_a auf der Geraden $\overline{SB}$ „unterhalb" der x_1-x_2-Ebene und wegen seiner für diese Werte von a negativen x_3-Koordinate nicht auf der Strecke $\overline{SB}$. Die Schachtel hätte eine grundlegend andere Form: Ihre Deckfläche hätte die Form eines Fünfecks und eine gemeinsame Kante mit der dann ebenfalls fünfeckigen Grundfläche der Schachtel.

Aufgaben – Vernetzen

40 a) Geradengleichungen: $g: \vec{x} = \begin{pmatrix}5\\0\\5\end{pmatrix} + r \cdot \begin{pmatrix}-6\\-18\\3\end{pmatrix} (r \in \mathbb{R}2 \quad h: \vec{x} = \begin{pmatrix}0\\3\\6\end{pmatrix} + s \cdot \begin{pmatrix}14\\6\\-4\end{pmatrix} (s \in \mathbb{R}2$

(I) $\quad 5 - 6r = 14s$

(II) $\quad -18r = 3 + 6s$

(III) $\quad 5 + 3r = 6 - 4s \Rightarrow r = -\frac{1}{3};\ s = \frac{1}{2} \Rightarrow$ Der bestrahlte Punkt liegt bei $X(7|6|4)$.

b) $q_{Q_1C_1}: \vec{x} = \begin{pmatrix}11\\18\\2\end{pmatrix} + r \begin{pmatrix}5{,}8\\18\\-3{,}3\end{pmatrix} \quad g_{Q_2C_2}: x = \begin{pmatrix}14\\9\\2\end{pmatrix} + s \begin{pmatrix}14\\6{,}5\\-4{,}2\end{pmatrix}.$

Der allgemeine Verbindungsvektor

$$\vec{v} = \left[\begin{pmatrix}11\\18\\2\end{pmatrix} + r \begin{pmatrix}5{,}8\\18\\-3{,}3\end{pmatrix}\right] - \left[\begin{pmatrix}14\\9\\2\end{pmatrix} + s \begin{pmatrix}14\\6{,}2\\-4{,}2\end{pmatrix}\right] = \begin{pmatrix}-3\\9\\0\end{pmatrix} + r \begin{pmatrix}5{,}8\\18\\-3{,}3\end{pmatrix} - s \begin{pmatrix}14\\6{,}2\\-4{,}2\end{pmatrix}$$

soll zu beiden Geraden senkrecht sein:

$$\vec{v} \cdot \begin{pmatrix}5{,}8\\18\\-3{,}3\end{pmatrix} = 0 \Leftrightarrow 144{,}6 + 368{,}53r - 206{,}66s = 0$$

$$\vec{v} \cdot \begin{pmatrix}14\\6{,}2\\-4{,}2\end{pmatrix} = 0 \Leftrightarrow 13{,}8 + 206{,}66r - 252{,}08s = 0$$

liefert die Lösungen $r = -0{,}669424$; s = $-0{,}494062$ und die Lotfußpunkte $L_1(7{,}11734|5{,}95036|4{,}20910)$ und $L_2(7{,}08313|5{,}93621|4{,}07506)$;
Mittelpunkt: $M(7{,}10002|5{,}94359|4{,}14208)$.

41 a) Im $\mathbb{R}^3$ können zwei Vektoren $\vec{a}$ und $\vec{b}$ beide zu einem dritten Vektor $\vec{c}$ orthogonal sein, ohne dass $\vec{a}$ und $\vec{b}$ kollinear sind. Also sind die aus $\begin{pmatrix}-1\\4\\2\end{pmatrix} \cdot \left[\begin{pmatrix}x_1\\x_2\\x_3\end{pmatrix} - \begin{pmatrix}3\\1\\1\end{pmatrix}\right] = 0$ sich ergebenden Vektoren $\left[\begin{pmatrix}x_1\\x_2\\x_3\end{pmatrix} - \begin{pmatrix}3\\1\\1\end{pmatrix}\right]$ nicht alle parallel zu einer einzigen Geraden.

b) Aus I: $x = 1 + k \Leftrightarrow k = x - 1$. Das in II eingesetzt ergibt:
$y = 4 + (x - 1)\ (-2) \Leftrightarrow y = -2x + 6$.

c) $\binom{2}{1} \cdot \binom{x}{y} = \binom{2}{1} \cdot \binom{-4}{1} + 0 \Leftrightarrow 2x + y = 6 \Leftrightarrow y = -2x + 6 \qquad$ HNF: $\frac{1}{\sqrt{5}}(2x + y) = \frac{6}{\sqrt{5}}$

d) Im $\mathbb{R}^2$ gibt es eine Normalenform (und eine HNF) einer Geraden. Die Kordinatenform lässt sich zur aus der SI bekannten Funktionsgleichung umformen.
Im $\mathbb{R}^3$ beschreibt eine Normalenform automatisch eine Ebene. Im Raum gibt es keine Normalenform einer Geraden.

42 $(\vec{a} + \vec{b}) \cdot (\vec{a} - \vec{b}) = 0 \Leftrightarrow \vec{a}^2 - \vec{b}^2 = 0$
$\Leftrightarrow \vec{a}^2 = \vec{b}^2$
$\Leftrightarrow |\vec{a}| = |\vec{b}|$

a) Die Diagonalen im Quadrat stehen senkrecht aufeinander.
Stehen im Rechteck die Diagonalen senkrecht aufeinander, so ist das Rechteck ein Quadrat.

b) Die Diagonalen in einer Raute stehen senkrecht aufeinander.
Ein Parallelogramm mit aufeinander senkrecht stehenden Diagonalen hat vier gleich lange Seiten, ist also eine Raute.

c) Befindet sich der Scheitelpunkt eines Winkels auf der Peripherie eines Halbkreises und gehen die Schenkel dieses Winkels durch die Endpunkte des Halbkreisdurchmessers, so ist der Winkel ein rechter Winkel.
Der Mittelpunkt der Hypotenuse eines rechtwinkligen Dreiecks ist von allen drei Ecken gleich weit entfernt.

43 Wegen $\vec{a} \perp \vec{b}$, also $2\vec{a} \cdot \vec{b} = 0$, gilt:

$$\vec{c}^{\,2} = (\vec{b} + \vec{a})^2$$
$$|\vec{c}|^2 = |\vec{b}|^2 + 2\vec{a}\vec{b} + |\vec{a}|^2$$
$$|\vec{c}|^2 = |\vec{b}|^2 + |\vec{a}|^2$$

44 Mit den Bezeichnung aus Abbildung 219/2 im Schülerbuch gilt:

a) Da der Winkel zwischen $\overrightarrow{AH}$ und $\overrightarrow{AB}$ 0° beträgt, gilt:

$$
\begin{aligned}
|\overrightarrow{AH}| \cdot |\overrightarrow{AB}| &= \overrightarrow{AH} \cdot \overrightarrow{AB} \\
&= (\overrightarrow{AC} + \overrightarrow{CH}) \cdot \overrightarrow{AB} \\
&= \overrightarrow{AC} \cdot \overrightarrow{AB} + \overrightarrow{CH} \cdot \overrightarrow{AB} \\
&= \overrightarrow{AC} \cdot \overrightarrow{AB} && \text{wegen } \overrightarrow{CH} \perp \overrightarrow{AB} \\
&= \overrightarrow{AC} \cdot (\overrightarrow{AC} + \overrightarrow{CB}) \\
&= \overrightarrow{AC}^2 + \overrightarrow{AC} \cdot \overrightarrow{CB} \\
&= \overrightarrow{AC}^2 && \text{wegen } \overrightarrow{AC} \perp \overrightarrow{CB} \\
&= |\overrightarrow{AC}|^2
\end{aligned}
$$

b) Da der Winkel zwischen $\overrightarrow{HB}$ und $\overrightarrow{AB}$ 0° beträgt, gilt:

$$
\begin{aligned}
|\overrightarrow{HB}| \cdot |\overrightarrow{AB}| &= \overrightarrow{HB} \cdot \overrightarrow{AB} \\
&= (\overrightarrow{HC} + \overrightarrow{CB}) \cdot \overrightarrow{AB} \\
&= \overrightarrow{HC} \cdot \overrightarrow{AB} + \overrightarrow{CB} \cdot \overrightarrow{AB} \\
&= \overrightarrow{CB} \cdot \overrightarrow{AB} && \text{wegen } \overrightarrow{HC} \perp \overrightarrow{AB} \\
&= \overrightarrow{CB} \cdot (\overrightarrow{AC} + \overrightarrow{CB}) \\
&= \overrightarrow{CB} \cdot \overrightarrow{AC} + \overrightarrow{CB}^2 \\
&= \overrightarrow{CB}^2 && \text{wegen } \overrightarrow{AC} \perp \overrightarrow{CB} \\
&= |\overrightarrow{BC}|^2
\end{aligned}
$$

45 Es gilt:

$$
\begin{aligned}
\overrightarrow{AM_1} + \overrightarrow{M_1M_2} + \overrightarrow{M_2C} + \overrightarrow{CM_3} + \overrightarrow{M_3M_4} + \overrightarrow{M_4A} &= \vec{0} \\
\tfrac{1}{2}\overrightarrow{AB} + \overrightarrow{M_1M_2} + \tfrac{1}{2}\overrightarrow{BC} + \tfrac{1}{2}\overrightarrow{CD} + \overrightarrow{M_3M_4} + \tfrac{1}{2}\overrightarrow{DA} &= \vec{0} \\
\tfrac{1}{2}(\overrightarrow{AB} + \overrightarrow{BC} + \overrightarrow{CD} + \overrightarrow{DA}) + \overrightarrow{M_1M_2} + \overrightarrow{M_3M_4} &= \vec{0} \\
\tfrac{1}{2} \cdot \vec{0} + \overrightarrow{M_1M_2} + \overrightarrow{M_3M_4} &= \vec{0} \\
\overrightarrow{M_1M_2} &= -\overrightarrow{M_3M_4} \\
\overrightarrow{M_1M_2} &= \overrightarrow{M_4M_3}
\end{aligned}
$$

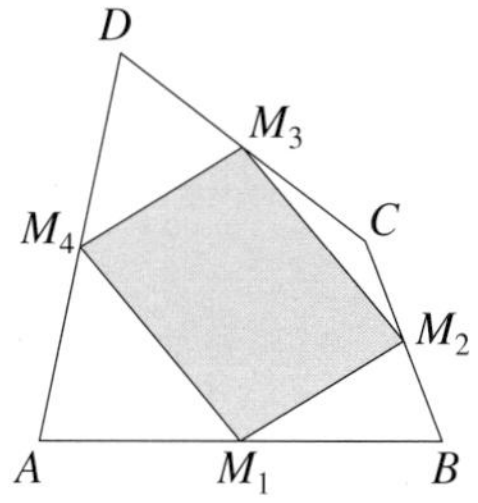

$$
\begin{aligned}
\overrightarrow{BM_2} + \overrightarrow{M_2M_3} + \overrightarrow{M_3D} + \overrightarrow{DM_4} + \overrightarrow{M_4M_1} + \overrightarrow{M_1B} &= \vec{0} \\
\tfrac{1}{2}\overrightarrow{BC} + \overrightarrow{M_2M_3} + \tfrac{1}{2}\overrightarrow{CD} + \tfrac{1}{2}\overrightarrow{DA} + \overrightarrow{M_4M_1} + \tfrac{1}{2}\overrightarrow{AB} &= \vec{0} \\
\tfrac{1}{2}(\overrightarrow{BC} + \overrightarrow{CD} + \overrightarrow{DA} + \overrightarrow{AB}) + \overrightarrow{M_2M_3} + \overrightarrow{M_4M_1} &= \vec{0} \\
\tfrac{1}{2}\vec{0} + \overrightarrow{M_2M_3} + \overrightarrow{M_4M_1} &= \vec{0} \\
\overrightarrow{M_2M_3} &= -\overrightarrow{M_4M_1} \\
\overrightarrow{M_2M_3} &= \overrightarrow{M_1M_4}
\end{aligned}
$$

Damit sind gegenüberliegende Seiten zueinander parallel und gleich lang.
Das Viereck $M_1M_2M_3M_4$ ist folglich ein Parallelogramm.

227 # 7. Die Binomialverteilung

Projekt: Stochastik – was bisher geschah …

1 Die Summe der Wahrscheinlichkeiten der beiden Pfade, die nach A führen, ergibt die totale Wahrscheinlichkeit für A.
Die Wahrscheinlichkeit des Pfades … → A → J im umgekehrten Baumdiagramm ist gleich der Wahrscheinlichkeit des Pfades … → J → A im ursprünglichen Baumdiagramm.
Entsprechendes gilt für die Pfade … → A → M und … → M → A.
Die gesuchten Wahrscheinlichkeiten erhält man durch die Rechnungen $\frac{P(J)\cdot P_J(A)}{P(A)} = P_A(J)$ bzw. $\frac{P(M)\cdot P_M(A)}{P(A)} = P_A(M)$, das sind die grün dargestellten Wahrscheinlichkeiten in der Abbildung auf Seite 226.

2 a) Die Verkürzung ist sinnvoll, da bei der Fragestellung der Aufgabe nur die Pfade mit A als Endpunkt interessieren. Die Summe der Pfadwahrscheinlichkeiten der Pfade, die zu A führen, ergibt als totale Wahrscheinlichkeit für A 0,14.

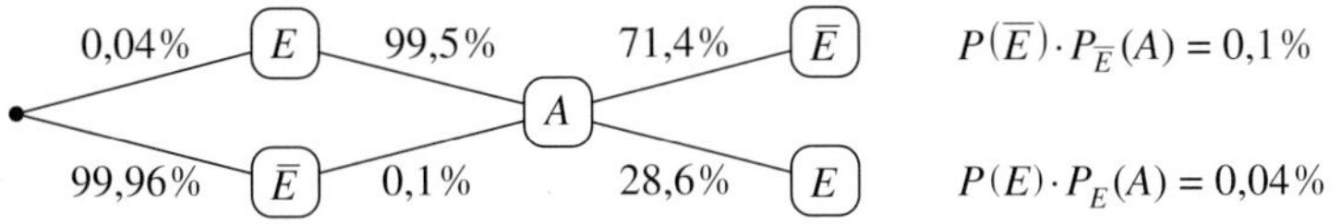

b) $P_A(E) = 28{,}6\%$
Die Wahrscheinlichkeit dafür, dass wirklich ein Einbruch stattfindet, wenn Alarm ausgelöst wird, beträgt 28,6%.
c) $P_A(\overline{E}) = 71{,}4\%$
Die Wahrscheinlichkeit dafür, dass kein Einbruch stattfindet, wenn Alarm ausgelöst wird, beträgt 71,4%.

3 a) $\frac{2}{5}$
b) $\frac{2}{5}\cdot\frac{1}{3}+\frac{1}{2}-\frac{2}{5}+\frac{1}{10}\cdot\frac{1}{4}=\frac{43}{120}$
c) Mindestens eine der Alternativen muss zutreffen.
d) D muss ja nicht zutreffen, d. h., von den verschiedenen Alternativen gehen auch Pfade zur Negation von D aus, obwohl sie im verkürzten Baumdiagramm nicht zu sehen sind.
e) Die Summe der Wahrscheinlichkeiten beträgt 1. In jedem Baumdiagramm beträgt die Summe der Wahrscheinlichkeiten über alle (vollständig angegebenen) Teilpfade 1.
f) Am Ende des Pfades über A nach D. Die Wahrscheinlichkeit beträgt $\frac{2}{15}$.
g) Am Pfad von D nach A.
h) Die fehlenden Beschriftungen an den Pfaden von D zu den verschiedenen Alternativen sind die Wahrscheinlichkeiten der Alternativen unter der Voraussetzung, dass D beobachtet wird:

$D \to A$	$D \to B$	$D \to C$
$\frac{16}{43}$	$\frac{24}{43}$	$\frac{3}{43}$

4 Die totale Wahrscheinlichkeit für blau ist 0,5625. Die bedingten Wahrscheinlichkeiten sind 0, $\frac{1}{2}$ und 1. 227
Die gesuchten Wahrscheinlichkeiten sind:
$P_{\text{blau}}(\text{gg}) = 0$
$P_{\text{blau}}(\text{gb}) = \frac{1}{9}$
$P_{\text{blau}}(\text{bb}) = \frac{8}{9}$
Verwendung der Tabellenkalkulation:
In der Spalte G stehen (von oben nach unten) die Produkte:
$0{,}375 \cdot 0{,}000 = 0{,}00$
$0{,}125 \cdot 0{,}500 = 0{,}063$
$0{,}500 \cdot 1{,}000 = 0{,}500$
In den hellroten Zellen werden die gesuchten Wahrscheinlichkeiten berechnet; z. B. steht in Zelle E4 die Formel = G4/D5, wenn in D5 die totale Wahrscheinlichkeit für blau berechnet wird. (In der Anzeige z. B. mit der Farbe weiß als nicht sichtbar dargestellt).
Die gesuchten Wahrscheinlichkeiten sind 0,000, 0,111 und 0,889.

5 a) $P_A(B)$ 228
b) $P(A \cap B)$
c) $P_{\overline{B}}(A)$
d) $P(A \cap B)$

6 Baumdiagramm mit den im Text genannten bedingten Wahrscheinlichkeiten:

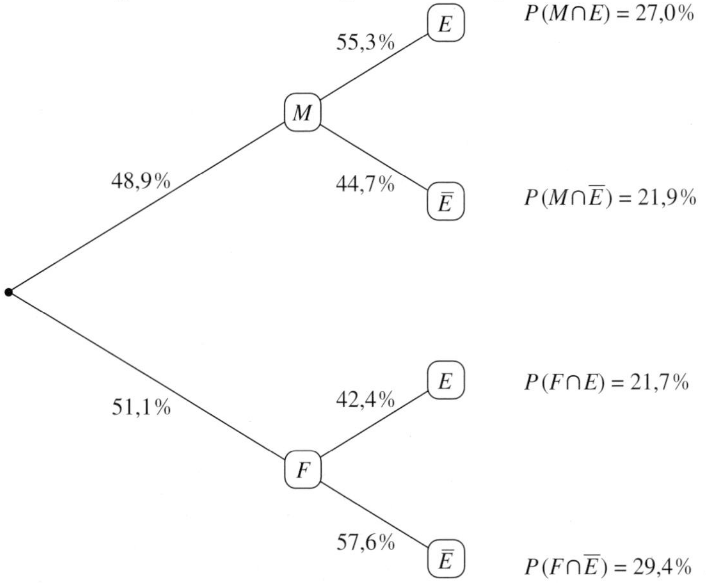

228 **Fortsetzung von Aufgabe 6:**

a) Vierfeldertafel:

	Erwerbstätige	ohne Erwerbstätigkeit	
Männer	27,0%	21,9%	48,9%
Frauen	21,7%	29,4%	51,1%
	48,7%	51,3%	100.0%

b) Aus den in a) berechneten Werten lässt sich z. B. der Prozentsatz der erwerbstätigen Männer bzw. Frauen ermitteln.

c) Anteil der Frauen unter den Erwerbstätigen:

$P_E(F) = \frac{P(F) \cdot P_F(E)}{(P(F) \cdot P_F(E) + P(M) \cdot P_M(E)} = 43{,}7\,\%$

Bei der Erwerbsquote der Frauen handelt es sich um die bedingte Wahrscheinlichkeit $P_F(E)$.

7 a) Wahrscheinlichkeitsbaum:

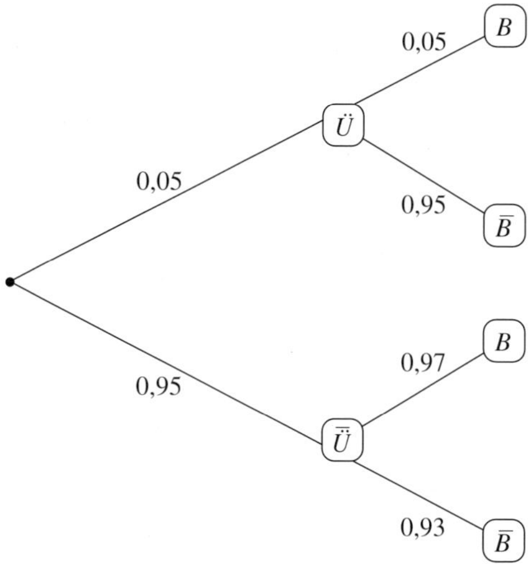

$P(Ü)$: Wahrscheinlichkeit für Überfall.

$P_{Ü}(B)$: Wahrscheinlichkeit für Bellen, falls ein Überfall stattfindet.

$P(Ü \cap B)$: Wahrscheinlichkeit dafür, dass ein Überfall stattfindet und Rantanplan bellt.

b) $P_{Ü}(\overline{B}) = 0{,}95$

c) $P_B(Ü) = \frac{P(Ü) \cdot P_{Ü}(B)}{P(Ü) \cdot P_{Ü}(B) + P(\overline{Ü}) \cdot P_{\overline{Ü}}(B)} = \frac{0{,}05 \cdot 0{,}05}{0{,}05^2 + 0{,}95 \cdot 0{,}97} \approx 0{,}0027$

Die Wahrscheinlichkeit beträgt ca. 0,3%.

d) $P_{\overline{B}}(Ü) = \frac{P(Ü) \cdot P_{Ü}(\overline{B})}{P(Ü) \cdot P_{Ü}(\overline{B}) + P(\overline{Ü}) \cdot P_{\overline{Ü}}(\overline{B})} = \frac{0{,}05 \cdot 0{,}95}{0{,}05 \cdot 0{,}95 + 0{,}95 \cdot 0{,}03} \approx 0{,}625$

Die Wahrscheinlichkeit beträgt ca. 62,5%.

7.1 Zufallsgrößen und Streumaße 229

AUFTRAG 1 **Gewinnaussichten**

X = Auszahlung – Einsatz

Bei beiden Spielen ist der Erwartungswert $E(X) = 0{,}20$ €. Langfristig wird der Spieler also jeweils 20 ct pro Spiel gewinnen. Mögliche Verluste sind aufgrund der größeren Streuung um den Erwartungswert bei Spiel B kurzfristig wahrscheinlicher.

$\sigma_A(X) = 0{,}6$; $\sigma_B(X) = 2{,}52$

AUFTRAG 2 **Die Ampel auf dem Schulweg**

X: Dauer des Schulweges (in Minuten)

x	10	11	12	13
$P(X = x)$	0,2	0,4	0,3	0,1

$E(X) = 0{,}2 \cdot 10 + 0{,}4 \cdot 11 + 0{,}3 \cdot 12 + 0{,}1 \cdot 13 \approx 11{,}3$

Es ist sicher sinnvoll, eine etwas längere Zeit als 11,3 Minuten für den Schulweg einzuplanen.

AUFTRAG 3 **Das Wissensquiz**

X = Gewinn eines Kandidaten pro Sendung

Durchschnittlicher Gewinn: $E(X) = 84\,375$ €. Bei zwei Kandidaten pro Sendung muss der Sender im Durchschnitt 168 750 € Preisgeld ausschütten. Bei Werbeeinnahmen von 150 000 € würde der Sender langfristig Verlust machen.

Aufgaben – Trainieren 232

1 X kann die Werte 0, 1, 2 oder 3 annehmen.

Aus dem zugehörigen Baumdiagramm kann man entnehmen:

www	*wws*	*wsw*	*wss*	*sww*	*sws*	*ssw*	*sss*
$X = 0$	$X = 1$	$X = 1$	$X = 2$	$X = 1$	$X = 2$	$X = 2$	$X = 3$

Wahrscheinlichkeitsverteilung:

x	0	1	2	3
$P(X = x)$	$\frac{27}{343}$	$\frac{108}{343}$	$\frac{144}{343}$	$\frac{64}{343}$

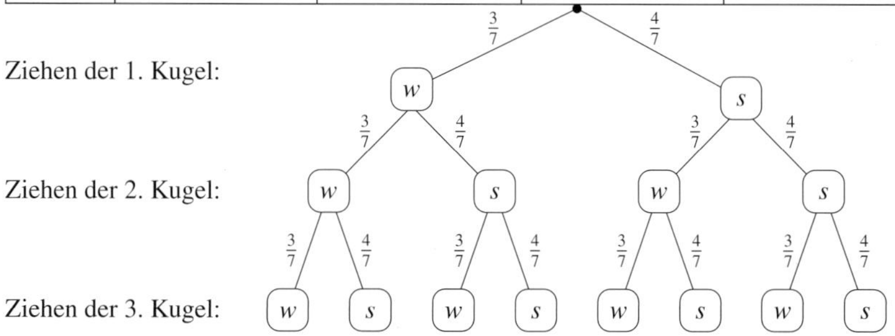

2 $E(X) = \frac{1}{6} \cdot (1 + 2 + 3 + 4 + 5 + 6) = 3{,}5$
$V(X) = 2{,}92$; $\sigma(X) = 1{,}71$

3 a) $E(X) = \frac{4}{5} = 0{,}8$
b) $E(X) = 3$
c) $P(X = 3) = 0{,}07$; $E(X) = -2{,}01$
d) $V_a(X) = 6{,}36$; $s_a(X) = 2{,}52$
$V_b(X) = 0{,}1$; $s_b(X) = 0{,}31$
$V_c(X) = 17{,}17$; $s_c(X) = 4{,}14$

4 a) Die Würfelergebnisse lassen sich z. B. sehr übersichtlich als Tabelle darstellen. Dann können die Häufigkeiten einfach abgezählt werden.

X: Summe der Augenzahlen

+	1	2	3	4	5	6
1	2	3	4	5	6	7
2	3	4	5	6	7	8
3	4	5	6	7	8	9
4	5	6	7	8	9	10
5	6	7	8	9	10	11
6	7	8	9	10	11	12

Y: Produkt der Augenzahlen

·	1	2	3	4	5	6
1	1	2	3	4	5	6
2	2	4	6	8	10	12
3	3	6	9	12	15	18
4	4	8	12	16	20	24
5	5	10	15	20	25	30
6	6	12	18	24	30	36

Wahrscheinlichkeitsverteilungen:

x	2	3	4	5	6	7	8	9	10	11	12
$P(X = x)$	$\frac{1}{36}$	$\frac{2}{36}$	$\frac{3}{36}$	$\frac{4}{36}$	$\frac{5}{36}$	$\frac{6}{36}$	$\frac{5}{36}$	$\frac{4}{36}$	$\frac{3}{36}$	$\frac{2}{36}$	$\frac{1}{36}$

y	1	2	3	4	5	6	8	9	10	12	15	16	18	20	24	25	30	36
$P(Y = y)$	$\frac{1}{36}$	$\frac{2}{36}$	$\frac{2}{36}$	$\frac{3}{36}$	$\frac{2}{36}$	$\frac{4}{36}$	$\frac{2}{36}$	$\frac{1}{36}$	$\frac{2}{36}$	$\frac{4}{36}$	$\frac{2}{36}$	$\frac{1}{36}$	$\frac{2}{36}$	$\frac{2}{36}$	$\frac{2}{36}$	$\frac{1}{36}$	$\frac{2}{36}$	$\frac{1}{36}$

b)

$$E(X) = \frac{1}{36} \cdot 2 + \frac{2}{36} \cdot 3 + \frac{3}{36} \cdot 4 + \frac{4}{36} \cdot 5 + \frac{5}{36} \cdot 6 + \frac{6}{36} \cdot 7 + \frac{5}{36} \cdot 8 + \frac{4}{36} \cdot 9 + \frac{3}{36} \cdot 10 + \frac{2}{36} \cdot 11 + \frac{1}{36} \cdot 12$$
$$= \frac{252}{36}$$
$$= 7$$
$$E(Y) = \frac{1}{36} \cdot 1 + \frac{2}{36} \cdot 2 + \frac{2}{36} \cdot 3 + \ldots + \frac{1}{36} \cdot 25 + \frac{2}{36} \cdot 30 + \frac{1}{36} \cdot 36$$
$$= \frac{441}{36}$$
$$= \frac{49}{4}$$
$$= 12{,}25$$

$V(X) = 5{,}83$
$V(Y) = 79{,}97$
$\sigma(X) = 2{,}42$
$\sigma(Y) = 8{,}94$

5 Z: höchste Augenzahl

	1	**2**	**3**	**4**	**5**	**6**
1	1	2	3	4	5	6
2	2	2	3	4	5	6
3	3	3	3	4	5	6
4	4	4	4	4	5	6
5	5	5	5	5	5	6
6	6	6	6	6	6	6

Wahrscheinlichkeitsverteilung:

z	1	2	3	4	5	6
$P(Z = z)$	$\frac{1}{36}$	$\frac{3}{36}$	$\frac{5}{36}$	$\frac{7}{36}$	$\frac{9}{36}$	$\frac{11}{36}$

Erwartungswert:
$E(Z) = \frac{1}{36} \cdot 1 + \frac{3}{36} \cdot 2 + \frac{5}{36} \cdot 3 + \frac{7}{36} \cdot 4 + \frac{9}{36} \cdot 5 + \frac{11}{36} \cdot 6 = \frac{161}{36} \approx 4{,}47$

$V(Z) = 1{,}97$
$\sigma(Z) = 1{,}4$

6 X: Gewinn pro Los (in €)

x	0,50	5	20	100
$P(X = x)$	$\frac{197}{200}$	$\frac{1}{200}$	$\frac{1}{200}$	$\frac{1}{200}$

$E(X) = 1{,}1175 \approx 1{,}12$

Eine Eintrittskarte sollte mindestens 1,12 € kosten – sinnvoll wären natürlich 1,50 € oder 2,00 €.

7 a) und **b)** Übersichtstabelle:

5 ct	20 ct	X	Y	Z
Z	Z	25	20	5
Z	W	5	5	0
W	Z	20	20	0
W	W	0	0	0

x	0	5	20	25
$P(X = x)$	$\frac{1}{4}$	$\frac{1}{4}$	$\frac{1}{4}$	$\frac{1}{4}$

$E(X) = 12{,}5$

$V(X) = 106{,}25$
$\sigma(X) = 10{,}31$

y	0	5	20
$P(Y = y)$	$\frac{1}{4}$	$\frac{1}{4}$	$\frac{2}{4}$

$E(Y) = 11{,}25$

$V(Y) = 79{,}69$
$\sigma(Y) = 8{,}93$

z	0	5
$P(Z = z)$	$\frac{3}{4}$	$\frac{1}{4}$

$E(Z) = 1{,}25$

$V(Z) = 4{,}69$
$\sigma(Z) = 2{,}17$

232

232 **Fortsetzung von Aufgabe 7:**

c) Übersichtstabelle:

5 ct	10 ct	20 ct	X	Y	Z
Z	Z	Z	35	20	5
Z	Z	W	15	10	0
Z	W	Z	25	20	0
Z	W	W	5	5	0
W	Z	Z	30	20	0
W	Z	W	10	10	0
W	W	Z	20	20	0
W	W	W	0	0	0

x	0	5	10	15	20	25	30	35
$P(X = x)$	$\frac{1}{8}$	$\frac{1}{8}$	$\frac{1}{8}$	$\frac{1}{8}$	$\frac{1}{8}$	$\frac{1}{8}$	$\frac{1}{8}$	$\frac{1}{8}$

$E(X) = 17{,}5$
$V_a(X) = 131{,}25$
$\sigma_a(X) = 11{,}46$

y	0	5	10	20
$P(Y = y)$	$\frac{1}{8}$	$\frac{1}{8}$	$\frac{2}{8}$	$\frac{4}{8}$

$E(Y) = 13{,}125$
$V_b(Y) = 55{,}86$
$\sigma_b(Y) = 7{,}47$

z	0	5
$P(Z = z)$	$\frac{7}{8}$	$\frac{1}{8}$

$E(Z) = 0{,}625$
$V_b(Y) = 2{,}73$
$\sigma_b(Y) = 1{,}65$

233 **NOCH FIT?**

I Wenn das Würfeln nach dem Fallen einer Sechs beendet wird, ergibt sich folgendes Baumdiagramm:

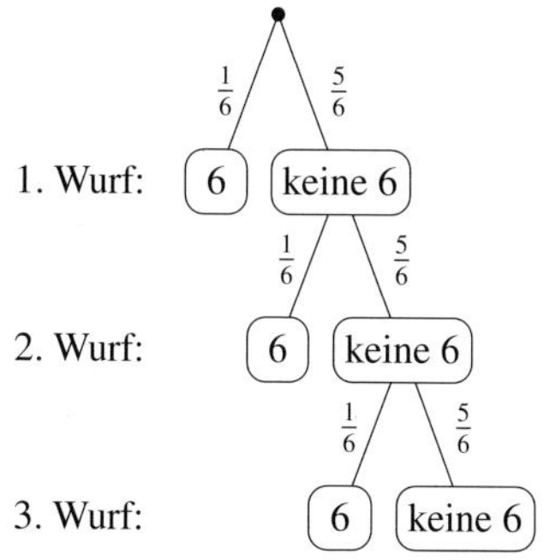

Wahrscheinlichkeit für das Würfeln einer Sechs:
$\frac{1}{6} + \frac{5}{6} \cdot \frac{1}{6} + \frac{5}{6} \cdot \frac{5}{6} \cdot \frac{1}{6} = \frac{91}{216}$
Das Angebot der Mutter ist nicht fair. Roberts Mutter muss mit einer Wahrscheinlichkeit von $\frac{91}{216}$ die Küche aufräumen, Robert mit $\frac{115}{216}$. Robert sollte das Angebot beispielsweise dann annehmen, wenn er bisher stets die Küche aufräumen musste.

II a) nein **c)** ja
b) ja **d)** nein

III a) $P(A) = \frac{4}{32} = \frac{1}{8}$ $P(B) = \frac{1}{4}$ $P(A \cap B) = \frac{1}{32}$
b) Die Ereignisse A und B sind unabhängig voneinander, daher gilt $P_B(A) = P(A) = \frac{1}{8}$ und $P_A(B) = P(B) = \frac{1}{4}$.

IV $P(\text{„blond“}) \cdot P(\text{„grünäugig“}) = \frac{30}{128} \cdot \frac{49}{128} = \frac{735}{8192}$
$P(\text{„blond und grünäugig“}) = \frac{6}{128} = \frac{3}{64}$
Die beiden Ereignisse „blond“ und „grünäugig“ sind abhängig, denn sonst hätte sich $P(\text{„blond und grünäugig“}) = P(\text{„blond“}) \cdot P(\text{„grünäugig“})$ ergeben.

Aufgaben – Anwenden

8 a) $P(\text{„3mal die 2 gedreht“}) = 0{,}7^3 = 0{,}343$;
$P(\text{„genau einmal die 5 gedreht“}) = 3 \cdot 0{,}7^2 \cdot 0{,}3 = 0{,}441$;
$P(\text{„mindestens einmal die 5 gedreht“}) = 1 - 0{,}7^3 = 0{,}65$
b) $E(X) = 8{,}7$; $V(X) = 6{,}67$; $\sigma(X) = 2{,}38$.
c) Y = Auszahlung an den Spieler: $E(Y) = 0{,}67$ €. Bei einem Einsatz von 0,67 € pro Spiel ist es fair.
d) Z: „Anzahl der Drehungen bis Summe mindestens 8“;
$E(Z) = 2 \cdot 0{,}3^2 + 3 \cdot \left(3 \cdot 0{,}3 \cdot 0{,}7^2 + 2 \cdot 0{,}7 \cdot 0{,}3^2\right) + 4 \cdot 0{,}7^3 = 3{,}253$.

9 a) $E(X) = E(Y) = 0{,}64$; $\sigma(X) = 2{,}4$; $\sigma(Y) = 1{,}33$
Auf lange Sicht ist der Reingewinn gleich. Wegen der größeren Schwankungen bei Spiel 1 hat man dort ein größeres Risiko. Wer auf kürzere Sicht einen größeren Verlust in Kauf nehmen kann um eventuell auf lange Sicht einen größeren Gewinn zu erzielen, kann Spiel 1 spielen.
b) Die Histogramme verdeutlichen die größere Streuung von X.

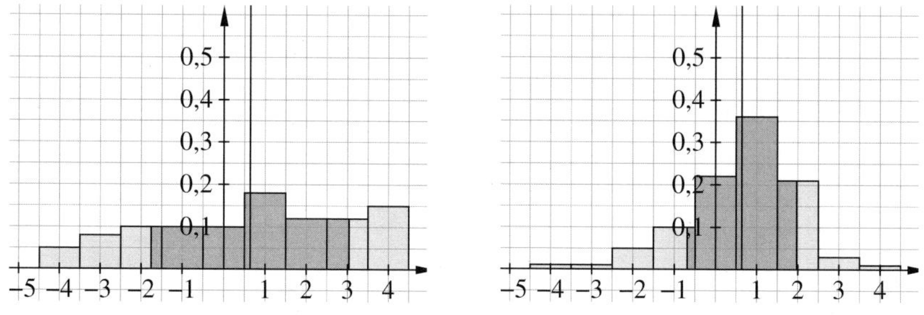

In über 50% der Spiele hat liegt man bei Spiel 2 bei einem Gewinn von 0 oder 1.
c) In ca. 50% der Fälle erzielt man bei Spiel 2 einen Gewinn zwischen -1 und 2: Man kann eher verlieren, aber auch eher mehr gewinnen.

10 a) Falls der Einsatz von 2 € in jedem Fall von der Bank einbehalten wird, gilt:

x	−3	0	−5	2	−7	4
$P(X=x)$	$\frac{1}{6}$	$\frac{1}{6}$	$\frac{1}{6}$	$\frac{1}{6}$	$\frac{1}{6}$	$\frac{1}{6}$

$E(X) = -1{,}5 \Rightarrow$ Das Spiel ist nicht fair.
Mit einem Einsatz von 0,5 € wird das Spiel fair.

Falls der Einsatz von 2 € nur bei ungerader Augenzahl einbehalten wird, gilt:

x	−3	2	−5	4	−7	6
$P(X=x)$	$\frac{1}{6}$	$\frac{1}{6}$	$\frac{1}{6}$	$\frac{1}{6}$	$\frac{1}{6}$	$\frac{1}{6}$

$E(X) = -0{,}5 \Rightarrow$ Das Spiel ist nicht fair.
Mit einem Einsatz von 1 € wird das Spiel fair.

b)

x	−1	2	4
$P(X=x)$	$\frac{1}{2}$	$\frac{1}{4}$	$\frac{1}{4}$

$E(X) = 1 \Rightarrow$ Das Spiel ist nicht fair.
Mit einem Einsatz von 3 € wird das Spiel fair.

c) Übersicht, welche Werte X annehmen kann:

	1	**2**	**3**	**4**	**5**	**6**
1	−2	1	1	1	1	1
2	1	−4	2	2	2	2
3	1	2	−6	3	3	3
4	1	2	3	−8	4	4
5	1	2	3	4	−10	5
6	1	2	3	4	5	−12

x	−2	−4	−6	−8	−10	−12	1	2	3	4	5
$P(X=x)$	$\frac{1}{36}$	$\frac{1}{36}$	$\frac{1}{36}$	$\frac{1}{36}$	$\frac{1}{36}$	$\frac{1}{36}$	$\frac{10}{36}$	$\frac{8}{36}$	$\frac{6}{36}$	$\frac{4}{36}$	$\frac{2}{36}$

$E(X) = \frac{7}{9} \Rightarrow$ Das Spiel ist nicht fair.
Zahlen des k-Fachen an die Bank:
$E(X) = \frac{1}{36}\cdot(-1\cdot k - 2\cdot k - 3\cdot k - 4\cdot k - 5\cdot k - 6\cdot k + 10 + 16 + 18 + 16 + 10)$
Aus $E(X) = 0$ folgt $k = \frac{10}{3}$, was leider nicht „praktikabel" ist.

d) Beispiel 1: $X = -1$ (bei gerader Augenzahl)
$X = 1$ (bei ungerader Augenzahl)
Beispiel 2: $Y = 1$ (wenn die Augenzahl eine Primzahl ist)
$Y = -1$ (wenn die Augenzahl keine Primzahl ist)
Beispiel 3: $X = -1$ (Augenzahl 1 oder 2)
$X = 0$ (Augenzahl 3 oder 4)
$X = 1$ (Augenzahl 5 oder 6)

234

11 a) und **b)**: X: gesamter Schaden (in €)
F: Die Maschine fällt aus.

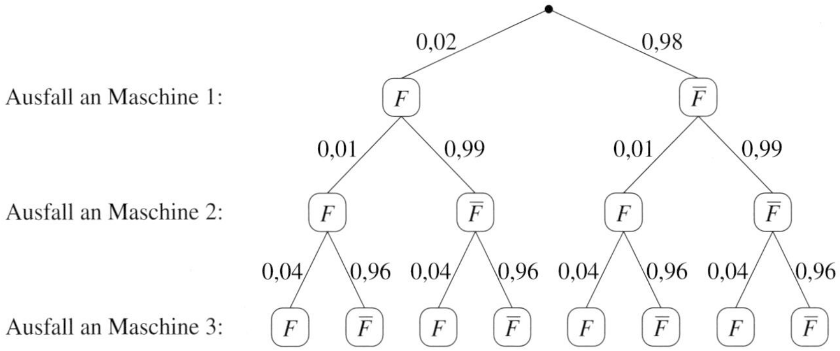

M_1	M_2	M_3	x (in €)	$P(X=x)$
			0	$0{,}98 \cdot 0{,}99 \cdot 0{,}96 = 0{,}931\,392$
		F	250	$0{,}98 \cdot 0{,}99 \cdot 0{,}04 = 0{,}038\,808$
	F		400	$0{,}98 \cdot 0{,}01 \cdot 0{,}96 = 0{,}009\,408$
	F	F	650	$0{,}98 \cdot 0{,}01 \cdot 0{,}04 = 0{,}000\,392$
F			200	$0{,}02 \cdot 0{,}99 \cdot 0{,}96 = 0{,}019\,008$
F		F	450	$0{,}02 \cdot 0{,}99 \cdot 0{,}04 = 0{,}000\,792$
F	F		600	$0{,}02 \cdot 0{,}01 \cdot 0{,}96 = 0{,}000\,192$
F	F	F	850	$0{,}02 \cdot 0{,}01 \cdot 0{,}04 = 0{,}000\,008$

c) $E(X) = 18$
Es ist im Mittel ein Ausfallschaden von ca. 18 € pro Stunde zu erwarten.

12 Fall I: Die Gewinne werden bar ausgezahlt. Erwartungswert für den Gewinn pro Los:
$0{,}7\cdot 0\,€ + 0{,}25\cdot 2\,€ + 0{,}04\cdot 5\,€ + 0{,}01\cdot 10\,€ = 0{,}80\,€$
Bei 500 Losen sind $500\cdot 0{,}80\,€ = 400\,€$ Gewinne zu erwarten. Es wird pro Los 1 € eingenommen, was 100 € Reingewinn für den Kurs bedeuten würde.
Alternativvorschlag: Erwartungswert für den Gewinn pro Los:
$0{,}7\cdot 0{,}50\,€ + 0{,}25\cdot 2\,€ + 0{,}04\cdot 5\,€ + 0{,}01\cdot 10\,€ = 1{,}15\,€$
Bei 500 Losen sind $500\cdot 1{,}15\,€ = 575\,€$ Gewinne zu erwarten. Es werden pro Los 2 € eingenommen, was $1000\,€ - 575\,€ = 425\,€$ Reingewinn für den Kurs bedeuten würde.
Fall II: Die Gewinne sind Sachpreise. Die Restbestände können nicht zurückgegeben werden.
Die Sachpreise würden insgesamt $250\cdot 2\,€ + 40\cdot 5\,€ + 10\cdot 10\,€ = 800\,€$ kosten. Um sicher Gewinn zu erzielen, müssten mehr als 800 Lose verkauft werden.

234 **Fortsetzung von Aufgabe 12:**

Alternativvorschlag:

Wert der Sachpreise: $700 \cdot 0{,}50€ + 250 \cdot 2€ + 40 \cdot 5€ + 10 \cdot 10€ = 1150€$

Um damit sicher Gewinn zu erzielen, müssten mehr als 575 Lose verkauft werden.

13 X: ausgeworfener Betrag

$$E(X) = \frac{1}{10} \cdot 0{,}20€ + \frac{1}{20} \cdot 0{,}50€ + \frac{1}{30} \cdot 1{,}00€ + \frac{1}{7} \cdot 2{,}00€ = \frac{21}{200}€ = 0{,}105€$$

Zulässiger Einsatz: $0{,}105€ : 0{,}6 = 0{,}175€$

Rechnerisch wären 0,175 € als Einsatz zulässig. Die Münzstückelung lässt aber als Höchstbetrag lediglich einen Einsatz von 17 ct zu. In der Praxis werden es wohl 10 ct oder 15 ct sein.

235 **14**

Zu erwartender Schaden:	15 % · 1000 € = 150 €	300 €	500 €
Jahresprämie (inkl. 20 € Bearbeitungsgebühr)	170 €	320 €	520 €

15 X: Anzahl verkaufter Packungen

x	45	50	55	60
$P(X = x)$	0,05	0,15	0,2	0,6

Erwartungswert:

$E(X) = 56{,}75$

Variante mit 50 Packungen:

Es werden in den meisten Fällen alle Packungen verkauft (Gewinn: $50 \cdot 0{,}20€ = 10€$), aber im Durchschnitt werden mehr Packungen verlangt. Das heißt, dem Unternehmen entgeht ein Gewinn von durchschnittlich $6{,}75 \cdot 0{,}20€ = 1{,}35€$.

Variante mit 60 Packungen:

Es können alle Kundenwünsche erfüllt werden, aber leider verursachen die durchschnittlich 3,25 nicht verkauften Packungen einen Verlust von $3{,}25 \cdot 1{,}20€ = 3{,}90€$. Dieser Verlust ist höher als der beim Einkauf von nur 50 Packungen entgangene durchschnittliche Gewinn von 1,35 €.

16 X: Anzahl der Tage am Wochenende (drei Tage), an denen man nicht Ski fahren kann.

Wahrscheinlichkeit, dass an einem bestimmten Tag nicht Ski gefahren werden kann: $\frac{1}{30}$

(unter der Annahme, dass ein Monat 30 Tage hat)

S: Skifahren ist möglich.

R: Rückerstattung

Fortsetzung von Aufgabe 16:

Freitag:

Samstag:

Sonntag:

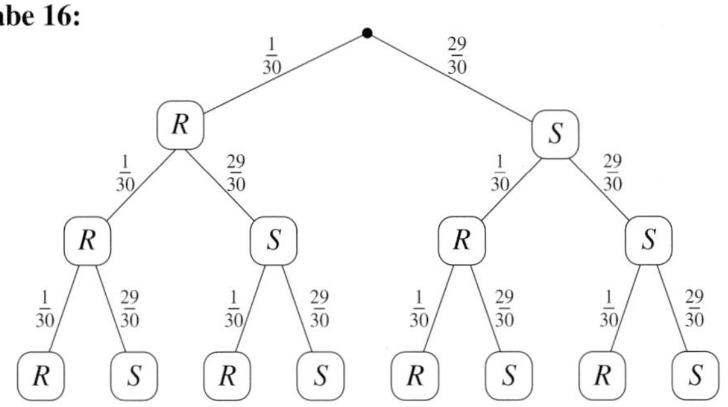

Wahrscheinlichkeitsverteilung:

x	$P(X = x)$
0	$\left(\frac{29}{30}\right)^3$
1	$3 \cdot \left(\frac{29}{30}\right)^2 \cdot \left(\frac{1}{30}\right)$
2	$3 \cdot \left(\frac{29}{30}\right) \cdot \left(\frac{1}{30}\right)^2$
3	$\left(\frac{1}{30}\right)^3$

$$E(X) = \frac{1 \cdot 3 \cdot 29 \cdot 29 + 2 \cdot 3 \cdot 29 \cdot 1 + 3 \cdot 1 \cdot 1 \cdot 1}{30 \cdot 30 \cdot 30} = \frac{2700}{27000} = 0{,}1$$

Für jeden Tag müssen 5 € erstattet werden, was vom Preis für den Skipass abgezogen werden muss. Zu erwartende Einnahmen pro Skipass: $20€ - E(X) \cdot 5€ = 19{,}50€$

Aufgaben – Vernetzen

17 $E(X) = \frac{1}{n} \cdot 1 + \frac{1}{n} \cdot 2 + \frac{1}{n} \cdot 3 + \ldots + \frac{1}{n} \cdot (n-1) + \frac{1}{n} \cdot n = \frac{1}{n} \cdot [1 + 2 + 3 + \ldots + (n-1) + n]$

$$= \frac{1}{n} \cdot \frac{n \cdot (n+1)}{2} = \frac{n+1}{2}$$

18 Tetraeder: $E(X) = 2{,}5$ Hexaeder: $E(X) = 3{,}5$ Oktaeder: $E(X) = 4{,}5$

Dodekaeder: $E(X) = 6{,}5$ Ikosaeder: $E(X) = 10{,}5$

19 $n = 20$, $\bar{x} = 6{,}85$

$\sigma = 3{,}9022$

Median = 6

$Q_1 = 4$

$Q_3 = 9.5$

Fazit: Der schraffierte Bereich reicht etwas weiter als die Box.

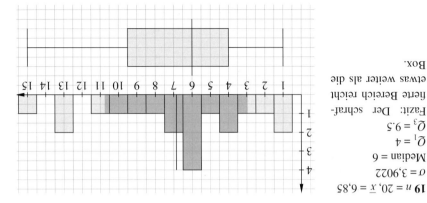

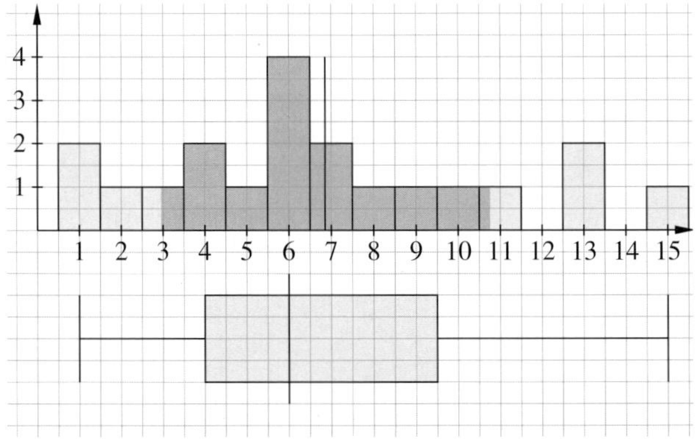

240

7.2 Bernoulli-Experimente und kumulierte Binomialverteilungen

AUFTRAG 1 **Verkehrskontrolle**

Wahrscheinlichkeit für 7 Schnellfahrer: $B(20;\,0{,}4;\,7) = 16{,}6\,\%$.
Wahrscheinlichkeit für höchstens 5 Schnellfahrer:
$B(20;0{,}4;0) + B(20;0{,}4;1) + B(20;0{,}4;2) + B(20;0{,}4;3) + B(20;0{,}4;4) + B(20;0{,}4;5)$
$= 0{,}00037\,\% + 0{,}049\,\% + 0{,}31\,\% + 1{,}23\,\% + 3{,}5\,\% + 7{,}5\,\% = 12{,}6\,\%$
$P(X \geq 1) \geq 0{,}9$ oder $1 - P(X = 0) \geq 0{,}9$. Daraus ergibt sich: $0{,}6^n \leq 0{,}1 \Leftrightarrow n \geq 4{,}5$ (GTR)

AUFTRAG 2 **Beeinflusst der Euro die Seitenwahl?**

Wahrscheinlichkeitsverteilung:

k	0	1	2	3	4	5	6	7
$P(X=k)$	0,00000003	0,000001	0,00001	0,0001	0,0004	0,0016	0,0053	0,0143

8	9	10	11	12	13	14	15	16	17
0,0322	0,0609	0,0974	0,1328	0,1550	0,1550	0,1328	0,0974	0,0609	0,0322

18	19	20	21	22	23	24	25
0,0143	0,0053	0,0016	0,0004	0,0001	0,00001	0,000001	0,00000003

$P(X = 18) \approx 1{,}4\,\%$
Zum Vergleich die maximale Einzelwahrscheinlichkeit:
$P(X = 12) = P(X = 13) \approx 15{,}5\,\%$

AUFTRAG 3 **Auslastung von Telefonleitungen**

X: Anzahl der Leitungen
p: Wahrscheinlichkeit, dass ein Angestellter irgendeine Leitung zu einem Zeitpunkt nutzt.
$p = \frac{15}{60} = 0{,}25$
Wahrscheinlichkeit, dass die Leitungen zu einem bestimmten Zeitpunkt ausreichen:
$P(X \leq 3) = F(10;\,0{,}25;\,3) = 0{,}776$
$P(X \leq 4) = F(10;\,0{,}25;\,4) = 0{,}922$
$0{,}922 - 0{,}776 = 0{,}146$
Die Wahrscheinlichkeit wächst um 0,146, wenn eine vierte Leitung eingerichtet wird.
$F(10;\,0{,}25;\,n) \geq 0{,}99$
$F(10;\,0{,}25;\,5) = 0{,}980$
$F(10;\,0{,}25;\,6) = 0{,}996 \Rightarrow$ Es werden mindestens sechs Leitungen benötigt.

244

Aufgaben – Trainieren

1 a) Mit $P(X = k) = \binom{3}{k} \cdot 0{,}4^k \cdot 0{,}6^{3-k}$ erhält man

k	0	1	2	3
$P(X=k)$	0,216	0,432	0,288	0,064

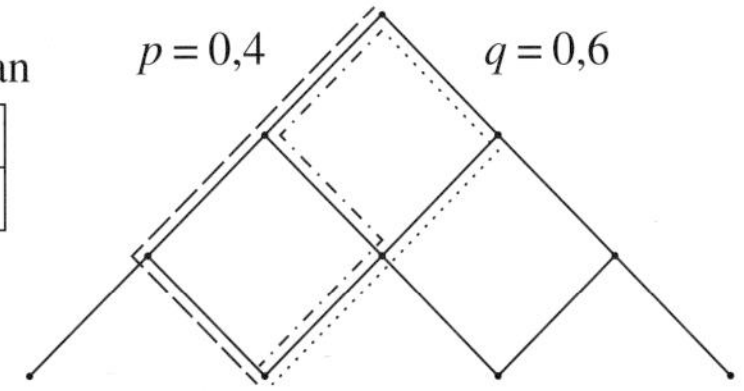

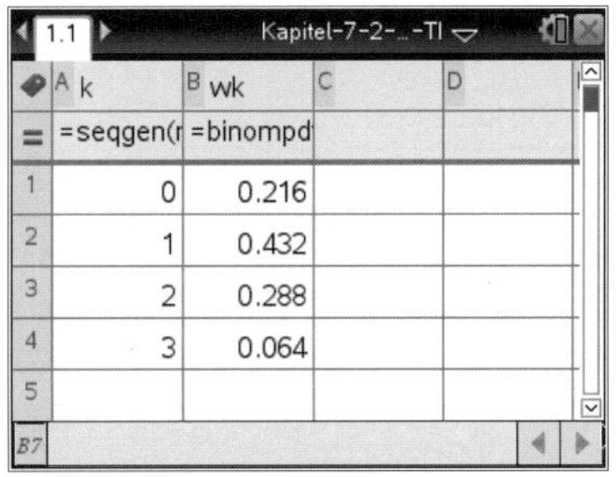

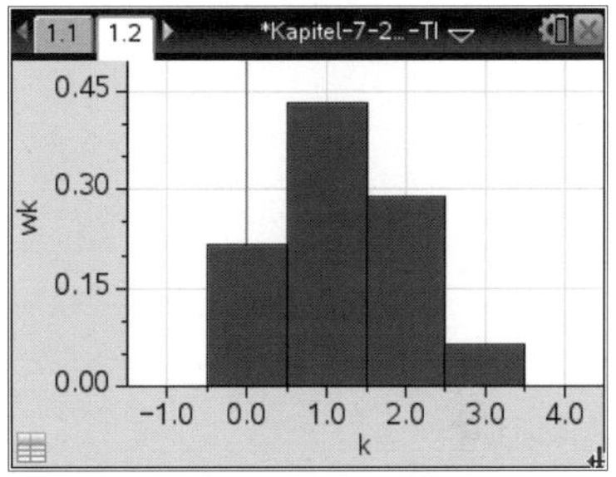

b) Mit $P(X = k) = \binom{4}{k} \cdot 0{,}7^k \cdot 0{,}3^{4-k}$ erhält man

k	0	1	2	3	4
$P(X=k)$	0,0081	0,0756	0,2646	0,4116	0,2401

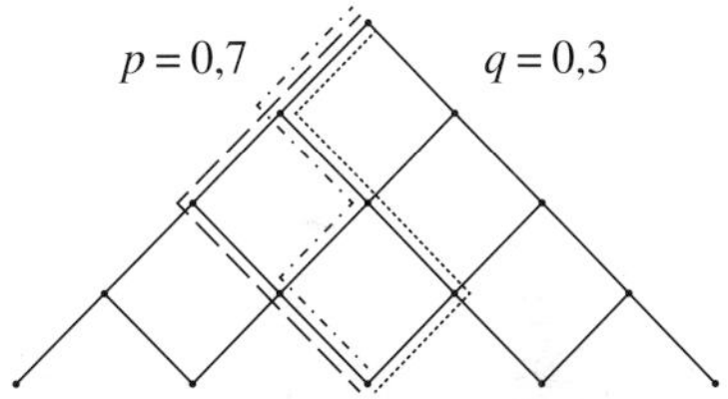

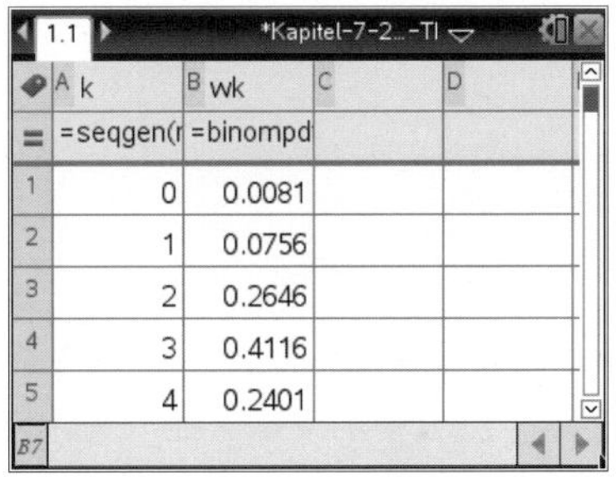

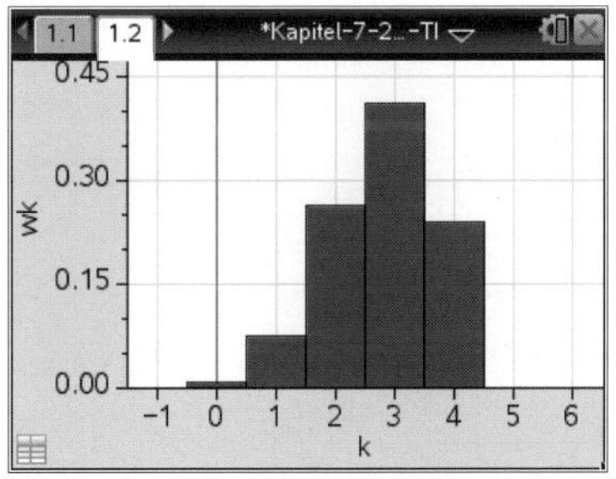

2 a)

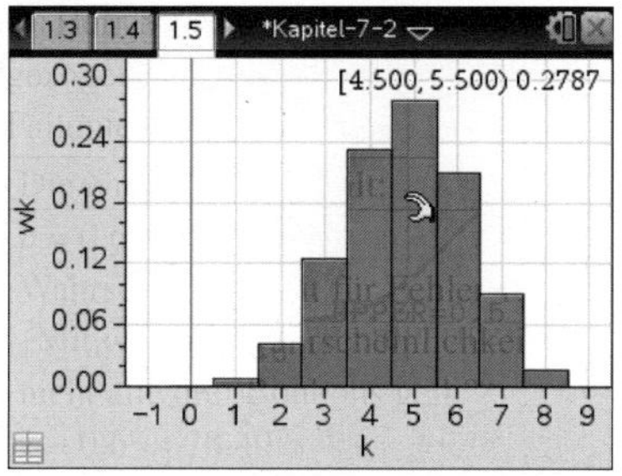

b)

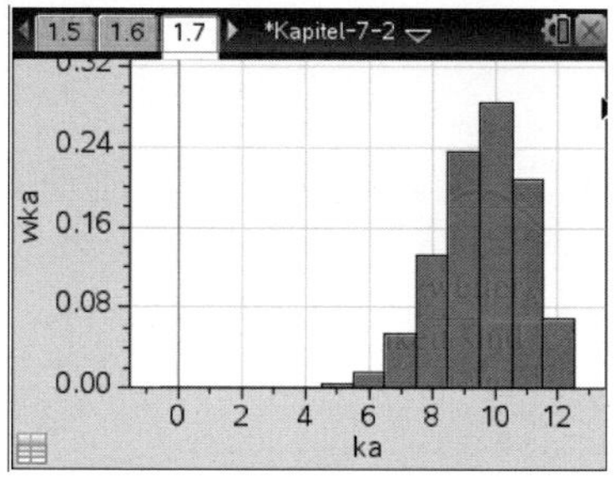

3 a) $B(2; 0{,}5; 1) = \binom{2}{1} \cdot 0{,}5^1 \cdot 0{,}5^1 = 0{,}5$
b) $B(4; 0{,}5; 2) = \binom{4}{2} \cdot 0{,}5^2 \cdot 0{,}5^2 = 0{,}375$
c) $B(8; 0{,}5; 4) = \binom{8}{4} \cdot 0{,}5^4 \cdot 0{,}5^4 \approx 0{,}27$
d) $B(16; 0{,}5; 8) = \binom{16}{8} \cdot 0{,}5^8 \cdot 0{,}5^8 \approx 0{,}20$

4 a) $P(X = 10) = B\left(10; \frac{1}{3}; 10\right) \approx 0{,}000017 \approx 0\,\%$
b) $P(X > 7) = 1 - F\left(10; \frac{1}{3}; 7\right) \approx 1 - 0{,}9966 \approx 0{,}34\,\%$
c) $P(X = 4) = B\left(10; \frac{1}{3}; 4\right) \approx 0{,}2276 \approx 23\,\%$
d) $P(X = 0) = B\left(10; \frac{1}{3}; 0\right) \approx 0{,}0173 \approx 1{,}7\,\%$

5 a) Mit $n = 10$ und $p = 0{,}6$ erhält man:

k	$P(X = k)$
0	0,000105
1	0,001573
2	0,010617
3	0,042467
4	0,111477
5	0,200658
6	0,250823
7	0,214991
8	0,120932
9	0,040311
10	0,006047

b) $P(X \le 4) = 0{,}000105 + 0{,}001573 + 0{,}010617 + 0{,}042467 + 0{,}111477 = 0{,}166239$

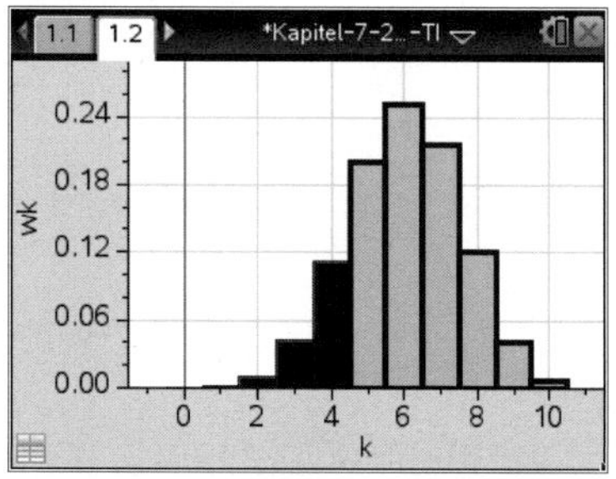

$P(5 < X < 7) = 0{,}250823$

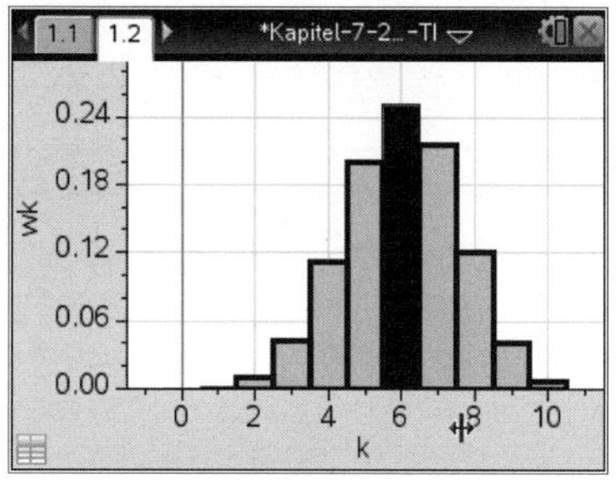

$P(X \le 7) = 0{,}214991 + 0{,}120932 + 0{,}040311 + 0{,}006047 = 0{,}382281$

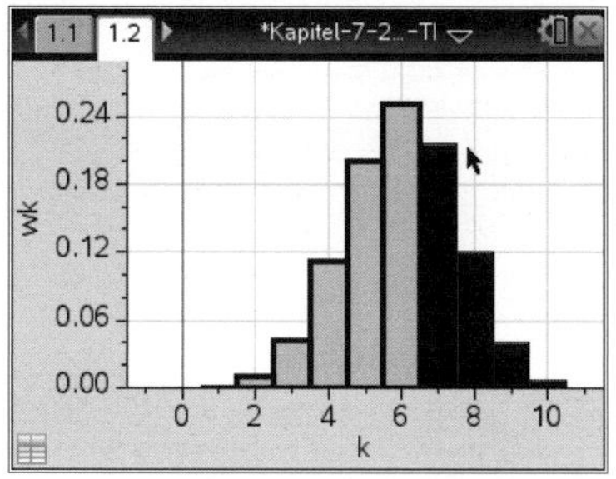

c) binomCdf(10,0.6,0,4) → 0.166239
binomPdf(10,0.6,6) → 0.250823
binomCdf(10,0.6,7,10) → 0.382281
d) $P(X < 8)$: binomCdf(10,0.6,0,7) → 0.83271
$P(5 \le X \le 8)$: binomCdf(10,0.6,5,8) → 0.787404
$P(X > 3)$: binomCdf(10,0.6,4,10) → 0.945238

6 a) $F\left(50; \frac{1}{6}; 12\right) \approx 0{,}94$
b) $F\left(50; \frac{1}{6}; 11\right) \approx 0{,}88$
c) $1 - F\left(50; \frac{1}{6}; 8\right) \approx 0{,}46$
d) $F\left(50; \frac{1}{6}; 20\right) - F\left(50; \frac{1}{6}; 9\right) \approx 0{,}32$

7 a)

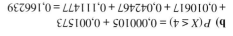

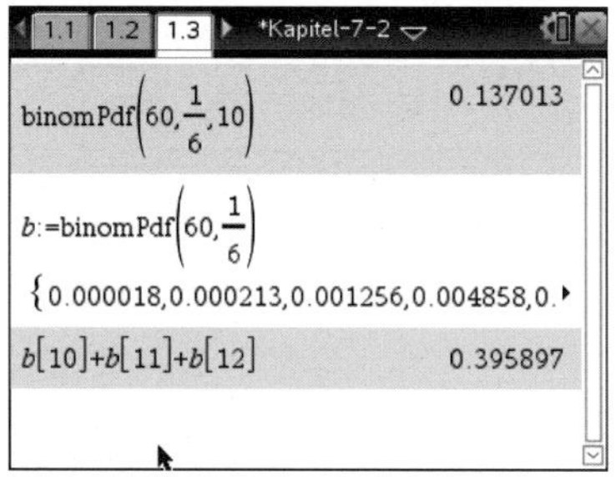

b) $1 - P(X = 0) \ge 0{,}9$
$\Leftrightarrow 1 - \left(\frac{1}{6}\right)^0 \cdot \left(\frac{5}{6}\right)^n \ge 0{,}95 \Leftrightarrow \left(\frac{5}{6}\right)^n \le 0{,}05$
GTR: $\left(\frac{5}{6}\right)^n = 0{,}05 \Leftrightarrow n \approx 16{,}4$
Man muss also mindestens 17-mal würfeln, um mit einer Wahrscheinlichkeit von 95 % mindestens einmal eine 6 zu würfeln.

8

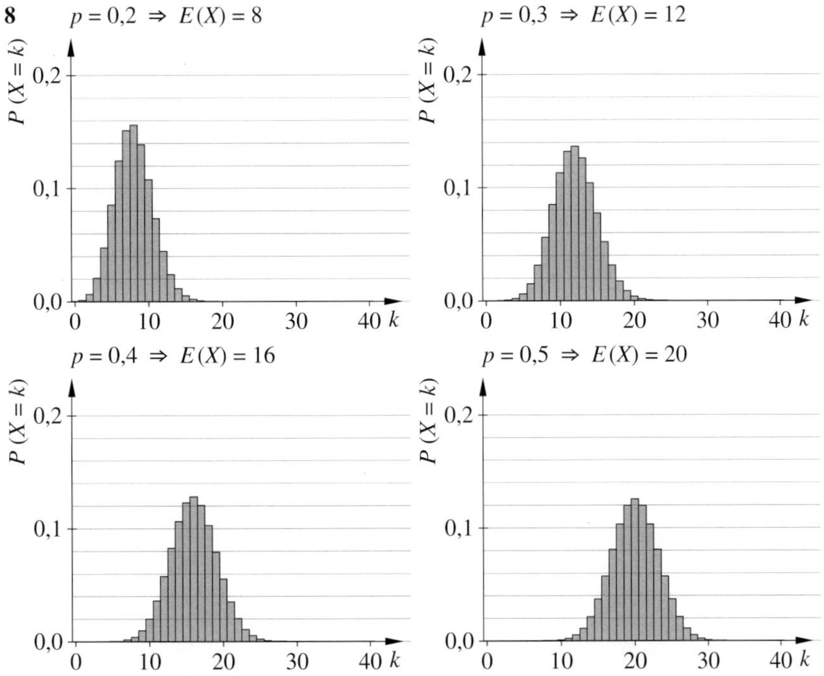

Der Wert für k, bei dem die Wahrscheinlichkeit am größten ist, ist $k = 8$ (12; 16; 20). Je näher p an 0,5 ist, desto flacher und breiter ist der „sichtbare“ Teil des Histogramms. Nur für $p = 0;5$ ist das Histogramm symmetrisch.

9 Ausschnitt aus dem Baumdiagramm im rechten Bild:

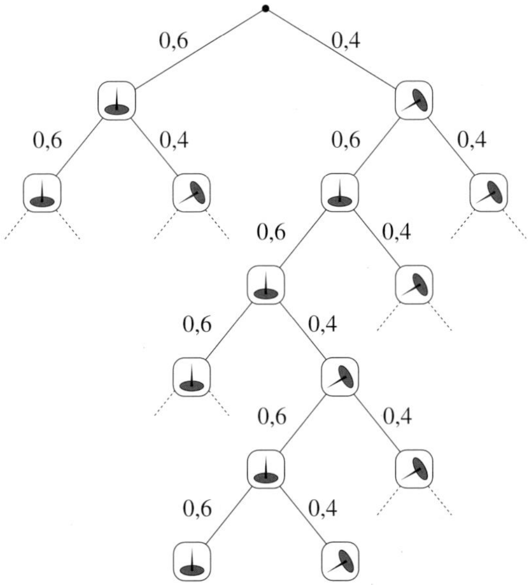

Wahrscheinlichkeitsverteilung mithilfe des Baumdiagramms:

$P(X = 0) = 0{,}4^6$
$= 0{,}004096 \approx 0{,}0041$

$P(X = 1) = 6 \cdot 0{,}4^5 \cdot 0{,}6$
$= 0{,}036864 \approx 0{,}0369$

$P(X = 2) = 15 \cdot 0{,}4^4 \cdot 0{,}6^2$
$= 0{,}13824 \approx 0{,}1382$

$P(X = 3) = 20 \cdot 0{,}4^3 \cdot 0{,}6^3$
$= 0{,}027648 \approx 0{,}2765$

$P(X = 4) = 15 \cdot 0{,}4^2 \cdot 0{,}6^4$
$= 0{,}31104 \approx 0{,}3110$

$P(X = 5) = 6 \cdot 0{,}4 \cdot 0{,}6^5$
$= 0{,}186624 \approx 0{,}1866$

$P(X = 6) = 0{,}6^6$
$= 0{,}046656 \approx 0{,}0467$

Wahrscheinlichkeitsverteilung mithilfe der Binomialverteilung:

k	0	1	2	3	4	5	6
$P(X = k)$	0,0041	0,0369	0,1382	0,2765	0,3110	0,1866	0,0467

	P	
„genau dreimal Kopflage“ $k = 3$	$\approx 0{,}2765$	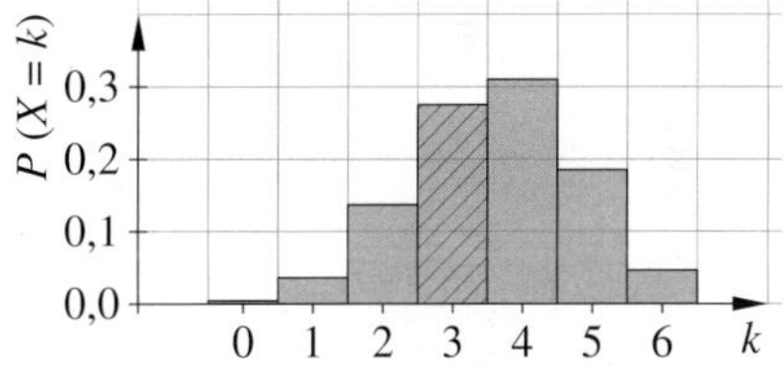
„höchstens zweimal Kopflage“ $0 \le k \le 2$	0,1792	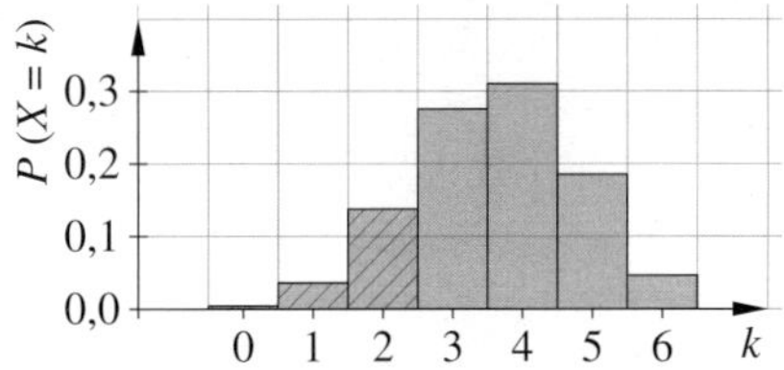

245 **Fortsetzung von Aufgabe 9:**

„mindestens dreimal Kopflage“ $3 \le k \le 6$	0,8208	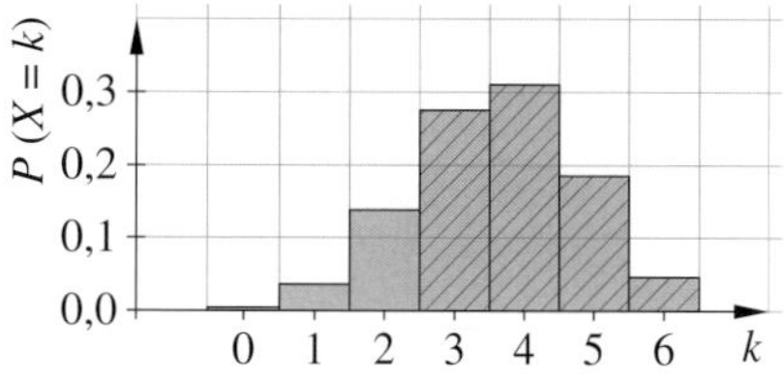
„mindestens fünfmal Kopflage“ $5 \le k \le 6$	≈ 0,2333	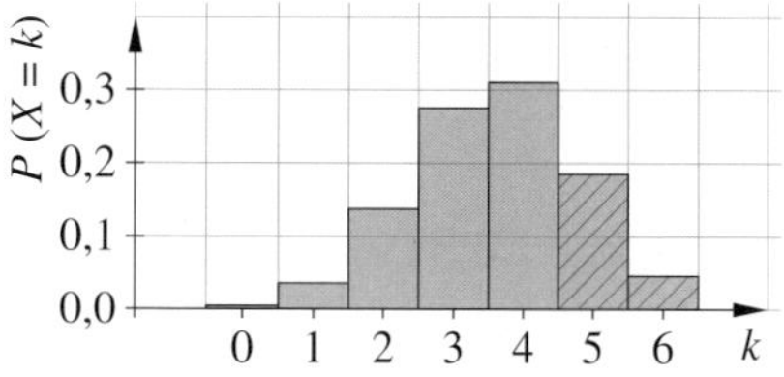
mindestens zweimal und höchstens viermal Kopflage“ $2 \le k \le 4$	≈ 0,7257	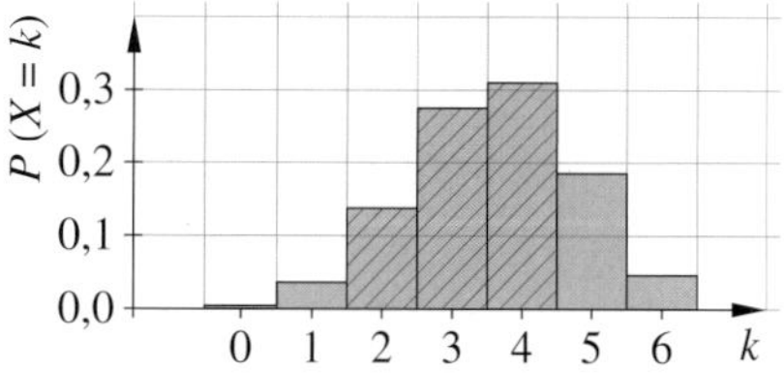

10 a) 0,0900
b) 0,0106
c) 0,0152
d) 0,0039 + 0,0313 + 0,1094 + 0,2188 = 0,3634
e) 0,0256 + 0,0016 = 0,0272
f) 0,0001 + 0,0015 + 0,0112 + 0,0574 = 0,0702

11 a) nSolve(binomCdf(60,0.4,0,x)=0.6,x=40) → 25 , $P(X \le 25) \approx 0{,}656$
b) nSolve(binomCdf(60,0.4,x,60)=0.3,x=40) → 26 , $P(X \ge 26) \approx 0{,}344$

12 a) $P(X = 3) = B(10;\, 0{,}17;\, 3) \approx 0{,}1600 \approx 16\,\%$
b) $P(X \le 3) = F(10;\, 0{,}17;\, 3) \approx 0{,}9259 \approx 92{,}6\,\%$

13 X: Anzahl defekter Geräte
a) $P(X = 16) = B(20;\, 0{,}8;\, 16) \approx 0{,}218$
b) $P(X \ge 19) = 1 - P(X \le 18) = 1 - F(20;\, 0{,}8;\, 18) \approx 0{,}069$
c) Siehe a).
d) $F(20;\, 0{,}8;\, 16) \approx 0{,}589$

14 Da es sechs Ausgänge gibt, ist vermutlich $n = 5$. Wegen der ungefähren Symmetrie ist vermutlich $p = 0{,}5$. 245

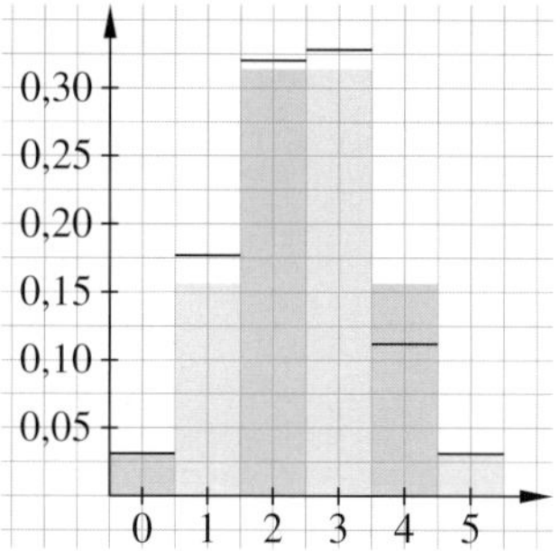

246 **NOCH FIT?**

I a) $g(x) = \frac{1}{x^2 + 2}$ **b)** $g(x) = \frac{1}{(x+3)^2}$ **c)** $g(x) = -\frac{1}{x^2}$ **d)** $g(x) = \frac{2}{x^2}$

II a) Verschiebung um 2 Einheiten nach oben (in Richtung der y-Achse)
b) Verschiebung um eine Einheit nach links (in Richtung der x-Achse)
c) Spiegelung an der x-Achse und davon ausgehend Verschiebung um 5 Einheiten nach unten (in Richtung der y-Achse)
d) Streckung in Richtung der y-Achse mit dem Faktor 3

III $f(x) = -\sin(2x) + 3$

Aufgaben – Anwenden

15 a) $B(10;\, 0{,}5;\, 5) \approx 0{,}2461$

b)

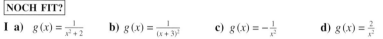

k	0	1	2	3	4	5	…
$P(X = k)$	0,0010	0,0098	0,0439	0,1172	0,2051	0,2461	

…	6	7	8	9	10
	0,2051	0,1172	0,0439	0,0098	0,0010

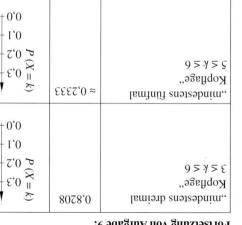

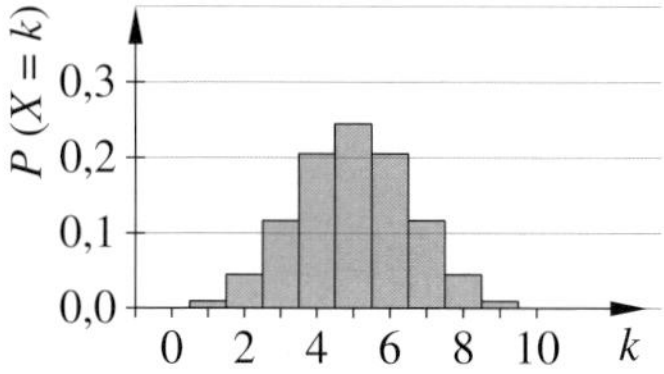

16 a) $P(X \ge 7) \approx 0{,}2142$
b) Jetzt gilt $p = 0{,}2142$, $n = 10$ und damit $P(X \ge 3) \approx 0{,}3654$.

246 **17** Die Wahrscheinlichkeit für „keine Null“ beträgt jeweils $p = 0{,}9$. Damit gilt:

$1 - 0{,}9^n \geq 0{,}95$

$0{,}9^n \leq 0{,}05 \Rightarrow n \geq 29$

Das Rad muss mindestens 29-mal gedreht werden.

18 Es muss gelten:

$P(0 \leq X \leq 8) \leq 0{,}05$

Mit dem GTR erhält man, wenn man n variiert, $n = 18$.

19 Die Wahrscheinlichkeit, eine Prüfungsfrage richtig zu beantworten, beträgt 0,25 (entspricht der Wahrscheinlichkeit, die falsche Antwort auszuwählen und diese nicht anzukreuzen).

$P(X \geq 6) = B(8; 0{,}25; 6) + B(8; 0{,}25; 7) + B(8; 0{,}25; 8) \approx 0{,}0042 \approx 0{,}4\,\%$

247 **20** $P(X \geq 1) = 1 - P(X < 1) \geq 99{,}99\,\% \Rightarrow P(X = 0) \leq 0{,}01\,\%$

$B\left(13; \frac{96}{196}; 0\right) = 0{,}016\,\%$

$B\left(14; \frac{96}{196}; 0\right) = 0{,}008\,\%$

Vierzehn Deutsche muss man zufällig auswählen, um mit mindestens 99,99 % Wahrscheinlichkeit mindestens einen Mann gewählt zu haben.

21 a) $P(X = 15) = B(100; 0{,}15; 15) \approx 0{,}1111 \approx 11\,\%$

b) $P(X \geq 10) = B(100; 0{,}15; 10) + \ldots + B(100; 0{,}15; 100) \approx 0{,}9449 \approx 94{,}5\,\%$

(Ab $k = 30$ ist $B(100; 0{,}15; k)$ fast 0. Es genügt also, $k = 10$ bis $k = 30$ zu betrachten.)

c) $P(15 \geq X \geq 25) = B(100; 0{,}15; 15) + \ldots + B(100; 0{,}15; 25) \approx 0{,}5398 \approx 54\,\%$

d) $P(50 \leq X \leq 390) \approx 0{,}901$ für $n = 390$

22 Wahrscheinlichkeitsverteilung:

k	0	1	2	3	4	5
$P(X = k)$	0,4627	0,3856	0,1285	0,0214	0,0018	0,0001

Die Elfmeter sind nur bedingt als Bernoulli-Kette zu modellieren, da sie nicht wirklich unabhängig sind. Beispielsweise ist ein Elfmeter, von dem es abhängt, ob man Weltmeister werden kann, sicher nicht mit jedem anderen Elfmeter vergleichbar (Nervosität des Schützen, …).

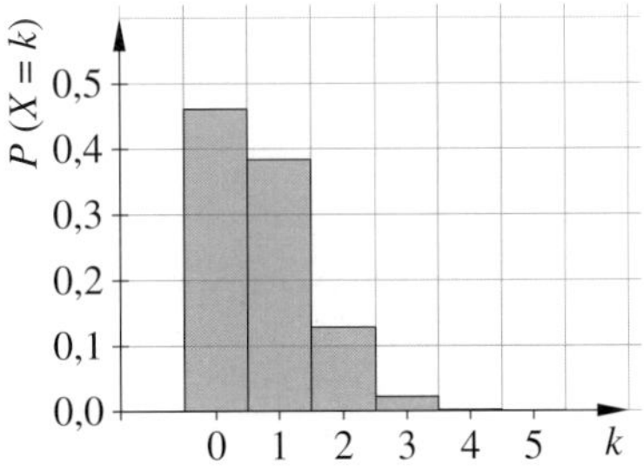

23 a) Mit einer Tabelle der Binomialverteilung für $n = 200$ und $p = 0{,}32$ für $P(X = k)$ ermittelt man, dass die maximale Wahrscheinlichkeit für $k = 64$ vorliegt, und zwar ist 247

$P(X = 64) \approx 0{,}0604$.

b) $P(40 \leq X \leq 138) \approx 0{,}802$ für $n = 138$

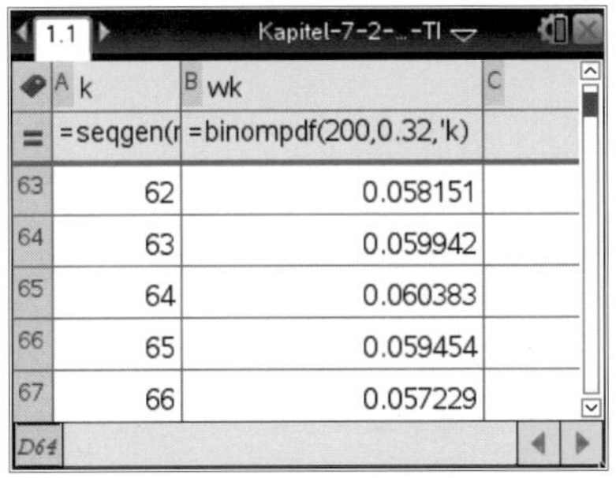

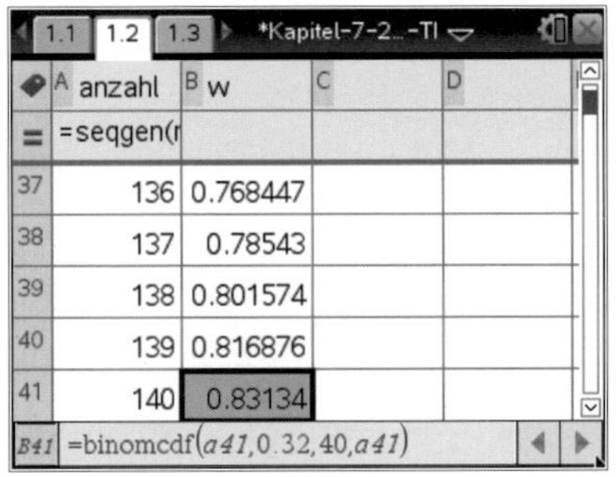

24 a) Wenn die Personen unabhängig voneinander arbeiten, kann zu einem beliebigen Zeitpunkt geprüft werden, ob der Drucker gebraucht wird.

X … Anzahl der Personen, die einen Druckauftrag abschicken.

Erfolgswahrscheinlichkeit:

$p = \frac{2\text{ Minuten}}{60\text{ Minuten}} = \frac{1}{30}$

k	0	1	2	3	4	≥ 5
$P(X = k)$	0,3617	0,3741	0,1871	0,0602	0,0140	0,0029

$P(X > 2) \approx 0{,}0771$

In ca. 7,7 % der Arbeitszeit kommt es dadurch zu Verzögerungen, dass mehr als zwei Druckaufträge gleichzeitig abgewickelt werden müssen.

b) $P(X \geq 4) \approx 0{,}0169 > 1\,\%$

$P(X \geq 5) \approx 0{,}0029 < 1\,\%$

Bei fünf Druckern im Netzwerk kommt es in weniger als 1 % der Arbeitszeit zu Verzögerungen.

25 $P(31 \leq X \leq 50) = F(50; 0{,}6; 50) - F(50; 0{,}6; 30) \approx 0{,}4465$

An ca. 45 % der Tage reichen die Parkplätze nicht aus.

$F(50; 0{,}6; k) \geq 90\,\%$

$F(50; 0{,}6; 33) \approx 0{,}8439$

$F(50; 0{,}6; 34) \approx 0{,}9045$

Wenn der Parkplatz über 34 Parkplätze verfügen würde, wären für die gesamte Belegschaft an 90 % der Tage genügend Parkplätze vorhanden.

26 Anzahl der Rosinen: $n = 500$

Wahrscheinlichkeit für eine einzelne Rosine, sich in dem ausgewählten Brötchen zu befinden: $p = \frac{1}{100} = 0{,}01$

a) $P(X = 0) \approx 0{,}0066 \Rightarrow$ Anzahl der Brötchen ohne Rosinen: $500 \cdot 0{,}0066 \approx 3$

b) Gesucht ist n mit $P(X = 0) < 0{,}005$.

Durch Probieren (z. B. mit dem GTR) findet man je nach Rundungsgenauigkeit $n = 528$ oder $n = 529$.

Funktion:

$f(n) = (1 - 0{,}01)^n$

Berechnung: $(1 - 0{,}01)^n = 0{,}005$

$n \cdot \ln(0{,}99) = \ln(0{,}005)$

$n = 527{,}178\ldots$

$B(527; 0{,}01; 0) \approx 0{,}00501$

$B(528; 0{,}01; 0) \approx 0{,}00496$

Sobald mehr als 527 Rosinen dem Teig zugefügt werden, sinkt die Wahrscheinlichkeit, ein Brötchen ohne Rosinen herzustellen, unter 0,5 %.

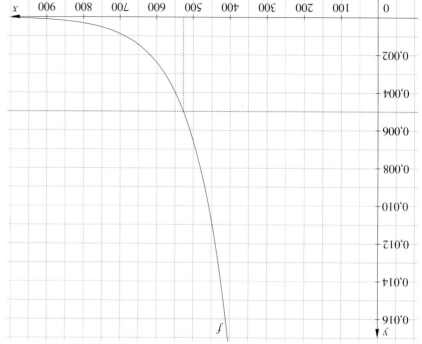

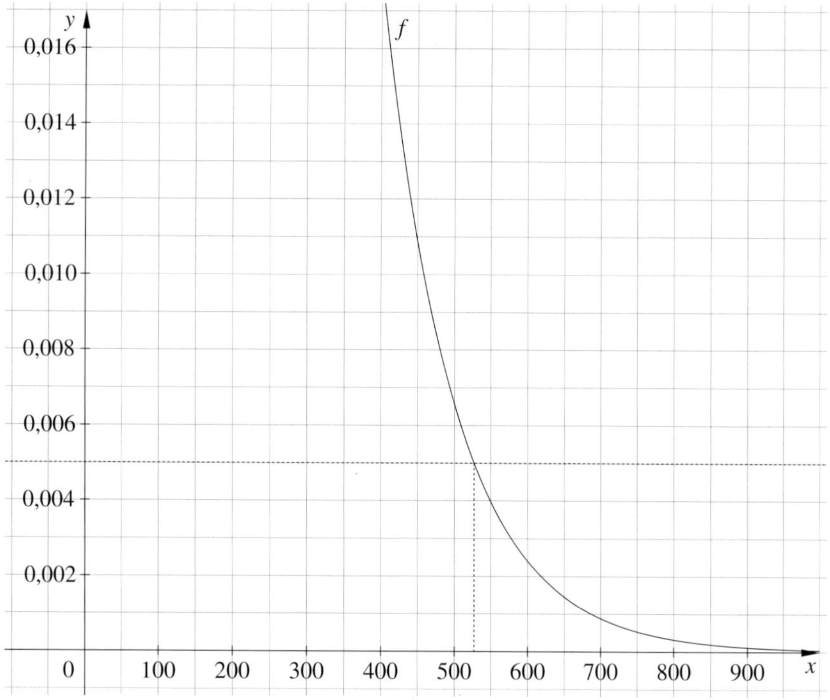

27 a) Anzahl der Fehler:

$n = 80$

Wahrscheinlichkeit dafür, dass sich ein Fehler auf einer der 500 Seiten befindet:

$p = \frac{1}{500}$

$P(X = 0) \approx 0{,}8520 \Rightarrow 500 \cdot 0{,}8520 = 426$

Es sind 426 fehlerfreie Seiten zu erwarten.

b) $P(X = 1) \approx 0{,}1366 \Rightarrow 500 \cdot 0{,}1366 = 68{,}2\ldots$

$P(X = 2) \approx 0{,}0108 \Rightarrow 500 \cdot 0{,}0108 = 5{,}4\ldots$

$P(X = 3) \approx 0{,}0006 \Rightarrow 500 \cdot 0{,}0006 = 0{,}2\ldots$

Es sind 68 Seiten mit genau einem Fehler, 5 Seiten mit genau zwei Fehlern und quasi keine Seiten mit genau drei Fehlern zu erwarten.

28 $P(X > 40) = B(46; 0{,}85; 41) + \ldots + B(46; 0{,}85; 46)$

$\approx 0{,}1329 + 0{,}0897 + 0{,}0473 + 0{,}0183 + 0{,}0046 + 0{,}0006 = 0{,}2934$

Bei 46 angenommenen Tischreservierungen beträgt das Überbuchungsrisiko fast 30 %.

Durch Ausprobieren verschiedener Verteilungen erhält man z. B.:

$P(X > 40) = B(44; 0{,}85; 41) + \ldots + B(44; 0{,}85; 44) \approx 0{,}0871 = 8{,}71\,\% < 10\,\%$

Bei 44 angenommenen Tischreservierungen bleibt das Risiko kleiner als 10 Prozent.

29 a) „Erfolg": Passagier erscheint, $n = 150$, $p = 0{,}89$; $P(X = 150) = 0{,}89^{150} \approx 2{,}56 \cdot 10^{-8}$

b) „Erfolg": Passagier erscheint, $n = 160$, $p = 0{,}89$; $P(X \geq 151) \approx 0{,}0145$

c) 10 zusätzlich verkaufte Tickets bringen 1000 € ein.

Erwartungswert der Unkosten:

$B(160; 0{,}89; 151) \cdot 300 + B(160; 0{,}89; 152) \cdot 600 + \ldots + B(160; 0{,}89; 160) \cdot 3000 \approx 7{,}35$.

Die Fluggesellschaft hat mittlere Mehreinnahmen von ca. 992,65 €.

Optimale Überbuchung:

Für jeden Wert $u = 1; 2; 3; \ldots$ von Überbuchungen wird berechnet:

$$u \cdot 100 - \sum_{k=1}^{u} (B(150 + u; 0{,}89; 150 + k) \cdot k \cdot 300)$$

Mit diesem Ansatz erhält man durch systematisches Probieren mit dem GTR leicht einen Maximalertrag von 1401,31 € bei einer Überbuchung um 17 Plätze.

Dabei werden allerdings so viele Kunden verärgert, dass es nicht empfehlenswert ist:

„Erfolg": Passagier erscheint, $n = 167$, $p = 0{,}89$; $P(X \geq 151) \approx 0{,}331$

Bei etwa einem Drittel aller Flüge bekämen 1 oder mehr Kunden keinen Platz.

d) Nach b) ist schon $F(160; 0{,}89; 150) \approx 0{,}9855$, also ist es naheliegend $k = 151$ zu prüfen: $F(160; 0{,}89; 151) \approx 0{,}9936 > 0{,}99$

248 **Aufgaben – Vernetzen**

30 Vervollständigte Tabelle:

k	$h(k)$	$\frac{1}{k}$	$\frac{P(X=k)}{P(X=k-1)}$
0	0,316		
1	0,422	1	1,3354
2	0,211	0,5	0,5000
3	0,047	$0,\overline{3}$	0,2227
4	0,004	0,25	0,0851

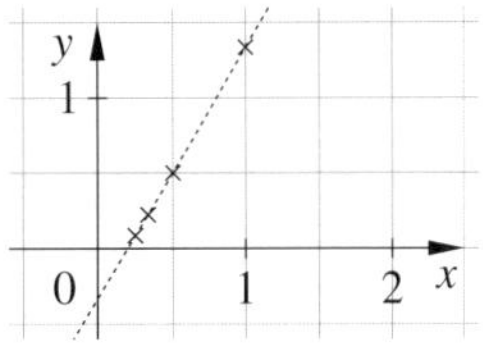

a) Es liegen alle Punkte auf einer Geraden mit der Steigung $m = \frac{5}{3}$ und dem y-Achsenabschnitt $b = -\frac{1}{3}$.

b) Begründung und Bestimmung von p (bzw. n):

Die y-Werte lassen sich mit der Bernoulli-Formel schreiben:

$$\frac{P(X=k)}{P(X=k-1)} = \frac{\binom{n}{k}\cdot p^k\cdot(1-p)^{n-k}}{\binom{n}{k-1}\cdot p^{k-1}\cdot(1-p)^{n-k+1}}$$
$$= \frac{p}{1-p}\cdot\frac{\binom{n}{k}}{\binom{n}{k-1}}$$
$$= \frac{p}{1-p}\cdot\frac{\frac{n!}{k!(n-k)!}}{\frac{n!}{(k-1)!(n-k+1)!}}$$
$$= \frac{p}{1-p}\cdot\frac{n-k+1}{k}$$
$$= \frac{p}{1-p}\cdot\frac{n+1}{k} - \frac{p}{1-p}$$
$$= \frac{p}{1-p}(n+1)\cdot\frac{1}{k} - \frac{p}{1-p}$$
$$y = \frac{p}{1-p}(n+1)\cdot x - \frac{p}{1-p} \text{ (Vergleich mit der Geradengleichung)}$$

Wenn eine Binomialverteilung vorliegt, liegen die Wertepaare $\left(\frac{1}{k}\middle|\frac{P(X=k)}{P(X=k-1)}\right)$ auf einer Geraden. Damit lässt sich p aus dem y-Achsenabschnitt b bestimmen:

$b = -\frac{p}{1-p} \Rightarrow p = -\frac{b}{1-b}$

Aus dem y-Achsenabschnitt b und aus der Steigung m lässt sich n bestimmen:

$\frac{p}{1-p}(n+1) = -b\cdot(n+1) = m \Rightarrow n = -1-\frac{m}{b}$

Für die Messwerte im Beispiel ergibt sich:

$p = -\frac{b}{1-b} = -\frac{-\frac{1}{3}}{1-\left(-\frac{1}{3}\right)} = \frac{1}{4}$ $\qquad n = -1-\frac{m}{b} = -1-\frac{\frac{5}{3}}{-\frac{1}{3}} = 4$

Dieses Verfahren lässt sich auch anwenden, wenn man nicht die komplette Verteilung, sondern nur für einige k die relativen Häufigkeiten hat. Nach der Bestimmung von p ist dann auch ein Rückschluss auf n möglich.

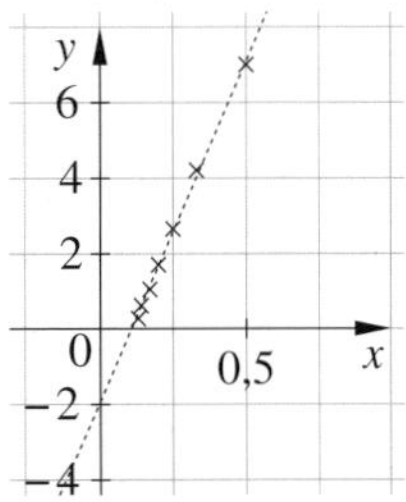

c) Eintragen der Wertepaare in ein Diagramm oder Anwendung der linearen Regression mithilfe des GTR:

Aus $b = -1{,}93$ folgt $p \approx 0{,}66$ bzw. aus $m = 18{,}04$ und $n = 8$ folgt $p \approx 0{,}67$.

Fortsetzung von Aufgabe 30: 248

Beide Resultate liefern gute Werte zur Beschreibung der vorliegenden Verteilung, wenn man berücksichtigt, dass nicht alle Wertepaare in die Rechnung eingehen konnten.

31 a) Man kann z. B. mit $p = 0{,}6$ oder $p = 0{,}7$ beginnen und dann weiter verfeinern. 249

k	0	1	2	3	4	5	6	7	8
relative Häufigkeiten	0	0,002	0,014	0,059	0,157	0,269	0,281	0,172	0,046
	$P(X=k)$								
$p = 0{,}67$	0,0001	0,0023	0,0162	0,0659	0,1673	0,2717	0,2758	0,1600	0,0406
$p = 0{,}68$	0,0001	0,0019	0,0139	0,0591	0,1569	0,2668	0,2835	0,1721	0,0457
$p = 0{,}69$	0,0001	0,0015	0,0118	0,0527	0,1465	0,2609	0,2904	0,1847	0,0514

Bildet man die Summe der Beträge der Abweichungen zur relativen Häufigkeit, so ergibt das für $p = 0{,}67$ ca. 0,05, für $p = 0{,}68$ ca. 0,01 und für $p = 0{,}69$ ca. 0,06.

Die Wahrscheinlichkeit $p = 0{,}68$ könnte also die Häufigkeitsverteilung hervorgebracht haben.

b) Aus Achsenabschnitt: $b = -1{,}93$

folgt $p \approx 0{,}66$;

Aus Steigung bei bekannter Länge der Bernoulli-Kette: $m = 18{,}04$; $n = 8$

folgt $p \approx 0{,}67$

Der Wert für p liegt bei etwa $\frac{2}{3}$.

32 a) Da „jeder mit jedem“ multipliziert wird und die Anzahl der Klammern $k + (n-k) = n$ ist.

b) Die Anzahl der Möglichkeiten aus n Objekten k auszuwählen, ist $\binom{n}{k}$.

c) Nach a) und b) entsteht beim Ausmultiplizieren $\binom{n}{k}$-mal der Summand $a^k \cdot b^{n-k}$.

d) Nach c) ist diese Summe gleich $(p+q)^n = 1$, da $p + q = p + (1-p) = 1$ ist.

33

(1) Zu jedem Randpunkt gibt es genau einen umwegfreien Pfad.

(2) Um umwegfrei zu einem (inneren) Punkt zu kommen, muss man über einen der zwei oberhalb benachbarten Punkte kommen. Wenn zu diesen beiden Punkten n bzw. m Pfade führen, dann führen zu dem darunterliegenden Punkt genau $n + m$ Pfade.

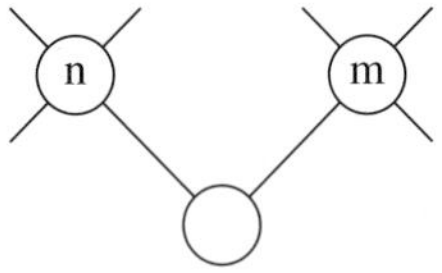

7.3 Eigenschaften der Binomialverteilung

AUFTRAG 1 **Würfel untersuchen**

Zunächst ist von der Annahme bzw. Nullhypothese auszugehen, dass die Kasinowürfel der Norm entsprechen. Die Anzahl Einsen lässt sich dann als binomialverteilte Zufallsgröße X mit den Parametern $n = 60$ und $p = \frac{1}{6}$ beschreiben. Die Zufallsgröße X kann (theoretisch) die Werte $x_0 = 0$ bis $x_{60} = 60$ annehmen. Die Wahrscheinlichkeit für eine Anzahl von genau k Einsen $P(X = k)$ lässt sich mithilfe der Bernoulli-Formel folgendermaßen berechnen:

$$P(X = k) = B(n;p;k) = \binom{n}{k} \cdot p^k \cdot (1-p)^{n-k} = \binom{60}{k} \cdot \left(\frac{1}{6}\right)^k \cdot \left(1 - \frac{1}{6}\right)^{60-k}$$

Der Erwartungswert von X beträgt $E(X) = 60 \cdot \frac{1}{6} = 10$. Es sind also bei 60 Würfen im Schnitt 10 Einsen zu erwarten.

Die Varianz V von X wird berechnet, indem die Differenzen $x_i - E(X)$ für $0 \le i \le 60$ zunächst jeweils quadriert werden. Die quadrierten Werte werden mit den zugehörigen Wahrscheinlichkeiten multipliziert und dann wird die Summe dieser Produkte berechnet:

$$V(X) = (0 - E(X))^2 \cdot P(X = 0) + (1 - E(X))^2 \cdot P(X = 1) + \ldots + (60 - E(X))^2 \cdot P(X = 60)$$
$$= \frac{25}{3}$$

Die Größe $\sigma = \sqrt{V(X)} = \frac{5}{\sqrt{3}} \approx 2{,}89 \approx 3$ heißt Standardabweichung von X.

Die 1σ-Umgebung der Zufallsgröße X ist das Intervall $[E(X) - \sigma_x, E(X) + \sigma_x]$ $\approx [10 - 2{,}89, 10 + 2{,}89] \approx [7, 13]$. Das Versuchsergebnis von 13 Einsen liegt am Rand des Bereichs, der durch die Standardabweichung um den Erwartungswert gebildet wird, also in dem rund 68 % der Werte liegen.
Damit liegt der Würfel „am Rande der Norm“. Allerdings sind 60 Würfe recht wenig, um ein representatives Ergebnis zu erhalten.

AUFTRAG 2 **Chip-Produktion**

- $n \cdot p = 200 \cdot 0{,}2 = 40$
  Es sind 40 fehlerhafte Chips in einer Stichprobe von 200 Chips zu erwarten.
- $B(200; 0{,}2; 40) = 0{,}07 = 7\,\%$
  Es ist nicht sehr wahrscheinlich, dass genau 40 fehlerhafte Chips in einer Stichprobe von 200 Chips gefunden werden. Wenn nicht genau 40 fehlerhafte Chips in der Stichprobe gefunden werden, so deutet das also nicht auf eine Veränderung der Wahrscheinlichkeit für fehlerhafte Chips hin.
- $F(200; 0{,}2; 48) - F(200; 0{,}2; 31) = 0{,}87$
  $F(200; 0{,}2; 47) - F(200; 0{,}2; 32) = 0{,}82$
  Das Intervall [32; 48] ist also das kleinstmögliche Intervall mit dem Mittelpunkt 40, in dem bei einer Stichprobe von 200 Chips die Anzahl der fehlerhaften Chips mit einer Wahrscheinlichkeit von mindestens 85 % liegt.

Fortsetzung von Auftrag 2:

- Wenn die Anzahlen von fehlerhaften Chips so um den Wert 40 streuen, dass sie in dem oben berechneten Intervall liegen, so ist eine Änderung der Fehlerquote nicht sehr wahrscheinlich.

AUFTRAG 3 **Allergien**

- Die Auswahl der 100 Personen kann als Bernoulli-Kette der Länge 100 angesehen werden, denn:
  1) Es werden nur zwei Ergebnisse unterschieden: Es liegt eine Allergie vor oder nicht.
  2) Die Personen werden zufällig ausgewählt.
  3) Da „ohne Zurücklegen“ gezogen wird, verändert sich die Wahrscheinlichkeit zwar, aber wegen der großen Gesamtheit nur so gering, dass dies vernachlässigt werden und die Erfolgswahrscheinlichkeit p als konstant angesehen werden kann.
- $100 \cdot \frac{1}{3} \approx 33$
  Man kann in einer Stichprobe von 100 Personen 33 Allergiker erwarten, wenn der Anteil in der untersuchten Region wirklich genau $\frac{1}{3}$ beträgt.
- Für die Streuung σ gilt:
  $\sigma = 4{,}71 \approx 5$
  1σ-Regel:
  Mit der Wahrscheinlichkeit 68 % liegen die Anzahlen für Allergiker bei einer Stichprobe von 100 im Intervall [28; 38].
  2σ-Regel:
  Mit der Wahrscheinlichkeit 95 % liegen die Anzahlen für Allergiker bei einer Stichprobe von 100 im Intervall [23; 43].

Aufgaben – Trainieren

1 a) $n = 12$
$p = 0,3$ Erwartungswert: 3,6

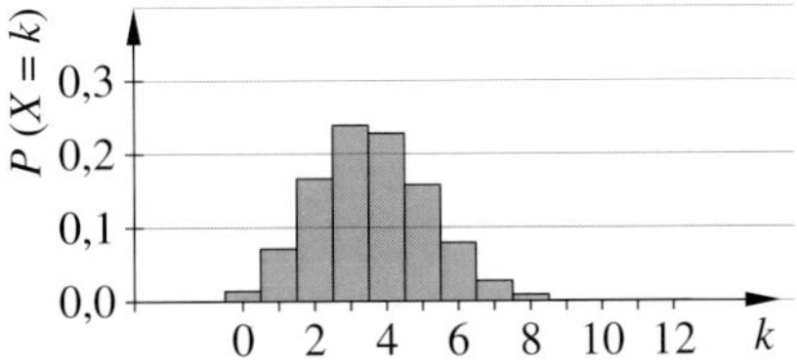

b) $n = 50$
$p = 0,9$ Erwartungswert: 45

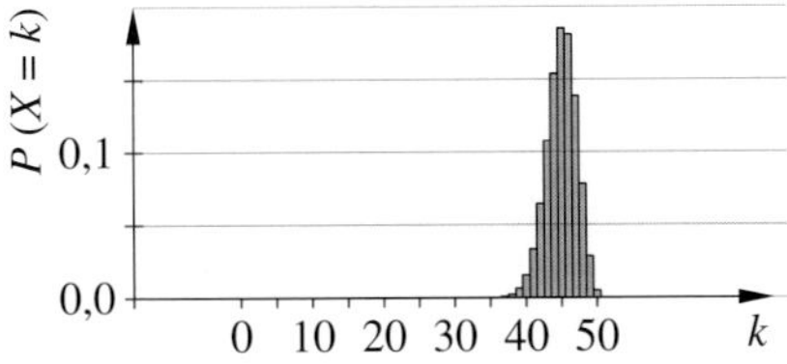

c) $n = 50$
$p = 0,1$ Erwartungswert: 5

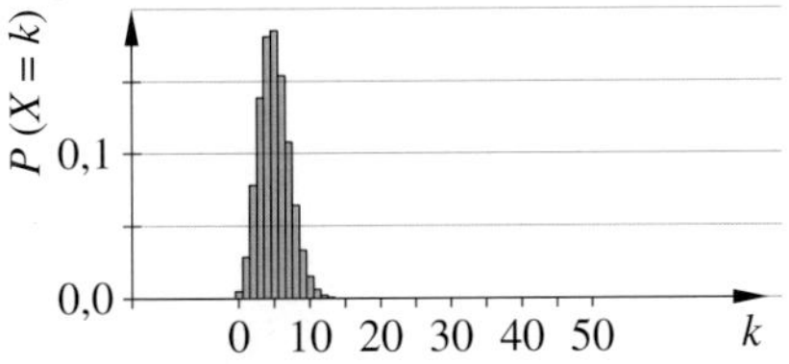

d) $n = 10$
$p = 0,5$ Erwartungswert: 5

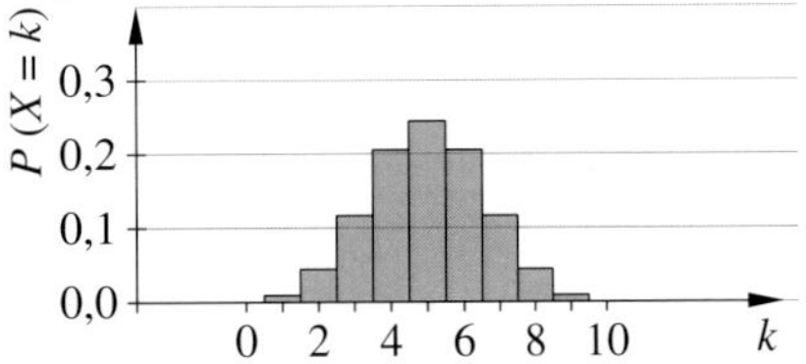

e) $n = 10$
$p = 0,8$ Erwartungswert: 8

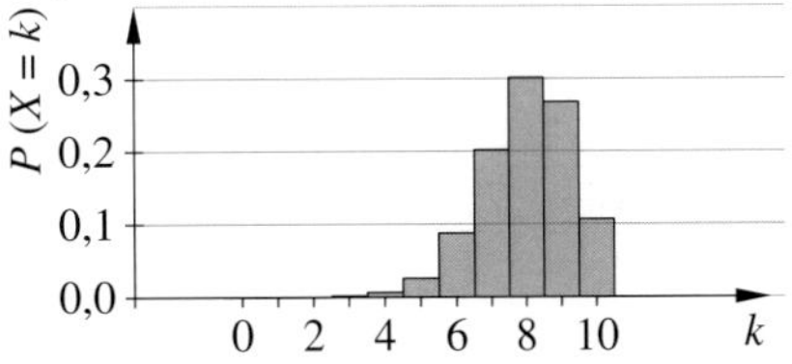

f) $n = 70$
$p = 0,5$ Erwartungswert: 35

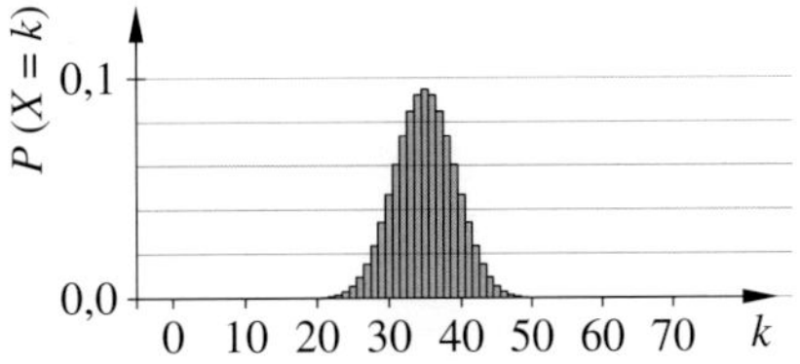

g) Beide Verteilungen sind symmetrisch wegen $p = 0,5$. Wegen des sehr viel höheren n bei Aufgabe f) verläuft die Verteilung deutlich flacher und breiter (bei gleichen Achseneinteilungen); für sehr kleine und sehr große k sind die Wahrscheinlichkeiten nahe 0.

2 Wahrscheinlichkeitsverteilung:

k	0	1	2	3	4	5	6	7	8	9	10
$P(X = k)$	0,0060	0,0403	0,1209	0,2150	0,2508	0,2007	0,1115	0,0425	0,0106	0,0016	0,0001

Erwartungswert: 4

Beispiel:
Im schraffierten Bereich von $k = 1$ bis $k = 6$ liegen über 90% der Erfolge.

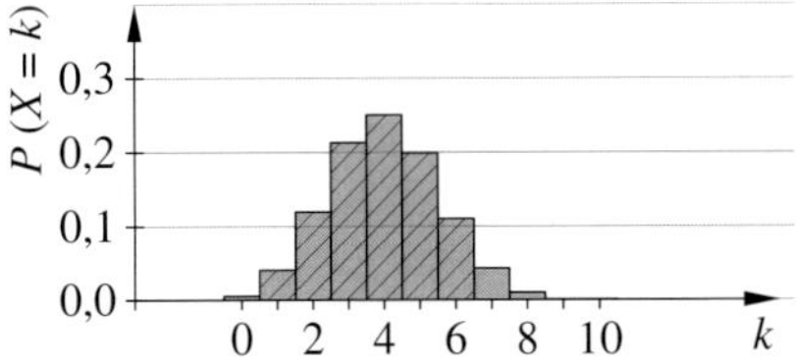

3 $n = 10$ $p = \frac{1}{6}$ $E(X) = \frac{5}{3}$ $\sigma \approx 1,1785$

k	0	1	2	3	4	5	6	7	8	9	10
$P(X = k)$	0,1615	0,3230	0,2907	0,1550	0,0543	0,0130	0,0022	0,0002	0,0000	0,0000	0,0000

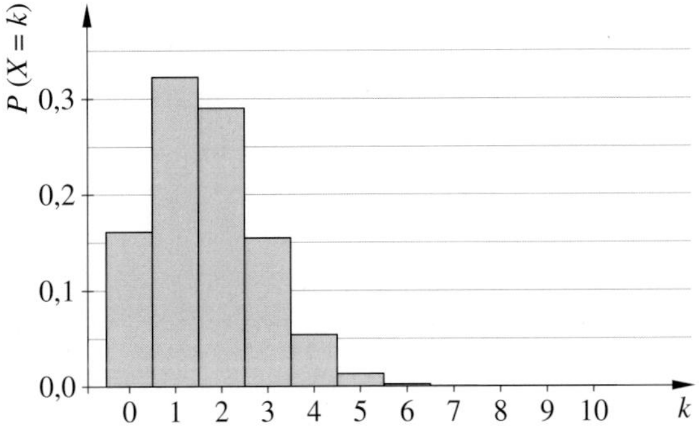

4 $p = \frac{300}{1000} = 0{,}3$

Luise (5 Lose): $E(X) = 1{,}5$

$\sigma \approx 1{,}0247$

k	0	1	2	3	4	5
$P(X=k)$	0,1681	0,3602	0,3087	0,1323	0,0284	0,0024

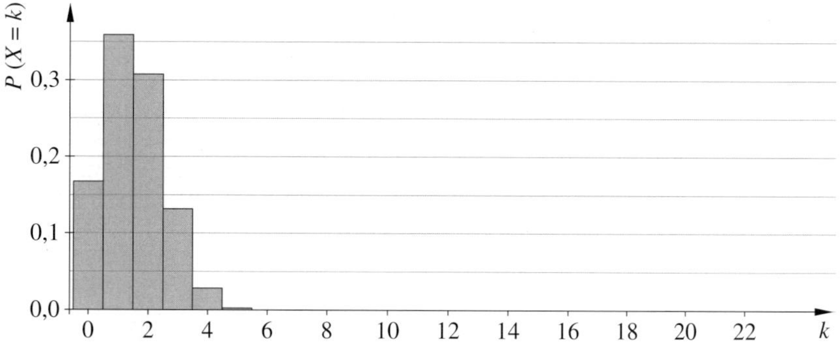

Sven (10 Lose): $E(X) = 3$

$\sigma \approx 1{,}4491$

k	0	1	2	3	4	5	6	7	8
$P(X=k)$	0,0282	0,1211	0,2335	0,2668	0,2001	0,1029	0,0368	0,0090	0,0014

k	9	10
$P(X=k)$	0,0001	0,0000

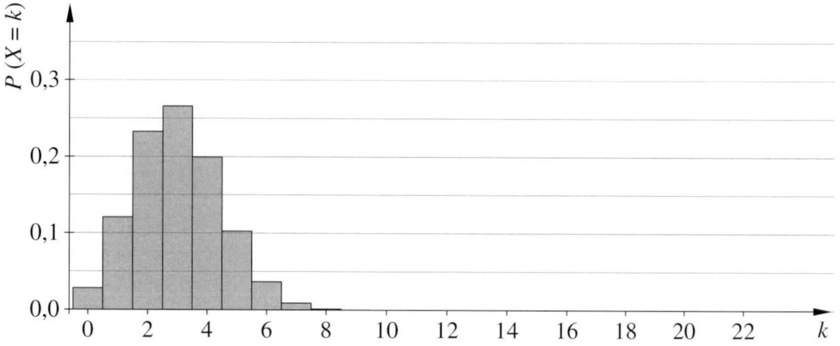

Fortsetzung von Aufgabe 4:

Markus (20 Lose): $E(X) = 6$

$\sigma \approx 2{,}0494$

k	0	1	2	3	4	5	6	7	8
$P(X=k)$	0,0008	0,0068	0,0278	0,0716	0,1304	0,1789	0,1916	0,1643	0,1144

k	9	10	11	12	13	14	15	16	17
$P(X=k)$	0,0654	0,0308	0,0120	0,0039	0,0010	0,0002	0,0000	0,0000	0,0000

k	18	19	20
$P(X=k)$	0,0000	0,0000	0,0000

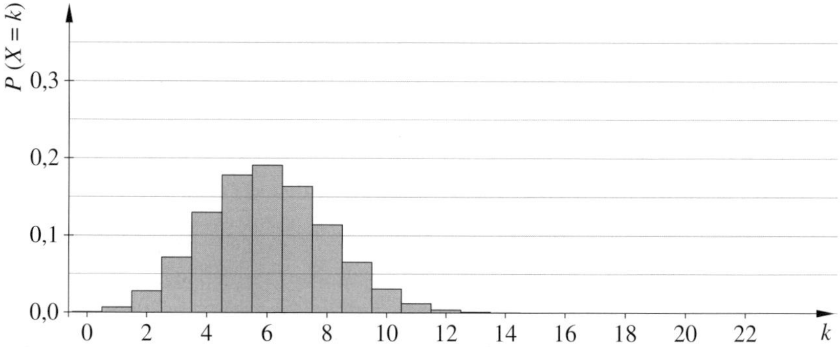

5 a) Beim Münzwurf ist die Erfolgswahrscheinlichkeit für „Wappen" gleich 0,5. Daher gilt nach der Regel für die Schwankungsbereiche (Anzahl der Erfolge im σ-Intervall):
In 68 % der Fälle liegt die Anzahl „Wappen" bei 300 Würfen zwischen den Werten 141 und 159, bei 400 Würfen zwischen den Werten 190 und 210 und bei 500 Würfen zwischen den Werten 239 und 261.
b) In 95 % der Fälle liegt die Anzahl „Wappen" bei 300 Würfen zwischen den Werten 133 und 167, bei 400 Würfen zwischen den Werten 180 und 220 und bei 500 Würfen zwischen den Werten 228 und 272.

6 $E = 100$

$\sigma \approx 9{,}12$

Auf dem Signifikanzniveau von 68 % ist der Würfel als schlecht zu erklären, wenn weniger als 90 Sechsen geworfen werden.
Auf dem Signifikanzniveau von 95,5 % ist der Würfel als schlecht zu erklären, wenn weniger als 80 Sechsen geworfen werden.

7 $E(X) \approx 62{,}67$; $\sigma \approx 7{,}23$. Die 3σ-Umgebung [41; 84] wird mit einer Wahrscheinlichkeit von 99,76 % getroffen. Die Eins wird also sehr wahrscheinlich 41- bis 84-mal vorkommen. Weniger als 41 oder mehr als 84 Einsen sind sehr unwahrscheinlich.

254 **8** Die Wahrscheinlichkeit für einen Fehler 1. Art ist gesucht. Unter der Bedingung $p = 0{,}5$ ist $P(X \ge 15) \approx 2{,}07\%$.

9 Wahrscheinlichkeitsverteilung:

k	0	1	2	3	4	5	6	…
$P(X = k)$	0,0261	0,1043	0,1982	0,2379	0,2022	0,1294	0,0647	

…	7	8	9	10	11	12	…	20
	0,0259	0,0084	0,0022	0,0005	0,0001	0,0000	0,0000	0,0000

Beispiel:
Im Bereich von $k = 2$ bis $k = 6$ liegt die Anzahl der Erfolge (Sechser) mit einer Wahrscheinlichkeit von mindestens 80%.

10 $p = 0{,}1$
$E(X) = 10$
$\sigma = 3$

	1σ	2σ	3σ
Intervallumgebung	[7; 13]	[4; 16]	[1; 19]
Wahrscheinlichkeit für Intervall	75,90%	97,16%	99,80%

$p = 0{,}2$
$E(X) = 20$
$\sigma = 4$

	1σ	2σ	3σ
Intervallumgebung	[16; 24]	[12; 28]	[8; 32]
Wahrscheinlichkeit für Intervall	74,01%	96,74%	99,82%

$p = 0{,}25$
$E(X) = 25$
$\sigma \approx 4{,}33$

	1σ	2σ	3σ
Intervallumgebung	[21; 29]	[16; 34]	[12; 38]
Wahrscheinlichkeit für Intervall	70,16%	97,25%	99,82%

$p = 0{,}3$
$E(X) = 30$
$\sigma \approx 4{,}58$

	1σ	2σ	3σ
Intervallumgebung	[25; 35]	[21; 39]	[16; 44]
Wahrscheinlichkeit für Intervall	77,04%	96,25%	99,85%

$p = 0{,}4$
$E(X) = 40$
$\sigma \approx 4{,}9$

	1σ	2σ	3σ
Intervallumgebung	[35; 45]	[30; 50]	[25; 55]
Wahrscheinlichkeit für Intervall	73,86%	96,85%	99,84%

Vor allem für die 2σ- und 3σ-Umgebungen liefern die σ-Regeln sehr gute Richtwerte.

255 **11** (Zur Orientierung können die σ-Regeln benutzt werden.)
a) $E(X) = 42$ Umgebung: [33; 51] 91,65%
$r = 9$, $\sigma \approx 5{,}50$, $r \approx 1{,}64\sigma$
b) $E(X) = 156{,}4$ Umgebung: [142; 170] 95,97%
$r \approx 13{,}6$, $\sigma \approx 7{,}07$, $r \approx 1{,}92\sigma$
c) $E(X) = 61{,}25$ Umgebung: [52; 70] 86,79%
$r \approx 9{,}25$, $\sigma \approx 6{,}31$, $r \approx 1{,}466\sigma$

12 a) $E(X) = 16{,}67$ kommt nicht als Ergebnis vor, d.h., die Wahrscheinlichkeit ist null. 255
$P(X = 17) \approx 10{,}52\%$
b) $P(13 \le X \le 21) \approx 82{,}21\%$

c) $P(11 \le X \le 22) \approx 89{,}43\%$ bzw. $P(9 \le X \le 24) \approx 96{,}88\%$. (Letzteres ist die 2σ-Umgebung.)

13 2σ-Umgebung: [5,54; 14,46]
$F(20;\, 0{,}5;\, 14) - F(20;\, 0{,}5;\, 5) \approx 95{,}9\%$

NOCH FIT?

I Im ersten Druck war die Gleichung von H falsch angegeben. Sie muss lauten:

$$H: \vec{x} = \begin{pmatrix} 3 \\ 0 \\ -13 \end{pmatrix} + r\begin{pmatrix} 3 \\ 6 \\ 1 \end{pmatrix} + s\begin{pmatrix} 6 \\ 8 \\ 4 \end{pmatrix}$$

a) Das LGS zur Schnittbedingung hat die Lösung $t = -1$ und $k = 1$. Es ist $S(1\,|\,4\,|\,3)$.
$\cos \frac{2+9-3}{\sqrt{14}\cdot\sqrt{83}} \approx 0{,}234 \quad \alpha \approx 76{,}4$
b) Es kann kein k geben, so dass für einen Punkt von g gilt: $y = 0$ und $z = 0$. Somit ist g windschief zur x-Achse: $h: \vec{x} = \begin{pmatrix} 0 \\ 0 \\ 0 \end{pmatrix} + k\begin{pmatrix} 1 \\ 0 \\ 0 \end{pmatrix}$.
c) Man sieht, dass der Normalenvektor von E lautet $\vec{n} = \begin{pmatrix} -8 \\ 3 \\ 6 \end{pmatrix}$. $\vec{n}$ steht senkrecht auf beiden Richtungsvektoren von H:

$$\begin{pmatrix} 3 \\ 6 \\ 1 \end{pmatrix} \cdot \begin{pmatrix} -8 \\ 3 \\ 6 \end{pmatrix} = -24 + 18 + 6 = 0 \qquad \begin{pmatrix} 6 \\ 8 \\ 4 \end{pmatrix} \cdot \begin{pmatrix} -8 \\ 3 \\ 6 \end{pmatrix} = -48 + 24 + 24 = 0$$

deshalb sind die Ebenen parallel.
Wegen $-8 \cdot 3 + 0 + 6 \cdot (-13) \ne 12$ liegt der Stützpunkt von H nicht in E, die Ebenen sind echt parallel.

II a) $E: \vec{x} = \begin{pmatrix} 0 \\ 1 \\ -1 \end{pmatrix} + r\begin{pmatrix} 2 \\ 2 \\ 3 \end{pmatrix} + s\begin{pmatrix} 1 \\ 0 \\ 1 \end{pmatrix}$.
b) $\begin{pmatrix} 2 \\ 1 \\ -2 \end{pmatrix} \cdot \begin{pmatrix} 2 \\ 2 \\ 3 \end{pmatrix} = 4 + 2 - 6 = 0$ und $\begin{pmatrix} 1 \\ 0 \\ 1 \end{pmatrix} \cdot \begin{pmatrix} 2 \\ 2 \\ 3 \end{pmatrix} = 2 - 2 = 0$
Lk: $E: 2x + y - 2z = 3$.
c) gk:

$$\begin{pmatrix} 4 \\ 3 \\ 4 \end{pmatrix} = \begin{pmatrix} 0 \\ 1 \\ -1 \end{pmatrix} + r\begin{pmatrix} 2 \\ 2 \\ 3 \end{pmatrix} + s\begin{pmatrix} 1 \\ 0 \\ 1 \end{pmatrix} \Leftrightarrow r = 1 \wedge s = 2$$

Lk: $2 \cdot 4 + 3 - 2 \cdot 4 = 3$ ist wahr, also D in E.
d) gk: $E': \vec{x} = \begin{pmatrix} 0 \\ 0 \\ 0 \end{pmatrix} + r\begin{pmatrix} 2 \\ 2 \\ 3 \end{pmatrix} + s\begin{pmatrix} 1 \\ 0 \\ 1 \end{pmatrix}$.
(Man sieht leicht, dass E nicht durch den Ursprung verläuft.)
Lk: $E': 2x + y - 2z = 0$.

255 **Fortsetzung von Aufgabe II:**

e) Der Normalenvektor von F steht senkrecht auf der z-Achse. Deshalb ist F parallel zur z-Achse. Da F durch den Ursprung verläuft, enthält F sogar die z-Achse.

f) Die Spurpunkte von E sind $X(\frac{3}{2}|0|0)$, $Y(0|3|0)$, $Z(0|0|-\frac{3}{2})$

Zur Skizze von F benötigt man die Spurgerade in der x-y-Ebene, oder mindestens einen Punkt, z. B. $P(2|4|0)$ auf der Spurgeraden.

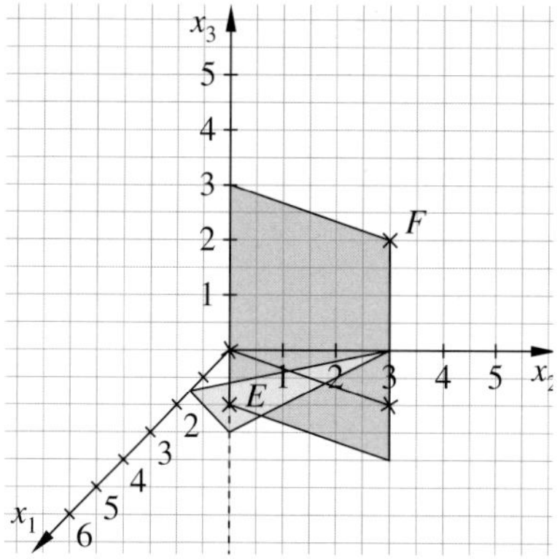

Aufgaben – Anwenden

14 $E = 40 \cdot \frac{2}{5} = 16$

Intervall: $[16 - 1{,}64\,\sigma;\ 16 + 1{,}64\,\sigma] = [10{,}9;\ 21{,}1]$

15 a) $E(X) = 120$

b) $\sigma \approx 5{,}66$

1σ	2σ	3σ
[154; 165]	[149; 171]	[143; 176]
70,81 %	95,85 %	99,75 %

256 **16** $P(X = 12) \approx 0{,}0076 \quad E(X) = 20 \quad \sigma \approx 3{,}46$

[16; 24] ist das gesuchte Intervall, denn es gilt: $P(16 \le X \le 24) \approx 80{,}67\,\%$

17 Hypothese $p = \frac{1}{2}$: „Beide Kaffeesorten sind gleich gut."

Das 2σ-Intervall dieser Hypothese für $n = 125$ ist [51; 74].

a) Wenn 70 Personen eine Sorte besser finden, dann liegt das Ergebnis im 2σ-Intervall der Hypothese $p = \frac{1}{2}$. Man muss sie deshalb akzeptieren.

b) Bis zu 74 Personen hätten eine Sorte besser finden können als die andere, ohne dass die Hypothese $p = \frac{1}{2}$ abgelehnt werden müsste.

18 a) Der Bierbrauer probiert n Gläser Bier in zufällig gewählter Reihenfolge und sagt nach jedem Glas, ob es seine Marke war oder nicht.

b) X: Anzahl Gläser mit richtigen Antworten $\quad p = 0{,}75$

Hypothese: $p \le 0{,}75$ $\quad$ Hypothese verworfen bedeutet $X > a$.

$n = 20$	$n = 50$	$n = 100$	$n = 200$
$1 - F(20;\ 0{,}75,\ a) \le 0{,}05 \Leftrightarrow a \ge 18$	$a \ge 42$	$a \ge 82$	$a \ge 160$

c) Für $n = 10$ ist die Ungleichung nicht lösbar, da schon $1 - F(10;\ 0{,}25;\ 0) > 0{,}05$ ist.

19 Zufallsgröße X_1: Anzahl der fehlerhaften Töpfe, Erfolgswahrscheinlichkeit $p_1 = 0{,}2$; 256

Zufallsgröße X_2: Anzahl der fehlerfreien Töpfe, Erfolgswahrscheinlichkeit $p_2 = 0{,}8$;

a) Mit $n = 38$ und $p_1 = 0{,}2$ ist der Erwartungswert $\mu = n \cdot p_1 = 38 \cdot 0{,}2 = 7{,}6$.

$P(X_1 = 7) = \binom{38}{7} \cdot 0{,}2^7 \cdot 0{,}8^{31} \approx 0{,}160,$

$P(X_1 = 8) = \binom{38}{8} \cdot 0{,}2^8 \cdot 0{,}8^{30} \approx 0{,}155,$

das Maximum der Verteilung liegt also bei $k_{max} = 7$.

Die Wahrscheinlichkeit für das Eintreten dieses Ereignisses liegt bei $P(X_1 = 7) \approx 0{,}160$.

b) Mit dem GTR erhält man:

(1) $P(X_2 = 33) \approx 0{,}102$

(2) $P(X_2 \ge 32) \approx 0{,}340$

(3) $P(28 \le X_2 \le 33) \approx 0{,}780$

c) Mit dem GTR erhält man:

k	0	1	2	3	4	5	6	7
$P(X = k)$	0,209715	0,367002	0,275251	0,114688	0,028672	0,004301	0,000358	0,000013

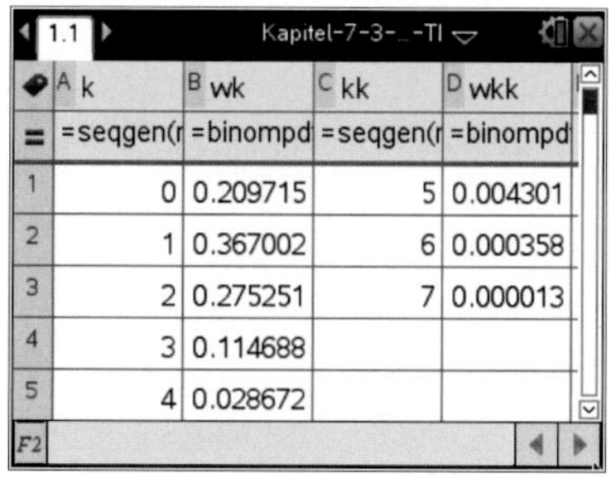

	A k	B wk	C kk	D wkk
=	=seqgen(	=binompd	=seqgen(	=binompd
1	0	0.209715	5	0.004301
2	1	0.367002	6	0.000358
3	2	0.275251	7	0.000013
4	3	0.114688		
5	4	0.028672		

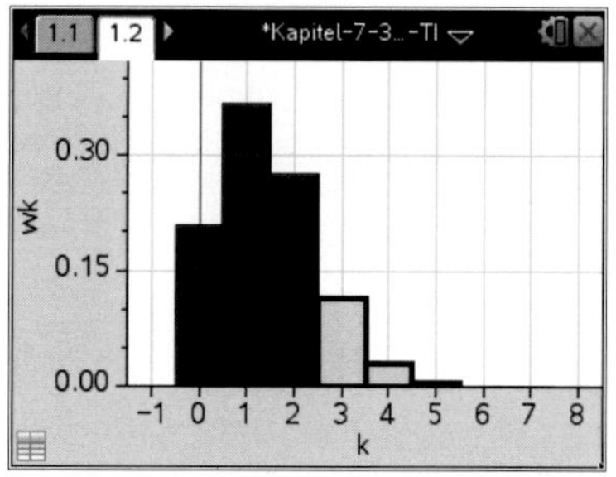

d) Mit dem GTR erhält man:

$F(7;\ 0{,}2;\ 1) \approx 0{,}577$ und $F(7;\ 0{,}2;\ 2) \approx 0{,}852$,

In mindestens 82 % der Fälle werden also bei einer solchen Miniproduktion 0, 1 oder 2 fehlerhafte Töpfe vorhanden sein. (Vgl. auch Histogramm zu c).)

e) Zu untersuchen ist, ob für $n = 66$ und $p_1 = 0{,}2$ das Stichprobenergebnis $X_1 = 18$ noch in der Umgebung des Erwartungswertes $\mu = n \cdot p_1 = 66 \cdot 0{,}2 = 13{,}2$ liegt, die eine Wahrscheinlichkeit von 95,5 % hat.

Der GTR liefert für den Radius dieser Umgebung $r = 6{,}2$, die gesuchte Umgebung von μ ist also [7; 0; 19,4]. Das Stichprobenergebnis liegt in dieser Umgebung, es liegt also keine signikante Abweichung vor.

f) Gesucht ist das n mit $P(X_2 \ge 120) \ge 0{,}997$. Eine entsprechende GTR-Tabelle liefert:

Für $n = 167$: $P(X_2 \ge 120) \approx 0{,}9957$ und

für $n = 168$: $P(X_2 \ge 120) \approx 0{,}9971$.

Es müssen also 168 Töpfe hergestellt und gebrannt werden, um das Angebot bei einer Sicherheitswahrscheinlichkeit von 99,7 % sicherzustellen.

257 **20** Die Hypothese $p = 0{,}5$ heißt: „Beide Glücksräder besitzen die gleiche Gewinnwahrscheinlichkeit.“ Für 76 gleiche Ergebnisse ist die Hypothese gültig. Es bleiben noch $n = 74$ unterschiedliche Ergebnisse.
95%-Intervall für $n = 74$: $[37 - \sqrt{74};\ 37 + \sqrt{74}] \approx [28;\ 46]$
Die Erfolgsquoten 35 bzw. 39 gehören dem 2σ-Intervall [28; 74] für $n = 74$ an. Es wird somit auch hier die Hypothese akzeptiert. Aus dem Testergebnis kann also nicht auf die Ungleichwertigkeit der beiden Glücksräder geschlossen werden.

21 Hypothese $p = \frac{1}{2}$: „Herr Weise rät nur.“ ⇒ 2σ-Intervall für $n = 20$: [6; 14]
a) Auch für mehr als 10 Treffer wird die Hypothese angenommen.
b) Bei bis zu 14 richtigen Antworten (4 mehr als die Hälfte) kann er immer noch nicht als Experte eingestuft werden.

22 a) X: Anzahl der Schwarzfahrer unter den 43 kontrollierten Fahrgästen
X ist binomialverteilt mit $F(n;\ p;\ k) = F(43;\ 0{,}03;\ a)$.
Wahrscheinlichkeit, dass genau zwei Schwarzfahrer ertappt werden:
$F(43;\ 0{,}03;\ 2) \approx 0{,}233 \approx 23\,\%$
Wahrscheinlichkeit, dass mindestens ein Schwarzfahrer ertappt wird:
$p(X \geq 1) = 1 - p(X = 0) \approx 1 - 0{,}9743 \approx 73\,\%$
b) Wahrscheinlichkeit, dass der erste ermittelte Schwarzfahrer in der Linie S1 sitzt:
$F(25;\ 0{,}03;\ 0) \cdot (1 - F(18;\ 0{,}03;\ 0) \approx 0{,}197 \approx 20\,\%$
c) Erwartungswert:
$E = n \cdot p = 43 \cdot 0{,}03 = 1{,}29$
Die Kontrolleure können mit ungefähr einem Schwarzfahrer rechnen.
d) Hier gilt $1 - p(X = 0) \approx 0{,}9$.
Einsetzen der Werte ergibt:
$1 - 0{,}97^n \geq 0{,}9$
$0{,}97^n \leq 0{,}1$
$n \cdot lg\, 0{,}97 \leq \lg 0{,}1$
$n \geq \frac{\lg(0{,}1)}{\lg(0{,}97)}$
$n \geq 75{,}595\ldots$
Um mit 90%iger Sicherheit einen Schwarzfahrer zu ertappen, müssen mindestens 76 Fahrgäste kontrolliert werden.
e) Getestet werden könnte die Nullhypothese: „Der Anteil der Schwarzfahrer liegt unverändert bei 3% oder weniger.“
Bei einem Anteil der Schwarzfahrer von 3% nehmen für die Kontrolle von 10 000 Fahrgästen der Erwartungswert und die Standardabweichung folgende Werte an:
$E = n \cdot p = 10000 \cdot 0{,}03 = 300$
$\sigma = \sqrt{n \cdot p \cdot q}) = \sqrt{10000 \cdot 0{,}03 \cdot 0{,}97} \approx 17$
Bei der Kontrolle wäre bei einem unveränderten Anteil an Schwarzfahrern mit einer Wahrscheinlichkeit von mehr als 98% die Anzahl der Schwarzfahrer kleiner als 335.

Fortsetzung von Aufgabe 22: 257
Liegt die erhobene Zahl der Schwarzfahrer über 334, so könnte man die Hypothese, dass auch nach der Fahrpreiserhöhung die Quote der Schwarzfahrer weniger oder gleich 3% beträgt, auf dem 2%-Niveau signifikant verwerfen.
f) Es geht um die Frage der stochastischen Unabhängigkeit des Schwarzfahrens der einzelnen Personen. Diese ist z. B. dann nicht gegeben, wenn Gruppen fahren.

23 Wahrscheinlichkeit für ein fehlerhaftes Gerät:
$p = 0{,}05$
X: „Anzahl der defekten MP3-Player in der ersten Stichprobe mit $n = 25$“
Y: „Anzahl der defekten MP3-Player in der zweiten Stichprobe mit $n = 50$“

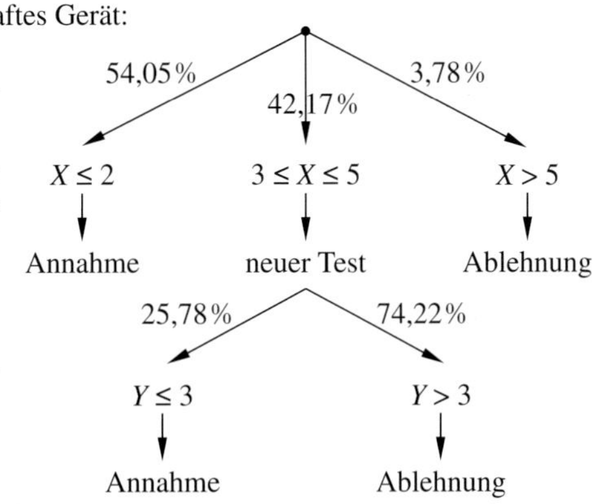

$54{,}05\,\% + 42{,}17\,\% \cdot 25{,}78\,\% \approx 64{,}92\,\%$

Die Wahrscheinlichkeit einer Annahme liegt bei ca. 65 Prozent.

24 Wahrscheinlichkeit für einen ungerechtfertigten Preisnachlass: $n = 50$, $p = 0{,}2$ 258
$P(X \geq 14) = 11{,}1\,\%$
Wahrscheinlichkeit für einen ungerechtfertigten Preisaufschlag: $P(X \leq 6) = 10{,}3\,\%$

25 a) 56,92%
b) $E(X) = 35$; $P(32 \leq X \leq 38) \approx 72{,}04\,\%$
c) $P(X > 2) \approx 36{,}72\,\%$
d) $0{,}7 \cdot 0{,}03 + 0{,}3 \cdot 0{,}06 = 0{,}039 = 3{,}9\,\%$
e) A: Lampe stammt von Hersteller A.
D: Lampe defekt
$P_D(A) = \frac{P(A \cap D)}{P(D)} = \frac{0{,}7 \cdot 0{,}03}{0{,}039} \approx 0{,}5385 = 53{,}85\,\%$

26 a) Die Erfolgswahrscheinlichkeit bleibt auf allen Stufen gleich, weil der Umfang der Stichprobe verschwindend klein ist gegenüber der Anzahl der Körner in der Lieferung/im Bottich.

258 **Fortsetzung von Aufgabe 26:**

b)

SUB	List 1 K	List 2	List 3	List 4
3	2	3E-3		
4	3	0.0123		
5	4	0.0349		
6	5	0.0746		
7	6	0.1244		
8	7	0.1658		
9	8	0.1797		
10	9	0.1597		

SUB	List 1 K	List 2	List 3	List 4
11	10	0.1171		
12	11	0.0709		
13	12	0.0354		
14	13	0.0145		
15	14	4.8E-3		
16	15	1.2E-3		
17	16	2.6E-4		
18	17	4.2E-5		

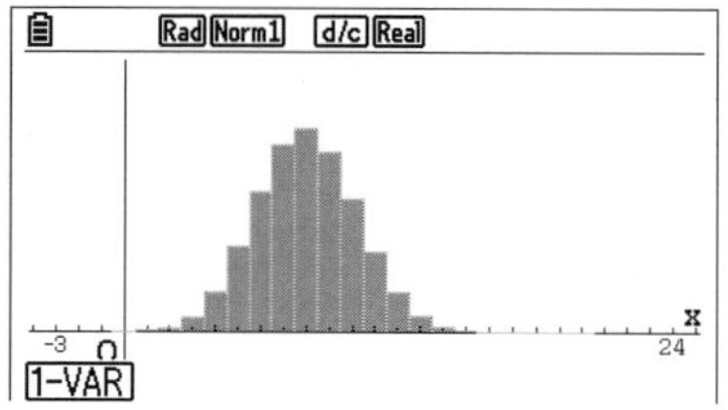

c) $\mu = 1289 \cdot 0{,}4 = 515{,}6$

Das Ergebnis der Stichprobe liegt oberhalb von μ.

d) $P(X \leq k) \geq 0{,}975$

Mit GTR (InvBin) $k = 550$

oder $5515{,}6 + 1{,}96 \cdot \sqrt{(515{,}6 \cdot 0{,}6)} = 550{,}1$

Ab 551 roten Körnern wird die Firmenleitung bereit sein, in die Anlage zu investieren, und dabei in 2,5 % der Fälle eine überflüssige Investition tätigen.

e) $\mu = 1289 \cdot 0{,}42 = 541{,}4$; $\sigma = 17{,}7$

$\mu - 1{,}96 \cdot \sigma = 506{,}7$

Der GTR liefert $P(X \leq k) \geq 0{,}025$ für $k = 506$. Erst bei weniger als 507 roten Körnern in der Stichprobe wäre Abteilung B sich zu 97,5 % sicher, dass nicht $p \geq 0{,}42$ gilt.

f) Für $n = 9900$ erhält man $9900 \cdot 0{,}4 + 1{,}96 \cdot \sqrt{9900 \cdot 0{,}4 \cdot 0{,}6} = 4055$; $9900 \cdot 0{,}42 - 1{,}96 \cdot \sqrt{9900 \cdot 0{,}42 \cdot 0{,}58} = 4061{,}7$; Die Bereiche, in denen die Firmenleitung nicht agieren möchte, Abteilung B aber ein Problem sieht, überschneiden sich nun nicht. Es gibt nun aber einen kleinen Bereich (4056…4061), in welchem die Firmenleitung investieren würde, obwohl Abt. B nicht reklamieren würde.

259 **27** **a)** Bernoulli, Erfolg = „W“, $p = 0{,}066$ $n = 24$

Mit GTR: $P(X = 0) = 0{,}194$ $P(X = 3) = 0{,}139$ $P(X = 5) = 0{,}015$

b) $n = 250$ $P(10 \leq X \leq 20) = 0{,}816$

c) $n = 200\,000$ $P(X \leq k) \geq 0{,}95$

Mit GTR (Casio: InvBinomial) erhält man $k = 13383$

Also sind 13 383 Plätze für den Buchstaben „W“ zu reservieren.

259 **Fortsetzung von Aufgabe 27:**

d) Liegt der Wert außerhalb der 2σ-Umgebung?

$\sigma = 8{,}60$ $\mu = 79{,}2$

79,2+2*8,6=96,4

Die Abweichung ist nicht signifikant.

Aufgaben – Vernetzen

28 **a)** $\sigma(X) = 2{,}12$

$\sigma(Y) = 4{,}26 \cdot 2 \cdot \sigma(X)$. Wenn der Stichprobenumfang um den Faktor 4 wächst, nimmt die Standardabweichung um den Faktor 2 zu. Die Streuung wird mit wachsendem n größer.

b)

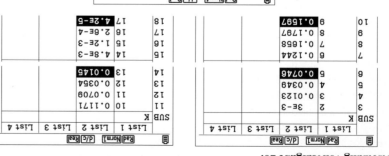

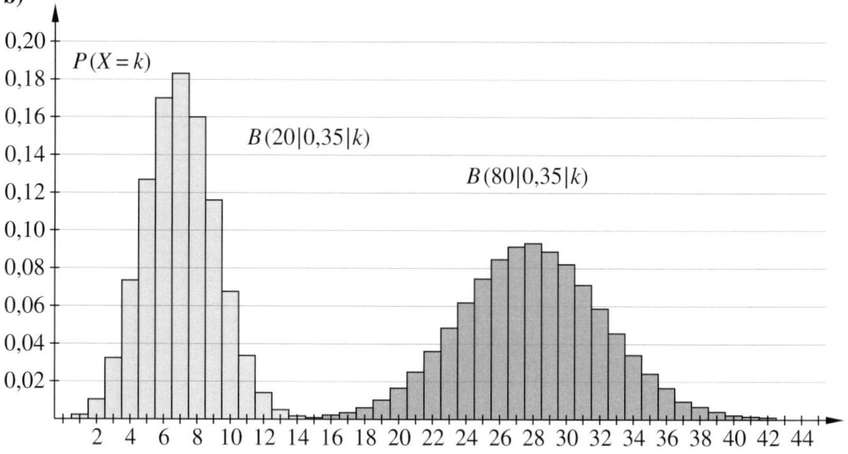

Der Stichprobenumfang muss mit betrachtet werden: $\frac{\sigma(X)}{20} = 2 \cdot \frac{\sigma(Y)}{80}$.

Relativ zum Stichprobenumfang streut Y nur halb so viel wie X.

29 68 %-Intervall: $\frac{\frac{1}{2} \cdot n \pm \frac{1}{2} \cdot \sqrt{n}}{n} = \frac{1}{2} \pm \frac{1}{2} \cdot \frac{\sqrt{n}}{n} = \frac{1}{2} \pm \frac{1}{2} \cdot \frac{1}{\sqrt{n}} = \frac{1}{2} \pm \frac{1}{2 \cdot \sqrt{n}}$

95 %-Intervall: $\frac{\frac{1}{2} \cdot n \pm \sqrt{n}}{n} = \frac{1}{2} \pm \frac{\sqrt{n}}{n} = \frac{1}{2} \pm \frac{1}{\sqrt{n}}$

30 **a)** Der 75 %-Trichter ist die anschauliche Darstellung des Schwankungsbereichs, in dem für verschiedene Kettenlängen die Erfolge mit der Wahrscheinlichkeit 75 % liegen.

b) Der 75 %-Trichter ist im 95 %-Trichter enthalten; er ist schmaler als der 95 %-Trichter.

c) Die Länge der gelben Linie gibt die 95 %-Intervalllänge für die relativen Häufigkeiten bei einer Kettenlänge von 100 an. Diese Intervalllänge ist hier gleich 0,2. Die Abweichung vom Mittelwert 0,5 beträgt also 10 %. An der Position 25 (ein Viertel der Kettenlänge 100) ist die Intervalllänge gleich 0,4 (Doppeltes der Intervalllänge für die Kettenlänge 100), an der Position 400 (Vierfaches der Kettenlänge 100) ist die Intervalllänge gleich 0,1 (Hälfte der Intervalllänge für die Kettenlänge 100).

264 # 8. Beurteilende Statistik

8.1 Alternativtests

AUFTRAG 1 **Würfel untersuchen und testen**

k	$P_{H_0}(X = k)$	$P_{H_1}(X = k)$
11	0,1245	0,0616
12	0,1017	0,0839
13	0,0751	0,1033
14	0,0504	0,1156

X: Anzahl gewürfelter Einsen
$n = 60$
Hypothese: Korrekter Würfel mit $p_0 = \frac{1}{6}$.
Alternative: Gezinkter Würfel mit $p_1 = 0{,}25$.
Annahmebereich für p_0: [0; 12]
Wahrscheinlichkeit für Fehler 1. Art: $P_{H_0}(X > 12) = 0{,}1903$
Wahrscheinlichkeit für Fehler 2. Art: $P_{H_1}(X \leq 12) = 0{,}2316$
Die Risiken können durch Erhöhung des Stichprobenumfangs verringert werden.

AUFTRAG 2 **Eine Frage (nach) der Qualität**

Dieser Auftrag wird im Schülerbuch auf Seite 265 f. bearbeitet.

AUFTRAG 3 **Verbesserter Wirkstoff**

Für die Anzahl X geheilter Patienten gilt: $n = 150$
Hypothese: Heilwirkung mit $p_0 = 0{,}8$ (Das neue Medikament wirkt besser.)
Alternative: Heilwirkung mit $p_1 = 0{,}6$
Entscheidungsregel: Annahmebereich für p_0: [107; 150]
(Bei vier Nachkommastellen ergibt sich für 106 jeweils 0,0018 als Wahrscheinlichkeit. Berücksichtigt man mehr Kommastellen z. B. sieben, ergibt sich mit $p = 0{,}8$ eine Wahrscheinlichkeit von 0,001 761 4 und für $p = 0{,}6$ eine Wahrscheinlichkeit von 0,001 768 8.)
Wahrscheinlichkeit für Fehler 1. Art: 0,0041
Wahrscheinlichkeit für Fehler 2. Art: 0,0026

267 **Aufgaben – Trainieren**

1 Hypothese H_0: Die Datei ist virenverseucht.
Alternative H_1: Die Datei ist nicht virenverseucht.
Fehler 1. Art: Ein Virus wird nicht erkannt.
Fehler 2. Art: Eine ungefährliche Datei wird fälschlicherweise als virenverseucht identifiziert.
(Oder umgekehrt, wenn die Hypothesen umgekehrt formuliert wurden.)

2 Richtige Aufgabenstellung für den ersten Druck: Bestimmen Sie zu den gegebenen Wahrscheinlichkeiten und dem Stichprobenumfang jeweils die Entscheidungsregel. 267
Annahmebereich für H_0:
a) [0; 5] **b)** [0; 12] **c)** [13; 20] **d)** [16; 25] **e)** [0; 6] **f)** [0; 14]

		Annahmebereich für H_0	Fehler 1. Art	Fehler 2. Art
3	**a)**	[0; 2]	0,0702	0,0547
	b)	[0; 4]	0,0016	0,0064
	c)	[0; 3]	0,3504	0,1719
	d)	[5; 10]	0,0064	0,0016

4	**a)**	[0; 5]	0,0113	0,0207
	b)	[0; 8]	0,0060	0,0010
	c)	[0; 7]	0,2277	0,1316
	d)	[9; 20]	0,0001	0,0001

5	**a)**	[0; 4]	0,0726	0,1938
	b)	[0; 8]	0,1133	0,2517
	c)	[8; 12]	0,0726	0,1938
	d)	[0; 7]	0,0321	0,1316

6 a)

	Annahmebereich für H_0	Fehler 1. Art	Fehler 2. Art
	[0; 5]	$0{,}0194 \leq 5\,\%$	0,3872
a)	[0; 6]	$0{,}0039 \leq 1\,\%$	0,6128
	[0; 6]	$0{,}0039 \leq 0{,}5\,\%$	0,6128
	[0; 9]	$0{,}0480 \leq 5\,\%$	0,4119
b)	[0; 11]	$0{,}0051 \leq 1\,\%$	0,7483
	[0; 12]	$0{,}0013 \leq 0{,}5\,\%$	0,8684
	[7; 12]	$0{,}0194 \leq 5\,\%$	0,3872
c)	[5; 12]	$0{,}0039 \leq 1\,\%$	0,6128
	[5; 12]	$0{,}0039 \leq 0{,}5\,\%$	0,6128
	[0; 7]	$0{,}0321 \leq 5\,\%$	0,1316
d)	[0; 8]	$0{,}0010 \leq 1\,\%$	0,2517
	[0; 9]	$0{,}0026 \leq 0{,}5\,\%$	0,4119

b)

Annahmebereich für H_0	Fehler 1. Art	Fehler 2. Art
[0; 2]	0,4417	$0{,}0193 \leq 5\,\%$
[0; 1]	0,7251	$0{,}0032 \leq 1\,\%$
[0; 1]	0,7251	$0{,}0032 \leq 0{,}5\,\%$
[0; 5]	0,5836	$0{,}0207 \leq 5\,\%$
[0; 4]	0,7625	$0{,}0059 \leq 1\,\%$
[0; 3]	0,8929	$0{,}0013 \leq 0{,}5\,\%$
[10; 12]	0,4417	$0{,}0193 \leq 5\,\%$
[11; 12]	0,7251	$0{,}0032 \leq 1\,\%$
[11; 12]	0,7251	$0{,}0032 \leq 0{,}5\,\%$
[0; 5]	0,1958	$0{,}0207 \leq 5\,\%$
[0; 4]	0,3704	$0{,}0059 \leq 1\,\%$
[0; 3]	0,5886	$0{,}0013 \leq 0{,}5\,\%$

7 Individuelle Lösungen.
Durch eine hinreichende Erhöhung des Stichprobenumfangs ist es möglich, beide Fehler gleichzeitig unter die geforderte Größenordnung von 5 % (bzw. 1 % oder 0,5 %) zu senken.

267

NOCH FIT?

I a) Die fehlenden Punkte haben die Koordinaten $E(6|-1|2)$ und $F(7|-3|0)$.

b) Es gilt $\overrightarrow{AC} \cdot \overrightarrow{BC} = 2 \cdot 1 + 2 \cdot (-2) + (-1) \cdot (-2) = 0$. $\Rightarrow$ Dreieck ABC ist rechtwinklig bei C.

Die Höhe h des Prismas ist der Abstand von E_{ABC} und D.

$V_{\text{Prisma}} = A_{ABC} \cdot h = \frac{3 \cdot 3}{2} \cdot 6 = 27$

c) Das Volumen der Pyramide ABF beträgt ein Drittel des Prismavolumens, also 9 VE. Für das Volumen des Restkörpers bleiben damit 18 VE. Die Volumina der Teilkörper verhalten sich wie 1 : 2.

d) Schnitt auf halber Höhe des Prismas:

Schnittebene parallel zu E_{ABC} durch den Mittelpunkt von $\overline{AD}$: $2x_1 - x_2 + 2x_3 = 8$

Weitere Möglichkeit:

Das Dreieck ABC ist gleichschenklig-rechtwinklig. Eine Schnittebene durch den Mittelpunkt von $\overline{AB}$ senkrecht zu $\overline{AB}$ halbiert die Grundfläche, also auch das Volumen:

$x_1 + 4x_2 + x_3 + 5 = 0$

268

Aufgaben – Anwenden

8 a) H_0: Der Würfel ist manipuliert. $p_0 = 0{,}5$

H_1: Der Würfel ist ideal. $p_1 = \frac{1}{6}$

b) $n = 20$

Annahmebereich für H_0: [7; 20]

c) und **d)**:

Fehler 1. Art: 0,0577 Wahrscheinlichkeit, dass der manipulierte Würfel als ideal angesehen wird.

Fehler 2. Art: 0,0371 Wahrscheinlichkeit, dass ein idealer Würfel fälschlicherweise als manipuliert angesehen wird.

9 H_0: Der Würfel ist manipuliert. $p_0 = 0{,}3$

H_1: Der Würfel ist ideal. $p_1 = \frac{1}{6}$

Der Stichprobenumfang kann frei gewählt werden, z. B. $n = 100$.

Annahmebereich für H_0: [23; 100]

Fehler 1. Art: $P_{H_0}(X < 23) = 0{,}0479$

Fehler 2. Art: $P_{H_1}(X > 22) = 0{,}0631$

10 a) Für den Produzenten besteht das Risiko, dass er fehlerfreie Ware aussortiert bzw. sie (quasi als „B-Ware“) zu einem zu geringen Preis verkauft.

b) Für den Verbraucher besteht das Risiko, minderwertige Ware zu erhalten (und dafür den vollen Preis zu zahlen).

268

11 H_0: Der Angeklagte ist schuldig.

H_1: Der Angeklagte ist unschuldig.

a) Fehler 1. Art: Der Angeklagte wird freigesprochen, obwohl er schuldig ist.

Fehler 2. Art: Der Angeklagte wird unschuldig verurteilt.

b) Nein, es sei denn, er hat sein Geständnis abgelegt, um z. B. eine andere Person zu schützen.

12 Der Fehler 2. Art soll kleiner sein als 2 %. Der Annahmebereich muss vergrößert werden. $P_{H_0}(X < 6) = 0{,}0207$ (noch zu groß)

$P_{H_0}(X < 5) = 0{,}0059 < 2\,\%$

Neuer Annahmebereich für die Nullhypothese: [5; 20]

13 Nullhypothese: $p_0 = 0{,}05$

Alternative: $p_1 = 0{,}15$

Stichprobenumfang: $n = 20$

Entscheidungsregel: Annahmebereich für H_0: [0; 1]

Fehler 1. Art: $P_{H_0}(X > 1) = 0{,}2642$

Fehler 2. Art: $P_{H_1}(X \leq 1) = 0{,}1756$

14 181 Lose sollten entnommen werden:

n	Annahmebereich für H_0	Fehler 1. Art	Fehler 2. Art
100	[0; 9]	0,0282	0,0551
200	[0;18]	0,0058	0,0082
180	[0; 16]	0,0092	0,0105
181	[0; 16]	0,0097	0,0097

GTR/TK: Lösung durch sukzessive Eingrenzung. Es genügt die Abschätzung mit $n = 200$. Das genaue Ergebnis $n = 181$ muss nicht unbedingt bestimmt werden.

268 **Aufgaben – Vernetzen**

15 Hypothese H_0: Würfel gefälscht. $p_0 = 0{,}1$

Alternative H_1: Würfel ist echt. $p_1 = \frac{1}{6}$

n	Annahmebereich für H_0	Fehler 1. Art	Fehler 2. Art
100	[0; 13]	0,1239	0,2000
200	[0; 26]	0,0672	0,0945
500	[0; 65]	0,0127	0,0141
600	[0; 78]	0,0075	0,0078
550	[0; 72]	0,0082	0,0123
560	[0; 73]	0,0086	0,0105
570	[0; 74]	0,0091	0,009
565	[0; 73]	0,0105	0,0083
566	[0; 74]	0,0077	0,0109
567	[0; 74]	0,0084	0,0104
568	[0; 74]	0,0084	0,0099

Es müssen also mindestens 568 Testwürfe sein.

269 **16** Nullhypothese:

Es handelt sich um die bestellte Ware, die mit dem neuen Produktionsverfahren hergestellt wurde. ($p_0 = 0{,}1$)

Alternative:

Es sind Lampen, die nach dem alten Verfahren hergestellt wurden. ($p_1 = 0{,}2$)

a) Annahmebereich [0; 8]

Fehler 1. Art: 5,79 % < 10 %

Bei mehr als acht fehlerhaften Lampen muss die Lieferung abgelehnt werden.

b) Fehler 2. Art: 30,72 %

Der Annahmebereich muss verkleinert werden, um den Fehler 2. Art zu vermindern, z. B. auf [0; 7]. Dann beträgt der Fehler 2. Art ca. 19,04 %. Der Fehler 1. Art steigt dann allerdings (hier auf 12,21 %).

c) Für $n = 100$ liegt der Annahmebereich bei [0; 14].

Fehler 1. Art: 7,26 % < 10 %

Fehler 2. Art: 8,04 %

d) Der Fehler 1. Art soll kleiner sein als 5 %.

⇒ Annahmebereich: [9; 15]

Fehler 1. Art: 3,99 % < 5 %

Fehler 2. Art: 12,85 %

Die 15 defekten Lampen wären im Annahmebereich, d. h., er würde die Lieferung akzeptieren.

17 a) X: Anzahl der Geräte mit Pixelfehlern 269

Hypothese: „Premiummarke“:

$p_0 = 0{,}1$

Alternative: „No-Name“:

$p_1 = 0{,}3$

a) Kritischer Wert: $k = 3$

⇒ Annahmebereich: [0; 3]

Fehler 1. Art: 13,33 %

Fehler 2. Art: 10,71 %

b) Der Fehler 2. Art soll die Hälfte des Fehlers 1. Art betragen. Dazu wird der Annahmebereich der Hypothese verkleinert:

Kritischer Wert: $k = 2$ ⇒ Annahmebereich: [0; 2]

Fehler 1. Art: 32,31 %

Fehler 2. Art: 3,55 %

Dies liegt deutlich unter der Hälfte des Fehlers 1. Art.

c) Der Fehler 2. Art soll möglichst gering sein, z. B. kleiner oder gleich 1 %.

Kritischer Wert: $k = 1$ ⇒ Annahmebereich: [0; 1]

Fehler 1. Art: 60,83 %

Fehler 2. Art: 0,76 % < 1 %

18 Nullhypothese: Es befinden sich 600 gelbe Bonbons in der Packung.

$p_0 = 0{,}6$

Alternative: Es befinden sich 600 rote, also 400 gelbe Bonbons in der Packung.

$p_1 = 0{,}4$

a) Annahmebereich: [5; 10]

Fehler 1. Art: 16,62 %

Fehler 2. Art: 36,69 %

b) Siehe unten abgebildetes Baumdiagramm.

Es können beide Fälle vorliegen, also zunächst „fifty-fifty“:

$0{,}5 \cdot 0{,}1662 + 0{,}5 \cdot 0{,}3669 = 0{,}26655$

Die gesamte Wahrscheinlichkeit für einen Fehler beträgt ca. 26,7 %.

$10 \cdot 0{,}26655 = 2{,}6655$

Von zehn Personen werden im Durchschnitt etwa drei falsch entscheiden.

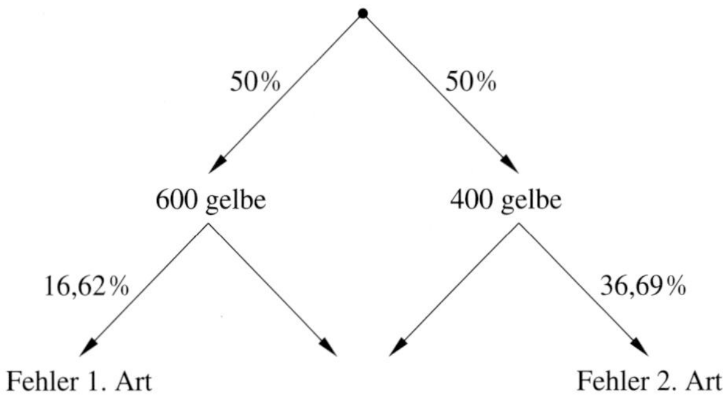

269 **Fortsetzung von Aufgabe 18:**

c) Herr Schlemmer zieht im Prinzip nur drei Bonbons (da die ersten drei von den fünf gezogenen den Ausschlag geben sollen).

Fallunterscheidung:

Die Nullhypothese gilt:	Die Alternative gilt:
$p = 0{,}6$ Wahrscheinlichkeit für Fehler 1. Art: „Mit welcher Wahrscheinlichkeit sind nicht alle drei Bonbons gelb?" $1 - 0{,}6^3 \approx 78{,}40\,\%$	$p = 0{,}4$ Wahrscheinlichkeit für Fehler zweiter Art: „Mit welcher Wahrscheinlichkeit sind dann die ersten drei Bonbons gelb?" $0{,}4^3 \approx 6{,}40\,\%$

d) Annahmebereich [10; 20]

Fehler 1. Art: 12,75 %

Fehler 2. Art: 24,47 %

19 a) Hypothese H_0: Der Würfel ist gefälscht. $p_0 = 0{,}25$

Alternative H_1: Der Würfel ist echt. $p_1 = \frac{1}{6}$

n	Annahmebereich für H_0	Fehler 1. Art	Fehler 2. Art
100	[21; 100]	0,1488	0,1519
200	[42; 200]	0,0804	0,0638
500	[104; 500]	0,0120	0,0091
550	[114; 550]	0,0081	0,0074
540	[112; 540]	0,0087	0,0077
520	[108; 520]	0,0102	0,0086
525	[109; 525]	0,0098	0,0082
524	[109; 524]	0,0105	0,0077

Es müssen also mindestens 525 Testwürfe sein.

b) Wenn ein gefälschter Würfel als echt angesehen wird.

8.2 Signifikanztests

271

AUFTRAG 1 Schweinchen werfen

Betrachtet wird das Auftreffen eines der beiden Schweinchen.

X: „Anzahl Suhle"

Es handelt sich um einen zweiseitigen Signifikanztest.

$n = 100$

Nullhypothese: $p_0 = 0{,}25$

Erwartungswert: $E(X) = 25$

Signifikanzniveau: $\alpha = 0{,}01$

$P(X < 14) \approx 0{,}0025 < \frac{\alpha}{2} = 0{,}005$

$P(X > 37) \approx 0{,}0027 < \frac{\alpha}{2} = 0{,}005$

Annahmebereich: [14; 37]

Entsprechend erfolgt eine Ablehnung, wenn das Schweinchen bei weniger als 14 bzw. mehr als 37 Würfen nicht in der Position „Suhle" liegt.

AUFTRAG 2 Der ist nicht frisch, dein Fisch!

Der Auftrag wird im Schülerbuch auf Seite 271 ff. bearbeitet.

AUFTRAG 5 Mehr Schwarzfahrer durch höhere Preise?

X: „Anzahl der Fahrgäste mit gültigem Fahrschein"

Linksseitiger Signifikanztest:

$n = 200$

Nullhypothese: „Anteil der Fahrgäste mit Fahrschein ist unverändert." $p_0 = 0{,}95$

Alternative: „Anteil ist gesunken." $p_1 < 0{,}95$

Signifikanzniveau	$\alpha = 0{,}01$	$\alpha = 0{,}05$
	$P(X < 183) \approx 0{,}0058 < \alpha$	$P(X < 185) \approx 0{,}0444 < \alpha$
Annahmebereich	[183; 200]	[185; 200]
Ablehnungsbereich	[0; 182]	[0; 184]

Je nach Wahl des Signifikanzniveaus fällt die Entscheidung anders aus.

274

Aufgaben – Trainieren

1 a) [35; 50] **d)** [6; 20]
b) [32; 100] **e)** [10; 20]
c) [52; 100] **f)** [28; 50]

2 a) [0; 15] **d)** [0; 14]
b) [0; 48] **e)** [0; 10]
c) [0; 68] **f)** [0; 22]

3 Zu Aufgabe 1:

a) [34; 50] bzw. [33; 50]
b) [30; 100] bzw. [29; 100]
c) [50; 100] bzw. [48; 100]
d) [5; 20] bzw. [5; 20]
e) [9; 20] bzw. [8; 20]
f) [26; 50] bzw. [25; 50]

Zu Aufgabe 2:

a) [0; 16] bzw. [0; 17]
b) [0; 50] bzw. [0; 51]
c) [0; 70] bzw. [0; 71]
d) [0; 15] bzw. [0; 15]
e) [0; 11] bzw. [0; 12]
f) [0; 24] bzw. [0; 25]

4 Linksseitiger Test mit $p_0 = 0{,}9$ und $n = 100$.
Signifikanzniveau: 0,01
Annahmebereich: [83; 100]
Das Ergebnis liegt im Annahmebereich, d. h., die Hypothese kann auf dem geforderten Signifikanzniveau nicht verworfen werden.

5 a) Nullhypothese: Die Wahrscheinlichkeit für eine Unterschreiten des angegebenen Inhaltsgewichts liegt bei $p_0 = 0{,}03$.
Alternative:
Mehr als 3 % der Packungen unterschreiten das Inhaltsgewicht ($p_1 > 0{,}03$).
b) $n = 40$
Rechtsseitiger Signifikanztest mit $\alpha = 0{,}05$:
Annahmebereich: [0; 3]
Es müssten mindestens vier untergewichtige Packungen gefunden werden, um die Hypothese zu widerlegen.

6 Nullhypothese:
Die Weinkennerin erkennt die Weinlage mit einer Wahrscheinlichkeit von $p_0 = 0{,}7$.
Alternative:
$p_1 < 0{,}7$
Linksseitiger Signifikanztest mit $\alpha = 0{,}1$:
$n = 20$
Annahmebereich: [11; 20]
12 richtige Bestimmungen liegen im Annahmebereich.

7 a) [2; 9]
b) [24; 43]
c) [57; 76]
d) [6; 14]
e) [1; 9]
f) [0; 4]

8 Linksseitiger Signifikanztest:
Annahmebereich: [11; n]
Zu berechnen ist $P(X \le 10)$ bei Variation von n mit dem Ziel $P(X \le 10) < 0{,}05$.
$\Rightarrow n = 30$
$\Rightarrow P(X \le 10) \approx 0{,}0494$
Rechtsseitiger Signifikanztest:
Zu berechnen ist $P(X \le 9)$ bei Variation von n mit dem Ziel $P(X \le 9) \ge 0{,}95$, also:
$P(X > 10) < 0{,}05$
$\Rightarrow n = 13$
$\Rightarrow P(X > 10) \approx 0{,}0461$
Hinweis: Hier ist 13 der Höchstwert für n.
(12, 11 und 10 sind auch möglich.)
Zweiseitiger Signifikanztest:
Annahmebereich: [11; b]
Zu berechnen ist $P(X \le 10)$ bei Variation von n mit dem Ziel $P(X \le 10) < 0{,}025$.
$\Rightarrow n = 33$ mit $P(X \le 10) \approx 0{,}0175$.
Passende obere Grenze:
$b = 22$

NOCH FIT?

I

Für den Steigungswinkel α des Graphen an der Stelle $a = 1$ gilt:

$f_1'(x) = 2$ $\quad \tan(\alpha) = 2 \quad \Rightarrow \alpha \approx 63{,}3°$
$f_2'(x) = 9(x+1)^2$ $\quad \tan(\alpha) = 36 \quad \Rightarrow \alpha \approx 88{,}4°$
$f_3'(x) = \sin(x) + x \cdot \cos(x)$ $\quad \tan(\alpha) \approx 1{,}3818 \Rightarrow \alpha \approx 54{,}1°$

II $f_3'(x) = f_7(x)$
$f_7'(x) = f_1(x)$
$f_9'(x) = f_5(x)$
$f_6'(x) = f_4(x)$
$f_8'(x) = f_2(x)$

III a) $f'(x) = -\cos(x)$ $\quad f''(x) = \sin(x)$
$-\cos(x) = 0 \Rightarrow x_{1,2} = \pm\frac{\pi}{2}$ $\quad f''\left(\frac{\pi}{2}\right) = 1$ $\quad f\left(\frac{\pi}{2}\right) = 4$
Wegen $f(2) \approx 4{,}09 > f\left(\frac{\pi}{2}\right)$ nimmt f an der Stelle $x = \frac{\pi}{2}$ den niedrigsten Funktionswert im Intervall [−2; 2] an.
$f''\left(-\frac{\pi}{2}\right) = -1$ $\quad f\left(-\frac{\pi}{2}\right) = 6$
Wegen $f(-2) \approx 5{,}9 < f\left(-\frac{\pi}{2}\right)$ nimmt f an der Stelle $x = -\frac{\pi}{2}$ den höchsten Funktionswert im Intervall [−2; 2] an.

b) Kleinster Funktionswert: $f(-2) = -20$; Größter Funktionswert: $f(0) = 0$

Fortsetzung von Aufgabe III:

b) $f'(x) = 1 - \frac{3}{4}x^2$ $f''(x) = -\frac{3}{2}x$

$1 - \frac{3}{4}x^2 = 0 \Rightarrow x_{1,2} = \pm\sqrt{\frac{4}{3}}$ $f''\left(\sqrt{\frac{4}{3}}\right) = -\sqrt{3}$ $f\left(\sqrt{\frac{4}{3}}\right) = \frac{4}{9}\sqrt{3} \approx 0{,}77$

Wegen $f(2) = 0 < f\left(\sqrt{\frac{4}{3}}\right)$ nimmt f an der Stelle $x = \sqrt{\frac{4}{3}}$ den höchsten Funktionswert im Intervall $[-2; 2]$ an.

$f''\left(-\sqrt{\frac{4}{3}}\right) = \sqrt{3}$ $f\left(-\sqrt{\frac{4}{3}}\right) = -\frac{4}{9}\sqrt{3} \approx -0{,}77$

Wegen $f(-2) = 0 > f\left(-\sqrt{\frac{4}{3}}\right)$ nimmt f an der Stelle $x = -\sqrt{\frac{4}{3}}$ den niedrigsten Funktionswert im Intervall $[-2; 2]$ an.

Aufgaben – Anwenden

9 Rechtsseitiger Signifikanztest mit $\alpha = 0{,}05$:
Nullhypothese: Der Anteil fehlerhafter Schrauben beträgt $p_0 = 0{,}1$.
Alternative: $p_1 > 0{,}1$
$n = 20$
Annahmebereich: [0; 4]
Bei 6 fehlerhaften Schrauben kippt die Hypothese. Man kann davon ausgehen, dass die Befürchtung zutrifft.

10 Rechtsseitiger Signifikanztest mit $\alpha = 0{,}02$:
Nullhypothese: Placebos wirken mit einer Wahrscheinlichkeit von $p_0 = 0{,}6$.
Alternative: $p_1 > 0{,}6$
$n = 20$
Annahmebereich: [0; 16]
Die Hypothese wird nicht verworfen.

11 Rechtsseitiger Signifikanztest mit Annahmebereich [0; 4]:
Nullhypothese: $p_0 = 0{,}1$
Alternative: $p_1 > 0{,}1$
$n = 20$
Der Fehler erster Art wäre hierbei 0,0432. Bei einem Test mit einem Signifikanzniveau von 5% ergäbe sich der gleiche Annahmebereich. Man kann also durchaus von einem signifikanten Test sprechen.

12 Rechtsseitiger Signifikanztest mit $p_0 = 0{,}05$ und $n = 100$.
Gegebener Annahmebereich: [0; 9]
Alternative: $p = 0{,}1$
Fehler 1. Art: $p = 0{,}05$ $P(X > 9) = 0{,}0282$
Fehler 2. Art: $p = 0{,}1$ $P(X \leq 9) = 0{,}4513$
Rechtsseitiger Test mit $p_0 = 0{,}05$, $n = 100$ und Signifikanzniveau 10%:
⇒ Annahmebereich: [0; 8]
⇒ Die Hypothese wird nicht verworfen.

13 a) Der Großhändler möchte das Risiko einer ungerechtfertigten Reklamation gering halten. Wenn auf seine Hypothese von $p_0 = 0{,}93$ getestet wird, soll also der Fehler 1. Art gering sein.
Linksseitiger Test mit $p_0 = 0{,}93$, $n = 1000$ und Signifikanzniveau 0,025:
X: Anzahl der im Test als einwandfrei erkannten Schrauben
Bestimmung des Annahmebereichs mit der 95%-Regel:
$\sigma = 8{,}0685$ (> 3)
$E(X) = 930$
$1{,}96 \cdot \sigma = 15{,}8142$
⇒ Annahmebereich: $[E(X) + 1{,}96 \cdot \sigma; 1000] = [914; 1000]$
Die Lieferung wird angenommen, wenn nicht mehr als 86 Schrauben bemängelt werden.
b) Durch das Geringhalten des Fehlers 1. Art steigt die Wahrscheinlichkeit für einen Fehler 2. Art, der für den Baumarkt bedeutet, eine schlechtere Qualität anzunehmen.
Wenn z. B. nur 90% der Schrauben einwandfrei sind, besteht immerhin eine Chance von etwa 7,5%, dass die Lieferung trotzdem angenommen wird. Das Risiko für den Baumarkt ist also ungleich größer als das des Großhändlers.
Beispielrechnung mit $p = 0{,}9$: $P(X \geq 914) = 0{,}0751$
c) Rechtsseitiger Test mit $p_0 \leq 0{,}93$, $n = 1000$ und Signifikanzniveau 0,025:
⇒ Erwartungswert und Standardabweichung wie oben.
Annahmebereich: $[0; E(X) + 1{,}96 \cdot \sigma] = [0; 946]$
Es müssen mindestens 947 Schrauben einwandfrei sein, um die Lieferung anzunehmen.
d) $E(X) - \sigma = 930 - 8 = 922$
Mit $p = 0{,}93$ gilt $P(X \leq 921) = 0{,}1464$.

14 a) Nullhypothese: „Anteil der Lesefans: 25%" ⇒ $p_0 = 0{,}25$
Stichprobenumfang: $n = 2500$
(1)
Vorgegebener Annahmebereich: [581; 669]
GTR-Lösung:
Fehler 1. Art: $1 - P(581 \leq X \leq 669) = 1 - 0{,}9602 = 0{,}0398$
Mit Normalverteilungstabelle:
$E(X) = 2500 \cdot 0{,}25 = 625$
$\sigma \approx 21{,}6506$ (>3!)
$P(581 \leq X \leq 669) \approx \Phi\left(\frac{669 - 625 + 0{,}5}{21{,}6506}\right) - \Phi\left(\frac{581 - 625 - 0{,}5}{21{,}6506}\right)$
$\approx \Phi(2{,}06) - \Phi(-2{,}06)$
$= 2 \cdot \Phi(2{,}06) - 1$
$= 0{,}9606$
Fehler 1. Art: $1 - P(581 \leq X \leq 669) = 1 - 0{,}9606 = 0{,}0394$
Bedeutung des Fehlers:
Der Fehler 1. Art gibt die Wahrscheinlichkeit an, die Hypothese zu verwerfen, obwohl sie zutrifft.

276 **Fortsetzung von Aufgabe 14:**

(2)

Da 585 im Annahmebereich liegt, wird die Hypothese nicht verworfen. Da dieser Wert aber durchaus auch mit anderen Wahrscheinlichkeiten verträglich ist, stellt das keine Bestätigung der Hypothese dar.

b) Hypothesentest der Firma:

H_0: $p \geq 0{,}22$

H_1: $p < 0{,}22$

Aus $n = 2500$ und $p = 0{,}22$ ergibt sich:

$\mu = n \cdot p = 550$

$\sigma = \sqrt{n \cdot p \cdot (1-p)} \approx 20{,}712 > 3$

Es gilt:

$P(X < \mu - 1{,}64 \cdot \sigma) \approx 0{,}05$

$\mu - 1{,}64 \cdot \sigma \approx 516{,}03 \Rightarrow$ Ablehnung der Hypothese, wenn weniger als 517 Lesefans in der Stichprobe sind.

Firma „Intersoft" begeht einen Fehler 1. Art, denn sie lehnt die Nullhypothese H_0 ab, obwohl sie stimmt.

15 12 von 20 würde 60% entsprechen, also einem höheren Anteil. Daher handelt es sich um einen rechtsseitigen Signifikanztest mit $\alpha = 0{,}05$ und $n = 20$.

Nullhypothese: $p_0 = 0{,}4$

Alternative: $p_1 > 0{,}4$

Annahmebereich: [0; 12]

Die Hypothese wird nicht verworfen.

16 Zweiseitiger Signifikanztest mit Annahmebereich [6; 14]:

Fehler 1. Art: 0,0414

„Die Wahrscheinlichkeit, eine gerade Zahl zu würfeln, beträgt 0,5. Trotzdem trat das Ereignis weniger als sechsmal oder mehr als 14-mal auf."

Fehler 2. Art: 0,1272

„Die Wahrscheinlichkeit, eine gerade Zahl zu würfeln, beträgt 0,4. Trotzdem trat das Ereignis zwischen sechsmal und 14-mal auf."

277 **17** Zweiseitiger Signifikanztest mit $\alpha = 0{,}1$ und $n = 20$:

Nullhypothese: $p_0 = 0{,}5 \Rightarrow$ Annahmebereich: [6; 14]

$P(X < 7) \approx 0{,}0207$

$P(X > 13) \approx 0{,}0207$

Fehler 1. Art: 0,0414

Fehler 2. Art: 0,1272

18 Für beide Tests gilt jeweils $n = 900$ und ein frei gewähltes Signifikanzniveau von 2,5% 277
(sinnvoll bei Verwendung der Sigmaregeln).

Aus der Sicht der Werbefirma:	Aus der Sicht der Softdrinkfirma:
Linksseitiger Test: $p_0 \geq 0{,}7$ (Annahme: Der Vertrag ist erfüllt.) $E(X) = 900 \cdot 0{,}7 = 630$ $\sigma = 13{,}7477$ (> 3) Verwendung der 95%-Regel: Annahmebereich: $[E(X) - 1{,}96 \cdot \sigma; 900] = [603; 900]$ Da 610 im Annahmebereich liegt, wird die Werbefirma den Vertrag als erfüllt bewerten.	Rechtsseitiger Test: $p_0 \leq 0{,}7$ (Annahme: Der Vertrag ist nicht erfüllt.) $E(X) = 900 \cdot 0{,}7 = 630$ $\sigma = 13{,}7477$ (> 3) Verwendung der 95%-Regel: Annahmebereich: $[0; E(X) + 1{,}96 \cdot \sigma] = [0; 657]$ Da 610 im Annahmebereich liegt, wird die Softdrinkfirma den Vertrag als nicht erfüllt bewerten.

19 Linksseitiger Test mit $p_0 \leq 0{,}07$, $n = 459$ und einem Signifikanzniveau von 2,5% (frei gewählt; sinnvoll bei Verwendung der Sigmaregeln).

Annahme: Die Aussage ist falsch.

$E(X) = 32$

$\sigma = 5{,}466$ (> 3)

$\Rightarrow$ Annahmebereich: $[0; E(X) + 1{,}96 \cdot \sigma] = [0; 42]$

Die Annahme, dass die Aussage falsch sei, kann auf diesem Signifikanzniveau nicht verworfen werden.

20 a) Annahme: $p_0 < \frac{1}{6}$

$n = 2000$

Signifikanzniveau: 5%

X: Häufigkeit der „6"

Fehler 1. Art: Ein gefälschter Würfel wird nicht erkannt.

Fehler 2. Art: Ein korrekter Würfel wird als gefälscht angesehen.

$2000 \cdot \frac{1}{6} \approx 333$

$\sigma \approx 16{,}6667$ (> 3)

90%-Regel: 1,64-σ-Umgebung

Entscheidungsregel: $[0{,}333 + 1{,}64 \cdot \sigma] = [0; 361]$

b) Änderung zu Aufgabe a):

Annahme: $p_0 = 0{,}1$

$E(X) = 200$

$\sigma = 13{,}4164$

Entscheidungsregel: $[0; E(X) + 1{,}64 \cdot \sigma] = [0; 222]$

277 **Fortsetzung von Aufgabe 20:**
Bei 307-mal „6" würde man die Annahme, dass lediglich in 10% der Würfe die „6" fällt, verwerfen.
c) Die Annahme „weniger als $\frac{1}{6}$ Wahrscheinlichkeit für das Fallen einer Sechs" muss verworfen werden, d. h., es müssen mindestens 362 Sechsen fallen.
Mit $p = 0{,}1$ wäre $P(X \geq 362) = 0$.
(Dieses Ergebnis wäre mehr als 12 Standardabweichungen vom Erwartungswert 200 entfernt!)

21 a) Rechtsseitiger Test mit $p_0 = 0{,}5$, $n = 50$ und Signifikanzniveau 1 %.
X: Häufigkeit für das Landen der Toastscheibe auf der Marmeladenseite.
Fehler 1. Art: Der Toastscheibe wird eine häufiges Fallen auf die Marmeladenseite unterstellt, was nicht zutrifft.
Fehler 2. Art: Das Toastscheibe fällt häufiger auf die Marmeladenseite, was aber nicht erkannt wird.
Annahmebereich: [0; 33]
b) Die Annahme, die Toastscheibe habe keine „Vorzugsseite", würde nicht verworfen.
c) Mit $p = 0{,}6$ gilt $P(X \leq 33) = 0{,}8439$.

278 **22 a)** Behauptung:
Der Anteil ist beträgt lediglich 70%, also $p_0 = 0{,}7$.
$n = 100$
Signifikanzniveau: 5%
Rechtsseitiger Test:
Annahmebereich [0; 77]
b) Da mit 79 Fahrzeugen mehr als 77 einen ordnungsgemäßen Verbandskasten mitführten, müsste die Hypothese des Verkehrsministeriums verworfen werden.

Aufgaben – Vernetzen
23 Es werden sechs Sorten angeboten, d. h., die Chance eines Zufallstreffers (und nur das könnte bei einem Laien möglich sein) beträgt $p = \frac{1}{6}$.
Rechtsseitiger Signifikanztest mit Annahmebereich [0; 9]:
Nullhypothese:
„Der Bewerber ist ein Laie."
$p_0 = \frac{1}{6}$
Alternative:
„Der Bewerber ist ein Fachmann."
$p_1 > \frac{1}{6}$
$P(X \geq 10) \approx 0{,}0047$
Die Chance, dass ein Laie sich qualifiziert (Irrtumswahrscheinlichkeit) beträgt etwa 0,5%, ist also sehr gering.

24 a) Unter der Bedingung $p_0 = 0{,}05$ gelten jeweils folgende Ablehnungswahrscheinlichkeiten: 278
Kontrollart 1:
$n = 10$
$P(X > 1) \approx 0{,}0861$
Kontrollart 2:
$n = 30$
$P(X > 3) \approx 0{,}0608$
Kontrollart 3:
(zweistufig)
$n = 15$; $P_{15}(X > 2) \approx 0{,}0362$
$n = 15$; $P_{15}(X = 2) \approx 0{,}1348$
Dann: $n = 10$; $P_{10}(X > 0) \approx 0{,}4013$
Zusammen:
Ablehnungswahrscheinlichkeit:
$P_{15}(X > 2) + P_{15}(X = 2) \cdot P_{10}(X > 0) \approx 0{,}0903$
Die Kontrollart 2 hat die geringste Wahrscheinlichkeit einer Zurückweisung (unter der Annahme, dass die Fehlerwahrscheinlichkeit 5% beträgt).
b) Als Hersteller: Das Verfahren mit der geringsten Ablehnungswahrscheinlichkeit.
Als Käufer: Das Verfahren mit der höchsten Ablehnungswahrscheinlichkeit.
Wenn der Fehler 1. Art größer wird, wird der Fehler 2. Art geringer. Der Fehler 2. Art, also die Nullhypothese mit der geringen Fehlerquote anzunehmen, obwohl eine größere Fehlerquote zutrifft, ist der für den Kunden nachteiligere.
c) $p = 0{,}1$
$n = 10$
Wahrscheinlichkeit für eine Annahme der Lieferung: $P(X \leq 1) \approx 0{,}7361$
d) $p = 0{,}1$
$n = 30$
$P(X \leq 1) \approx 0{,}1837$
Das bedeutet, die Lieferung müsste selbst bei einem einzigen defekten Gerät abgelehnt werden, was wohl nicht sinnvoll ist.
Daher erfolgt eine Variation des Stichprobenumfangs:
Bei einem Stichprobenumfang von $n = 76$ ergibt sich:
$P(X \leq 3) \approx 0{,}0470 < 5\%$
e) Die Nullhypothese lautet, dass die Fehlerquote maximal 5% beträgt.
Das Signifikanzniveau gibt die obere Grenze für einen Fehler 1. Art an, also die Wahrscheinlichkeit, dass die Lieferung abgelehnt wird, obwohl die Fehlerquote bei maximal 5% liegt. Das entspricht genau dem Ergebnis aus Aufgabenteil a).

278 **25 a)** „6 aus 20“: $\binom{20}{6} = \frac{20!}{6! \cdot 14!} = 38\,760$
b) Trefferwahrscheinlichkeit, wenn der Experte nur rät: $p_0 = \frac{1}{6}$
Nullhypothese: „Er hat nur geraten.“
Rechtsseitiger Signifikanztest mit $\alpha = 0{,}05$:
$n = 25$
Annahmebereich: [0; 7]
Die Hypothese kann auf dem geforderten Signifikanzniveau nicht abgelehnt werden.

26 Bei einer angenommenen Fehlerquote von p führt ein Herabsenken des Signifikanzniveaus zu einer Vergrößerung des Annahmebereichs.
Eine Erhöhung der Fehlerquote führt dann nicht mehr so schnell zu einem Verwerfen der Hypothese, d. h., der Fehler 2. Art wird größer.
Beim Absenken auf null würde der Fehler 2. Art auf 100% hochgesetzt. Eine Qualitätsverschlechterung würde nicht mehr bemerkt. Das kann nicht im Sinne einer „Qualitätssicherung“ sein.
Das Signifikanzniveau gibt das Risiko an, dass der Hersteller seine Hypothese der Fehlerquote verwirft und damit eine Erhöhung der Fehlerquote annimmt, obwohl dies nicht der Fall ist. Ein niedriges Signifikanzniveau ist hier im Hersteller- und nicht im Käuferinteresse.

279 **27 a)** Zweiseitiger Signifikanztest mit Annahmebereich [40; 60]:
Fehler 1. Art: 0,0352

b)

Signifikanzniveau	Annahmebereich
10%	[42; 58]
5%	[40; 60]
1%	[37; 63]

c)

Signifikanzniveau	Annahmebereich
10%	[88; 112]
5%	[86; 114]
1%	[82; 118]

28 a) Zweiseitiger Test mit $\alpha = 0{,}1$:
Nullhypothese: „Die Einschaltquote ist unverändert.“ $p_0 = 0{,}38$
Alternative: „Die Einschaltquote ist größer oder kleiner geworden.“ $p_1 \neq 0{,}38$
$n = 500$
$P(X < 172) \approx 0{,}0434 < \frac{\alpha}{2} = 0{,}05$
$P(X > 208) \approx 0{,}0447 < \frac{\alpha}{2} = 0{,}05$
Annahmebereich: [172; 208]
Liegt das Ergebnis außerhalb des Annahmebereichs, wird die Nullhypothese verworfen und von einer veränderten Einschaltquote ausgegangen.

Fortsetzung von Aufgabe 22: 279
b) Eigentlich gilt $p < 0{,}38$.
Es wird zunächst mit $p = 0{,}38$ als Grenzbedingung gearbeitet.
$P(X > 240) \approx 0$
Wenn p weniger als 0,38 beträgt, ist der Wert prinzipiell geringer, also ebenfalls etwa gleich null.
Es besteht quasi kein Risiko, die neuen Folgen zu kaufen, obwohl die Einschaltquote gesunken ist. Allerdings werden auch nicht sicher neue Folgen gekauft, selbst wenn die Einschaltquote auf 50% gestiegen ist:
Mit $p = 0{,}5$ ergibt sich:
$P(X > 240) \approx 0{,}8022 \Rightarrow P(X \leq 240) \approx 0{,}1978$
c) $p = 0{,}5$
$P(X \leq 240) \approx 0{,}1978$

29 a) Die einzelnen Würfe sind unabhängig. Bei jedem Wurf ist die Wahrscheinlichkeit für „Kopf“ gleich.
b) Linksseitiger Test:;
$n = 50$
$p_0 \geq 0{,}4$
Test für $p_0 = 0{,}4$: $P(X \leq 13) = 0{,}0280 \leq 0{,}05$
Annahmebereich für echte Münze: [14; 50]
c) Annahmebereich für echte Münze: [19; 50]
Fehler 1. Art: $p = 0{,}4$ $P(X \leq 18) = 0{,}3356$
Fehler 2. Art: $p = \frac{1}{3}$ $P(X \geq 19) = 0{,}2874$
d) E: Die Münze ist echt.
F: Die Münze ist falsch.
TE: Die Münze wird im Test als echt eingestuft.
TF: Die Münze wird im Test als falsch eingestuft.
Richtige Entscheidung: E und TE bzw. F und TF.
$P(„E \text{ und } TE“) + P(„F \text{ und } TF“) =$
$0{,}8 \cdot 0{,}6644 + 0{,}2 \cdot 0{,}7126 = 0{,}6740$
e) $P_{TE}(E) = \frac{0{,}8 \cdot 0{,}6644}{0{,}8 \cdot 0{,}6644 + 0{,}2 \cdot 0{,}7126}$
$= 0{,}7886$

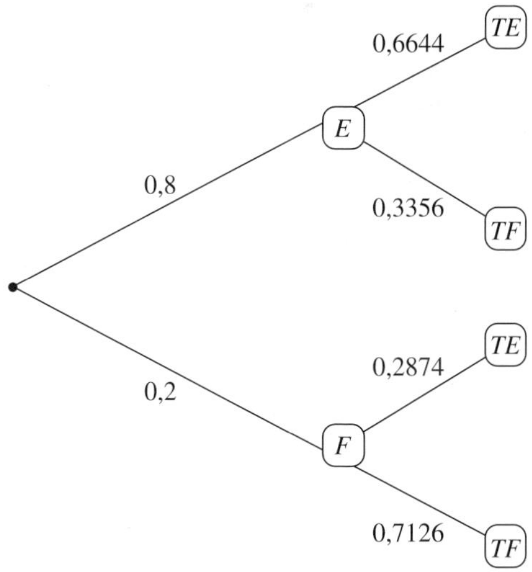

30 a) $\alpha = 0{,}05$

$P(X < 31) \approx 0{,}0248 < \frac{\alpha}{2} = 0{,}025$

$P(X > 50) \approx 0{,}0168 < \frac{\alpha}{2} = 0{,}025$

Annahmebereich: [31; 50]

Eine Ablehnung erfolgt entsprechend bei Werten, die kleiner oder gleich 30 oder größer oder gleich 51 sind.

b) $p = 0{,}5$

$P(31 \leq X \leq 50) \approx 0{,}5398$

c) $\alpha = 0{,}01$

$P(X < 28) \approx 0{,}0046 < \frac{\alpha}{2} = 0{,}005$

$P(X > 53) \approx 0{,}0032 < \frac{\alpha}{2} = 0{,}005$

Annahmebereich: [28; 53]

Eine Ablehnung erfolgt entsprechend bei Werten, die kleiner oder gleich 27 oder größer oder gleich 54 sind.

d) $p = 0{,}5$ Fehler 2. Art: 0,7579

$p = 0{,}4$ Es gibt natürlich keinen Fehler 2. Art, wenn in Wirklichkeit $p = 0{,}4$ gilt.

$p = 0{,}3$ Fehler 2. Art: 0,7036

e) Fehler 1. Art: 0,0056

Fehler 2. Art bei $p = 0{,}5$: 0,7579

Hinweis:

$P(X = 27) \approx 0{,}000\,001\,51$ ist ungefähr gleich null; daher kein deutlicher Unterschied beim Fehler 2. Art zum entsprechenden Aufgabenteil von d).

31 a)

(1)

Es gibt nur zwei mögliche Antworten: „zufrieden" bzw. „nicht zufrieden".

Die Jugendlichen wurden zufällig ausgewählt, d. h., die Antworten sollten repräsentativ und unabhängig sein.

Damit sind die Bedingungen für eine Binomialverteilung erfüllt.

(2)

Berechnung mithilfe GTR oder Tabelle:

$P(X \leq 40) = 0{,}5433$

(3)

Berechnung direkt mit dem GTR oder mit folgender Differenz:

$P(30 \leq X \leq 40) = P(X \leq 40) - P(X \leq 29) = 0{,}5285$

b) $P(X \geq 1) = 1 - P(X = 0) = 1 - 0{,}6^n \geq 0{,}995$

$\Rightarrow \quad 0{,}6^n \leq 0{,}005$

$\ln(0{,}6^n) \leq \ln(0{,}005)$

$n \cdot \ln(0{,}6) \leq \ln(0{,}005)$

$n \geq \frac{\ln(0{,}005)}{\ln(0{,}6)}$

$n \geq 10{,}37$

Fortsetzung von Aufgabe 31:

Es müssen mindestens 11 Jugendliche befragt werden.

c) m: Anzahl der befragten Mädchen

j: Anzahl der befragten Jungen

Insgesamt wurden 500 Jugendliche befragt.

Daher gilt:

(I) $m + j = 500$

Die Gesamtsumme der zu erwartenden (mit dem eigenen Gewicht) unzufriedenen Jugendlichen ergibt sich aus der Summe der jeweiligen Erwartungswerte $0{,}4 \cdot j$ und $0{,}5 \cdot m$:

(II) $0{,}4j + 0{,}5m = 229$

Das Gleichungssystem mit den beiden Variablen j und m und den beiden Gleichungen (I) und (II) führt auf die Lösungen $j = 210$ und $m = 290$.

d) G: mit Gewicht zufrieden

$\overline{G}$: mit Gewicht unzufrieden

R: Raucher

$\overline{R}$: Nichtraucher

Die Daten aus der Aufgabenstellung ergeben das rechts abgebildete Baumdiagramm.

Dieses wird vervollständigt, wie unten dargestellt.

Die Wahrscheinlichkeit für das Ereignis R ist offensichtlich im Ast G und $\overline{G}$ unterschiedlich. Das heißt, die beiden Merkmale G und R sind stochastisch abhängig.

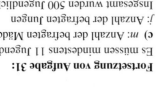

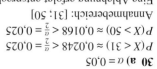

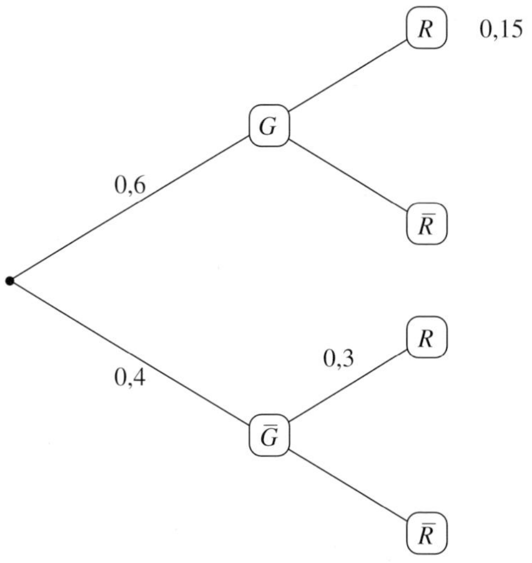

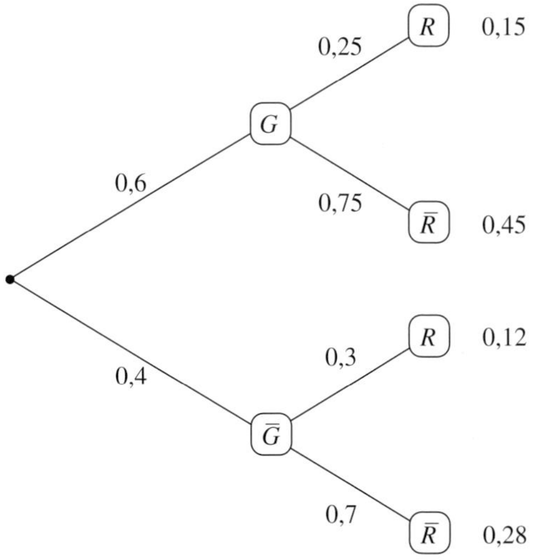

Fortsetzung von Aufgabe 31:

e)

(1)

Die Krankenkasse vermutet, dass der Anteil der weiblichen Jugendlichen, die mit ihrem Gewicht unzufrieden sind, geringer ist als 50%.

(2)

Rechtsseitiger Signifikanztest:

Stichprobenumfang: $n = 100$

Signifikanzniveau: 0,05

Annahmebereich: $[a; 100]$

Gesucht ist das kleinstmögliche a mit $P(X < a) \leq 0{,}05$.

GTR oder Tabelle mit $n = 100$ und $p = 0{,}5$ liefert:

$P(X \leq 41) = 0{,}0443$

$\Rightarrow$ Annahmebereich [42; 100]

Wenn weniger als 42 weibliche Jugendliche mit ihrem Gewicht unzufrieden sind, kann die Hypothese auf dem geforderten Signifikanzniveau verworfen werden.

(3)

Mit $p = 0{,}4$ wird berechnet:

$P(X \geq 42) = 0{,}3775$

(Fehler 2. Art)

8.3 Stetige Zufallsgrößen

AUFTRAG 1 **Roulette mit Reibung**

K	$P(X = k)$
0,5	0,105
1,5	0,142
2,5	0,164
3,5	0,164

K	$P(X = k)$
4,5	0,142
5,5	0,105
6,6	0,062
7,5	0,024

K	$P(X = k)$
8,5	0,003
9,5	0,003
10,5	0,024
11,5	0,062

Histogramm mit Casio

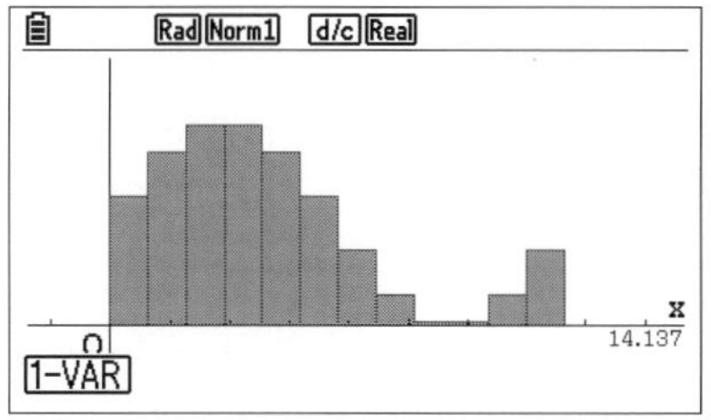

Histogramm mit TI-nspire

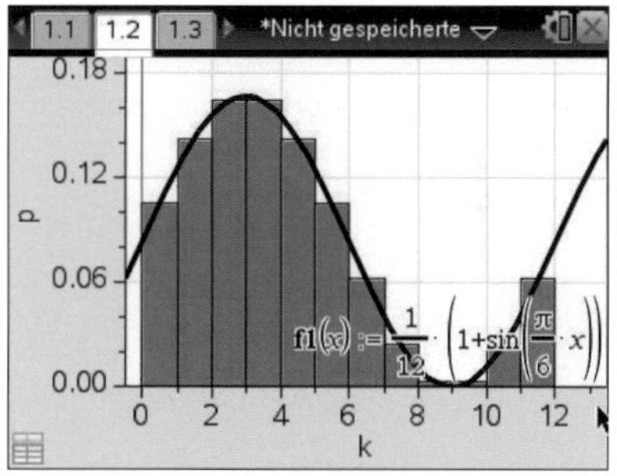

$P(0{,}5 \leq X \leq 2{,}5) = 0{,}105 + 0{,}142 + 0{,}164 = 0{,}411$ und
$P(8{,}5 \leq X \leq 9{,}5) = 0{,}003 + 0{,}003 = 0{,}006$

Der Casio kann zu einem Histogramm keinen Funktionsgraph hinzufügen. Deshalb müssen die Daten als Streudiagramm dargestellt werden. Man wird, um das Histogramm als Produktsumme interpretieren zu können, also mit Hand skizzieren müssen. (Abb. rechts: Graph der Funktion.)

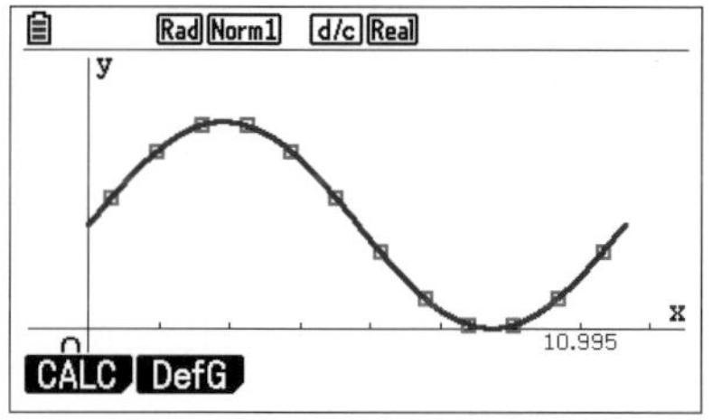

Integrale

$$P(0 \leq S \leq 3) = \int_0^3 \tfrac{1}{12}\left(1 + \sin\left(\tfrac{\pi}{6}x\right)\right) dx = \tfrac{1}{12}\left[x - \tfrac{6}{\pi}\cos\left(\tfrac{\pi}{6}x\right)\right]_0^3$$

$$= \tfrac{1}{12}\left(3 + \tfrac{6}{\pi}\right) \approx 0{,}409$$

281 Oder mit GTR oder Geogebra: $P(8 \le S \le 10) = 0{,}0075$ $P(0{,}7 \le S \le 0{,}8) = 0{,}0115$
$P(S = 3) = 0$
Es kann beobachtet werden, dass die Werte zu S nahe an denen zu X liegen. $P(S = 3) = 0$ kann die Diskussion darüber anregen, dass bei stetigen Zufallsvariablen nur Intervallwahrscheinlichkeiten sinnvoll sind und dass die Funktionswerte von f nicht Wahrscheinlichkeiten sind.

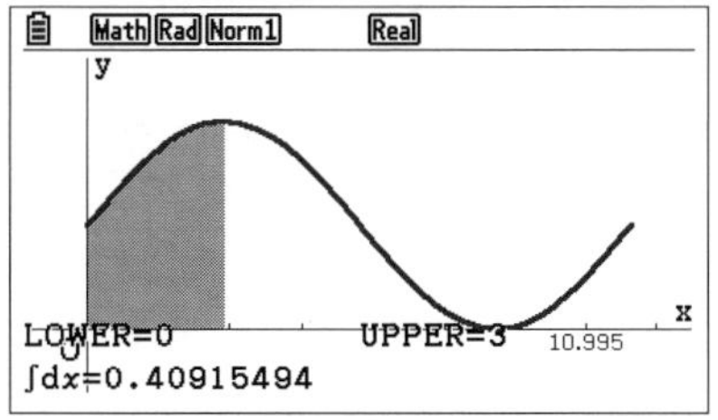

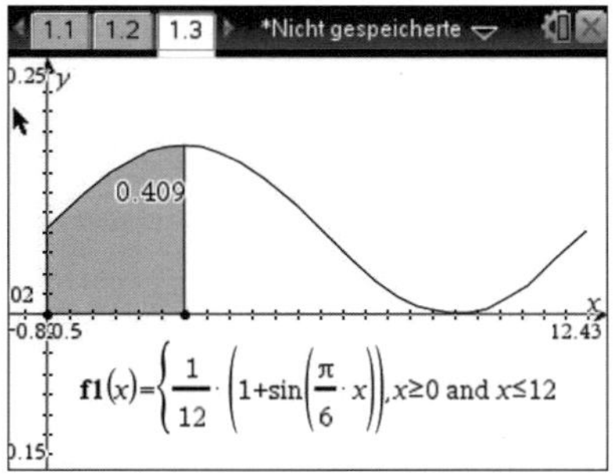

AUFTRAG 2 **Sandkugel**

$$P(a \le X \le b) = \frac{V_{r=b} - V_{r=b}}{V_{r=10}} = \frac{\frac{3}{4}\pi b^3 - \frac{4}{3}\pi a^3}{\frac{4}{3}\pi 10^3} = \frac{b^3 - a^3}{1000}$$

$P(0 \le X \le 1) = \frac{1^3 - 0^3}{1000} = 0{,}001$
$P(1 \le X \le 2) = \frac{2^3 - 1^3}{1000} = 0{,}007$
$P(2 \le X \le 3) = \frac{3^3 - 2^3}{1000} = 0{,}0019$
$P(3 \le X \le 4) = \frac{4^3 - 3^3}{1000} = 0{,}037$
$P(4 \le X \le 5) = \frac{5^3 - 4^3}{1000} = 0{,}061$
$P(5 \le X \le 6) = \frac{6^3 - 5^3}{1000} = 0{,}091$
$P(6 \le X \le 7) = \frac{7^3 - 6^3}{1000} = 0{,}127$
$P(7 \le X \le 8) = \frac{8^3 - 7^3}{1000} = 0{,}169$
$P(8 \le X \le 9) = \frac{9^3 - 8^3}{1000} = 0{,}217$
$P(9 \le X \le 10) = \frac{10^3 - 9^3}{1000} = 0{,}271$

Interpretiere den Term $\frac{b^3 - a^3}{1000}$ als bestimmtes Integral auf:

$$\frac{b^3 - a^3}{1000} = \left[\frac{x^3}{1000}\right]_a^b = \int_a^b \frac{3}{1000} x^2\, dx$$

Also $f(x) = 0{,}003 \cdot x^2$

287 **Aufgaben – Trainieren**

1 Da die Nst. bei −2 und 2 liegen und die Parabel nach unten geöffnet ist, gilt $f(x) \ge 0$ in $[-2; 2]$. Außerdem gilt

$$\int_{-2}^{2} f(x)\,\mathrm{d}x = 2\int_0^2 \tfrac{3}{32}(-x^2 + 4)\,dx = \tfrac{3}{16}\left[-\tfrac{1}{3}x^3 + 4x\right]_0^2 = \tfrac{3}{16}\left(-\tfrac{8}{3} + 8\right) = 1$$

2 a) $P(-1 \le X \le 1) = 2\int_0^1 \frac{3}{32}(-x^2 + 4)\,dx = \frac{3}{16}\left(-\frac{1}{3} + 4\right) = \frac{11}{16} \approx 0{,}688$

b) $P(X \le 1{,}5) = \frac{3}{32}\int_{-2}^{1{,}5} -x^2 + 4\,dx = \frac{3}{32}\left[-\frac{1}{3}\cdot\left(\frac{3}{2}\right)^3 + 6 - \left(\frac{8}{3} - 8\right)\right] = \frac{245}{256} \approx 0{,}957$

c) $P(X = 0) = 0$

d) $P(X \ge 0{,}5) = \frac{3}{32}\int_{0{,}5}^{2} -x^2 + 4\,dx = \frac{3}{32}\left(-\frac{8}{3} + 8 + \frac{1}{24} - 2\right) = \frac{81}{256} \approx 0{,}316$

3 a) $\int_0^{15} k\,dx = 15 = 1 \Leftrightarrow k = \frac{1}{15}$

b) $P(2 \le X \le 5) = \frac{1}{15}(5 - 2) = \frac{1}{15}$

c) z. B. Glücksrad, Rand mit $0 \le x < 15$ beschriftet.

4 $2 - 2x \ge 0$ für $0 \le x \le 1$. Die Fläche unter dem Graphen hat den Inhalt 1 (Dreieck Höhe 2, Grundseite 1).

$$F(x) = \int_0^x t\,(2 - 2t)\,dt = 2t - t^2 \Big|_0^x = 2x - x^2$$

$f\left(\frac{1}{4}\right) = 1{,}5$ und $F\left(\frac{1}{4}\right) = \frac{7}{16}$

Die Dichtefunktion hat Werte oberhalb 1. Ihre Werte können nicht als Wahrscheinlichkeiten gedeutet werden.

5 a) Muss nicht gelten, Bsp.: Aufgabe 4.

b) Da $f(x) \ge 0$ in $[a; b]$, ist F monoton steigend. Wegen $F(b) = 1$ ist $F(x) \le 1$ für x aus $[a; b]$.

c) Richtig wegen der Intervalladditivität für Integrale.

6 a) $\mu = \int_{-2}^{2} \frac{3}{32}x(-x^2 + 4)\,dx = \frac{3}{32}\left[-\frac{1}{4}x^4 + 2x^2\right]_{-2}^{2} = 0$

Einfacher: Der Graph zu $g(x) = x \cdot f(x)$ ist punktsymmetrisch zum Ursprung, da der zu f achsensymmetrisch ist.

$$\sigma^2 = \int_{-2}^{2} \tfrac{3}{32}\left(x^2(-x^2 + 4)\right)dx = \tfrac{3}{16}\int_0^2 -x^4 + 4x^2\,dx = \tfrac{4}{5}, \text{ also } \sigma = \tfrac{2}{\sqrt{5}} \approx 0{,}894$$

Fortsetzung von Aufgabe 6:

b) $\mu = \int_{-3}^{7} \frac{1}{10} x\, dx = \frac{1}{20} x^2 \,\big|_{-3}^{7} = \frac{1}{20}(49 - 9) = 2$ (was zu erwarten war).

$\sigma^2 = \int_{-3}^{7} \frac{1}{10}(x-2)^2\, dx = \frac{1}{30}(x-2)^3 \,\big|_{-3}^{7} = \frac{125}{15} = \frac{25}{3}$ und $\sigma = \frac{5}{\sqrt{3}} \approx 2{,}887$

c) $\int_{-\sigma}^{\sigma} \frac{3}{32}(-x^2+4)\, dx = \frac{7}{5\sqrt{5}} \approx 0{,}626$

$\frac{1}{10} \cdot 2 \cdot \frac{5}{\sqrt{3}} = \frac{1}{\sqrt{3}} \approx 0{,}577$

7 a) Wegen $\sin x > -1$ ist $(1 + \sin x) >$ für alle x.

$\frac{1}{12}\int_0^{12} (1 + \sin \frac{\pi}{6}x))\, dx =$

$\frac{1}{12}\left(x - \frac{6}{\pi}\cos\left(\frac{\pi}{6}x\right)\right)\Big|_0^{12} =$

$\frac{1}{12}\left(12 - \frac{6}{\pi}\cos(2\pi) - \left(0 - \frac{6}{\pi}\cos 0\right)\right) =$

$\frac{1}{12}\left(12 - \frac{6}{\pi} + \frac{6}{\pi}\right) = 1$

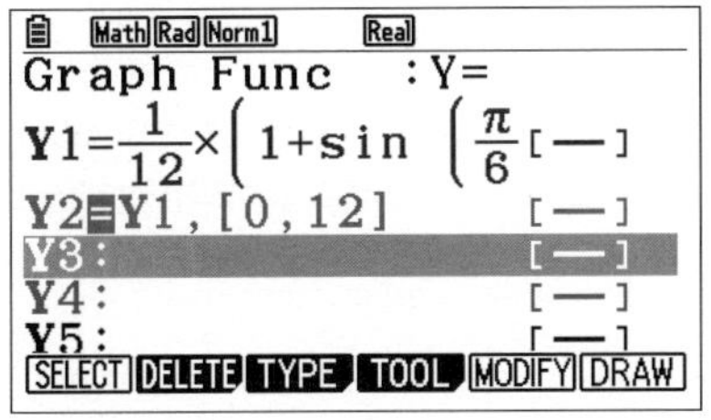

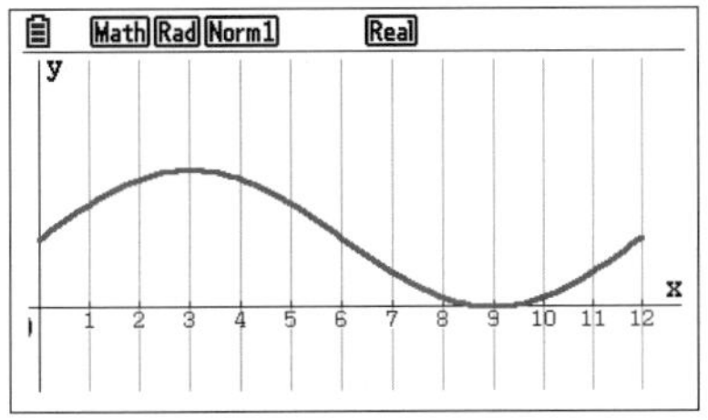

b) $\mu = \int_0^{12} x \cdot f(x)\, dx \approx 4{,}090$

$\sigma^2 = \int_0^{12} (x - 4{,}090)^2 \cdot f(x)\, dx \approx 8{,}352$ und $\sigma \approx 2{,}890$

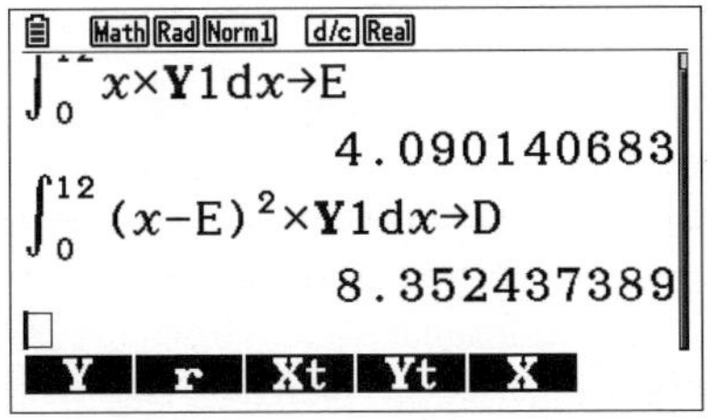

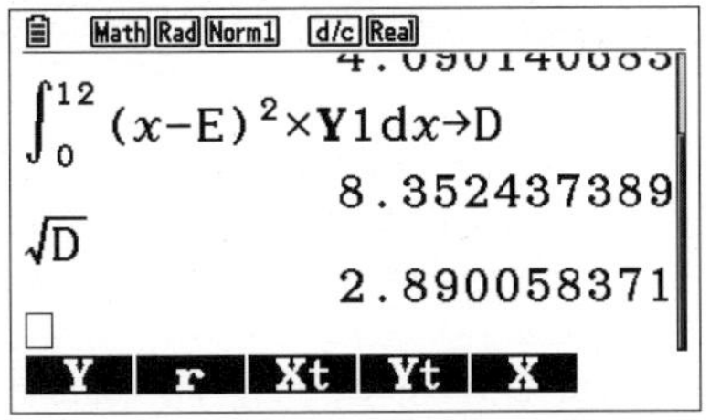

Fortsetzung von Aufgabe 7:

c) Der Erwartungswert sollte beim Maximum der Dichte liegen, also bei $x = 3$.
In die Berechnung des Erwartungswertes geht hier nicht die Tatsache ein, dass der Kreis sich bei 12 schließt. Deshalb passt diese Berechnung des Erwartungswertes nicht zum Zufallsversuch in Auftrag 1.

d) z. B.: Beliebiger achsensymmetrischer Graph über $[-a; a]$, welcher bei $x = 0$ ein Minimum hat.

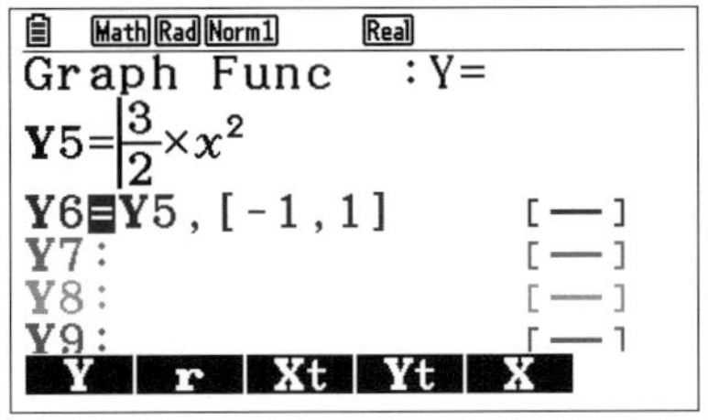

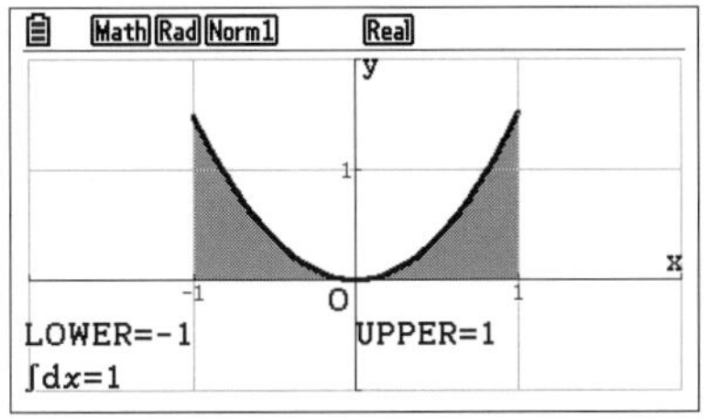

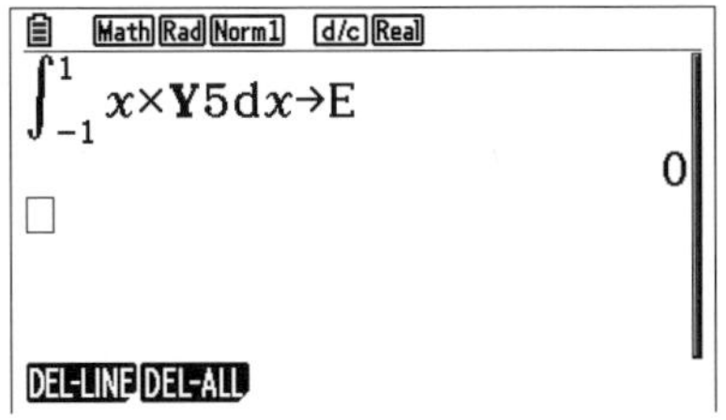

e) $\int_0^{12} \frac{1}{12}\left(1 + \cos\left(\frac{\pi}{6}\right)\right) dx = \frac{1}{12}\left(x + \frac{6}{\pi}\sin\left(\frac{\pi}{6}x\right)\right)\Big|_0^{12} = 1$

Mit GTR erhält man $\mu = 6$, $\sigma^2 \approx 19{,}295$ und $\sigma = 4{,}393$.
[Bemerkung: $g(x-6)$ hat $\mu = 6$ und $\sigma \approx 2{,}169$].

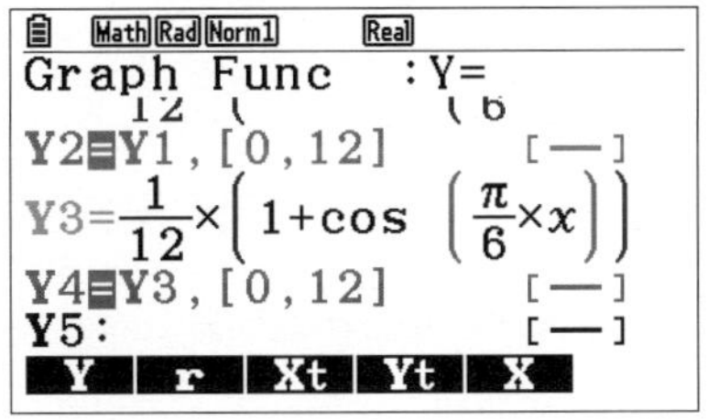

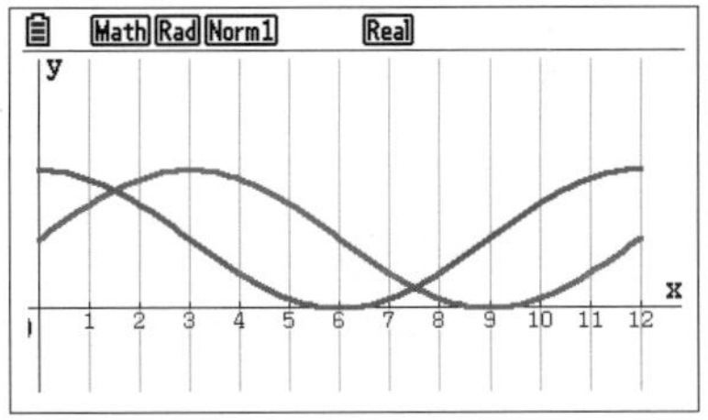

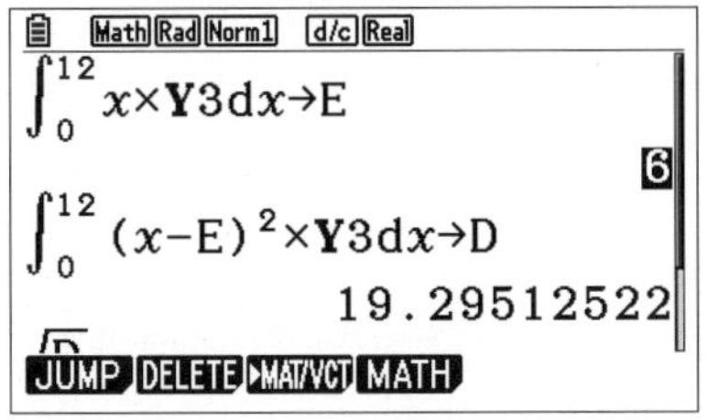

288 **8 a)** Die Funktionswerte sind offensichtlich nichtnegativ. Statt des Integrals Flächenberechnung elementargeometrisch: $A = \frac{1}{2} \cdot 2 \cdot 1 = 1$

b) $\mu_X = \int_{-1}^{0} x\,(x+1)\,dx + \int_{0}^{1} x\,(-x+1)\,dx = \left(\frac{1}{3}x^3 + \frac{1}{2}x^2\right)\Big|_{-1}^{0} + \left(-\frac{1}{3}x^3 + \frac{1}{2}x^2\right)\Big|_{0}^{1} = 0$

$\sigma_X^2 = \int_{-1}^{0} x^2\,(x+1)\,dx + \int_{0}^{1} x^2(-x+1)\,dx = \frac{1}{6}$ und $\sigma = \sqrt{\frac{1}{6}} \approx 0{,}408$

$P(-a \le X \le a) = \int_{-a}^{0} (x+1)\,dx + \int_{0}^{a} (-x+1)\,dx = \frac{1}{2}x^2 + x\,\Big|_{-a}^{0} + \left(-\frac{1}{2}x^2 + x\right)\Big|_{0}^{a} =$

$2a - a^2$ (kann auch elementargeometrisch berechnet werden)

Für $a = \sigma_X$: $\int_{-\sigma}^{\sigma} f(x)\,dx = 2\sigma - \sigma^2 = 2\sqrt{\frac{1}{6}} - \frac{1}{6} \approx 0{,}650$

[Bemerkung: Das ist erstaunlich nahe am Wert der Standardnormalverteilung]

c) Die Fläche unter dem Graphen ist gleich 1 (elementargeometrisch).

$\mu = \int_{-1}^{0} (-x^2)\,dx + \int_{0}^{1} x^2\,dx = -\frac{1}{3}x^3\,\Big|_{-1}^{0} + \frac{1}{3}x^3\,\Big|_{0}^{1} = 0$

$\sigma^2 = \int_{-1}^{0} (-x^3)\,dx + \int_{0}^{1} x^3\,dx = \frac{1}{2}$, also $\sigma \approx 0{,}707$

$P(-a \le Y \le a) = a^2$ und $P(-\sigma \le X \le \sigma) = 0{,}5$.

9 a) Die Funktionswerte sind nichtnegativ.

$$\int_{0}^{\infty} ke^{-kx}\,dx = \lim_{u \to \infty} \left[-e^{-kx}\right]_0^u = \lim_{u \to \infty} (-e^{-ku} + 1) = 1$$

b) $P(X_2 < 2) = \int_{0}^{2} 2e^{-2x}\,dx = -e^{-2x}\,\Big|_0^2 = -e^{-4} + 1 \approx 0{,}982$

$P(X_2 > 3) = \int_{3}^{\infty} 2e^{-2x}\,dx = \lim_{u \to \infty} (-e^{-2u} + e^{-6}) = e^{-6} \approx 0{,}002.$

c) $G'_k(x) = -e^{-kx} + \left(-x - \frac{1}{k}\right) \cdot (-k)\,e^{-kx} = e^{-kx}\,(-1 + kx + 1) = x \cdot ke^{-kx}$

$$\mu = \int_{0}^{\infty} x \cdot ke^{-kx}\,dx = \lim_{u \to \infty} \left[\left(-x - \frac{1}{k}\right) e^{-kx}\right]_0^u = 0 - \left(-0 - \frac{1}{k}\right) \cdot 1 = \frac{1}{k}$$

d) $S'_k(x) = -2xe^{-kx} + \left(-x^2 - \frac{1}{k^2}\right)(-k)\,e^{-kx} = ke^{-kx}\left(-\frac{2}{k}x + x^2 + \frac{1}{k^2}\right) = ke^{-kx}\left(x - \frac{1}{k^2}\right)$

$$\sigma^2 = \int_{0}^{\infty} \left(x - \tfrac{1}{k}\right)^2 \cdot ke^{-kx}\,dx = \lim_{u \to \infty} \left[-\left(x^2 + \tfrac{1}{k}\right) e^{-kx}\right]_0^u = 0 + \left(0 + \tfrac{1}{k^2}\right) = \tfrac{1}{k^2}$$

$\sigma = \frac{1}{k}$

10 Eigenschaften der Gausschen Glocke. 288

a) Der Graph von φ ist achsensymmetrisch zur y-Achse, geht für $x \to \infty$ gegen 0. φ hat keine Nullstellen.

$\varphi'(x) = \frac{1}{\sqrt{2\pi}}\,(-x)\,e^{-\frac{x^2}{2}} = 0 \Leftrightarrow x = 0$. Vorzeichenwechsel des Faktors $(-x)$ von + nach –, also Hochpunkt $H\left(0\,\middle|\,\frac{1}{\sqrt{2\pi}}\right)$

$\varphi''(x) = \frac{1}{\sqrt{2\pi}}\left[-e^{-\frac{x^2}{2}} + (-x)^2 e^{-\frac{x^2}{2}}\right] = \frac{1}{\sqrt{2\pi}}\,e^{-\frac{x^2}{2}}\,(-1 + x^2) = 0 \Leftrightarrow x = \pm 1$. Der Faktor $(-1 + x^2)$ ist Funktionsterm einer nach unten geöffneten Parabel, hat also an den Nullstellen ±1 Vorzeichenwechsel. $W_{1/2}\left(\pm 1\,\middle|\,\frac{1}{\sqrt{2\pi}}\right)$

b) Beim Casio muss man die Funktion im Graphikmenu definieren, oder den Integranden ganz im Run-Matrix-Menu eingeben.

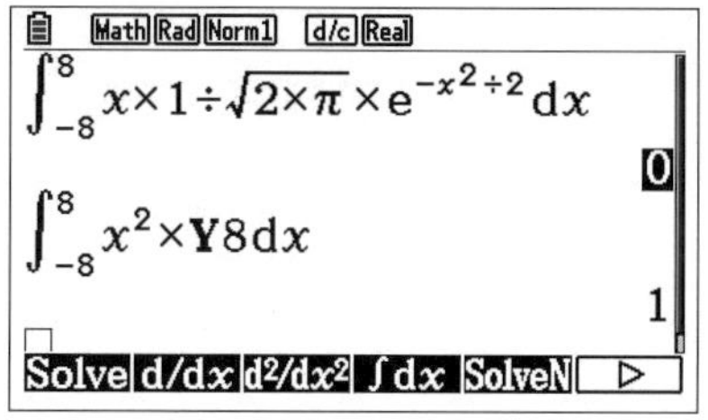

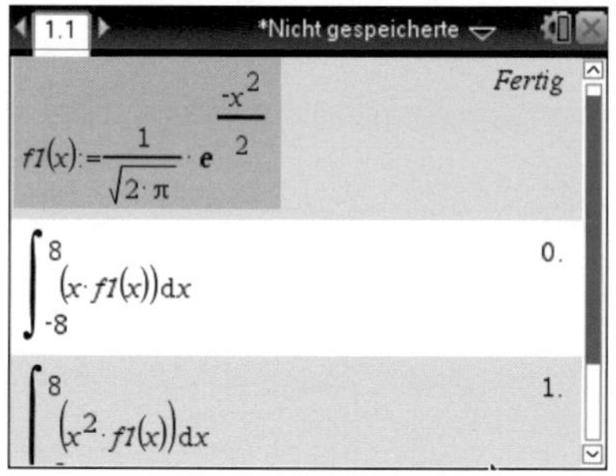

c) $\int_{-\infty}^{\infty} x \cdot \frac{1}{\sqrt{2\pi}}\,e^{-\frac{x^2}{2}}\,dx = \lim_{u \to \infty}\left[-\frac{1}{\sqrt{2\pi}}\,e^{-\frac{u^2}{2}} - \left(-\frac{1}{\sqrt{2\pi}}\,e^{-\frac{u^2}{2}}\right)\right] = 0$

Einfacher: Da der Graph von φ achsensymmetrisch ist, erhält man durch den Faktor x eine zum Ursprung punktsymmetrische Funktion. Die Flächeninhalte unter dem Graphen sind also rechts und links der y-Achse gleich und vorzeichenentgegengesetzt.

d) siehe Screenshots zu b)

11 Casio: MODIFY. Um das Integral zu berechnen, muss man jeweils aus dem Modify-Modus in die normale Graphik wechseln.

12 a) $\frac{1}{\sigma}\,\varphi\left(\frac{x-\mu}{\sigma}\right) = \frac{1}{\sigma}\,e^{-\frac{\left(\frac{x-\mu}{\sigma}\right)^2}{2}} = \frac{1}{\sigma}\,e^{-\frac{(x-\mu)^2}{2\sigma^2}} = \varphi_{\mu;\sigma}(x)$ 289

b) $\varphi'_{\mu;\sigma}(x) = \left[\frac{1}{\sigma}\,\varphi\left(\frac{x-\mu}{\sigma}\right)\right]' = \frac{1}{\sigma^2}\,\varphi'\left(\frac{x-\mu}{\sigma}\right)$. φ' hat bei 0 einen Vorzeichenwechsel von – nach +, also hat $\varphi'_{\mu;\sigma}$ einen Vorzeichenwechsel von – nach + genau dann, wenn $\frac{x-\mu}{\sigma} = 0$ $\Leftrightarrow x = \mu$.

$\varphi''_{\mu;\sigma}(x) = \frac{1}{\sigma^3}\,\varphi''\left(\frac{x-\mu}{\sigma}\right)$ hat entsprechend einen Vorzeichenwechsel, wenn $\frac{x-\mu}{\sigma} \pm 1$

$\Leftrightarrow x = \mu \pm \sigma$.

c) z. B. GTR: $\int_{-17}^{23} x\,\varphi_{3;2}(x)\,dx = 3$ und $\int_{-17}^{23} (x-3)^2\,\varphi_{3;2}(x)\,dx = 4 = 2^2$

13 zum Beispiel:

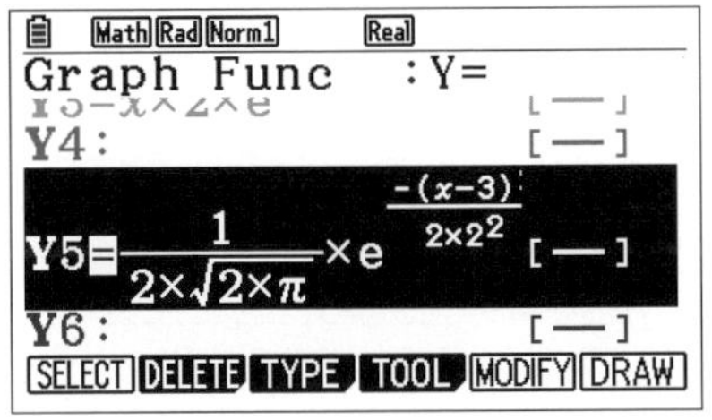

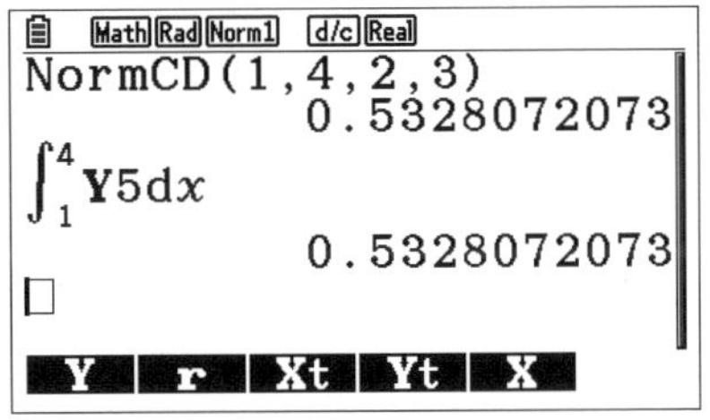

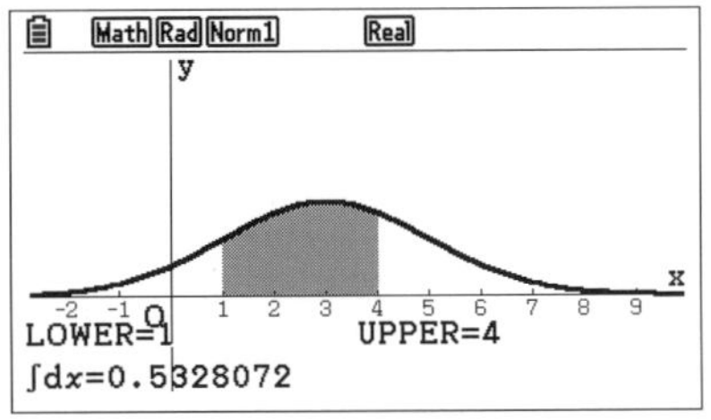

14 a) 0,4950 Bei Verwendung von GTR oder Tabellenkalkulation setzt man für „unendlich" üblicherweise einfach nur eine sehr hohe Zahl ein, etwa 1 000 000 bzw. −1 000 000 für „minus unendlich".

b) $P(X \geq 3) \approx P(3 \leq X \leq 1\,000\,000) \approx 0{,}2525$

c) $P(X \leq 0) \approx P(-1\,000\,000 \leq X \leq 0) \approx 0{,}0912$

d) 0,7471

15 a) 0,2660	**c)** 0,7887	**e)** 0
b) 0,2660	**d)** 0,5	**f)** 0,9500

16 a) $P(X \leq a) = 0{,}9 \Rightarrow a \approx -0{,}36$

b) $P(X < a) = 0{,}1 \Rightarrow a \approx -1{,}64$

c) Es gilt: $P(X \geq a) = P(X > a) = 1 - P(X \leq a)$.

$\Rightarrow 1 - \Phi\left(\frac{a+1}{0{,}5}\right) = 0{,}3 \Rightarrow \Phi\left(\frac{a+1}{0{,}5}\right) = 0{,}7 \Rightarrow \frac{a+1}{0{,}5} \approx 0{,}525 \Rightarrow a \approx -0{,}7388$

d) $P(X > a) = 0{,}2 \Rightarrow a \approx -0{,}58$

e) $P(1 - a \leq X \leq 1 + a) = 0{,}95 \Rightarrow a \approx 0{,}9800$

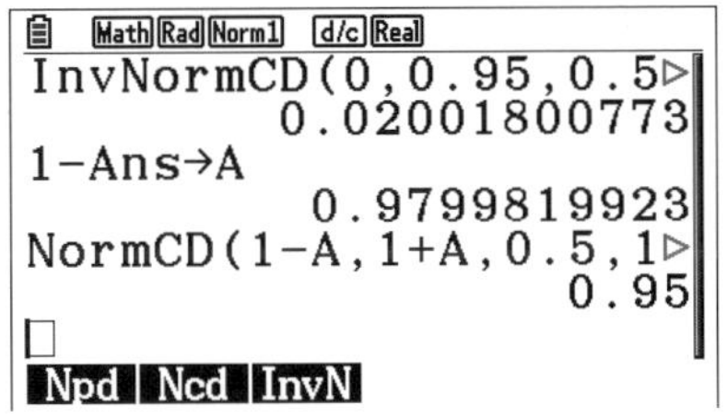

f) $P(0 \leq x \leq a) = 0{,}3 \Rightarrow a \approx 0{,}7700$

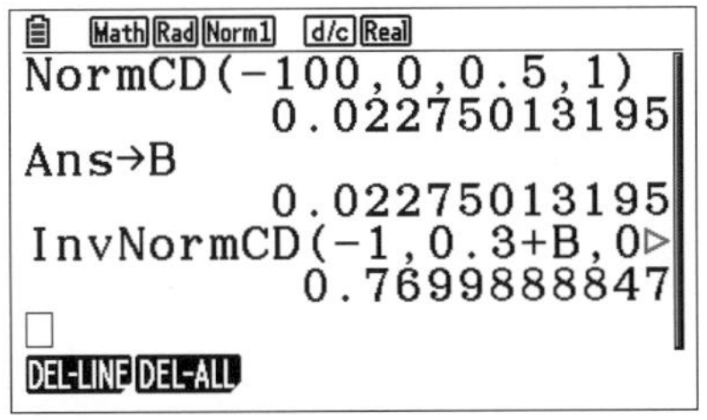

NOCH FIT?

I a) Die Höhe des Dreiecks ist der Abstand von C zu g_{AB}: $\vec{x} = \begin{pmatrix} -4 \\ 1 \\ -2 \end{pmatrix} + k \cdot \begin{pmatrix} 4 \\ 2 \\ 3 \end{pmatrix}$

Lotfußpunktverfahren:

$\left[\begin{pmatrix} -8 \\ -2 \\ -6 \end{pmatrix} + k \cdot \begin{pmatrix} 4 \\ 2 \\ 3 \end{pmatrix}\right] \cdot \begin{pmatrix} 4 \\ 2 \\ 3 \end{pmatrix} = 0 \Leftrightarrow k = \frac{54}{29}$

Lotvektor:

$\vec{l} = \begin{pmatrix} -8 + \frac{4 \cdot 54}{29} \\ -2 + \frac{2 \cdot 54}{29} \\ -6 + \frac{3 \cdot 54}{29} \end{pmatrix} = \frac{2}{29} \cdot \begin{pmatrix} -8 \\ 25 \\ -6 \end{pmatrix}$

$A_{ABC} = \frac{1}{2} \cdot |\overrightarrow{AB}| \cdot |\vec{l}| = \frac{1}{2} \cdot \left|\begin{pmatrix} 8 \\ 4 \\ 6 \end{pmatrix}\right| \cdot \left|\frac{2}{29} \cdot \begin{pmatrix} -8 \\ 25 \\ -6 \end{pmatrix}\right| = \frac{1}{29}\sqrt{116} \cdot \sqrt{725} = 10$

b) Mittelpunkt von $\overline{BC}$: $M(4|4|4)$

Ein Vektor senkrecht zu $\overrightarrow{AB} = \begin{pmatrix} 8 \\ 4 \\ 6 \end{pmatrix}$ und zu $\overrightarrow{BC} = \begin{pmatrix} 0 \\ -2 \\ 0 \end{pmatrix}$ ist $\vec{n} = \begin{pmatrix} 3 \\ 0 \\ -4 \end{pmatrix}$.

Für die Pyramidenhöhe h gilt: $50 = \frac{1}{3} \cdot 10h \Rightarrow h = 15 = 3 \cdot \vec{n}$

$\overrightarrow{OS} = \overrightarrow{OM} \pm 3 \cdot \vec{n}$

Die Pyramide könnte die Spitze $S_1(13|4|-8)$ oder $S_2(-5|4|16)$ haben.

289

289 **II a)** Wegen $\overrightarrow{PQ} = \begin{pmatrix} 2 \\ 4 \\ 1 \end{pmatrix} = \overrightarrow{SR}$ ist $PQRS$ ein Parallelogramm.

b) M ist Mittelpunkt von $\overline{PR}$: $\Rightarrow M(0|3|-1)$

Das Skalarprodukt von $\overrightarrow{TM} = \begin{pmatrix} 7 \\ -1 \\ -10 \end{pmatrix}$ mit $\overrightarrow{PQ} = \begin{pmatrix} 2 \\ 4 \\ 1 \end{pmatrix}$ und mit $\overrightarrow{PS} = \begin{pmatrix} -4 \\ 2 \\ -3 \end{pmatrix}$ ist null, also steht $\overrightarrow{TM}$ senkrecht auf der Parallelogrammebene und M ist der Lotfußpunkt.

$\overrightarrow{OT'} = \overrightarrow{OM} + \overrightarrow{TM} = \begin{pmatrix} 0 \\ 3 \\ -1 \end{pmatrix} + \begin{pmatrix} 7 \\ -1 \\ -10 \end{pmatrix} = \begin{pmatrix} 7 \\ 2 \\ -11 \end{pmatrix}$

c) Die Höhe h des Parallelogramms ist der Abstand von S zu g_{PQ}: $\vec{x} = \begin{pmatrix} 1 \\ 0 \\ 0 \end{pmatrix} + k \cdot \begin{pmatrix} 2 \\ 4 \\ 1 \end{pmatrix}$

$\left[\begin{pmatrix} 4 \\ -2 \\ 3 \end{pmatrix} + k \cdot \begin{pmatrix} 2 \\ 4 \\ 1 \end{pmatrix}\right] \cdot \begin{pmatrix} 2 \\ 4 \\ 1 \end{pmatrix} = 0 \Leftrightarrow k = -\frac{1}{7}$

$h = \left|\begin{pmatrix} 4 - \frac{2}{7} \\ -2 - \frac{4}{7} \\ 3 - \frac{1}{7} \end{pmatrix}\right| = \frac{2}{7}\sqrt{350}$

$g = |\overrightarrow{PQ}| = \left|\begin{pmatrix} 2 \\ 4 \\ 1 \end{pmatrix}\right| = \sqrt{21}$

$A_{PQRS} = g \cdot h = 10\sqrt{6}$

Volumen der Doppelpyramide: $V = 2 \cdot \frac{1}{3} \cdot A_{PQRS} \cdot |\overrightarrow{TM}| = \frac{2}{3} \cdot 10\sqrt{6} \cdot \sqrt{150} = 200$

III Zu prüfen ist z. B.: Liegt D in E_{ABC}?

$E_{ABC}: \vec{x} = \begin{pmatrix} 1 \\ 2 \\ 3 \end{pmatrix} + k \cdot \begin{pmatrix} 2 \\ -2 \\ -2 \end{pmatrix} + l \cdot \begin{pmatrix} 4 \\ 1 \\ -2 \end{pmatrix} \Rightarrow E_{ABC}$ hat den Normalenvektor $\vec{n} = \begin{pmatrix} -3 \\ 2 \\ -5 \end{pmatrix}$.

Dann ist eine Koordinatenform von E_{ABC}: $3x_1 - 2x_2 + 5x_3 = 14$

Wegen $3 \cdot 4 - 2 \cdot 4 + 5 \cdot 2 = 14$ liegt D in E_{ABC}.

290 **Aufgaben – Anwenden**

17 a) Casio:

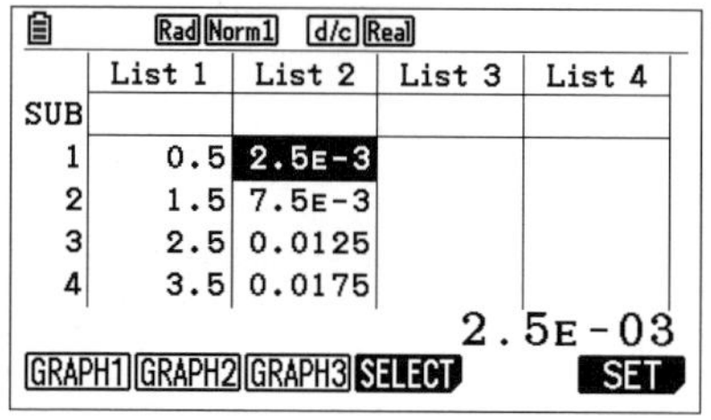

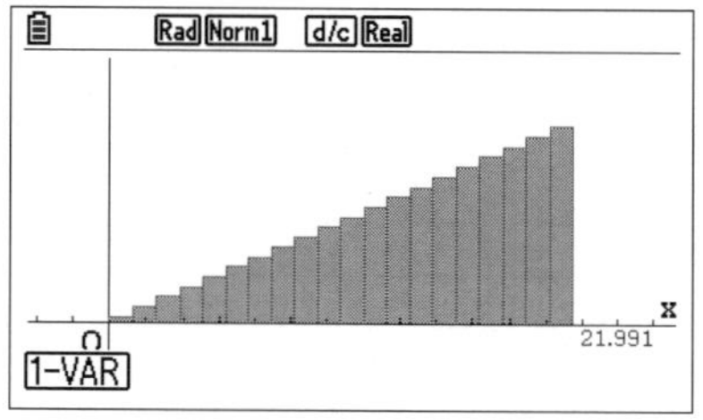

Fortsetzung von Aufgabe 17:

TI:

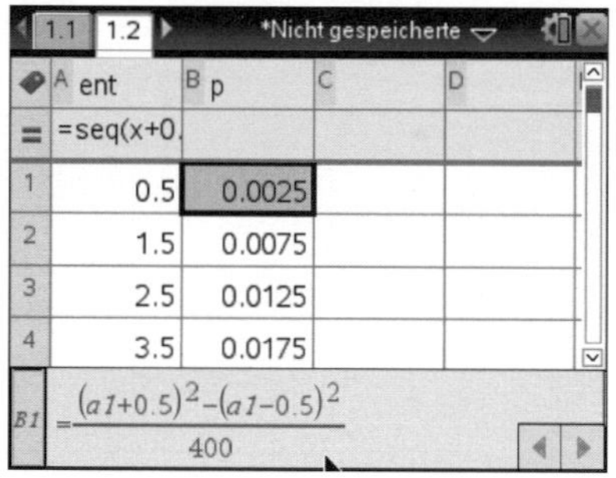

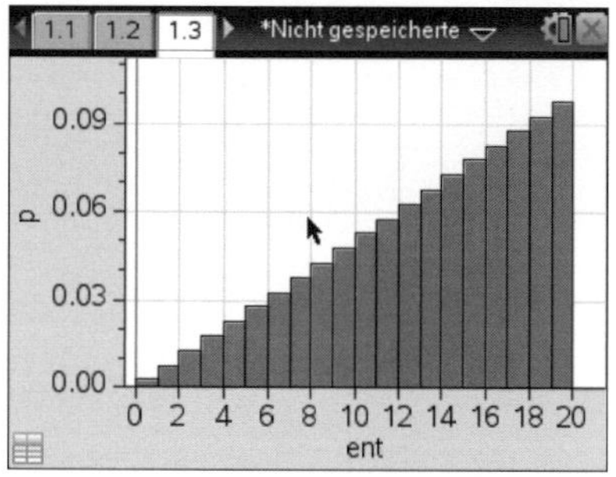

b) Dem Histogramm nach muss $f(x) = k \cdot x$ gelten. Im 3-ten Ring ist ein Platz mit der Wahrscheinlichkeit $\frac{\pi(4^2 - 3^2)}{400\pi} = \frac{7}{400} = \frac{2}{400} \cdot 3{,}5$. Also ist $f(x) = \frac{1}{200}x$.

$P(Y \le x) = \frac{x^2\pi}{400\pi} = \frac{1}{400}x^2$. Man sieht: $f(x) = F'(x)$.

c) $E(X) = 13{,}325$ (GTR z. B. Datenanalyse) oder Berechnung in den Listen: (Liste1 * Liste2), und die Ergebnisliste aufsummieren.

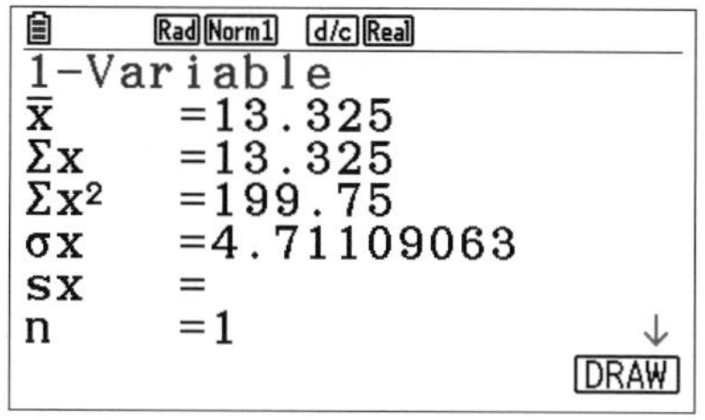

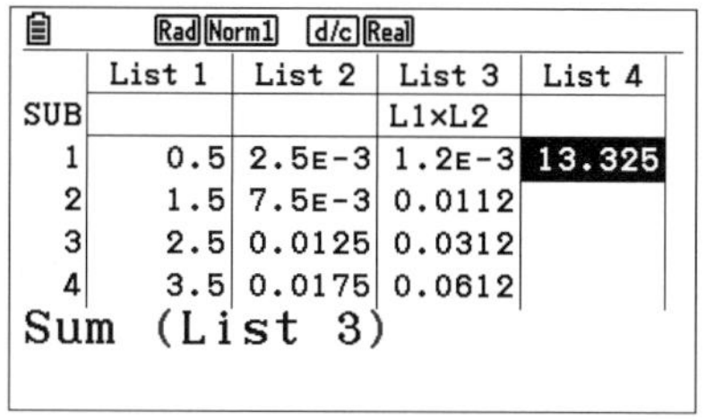

$$E(Y) = \int_0^{20} x \cdot \frac{1}{200}\,x\,dx = \frac{1}{600}x^3\Big|_0^{20} = \frac{40}{3} = 13{,}333$$

Die beiden Erwartungswerte unterscheiden sich ab der 2. Nachkommastelle.

290 **18 a)** Die Summe der Werte ergibt 4. Da die Breite der Rechtecke $\frac{1}{4}$ beträgt, ist die Fläche gleich 1.

$P(0{,}5 \le X \le 1) = \frac{1}{4}(0{,}48 + 0{,}25) = 0{,}183$

b)

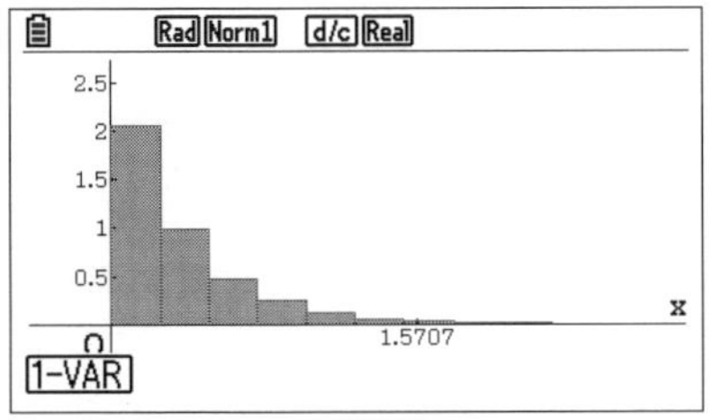

c)

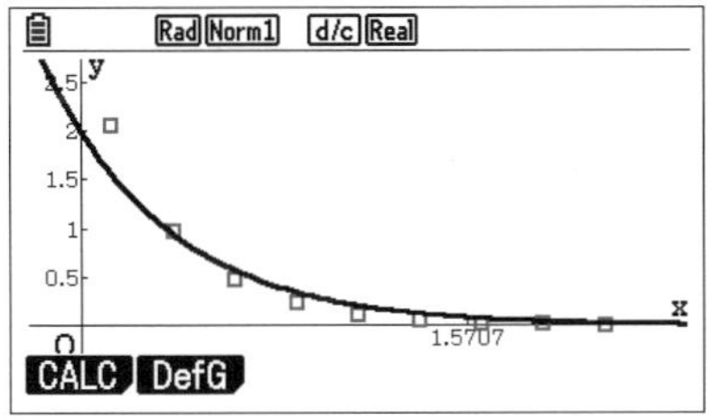

d) $f(x) > 0$ ist klar.

$$\int_0^\infty 2e^{-2x}\,dx = \lim_{u\to\infty} e^{-2x}\Big|_0^u = 0 - (-1) = 1$$

$$\int_0^{0,5} f(x)\,dx = -e^{-2x}\Big|_0^{0,5} \approx 0{,}632$$

(Dem Histogramm entnimmt man 0,756.)

e) Siehe Rechnung in Aufgabe 9c,d) für $k = 2$. Man erhält $\mu = \sigma = \frac{1}{2}$.

19 a)

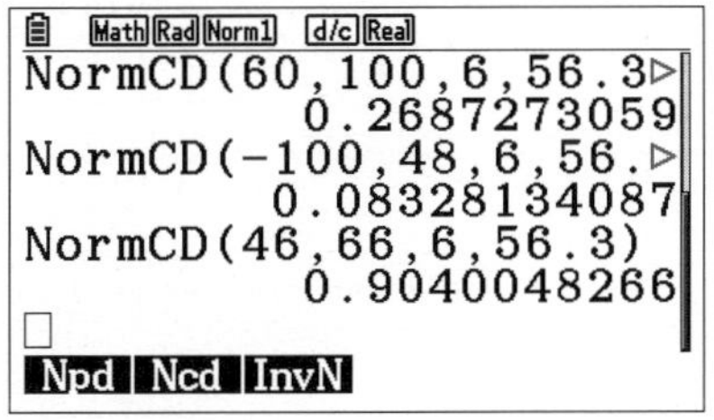

b) Beim folgenden CASIO-Screenshot ist die erste Zeile:
InvNormCD(0,0.9,6,56.3) →A

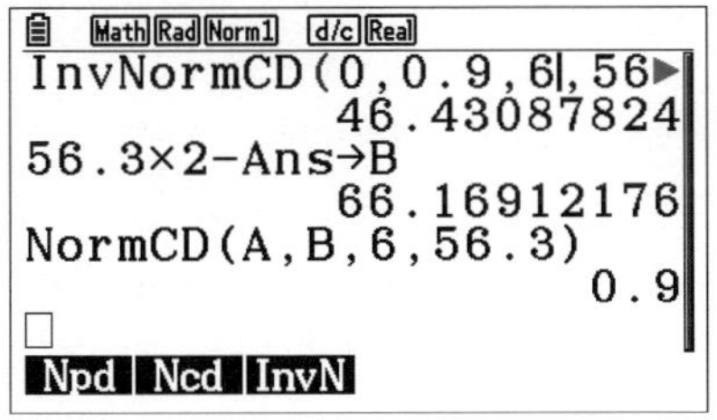

[46,4 ; 66,2]

Fortsetzung von Aufgabe 19: 290

c) Man wird erst ab 68,6 ppm alarmieren:

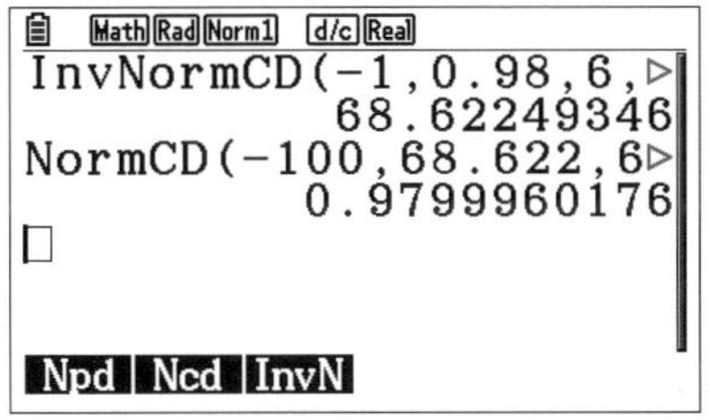

20 a) 68,3 % entspricht etwa der -Umgebung, also $\sigma \approx \frac{115-85}{2} = 15$ 291

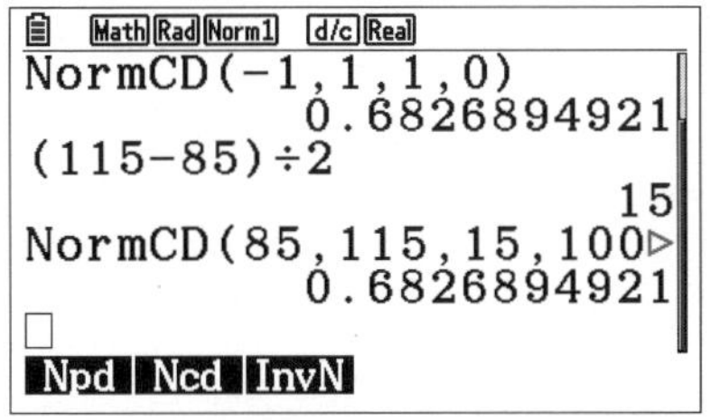

b) Der GTR liefert als linken Rand des Intervalls 70, also $a = 30$.

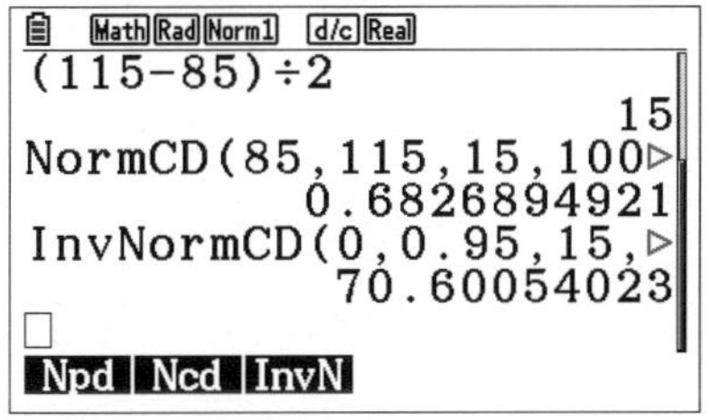

95 % der Bevölkerung haben einen IQ von 70 bis 130.

c) $P(X) \ge 0{,}34 \quad X \approx 106$

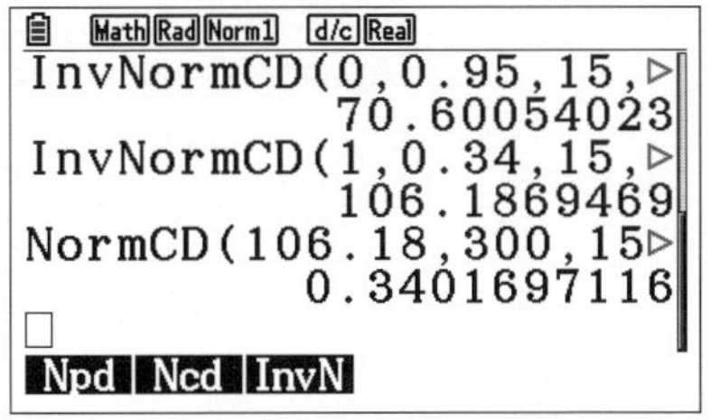

291

21 Der Durchmesser der Bohrung muss 44; 1 + 0; 04 = 44; 5 betragen.
$P(X) \le 44{,}5$ = Norm,CD(−100,44.5,15,100) ≈ 0,048

22 a) Eingabe der Werte in Liste 1, Häufigkeiten in Liste 2. Die Analyse dieser Eingabedaten (1−VAR) zeigt, dass n = 400 ist. Damit dann in Liste 3 die relativen Häufigkeiten.

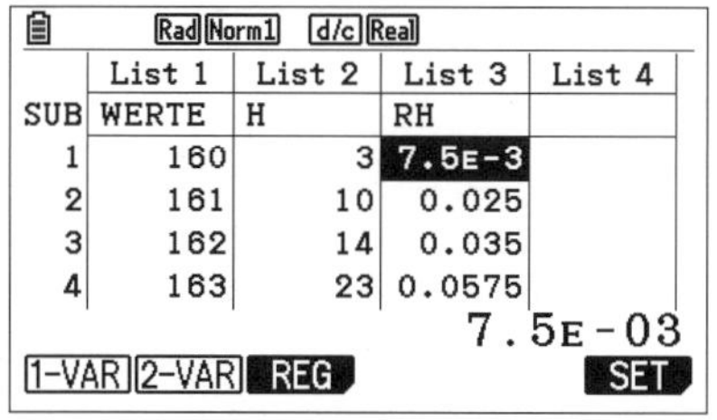

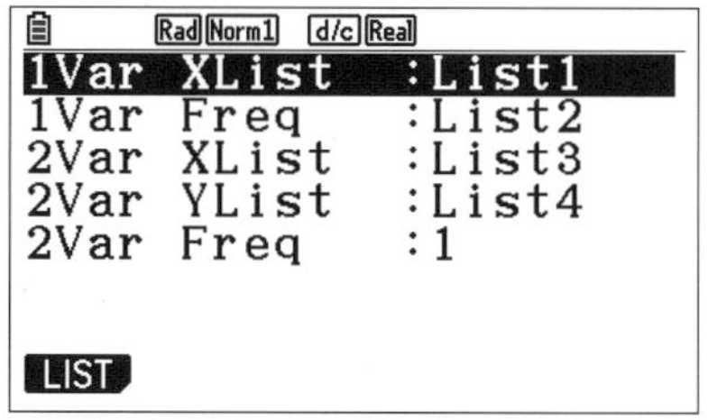

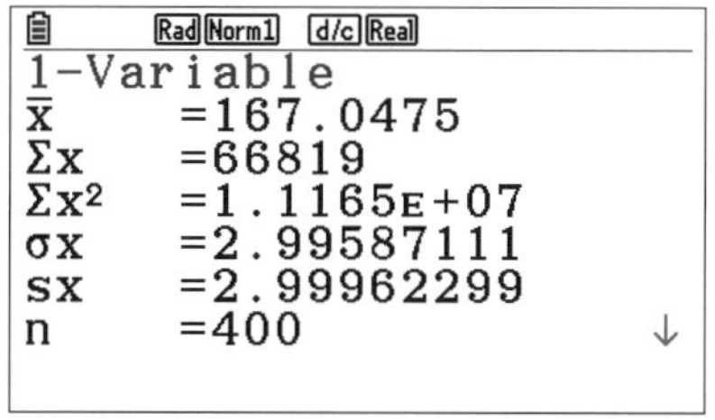

b) Die Datenanalyse ergab einen Mittelwert von 167 und $S_X = 2{,}9996$. Diese Werte können im Casio über **VARS STAT INPUT** angesprochen, also bei der Eingabe des Funktionsterms verwendet werden.

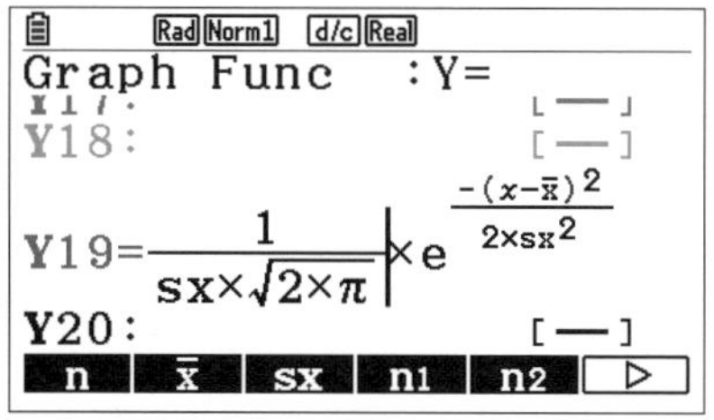

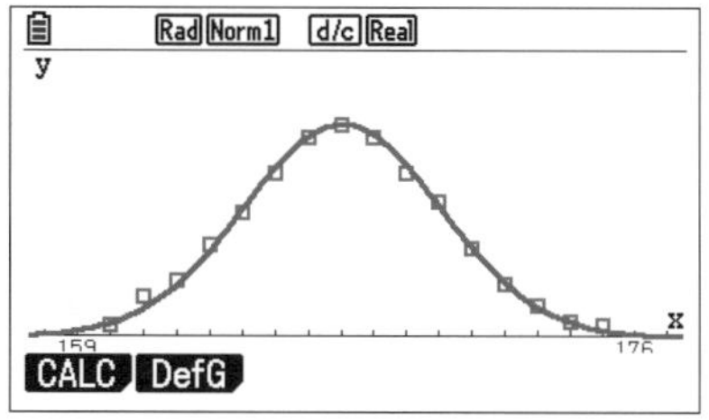

c) [160,9; 173,2]. Möglicher Weg mit Casio:

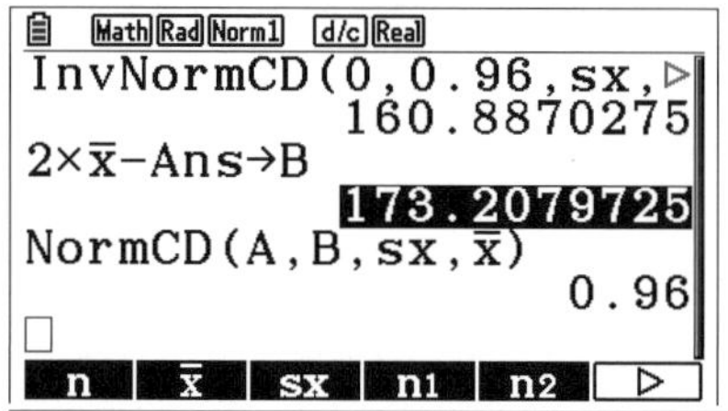

23 Es gilt $1{,}96 \cdot \frac{\sigma}{\sqrt{50}} = 0{,}14\,\text{mm}$.
Entscheidungsregel : Die Lieferung wird akzeptiert, wenn $35{,}86 < \overline{X} < 36{,}14$ gilt.
Also wird diese Schraubenlieferung mit $\overline{X} = 35{,}7\,\text{mm}$ abgelehnt.

24 Radius des Annahmebereichs: $1{,}96 \cdot \frac{3}{\sqrt{40}} = 0{,}93\,\text{g}$.
Entscheidungsregel: $244{,}07 < \overline{X} < 245{,}96$. Mittelwert der Stichprobe: $\overline{X} = 242{,}5\,\text{g}$.
Die Hypothese $\mu = 245$ wird verworfen.

292

25 Jans Überschlag: Anzahl = $\frac{500}{7} \cdot 100 = 7143$;
Mareike behauptet, eine Stichprobe von 7000 Linsen wiege 500 g, der Mittelwert dieser Stichprobe wäre $\overline{X} = \frac{500}{7000} \approx 0{,}071$.
Der Radius des Annahmebereichs für $\mu = 0{,}07$ ist $1{,}96 \cdot \frac{0{,}02}{\sqrt{7000}} \approx 0{,}0005$.
Da $0{,}071 - 0{,}07 = 0{,}001 > 0{,}0005$, können nicht Jan und Mareike zugleich recht haben.

26 a) GTR: $\overline{X} = 0{,}6984$ $\quad S_x = 0{,}01346$

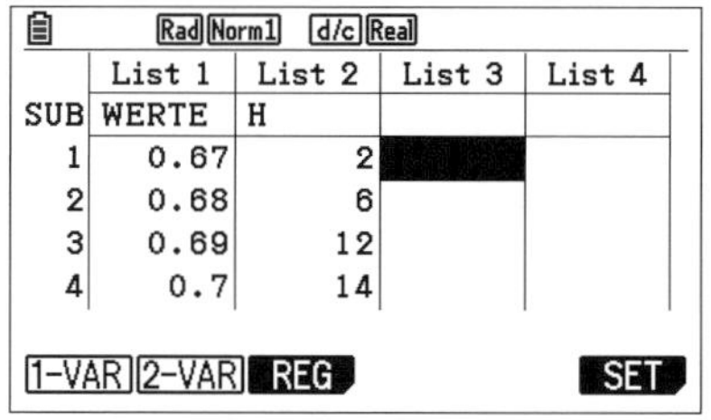

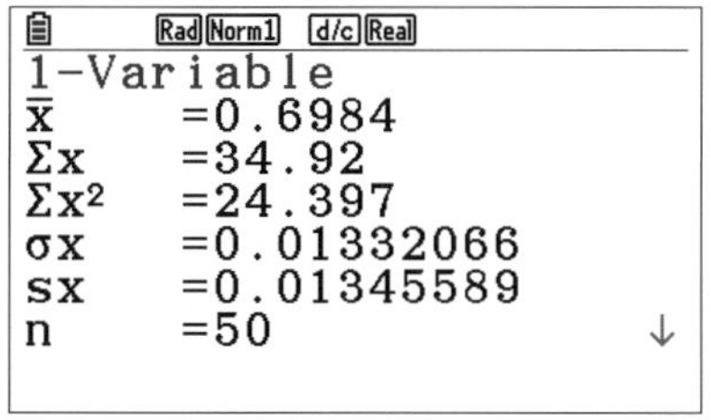

b) S_X wird als Schätzwert für die Standardabweichung der Grundgesamtheit genommen.
Annahmebereich für $\mu \ge 0{,}7$:
$\overline{X} \ge \mu - 1{,}64 \cdot \frac{S_X}{\sqrt{n}} = 0{,}7 - 1{,}64 \cdot \frac{0{,}01346}{\sqrt{50}} \approx 0{,}6969$. Damit liegt der Mittelwert der Stichprobe im Annahmebereich für μ, die Behauptung des Händlers ist nicht widerlegt.

27

Wert	4,8	4,9	5,0	5,1	5,2	5,3	5,4	5,5	5,6	5,7
Anzahl	2	3	3	6	5	6	5	1	4	1

$\overline{X} = 5{,}231$ $\quad S_X = 0{,}2376$ $\quad$ Annahmebereich $X \le 5{,}2 + 1{,}64 \cdot \frac{0{,}2376}{\sqrt{36}} \approx 5{,}263$.
Der Mittelwert 5,231 stellt demnach keine signikante Abweichung nach oben dar, die Aussage des Datenblattes ist nicht widerlegt.

Aufgaben – Vernetzen

28 Lösung für $f(x) = -x^3 + x^2$, es sei $g(x) = f_{3;2}(x) = \frac{1}{2}\left(-\frac{(x-3)^3}{8} + \frac{(x-3)^{\wedge 2}}{4}\right)$:

a) Nullstellen von g: $g(x) = 0 \Leftrightarrow (x-3)^2 = 0 \vee \left(-\frac{x-3}{8} + \frac{1}{4}\right) = 0 \Leftrightarrow x = 3 \vee x = 5$

Transformation: $\frac{3-3}{2} = 0$ und $\frac{5-3}{2} = 1$ und das sind die Nullstellen von f.

$g'(x) = \frac{1}{2}\left(-\frac{3}{8}(x-3)^2 + \frac{1}{2}(x-3)\right) = 0 \Leftrightarrow (x-3)\left(-\frac{3}{8}(x-3) + \frac{1}{2}\right) = 0 \Leftrightarrow x = 3 \vee x = \frac{13}{3}$

Die Nullstellen von f' sind $\frac{3-3}{2} = 0$ und $\frac{\frac{13}{3}-3}{2} = \frac{2}{3}$

$g'' = -\frac{3}{4}(x-3) + \frac{1}{2} = 0 \Leftrightarrow x = \frac{11}{3}$.

f'' hat die Nullstelle $\frac{\frac{11}{3}-3}{2} = \frac{1}{3}$

Die hinreichenden Bedingungen für diese möglichen Extrem- und Wendestellen werden alle erfüllt.

b) $F(x) = -\frac{1}{4}x^4 + \frac{1}{3}x^3$.
Mit $g(x) = \frac{1}{2}\left(-\frac{1}{8}(x-3)^3 + \frac{1}{4}(x-3)^2\right)$ erhält man

$$G(x) = \frac{1}{2}\left(-\frac{1}{8}\cdot\frac{1}{4}(x-3)^4 + \frac{1}{4}\cdot\frac{1}{3}(x-3)^3\right) = -\frac{1}{4}\,\frac{(x-3)^4}{16} + \frac{1}{3}\,\frac{(x-3)^3}{8} = -\frac{1}{4}\left(\frac{x-3}{2}\right)^4 + \frac{1}{3}\left(\frac{x-3}{2}\right)^3$$

Der Grund für das Entfallen des Faktors ist in der Beispielrechnung in dieser Form schlecht zu erkennen, siehe allgemeine Lösung.

c) Fläche unter dem Graphen von f:

$$-\frac{1}{4}x^4 + \frac{1}{3}x^3\,\Big|_0^1 = \frac{1}{12}$$

Setzt man die Nullstellen von 5 und 3 von d in $F_{\mu;\sigma}$ ein, so erhält man

$$-\frac{1}{4}\left(\frac{x-3}{2}\right)^4 + \frac{1}{3}\left(\frac{x-3}{2}\right)^3\,\Big|_3^5 = F(1) - F(0) = \frac{1}{12}$$

Allgemeine Lösung:

a) Nullstellen:

$$f_{\mu;\sigma}(x) = 0 \Leftrightarrow \frac{1}{\sigma} f\left(\frac{x-\mu}{\sigma}\right) = 0 \Leftrightarrow f\left(\frac{x-\mu}{\sigma}\right) = 0$$

Extremstellen: $f'_{\mu;\sigma}(x) = \frac{1}{\sigma^2} f'\left(\frac{x-\mu}{\sigma}\right)$ Da $\frac{1}{\sigma^2}$ positiv ist, hat $f'_{\mu;\sigma}$ genau da einen Vorzeichenwechsel, wo $f'\left(\frac{x-\mu}{\sigma}\right)$ einen Vorzeichenwechsel hat. Das gleiche Argument gilt für die Wendestellen, denn $f''_{\mu;\sigma}(x) = \frac{1}{\sigma^3} f''\left(\frac{x-\mu}{\sigma}\right)$

b) $F'_{\mu;\sigma} = \left[F\left(\frac{x-\mu}{\sigma}\right)\right]' = \frac{1}{\sigma} F'\left(\frac{x-\mu}{\sigma}\right) = \frac{1}{\sigma} f\left(\frac{x-\mu}{\sigma}\right)$

Die Kettenregel bewirkt, dass der Faktor $\frac{1}{\sigma}$ beim Ableiten von $F_{\mu;\sigma}$ entsteht.

29 $\left[-x\varphi(x) + \int_{-\infty}^{x} \varphi(t)\,dt\right]' = -\varphi(x) - x\varphi'(x) + \varphi(x) = -x\varphi'(x) = x\cdot(-x)\,\frac{1}{\sqrt{2\pi}}\,e^{\frac{-x^2}{2}} = x^2\varphi(x)$

$\sigma^2 = \lim\limits_{u\to\infty} \left[-x\varphi(x) + \Phi(x)\right]_{-u}^{u} = \lim\limits_{-u\to\infty} \left(u\varphi(u) - (-u)\varphi(u) + \Phi(u) - \Phi(-u)\right)$

$= \lim\limits_{-u\to\infty} \left(\Phi(u) - \Phi(-u)\right) = 1$

30 a) Lösung für $x = 4$, mit Integral und mit normCdf Ti:

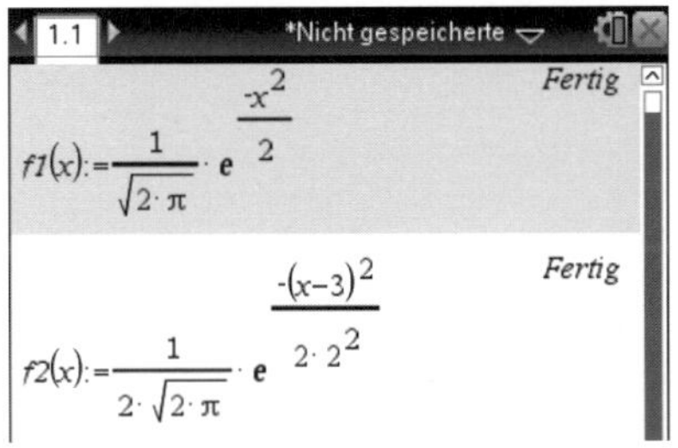

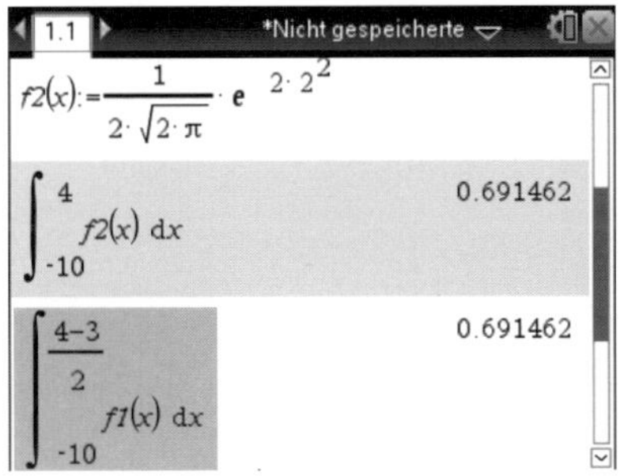

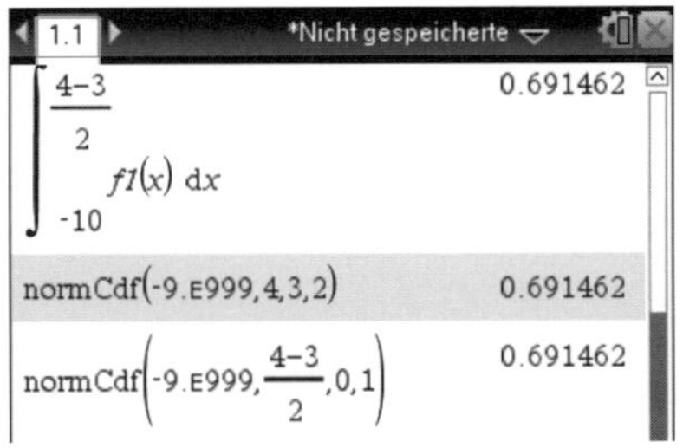

Casio:

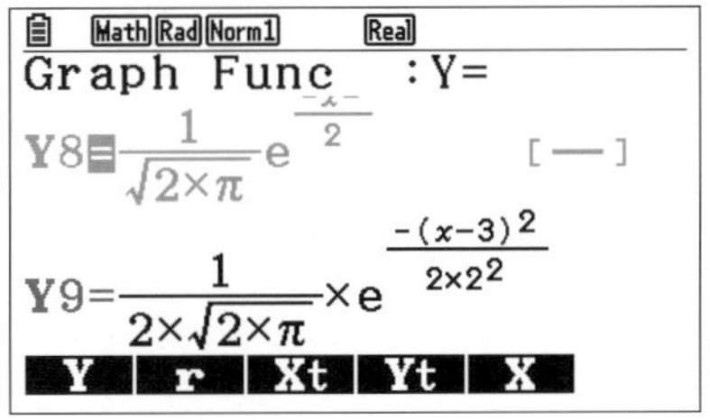

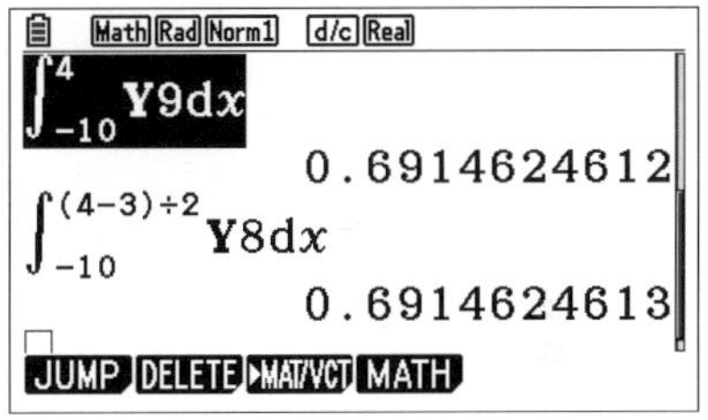

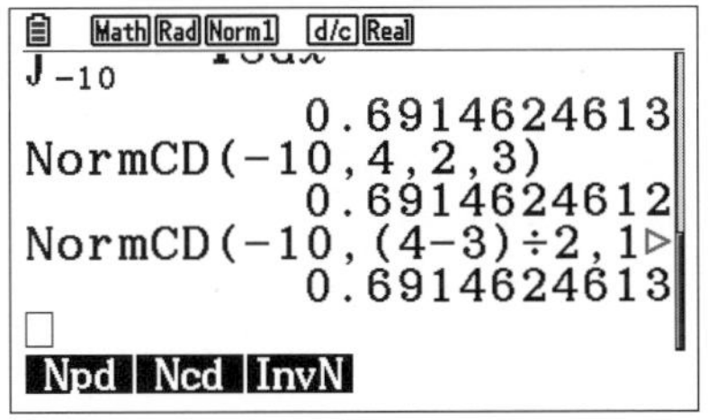

Oder im Graphikfenster, Casio:

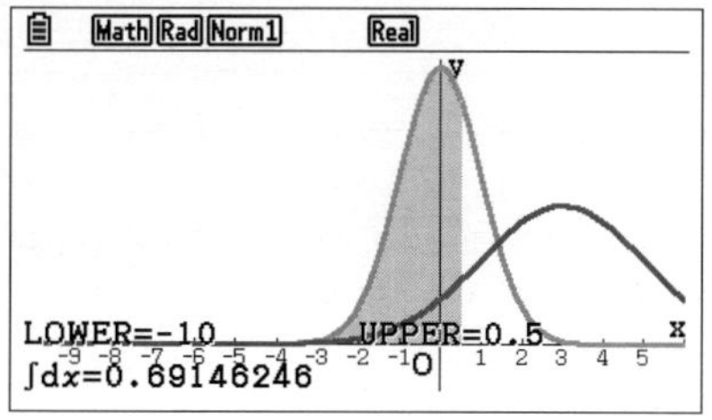

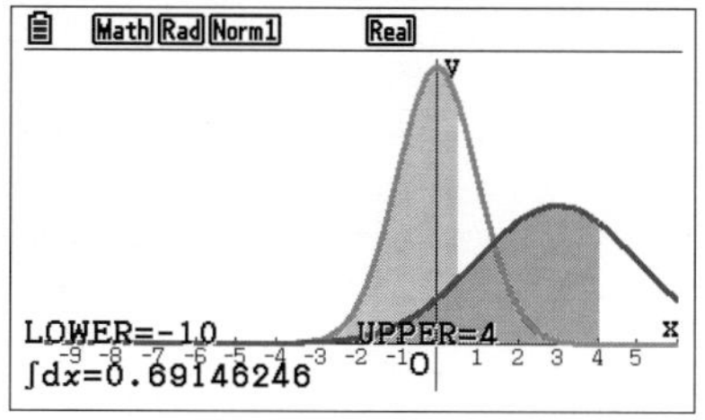

b) $\left[\Phi\left(\frac{x-\mu}{\sigma}\right)\right]' = \frac{1}{\sigma}\,\Phi'\left(\frac{x-\mu}{\sigma}\right) = \frac{1}{\sigma}\,\varphi\left(\frac{x-\mu}{\sigma}\right) = \varphi_{\mu;\sigma}(x)$

Projekt: Magische Quadrate

1 Die Summe aller Zahlen in dem magischen Quadrat beträgt:
$1 + 2 + 3 + ... + 15 + 16 = 8 \cdot 17 = 136$
Wenn die Summe in jeder Zeile und jeder Spalte gleich sein soll, muss die Summe in einer Zeile bzw. Spalte 136 : 4 = 34 betragen.

2
$$A = \begin{pmatrix} 1&0&0&0 \\ 0&0&0&1 \\ 0&1&0&0 \\ 0&0&1&0 \end{pmatrix} \quad B = \begin{pmatrix} 1&0&0&0 \\ 0&0&1&0 \\ 0&0&0&1 \\ 0&1&0&0 \end{pmatrix}$$
$$C = \begin{pmatrix} 0&0&1&0 \\ 1&0&0&0 \\ 0&1&0&0 \\ 0&0&0&1 \end{pmatrix} \quad D = \begin{pmatrix} 0&0&0&1 \\ 1&0&0&0 \\ 0&0&1&0 \\ 0&1&0&0 \end{pmatrix}$$
$$E = \begin{pmatrix} 0&0&0&1 \\ 0&1&0&0 \\ 1&0&0&0 \\ 0&0&1&0 \end{pmatrix} \quad F = \begin{pmatrix} 0&1&0&0 \\ 0&0&1&0 \\ 1&0&0&0 \\ 0&0&0&1 \end{pmatrix}$$
$$G = \begin{pmatrix} 0&1&0&0 \\ 0&0&0&1 \\ 0&0&1&0 \\ 1&0&0&0 \end{pmatrix} \quad H = \begin{pmatrix} 0&0&1&0 \\ 0&1&0&0 \\ 0&0&0&1 \\ 1&0&0&0 \end{pmatrix}$$

3 Individuelle Lösungen

4 Es ist zu berücksichtigen, auf wie viele unterschiedliche Weisen sich die einzelnen Bestandteile des Datums als Summen zweier Zahlen ausdrücken lassen.
Beispiel: 3.2.2004; geschrieben als

3	2
0	4

$3 = 3 + 0$; $2 + 1$; $1 + 2$; $0 + 3$; d.h. vier Möglichkeiten
$2 = 2 + 0$; $1 + 1$; $0 + 2$; d. h. drei Möglichkeiten
$20 = 0 + 20$; $1 + 19$; ... ; $20 + 0$; d. h. 21 Möglichkeiten
$4 = 4 + 0$; $3 + 1$; $2 + 2$: $1 + 3$; $0 + 4$; d. h. fünf Möglichkeiten
Jede Möglichkeit für eine Stelle ist mit jeder Möglichkeit für die anderen Stellen kombinierbar, daher multiplizieren sich die Möglichkeiten. Insgesamt gibt es für das gegebene Beispiel $3 \cdot 2 \cdot 21 \cdot 4 = 504$ Möglichkeiten. Strenggenommen müsste nun noch überprüft werden, ob alle diese magischen Quadrate wirklich unterschiedlich sind. Der Nachweis ist allerdings mit den Methoden der Qualifikationsphase nicht zu leisten.

AUFTRAG 1 **Essgewohnheiten**

Dieser Auftrag wird im Schülerbuch auf Seite 300 f. bearbeitet.

AUFTRAG 2 **Urlauberwanderung**

von/nach	*Z*	*I*	*A*
Z	0,25	0,5	0,15
I	0,5	0,25	0,25
A	0,25	0,25	0,6

Die Spalten- und Zeilensummen in dieser Tabelle sind jeweils 1.
Verteilung der Urlauber nach einem Jahr:

$$\vec{v_1} = \begin{pmatrix} 0,25 & 0,5 & 0,15 \\ 0,5 & 0,25 & 0,25 \\ 0,25 & 0,25 & 0,6 \end{pmatrix} \cdot \begin{pmatrix} 45 \\ 32 \\ 23 \end{pmatrix} = \begin{pmatrix} 30,7 \\ 36,25 \\ 33,05 \end{pmatrix} \approx \begin{pmatrix} 31 \\ 36 \\ 33 \end{pmatrix}$$

Verteilung der Urlauber nach zwei Jahren:

$$\vec{v_2} = \begin{pmatrix} 0,25 & 0,5 & 0,15 \\ 0,5 & 0,25 & 0,25 \\ 0,25 & 0,25 & 0,6 \end{pmatrix} \cdot \begin{pmatrix} 31 \\ 36 \\ 33 \end{pmatrix} \approx \begin{pmatrix} 31 \\ 33 \\ 37 \end{pmatrix}$$

AUFTRAG 3

Wassermengen nach einem Umfüllvorgang:

A': $\frac{1}{2} \cdot 20 + \frac{1}{2} \cdot 180 = 100$
B': $\frac{3}{4} \cdot 40 + \frac{1}{3} \cdot 20 + \frac{1}{6} \cdot 180 \approx 126,7$
C': $\frac{1}{4} \cdot 40 + \frac{1}{6} \cdot 20 \approx 13,3$

Ergebnis: 100 ml (A'), 126,7 ml (B') und 13,3 ml (C')
Wassermengen nach zwei Umfüllvorgängen:

A'': $\frac{1}{2} \cdot 126,7 + \frac{1}{2} \cdot 13,3 = 70$
B'': $\frac{3}{4} \cdot 70 + \frac{1}{3} \cdot 126,7 + \frac{1}{6} \cdot 13,6 \approx 123,9$
C'': $\frac{1}{4} \cdot 70 + \frac{1}{6} \cdot 126,7 \approx 46,1$

Ergebnis: 70 ml (A''), 123,9 ml (B'') und 46,1 ml (C'')

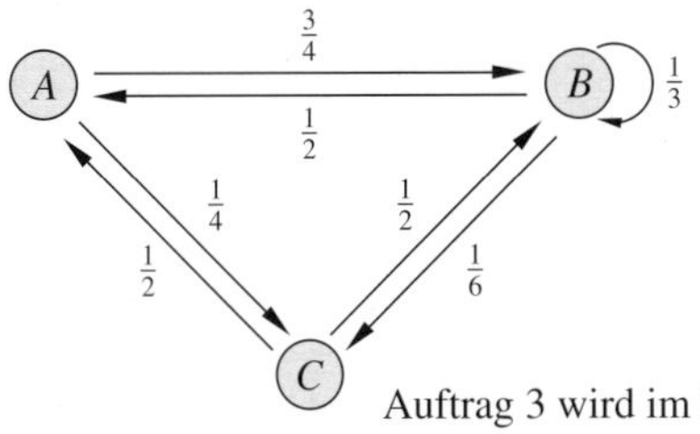

Auftrag 3 wird im Kapitel 9.2 wieder aufgegriffen in Aufgabe 13.

302

Aufgaben – Trainieren

1 a) $\begin{pmatrix}1&2&3\\4&5&6\\7&8&9\end{pmatrix}\cdot\begin{pmatrix}1\\2\\3\end{pmatrix}=\begin{pmatrix}14\\32\\50\end{pmatrix}$ **b)** $\begin{pmatrix}2&3&5\\5&4&9\\6&2&8\end{pmatrix}\cdot\begin{pmatrix}1\\1\\-1\end{pmatrix}=\begin{pmatrix}0\\0\\0\end{pmatrix}$

c) $\begin{pmatrix}1&1&0\\1&1&2\\0&0&7\end{pmatrix}\cdot\begin{pmatrix}0\\8\\15\end{pmatrix}=\begin{pmatrix}8\\38\\105\end{pmatrix}$ **d)** $\begin{pmatrix}0{,}2&0{,}1&0{,}3\\0{,}3&0{,}7&0{,}4\\0{,}5&0{,}2&0{,}3\end{pmatrix}\cdot\begin{pmatrix}200\\100\\500\end{pmatrix}=\begin{pmatrix}200\\330\\270\end{pmatrix}$

2 a) $A\cdot\begin{pmatrix}1\\0\\0\end{pmatrix}=\begin{pmatrix}0{,}85\\0{,}05\\0{,}1\end{pmatrix}$ **b)** $A\cdot\begin{pmatrix}0\\1\\0\end{pmatrix}=\begin{pmatrix}0{,}6\\0{,}25\\0{,}15\end{pmatrix}$

c) $A\cdot\begin{pmatrix}0\\0\\1\end{pmatrix}=\begin{pmatrix}0{,}45\\0{,}35\\0{,}2\end{pmatrix}$ **d)** $A\cdot\begin{pmatrix}2\\4\\6\end{pmatrix}=\begin{pmatrix}6{,}8\\3{,}2\\2\end{pmatrix}$

e) $A\cdot\begin{pmatrix}10\\30\\20\end{pmatrix}=\begin{pmatrix}35{,}5\\15\\9{,}5\end{pmatrix}$ **f)** $A\cdot\begin{pmatrix}0{,}3\\0{,}5\\0{,}2\end{pmatrix}=\begin{pmatrix}0{,}645\\0{,}21\\0{,}145\end{pmatrix}$

Überprüfung der Lösungen mit dem GTR:

a) bis c)

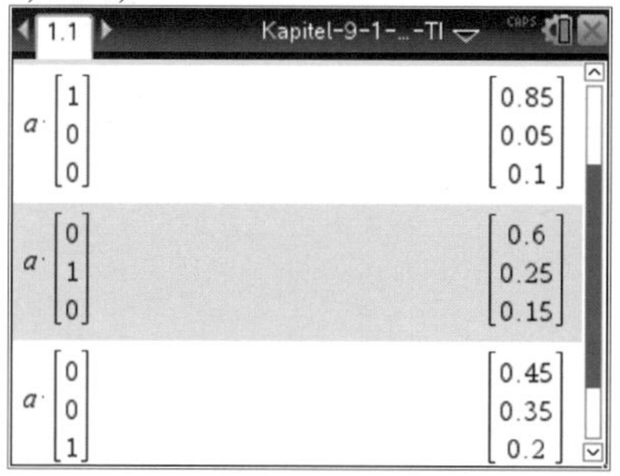

d) bis f)

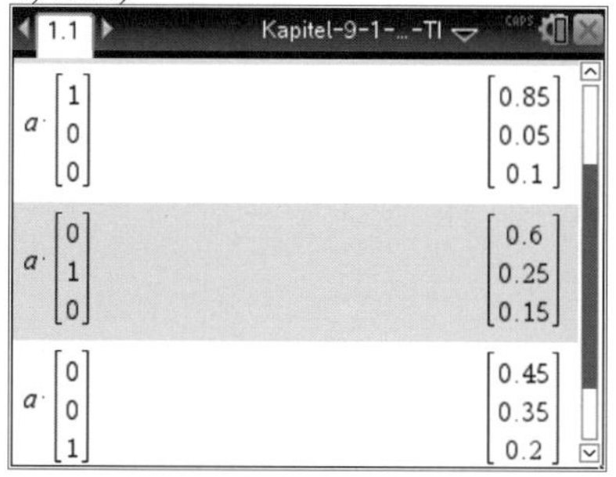

3

	$\vec{v_1}$	$\vec{v_2}$	$\vec{v_3}$	Interpretation
a)	$\begin{pmatrix}3\\1\\2\end{pmatrix}$	$\begin{pmatrix}2\\3\\1\end{pmatrix}$	$\begin{pmatrix}1\\2\\3\end{pmatrix}$	Zyklische Vertauschung der Vektorkomponenten.
b)	$\begin{pmatrix}0\\0\\0\end{pmatrix}$	$\begin{pmatrix}0\\0\\0\end{pmatrix}$	$\begin{pmatrix}0\\0\\0\end{pmatrix}$	Der Vektor wird zum Nullvektor.
c)	$\begin{pmatrix}a\\b\\c\end{pmatrix}$	$\begin{pmatrix}a\\b\\c\end{pmatrix}$	$\begin{pmatrix}a\\b\\c\end{pmatrix}$	Der Vektor wird auf sich selbst abgebildet (Identität, siehe Einheitsmatrix).
d)	$\begin{pmatrix}5\\4\\3\end{pmatrix}$	$\begin{pmatrix}3\\4\\5\end{pmatrix}$	$\begin{pmatrix}5\\4\\3\end{pmatrix}$	Zeile 1 und 3 werden vertauscht.

4 a) $a=1$, $b=1$, $c=2$ **b)** $a=2$, $b=0$, $c=0$ **c)** $a=1$, $b=1$, $c=9$ **d)** $a=6$, b beliebig, $c=9$ **e)** $a=1$, $b=4$, $c=2$ **f)** $a=0$, $b=5$, $c=54$ 302

5 Mit der allgemeinen Matrix $M=\begin{pmatrix}a&b\\c&d\end{pmatrix}$ erhält man durch $M\cdot\vec{v_0}=\vec{v_1}$ und $M\cdot\vec{v_1}=\vec{v_2}$ ein vierzeiliges LGS mit der Lösung $a=1$, $b=2$, $c=3$ und $d=4$.

6 a) $\vec{v_1}=\begin{pmatrix}6500\\8000\\5500\end{pmatrix}$ $\vec{v_2}=\begin{pmatrix}6350\\8000\\5650\end{pmatrix}$ $\vec{v_3}=\begin{pmatrix}6305\\8000\\5695\end{pmatrix}$

b) Da es sich um einen Austauschprozess handelt, muss die Koordinatensumme in den Vektoren immer 20000 sein.

c) $\vec{v}_2=S^2\cdot\vec{v}_0=\begin{pmatrix}0{,}44&0{,}19&0{,}35\\0{,}30&0{,}55&0{,}30\\0{,}26&0{,}26&0{,}35\end{pmatrix}\cdot\begin{pmatrix}7000\\8000\\5000\end{pmatrix}=\begin{pmatrix}6350\\8000\\5650\end{pmatrix}$

$\vec{v}_3=S^3\cdot\vec{v}_0=\begin{pmatrix}0{,}372&0{,}247&0{,}345\\0{,}350&0{,}475&0{,}350\\0{,}278&0{,}278&0{,}305\end{pmatrix}\cdot\begin{pmatrix}7000\\8000\\5000\end{pmatrix}=\begin{pmatrix}6305\\8000\\5695\end{pmatrix}$

7

a) $\begin{pmatrix}3&1\\7&3\end{pmatrix}$ **b)** $\begin{pmatrix}3&1\\2&-1\end{pmatrix}$ **c)** $\begin{pmatrix}5&5\\5&0\end{pmatrix}$ **d)** $\begin{pmatrix}-1&0\\7&10\end{pmatrix}$ **e)** $\begin{pmatrix}1&2\\3&1\end{pmatrix}$ **f)** $\begin{pmatrix}10&-5\\5&10\end{pmatrix}$ **g)** $\begin{pmatrix}7&10\\15&22\end{pmatrix}$

h) $\begin{pmatrix}199&290\\435&634\end{pmatrix}$ **i)** $\begin{pmatrix}1{,}15\cdot10^{11}&1{,}68\cdot10^{11}\\2{,}51\cdot10^{11}&3{,}66\cdot10^{11}\end{pmatrix}$ **j)** $\begin{pmatrix}25&0\\0&25\end{pmatrix}$

8 $A\cdot B=\begin{pmatrix}0&1\\0&0\end{pmatrix}$ $B\cdot A=\begin{pmatrix}0&0\\0&0\end{pmatrix}$

9 303

$A^2=\begin{pmatrix}0{,}31&0{,}26&0{,}31\\0{,}36&0{,}46&0{,}31\\0{,}33&0{,}28&0{,}38\end{pmatrix}$ $A\cdot B=\begin{pmatrix}0{,}4&0{,}31&0{,}3\\0{,}3&0{,}41&0{,}3\\0{,}3&0{,}28&0{,}4\end{pmatrix}$ $A\cdot C=\begin{pmatrix}0{,}37&0{,}23&0{,}3\\0{,}32&0{,}53&0{,}25\\0{,}31&0{,}24&0{,}45\end{pmatrix}$

$B\cdot A=\begin{pmatrix}0{,}61&0{,}54&0{,}5\\0{,}18&0{,}28&0{,}18\\0{,}21&0{,}18&0{,}32\end{pmatrix}$ $B^2=\begin{pmatrix}1&0{,}72&0{,}42\\0&0{,}18&0{,}2\\0&0{,}1&0{,}38\end{pmatrix}$ $B\cdot C=\begin{pmatrix}0{,}87&0{,}52&0{,}31\\0{,}06&0{,}34&0{,}2\\0{,}07&0{,}14&{,}049\end{pmatrix}$

$C\cdot A=\begin{pmatrix}0{,}38&0{,}24&0{,}31\\0{,}31&0{,}52&0{,}24\\0{,}31&0{,}24&0{,}45\end{pmatrix}$ $C\cdot B=\begin{pmatrix}0{,}8&0{,}45&0{,}24\\0{,}1&0{,}38&0{,}24\\0{,}1&0{,}17&0{,}52\end{pmatrix}$ $C^2=\begin{pmatrix}0{,}66&0{,}17&0{,}17\\0{,}17&0{,}66&0{,}17\\0{,}17&0{,}17&0{,}66\end{pmatrix}$

303 **10 a)** Übergangsdiagramm mit den ersetzten Wahrscheinlichkeiten für x, y und z:

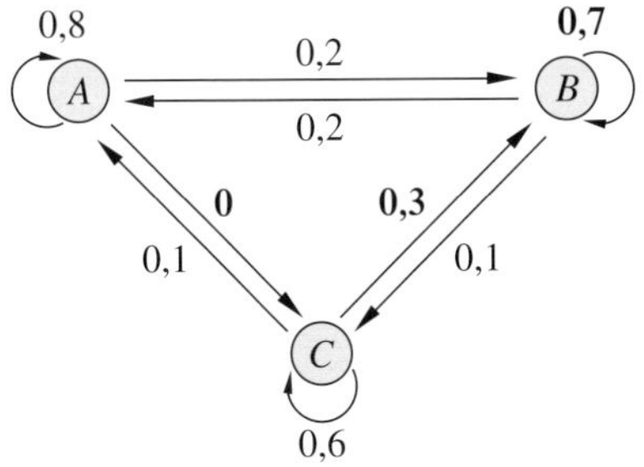

b) Übergangsmatrix:

		von: A	B	C
nach:	A	0,8	0,2	0,1
	B	0,2	0,7	0,3
	C	0	0,1	0,6

$$\mathbf{M} = \begin{pmatrix} 0{,}8 & 0{,}2 & 0{,}1 \\ 0{,}2 & 0{,}7 & 0{,}3 \\ 0 & 0{,}1 & 0{,}6 \end{pmatrix}$$

c) Von einem Zeittakt zum nächsten
- wechseln jeweils 20% von *A* nach *B* und von *B* nach *A*
- wechseln jeweils 10% von *C* nach *A* und von *B* nach *C*
- bleiben 80% dem Studio A und 60% dem Studio *C* treu

11 a) Übergangsmatrix:

		von: E	L	I
nach:	E	0	0	50
	L	0,1	0	0
	I	0	0,2	0

$$\mathbf{M} = \begin{pmatrix} 0 & 0 & 50 \\ 0{,}1 & 0 & 0 \\ 0 & 0{,}2 & 0 \end{pmatrix}$$

b) Es findet kein Austausch zwischen den „Stationen" statt; wie man am Diagramm sieht, ist es ein Kreislauf, der nur in einer Richtung verläuft.
Formales Argument: Die Spaltensummen sind nicht Null.

c) Matrizenpotenzen: $\mathbf{M}^2 = \begin{pmatrix} 0 & 10 & 0 \\ 0 & 0 & 5 \\ 0{,}02 & 0 & 0 \end{pmatrix}$ und $\mathbf{M}^3 = \begin{pmatrix} 1 & 0 & 0 \\ 0 & 1 & 0 \\ 0 & 0 & 1 \end{pmatrix}$.

Mit dem Startvektor $\vec{v}_0 = \begin{pmatrix} 10000 \\ 0 \\ 0 \end{pmatrix}$ erhält man:

$\vec{v}_1 = \mathbf{M} \cdot \vec{v}_0 = \begin{pmatrix} 0 \\ 1000 \\ 0 \end{pmatrix}$, $\vec{v}_2 = \mathbf{M}^2 \cdot \vec{v}_0 = \begin{pmatrix} 0 \\ 0 \\ 200 \end{pmatrix}$ und $\vec{v}_3 = \mathbf{M}^3 \cdot \vec{v}_0 = \begin{pmatrix} 10000 \\ 0 \\ 0 \end{pmatrix}$.

12 a) Aus den Angaben ergibt sich das folgende Übergangsdiagramm: 303

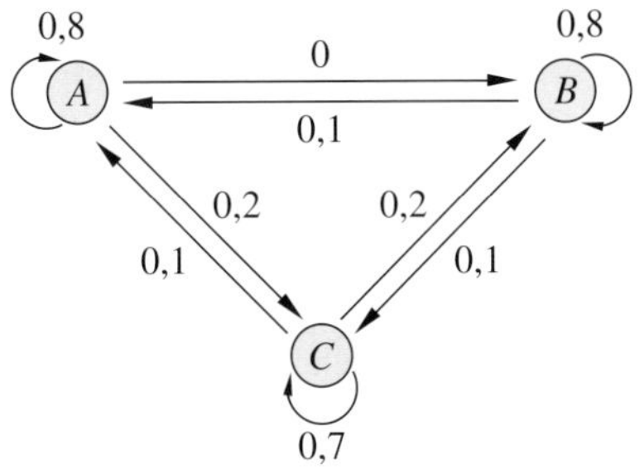

Die Bedeutung der einzelnen Matrixelemente geht aus dieser Übersicht hervor:

		von: A	B	C
nach:	A	0,8	0,1	0,1
	B	0	0,8	0,2
	C	0,2	0,1	0,7

$$\mathbf{P} = \begin{pmatrix} 0{,}8 & 0{,}1 & 0{,}1 \\ 0 & 0{,}8 & 0{,}2 \\ 0{,}2 & 0{,}1 & 0{,}7 \end{pmatrix}$$

b) Mit der Anfangsverteilung $\vec{v}_0 = \begin{pmatrix} 150000 \\ 300000 \\ 450000 \end{pmatrix}$ erhält man nach einem Monat:

$\vec{v}_1 = \mathbf{P} \cdot \vec{v}_0 = \begin{pmatrix} 195000 \\ 330000 \\ 357000 \end{pmatrix}$

c) $\mathbf{P}^2 = \begin{pmatrix} 0{,}66 & 0{,}17 & 0{,}17 \\ 0{,}04 & 0{,}66 & 0{,}3 \\ 0{,}3 & 0{,}17 & 0{,}53 \end{pmatrix}$

Innerhalb von 2 Monaten sind
– 30% von *A* nach *C* gewechselt ($a_{11} = 0{,}3$)
– 53% bei *C* geblieben ($a_{33} = 0{,}53$)

NOCH FIT? **Im ersten Druck wurde an dieser Stelle fälschlich das NOCH FIT? von Seite 289 doppelt abgedruckt.**

I $P(830 \le Y \le 906) = 0{,}895$ 304
$P(X \le 860) = 0{,}377$

II $E(X) = 868$
Radius 25: $P(843 \le X \le 893) = 0{,}717$
Radius 24: $P(844 \le X \le 892) = 0{,}698$; also Radius 25.

III a) $B\left(10; \frac{1}{6}; k \le 2\right) = 0{,}77523$
$\approx 77{,}5\%$

304

Fortsetzung von Aufgabe III:

b) $B\left(15; \frac{1}{4}; k \geq 8\right) = 1 - B\left(15; \frac{1}{4}; k \leq 7\right)$
$= 1 - 0{,}98270$
$= 0{,}0173$
$\approx 1{,}7\,\%$

c) $B(8; 0{,}1; 1 < k < 5) = B(8; 0{,}1; 2) + B(8; 0{,}1; 3) + B(8; 0{,}1; 4)$
$= 0{,}14880 + 0{,}03307 + 0{,}00459$
$= 0{,}18646$
$\approx 18{,}6\,\%$

IV a) $B(200; 0{,}02; 4) = 0{,}19735$
$\approx 19{,}7\,\%$

b) $B(200; 0{,}02; 4 - i \leq k \leq 4 + i) \geq 0{,}9$ für $i = 3$.
Vgl. Tafelwerk:
$B(200; 0{,}02; 1 \leq k \leq 7) = B(200; 0{,}02; k \leq 7) - B(200; 0{,}02; k = 0)$
$= 0{,}95066 - 0{,}01759$
$= 0{,}93307$
$\approx 93{,}3\,\%$
$B(200; 0{,}02; 2 \leq k \leq 6) < 0{,}9.$

Aufgaben – Anwenden

13 a) Die Spaltensumme in der Prozessmatrix ist immer 1 und alle Matrixkomponenten haben Werte zwischen 0 und 1.

b) Pfeildiagramm:

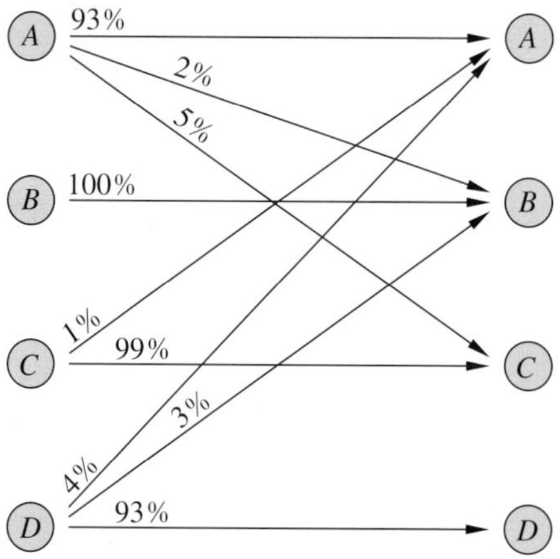

304

Fortsetzung von Aufgabe 13:

Ansatz: $\begin{pmatrix} A_n \\ B_n \\ C_n \\ D_n \end{pmatrix} = \begin{pmatrix} 0{,}93 & 0 & 0{,}01 & 0{,}04 \\ 0{,}02 & 1 & 0{,}00 & 0{,}03 \\ 0{,}05 & 0 & 0{,}99 & 0{,}00 \\ 0{,}00 & 0 & 0{,}00 & 0{,}93 \end{pmatrix} \cdot \begin{pmatrix} A_{n-1} \\ B_{n-1} \\ C_{n-1} \\ D_{n-1} \end{pmatrix}$

Damit erhält man:

Wahl	Partei *A*	Partei *B*	Partei *C*	Partei *D*
0	0,42	0,31	0,15	0,12
1	0,40	0,32	0,17	0,11
2	0,38	0,33	0,19	0,10

14 a) Prozessdiagramm:
Übergangsmatrix:
$\begin{pmatrix} 0{,}2 & 0{,}5 & 0{,}5 \\ 0{,}4 & 0{,}2 & 0{,}2 \\ 0{,}4 & 0{,}3 & 0{,}3 \end{pmatrix}$

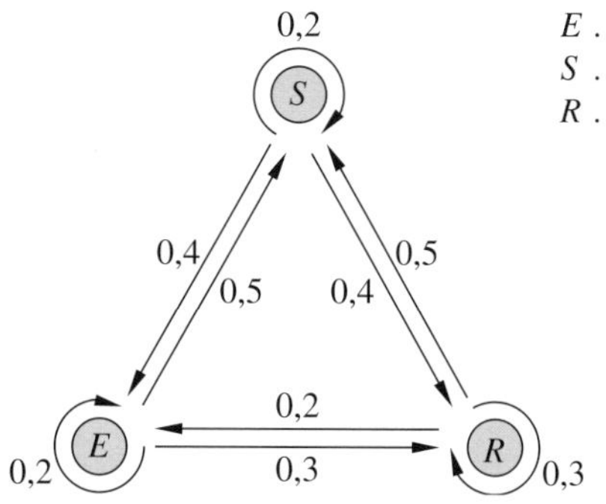

E … England
S … Smedholm
R … Reise

b)
$\vec{v_0} = \begin{pmatrix} 1000 \\ 0 \\ 0 \end{pmatrix}$

$\vec{v_1} = \begin{pmatrix} 200 \\ 400 \\ 400 \end{pmatrix}$

$\vec{v_2} = \begin{pmatrix} 440 \\ 240 \\ 320 \end{pmatrix}$

305

15 a) Übergangsdiagramm:

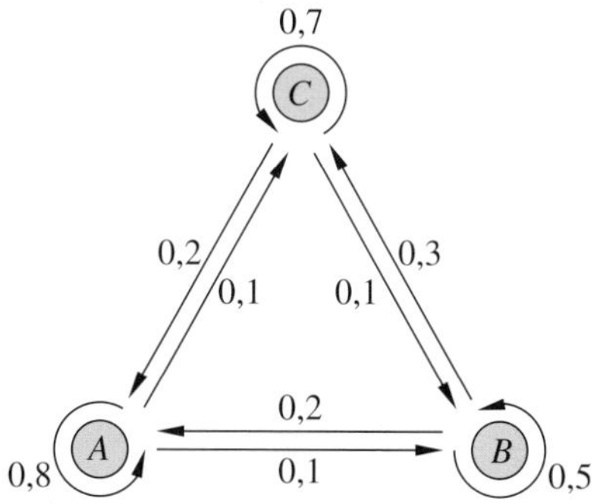

b) $M^2 = \begin{pmatrix} 0{,}68 & 0{,}32 & 0{,}32 \\ 0{,}14 & 0{,}30 & 0{,}14 \\ 0{,}18 & 0{,}38 & 0{,}54 \end{pmatrix}$

Mit der Anfangsverteilung $\vec{v_0} = \begin{pmatrix} 1500 \\ 900 \\ 600 \end{pmatrix}$ erhält man nach zwei Monaten:

$\vec{v_2} = M^2 \cdot \vec{v_0} = \begin{pmatrix} 1500 \\ 564 \\ 936 \end{pmatrix}$

c) Für die Verteilung $\overrightarrow{v_{-1}} = \begin{pmatrix} x \\ y \\ z \end{pmatrix}$ des Vormonats gilt $M \cdot \overrightarrow{v_{-1}} = \vec{v_0}$.
Man erhält also ein lineares Gleichungssystem und als Lösung die Verteilung $\overrightarrow{v_{-1}} = \begin{pmatrix} 1500 \\ 1500 \\ 0 \end{pmatrix}$ des Vormonats.

Alternative Lösung: $\overrightarrow{v_{-1}} = M^{-1} \cdot \vec{v_0} = \begin{pmatrix} \frac{4}{3} & -\frac{1}{3} & -\frac{1}{3} \\ -\frac{1}{4} & \frac{9}{4} & -\frac{1}{4} \\ -\frac{1}{12} & -\frac{11}{12} & \frac{19}{12} \end{pmatrix} \cdot \begin{pmatrix} 1500 \\ 900 \\ 600 \end{pmatrix} = \begin{pmatrix} 1500 \\ 1500 \\ 0 \end{pmatrix}$

d) Man erhält für die erste Koordinate:
$0{,}8a + 0{,}2b + 0{,}2c = 0{,}8a + 0{,}2(b + c) = 0{,}8a + 0{,}2a = a$

305 **16 a)** Übergangsgraph:

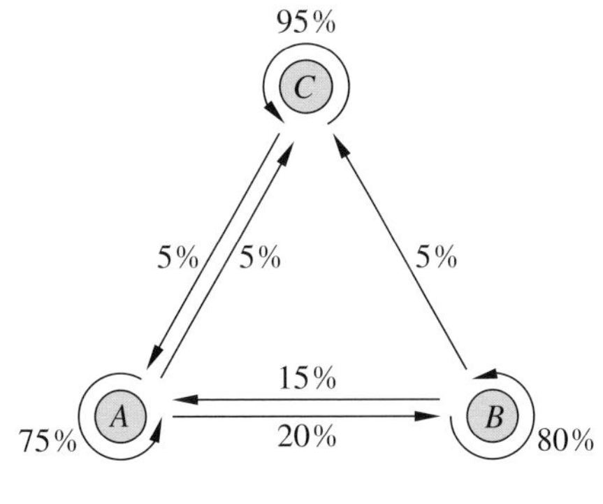

Austauschmatrix:

$M = \begin{pmatrix} 0,75 & 0,15 & 0,05 \\ 0,2 & 0,8 & 0 \\ 0,05 & 0,05 & 0,9 \end{pmatrix}$

b) $A = M^2 = \begin{pmatrix} 0,595 & 0,235 & 0,085 \\ 0,31 & 0,67 & 0,01 \\ 0,095 & 0,095 & 0,905 \end{pmatrix}$

c) Nach zwei Tagen sind 67% der Kantinengäste beim Standardessen geblieben und 1% sind vom vegetarischen zum Standardmenü gewechselt.

17 a) Individuelle Lösungen.

b) Prozessdiagramm:

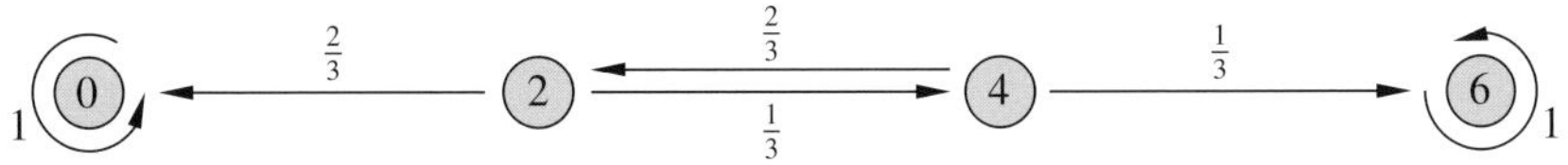

Prozessmatrix: $M = \begin{pmatrix} 1 & 0 & \frac{2}{3} & 0 \\ 0 & 1 & 0 & \frac{1}{3} \\ 0 & 0 & 0 & \frac{2}{3} \\ 0 & 0 & \frac{1}{3} & 0 \end{pmatrix}$

c)

$\vec{v_2} = \begin{pmatrix} 0,\overline{6} \\ 0,\overline{1} \\ 0,\overline{2} \\ 0 \end{pmatrix}$ $\quad \vec{v_4} \approx \begin{pmatrix} 0,81 \\ 0,14 \\ 0,05 \\ 0 \end{pmatrix}$ $\quad \vec{v_6} \approx \begin{pmatrix} 0,81 \\ 0,14 \\ 0,01 \\ 0 \end{pmatrix}$

d) Aus dem Ansatz $M^2 \cdot \begin{pmatrix} 0 \\ 0 \\ 1 \\ 0 \end{pmatrix} = \begin{pmatrix} b \\ 0,5 \\ c \\ d \end{pmatrix}$ entsteht das Gleichungssystem:

$$a = b$$
$$(1 - a)^2 = 0,5$$
$$a - a^2 = c$$
$$0 = d$$

Aus der zweiten Zeile erhält man $a = 1 - \frac{1}{\sqrt{2}} \approx 0,29$.

306 **18 a)** Da das Werk 2 monatlich 30% seiner Kunden verliert und keine neuen Kunden dazugewinnt, wird es langfristig alle Kunden verlieren.

$0,7^8 \cdot 5000 \approx 288,24$

Nach acht Monaten bleiben dem Werk ca. 290 Kunden.

b) $A = \begin{pmatrix} 0,6 & 0 & 0,2 \\ 0 & 0,7 & 0 \\ 0,4 & 0,3 & 0,8 \end{pmatrix}$

Da es keine Käufer gibt, die von w_2 nach w_1 wechseln, ist $a_{12} = 0$.

c) $\begin{pmatrix} 0,6 & 0 & 0,2 \\ 0 & 0,7 & 0 \\ 0,4 & 0,3 & 0,8 \end{pmatrix} \cdot \begin{pmatrix} 4000 \\ 5000 \\ 1000 \end{pmatrix} = \begin{pmatrix} 2600 \\ 3500 \\ 3900 \end{pmatrix}$

Fortsetzung von Aufgabe 18: 306

d) $A^2 = \begin{pmatrix} 0,44 & 0,06 & 0,28 \\ 0 & 0,49 & 0 \\ 0,56 & 0,45 & 0,72 \end{pmatrix}$

Übergangsdiagramm für zwei Monate:

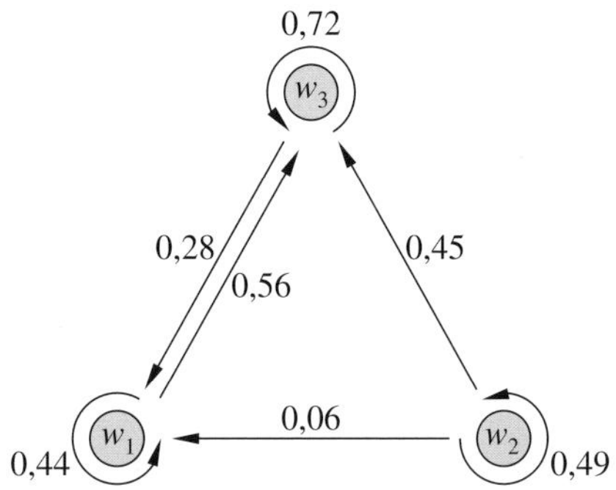

Da von den 30% der Käufer, die von w_2 nach w_3 gewandert sind, im zweiten Monat durchschnittlich 20% nach w_1 weiterwandern, ergibt sich nach zwei Monaten eine Übergangsquote von 6% der Käufer von w_2, die nach w_1 gewandert sind.

19 a) $M = \begin{pmatrix} 0,9 & 0,1 & 0,07 \\ 0,08 & 0,4 & 0 \\ 0,02 & 0,5 & 0,93 \end{pmatrix}$

		2 Jahre	6 Jahre
Arbeits-verhältnis	arbeitslos	9,91 Millionen	15,74 Millionen
	befristet	3,92 Millionen	1,91 Millionen
	unbefristet	36,17 Millionen	32,36 Millionen

b) Man erhält für das 3. bis 6. Jahr die veränderte Prozessmatrix $N = \begin{pmatrix} 0,86 & 0,1 & 0,07 \\ 0,12 & 0,4 & 0 \\ 0,02 & 0,5 & 0,93 \end{pmatrix}$.

Die Verteilung nach sechs Jahren wird damit gegeben durch:

$N^4 \cdot M^2 \cdot \vec{v_0} = \begin{pmatrix} 7,42 \\ 8,32 \\ 34,26 \end{pmatrix}$

Die Anzahl der Arbeitslosen hat sich somit mehr als halbiert, die der unbefristet beschäftigten Menschen ist aber nur leicht gestiegen, während sich die Anzahl derjenigen, die befristet beschäftigt sind, vervierfacht hat.

c) Lösung ausgehend vom Ergebnis von b):

Ansatz:

Es muss folgende Gleichung gelöst werden: $\begin{pmatrix} 0,9 - x & 0 & 0,07 \\ 0,08 + x & 0,4 & 0 \\ 0,02 & 0,5 & 0,93 \end{pmatrix} \cdot \begin{pmatrix} 7,42 \\ 8,32 \\ 34,26 \end{pmatrix} = \begin{pmatrix} 6 \\ y \\ x \end{pmatrix}$

Man erhält $x \approx 0,415$, $y \approx 6,700$ und $z \approx 36,170$.

Die Übergangsquote müsste also ca. 0,495 sein, was bedeutet, dass fast jeder zweite Arbeitslose nach diesen zwei Jahren ein befristetes Arbeitsverhältnis erhalten hat.

306 **Aufgaben – Vernetzen**

20 a) $\vec{\omega} = \mathbf{B} \cdot \vec{v} = \begin{pmatrix}1\\2\\3\end{pmatrix}$, $\mathbf{A} \cdot \vec{\omega} = \begin{pmatrix}5\\6\\11\end{pmatrix} = \vec{v}$!

Weitere individuelle Lösungen liefern stets $\mathbf{A} \cdot (\mathbf{B} \cdot \vec{v}) = \vec{v}$

b) Das LGS hat die Lösung $x_1 = 1 \wedge x_2 = 2 \wedge x_3 = 3$.

Die Koeffizientenmatrix des LGS ist gleich der Matrix **A**, die Zahlen auf der rechten Seite des LGS entsprechen den Koordinaten des Vektors $\vec{v}$. Teil a) zeigt, dass $\vec{x} = \vec{\omega}$ der (oder zumindest ein) Vektor ist, für den die Gleichung $\mathbf{A} \cdot \vec{x} = \vec{v}$ erfüllt ist.

c) $\mathbf{A} \cdot \mathbf{B} = \mathbf{B} \cdot \mathbf{A} = \mathbf{E}$

d) $\begin{pmatrix}1&0&0\\0&1&0\\0&0&1\end{pmatrix} \cdot \begin{pmatrix}a\\b\\c\end{pmatrix} = \begin{pmatrix}a\\b\\c\end{pmatrix}$!

e) $\mathbf{A} \cdot \vec{x} = \vec{v} \Rightarrow \mathbf{A}^{-1} \cdot \mathbf{A} \cdot \vec{x} = \mathbf{A}^{-1} \cdot \vec{v} \Rightarrow \mathrm{E} \cdot \vec{x} = \mathbf{A}^{-1} \cdot \vec{v} \Rightarrow \vec{x} = \mathbf{A}^{-1} \cdot \vec{v}$

307

21 a) $\mathrm{M} \cdot \mathrm{A} = \begin{pmatrix}1&1&1\\7&7&7\\1&1&1\end{pmatrix}$, $\mathrm{M} \cdot \mathrm{B} = \begin{pmatrix}a&b&c\\7d&7e&7f\\g&h&i\end{pmatrix}$

b) $\mathrm{M} \cdot \mathrm{A} = \begin{pmatrix}k&k&k\\1&1&1\\1&1&1\end{pmatrix}$, $\mathrm{M} \cdot \mathrm{B} = \begin{pmatrix}ka&kb&kc\\d&e&f\\g&h&i\end{pmatrix}$

c) $\mathrm{M} \cdot \mathrm{A} = \begin{pmatrix}3&3&3\\1&1&1\\1&1&1\end{pmatrix}$, $\mathrm{M} \cdot \mathrm{B} = \begin{pmatrix}a+2g&b+2h&c+2i\\d&e&f\\g&h&i\end{pmatrix}$

d) $\mathrm{M} \cdot \mathrm{A} = \begin{pmatrix}1&1&1\\1&1&1\\5&5&5\end{pmatrix}$, $\mathrm{M} \cdot \mathrm{B} = \begin{pmatrix}a&b&c\\d&e&f\\4d+g&4e+h&4f+i\end{pmatrix}$

e) $\mathrm{M} \cdot \mathrm{A} = \begin{pmatrix}1&1&1\\6&6&6\\1&1&1\end{pmatrix}$, $\mathrm{M} \cdot \mathrm{B} = \begin{pmatrix}a&b&c\\5a+d&5b+e&5c+f\\g&h&i\end{pmatrix}$

f) $\mathrm{M} \cdot \mathrm{A} = \begin{pmatrix}43&43&43\\1&1&1\\1&1&1\end{pmatrix}$, $\mathrm{M} \cdot \mathrm{B} = \begin{pmatrix}a+42d&b+42e&c+42f\\d&e&f\\g&h&i\end{pmatrix}$

22 a) (im folgenden z. B. „Z1" für „Zeile 1")

$\mathbf{K}_1 = \mathbf{A} \cdot \mathbf{K} = \begin{pmatrix}1&1&1\\0&-1&-1\\0&-2&-4\end{pmatrix}$ (Z2+(−2)·Z1, Z3+(−3)·Z1)

$\mathbf{K}_2 = \mathbf{B} \cdot \mathbf{K}_1 = \begin{pmatrix}1&1&1\\0&-1&-1\\0&0&-2\end{pmatrix}$ (Z3+(−2)·Z2)

$\mathbf{K}_3 = \mathbf{C} \cdot \mathbf{K}_2 = \begin{pmatrix}1&1&1\\0&-1&0\\0&0&-2\end{pmatrix}$ (Z2+(−0,5)·Z3)

$\mathbf{K}_4 = \mathbf{D} \cdot \mathbf{K}_3 = \begin{pmatrix}1&0&0\\0&1&0\\0&0&1\end{pmatrix}$ (Z1+Z2+0,5·Z3, (−1)·Z2, (−0,5)·Z3)

b) $\mathbf{P} = \begin{pmatrix}-1&1&0\\2{,}5&-2&0{,}5\\-0{,}5&1&-0{,}5\end{pmatrix}$, Nachrechnen bestätigt: $\mathbf{P} \cdot \mathbf{K} = \mathbf{E}$

c) (1) und (2) In der linken Hälfte entstehen nacheinander die Matrizen $\mathbf{K}_1$, $\mathbf{K}_2$, $\mathbf{K}_3$, $\mathbf{K}_4$, in der rechten Hälfte das Matrizenprodukt **P**. In b) wurde bestätigt, dass **P** die Inverse der Koeffizientenmatrix **K** ist.

23 a) $A^{-1} = \begin{pmatrix}8&-1&-3\\-3&1&1\\-5&1&2\end{pmatrix}$

b) $A^{-1} = \begin{pmatrix}-2{,}5&-0{,}5&2\\1{,}5&0{,}5&-1\\0{,}5&-0{,}5&0\end{pmatrix}$ c) $A^{-1} = \begin{pmatrix}0{,}1&0{,}2&0\\-0{,}8&0{,}4&2\\0{,}4&-0{,}2&4\end{pmatrix}$

309

9.2 Langfristige Entwicklung und stationäre Verteilung

AUFTRAG 1 **Diffusion**

Der Zustand zum Zeitpunkt Null wird durch den folgenden Zustandsvektor beschrieben: $\overrightarrow{v_0} = \begin{pmatrix} 12 \\ 24 \end{pmatrix}$.
Die Übergangsmatrix ist $M = \begin{pmatrix} 0{,}9 & 0{,}8 \\ 0{,}1 & 0{,}2 \end{pmatrix}$.

Nach zwei Sekunden ist die Übergangswahrscheinlichkeit durch $M \cdot M = M^2$ gegeben, nach drei Sekunden durch $M^2 \cdot M = M^3$ usw.
Um die Übergangswahrscheinlichkeit der Gasteilchen nach 64 Sekunden zu berechnen, muss folglich M^{64} bestimmt werden. Diese Potenz lässt sich wie folgt errechnen:

$$M^2 = M \cdot M = \begin{pmatrix} 0{,}89 & 0{,}88 \\ 0{,}11 & 0{,}12 \end{pmatrix}$$

$$M^4 = (M^2)^2 = \begin{pmatrix} 0{,}8889 & 0{,}8888 \\ 0{,}1111 & 0{,}1112 \end{pmatrix}$$

$$M^8 = (M^4)^2 = \begin{pmatrix} 0{,}888\,888\,89 & 0{,}888\,888\,88 \\ 0{,}111\,111\,11 & 0{,}111\,111\,12 \end{pmatrix}$$

$$M^{16} = (M^8)^2 = \begin{pmatrix} 0{,}888\,888\,888\,9 & 0{,}888\,888\,888\,9 \\ 0{,}111\,111\,111\,1 & 0{,}111\,111\,111\,1 \end{pmatrix}$$

Für M^{32} und M^{64} ändern sich die Einträge in den ersten 10 Stellen nach dem Komma nicht mehr und daher ist die Verteilung des Gases nach 64 Sekunden durch den folgenden Zustandsvektor $\overrightarrow{v_{64}}$ gegeben:

$$\overrightarrow{v_{64}} = M^{64} \cdot \overrightarrow{v_0} = \begin{pmatrix} 0{,}888\,888\,888\,9 & 0{,}888\,888\,888\,9 \\ 0{,}111\,111\,111\,1 & 0{,}111\,111\,111\,1 \end{pmatrix} \cdot \begin{pmatrix} 12 \\ 24 \end{pmatrix} = \begin{pmatrix} 31{,}999\,999\,999... \\ 3{,}999\,999\,999... \end{pmatrix} \approx \begin{pmatrix} 32 \\ 4 \end{pmatrix}$$

Die höheren Potenzen M^{16}, M^{32}, M^{64} unterscheiden sich anscheinend nur wenig und somit sind die Gasverteilungen $\overrightarrow{v_{16}}$, $\overrightarrow{v_{32}}$, $\overrightarrow{v_{64}}$ fast gleich.
Die Matrizen scheinen zu konvergieren gegen die Grenzmatrix

$M_{\text{Grenz}} = \begin{pmatrix} \frac{8}{9} & \frac{8}{9} \\ \frac{1}{9} & \frac{1}{9} \end{pmatrix}$, die Verteilungen auf die Grenzverteilung $\begin{pmatrix} 32 \\ 4 \end{pmatrix}$ hinauszulaufen.

Andere Verteilungen von insgesamt 36mol des Gases entwickeln sich langfristig genau so, wie aus den Eigenschaften der Multiplikation „Übergangsmatrix · Vektor" folgt.

AUFTRAG 2 **Landflucht**

Dieser Auftrag wird im Schülerbuch auf Seite 310 f. bearbeitet.

AUFTRAG 3 **Eine wichtige Gleichung** 309

Dieser Auftrag gibt die Gleichung vor, welche einen Fixvektor beschreibt. Bei der Lösung ist zu beachten, dass die Schülerinnen und Schüler entweder schon Erfahrungen mit dem Lösen unterbestimmter linearer Gleichungssysteme gesammelt haben sollten oder eine Hilfestellung durch den Unterrichtenden angebracht ist. Man erhält z. B. in 9.1 für die Urlauber aus Auftrag 2 den Fixvektor $\vec{w} = \begin{pmatrix} 1 \\ \frac{21}{19} \\ \frac{25}{19} \end{pmatrix}$ oder bei Aufgabe 6 in 9.1 $\vec{w} = \begin{pmatrix} 1 \\ \frac{14}{11} \\ \frac{10}{11} \end{pmatrix}$.

Die Erkenntnis, dass der Fixvektor auch unter immer höheren Potenzen von A invariant bleibt, liegt natürlich auf der Hand, muss aber dennoch zuerst einmal verinnerlicht werden. Gleichungsketten wie $A \cdot \vec{x} = \vec{x}$, $A^2 \cdot \vec{x} = A \cdot (A \cdot \vec{x}) = A \cdot \vec{x} = \vec{x}$, $A^3 \cdot \vec{x} = \ldots$ dienen dabei als heuristisches Hilfsmittel.

Aufgaben – Trainieren

312

1 a) $A \cdot \vec{v} = \begin{pmatrix} 0{,}7 \cdot 14 + 0 \cdot 24 + 0{,}2 \cdot 21 \\ 0 \cdot 14 + 0{,}3 \cdot 24 + 0{,}8 \cdot 21 \\ 0{,}3 \cdot 14 + 0{,}7 \cdot 24 + 0 \cdot 21 \end{pmatrix} = \begin{pmatrix} 14 \\ 24 \\ 21 \end{pmatrix} = \vec{v}$

b) $A \cdot \vec{v} = \begin{pmatrix} 0 \cdot 14 + 0{,}5 \cdot 25 + 0{,}3 \cdot 5 \\ 1 \cdot 14 + 0{,}4 \cdot 25 + 0{,}2 \cdot 5 \\ 0 \cdot 14 + 0{,}1 \cdot 25 + 0{,}5 \cdot 5 \end{pmatrix} = \begin{pmatrix} 14 \\ 25 \\ 5 \end{pmatrix} = \vec{v}$

2 a) $\vec{w}$ **b)** $A \cdot \vec{u} = 3 \cdot \vec{u}$ $A \cdot \vec{v} = 0{,}5 \cdot \vec{v}$

3 a) $\begin{pmatrix} 0{,}5 \\ 1 \end{pmatrix}$ **b)** $\begin{pmatrix} 1{,}2 \\ 1 \end{pmatrix}$ **c)** $\begin{pmatrix} 1 \\ \frac{5}{6} \\ \frac{4}{5} \end{pmatrix}$ **d)** $\begin{pmatrix} 1 \\ \frac{3}{11} \\ \frac{8}{11} \end{pmatrix}$

4 a) $a = 3$
b) $a = 0{,}1$ $b = 0{,}2$ $c = 0{,}3$ $d = 0{,}4$

5 Für die mit M bezeichneten Matrizen gilt:

a) $M^2 = \begin{pmatrix} 0{,}2 & 0{,}16 \\ 0{,}8 & 0{,}84 \end{pmatrix}$
$\Rightarrow$ M^2 enthält keine Nullen. Fixvektor: $\begin{pmatrix} 1 \\ 5 \end{pmatrix}$ $M_{\text{Grenz}} = \begin{pmatrix} \frac{1}{6} & \frac{1}{6} \\ \frac{5}{6} & \frac{5}{6} \end{pmatrix}$

b) M enthält keine Nullen. Fixvektor: $\begin{pmatrix} 2 \\ 9 \end{pmatrix}$ $M_{\text{Grenz}} = \begin{pmatrix} \frac{2}{11} & \frac{2}{11} \\ \frac{9}{11} & \frac{9}{11} \end{pmatrix}$

c) $M^2 = \begin{pmatrix} 0{,}42 & 0{,}28 & 0{,}15 \\ 0{,}28 & 0{,}68 & 0{,}02 \\ 0{,}3 & 0{,}04 & 0{,}83 \end{pmatrix}$
$\Rightarrow$ M^2 enthält keine Nullen. Fixvektor: $\begin{pmatrix} 1 \\ 1 \\ 2 \end{pmatrix}$ $M_{\text{Grenz}} = \begin{pmatrix} \frac{1}{4} & \frac{1}{4} & \frac{1}{4} \\ \frac{1}{4} & \frac{1}{4} & \frac{1}{4} \\ \frac{1}{2} & \frac{1}{2} & \frac{1}{2} \end{pmatrix}$

d) $M^2 = \begin{pmatrix} 0{,}6 & 0{,}44 & 0{,}28 \\ 0{,}03 & 0{,}07 & 0{,}07 \\ 0{,}37 & 0{,}49 & 0{,}65 \end{pmatrix}$
$\Rightarrow$ M^2 enthält keine Nullen. Fixvektor: $\begin{pmatrix} 1 \\ \frac{1}{8} \\ \frac{69}{56} \end{pmatrix}$ $M_{\text{Grenz}} = \begin{pmatrix} \frac{14}{33} & \frac{14}{33} & \frac{14}{33} \\ \frac{7}{132} & \frac{7}{132} & \frac{7}{132} \\ \frac{23}{44} & \frac{23}{44} & \frac{23}{44} \end{pmatrix}$

Fortsetzung von Aufgabe 5:

e) $M^2 = \begin{pmatrix} 0{,}64 & 0{,}55 & 0{,}23 \\ 0{,}11 & 0{,}2 & 0{,}27 \\ 0{,}25 & 0{,}25 & 0{,}5 \end{pmatrix}$

$\Rightarrow$ M^2 enthält keine Nullen. Fixvektor: $\begin{pmatrix} 1 \\ \frac{7}{19} \\ \frac{13}{19} \end{pmatrix}$ $M_{\text{Grenz}} = \begin{pmatrix} \frac{19}{39} & \frac{19}{39} & \frac{19}{39} \\ \frac{7}{39} & \frac{7}{39} & \frac{7}{39} \\ \frac{1}{3} & \frac{1}{3} & \frac{1}{3} \end{pmatrix}$

f) $M^4 = \begin{pmatrix} 0{,}390625 & 0{,}5 & 0{,}375 \\ 0{,}28125 & 0{,}234375 & 0{,}46875 \\ 0{,}328125 & 0{,}265625 & 0{,}15625 \end{pmatrix}$

$\Rightarrow$ M^4 enthält keine Nullen. Fixvektor: $\begin{pmatrix} 1 \\ \frac{3}{4} \\ \frac{5}{8} \end{pmatrix}$ $M_{\text{Grenz}} = \begin{pmatrix} \frac{8}{19} & \frac{8}{19} & \frac{8}{19} \\ \frac{6}{19} & \frac{6}{19} & \frac{6}{19} \\ \frac{5}{19} & \frac{5}{19} & \frac{5}{19} \end{pmatrix}$

6 a) $\begin{pmatrix} 60 \\ 20 \\ 40 \end{pmatrix}$; **b)** $\begin{pmatrix} 20 \\ 40 \\ 30 \end{pmatrix}$; **c)** $\begin{pmatrix} 60 \\ 60 \\ 60 \end{pmatrix}$

NOCH FIT?

I Siehe rechte Zeichnung.

a) Anpassung mithilfe einer ganzrationalen Funktion f mit $f(x) = ax^3 + bx^2 + cx + d$.

$f'(x) = 3ax^2 + 2bx + c$

(I) $f(1) = -1$ $\quad a + b + c + d = -1$

(II) $f'(1) = 0$ $\quad 3a + 2b + c = 0$

(III) $f(-1) = 1$ $\quad -a + b - c + d = 1$

(IV) $f'(-1) = 0$ $\quad 3a - 2b + c = 0$

Aus (II) – (IV) folgt $b = 0$.

Aus (I) + (III) folgt $d = 0$.

Aus (II) – (I) folgt $a = 0{,}5$ und $c = -1{,}5$ und somit $f(x) = 0{,}5x^3 - 1{,}5x$.

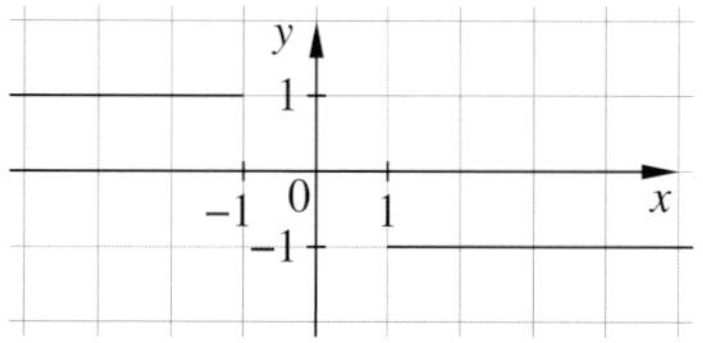

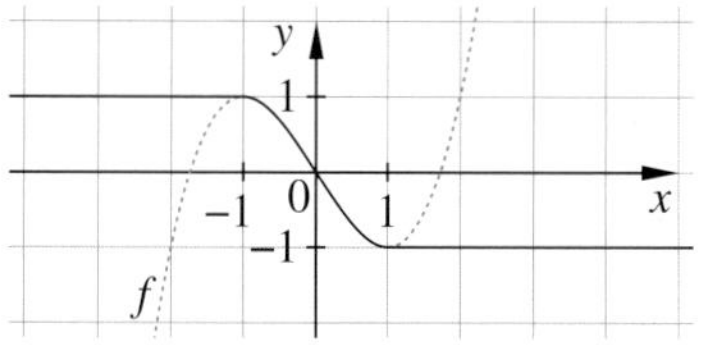

b) Anpassung mithilfe einer Sinusfunktion:

$g(x) = -\sin\left(\frac{\pi}{2} \cdot x\right)$

Anpassung mithilfe zweier Viertelkreise:

$$h(x) = \begin{cases} \sqrt{1 - (x+1)^2} & \text{für } -1 \le x \le 0 \\ -\sqrt{1 - (x-1)^2} & \text{für } 0 \le x \le 1 \end{cases}$$

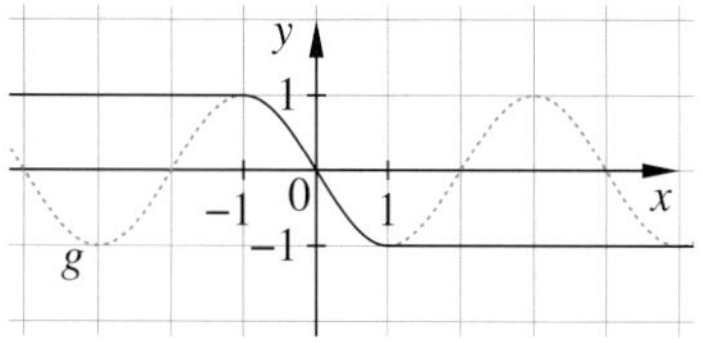

Sowohl bei der Anpassung durch die Funktion f als auch durch die Funktion g entsteht anfangs und am Ende eine starke Krümmung, in der langsam gefahren werden muss, dazwischen eine geringe Krümmung, sodass es sich gegebenenfalls lohnt zu beschleunigen.

Bei der Anpassung mithilfe der Viertelkreise ergibt sich eine konstante Krümmung, es kann mit konstanter Geschwindigkeit durchgefahren werden.

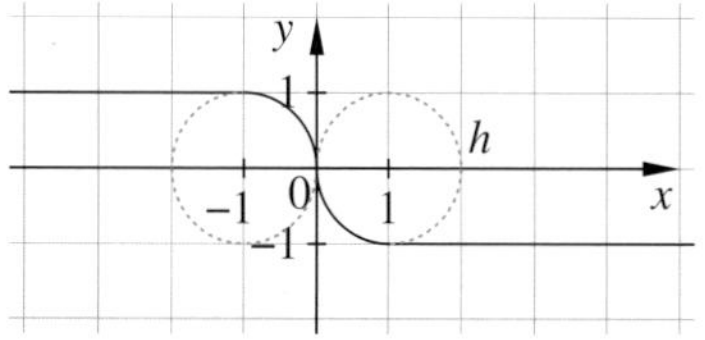

Aufgaben – Anwenden

7 a) Diagramm zur Kundenwanderung (siehe rechte Zeichnung):

Da in der Hauptdiagonalen der Matrix nur Zahlen stehen, die kleiner oder gleich 0,2 sind, gibt es nur eine sehr geringe „Firmentreue".

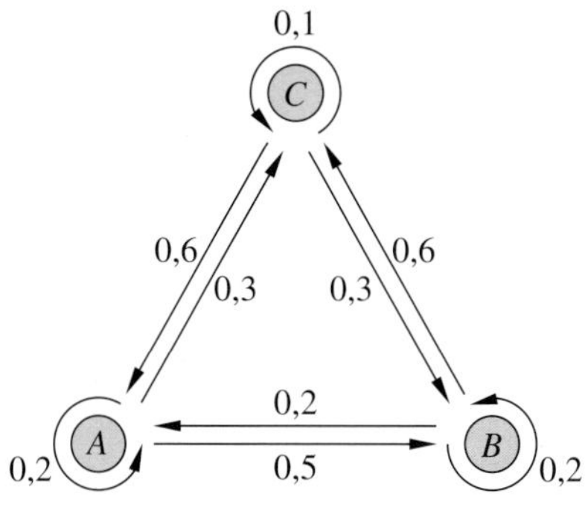

b) Mit $\vec{v_0} = \begin{pmatrix} 3000 \\ 4000 \\ 3000 \end{pmatrix}$ erhält man:

$\vec{v_1} = M \cdot \vec{v_0} = \begin{pmatrix} 3200 \\ 3200 \\ 3600 \end{pmatrix}$

$\vec{v_2} = M \cdot \vec{v_1} = \begin{pmatrix} 3440 \\ 3320 \\ 3240 \end{pmatrix}$

$\vec{v_3} = M \cdot \vec{v_2} = \begin{pmatrix} 3296 \\ 3356 \\ 3348 \end{pmatrix}$

Die angegebenen Übergangsquoten sind relative Häufigkeiten; 60% der Kunden von C, die an A verloren gehen, entsprechen nicht 60% der Kunden von B, die nach C wandern.

Der Ansatz $M \cdot \vec{s} = \vec{s}$ liefert als eine Lösung $\vec{s} = \begin{pmatrix} 1 \\ 1 \\ 1 \end{pmatrix}$, die Kunden werden sich also langfristig gleichmäßig auf die drei Firmen verteilen – wenn auch mit hoher Fluktuation. Jede der drei Firmen wird sich also langfristig auf ca. 3333 Kunden stabilisieren. Wenn dieser Zustand erreicht ist, sind nicht nur die in b) erwähnten relativen Häufigkeiten gleich, sondern auch die zugehörigen absoluten Häufigkeiten.

8 a) Übergangsdiagramm (siehe rechte Zeichnung):

Wenn die drei Einkommensgruppen gleich groß sind, ändert sich nichts mehr an der Verteilung.

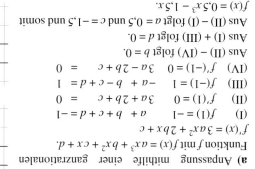

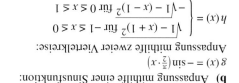

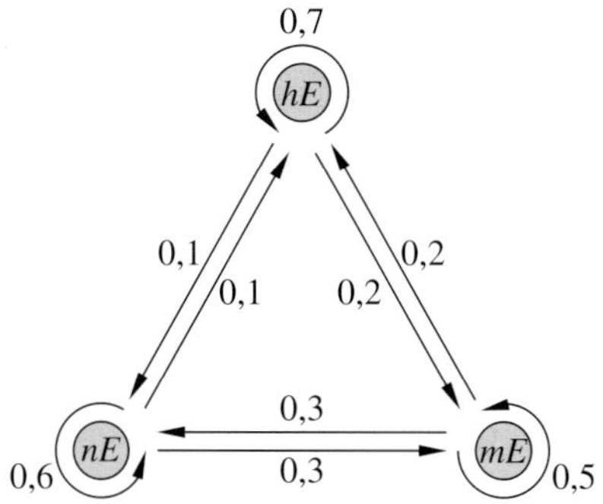

b) Übergangsmatrix: $M = \begin{pmatrix} 0{,}6 & 0{,}3 & 0{,}1 \\ 0{,}3 & 0{,}2 & 0{,}2 \\ 0{,}1 & 0{,}7 & 0{,}7 \end{pmatrix}$

$M \cdot \begin{pmatrix} 0{,}4 \\ 0{,}1 \\ 0{,}5 \end{pmatrix} = \begin{pmatrix} 0{,}32 \\ 0{,}27 \\ 0{,}41 \end{pmatrix}$

c) $M^2 = \begin{pmatrix} 0{,}46 & 0{,}35 & 0{,}19 \\ 0{,}35 & 0{,}38 & 0{,}27 \\ 0{,}19 & 0{,}27 & 0{,}54 \end{pmatrix}$

d) Für große n ergibt sich $M^n \approx \begin{pmatrix} \frac{1}{3} & \frac{1}{3} & \frac{1}{3} \\ \frac{1}{3} & \frac{1}{3} & \frac{1}{3} \\ \frac{1}{3} & \frac{1}{3} & \frac{1}{3} \end{pmatrix}$ und damit eine Gleichverteilung auf die drei Einkommensklassen.

9 a) Da C nur verliert, nimmt der Bestand von C mit dem Faktor 0,8 exponentiell ab. Er ist also nur konstant, wenn er null ist. A und B müssen sich gleich viel geben, also gilt:

$0{,}8 \cdot b = 0{,}2 \cdot a \Leftrightarrow 4b = a$

313 **Fortsetzung von Aufgabe 9:**

Man rechnet nach, dass gilt:

$\begin{pmatrix} 0{,}8 & 0{,}8 & 0{,}8 \\ 0{,}2 & 0{,}2 & 0 \\ 0 & 0 & 0{,}2 \end{pmatrix} \cdot \begin{pmatrix} 4 \\ 1 \\ 0 \end{pmatrix} = \begin{pmatrix} 4 \\ 1 \\ 0 \end{pmatrix}$

b) Änderung zu Aufgabe a): Es muss sowohl $0{,}1\,a = 0{,}8\,b$ als auch $0{,}8\,a = 0{,}1\,c$ gelten, also gilt für den Fixvektor $\vec{v}$:

$\vec{v} = \begin{pmatrix} 8 \\ 1 \\ 1 \end{pmatrix}$

c) Dieses System ist stabil, wenn die Anteile von A, B und C gleich sind.

$\begin{pmatrix} -1 & 0{,}8 & 0{,}8 \\ 0{,}8 & -1 & 0{,}2 \\ 0{,}2 & 0{,}8 & -1 \end{pmatrix} \Rightarrow \begin{pmatrix} -1 & 0{,}2 & 0{,}8 \\ 0 & -1 & 1 \\ 0 & 0 & 0 \end{pmatrix} \Rightarrow \vec{v} = \begin{pmatrix} 1 \\ 1 \\ 1 \end{pmatrix}$

d) Zunächst könnte man vermuten, dass B und C gleiche Anteile haben müssen. Dabei wird aber der Austausch mit A übersehen. Es lässt sich also nichts vorhersagen.

$\begin{pmatrix} -1 & 0{,}6 & 0{,}6 \\ 0{,}8 & -1 & 0{,}4 \\ 0{,}2 & 0{,}4 & -1 \end{pmatrix} \Rightarrow \begin{pmatrix} -1 & 0{,}6 & 0{,}6 \\ 0 & 13 & -22 \\ 0 & 0 & 0 \end{pmatrix} \Rightarrow \vec{v} = \begin{pmatrix} 21 \\ 22 \\ 13 \end{pmatrix}$

314 **10 a)** Prozessdiagramm:

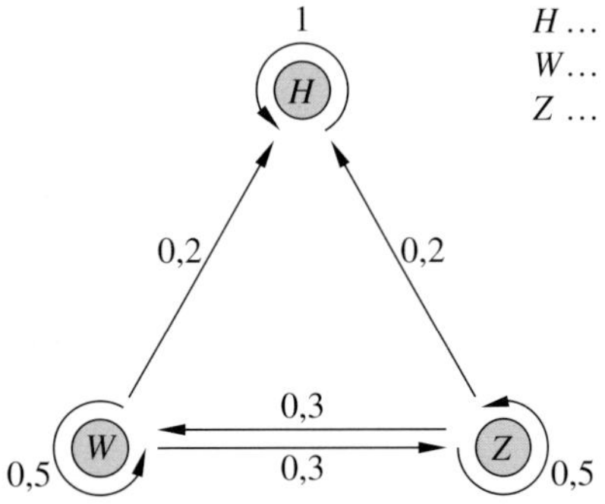

H … herunter
W … weiter
Z … zurück

b) $M = \begin{pmatrix} 1 & 0{,}2 & 0{,}2 \\ 0 & 0{,}5 & 0{,}5 \\ 0 & 0{,}3 & 0{,}3 \end{pmatrix}$

$\vec{v_2} = \begin{pmatrix} 0{,}36 \\ 0{,}4 \\ 0{,}24 \end{pmatrix}$

$\vec{v_4} \approx \begin{pmatrix} 0{,}59 \\ 0{,}26 \\ 0{,}15 \end{pmatrix}$

$\vec{v_6} \approx \begin{pmatrix} 0{,}74 \\ 0{,}16 \\ 0{,}10 \end{pmatrix}$

c) Da die Wahrscheinlichkeit, heruntergestoßen zu werden, schon nach vier Schritten über 50 Prozent liegt, wird die Ameise die Umrundung wohl kaum schaffen.

11 Man erhält den allgemeinen Lösungsvektor $v = \vec{v_2} \cdot \binom{0{,}5}{1}$. Daran kann man erkennen, dass in dem betrachteten Land Sonnentage genau doppelt so wahrscheinlich sind wie Regentage, d. h., ein zufällig ausgewählter Tag ist mit einer Wahrscheinlichkeit von $\frac{2}{3}$ ein Sonnentag.

12 a) Übergangsdiagramm: 314

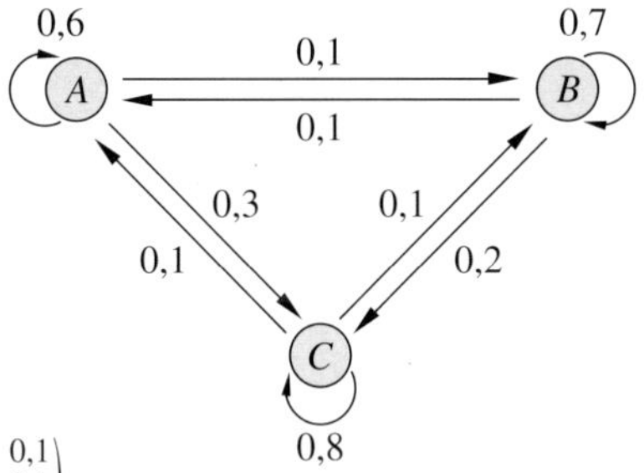

Übergangsmatrix: $\mathbf{M} = \begin{pmatrix} 0{,}6 & 0{,}1 & 0{,}1 \\ 0{,}1 & 0{,}7 & 0{,}1 \\ 0{,}3 & 0{,}2 & 0{,}8 \end{pmatrix}$

b) $\vec{v}_1 = \mathbf{M} \cdot \vec{v}_0 = \begin{pmatrix} 6750 \\ 6960 \\ 16\,290 \end{pmatrix}$; $\vec{v}_2 = \mathbf{M} \cdot \vec{v}_1 = \begin{pmatrix} 6375 \\ 7176 \\ 16\,449 \end{pmatrix}$

c) $\vec{v}_{-1} = \begin{pmatrix} 9000 \\ 6000 \\ 15\,000 \end{pmatrix}$

d) Langfristig wird sich Anbieter A bei 6000, Anbieter B bei 7500 und Anbieter C bei 16500 Kunden einpendeln.

e) $\mathbf{M}^* = \begin{pmatrix} 0{,}6 & 0{,}09 & 0{,}09 & 0 \\ 0{,}09 & 0{,}7 & 0{,}09 & 0 \\ 0{,}27 & 0{,}18 & 0{,}8 & 0 \\ 0{,}04 & 0{,}03 & 0{,}02 & 0 \end{pmatrix}$

Da ständig Kunden nach D wechseln, aber keine Kunden zurück zu A, B oder C wechseln, wird D schließlich alle 30 000 Kunden haben.

13 a) Individuelle Lösungen 315

b) Die Verteilung nach dem Umfüllen stimmt mit der Startverteilung 80 ml (A), 120 ml (B) und 40 ml (C) überein.

c) Übergangsmatrix:

$\mathbf{M} = \begin{pmatrix} 0 & \frac{1}{2} & \frac{1}{2} \\ \frac{3}{4} & \frac{1}{3} & \frac{1}{2} \\ \frac{1}{4} & \frac{1}{6} & 0 \end{pmatrix}$

Rechnerische Ergebnisse (gerundet):

zu a): $\vec{v}_1 = \mathbf{M} \cdot \begin{pmatrix} 40 \\ 20 \\ 180 \end{pmatrix} \approx \begin{pmatrix} 100 \\ 126{,}7 \\ 13{,}3 \end{pmatrix}$, $\vec{v}_2 = \mathbf{M} \cdot \vec{v}_1 \approx \begin{pmatrix} 70 \\ 123{,}9 \\ 46{,}1 \end{pmatrix}$, $\vec{v}_3 = \mathbf{M} \cdot \vec{v}_2 \approx \begin{pmatrix} 85 \\ 116{,}9 \\ 38{,}1 \end{pmatrix}$,

$\vec{v}_4 = \mathbf{M} \cdot \vec{v}_3 \approx \begin{pmatrix} 77{,}5 \\ 121{,}8 \\ 40{,}7 \end{pmatrix}$, $\vec{v}_5 = \mathbf{M} \cdot \vec{v}_4 \approx \begin{pmatrix} 81{,}3 \\ 119{,}1 \\ 39{,}7 \end{pmatrix}$

zu b): $\vec{v}_1 = \mathbf{M} \cdot \begin{pmatrix} 80 \\ 120 \\ 40 \end{pmatrix} = \begin{pmatrix} 80 \\ 120 \\ 40 \end{pmatrix}$

Fortsetzung von Aufgabe 13:

d) Gesucht ist die Verteilung $\vec{x}$ mit $\mathbf{M} \cdot \vec{x} = \begin{pmatrix} 40 \\ 20 \\ 180 \end{pmatrix}$, das zugehörige lineare Gleichungssystem liefert: $\vec{x} = \begin{pmatrix} 160 \\ 840 \\ -760 \end{pmatrix}$, da die dritte Koordinate negativ ist, existiert eine solche Verteilung nicht.

Die Verteilung aus b) liefert (erwartungsgemäß) $\vec{x} = \begin{pmatrix} 80 \\ 120 \\ 40 \end{pmatrix}$.

Aufgaben – Vernetzen

14 Der Fixvektor der Matrix M ist $\vec{v} = \begin{pmatrix} 5 \\ \frac{4}{3} \\ 1 \end{pmatrix}$.

Geht man in einem Koordinatensystem 5 Einheiten geradeaus, $\frac{4}{3}$ Einheiten nach rechts und eine Einheit nach links, so sind das insgesamt 5 Einheiten geradeaus und $\frac{1}{3}$ Einheit nach rechts.

Für den Winkel α, um den der Roboter von einem reinen Geradeauskurs abweicht, gilt:

$\tan(\alpha) = \frac{0,\overline{3}}{5} \Rightarrow \alpha \approx 3{,}8°$

15 $A \cdot \vec{v} = \begin{pmatrix} a & a & a \\ b & b & b \\ c & c & c \end{pmatrix} \cdot \begin{pmatrix} x \\ y \\ z \end{pmatrix} = \begin{pmatrix} ax+ay+az \\ bx+by+bz \\ cx+cy+cz \end{pmatrix} = (x+y+z) \cdot \begin{pmatrix} a \\ b \\ c \end{pmatrix}$

16 a) $A \cdot \vec{v} = \begin{pmatrix} 1 \cdot a + 0{,}3 \cdot 0 + 0 \cdot b \\ 0 \cdot a + 0{,}4 \cdot 0 + 0 \cdot b \\ 0 \cdot a + 0{,}3 \cdot 0 + 1 \cdot b \end{pmatrix} = \begin{pmatrix} a \\ 0 \\ b \end{pmatrix} = \vec{v}$

b) Allgemein gilt für Matrizen der Form von A, wobei „*" für eine beliebige Zahl steht:

$\begin{pmatrix} 1 & * & 0 \\ 0 & * & 0 \\ 0 & * & 1 \end{pmatrix} \cdot \begin{pmatrix} 1 & * & 0 \\ 0 & * & 0 \\ 0 & * & 1 \end{pmatrix} = \begin{pmatrix} 1 & * & 0 \\ 0 & * & 0 \\ 0 & * & 1 \end{pmatrix}$

c) Durch Nachrechnen kommt man zu der Vermutung, dass sich $A^n \cdot \vec{v_1}$ dem Zustandsvektor $\begin{pmatrix} 9 \\ 0 \\ 9 \end{pmatrix}$ und $A^n \cdot \vec{v_2}$ dem Zustandsvektor $\begin{pmatrix} 11 \\ 0 \\ 11 \end{pmatrix}$ nähert.

Für die Untersuchung des allgemeinen Vektors $\vec{v_3} = \begin{pmatrix} a \\ b \\ c \end{pmatrix}$ genügt es, den Vektor $\vec{u} = \begin{pmatrix} 0 \\ b \\ 0 \end{pmatrix}$ zu betrachten.

Es gilt: $A^n \cdot \vec{u} = \begin{pmatrix} z \\ 0{,}4^n \cdot b \\ z \end{pmatrix}$

Die mittlere Koordinate geht gegen 0, die erste und dritte Koordinate sind für alle $n \in \mathbb{N}$ gleich. Da die Summe der Koordinaten konstant ist, folgt, dass sich $A^n \cdot \vec{u}$ beliebig dem Zustandsvektor $\begin{pmatrix} 0{,}5b \\ 0 \\ 0{,}5b \end{pmatrix}$ nähert. Also folgt allgemein:

$\lim\limits_{n \to \infty} \left(A^n \cdot \begin{pmatrix} a \\ b \\ c \end{pmatrix} \right) = \begin{pmatrix} a + 0{,}5b \\ 0 \\ c + 0{,}5b \end{pmatrix}$

17 Der Ansatz $\begin{pmatrix} a & b \\ 1-a & 1-b \end{pmatrix} \cdot \begin{pmatrix} x \\ y \end{pmatrix} = \begin{pmatrix} x \\ y \end{pmatrix}$ führt auf ein Gleichungssystem mit zwei identischen Gleichungen:

$ax + by = x \Rightarrow 0 = (1-a)x - by$

$(1-a)x + (1-b)y = y \Rightarrow (1-a)x - by = 0$

Die Gleichung $(1-a)x - by = 0$ besitzt nur die nichttriviale Lösung $x = b$ und $y = 1 - a$.

Fixvektor:

$\vec{v} = \begin{pmatrix} b \\ 1-a \end{pmatrix}$

18 Der Ansatz $A \cdot \vec{s} = \vec{s}$ führt auf das homogene lineare Gleichungssystem mit der Koeffizientenmatrix

$\begin{pmatrix} a-1 & b & c \\ d & e-1 & f \\ 1-a-d & 1-b-e & -c-f \end{pmatrix}$.

a) Ersetzt man die dritte Zeile durch die Summe der drei Zeilen, so folgt:

$\begin{pmatrix} a-1 & b & c \\ d & e-1 & f \\ 0 & 0 & 0 \end{pmatrix}$

b) Aus der Voraussetzung, dass alle Koeffizienten von A größer als 0 sind, folgt insbesondere, dass a, b, c, d, e und f kleiner als 1 sind, folglich gilt $a - 1 < 0$ und $e - 1 < 0$. Die ersten beiden Zeilen der Koeffizientenmatrix aus a) können also keine Vielfachen voneinander sein.

323 # 10. Vertiefen und Vernetzen

10.1 Vernetzung zwischen Analysis und Stochastik

1 $f(p) = B(6; p; 3)$

$= \binom{6}{3} \cdot p^3 \cdot (1-p)^{6-3}$

$= 20 \cdot p^3 \cdot (1-p)^3$

$f'(p) = 20 \cdot \left(3p^2 \cdot (1-p)^3 + p^3 \cdot 3(1-p)^2 \cdot (-1)\right)$

$= 60 \cdot p^2 \cdot (1-p)^2 \cdot (1-2p)$

$(1 - 2 \cdot 0{,}5) = 0 \Rightarrow f'(0{,}5) = 0$

$f''(p) = 120 \cdot p - 720 \cdot p^2 + 1200 \cdot p^3 - 600 \cdot p^4$

$f''(0{,}5) = -7{,}5 < 0 \Rightarrow$ f wird an der Stelle $p = 0{,}5$ maximal.

2 $f_{n,k}(p) = B(n; p; k)$

$= \binom{n}{k} \cdot p^k \cdot (1-p)^{n-k}$

$f_{n,k}{}'(p) = \binom{n}{k} \cdot \left(k \cdot p^{k-1} \cdot (1-p)^{n-k} + p^k \cdot (n-k) \cdot (1-p)^{n-k-1} \cdot (-1)\right)$

$= \binom{n}{k} \cdot \left(p^{k-1} \cdot (1-p)^{n-k-1} \cdot (k \cdot (1-p) - p \cdot (n-k))\right)$

$= \binom{n}{k} \cdot p^{k-1} \cdot (1-p)^{n-k-1} \cdot (k - n \cdot p)$

Wegen $\left(k - n \cdot \frac{k}{n}\right) = 0$ ist $f_{n,k}{}'\left(\frac{k}{n}\right) = 0$. Da im Funktionsterm von $f_{n,k}$ nur positive Faktoren vorkommen und wegen $f_{n,k}(0) = 0$ und $f_{n,k}(1) = 0$, wird $f_{n,k}$ an der Stelle $p = \frac{k}{n}$ maximal.

3 a) Im ersten Druck hätte die Aufgabenstellung wie folgt lauten müssen: „Berechnen Sie die Wahrscheinlichkeit, bei vier Würfen mit einem Tetraeder mindestens eine 1 zu werfen."

$1 - \binom{4}{0} \cdot \left(\frac{1}{4}\right)^0 \cdot \left(1 - \frac{1}{4}\right)^4 = \frac{175}{256}$

b) Im ersten Druck hätte die Aufgabenstellung im letzten Satz wie folgt lauten müssen: „Berechnen Sie mit der Funktion f die Wahrscheinlichkeiten, bei n Würfen mit einem der anderen platonischen Körper mindestens eine 1 zu werfen."

Verallgemeinerung von $n = 4$ auf allgemeines $n \in \mathbb{N}$:

$f(n) = 1 - \binom{n}{0} \cdot \left(\frac{1}{n}\right)^0 \cdot \left(1 - \frac{1}{n}\right)^n$

$= 1 - \left(1 - \frac{1}{n}\right)^n$

$f(4) = 1 - \left(1 - \frac{1}{4}\right)^4 \approx 0{,}6836$

$f(8) = 1 - \left(1 - \frac{1}{8}\right)^8 \approx 0{,}6564$

$f(12) = 1 - \left(1 - \frac{1}{12}\right)^{12} \approx 0{,}6480$

$f(20) = 1 - \left(1 - \frac{1}{20}\right)^{20} \approx 0{,}6415$

c) $\lim\limits_{n \to \infty} f(n) = \lim\limits_{n \to \infty} \left(1 - \left(1 - \frac{1}{n}\right)^n\right)$

$= 1 - \frac{1}{e}$

$\approx 0{,}6321$

4 a) $\binom{2}{1} \cdot p^1 \cdot (1-p)^{2-1} = 2p \cdot (1-p) = 0{,}42 \Leftrightarrow p \cdot (1-p) = 0{,}21$ 323

$\Leftrightarrow p^2 - p + 0{,}21 = 0$

$\Leftrightarrow p_{1,2} = 0{,}5 \pm \sqrt{0{,}25 - 0{,}21}$

$p_1 = 0{,}3$

$p_2 = 0{,}7$

Der Lösungsweg führt auf eine quadratische Gleichung mit zwei verschiedenen Lösungen. Es gibt demnach zwei verschiedene Trefferwahrscheinlichkeiten, welche die Aufgabenstellung erfüllen.

b) Gewinnwahrscheinlichkeit in Abhängigkeit von der Trefferwahrscheinlichkeit p:

$g(p) = 2p \cdot (1-p) = 2p - 2p^2$

$g'(p) = 2 - 4p$

$g'(p) = 0 \Leftrightarrow p = 0{,}5$

$g''(p) = -4 < 0$

Also ist bei einer Trefferwahrscheinlichkeit von $p = 0{,}5$ die Gewinnwahrscheinlichkeit des Spielers maximal. Sie beträgt in diesem Fall $g(0{,}5) = 0{,}5$, ist also identisch mit der zugehörigen Trefferwahrscheinlichkeit.

5 Es sei $n = 2k$.

Gewinnwahrscheinlichkeit in Abhängigkeit von der Trefferwahrscheinlichkeit p:

$h(p) = \binom{2k}{k} \cdot p^k \cdot (1-p)^k = \frac{(2k)!}{k! \cdot (2k-k)!} \cdot (p - p^2)^k = \frac{(2k)!}{(k!)^2} \cdot (p - p^2)^k$

$h'(p) = \frac{(2k)!}{(k!)^2} \cdot k \cdot (p - p^2)^{k-1} \cdot (1 - 2p)$

$h'(p) = 0 \Leftrightarrow p_1 = 0$

$p_2 = 0{,}5$

$p_3 = 1$

Nur die Lösung $p = 0{,}5$ kommt als Trefferwahrscheinlichkeit für die maximale Gewinnwahrscheinlichkeit infrage.

Es gilt $h''(0{,}5) < 0$.

(Auf den Nachweis kann wegen des hohen Rechenaufwandes verzichtet werden.)

Da für $p = 0{,}5$ die Trefferwahrscheinlichkeit maximal ist, gilt die folgende Abschätzung:

$\frac{(2k)!}{(k!)^2} \cdot (p - p^2)^k \le \frac{(2k)!}{(k!)^2} \cdot (0{,}5 - 0{,}5^2)^k$

$\frac{(2k)!}{(k!)^2} \cdot (0{,}5 - 0{,}5^2)^k = \frac{(2k)!}{(k!)^2 \cdot 4^k}$

$\lim\limits_{k \to \infty} \left(\frac{(2k)!}{(k!)^2 \cdot 4^k}\right) = 0$ lässt sich unmittelbar mit einem CAS ausrechnen und durch das zugehörige Schaubild bestätigen.

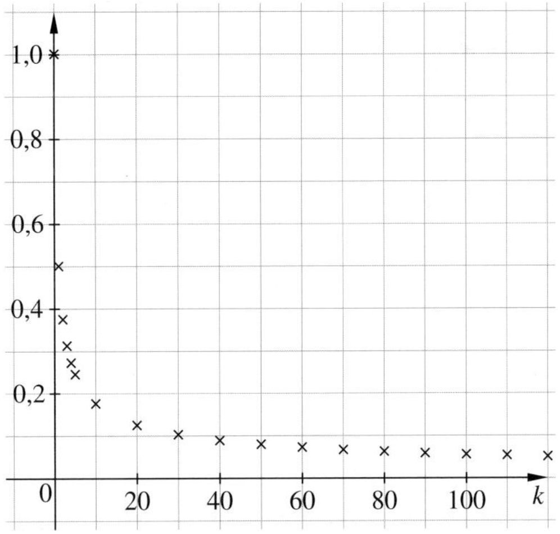

327

10.2 Schätzen von Wahrscheinlichkeiten

1 a) $|X - \mu| \le \sigma$ bzw. $\mu - \sigma \le X \le \mu + \sigma$

b) $|\frac{X}{n} - p| \le d$ bzw. $p - d \le \frac{X}{n} \le p + d$

c) $P\left(|\frac{X}{n} - p| \le d\right) \approx 1 - \alpha$ bzw. $P\left(p - d \le \frac{X}{n} \le p + d\right) \approx 1 - \alpha$

2

p	Annahmebereich 90 %-Umgebung von μ	Ist p verträglich mit der Stichprobe?	Annahmebereich 95-%-Umgebung von μ	Ist p verträglich mit der Stichprobe?
0,40	$69 \le X \le 91$	nein	$67 \le X \le 93$	nein
0,42	$73 \le X \le 95$	ja	$71 \le X \le 97$	ja
0,54	$97 \le X \le 119$	nein	$95 \le X \le 121$	ja
0,60	$109 \le X \le 131$	nein	$107 \le X \le 123$	nein

3 a) Annahmebereich für X: $453 \le X \le 507$
Annahmebereich für $\frac{X}{n}$: $0{,}3775 \le \frac{X}{1200} \le 0{,}4225$

b) $510 \notin [453; 507]$ ⇒ Nicht mit dem zugehörigen Annahmebereich verträglich.
$0{,}41 \in [0{,}3775; 0{,}4225]$ ⇒ Mit dem zugehörigen Annahmebereich verträglich.

c) Das Näherungsverfahren ergibt $p_1 \approx 0{,}3882$ und $p_2 \approx 0{,}4618$. p liegt mit 90% Wahrscheinlichkeit im Intervall [0,389; 0,461].

4 a) Die Rechnung $(100 \cdot p - 35)^2 = 1{,}96^2 \cdot 100 \cdot p \cdot (1 - p)$ ergibt $p_1 \approx 0{,}2636$ und $p_2 \approx 0{,}4475$.
Das zugehörige Konfidenzintervall ist [0,264; 0,447].

b) Die Rechnung $(200 \cdot p - 85)^2 = 1{,}64^2 \cdot 200 \cdot p \cdot (1 - p)$ ergibt $p_1 \approx 0{,}3690$ und $p_2 \approx 0{,}4829$.
Das zugehörige Konfidenzintervall ist [0,370; 0,482].

c) Die Rechnung $(150 \cdot p - 105)^2 = 2{,}58^2 \cdot 150 \cdot p \cdot (1 - p)$ ergibt $p_1 \approx 0{,}5967$ und $p_2 \approx 0{,}7863$.
Das zugehörige Konfidenzintervall ist [0,597; 0,786].

d) Die Rechnung $(200 \cdot p - 80)^2 = 1{,}64^2 \cdot 200 \cdot p \cdot (1 - p)$ ergibt $p_1 \approx 0{,}3449$ und $p_2 \approx 0{,}4578$.
Das zugehörige Konfidenzintervall ist [0,345; 0,457].

e) Die Rechnung $(100 \cdot p - 24)^2 = 1{,}64^2 \cdot 100 \cdot p \cdot (1 - p)$ ergibt $p_1 \approx 0{,}1774$ und $p_2 \approx 0{,}3163$.
Das zugehörige Konfidenzintervall ist [0,178; 0,316].

f) Die Rechnung $(150 \cdot p - 86)^2 = 2{,}58^2 \cdot 150 \cdot p \cdot (1 - p)$ ergibt $p_1 \approx 0{,}4682$ und $p_2 \approx 0{,}6722$.
Das zugehörige Konfidenzintervall ist [0,469; 0,672].

5 a)

n	Intervall	d
100	[0,0765; 0,1834]	0,107
500	[0,0982; 0,1458]	0,048
1000	[0,1042; 0,1378]	0,034
5000	[0,1127; 0,1277]	0,015
10000	[0,1148; 0,1254]	0,011

b)

n	Intervall	d
100	[0,5181; 0,6767]	0,159
500	[0,5637; 0,6350]	0,072
1000	[0,5744; 0,6251]	0,051
5000	[0,5886; 0,6113]	0,023
10000	[0,5920, 0,6080]	0,016

Die Intervalle sind bei $\frac{X}{n} = 0{,}60$ länger als bei $\frac{X}{n} = 0{,}12$.
(Dieses Ergebnis wird in der Grafik zu Aufgabe 29 anschaulich sichtbar.)

6 Intervall: [0,1531; 0,1823]
Mitte: $m = 0{,}1677$
$\frac{X}{n} = 0{,}1672$
Die Abweichung von der Punktschätzung liegt im Bereich von hundertstel Prozent.

7 In dieser Aufgabe muss man selbst eine Sicherheitswahrscheinlichkeit vorgeben. Für die folgenden Berechungen wird von 99%iger Sicherheit ausgegangen.
Es gilt:
$p \cdot (1 - p) \cdot \frac{2{,}58^2}{0{,}02^2} \le n$

a) Aus $p = 0{,}3$ folgt $n \ge 3494{,}61$.

b) $p \cdot (1 - p)$ ist maximal für $p = 0{,}35$, daraus folgt $n \ge 3785{,}83$.

c) $p \cdot (1 - p)$ ist maximal für $p = 0{,}5$, daraus folgt $n \ge 4160{,}25$.

d) $p \cdot (1 - p)$ ist maximal für $p = 0{,}6$, daraus folgt $n \ge 3993{,}84$.

8

$$1{,}96 \cdot \frac{\sigma}{n} \le 0{,}005$$
$$1{,}96 \cdot \frac{\sqrt{pq}}{\sqrt{n}} \le 0{,}005$$
$$\frac{1{,}962^2 \cdot pq}{0{,}005^2} \le n$$
$$pq \le 0{,}25 \Rightarrow \frac{1{,}96^2 \cdot 0{,}25}{0{,}005^2} \le n$$
$$38416 \le n$$

Wenn mindestens 38416 Personen befragt werden, kann der Anteil bis auf 0,5% genau geschätzt werden.

328

9 Die Länge des Intervalls beträgt $2 \cdot 1{,}64\frac{\sigma}{n}$.

$$2 \cdot 1{,}64\frac{\sigma}{n} \le 0{,}02$$
$$\frac{1{,}64^2\, 0{,}25}{0{,}01^2} \le n$$
$$6724 \le n$$

328 **10 a)** 95 %-Konfidenzintervalle:

CDU	[0,321; 0,380]
SPD	[0,243; 0,298]
FDP	[0,038; 0,065]
Linke	[0,056; 0,088]
Grüne	[0,186; 0,236]
Sonstige	wie FDP

b) Die Stichprobe ist nicht rein zufällig gezogen, sondern „repräsentativ" zusammengesetzt. Das bedeutet, dass Infratest behauptet, die Anteile in der Stichprobe entsprächen ziemlich genau denen in der Gesamtbevölkerung.

11 p liegt in [0,480; 0,520], also deutlich unter 68 %.

12 Wenig aufgeregt: [0,444; 0,488]
Sehr nervös: [0,403; 0,447]
Die beiden Intervalle überschneiden sich in [0,444; 0,477]. Wenn der Anteil der Nervösen und der Anteil der wenig Aufgeregten in diesem Intervall liegt, dann liegen sowohl $X = 909$ als auch $X = 828$ im Annahmebereich dieser Anteile. Die Stichprobenergebnisse sind demnach sogar verträglich mit einem Anteil der Nervösen von 0,446 und der wenig Aufgeregten von 0,447. Somit kann nicht geschlossen werden, dass der Anteil der Nervösen geringer ist.

13 Das Ereignis wird beschrieben durch $0{,}27 - 0{,}02 \le \frac{X}{n} \le 0{,}27 + 0{,}02$.
$0{,}25\,n \le X \le 0{,}29\,n$
Damit ist die zugehörige Wahrscheinlichkeit $P(0{,}25\,n \le X \le 0{,}29\,n)$.

329

14 Fluggesellschaft		berechneter Anteil	gerundeter Anteil
Air Berlin	18,3 %	205,326	205
Lufthansa	14,2 %	159,324	159
Condor	13,2 %	148,104	148
EasyJet	10,5 %	117,810	118
Ryanair	8,2 %	92,004	92
Germanwings	5,9 %	66,198	66
TUIfly	4,1 %	46,002	46
Iberia	3,3 %	37,026	37
Air France	2,8 %	31,416	31
KLM	2,6 %	29,172	29
andere mit Sitz in der EU	11,2 %	125,664	126
sonstige	5,8 %	65,076	65
Summe		1123,122	1122

Fortsetzung von Aufgabe 14: 329
Lufthansa: [0,126; 0,160]
Condor: [0,116; 0,149]
Die Konfidenzintervalle überlappen im Bereich [0,126; 0,149], es kann nicht gefolgert werden, dass Lufthansa häufiger gewählt wurde.

15 a) $(500 \cdot p - 20)^2 = 1{,}64^2 \cdot 500 \cdot p \cdot (1 - p) \Rightarrow p_1 \approx 0{,}027\,918$ bzw. $p_2 \approx 0{,}057\,005$
Das zugehörige Konfidenzintervall ist [0,02792; 0,05700].
Der unbekannte Anteil defekter Schrauben liegt also ca. zwischen 2,792 % und 5,7 %. Eine Verbesserung gegenüber 6 % ist erkennbar, jedoch sind selbst bei gegebener Sicherheitswahrscheinlichkeit von 90 % noch Ausschussanteile von über 4 % möglich.
b) Es soll gelten:
$P\left(\left|\frac{X}{n} - p\right| \le 0{,}01\right) \approx 0{,}90 \Rightarrow 0{,}01 = 1{,}64\frac{\sqrt{n \cdot p \cdot (1-p)}}{n} \Rightarrow 0{,}01^2 \cdot n = 1{,}64^2 p(1-p)$
(1) Für $p = 4\,\%$ ergibt sich $n \approx 1032{,}8$, also $n = 1033$.
(2) Für unbekanntes p wird $p(1 - p)$ mit 0,25 abgeschätzt, daher ergibt sich $n = 6724$.
(3) Für $p = 0{,}5$ wird $p(1 - p)$ maximal, daher ergibt sich $n = 6724$.

16 Im ersten Druck war die Nummerierung fehlerhaft.
a) Es gilt $p(1-p) \cdot \frac{c^2}{d^2} \le n$.
Für den konkreten Fall ist $d = 0{,}05$ und $c = 1{,}64$. Das Produkt $p \cdot (1 - p)$ wird bei gegebenem $p \in [0{,}1; 0{,}2]$ für den Wert 0,2 maximal.
Damit ergibt sich $0{,}2 \cdot 0{,}8 \cdot \frac{1{,}64^2}{0{,}05^2} \le n$. Es gilt daher $n \ge 172{,}1344$, also $n = 173$.
Eine alternative Vorgehensweise findet sich in der Lösung von Aufgabe 21.
b) Es soll gelten $\mu - 2\sigma \le 17 \le \mu + 2\sigma$ bzw.
$$200p - 2\sqrt{200 \cdot p \cdot (1-p)} \le 17 \le 200p + 2\sqrt{200 \cdot p \cdot (1-p)}.$$
Daraus folgt: $800p(1-p) \ge (200p - 17)^2$
Löst man diese quadratische Ungleichung, so ergibt sich $0{,}05324 \le p \le 0{,}13303$.

17 a) $p = 0{,}5$ [0,442; 0,558] 330
$p = 0{,}3$ [0,283; 0,392]
b) $D(f; g) = [0; 1]$, weil sonst der Term unter der Wurzel negativ wird.
$W(f; g) = [0; 200]$, denn $f(0) = g(0) = 0$ und $f(1) = g(1) = n$.
Für alle anderen p ergibt sich ein Wert zwischen 0 und n, weil $0 < n \cdot p < n$ und die Wurzel kleiner ist als $n \cdot p$.
Einstellungen im GTR beispielsweise: $xMin = -0{,}2$
$xMax = 1{,}2$
$yMin = 0$
$yMax = 200$
c) Der Schnittpunkt der Geraden zu $X = 66$ mit dem Graphen von f ergibt den oberen Rand des Annahmebereiches für das kleinste p, der mit dem Graphen von g den unteren Rand für das größte p.

330 **Fortsetzung von Aufgabe 17:**

GTR:

- Als dritte Funktion $x = 66$ eingeben.
- Ermitteln der Schnittpunkte dieser Geraden mit den beiden Graphen von f und g mit Intersect-Befehl.

d)

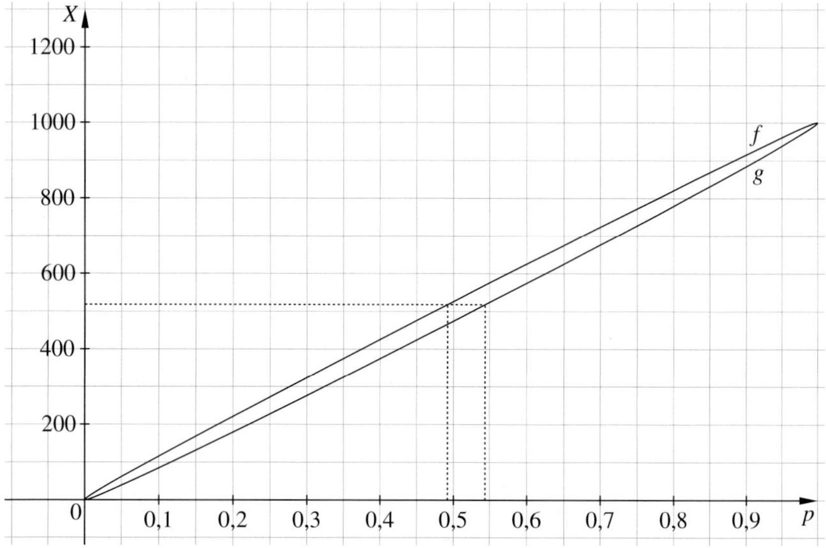

e) Die in d) mit einem Funktionenplotter ermittelten Ergebnisse müssten dem genauen Intervall [0,492; 0,544] entsprechen.

f) Für das gegebene n die Funktionen f und g plotten und mit dem Intersect- Befehl ihren Schnitt mit der Funktion h mit $h(x) = X$ ermitteln.

10.3 Vollständige Induktion 334

1 a) Induktionsanfang für $n = 1$: Für $n = 1$ ist $2 = 1 \cdot \frac{3 \cdot 1 + 1}{2}$ eine wahre Aussage.

Induktionsschritt von k auf $k + 1$: Es gelte für $n = k$: $2 + 5 + \ldots + (3k - 1) = k\frac{3k+1}{2}$.

Zu zeigen ist $2 + 5 + \ldots + (3k - 1) + (3(k + 1) - 1) = (k + 1)\frac{3(k+1)+1}{2}$.

$$\begin{aligned} 2 + 5 + \ldots + (3k - 1) + (3(k + 1) - 1) &= k\frac{3k+1}{2} + (3(k+1) - 1) \\ &= k\frac{3k+1}{2} + \frac{3k}{2} - \frac{3k}{2} + (3k + 2) \\ &= k\frac{3k+4}{2} + \frac{2 \cdot (3k+2) - 3k}{2} \\ &= k\frac{3k+4}{2} + \frac{3k+4}{2} \\ &= (k + 1)\frac{3(k+1)+1}{2} \end{aligned}$$

Damit ist die Gleichung für alle natürlichen Zahlen n mit $n \geq 1$ bewiesen.

b) Induktionsanfang für $n = 1$: Für $n = 1$ ist $\frac{1}{1 \cdot 2} = \frac{1}{1+1}$ eine wahre Aussage.

Induktionsschritt von k auf $k + 1$: Es gelte für $n = k$: $\frac{1}{1 \cdot 2} + \frac{1}{2 \cdot 3} + \ldots + \frac{1}{k \cdot (k+1)} = \frac{k}{k+1}$.

Zu zeigen ist $\frac{1}{1 \cdot 2} + \frac{1}{2 \cdot 3} + \ldots + \frac{1}{k \cdot (k+1)} + \frac{1}{(k+1) \cdot (k+2)} = \frac{k+1}{k+2}$.

$$\begin{aligned} \frac{1}{1 \cdot 2} + \frac{1}{2 \cdot 3} + \ldots + \frac{1}{k \cdot (k+1)} + \frac{1}{(k+1) \cdot (k+2)} &= \frac{k}{k+1} + \frac{1}{(k+1) \cdot (k+2)} \\ &= \frac{k \cdot (k+2) + 1}{(k+1) \cdot (k+2)} \\ &= \frac{k^2 + 2k + 1}{(k+1) \cdot (k+2)} \\ &= \frac{(k+1) \cdot (k+1)}{(k+1) \cdot (k+2)} \\ &= \frac{k+1}{k+2} \end{aligned}$$

Damit ist die Gleichung für alle natürlichen Zahlen n mit $n \geq 1$ bewiesen.

2 a) Vermutung: $1 + 3 + 5 + \ldots + (2n - 1) = n^2$

b) Induktionsanfang für $n = 1$: Für $n = 1$ ist $1 = 1^2$ eine wahre Aussage.

Induktionsschritt von k auf $k + 1$: Es gelte für $n = k$: $1 + 3 + \ldots + (2k - 1) = k^2$

Zu zeigen ist $1 + 3 + \ldots + (2k - 1) + (2(k + 1) - 1) = (k + 1)^2$.

$$\begin{aligned} 1 + 3 + \ldots + (2k - 1) + (2(k + 1) - 1) &= k^2 + (2(k + 1) - 1) \\ &= k^2 + 2k + 1 \\ &= (k + 1)^2 \end{aligned}$$

Damit ist die Gleichung für alle natürlichen Zahlen n mit $n \geq 1$ bewiesen.

c) $$\begin{aligned} n^2 = 1 + 3 + 5 + \ldots + (2n - 1) &= 1 + (1 + 2) + (1 + 4) + \ldots + (1 + (2n - 2)) \\ &= n \cdot 1 + 2 + 4 + 6 + \ldots + (2n - 2) \end{aligned}$$

$\Rightarrow \quad 2 + 4 + 6 + \ldots + (2n - 2) = n^2 - n \quad | + 2n$

$2 + 4 + 6 + \ldots + 2(n - 1) + 2n = n^2 + n$

Induktionsanfang für $n = 1$: Für $n = 1$ ist $2 = 1^2 + 1$ eine wahre Aussage.

Induktionsschritt von k auf $k + 1$: Es gelte für $n = k$: $2 + 4 + 6 + \ldots + 2k = k^2 + k$

Zu zeigen ist $2 + 4 + 6 + \ldots + 2k + 2(k + 1) = (k + 1)^2 + (k + 1)$.

$$\begin{aligned} 2 + 4 + 6 + \ldots + 2k + 2(k + 1) &= k^2 + k + 2(k + 1) \\ &= k^2 + k + (k + 1) + (k + 1) \\ &= k^2 + 2k + 1 + (k + 1) \\ &= (k + 1)^2 + (k + 1) \end{aligned}$$

Damit ist die Gleichung für alle natürlichen Zahlen n mit $n \geq 1$ bewiesen.

3 Beweist man die Aussage für einen anderen Induktionsanfang m und gelingt der Induktionsschritt von k auf $k+1$, so gilt die zu beweisende Aussage für alle natürlichen Zahlen $n \in \mathbb{N}$ mit $n \geq m$.
Zum Beispiel muss in Aufgabe 4 b) der Induktionsanfang mit 2 vorgenommen werden.

4 a) Induktionsanfang für $n = 1$: Für $n = 1$ ist $2^1 > 1$ eine wahre Aussage.
Induktionsschritt von k auf $k+1$: Es gelte für $n = k$: $2^k > k$
Zu zeigen ist $2^{k+1} > k + 1$.

$$2^{k+1} = 2^k \cdot 2 = 2^k + 2^k \geq 2^k + 1$$
$$> k + 1$$

Damit ist die Ungleichung für alle natürlichen Zahlen n mit $n \geq 1$ bewiesen.

b) Induktionsanfang für $n = 2$: Für $n = 2$ ist $3^2 > 3 \cdot 2$ eine wahre Aussage.
Induktionsschritt von k auf $k+1$: Es gelte für $n = k$: $3^k > 3k$
Zu zeigen ist $3^{k+1} > 3(k+1)$ bzw. $3^{k+1} > 3k + 3$.

$$3^{k+1} = 3 \cdot 3^k = 3^k + 3^k + 3^k > 3^k + 3^k + 0$$
$$> 3k + 3$$

Damit ist die Ungleichung für alle natürlichen Zahlen n mit $n \geq 2$ bewiesen.

c) Induktionsanfang für $n = 1$: Für $n = 1$ ist $\frac{1}{1^2} \leq 2 - \frac{1}{1}$ eine wahre Aussage.
Induktionsschritt von k auf $k+1$: Es gelte für $n = k$: $\frac{1}{1^2} + \frac{1}{2^2} + \ldots + \frac{1}{k^2} \leq 2 - \frac{1}{k}$
Zu zeigen ist $\frac{1}{1^2} + \frac{1}{2^2} + \ldots + \frac{1}{k^2} + \frac{1}{(k+1)^2} \leq 2 - \frac{1}{k+1}$.

$$\frac{1}{1^2} + \frac{1}{2^2} + \ldots + \frac{1}{k^2} + \frac{1}{(k+1)^2} \leq 2 - \frac{1}{k} + \frac{1}{(k+1)^2} = 2 - \frac{k-(k+1)^2}{k(k+1)^2} = 2 - \frac{k^2+k+1}{k(k+1)^2}$$
$$\leq 2 - \frac{k^2+k}{k(k+1)^2} = 2 - \frac{k(k+1)}{k(k+1)^2}$$
$$= 2 - \frac{1}{(k+1)}$$

Damit ist die Ungleichung für alle natürlichen Zahlen n mit $n \geq 1$ bewiesen.

d) Induktionsanfang für $n = 1$: Für $n = 1$ ist $2^1 \geq 1^2 - 1$ eine wahre Aussage.
Induktionsschritt von k auf $k+1$: Es gelte für $n = k$: $2^k \geq k^2 - 1$
Zu zeigen ist $2^{k+1} \geq (k+1)^2 - 1$.

$$2^{k+1} = 2 \cdot 2^k = 2^k + 2^k \geq k^2 + 2k = (k+1)^2 - 1$$

Damit ist die Ungleichung für alle natürlichen Zahlen n mit $n \geq 1$ bewiesen.

5 a) Induktionsanfang für $n = 1$: Für $n = 1$ ist $3 \mid (1^3 + 5 \cdot 1)$ eine wahre Aussage.
Induktionsschritt von k auf $k+1$: Es gelte für $n = k$:
Es gibt ein $t_1 \in \mathbb{N}$ mit $3 \cdot t_1 = k^3 + 5k$.
Zu zeigen ist: Es gibt ein $t_2 \in \mathbb{N}$ mit $3 \cdot t_2 = (k+1)^3 + 5(k+1)$.

$$(k+1)^3 + 5(k+1) = k^3 + 3k^2 + 3k + 1 + 5k + 5$$
$$= (k^3 + 5k) + (3k^2 + 3k + 6)$$
$$= 3 \cdot t_1 + 3 \cdot (k^2 + k + 2)$$
$$= 3 \cdot \left(t_1 + (k^2 + k + 2)\right) \text{ mit } \left(t_1 + (k^2 + k + 2)\right) \in \mathbb{N}$$
$$= 3 \cdot t_2$$

Damit ist die Gleichung für alle natürlichen Zahlen n mit $n \geq 1$ bewiesen.

334

Fortsetzung von Aufgabe 5:

b)
Induktionsanfang für $n = 1$: Für $n = 1$ ist $7 \mid (8^1 - 1)$ eine wahre Aussage.
Induktionsschritt von k auf $k+1$: Es gelte für $n = k$:
Es gibt ein $t_1 \in \mathbb{N}$ mit $7 \cdot t_1 = 8^k - 1$.
Zu zeigen ist: Es gibt ein $t_2 \in \mathbb{N}$ mit $7 \cdot t_2 = 8^{k+1} - 1$.

$$8^{k+1} - 1 = 8 \cdot 8^k - 1$$
$$= (7+1) \cdot 8^k - 1$$
$$= 7 \cdot 8^k + 1 \cdot 8^k - 1$$
$$= 7 \cdot 8^k + 7 \cdot t_1$$
$$= 7 \cdot \left(8^k + t_1\right) \text{ mit } \left(8^k + t_1\right) \in \mathbb{N}$$
$$= 7 \cdot t_2$$

Damit ist die Gleichung für alle natürlichen Zahlen n mit $n \geq 1$ bewiesen.

c) Induktionsanfang für $n = 1$: Für $n = 1$ ist $(a-1) \mid (a^1 - 1)$ eine wahre Aussage.
Induktionsschritt von k auf $k+1$: Es gelte für $n = k$:
Es gibt ein $t_1 \in \mathbb{N}$ mit $(a-1) \cdot t_1 = a^k - 1$.
Zu zeigen ist: Es gibt ein $t_2 \in \mathbb{N}$ mit $(a-1) \cdot t_2 = a^{k+1} - 1$.

$$a^{k+1} - 1 = a \cdot a^k - 1$$
$$= ((a-1)+1) \cdot a^k - 1$$
$$= (a-1)\, a^k + 1 \cdot a^k - 1$$
$$= (a-1) \cdot a^k + (a-1) \cdot t_1$$
$$= (a-1) \cdot \left(a^k + t_1\right) \text{ mit } \left(a^k + t_1\right) \in \mathbb{N}$$
$$= (a-1) \cdot t_2$$

Damit ist die Gleichung für alle natürlichen Zahlen n mit $n \geq 1$ bewiesen.

d) Induktionsanfang für $n = 1$: Für $n = 1$ ist $(a-b) \mid (a^1 - b)$ eine wahre Aussage.
Induktionsschritt von k auf $k+1$: Es gelte für $n = k$:
Es gibt ein $t_1 \in \mathbb{N}$ mit $(a-b) \cdot t_1 = a^k - b^k$.
Zu zeigen ist: Es gibt ein $t_2 \in \mathbb{N}$ mit $(a-b) \cdot t_2 = a^{k+1} - b^{k+1}$.

$$a^{k+1} - b^{k+1} = a \cdot a^k - b \cdot b^k$$
$$= ((a-b)+b) \cdot a^k - b \cdot b^k$$
$$= (a-b)\, a^k + b \cdot a^k - b \cdot b^k$$
$$= (a-b) \cdot a^k + b \cdot (a^k - b^k)$$
$$= (a-b) \cdot a^k + (a-b) \cdot t_1$$
$$= (a-b) \cdot \left(a^k + t_1\right) \text{ mit } \left(a^k + t_1\right) \in \mathbb{N}$$
$$= (a-b) \cdot t_2$$

Damit ist die Gleichung für alle natürlichen Zahlen n mit $n \geq 1$ bewiesen.

6 $(n-1)^3 \cdot n^3 \cdot (n+1)^3 = 3n^3 + 6n$
Induktionsanfang für $n = 1$: Für $n = 1$ ist $9 \mid (3 \cdot 1^3 + 6 \cdot 1)$ eine wahre Aussage.
Induktionsschritt von k auf $k+1$: Es gelte für $n = k$:
Es gibt ein $t_1 \in \mathbb{N}$ mit $9 \cdot t_1 = 3k^3 + 6k$.

Fortsetzung von Aufgabe 6:

Zu zeigen ist: Es gibt ein $t_2 \in \mathbb{N}$ mit $9 \cdot t_2 = 3(k+1)^3 + 6(k+1)$

$$3(k+1)^3 + 6(k+1) = 3k^3 + 9k^2 + 9k + 3 + 6k + 6$$
$$= (3k^3 + 6k) + 9k^2 + 9k + 3 + 6$$
$$= 9 \cdot t_1 + 9k^2 + 9k + 9$$
$$= 9 \cdot (t_1 + k^2 + k + 1) \text{ mit } (t_1 + k^2 + k + 1) \in \mathbb{N}$$
$$= 9 \cdot t_2$$

Damit ist die Gleichung für alle natürlichen Zahlen n mit $n \geq 1$ bewiesen.

7 Von jeder Ecke eines konvexen n-Ecks können zu den nicht benachbarten Eckpunkten $(n-3)$ Diagonalen gezeichnet werden. Das ergibt $((n-3) \cdot n)$ Verbindungsstrecken. Da sie aber doppelt vorhanden sind, beträgt die Anzahl d_n der Diagonalen $\frac{(n-3) \cdot n}{2}$. Die Diagonalenanzahl d_{n+1} ergibt sich aus d_n durch Addition von 1, da eine Seite zur Diagonalen wird, und $(n-2)$, der Anzahl der neuen Diagonalen zu den nicht benachbarten Eckpunkten: $d_{n+1} = d_n + 1 + (n-2) = d_n + n - 1$

Induktionsanfang für $n = 3$: Für $n = 3$ ist $d_3 = \frac{(3-3) \cdot 3}{2}$ eine wahre Aussage, denn beim Dreieck ist die Diagonalenanzahl null.

Induktionsschritt von k auf $k+1$: Es gelte für $n = k$: $d_k = \frac{(k-3) \cdot k}{2}$

Zu zeigen ist $d_{k+1} = \frac{((k+1)-3) \cdot (k+1)}{2}$ bzw. $d_{k+1} = \frac{k^2-k-2}{2}$.

$$d_{k+1} = d_k + k - 1$$
$$= \frac{(k-3) \cdot k}{2} + \frac{2k}{2} - \frac{2}{2}$$
$$= \frac{k^2 - 3k + 2k - 2}{2}$$
$$= \frac{k^2 - k - 2}{2}$$

Damit ist die Gleichung für alle natürlichen Zahlen n mit $n \geq 3$ bewiesen.

8 a) Induktionsanfang für $n = 1$: Für $n = 1$ ist $1^2 = \frac{1 \cdot 2 \cdot 3}{6}$ eine wahre Aussage.

Induktionsschritt von k auf $k+1$: Es gelte für $n = k$: $1^2 + 2^2 + \ldots + k^2 = \frac{k(k+1)(2k+1)}{6}$

Zu zeigen ist: $1^2 + 2^2 + \ldots + k^2 + (k+1)^2 = \frac{(k+1)((k+1)+1)(2(k+1)+1)}{6} = \frac{2k^3 + 9k^2 + 13k + 6}{6}$

$$1^2 + 2^2 + \ldots + k^2 + (k+1)^2 = \frac{k(k+1)(2k+1)}{6} + (k+1)^2$$
$$= \frac{2k^3 + 3k^2 + k + 6k^2 + 12k + 6}{6}$$
$$= \frac{2k^3 + 9k^2 + 13k + 6}{6}$$

Damit ist die Gleichung für alle natürlichen Zahlen n mit $n \geq 1$ bewiesen.

b) Induktionsanfang für $n = 1$: Für $n = 1$ ist $1^3 = \frac{1 \cdot (1+1)}{2}$ eine wahre Aussage.

Induktionsschritt von k auf $k+1$: Es gelte für $n = k$: $1^3 + 2^3 + \ldots + k^3 = \left(\frac{k(k+1)}{2}\right)^2$

Zu zeigen ist $1^3 + 2^3 + \ldots + k^3 + (k+1)^3 = \left(\frac{(k+1)((k+1)+1)}{2}\right)^2 = \frac{(k+1)^2(k+2)^2}{4}$

$$1^3 + 2^3 + \ldots + k^3 + (k+1)^3 = \left(\frac{k(k+1)}{2}\right)^2 + (k+1)^3$$
$$= \frac{k^2(k+1)^2 + 4(k+1)^3}{4}$$
$$= \frac{(k+1)^2(k^2 + 4(k+1))}{4}$$
$$= \frac{(k+1)^2(k+2)^2}{4}$$

Damit ist die Gleichung für alle natürlichen Zahlen n mit $n \geq 1$ bewiesen.

Fortsetzung von Aufgabe 8:

c)

Induktionsanfang für $n = 1$:

Für $n = 1$ ist $(2 \cdot 1 - 1)^2 = \frac{1 \cdot 1 \cdot 3}{3}$ eine wahre Aussage.

Induktionsschritt von k auf $k+1$:

Es gelte für $n = k$:

$$(2 \cdot 1 - 1)^2 + (2 \cdot 2 - 1)^2 + \ldots + (2 \cdot k - 1)^2 = \frac{k(2k-1)(2k+1)}{3}$$

Zu zeigen ist:

$$(2 \cdot 1 - 1)^2 + (2 \cdot 2 - 1)^2 + \ldots + (2 \cdot k - 1)^2 + (2 \cdot k + 1)^2 = \frac{(k+1)(2(k+1)-1)(2(k+1)+1)}{3}$$
$$= \frac{(k+1) \cdot (2k+1) \cdot (2k+3)}{3}$$

$$(2 \cdot 1 - 1)^2 + (2 \cdot 2 - 1)^2 + \ldots + (2 \cdot k - 1)^2 + (2 \cdot k + 1)^2 = \frac{k(2k-1)(2k+1)}{3} + (2 \cdot k + 1)^2$$
$$= \frac{k(2k-1)(2k+1)}{3} + \frac{3(2k+1)^2}{3}$$
$$= \frac{(2k+1) \cdot (k(2k-1) + 3(2k+1))}{3}$$
$$= \frac{(2k+1) \cdot (2k^2 - k + 6k + 3)}{3}$$
$$= \frac{(2k+1) \cdot (2k^2 + 5k + 3)}{3}$$
$$= \frac{(2k+1) \cdot (k+1) \cdot (2k+3)}{3}$$

Damit ist die Gleichung für alle natürlichen Zahlen n mit $n \geq 1$ bewiesen.

d) Induktionsanfang für $n = 0$:

Für $n = 0$ ist $c^0 = \frac{1-c^1}{1-c}$ eine wahre Aussage ($c \neq 0$).

Induktionsschritt von k auf $k+1$:

Es gelte für $n = k$: $c^0 + c^1 + \ldots + c^k = \frac{1-c^{k+1}}{1-c}$

Zu zeigen ist $c^0 + c^1 + \ldots + c^k + c^{k+1} = \frac{1-c^{k+2}}{1-c}$.

$$c^0 + c^1 + \ldots + c^k + c^{k+1} = \frac{1-c^{k+1}}{1-c} + c^{k+1}$$
$$= \frac{1 - c^{k+1} + (1-c)\,c^{k+1}}{1-c}$$
$$= \frac{1 - c^{k+1} + c^{k+1} - c \cdot c^{k+1}}{1-c}$$
$$= \frac{1-c^{k+2}}{1-c}$$

Damit ist die Gleichung für alle natürlichen Zahlen n mit $n \geq 0$ bewiesen.

9 Für die Anzahl h_n der Haken gilt:

n	0	1	2	3	4	5	…
h_n	2	3	5	9	17	33	…

Vermutung: $h_n = 2^n + 1$

Die Anzahl der Haken h_{n+1} bei der nächsten „Mittelbildung" ergibt sich aus der Anzahl der vorhandenen Haken h_n und der Anzahl der „Mitten":

$h_{n+1} = h_n + (h_n - 1) = 2h_n - 1$

Induktionsanfang für $n = 0$:

Für $n = 0$ ist $2 = 2^0 + 1$ eine wahre Aussage.

334 **Fortsetzung von Aufgabe 9:**

Induktionsschritt von k auf $k + 1$:

Es gelte für $n = k$:

$h_k = 2^k + 1$

Zu zeigen ist: $h_{k+1} = 2^{k+1} + 1$

$$\begin{aligned} h_{k+1} &= 2h_k - 1 \\ &= 2 \cdot (2^k + 1) - 1 \\ &= 2 \cdot 2^k + 2 - 1 \\ &= 2^{k+1} + 1 \end{aligned}$$

Damit ist die Gleichung für alle natürlichen Zahlen n mit $n \geq 0$ bewiesen.

10 Übersetzt in die Sprache der Mathematik lautet die Aufgabenstellung:

Man beweise, dass jede natürliche Zahl $n \geq 8$ in der Form $(3x + 5y)$ mit $x \in \mathbb{N}$ und $y \in \mathbb{N}$ dargestellt werden kann.

Der Beweis soll mit vollständiger Induktion geführt werden:

Induktionsanfang für $n = 8$:

Für $n = 8$ ist $8 = 3 \cdot 1 + 5 \cdot 1$ eine wahre Aussage.

Induktionsschritt von k auf $k + 1$:

Es gelte für $n = k$:

$k = 3x + 5y$

Zu zeigen ist, dass sich $(k + 1)$ als Nachfolger der natürlichen Zahl k als Summe des Dreifachen einer natürlichen Zahl und des Fünffachen einer weiteren natürlichen Zahl darstellen lässt.

$$\begin{aligned} k + 1 &= 3x + 5y + 1 \\ &= 3x + 5y + 6 - 5 \\ &= 3(x + 2) + 5(y - 1) \end{aligned}$$

$(x + 2)$ ist eine natürliche Zahl, $(y - 1)$ dagegen nur für $y \neq 0$.

Der Fall $y = 0$ muss folglich extra untersucht werden:

Induktionsschritt von k auf $k + 1$:

Es gelte für $n = k$:

$k = 3x$

Zu zeigen ist, dass sich $(k + 1)$ als Summe des Dreifachen einer natürlichen Zahl und des Fünffachen einer weiteren natürlichen Zahl darstellen lässt.

$$\begin{aligned} k + 1 &= 3x + 1 \\ &= 3x + 10 - 9 \\ &= 3(x - 3) + 5 \cdot 2 \end{aligned}$$

2 ist eine natürliche Zahl, $(x - 3)$ jedoch nur für $x \geq 3$.

Offen bleiben also die drei Fälle $x = 0$, $x = 1$ und $x = 2$. Dies entspricht den natürlichen Zahlen $n = 0$, $n = 3$ und $n = 6$. Diese Fälle interessieren aber nicht, da nach Voraussetzung $n \geq 8$ ist.

Damit ist die Gleichung für alle natürlichen Zahlen n mit $n \geq 8$ bewiesen.

10.4 Integrationstechniken 338

1 Substitution: Stammfunktionsterm:

	Substitution	Stammfunktionsterm
a)	$u(x) = 2x^2 - 3x + 1$	$e^{2x^2 - 3x + 1}$
b)	$u(x) = x^2$	$\sin(x^2)$
c)	$u(x) = 2x^3 - 3x$	$(2x^3 - 3x)^5$
d)	$u(x) = x^4 - 4x + 1$	$\frac{3}{4}(x^4 - 4x + 1)^4$
e)	$u(x) = x^4 - 4x + 1$	$\frac{3}{2}(x^4 - 4x + 1)^2$
f)	$u(x) = x^2 + 1$	$\frac{1}{2}e^{x^2 + 1}$
g)	$u(x) = x^4$	$\frac{1}{4}e^{x^4}$
h)	$u(x) = x^3 + 1$	$\frac{1}{3}\sqrt{x^3 + 1}$
i)	$u(x) = x^2$	$-\frac{1}{2} \cdot \cos(x^2)$
j)	$u(x) = \sqrt{x}$	$2 \cdot e^{\sqrt{x}}$

2 Substitution: Bestimmtes Integral:

	Substitution	Bestimmtes Integral
a)	$u(x) = x^2 + 1$	$\left[\frac{1}{5}(x^2 + 1)^5\right]_{-1}^{1} = 0$
b)	$u(x) = 3x + 2$	$\left[\frac{1}{15}(3x + 2)^5\right]_{-2}^{3} = 10\,805$
c)	$u(x) = 2x - 1$	$\left[-\frac{1}{2} \cdot \cos(2x - 1)\right]_{\frac{1}{2}}^{1} = \frac{1}{2} - \frac{1}{2} \cdot \cos(1) \approx 0{,}2298$
d)	$u(x) = \frac{3}{4}x$	$\left[x \cdot \ln\left(\frac{3}{4}x\right) - x\right]_{3}^{6} = 6 \cdot \ln(3) - 3 \approx 3{,}5917$
e)	$u(x) = x + e^x$	$\left[(x + e^x) \cdot \ln(x + e^x) - (x + e^x)\right]_{0}^{1} = (1 + e) \cdot \ln(1 + e) - e \approx 2{,}1648$
f)	$u(x) = 2x - 3$	$\left[\frac{1}{2}\ln(2x - 3)\right]_{2}^{3} = \frac{1}{2}\ln(3) \approx 0{,}5493$
g)	$u(x) = \sin(x)$	$\left[\ln(\sin(x))\right]_{\frac{\pi}{4}}^{\frac{\pi}{2}} = \frac{1}{2}\ln(2) \approx 0{,}3466$
h)	$u(x) = \sin(2x)$	$\left[\frac{1}{2} \cdot e^{\sin(2x)}\right]_{\frac{\pi}{2}}^{\pi} = 0$
i)	$u(x) = \cos(x)$	$\left[-\ln(\cos(x))\right]_{\frac{3\pi}{4}}^{\frac{5\pi}{4}} = 0$ (falsche Integrationsgrenzen im 1. Druck)
j)	$u(x) = 2x^4 + 4x^2 + 1$	$\left[\frac{1}{8} \cdot \ln(2x^4 + 4x^2 + 1)\right]_{0}^{1} = \frac{1}{8}\ln(7) \approx 0{,}2432$
k)	$u(x) = 6x - 1$	$\left[\frac{6x - 1}{3} \cdot (\ln(6x - 1) - 1)\right]_{\frac{2}{3}}^{\frac{5}{3}} = 5\ln(3) - 2 \approx 3{,}4931$
l)	$u(x) = \ln(x)$	$\left[\ln(\ln(x))\right]_{2}^{4} = \ln(2) \approx 0{,}6931$

3 Nein, denn $\int((2x + 5) \cdot e^x)\,dx = (x^2 + 5x) \cdot e^x - \int((x^2 + 5x) \cdot e^x)\,dx$ zeigt, dass der ganzrationale Faktor im zweiten Integral einen höheren Grad hat, was nicht zur Lösung führt.

4 a) $F(x) = e^x \cdot (x + 1) - \int(e^x \cdot 1) = x \cdot e^x$

b) $F(x) = \frac{1}{2}x^2 \cdot \ln(x) - \int\left(\frac{1}{2}x^2 \cdot \frac{1}{x}\right)dx = \frac{x^2}{4} \cdot (2\ln(x) - 1)$

338 **Fortsetzung von Aufgabe 4:**

c) $F(x) = x \cdot (-\cos(x)) - \int(1 \cdot (-\cos(x)))\,dx = \sin(x) - x \cdot \cos(x)$

d) $F(x) = (x+1) \cdot \sin(x) - \int(1 \cdot \sin(x))\,dx = \cos(x) + (x+1) \cdot \sin(x)$

e) Für $x > 0$: $f(x) = 4 \cdot \ln(x) \Rightarrow F(x) = 4x \cdot \ln(x) - \int\left(4x \cdot \frac{1}{x}\right)dx = 4x \cdot (\ln(x) - 1)$

Für $x < 0$: $f(x) = 4 \cdot \ln(-x) \Rightarrow F(x) = 4x \cdot \ln(-x) - \int\left(4x \cdot \frac{1}{x}\right)dx = 4x \cdot (\ln(-x) - 1)$

f) $f(x) = x \cdot e^{-x} \Rightarrow F(x) = x \cdot (-e^{-x}) - \int(1 \cdot (-e^{-x}))\,dx = (-e^{-x}) \cdot (x+1)$

5 a) Term der Stammfunktion: $(x+5) \cdot \left(\frac{3}{4}e^{4x}\right) - \int\left(1 \cdot \left(\frac{3}{4}e^{4x}\right)\right)dx = \frac{3}{16}(19+4x) \cdot e^{4x}$

$\left[\frac{3}{16}(19+4x) \cdot e^{4x}\right]_0^3 = \frac{93e^{12} - 57}{16} \approx 946\,009$

b) Term der Stammfunktion: $(3x) \cdot (-e^{-x}) - \int(3 \cdot (-e^{-x}))\,dx = -3 \cdot (1+x) \cdot e^{-x}$

$\left[-3 \cdot (1+x) \cdot e^{-x}\right]_{-1}^{1} = -\frac{6}{e} \approx -2{,}2073$

c) Term der Stammfunktion: $(2x) \cdot \left(\frac{1}{3}e^{3x-2}\right) - \int\left(2 \cdot \left(\frac{1}{3}e^{3x-2}\right)\right)dx = \frac{2}{9}(3x-1) \cdot e^{3x-2}$

$\left[\frac{2}{9}(3x-1) \cdot e^{3x-2}\right]_0^{-2} = \frac{14}{9}e^{-8} - \frac{2}{9}e^{-2} \approx -0{,}0296$

d) Term der Stammfunktion: $\ln(x) \cdot x^2 - \int\left(\frac{1}{x} \cdot x^2\right)dx = x^2 \cdot \left(\ln(x) - \frac{1}{2}\right)$

$\left[x^2 \cdot \left(\ln(x) - \frac{1}{2}\right)\right]_1^{e^2} = \frac{3e^4 + 1}{2} \approx 82{,}3972$

e) Term der Stammfunktion: $(2x) \cdot (-\cos(x)) - \int(2 \cdot (-\cos(x)))\,dx = 2\sin(x) - 2x \cdot \cos(x)$

$\left[2\sin(x) - 2x \cdot \cos(x)\right]_0^{\pi} = 2\pi \approx 6{,}2832$

f) Term der Stammfunktion: $(\pi \cdot x) \cdot (\sin(x)) - \int(\pi \cdot (\sin(x)))\,dx = \pi \cdot (\cos(x) + x \cdot \sin(x))$

$\left[\pi \cdot (\cos(x) + x \cdot \sin(x))\right]_{-0{,}5\pi}^{0{,}5\pi} = 0$

6 a) $F(x) = \int(e^x \cdot x^2)\,dx = x^2 \cdot e^x - \int(2x \cdot e^x)\,dx$

$= x^2 \cdot e^x - \left((2x \cdot e^x) - \int(2 \cdot e^x)\,dx\right)$

$= x^2 \cdot e^x - 2x \cdot e^x + 2 \cdot e^x$

$= e^x(x^2 - 2x + 2)$

b) $F(x) = \int(x^3 \cdot e^x)\,dx = x^3 \cdot e^x - \int(3x^2 \cdot e^x)\,dx$

$= x^3 \cdot e^x - 3 \cdot \int(x^2 \cdot e^x)\,dx$

$= x^3 \cdot e^x - 3 \cdot (e^x(x^2 - 2x + 2))$ (siehe Aufgabe a))

$= e^x \cdot (x^3 - 3x^2 + 6x - 6)$

c) $F(x) = \int(e^x \cdot (x^2+1))\,dx = (x^2+1) \cdot e^x - \int(2x \cdot e^x)\,dx$

$= (x^2+1) \cdot e^x - 2x \cdot e^x + 2 \cdot e^x$ (siehe Aufgabe a))

$= e^x \cdot (x^2 - 2x + 3)$

d) $F(x) = \int(e^{-2x} \cdot (1-x^2))\,dx = (1-x^2) \cdot \left(-\frac{1}{2}e^{-2x}\right) - \int\left((-2x) \cdot \left(-\frac{1}{2}e^{-2x}\right)\right)dx$

$= (1-x^2) \cdot \left(-\frac{1}{2}e^{-2x}\right) - \int(x \cdot e^{-2x})\,dx$

$= (1-x^2) \cdot \left(-\frac{1}{2}e^{-2x}\right) - \left(x \cdot \left(-\frac{1}{2}e^{-2x}\right) - \int\left(1 \cdot \left(-\frac{1}{2}e^{-2x}\right)\right)dx\right)$

Fortsetzung von Aufgabe 6: 338

$= (1-x^2) \cdot \left(-\frac{1}{2}e^{-2x}\right) - x \cdot \left(-\frac{1}{2}e^{-2x}\right) + \frac{1}{4}e^{-2x}$

$= \frac{1}{4}e^{-2x} \cdot (2x^2 + 2x - 1)$

e) $F(x) = \int(\cos(x))^2\,dx = \cos(x) \cdot \sin(x) - \int(-\sin(x) \cdot \sin(x))\,dx$

$= \cos(x) \cdot \sin(x) + \int(1 - (\cos(x))^2)\,dx$

$= \cos(x) \cdot \sin(x) + x - \int(\cos(x))^2\,dx$

$\Rightarrow \int(\cos(x))^2\,dx = \frac{1}{2}(\cos(x) \cdot \sin(x) + x)$

f) $F(x) = \int(e^x \cdot \sin(x))\,dx = \sin(x) \cdot e^x - \int(\cos(x) \cdot e^x)\,dx$

$= \sin(x) \cdot e^x - \left(\cos(x) \cdot e^x - \int(-\sin(x) \cdot e^x)\,dx\right)$

$\Rightarrow \int(e^x \cdot \sin(x))\,dx = \frac{1}{2}e^x \cdot (\sin(x) - \cos(x))$

7 $\int_0^2 \frac{12e^{2x}}{e^{2x}+4}\,dx = 6 \cdot \int_0^2 \frac{2 \cdot e^{2x}}{e^{2x}+4}\,dx = 6 \cdot \left[\ln(e^{2x}+4)\right]_0^2 = 6 \cdot (\ln(e^4+4) - \ln(5)) = 14{,}767\ldots$ 339

Die Bakterienkultur vergrößert sich in den ersten zwei Minuten um fast 15 cm².

8 Unter Ausnutzung der Achsensymmetrie zur y-Achse gilt für das Tor:

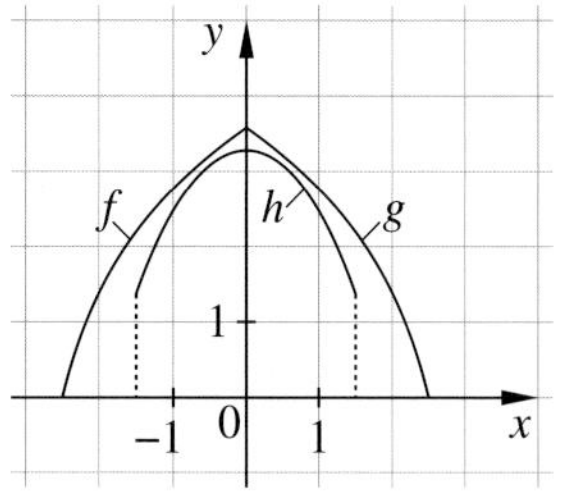

$T = 2 \cdot \int_0^{1{,}5} h(x)\,dx$

$= 2 \cdot \left[6x - \frac{2}{3}e^{1+\frac{3}{4}x} + \frac{2}{3}e^{1-\frac{3}{4}x}\right]_0^{1{,}5}$

$= 18 - \frac{4}{3}e^{\frac{17}{8}} + \frac{4}{3}e^{-\frac{1}{8}}$

$\approx 8{,}0128$

Fassade:

$F = \int_{-2{,}5}^{0} f(x)\,dx + \int_0^{2{,}5} g(x)\,dx = 2 \cdot \int_0^{2{,}5} g(x)\,dx = 2 \cdot \left[(6-2x) \cdot (1 - \ln(6-2x))\right]_0^{2{,}5} = 12 \cdot \ln(6) - 10$

$\approx 11{,}5011$

Graue Wandfläche: $W = F - T \approx 3{,}4883$

Bei einer Flächeneinheit von z. B. 10 m² ergibt sich für das braune Tor ein Flächeninhalt von ca. 80,13 m² und für die graue Wandfläche ein Flächeninhalt von ca. 34,9 m².

9 a) Anfangs nimmt die Konzentration von Stickstoffdioxid sehr schnell ab, dagegen ab der vierten Zehntelsekunde nur noch sehr langsam.

b) Für die Geschwindigkeit v $\left(\text{in } 10^{-5}\frac{\text{mol}}{\text{l} \cdot \text{s}}\right)$ gilt:

Aus z. B. $v(0) = -50$ und $v(0{,}2) = -12{,}5$ folgt $k = 0{,}5$ sowie $c_0 = 10$.

$\left(-\frac{10}{3}\right.$ als andere Lösung für c_0 entfällt.$\left.\right)$

$\Rightarrow v(t) = -\frac{50}{(5t+1)^2}$

339 **Fortsetzung von Aufgabe 9:**

c) $c(t) = \int -\frac{50}{(5t+1)^2}\,\mathrm{d}t = 10\cdot\int\left(5\cdot\left(-\frac{1}{(5t+1)^2}\right)\right)\mathrm{d}t = 10\cdot\frac{1}{5t+1} + C = \frac{10}{5t+1} + C$

Wegen $c_0 = c(0) = \frac{10}{5\cdot 0+1} + C = 10$ gilt $C = 0$ und damit $c(t) = \frac{10}{5t+1}$.

$$\begin{aligned} v(t) &= -\frac{50}{(5t+1)^2} \\ &= -0{,}5\cdot\frac{10^2}{(5t+1)^2} \\ &= -k\cdot c^2(t) \end{aligned}$$

10 Für das Volumen V (in dm^3) der Amphore gilt: $V = \pi\cdot\int_0^{2\pi}(\sin(x)+r)^2\,\mathrm{d}x$

$$\begin{aligned} \int(\sin(x)+r)^2\,\mathrm{d}x &= \int\left((\sin(x))^2 + 2r\cdot\sin(x) + r^2\right)\mathrm{d}x \\ &= \tfrac{1}{2}(x - \cos(x)\cdot\sin(x)) - 2r\cdot\cos(x) + r^2\cdot x \qquad \text{(vgl. Beispiel 6)} \\ \pi\cdot\int_0^{2\pi}(\sin(x)+r)^2\,\mathrm{d}x &= \pi\cdot\left[\tfrac{1}{2}(x - \cos(x)\cdot\sin(x)) - 2r\cdot\cos(x) + r^2\cdot x\right]_0^{2\pi} \\ &= \pi\cdot(\pi + 2\pi r^2) \end{aligned}$$

$90 = \pi\cdot(\pi + 2\pi r^2) \Rightarrow r = \pm\sqrt{\frac{45}{\pi^2} - \frac{1}{2}} = \pm 2{,}0148\ldots$

Der innere Bodendurchmesser muss ca. 4,03 dm betragen.

340 **11 a)** Zum Zeitpunkt $t = 0$, also bei Sonnenaufgang, wird noch kein Sauerstoff produziert, danach steigt die Sauerstoffproduktion stark an. Sie erreicht fünf Stunden nach Sonnenaufgang mit ca. 6,1 m^3 pro Stunde ihren höchsten Wert und nimmt anschließend wieder ab, besonders stark um etwa 8 Stunden und 40 Minuten nach Sonnenaufgang (Wendestelle). Mit Nachlassen des Sonnenscheins geht die Produktion gegen 0, was man am Abflachen der Kurve beobachten kann.

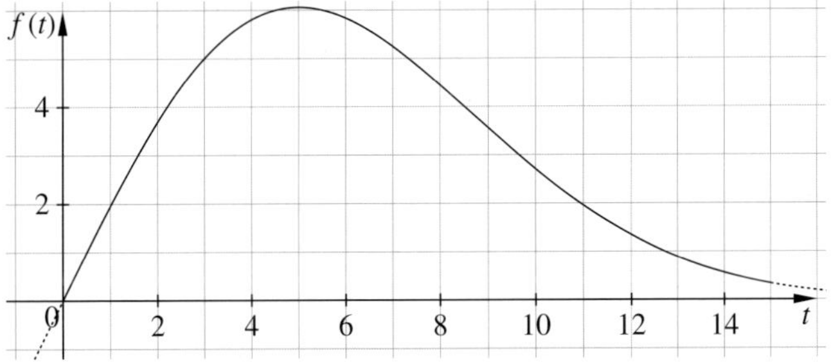

b) $\left(e^{-0{,}02t^2}\right)' = -0{,}04t\cdot e^{-0{,}02t^2}$

$\int_0^{10}\left(2t\cdot e^{-0{,}02t^2}\right)\mathrm{d}x = -50\cdot\int_0^{10}\left(-0{,}04t\cdot e^{-0{,}02t^2}\right)\mathrm{d}x = \left[-50\cdot e^{-0{,}02t^2}\right]_0^{10} = 50 - 50\cdot e^{-2}$

Die gesuchte Fläche hat einen Flächeninhalt von ca. 43,23 FE. Er entspricht dem Sauerstoff, der innerhalb der ersten zehn Stunden nach Sonnenaufgang insgesamt produziert wurde, also ca. 43,23 m^3.

c) $\int_0^a\left(2t\cdot e^{-0{,}02t^2}\right)\mathrm{d}x = \left[-50\cdot e^{-0{,}02t^2}\right]_0^a = 50 - 50\cdot e^{-0{,}02a^2}$

$50 - 50\cdot e^{-0{,}02a^2} = 20 \Leftrightarrow 50\cdot\ln\left(\frac{5}{3}\right) = a^2 \Leftrightarrow a_{1,2} = \pm 5{,}05\ldots$

Fortsetzung von Aufgabe 11: 340

Die Buche hat nach etwas mehr als fünf Stunden 20 m^3 Sauerstoff produziert.

12 a) Am 2. Februar ($t = -8$) beträgt die Änderungsrate ca. 0,2. Das bedeutet, dass es pro Tag etwa 20 Neuerkrankungen gibt. Je mehr Menschen erkranken, desto mehr werden auch angesteckt. Folglich steigt die Neuerkrankungsrate bis zu 130 pro Tag bei etwa $t = \frac{1}{2}$, also während des 10. Februar. Die Nullstelle der Änderungsrate liegt bei $t = 3$, am 13. Februar. Hier ist der höchste Krankenstand erreicht, danach ist die Änderungsrate negativ, was bedeuten kann, dass immer mehr Menschen wieder gesund werden. Die Epidemie klingt sehr schnell ab, weil f nach $t = 3$ sehr stark fällt.

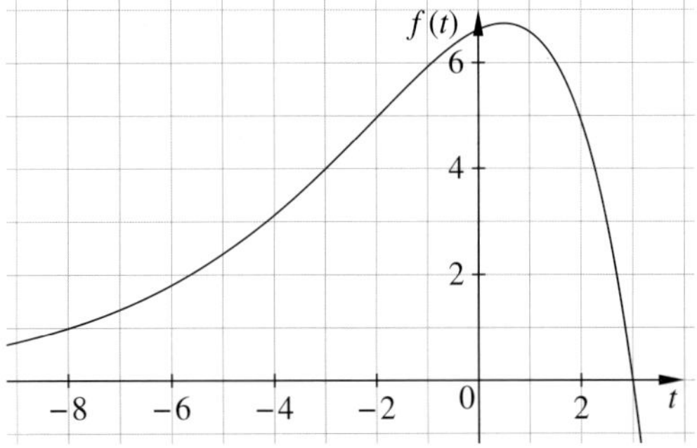

b) Partielle Integration mit $u = 3{,}6 - 1{,}2t$ und $v' = e^{0{,}4t-1}$:

$$\begin{aligned} \int\left((3{,}6 - 1{,}2t)\cdot e^{0{,}4t-1}\right)\mathrm{d}x &= (3{,}6 - 1{,}2t)\cdot 2{,}5\cdot e^{0{,}4t-1} - \int\left((-1{,}2)\cdot(2{,}5\cdot e^{0{,}4t-1})\right)\mathrm{d}x \\ &= (3{,}6 - 1{,}2t)\cdot 2{,}5\cdot e^{0{,}4t-1} + 1{,}2\cdot 2{,}5^2\cdot e^{0{,}4t-1} \\ &= (16{,}5 - 3t)\cdot e^{0{,}4t-1} \end{aligned}$$

c) Der Höchststand ist erreicht bei $F'(t) = f(t) = 0$, also bei $t = 3$.

$\int_{-3}^{0} f(x)\,\mathrm{d}x = \left[(16{,}5 - 3t)\cdot e^{0{,}4t-1}\right]_{-3}^{0} \approx 3{,}24 \qquad \int_0^3 f(x)\,\mathrm{d}x = \left[(16{,}5 - 3t)\cdot e^{0{,}4t-1}\right]_0^3 \approx 3{,}09$

Im ersten Zeitraum wächst der Krankenstand um 324, im zweiten um 309. Vor dem höchsten Krankenstand flacht die Kurve der Erkrankten bereits ein wenig ab.

d) Jedes bestimmte Integral gibt die absoluten Änderungen des Krankenstandes im betreffenden Zeitraum an. Hier wird das Integral durch die Länge des Intervalls dividiert, was der Mittelwertformel entspricht. Das Integral gibt also den durchschnittlichen Krankenstand in einem Zeitraum von drei Tagen ab $t = s$ an.

13 $\int(\sin(t))^2\,\mathrm{d}t = \frac{1}{2}(t - \cos(t)\cdot\sin(t))$ (vgl. Beispiel 6)

$$\begin{aligned} U_{\text{eff}} = \sqrt{\frac{1}{\frac{2\pi}{\omega}}\cdot\int_0^{\frac{2\pi}{\omega}}(U_0\cdot\sin(\omega t))^2\,\mathrm{d}t} &= U_0\cdot\sqrt{\tfrac{\omega}{2\pi}}\cdot\sqrt{\int_0^{\frac{2\pi}{\omega}}(\sin(\omega t))^2\,\mathrm{d}t} \\ &= U_0\cdot\sqrt{\tfrac{\omega}{2\pi}}\cdot\left[\sqrt{\tfrac{1}{2}t - \frac{\cos(\omega t)\cdot\sin(\omega t)}{2\omega}}\right]_0^{\frac{2\pi}{\omega}} \\ &= U_0\cdot\sqrt{\tfrac{\omega}{2\pi}}\cdot\left(\sqrt{\tfrac{\pi}{\omega}} - \sqrt{0}\right) \\ &= \tfrac{1}{\sqrt{2}}\cdot U_0 \end{aligned}$$